湖北省公益学术著作出版专项资金
Hubei Special Funds for Academic and Public-interest Publications

花湖机场数字建造实践与探索丛书

# 设计优化案例汇编

冯晓平　张　赣　刘常明
戴　鹏　曹卫力　阮江平　著

武汉理工大学出版社

图书在版编目(CIP)数据

花湖机场数字建造实践与探索—设计优化案例汇编 / 冯晓平等著. -- 武汉 : 武汉理工大学出版社 , 2025. 7 -- ISBN 978-7-5629-7316-4

Ⅰ. TU248. 6-39

中国国家版本馆 CIP 数据核字第 202585306Y 号

项目负责人:汪浪涛　　责任编辑:刘　凯

责 任 校 对:余士龙　　版面设计:博壹臻远

出 版 发 行:武汉理工大学出版社

网　　　址:http://www.wutp.com.cn

地　　　址:武汉市洪山区珞狮路 122 号

邮　　　编:430070

印　刷　者:湖北恒泰印务有限公司

发　行　者:各地新华书店

开　　　本:787mm×1092 mm　1/16

印　　　张:33

字　　　数:650 千字

版　　　次:2025 年 7 月第 1 版

印　　　次:2025 年 7 月第 1 次印刷

定　　　价:178.00 元

## 《设计优化案例汇编》编写组

**本书主编**：冯晓平　张　赣　刘常明　戴　鹏　曹卫力　阮江平

**参编人员**：宣　颖　魏　杰　李美华　马家骏　刘琦娟
熊　继　黄镇雄　刘鸣秋　陆　军　谷五芳
占　毅　陈　珩　章　兰　付全波　刘华杰
赵振海　左尚依　余　达　陈泰文　张　丽
汪　琰　温加维　崔世磊　李文松　吴　浩
王　波　周琳翔　陈　旭　方依勇　徐子尧
汪园林　李　强　匡耀辉　贺兵雄　曾　彪
张国河　张文格　金　敏　余　煜　支小刚

**主编单位**：

深圳顺丰泰森控股(集团)有限公司
湖北国际物流机场有限公司
深圳丰匠数科工程咨询有限公司
上海宝冶集团有限公司

**参编单位**：

中南建筑设计院股份有限公司
民航机场规划设计研究总院有限公司
北京市市政工程设计研究总院有限公司
中铁北京工程局集团有限公司
民航机场建设工程有限公司

**审核单位**：

武汉大学

# 序　言

“智慧民航”是在党的十九大明确提出建设交通强国奋斗目标的时代背景下，遵循习近平总书记关于打造“四个工程”和建设“四型机场”的重要指示精神，经过全行业数年钻研、探索和实践逐渐形成的，现已成为民航“十四五”发展的主线和核心战略。

民用机场领域的改革创新令人瞩目。2018年以来，国家民用航空局作出了一系列重大部署：一是系统制定行动纲要、指导意见和行动方案，指明方向和路径；二是高频发布各类导则、路线图，优化标准规范、招标规定、定额管理，为基层创新纾困解难；三是推出63个“四型机场”示范项目，组织机场创新研讨会、宣贯会，并召开民航建设管理工作会议，营造出浓郁的创新氛围。

鄂州花湖机场紧随行业步伐创新实践。2018年，该机场经国务院、中央军委批准立项，是第一个在筹划、规划、建设、运营全阶段贯彻“智慧民航”战略的新建机场，也是民航局首批四型机场标杆示范工程、住房和城乡建设部首个BIM工程造价管理改革试点、工业和信息化部物联网示范项目、国家发展和改革委员会5G融合应用示范工程。

鄂州花湖机场智慧建造实践已取得成效。在设计及施工准备阶段，该机场深度应用BIM技术，集中技术人员高强度优化、深化和精细化建立“逼真”的数字机场模型；在施工阶段，通过人脸识别及数字终端设备定位追溯人员、车辆、机械，构建全场数字生产环境，利用软件系统及移动端跟踪记录作业过程的大数据，不但保证建成品与模型“孪生”，还强化了安全、质量、投资管理以及工人权益保障等国家政策的落实。

鄂州花湖机场智能运维的效果令人期待。该机场汇聚了一大批行业内外的科研机构、科技公司及专家学者，将5G、智能跑道、模拟仿真、无人驾驶、虚拟培训、智慧安防、协同决策、能源管理等15类新技术应用到机场，创新力度大，效果可期。

为全面总结鄂州花湖机场建设管理的经验教训，参与该机场研究、建设、管理的一批人，共同策划了“花湖机场数字建造实践与探索”丛书。本丛书以鄂州花湖机场为案例，系统梳理和阐述了机场建设各阶段、各环节实施数字及智能建造的路径规划、技术路线、实施标准及组织管理，体系完善，内容丰富，实操性强，可资民用机场及相关领域建设工作者参考。

希望本丛书的出版，能对贯彻“智慧民航”战略，提升我国机场建设智慧化水平，打造机场品质工程和“四型机场”发挥一定的作用。

# 前　言

民用运输机场作为现代社会的重要交通枢纽，其建设过程的复杂性和精密性不言而喻。随着科技的进步，数字化建造已成为现代机场建设的重要方向，其中BIM技术的应用，为机场设计带来了前所未有的变革。BIM技术通过三维数字模型，将机场设计的各个环节紧密地连接在一起，这种全新的设计模式，不仅提高了设计效率，还确保了设计的准确性和可靠性。

鄂州花湖机场作为国内新建的现代化机场，相关部门对设计单位提出了严格的BIM技术应用要求，核心要求是确保在设计阶段便全面、正向地实施BIM技术，以保障施工阶段的精确性和高效性。在设计过程中，设计单位需要严格遵循图模一致性和物模一致性的原则，所有的BIM模型不仅需要在图纸上精确呈现，更需与实物的尺寸、性能参数等各个方面保持高度一致。这样的设计理念，确保了施工单位在深化BIM模型时，能够准确无误地反映设计意图，为后续的施工提供精确的指导。在BIM模型的深化过程中，施工单位不仅进行了细致入微的修改和完善，更邀请了设计、监理、BIM咨询以及造价等多方专业人员进行严格审核。这一环节不仅确保了BIM模型的准确性和可靠性，更为后续的施工奠定了坚实的基础。

鄂州花湖机场的设计与建造过程充分体现了当代工程技术的先进性和创新性，具有很强的示范意义。《设计优化案例汇编》一书，以鄂州花湖机场的数字化建造为例，详细剖析了民用运输机场数字化建造的全过程，深入诠释了BIM技术在机场设计中的巨大潜力和广阔前景，为行业内的设计师、工程师和管理人员提供了一套系统的、实用的设计优化方法。

在内容的编排上，本书力求清晰明了，便于读者快速理解和掌握。每一节的内容，都按照“背景描述、问题分析、解决方案、总结”的逻辑顺序进行组织，旨在帮助读者更好地理解每一个设计环节的背景和要点，以及如何通过数字化技术来优化设计方案。

此外，为了方便读者快速检索和定位所需内容，本书还特别设置了详细的目录和索引。无论是需要快速了解某个设计环节的基本情况，还是希望深入研究某个具体问题的解决方案，读者都可以通过目录和索引迅速找到相关的内容。

作为一本工具书，本书的实用性是其核心价值所在。在编写过程中，我们力求使书中的每一个案例都具有代表性，每一个解决方案都具有可操作性。我们相信，无论是对于初入行业的新人，还是对于经验丰富的专业人士，本书都将是一本不可或缺的参考手册。

数字化建造是一个不断发展的领域，新的技术和方法层出不穷，当前仍处于不断探索与发展的关键阶段。受限于编者的专业水平和编写时间的紧迫性，本书难免存在一些疏漏和不足之处。恳请广大读者在阅读过程中，对本书提出宝贵的批评和建议，期待在未来的日子里，能够不断更新和完善这本书的内容，使其始终站在行业的前沿，为读者提供更多、更新的信息和案例。

感谢所有参与本书编撰和审阅的专家和学者，他们的辛勤工作和宝贵意见，使得这本书能够得以顺利出版。希望《设计优化案例汇编》能够成为读者工作中的“得力助手”，为民用运输机场的数字化建造贡献一份力量。

# 目　录

## 深化设计篇

# 1 绪　论

近年来，以BIM技术为代表的“数智化”应用已成为建筑行业不可或缺的一部分，通过BIM技术，项目管理的各个环节——进度工期控制、造价控制、质量管理、安全管理、施工管理、合同管理、物资管理——都能得到更为精准和高效的管控，从而显著提升项目的经济效益和社会效益。2020年8月，住房和城乡建设部、教育部、科技部、工业和信息化部等九部门联合印发《关于加快新型建筑工业化发展的若干意见》。该意见明确指出：大力推广建筑信息模型（BIM）技术，并推动其在新型建筑工业化全寿命周期中的一体化集成应用。此外，意见还强调应充分利用社会资源，共同建立和维护基于BIM技术的标准化部品部件库，以实现从设计到采购、生产、建造、交付以及运行维护等各个阶段的信息互联互通和交互共享，从而推动建筑行业向更加智能、高效的方向发展。

鄂州花湖国际机场位于中国湖北省鄂州市鄂城区。作为亚洲首个、全球第四个专业性货运枢纽机场，该机场是我国逐步形成以国内大循环为主体、国内国际双循环相互促进的一个新动力源。在鄂州花湖国际机场的建设过程中，有关部门严格要求设计单位遵循正向全过程BIM实施的原则，确保BIM技术的全面应用。施工单位深化后的BIM模型需经过设计、监理、BIM咨询以及造价等多方审核，只有在确认无误后才能确定最终的BIM模型。在施工阶段，施工单位确立了按模施工的管理原则，任何与模型不符的施工工程，均不予计量和结算，严重违规者还需返工并缴纳罚款。为满足这一严格管理模式的需求，设计单位在设计阶段便需确保两个一致性：图模一致性和物模一致性。所有BIM模型必须与实物的尺寸、性能参数等方面保持高度一致，以确保施工过程的精确性和高效性。因此，BIM技术不仅保证了鄂州花湖国际机场建设的顺利进行，也为未来机场的建设提供了宝贵的经验和重要的参考价值。

本书基于鄂州花湖国际机场的建设进行案例汇编，涵盖了民用运输机场数字化建造的全过程。全书分为上下两篇，上篇聚焦于方案设计，详细阐述了总体规划与场地设计，飞行区工程设计，塔台工程设计，转运中心工程设计，航站楼、快件中心及综合业务楼设计，道路交通、综合管廊及景观工程设计的应用与实践。下篇则深入探讨了深化设计部分，包括综合基础、土建工程、机电工程、钢结构工程、装饰及幕墙工程、场道工程、室外市政景观工程及助航灯光工程的深化设计应用与实践。作为面向建筑行业的工具书，本书不仅提供了详尽的案例和深入的解析，还特别设置了详细的检索，方便读者快速定位所需内容。在编排上，每节内容均遵循背景描述、问题分析、解决方案和总结的逻辑顺序，使得读者能够清晰理解每个设计环节的背景和要点，同时掌握解决问题的有效方法。

在鄂州花湖国际机场的正向全过程BIM实施过程中，针对面临的诸多难题，多部门联合攻关，提出了诸多行之有效的应对策略。本书对鄂州花湖国际机场全过程各方面实践中遇到的问题进行了深入的总结，并提供了翔实的分析以及有针对性的解决策略。通过这一系列的案例，希望能够为未来基于BIM技术的机场相关建设提供启发和参考。

# 方案设计篇

# 2　总体规划与场地设计

## 2.1　总体规划概况

鄂州花湖机场，位于长江之滨，坐落于华中地区的武汉城市圈核心地带，其优越的地理位置赋予其得天独厚的交通优势。机场距离武汉市中心约 76km，距离鄂州市中心约 15km。不仅如此，鄂州花湖机场的飞行覆盖范围广，其 1.5～2h 的飞行圈能够覆盖全国 90%经济人口所在的地区。2021 年 1 月，鄂州花湖机场正式命名。

鄂州花湖机场（图 2-1）作为一座以货运功能为主、客运功能为辅的国际航空货运物流枢纽，在我国航空运输领域占据了重要地位。机场不仅满足了大型物流企业对航线和航班密度的迫切需求，更成为国内对外发展经济的重要门户，展现了其独特的战略价值。机场包括四个主要定位：货运枢纽、客运支线、公共平台、顺丰基地。

图 2-1　鄂州花湖机场效果图

在总体规划方面，鄂州花湖机场远期容量设定为：货邮吞吐量 908 万吨，旅客吞吐量 2000 万人次。鄂州花湖机场第一期建设的航站楼、货运站、转运中心及配套设施预期满足货邮吞吐量 245 万吨，旅客吞吐量 100 万人次。

鄂州花湖机场作为一座专业货运枢纽机场，其战略意义不仅在于提升物流效率，更在于推动所在地区的产业升级和经济社会发展。机场外部的交通网络包括高速公路、铁路轨道、港口，它们共同形成“铁水公空”多式联运的交通网络体系，为机场提供了强大的运输能力和通达的外部交通条件。这一交通网络体系的建立，使得鄂州花湖机场能够充分发挥其货运枢纽的核心作用，有效带动所在地区的产业升级。同时，鄂州花湖机场有助于构建新兴产业集群，为我国打造一个更加快速、稳定、可靠的物流底盘，对促进社会经济发展、减小区域差距和提高人民生活水平起到巨大作用。

项目第一期占地约 118.9 万 $m^2$，其中转运中心是机场的核心建筑，占地约 6.944 万 $m^2$，建筑面积约 67.8 万 $m^2$。鄂州花湖机场项目主要包括机场工程、转运中心工程、顺丰航空基地工程和供油工程等，每个子项目都有其独特的单体构成和功能定位（图 2-2）。

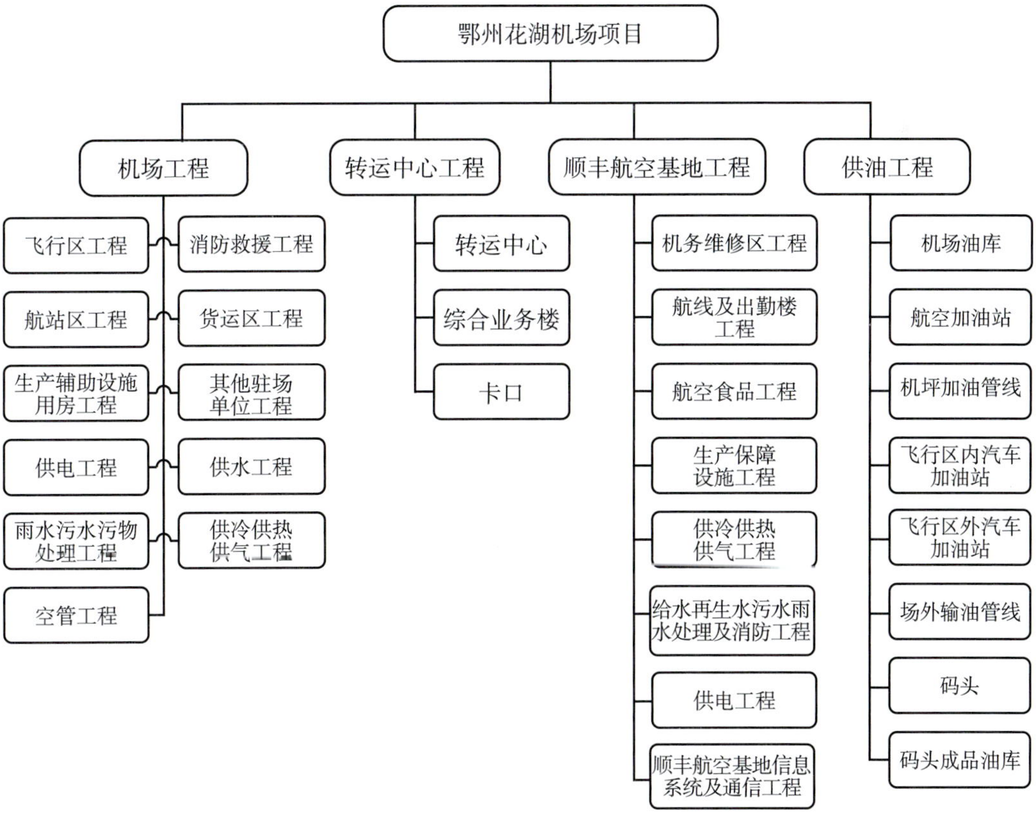


图 2-2　鄂州花湖机场项目各单项工程单体构成图

按照《民用机场工程项目建设标准》（建标 105—2008）EHE 核心枢纽项目属于运输机场类项目，主要由机场生产主体设施、机场生产辅助设施和机场地面交通及公用设施构成（表 2-1）。

表 2-1 鄂州花湖机场项目各单项工程单体类型划分

| | 机场生产主体设施 | 机场生产辅助设施 | 机场地面交通及公用设施 |
|---|---|---|---|
| 机场工程(含空管工程) | 飞行区场道工程，助航灯光、站坪照明及机务用电工程,飞行区道桥工程,安防工程,旅客航站楼工程,货运区工程,消防救援工程,空管工程,机坪塔台 | 机场当局业务用房、其他驻场单位用房 | 陆侧道桥、停车场工程,供电工程,供水工程,雨水、污水、污物处理工程,供冷、供热、供气工程,总图工程 |
| 转运中心工程 | 转运中心 | 综合业务楼、卡口、航材库、机组楼 | |
| 顺丰航空基地工程 | 机务维修区 | 航空食品工程、航线及出勤楼、生产保障设施 | 供冷、供热、供气工程,给水、再生水、污水处理及消防工程,供电工程,顺丰航空基地信息系统及通信工程 |
| 供油工程 | 机场油库、航空加油站、机坪加油管线、飞行区内汽车加油站、飞行区外汽车加油站、场外输油管线、码头、码头成品油库 | | |

## 2.2 设计总协调工作框架

### 2.2.1 工作目标

鄂州花湖机场项目总协调工作框架的设计，旨在确保项目设计的整体协调性和高效性,使各个项目在规划上清晰合理、在设计上衔接良好、在进度和造价上相互配合,符合国家对大型项目建设程序的要求,并为业主提供有力的技术支持和咨询服务。

主要工作目标涵盖以下六个方面:

①组织各设计人员研究建设鄂州花湖机场项目的总体设计方案。

②确定统一的鄂州花湖机场工程设计标准、规范、深度和要求。

③组织编制鄂州花湖机场项目工程设计总说明、总图和总概算等。

④协调鄂州花湖机场工程整体设计进度，组织各设计人员按照要求提交工程设计文件。

⑤负责协调、完成鄂州花湖机场各工程设计文件的衔接设计工作。

⑥统筹协调机场全场 BIM 模型的整合、规划和施工时序的安排。

### 2.2.2 主要职责

针对鄂州花湖机场项目，总协调框架的主要职责包括六大方面。

①总体咨询。按照总体规划，以近远期协调发展、建设工程总体合理为目标，为各项目在设计过程中落实总体规划提供咨询服务。

②全程协调。组织各设计单位研究工程总体设计方案，确定统一的设计标准、规范、深度及要求；协调各设计单位设计进度、接口、界面等衔接性的设计工作；负责协调、完成各设计人员工程设计文件的衔接工作，组织各设计人员按照要求时间提交工程设计文件。

③设计汇总。在初步设计阶段，组织编制设计总说明、总图和总概算，并完成相应阶段汇总平面图和管线汇总图。

④BIM 设计。为 BIM 正向设计提供规范化指导原则，统筹协调机场全场 BIM 模型的整合。

⑤技术预警。分析鄂州花湖机场各工程项目之间在项目组织、规划设计上的影响关系，为发包人合理组织和实施项目出谋划策，对项目组织和实施过程可能出现的技术问题提供预警信息。

⑥结合工程设计过程中实际需要，向发包人提出整体机场工程所涉及的专项研究的建议。例如，场内公用配套设施、机场雨水系统内涝防治规划与评估、绿色机场相关研究、海绵机场、智慧机场研究等。

### 2.2.3 制订工作方案

统筹协调管理整个机场设计工作，配合其他标段设计单位图纸及概算的编制、深化、确认和汇总；确定各区域平面位置，根据机场净空及电磁环境要求统筹协调各类设计建设高度、位置等设计参数，机场红线范围外的净空处理设计，按照机场运行要求配备各类设备设施。

结合鄂州花湖机场工程特点和对项目的理解，工作内容初步拟定见表 2-2。

表 2-2 设计总协调工作

| 序号 | 分类 | 工作内容 | 设计总协调角色定位 |
|---|---|---|---|
| 1 | 总体成果 | 全场总图汇总和确定各区域平面位置 | 完成 |
| | | 全场管线汇总 | 完成 |
| | | 项目分布图 | 完成 |
| | | 总说明、总概算 | 完成 |
| | | 项目造价投资管控 | 协助业主、配合设计人员 |

续表 2-2

| 序号 | 分类 | 工作内容 | 设计总协调角色定位 |
| --- | --- | --- | --- |
| 2 | 规划类 | 控规上报文件 | 配合控规设计人员 |
| | | 总规部分本期工程阶段内容修改 | 完成 |
| | | 土地报规文件 | 协助业主 |
| | | 外围临空区规划涉及机场工程部分 | 协助设计联盟 |
| 3 | 外部设施类 | 机场红线范围外的净空处理设计 | 完成 |
| | | 外部市政交通方案 | 配合业主输出需求预测 |
| | | 轨道交通规划预留方案 | 协同相关标段设计人员 |
| 4 | 已设计招标的各设计标段类（含转运中心） | 整个机场各标段设计图纸及概算编制、深化、确认和汇总 | 配合各标段设计人员 |
| | | 机场各类设计建设高度、位置等参数，机场红线范围外的净空处理设计依据 | 根据机场净空及电磁环境要求，统筹协调各标段设计人员 |
| | | 飞行区平面方案优化 | 完成 |
| | | 补充新增项目前期报告 | 协助业主 |
| | | 优化近机位方案 | 协同转运中心设计人员 |
| | | 陆侧交通路网优化 | 协助场内市政设计人员 |
| | | 场内交通模拟仿真 | 协助相关标段设计人员 |
| | | 全场弱电信息系统设计 | 协助相关标段设计人员 |
| | | 各设计标段间设计界面 | 完成 |
| | | 各设计标段界面部分管线综合 | 协同各标段设计人员 |
| | | 机场管线综合汇总 | 完成 |
| | | 平面、竖向、净空的条件 | 完成 |
| | | 按机场运行要求配备各类设备设施 | 完成 |
| | | 初设设计总说明和概算的汇总 | 完成 |
| | | 初设评审会总体汇报、总概算汇报 | 完成 |
| | | 初设评审会专家意见答复汇总 | 完成 |
| | | 初设报批 | 配合业主 |
| | | 施工图设计整体方案 | 协同、配合各标段设计人员 |

续表 2-2

| 序号 | 分类 | 工作内容 | 设计总协调角色定位 |
|---|---|---|---|
| | 已设计招标的各设计标段类（含转运中心） | 各设计标段施工招标 | 协助对应设计标段设计人员 |
| | | 各设计标段施工、验收配合及资料归档 | 协同各标段设计人员 |
| | | 各类专题研究的确定 | 配合业主 |
| | | 技术预警 | 协同、配合各标段设计人员 |
| | | 设计方案总体协调会和会议纪要 | 完成 |
| 5 | 其他项目类（航油、顺丰航空基地等） | 可研报告编制及报审 | 配合 |
| | | 项目的用地和规划设计条件 | 配合、协助相关设计人员 |
| | | 初设及施工图的设计 | 配合、协助相关设计人员 |
| | | 项目土地(净用地)价格测算 | 配合业主 |
| 6 | 专题研究 | 各类专题研究报告 | 配合相关设计人员 |
| 7 | 临时设施 | 临时设施规划 | 协助业主 |
| | | 场内外临时施工道路及排水方案 | 协助业主和相应标段设计人员 |
| | | 全场土方平衡、土方规模测算、处置场地选址 | 协助业主 |
| | | 明确工程临时围界 | 协助业主 |
| 8 | 施工现场配合 | 解决施工期间出现的技术问题(作业界面,技术对接,预留问题),提醒业主做好上下游的衔接 | 协助业主和各设计人员 |
| | | 根据总规方案,结合工程进度,适时更新规划条件 | 完成 |
| | | 结合施工现场变化需优化运行方案 | 协助业主 |
| | | 施工期间现场临时设施等的咨询服务 | 完成 |

注:以上表格中涉及的词语解释。

a.完成:设计总协调方提交成果。

b.配合:设计总协调方提供必要的对接条件,便于对方提交成果。

c.协助:设计总协调方为对方的成果提供一定的技术咨询。

d.协同:设计总协调方召集、组织相关设计人员。

## 2.2.4 设计总协调工作完成情况

设计总协调的主要目标在总体规划上进行统筹，在设计衔接上进行协调。在项目实施过程中完成五项主要工作。

①牵头各设计方完成总体设计方案；
②协调设计衔接的工作；
③组织设计协调会、方案论证会；
④机场工程各部分设计文件的汇总；
⑤统筹协调全场 BIM 模型的整合（图 2-3，图 2-4）。
各类工作的界定划分如下所示：
（1）汇总类工作
①设计成果（含概算）汇总；
②全场平面地势一张图；
③安保专篇编制。
（2）统筹类工作
①机场工程设计标段的界面划分；
②主要规划方案的确定；
③全场红线范围核定；
④BIM 模型合模；
⑤制度标准类工作。

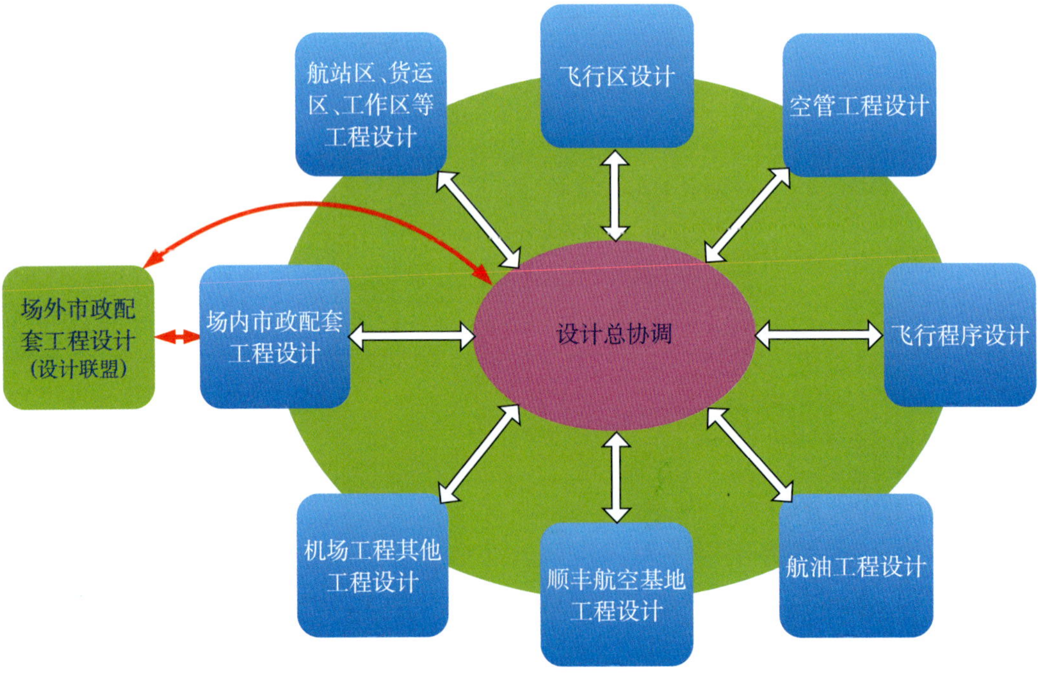


图 2-3　设计总协调对接各部关系图

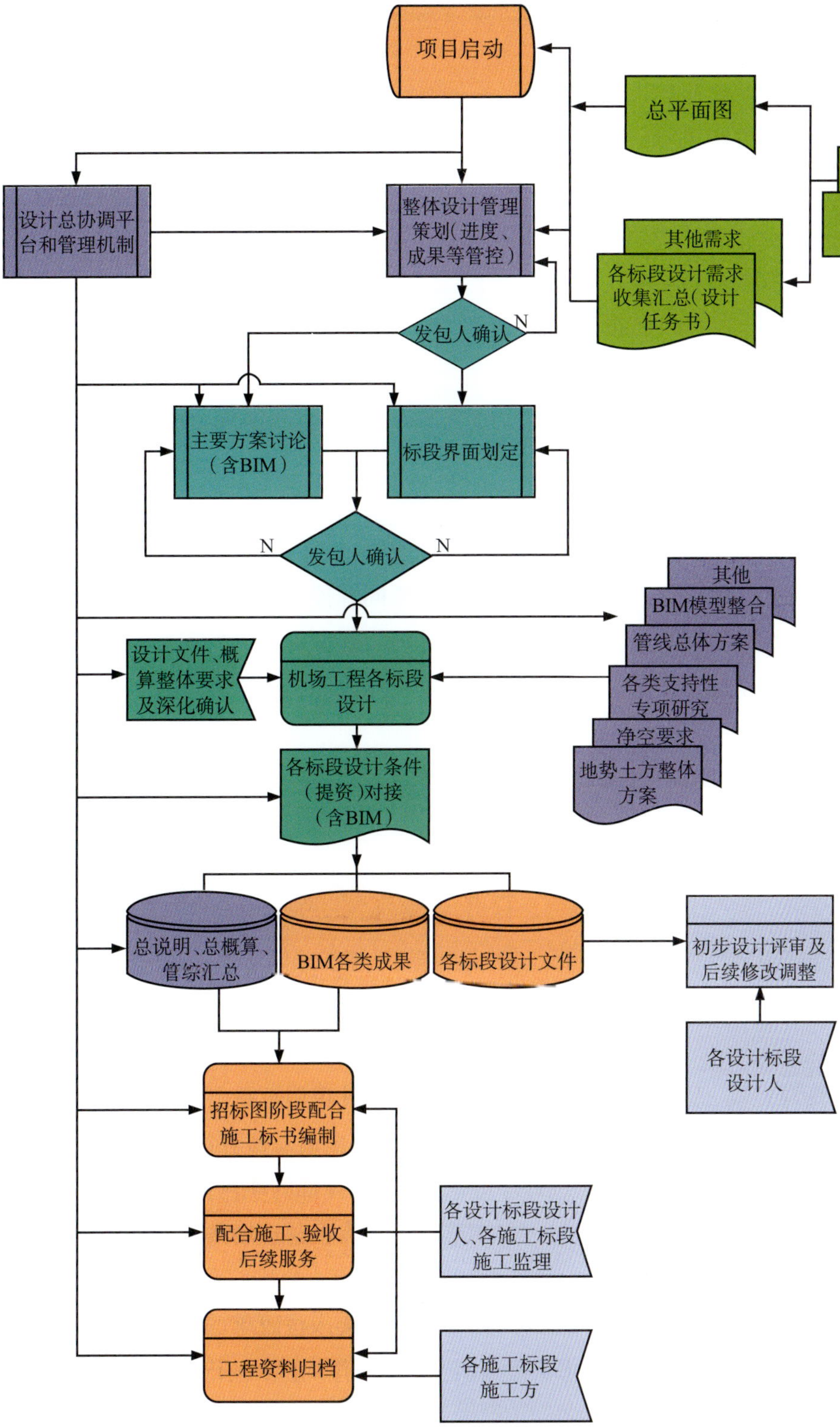


图 2-4　设计总协调工作路径图

(3)全局性专项研究类工作

①施工标段划分方案研究；

②全场土石方调配优化论证；

③挖方区取料方案研究；

④建筑砂石材料适用性研究；

⑤临时设施、临时道路方案研究；

⑥道面纤维材料应用；

⑦走马湖地基处理沉降标准；

⑧智能跑道前期方案研究；

⑨一体化高程土石方计算；

⑩与走马湖工程之间投资拆分。

### 2.2.5 设计总协调工作总结

设计总协调工作的重点在于确保各个设计方协同管控，以工程设计为主领域做好对业主的技术咨询和对外沟通的参谋。结合设计标段划分，重点处理好系统跨标段的协调工作。在确定系统方案的基础上，协同相关各标段的技术方案设计。具体要做好以下方面工作：

①设计界面协调。针对当前设计单位及陆续进入的设计单位，进行项目界面协调工作(场内场外)。

②技术接口协调。复核规划条件,确认需求量和管线接口位置,设计容量、规格、标高等。

③工作进度协调。依据项目目标工期、设计阶段,确定相关原则(如优先原则等)。

④技术专题研讨与咨询论证。包括除评审程序之外的专题研讨、方案论证、解决方案等。

⑤初设说明汇总。后续评审初设一批子项目的设计说明汇总。

⑥初设总概算。各阶段评审程序的项目概算汇总、最后总概算编制。

⑦配合项目报规。结合地方建设程序要求,配合指挥部的项目报建程序。

⑧配合变更程序制定。随规划与方案调整或项目需求与现场条件变化等需要进行合理变更。

⑨总图定期更新。规划条件、项目分布、外部配套接入位置等的更新。

⑩项目工作简报。通报项目进展情况(已完成工作,正在进行工作,下一步计划要点)。

⑪做好业主参谋。提示项目关键节点,相关信息快速反应,临时接受指挥部安排。

## 2.3 全场地势优化设计案例

### 2.3.1 背景描述

拟建场址地处鄂州市东郊，南接黄石、北临黄冈，位于长江由西向南弯道的内侧，行政区地跨燕矶镇、杨叶镇和沙窝乡。场址区域地貌属于长江冲积阶地，地形较平缓，以耕地、林地为主，地表植被覆盖良好。场址地形整体北高南低，地面标高一般为 18 ～ 37m。场内分布有花马湖，湖面水深一般为 2 ～ 3m。场址的西南侧地貌为岗状丘陵，分布有黄山、王梁山等山丘，岗丘标高多在 150 ～ 200m( 图 2-5 )。

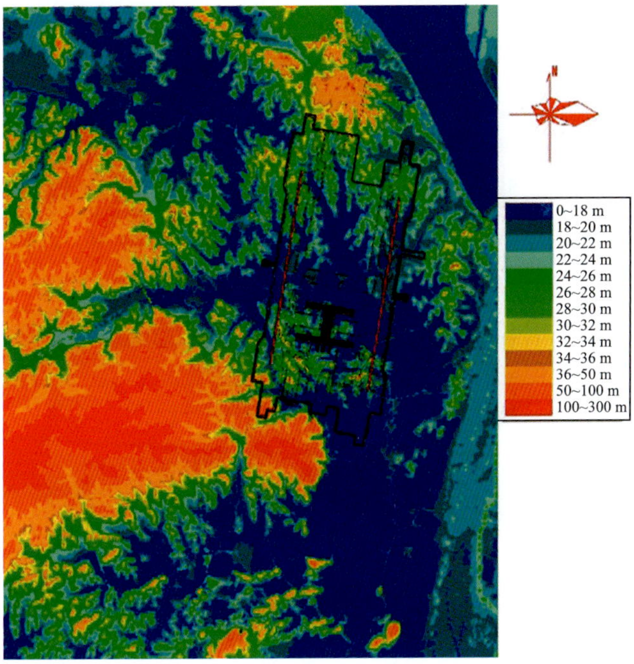


图 2-5 机场场址及周边地形渲染图

### 2.3.2 问题分析

#### 1.防洪要求

(1)长江干堤防洪标准

机场临近的长江干堤昌大堤燕矶段，为二级堤防，设计水位为 26.04m( 1985 国家高程，下同)，堤顶高程 27.54m。参照《长江流域综合规划( 2012—2030 年 )》，长江的防洪标准为防御 "1954 年型" 洪水，在长江流域三峡水利枢纽及各分蓄洪区综合调度运用的前提下，可抵御百年一遇洪水，即机场所处长江干堤的防洪能力满足机场的防洪要求，可有效保障机场的防洪安全。

（2）花马湖流域防洪标准

根据《湖北鄂州民用机场花马湖洪水位复核报告（审定本）》结论，机场按照第一期总平面规划方案建成后，花马湖流域规划建设的水利工程已建成运行，当花马湖流域遭遇 100 年一遇洪水时，花马湖的最高洪水位为 19.43m，遭遇 300 年一遇洪水时，花马湖的最高洪水位为 20.08m。

### 2.长江航道限高

根据《湖北国际物流核心枢纽项目鄂州花湖机场工程船舶通航影响分析报告》，在洪水期，飞机直线离场时机场东跑道端点距离现行航道边界的距离为 2066.54m，飞机偏置 15°离场时机场东跑道端点距离现行航道边界的距离为 1761.72m；飞机直线离场时机场西跑道端点距离现行航道边界的距离为 3330.85m，飞机偏置 15°离场时机场西跑道端点距离现行航道边界的距离为 3789.33m。

根据《长江海事局桥区通航安全管理规定》，鄂州花湖机场工程上游的鄂黄长江大桥设计最高通航水位为 25.58m，船舶水面上最高点限制标高为 47.62m；黄石长江大桥设计最高通航水位为 23.76m，船舶水面上最高点限制标高为 46.32m。过往船舶在不能眠桅的状态下通过桥梁时，船舶水面上最高点的高程主要受到船舶吃水和当时水位的影响，但总体上受到黄石长江大桥的限制，不得超过 46.32m（图 2-6）。

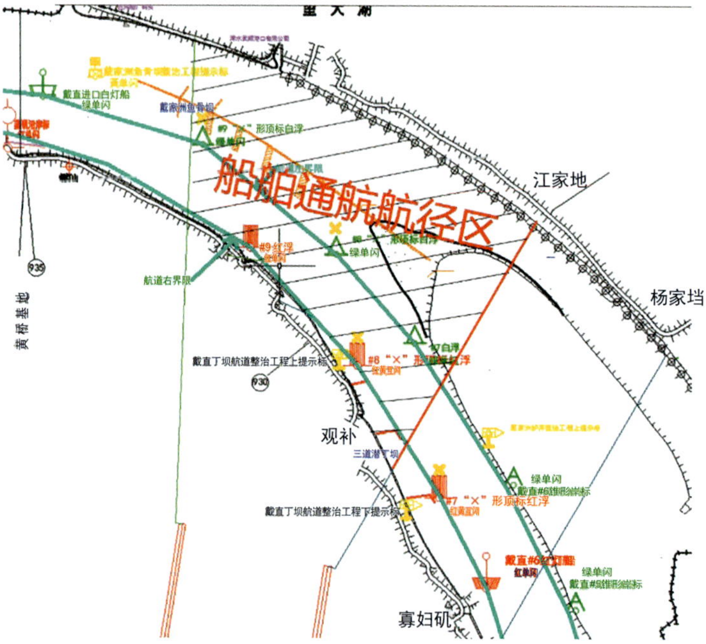


图 2-6　船舶通航航径区平面示意图

根据飞机的起飞技术要求，飞机一发失效时起飞航径区纵向坡度按照大于2.4%控制，该情况下飞机航经跑道端点时的高度不得低于35英尺(10.668m)；在预留足够的安全余度后，起飞航径区障碍物控制面坡度按照1.6%控制。机场东跑道端点与航道边界的距离为1761.72m，则东跑道北端标高应不低于47.62−1761.72×1.6%=19.432m(图2-7)。

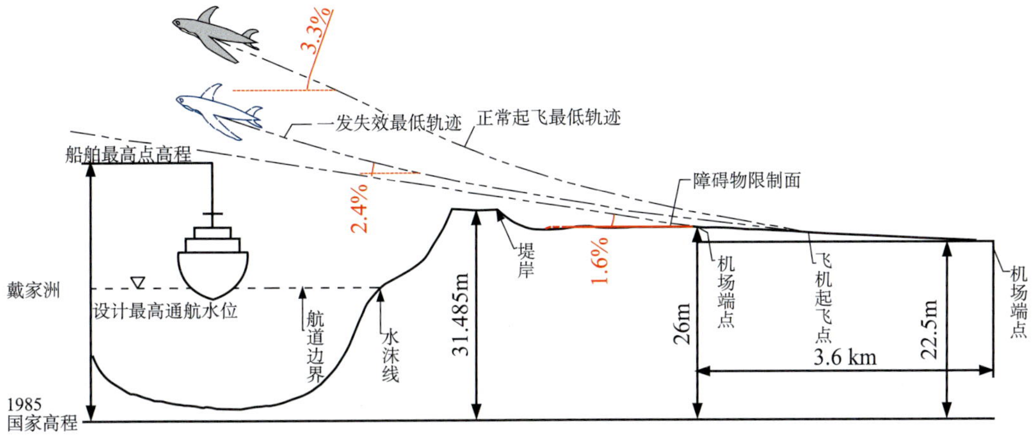


图2-7 船舶通航航径区断面示意图

### 2.3.3 解决方案

#### 1.地势设计原则

根据机场平面布局，综合考虑场区实际情况，力求满足机场在建设完成后合理、有效地使用，确定以下地势设计原则：

①符合《民用机场飞行区技术标准》(MH 5001—2013)的要求，合理选择设计坡度，保证飞行安全。

②满足《民用机场排水设计规范》(MH/T 5036—2017)的要求。机场标高按要求选用100年一遇的防洪设计标准，并按300年一遇的防洪标准进行校核。

③结合排水出口的位置，合理布设排水沟，使得飞行区满足5年重现期、雨水自流排放的排涝要求。

④第一期工程场内土石方以填方为主，因此，本工程不存在填挖平衡的方案比选，只需结合净空处理，在满足防洪排涝的前提下，尽可能减少本期工程填方量，适当考虑远期工程土方量，力求经济合理。

⑤跑道标高应满足长江通航船舶的限高要求。

⑥充分考虑第一期工程与远期发展的关系，本期设施和远期设施、飞行区和机场其他区域能够顺利衔接。

### 2.地势方案比选

结合填挖方量数据，场区填方需求量大于挖方量，需要从净空区超挖回填。地势优化策略：在满足防洪要求及各种净空要求的前提下，尽量降低场内标高，减少场区填土石方工程量。

（1）跑道端最低标高

根据标高控制要素及地势设计原则，采用100年一遇最高洪水位19.43m，考虑工后沉降0.3m，安全加高0.5m，确定场内最低点标高为20.23m。

跑道端中心线最低标高推算如下：根据行业标准《民用航空通信导航监视台（站）设置场地规范》（MH/T 4003.1—2021）要求，为保证临界区内有良好的排水性能，可沿下滑信标台一侧的跑道边缘和C区与A区交界的C区一侧构筑适当宽度的排水沟。排水沟处为场内最低点标高20.23m，由此推算出跑道端中心线标高为22.35m（图2-8）。

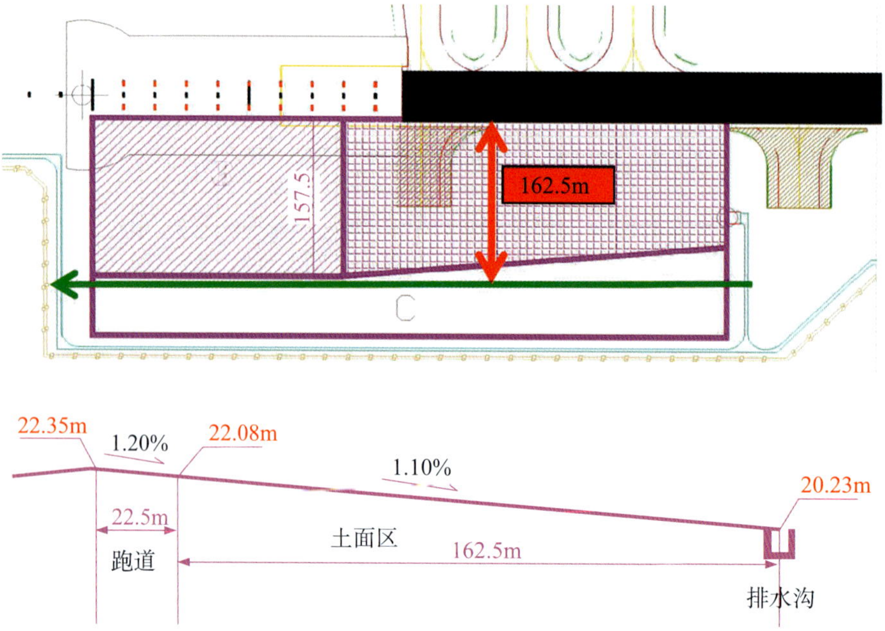


图2-8　跑道坡面示意图

（2）跑道纵坡

纵坡方面，从北向南降坡具有合理性。

主坡段分为三段（图2-9）：①跑道北端至远期转运中心边界；②转运中心范围（含远期）；③转运中心边界至跑道南端。坡段①可以在规范范围内尽量压低，以减少全场填方量；应尽量保持统一标高，但是也可以考虑适当压低该区域标高，以减少场内填方量。坡段③用于调节跑道南端标高，保证其满足防洪水位以及调整净空处理的需求。

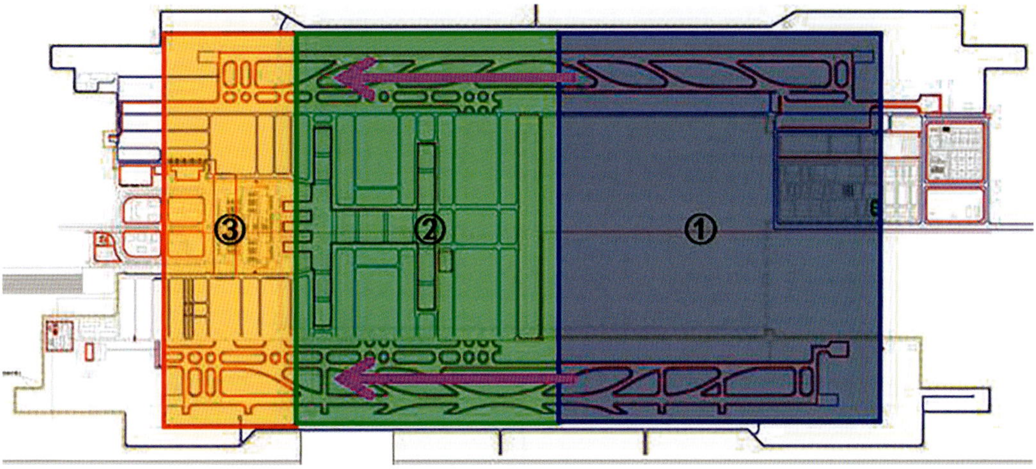


图 2-9　跑道分段示意图

结合防洪、排水等因素，西跑道设计为两端高，中部 2600m 平坡，跑道纵坡 0.18%、0%、0.15%。

西跑道北端 22.35m，中部平坡 21.6m，南端 22.5m（图 2-10）。

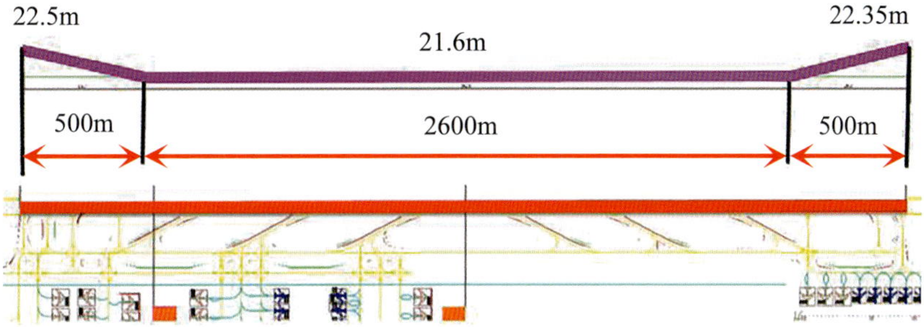


图 2-10　西跑道标高示意图

东跑道设计两个方案。

方案一：东跑道北端高南端低，跑道纵坡 0.028%。东跑道北端 23.35m，南端 22.35m（图 2-11）。

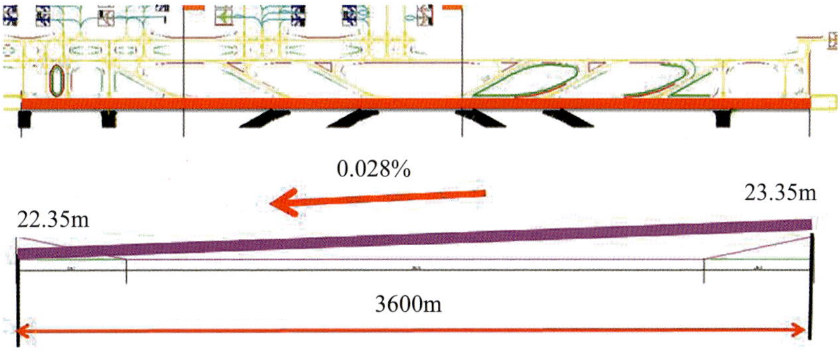


图 2-11　东跑道方案一标高示意图

方案二：东跑道中间高两端低，跑道纵坡 0.022%。东跑道北端 22.35m，南端 22.35m，中间高点 22.75m（图 2-12）。

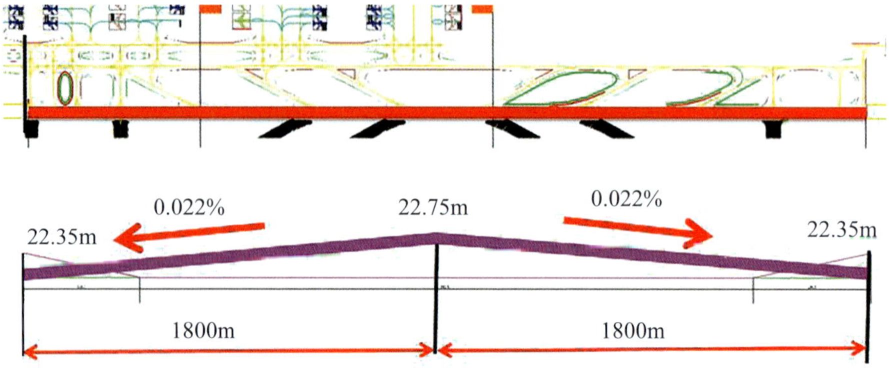


图 2-12　东跑道方案二标高示意图

## 2.3.4　总结

通过方案对比，最终选用方案一（表 2-3），全场地势标高如图 2-13 所示。

表 2-3　地势设计优化方案对比

| 方案 | 优点 | 缺点 | 工程量和投资 |
|---|---|---|---|
| 方案一<br>西跑道两端高，中间低，中部 2600m 平坡；<br>东跑道北端高南端低；<br>转运中心 23.0m | ①跑道、滑行道道面横坡为 1.2%；<br>②东跑道北端、西跑道南端下滑台保护区内不设置排水沟；<br>③东跑道外侧第一期只设置 1 个出水口，远期可以取消；<br>④南工作区道路纵坡和雨水方案比较合适 | 西跑道外侧比初设增加 1 个出水口，需要水务局复核场外接纳能力 | ①总填方 4500 万 $m^3$，总挖方 1600 万 $m^3$；<br>②总填方比可研报告减少 500 万 $m^3$，投资减少 2.75 亿（55 元/$m^3$），比初设减少 1500 万 $m^3$，投资减少 10.5 亿（70 元/$m^3$） |
| 方案二<br>西跑道两端高，中间低，中部 2600m 平坡；<br>东跑道中间高两端低；<br>转运中心 23.0m | ①跑道、滑行道道面横坡为 1.2%；<br>②西跑道南端下滑台保护区内不设置排水沟；<br>③东跑道北端新增 2 个出水口；<br>④南工作区道路纵坡和雨水方案比较合适；<br>⑤东跑道雨水出口路径较短，断面也较小，排水比较顺畅 | ①西跑道外侧比初设增加 1 个出水口，东跑道外侧不设置出水口，需要水务局复核场外接纳能力；<br>②东跑道两端下滑台保护区 C 区内需要设置盖板排水沟；<br>③远期东跑道北端雨水无法改造为往南排放，只能往北出 | ①总填方 4300 万 $m^3$，总挖方 1800 万 $m^3$；<br>②总填方比可研报告减少 700 万 $m^3$，投资减少 3.85 亿（55 元/$m^3$），比初设减少 1700 万 $m^3$，投资减少 11.9 亿（70 元/$m^3$） |

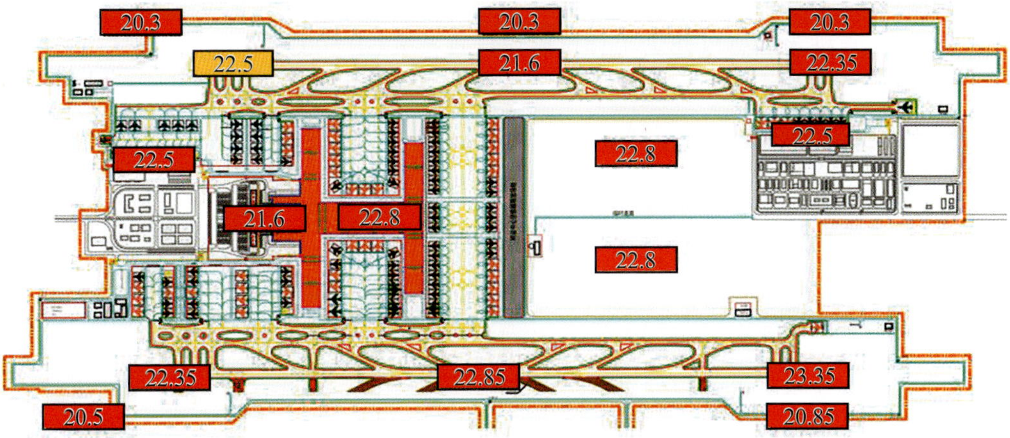


图 2-13　全场地势标高示意图(单位:m)

## 2.4　地基处理方案的优化比选

### 2.4.1　背景描述

湖北鄂州花湖机场工程市政配套工程中地基处理设计的主要设计内容包括综合管廊、市政道路、综合管线、排水管道、污水泵站及垃圾转运站、能源中心、供水泵站和开闭站等建(构)筑物的地基处理。

### 2.4.2　设计依据

《建筑结构可靠性设计统一标准》(GB 50068—2018);

《建筑结构荷载规范》(GB 50009—2012);

《建筑地基基础设计规范》(GB 50007—2011);

《建筑地基处理技术规范》(JGJ 79—2012);

《建筑边坡工程技术规范》(GB 50330—2013);

《建筑桩基技术规范》(JGJ 94—2008);

湖北省地方标准《预应力混凝土管桩基础技术规程》(DB 42/489—2008);

《建筑地基基础工程施工质量验收标准》(GB 50202—2018);

《建筑基坑支护技术规程》(JGJ 120—2012);

《城市综合管廊工程技术规范》(GB 50838—2015);

《城市道路工程设计规范》(2016 年版)(CJJ 37—2012);

《砌体结构工程施工质量验收规范》(GB 50203—2011);

《给水排水工程构筑物结构设计规范》(GB 50069—2002);
《室外给水排水和燃气热力工程抗震设计规范》(GB 50032—2003);
《民用机场岩土工程设计规范》(MH/T 5027—2013);
《民用机场勘测规范》(MH/T 5025—2011);
《民用机场飞行区土石方与道面基(垫)层施工技术规范》(MH/T 5014—2002);
《民用机场高填方工程技术规范》(MH/T 5035—2017);
《公路路基设计规范》(JTG D30—2015);
《公路工程抗震规范》(JTG B02—2013);
《公路工程技术标准》(JTG B01—2014);
《公路土工合成材料应用技术规范》(JTG/TD 32—2012);
《岩土工程勘察规范》(2009 版)(GB 50021—2001);
《公路工程土工合成材料试验规程》(JTG E50—2006);
《土工合成材料测试规程》(SL/T 235—2012);
《土工合成材料塑料土工格栅》(GB 17689—2008);
《走马湖水系综合治理工程勘察报告》2018 年 4 月①;
走马湖水系(含螺丝径湖)综合治理工程(机场配套工程);
国家相关其他现行标准、手册和规范。

### 2.4.3 解决方案

1.走马湖水系治理工程的主要地基处理方案

走马湖水系治理工程分 1 标段和 2 标段,根据业主提供的施工图设计文件,其主要地基处理形式有:清淤置换、抛石挤淤、强夯置换、堆载预压。

本市政配套工程设计在充分理解走马湖水系治理工程 1 标段和 2 标段的施工图设计文件的基础上,结合机场工程项目各标段的边界条件,根据本标段各单体的设计要求,提出各单体的地基处理方案。本处理方案需要走马湖水系治理工程设计方配合调整设计内容,以满足项目工程质量和进度的要求。

2.地基处理方案

(1)市政道路地基处理方案

场平交付后对道路范围内填土翻挖 80 cm 并碾压密实,达到 92%压实度以上即可。

(2)管线地基处理方案

综合管线、排水管道等地基处理,均在走马湖水系综合治理工程完成及机场地势完

① 中国勘察设计院(湖北)有限责任公司。

成后根据处理后的地基情况进行二次处理。

(3)建(构)筑物地基处理方案

污水泵站及垃圾转运站、能源中心、供水泵站以及开闭站等单体建筑，均采用框架结构设计，其中部分柱网较大，单柱荷载亦较重。另外，鉴于这些单体建筑在机场整体规模中相对较小，为避免其地基处理对水系治理工程造成潜在影响，考虑采用桩基础的形式。桩基础施工将严格依照地势设计完成面的交付标高进行。

在桩基础选型方面，可采用PHC管桩或混凝土灌注桩，从质量控制、施工工期等方面考虑，本标段上述单体拟采用PHC管桩，因抛石挤淤石块或回填石块的粒径大小会影响管桩施工，建议回填石块的最大粒径不大于20cm，同时管桩区域不能为抛石挤淤或强夯置换的处理范围。若上述条件无法得到满足，或为达到上述条件影响走马湖水系治理工程的工程质量、进度、费用时，则单体建筑的桩基方案采用灌注桩方案较为稳妥。目前单体建(构)筑物地基处理方案中对水系治理工程地基处理的要求如下：

①场地平整回填土应采用黏土、砂土或碎石土(最大粒径不大于20cm)压实回填，压实回填后的地基承载力特征值$f_{ak}$不小于120kPa，压实系数不小于0.94，固体体积率不小于0.80；

②在单体建筑影响范围内，不能采用强夯置换和抛石挤淤工艺。

### 3.管廊地基处理方案

(1)基坑方案及施工次序

因管廊地基处理方案涉及本标段与水系治理工程的施工工作面交接问题及基础处理方案问题，为此需将施工次序及基坑方案进行明确。

①施工图设计的管廊基坑方案

经多方讨论及初步设计评审意见综合考虑，管廊基坑方案为：挖方段和填方段，均采用大放坡设计。根据土质情况不同，挖方段可采用1∶1～1∶1.5的坡率，填方段采用1∶1.5～1∶2的坡率。

②施工次序

综合管廊基坑与走马湖水系治理工程施工工作面的交接，直接影响到机场工程的质量、进度、造价，经过项目各方进行专题研究讨论后，最终确定两个优化设计方案。

方案一：走马湖水系治理工程的管廊位置只回填至16m标高。该方案可节省大量的土方回填和开挖量，进而降低相应的工程成本。然而，此方案也面临两大挑战。首先，按照原走马湖水系治理工程的设计，基坑两侧空间及放坡范围的软基处理应达到特定标准。然而，在方案一中，一方面这部分软基处理并未达到设计要求，因此需要二次地基处理，增加建设费用；另一方面该预留位置放置时间约两年，地处整个场地的最低点，实际上已形成了一条沟壑，积水会造成原地基土和边坡的软化，存在一定安全质量风险。

方案二：走马湖水系治理工程按原设计回填至20m标高。解决了方案一的问题，但同时也增加了土方开挖量。

本设计推荐采用方案二，既不影响原走马湖水系治理工程，又避免了不必要的风险。

（2）地基处理方案比选

管廊地基处理方案的选用原则：科学合理、技术先进、节约投资、有利环保、施工快捷。根据《走马湖水系综合治理工程勘察报告》及走马湖水系综合治理工程项目的设计资料，本工程综合管廊跨越多个地貌单元，地质情况复杂，湖泊水面区域大，软土层厚度大，且厚度不同；管廊跨越机场各功能区，各功能区对地基处理要求不一，管廊本身对地基处理的要求与各功能区的地基处理要求也有差异，特别是对工后沉降和工后不均匀沉降的要求不同。因此，需要结合管廊自身情况及地质条件，对各部位的管廊地基制订相应的处理方案，力求技术、经济与工期的有机结合（表2-4）。

表2-4　管廊地基处理方案比选

| 项目 | 适用条件 | 优点 | 缺点 |
|---|---|---|---|
| 天然地基 | 适用于满足管廊地基承载力和变形要求的较好的地层情况 | 无特殊地基处理 | 对地基承载力和变形要求较高 |
| 换填地基 | 适用于管廊基底下存在不大于3m厚度软土的情况 | 方法简单，工期较短，造价较低 | 处理深度有限，弃土较多，需要外运或处理 |
| 水泥搅拌桩 | 适用于管廊基底下存在3～10m厚软土的情况 | 工艺相对简单，形成复合地基，减少沉降量 | 单价便宜但数量很多，总造价较高，施工速度较慢，抗水平力能力很差 |
| CFG桩 | 适用于处理桩端具有相对硬土层、承载力标准值不低于70kPa的淤泥质土、非欠固结人工填土等地基 | 采用工业废料粉煤灰作为掺合料，施工工艺简单，工期短 | 持力层存在地下水情况，难以成孔 |
| PHC管桩 | 适用于各种地层情况，特别是下部具有较为稳定的土层或岩层时 | 施工快速、检测方便，挤土效应可提高基土承载力 | 单价较高但数量少，总造价适中 |
| 灌注桩 | 适用于各种地层情况 | 刚度大，变形小，具有较大的水平承载力 | 造价较高，施工工序繁多，工期长 |

本工程地质变化很大，挖方段基本无软土，采用天然地基或局部换填地基可满足管廊承载力和沉降要求；填方段因软土厚度不一，当软土厚度小于3m时可采用换填地基，软土厚度大于3m时需考虑采用桩，因此，以下主要对桩型的选择进行比选。

水泥土搅拌桩一般按柔性桩进行地基承载力和变形计算复核；CFG桩一般按刚性桩进行地基承载力和变形计算复核；PHC管桩和灌注桩一般按桩基础进行承载力和变形计算复核。经上述表格的初步技术比选，以下主要对水泥土搅拌桩和PHC管桩（或灌注桩)进行全面的技术、经济对比(表2-5)。

**表2-5 桩型比选**

| 指标 | 方案 | | 备注说明 |
|---|---|---|---|
| | 方案一:水泥土搅拌桩复合地基 | 方案二:PHC管桩(或灌注桩)基础 | |
| 技术方案 | 以<4-2>或<5-2>粉质黏土作为持力层,属于柔性桩复合地基,处理后仍有一定的沉降变形,能适应管廊周边沉降 | 以<6-1>强风化细砂岩或<6-2>中风化细砂岩作为持力层,属于桩基础,使得管廊沉降很小,但由于周边地面仍有较大的工后沉降,会对桩产生一定的负摩阻力,影响单桩承载力 | 两者技术上均可行;方案一在处理管廊与周边地面的沉降差上具有一定优势 |
| 施工工序 | 水系治理施工至20m标高,进行水泥土搅拌桩施工,反开挖进行管廊主体结构施工 | 水系治理施工至20m标高,进行桩施工,反开挖进行管廊主体结构施工 | |
| 施工质量 | 施工质量离散性仍较大 | 桩身质量有保障,验收手段简单可控 | |
| 施工工期 | 结合水系治理工程一起实施,工期上有优势,但存在交叉作业,同时施工保护措施要得当,否则可能影响工程质量 | 施工速度较快,不存在交叉作业和施工保护措施,质量有保障 | |
| 费用 | 56.64万元+30.52万元<br>=87.16万元(每30m费用) | 32.2万元+36.5万元<br>=68.7万元(每30m费用) | 第一项为地基处理费用,第二项为含土方的基坑费用 |

综上所述,PHC管桩(或灌注桩)基础方案在施工质量、经济性上均具有更大的优势,推荐采用方案二;管廊基底下存在厚度大于3m的软土,采用PHC管桩(或灌注桩)基础。

注:因受本工程场地回填土粒径控制的影响,PHC管桩存在施工可行性问题,如试验表明本工程回填土场地难以压入PHC管桩时,则需改用灌注桩。

(3)管廊地基处理方案

①天然地基(A型地基处理):挖方段管廊大部分均位于中风化岩上,承载力满足要求,采用天然地基(图2-14)。

②换填地基(B型地基处理):填方段管廊,由于地基土多为淤泥质土,厚度不一,且存在水位较高的地下水,综合考虑施工工期、造价等方面的因素,管廊基底下存在厚度不大于3m的软土,且下部土体能满足管廊承载力和沉降要求,采用换填地基。换填材料采用碎石砂,所用填料的最大粒径不得大于压实层厚的2/3,要求级配良好,不均匀系数$C_u \geq 5$,曲率系数$C_c=1 \sim 3$,含泥量不大于15%。换填压实度不低于96%(图2-15)。

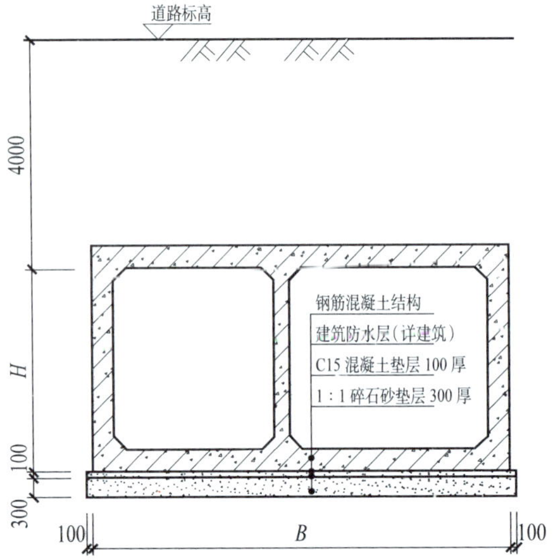


图 2-14　A 型地基处理

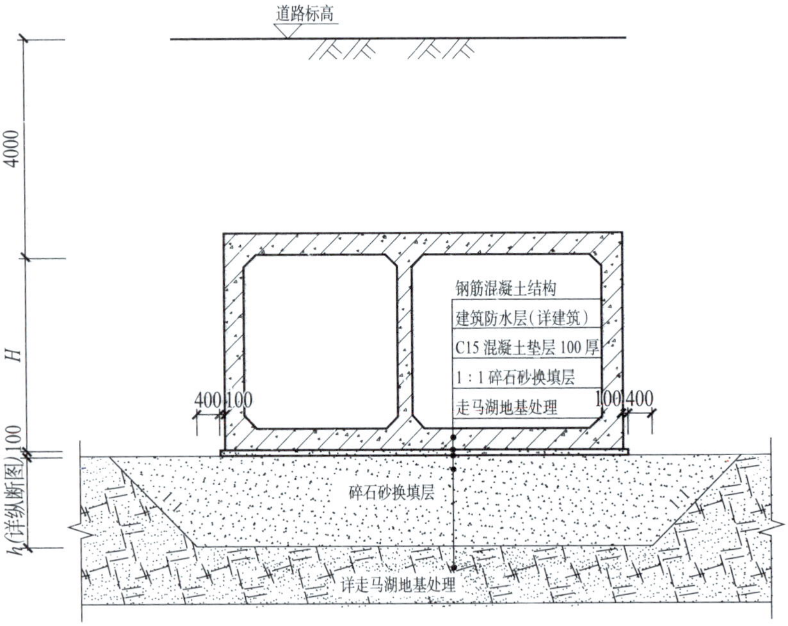


图 2-15　B 型地基处理

③PHC 管桩(或灌注桩)基础(C 型地基处理):管廊基底下存在厚度大于 3m 的软土,采用 PHC 管桩(或灌注桩)基础,同时满足地基承载力及沉降要求(图 2-16)。

④管廊节点特殊处理:远期预留隧道下穿管廊部位,因管廊先于隧道施工,为此该部分需采用钻孔灌注桩作为管廊基础。

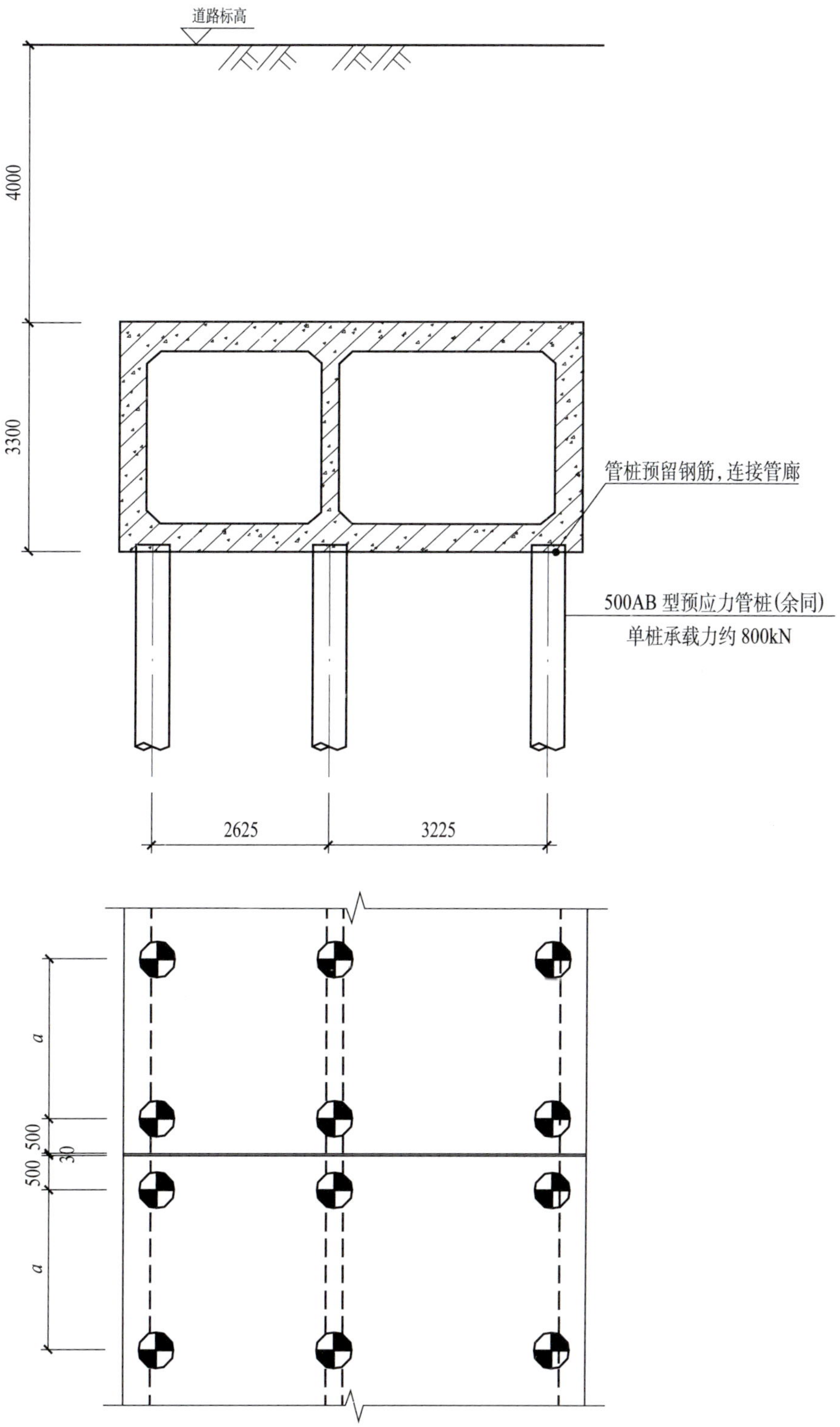
道路标高
4000
3300
管桩预留钢筋，连接管廊
500AB 型预应力管桩(余同)
单桩承载力约 800kN
2625
3225
a
500
30
500
a

图 2-16　C 型地基处理

(4)管廊回填土方案

按目前采用PHC管桩(或灌注桩)20m标高反开挖方案,反开挖的土方可用于管廊结构完成后的土方回填,为确保回填质量,反开挖基坑放坡底边线距离管廊结构边线应不少于2m,以确保小型压路机进行基坑土回填,管廊反开挖多余的土方量外运。具体回填要求见图2-17。

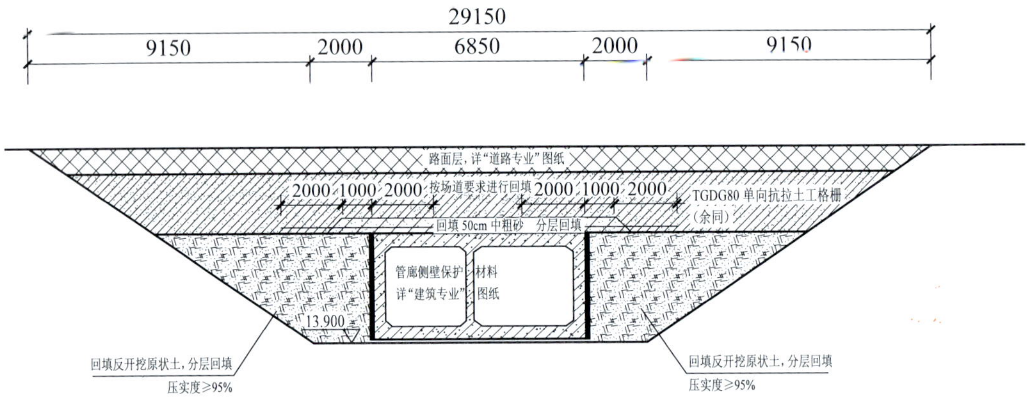


图2-17 管廊回填大样

(5)四标段对走马湖水系治理工程的要求

管廊地基处理对走马湖水系治理工程的要求(对应关系详表2-6)。

①A型地基处理:无。

②B型地基处理:无。

③C型地基处理:鉴于抛石挤淤、强夯置换、堆载预压工艺的回填材料可能对管桩的施工造成不利影响,为确保施工顺利进行,建议在管廊边线外扩5m的范围内,严格控制回填材料的最大粒径,确保不超过20cm。同时在此范围内不能采用抛石挤淤和强夯置换处理方案。另外,堆载预压设计中淤泥层顶部铺设的一层多向复合土工垫或加筋滤网,以及堆载预压中设置的塑料排水板,都有可能会对管桩施工造成影响,建议通过现场试验验证,否则需改用钻孔灌注桩。

④管廊边线外扩5m的范围内,回填材料的最大粒径不大于20cm,压实回填后的地基承载力特征值$f_{ak}$不小于120kPa,压实系数不小于0.94,固体体积率不小于80%。

(6)单体建(构)筑物地基处理方案对走马湖水系治理工程的要求

①场地平整回填土应采用黏土、砂土或碎石土(最大粒径不大于20cm)压实回填,压实回填后的地基承载力特征值$f_{ak}$不小于120kPa,压实系数不小于0.94,固体体积率不小于80%;

②单体建筑影响范围内,不能采用强夯置换和抛石挤淤工艺。

表 2-6　地基处理主要工程量及造价汇总表

| 序号 | 处理代号 | 管廊起点桩号 | 管廊终点桩号 | 填筑标高 / m | 软土深度范围 / m | 软土平均厚度 / m | 对应钻孔 | 管廊地基承载力要求 / kPa | 管廊地基处理方案 | 预估桩长 |
|---|---|---|---|---|---|---|---|---|---|---|
| 1 | 2-BP-QH-02 | K0+000 | K0+046 | 20 | — | 不明 | L712、L713、L714 | 160 | C 型（管桩或灌注桩） | — |
| 2 | 2-BP-DZ-02 | K0+046 | K0+084 | 20 | — | 不明 | L716 | 160 | C 型（管桩或灌注桩） | — |
| 3 | 2-GZ-JY-7 | K0+084 | K0+098 | 20 | — | 2 | L718、L720、L722 | 160 | B 型 | — |
| 4 | 2-GZ-NO-7 | K0+098 | K0+220 | 20 | — | 0 | L724、L726、L728、L730 | 160 | B 型 | — |
| 5 | 2-GZ-JY-4 | K0+220 | K0+290 | 20 | — | 2 | 无 | 160 | B 型 | — |
| 6 | 2-GZ-NO-7 | K0+290 | K0+330 | 20 | — | 0 | L724、L726、L728、L730 | 160 | B 型 | — |
| 7 | ≥20m 高程区 | K0+330 | K0+600 | 20 | — | 0 | J236、J243、J249 | 160 | A 型 | — |
| 8 | 2-GZ-NO-6 | K0+600 | K0+640 | 20 | — | 0 |  | 160 | A 型 | — |
| 9 | 2-DC-QH-8 | K0+640 | K0+785 | 20 | 0.5 ～ 1.3 | 0.8 | L734、L736、L738、L740、L742 | 160 | C 型（管桩或灌注桩） | — |
| 10 | 2-DC-NO-19 | K0+785 | K0+830 | 20 | — | 0 | L744、L746 | 160 | B 型 | — |
| 11 | ≥20m 高程区 | K0+830 | K0+930 | 20 | — | 0 | J270 | 160 | A 型 | — |
| 12 | 2-DC-NO-19 | K0+930 | K0+969 | 20 | — | 0 | J270 | 160 | C 型（管桩或灌注桩） | — |
| 13 | 2-DC-QH-7 | K0+969 | K1+042 | 20 | 0.5 ～ 3.4 | 1 | L748、L749、L750 | 160 | C 型（管桩或灌注桩） | — |
| 14 | 2-DC-NO-18 | K1+042 | K1+065 | 20 | — | 0 | J286 | 160 | C 型（管桩或灌注桩） | — |
| 15 | ≥20m 高程区 | K1+065 | K1+120 | 20 | — | 0 | J286 | 160 | A 型 | — |
| 16 | 2-DC-NO-18 | K1+120 | K1+166 | 20 | — | 0 | J294 | 160 | A 型 | — |

续表 2-6

| 序号 | 处理代号 | 管廊起点桩号 | 管廊终点桩号 | 填筑标高/m | 软土深度范围/m | 软土平均厚度/m | 对应钻孔 | 管廊地基承载力要求/kPa | 管廊地基处理方案 | 预估桩长 |
|---|---|---|---|---|---|---|---|---|---|---|
| 17 | ≥20m 高程区 | K1+166 | K1+197 | 20 | — | 0 | J286 | 160 | A 型 | — |
| 18 | 2-DC-NO-18 | K1+197 | K1+259 | 20 | — | 0 | J294 | 160 | A 型 | — |
| 19 | 2-HZ-JY-4 | K1+259 | K1+344 | 23 | — | 2 | J303、J312 | 160 | B 型 | — |
| 20 | 2-DC-QH-6 | K1+344 | K1+420 | 20 | 2～3.8 | 3 | J321 | 160 | C 型(管桩或灌注桩) | — |
| 21 | 2-HZ-NO-5 | K1+420 | K1+460 | 23 | — | 0 | J320 | 160 | A 型 | — |
| 22 | ≥20m 高程区 | K1+460 | K1+690 | 20 | — | 0 | J319、J327、J328、J336、J337 | 160 | A 型 | — |
| 23 | 2-DC-NO-16 | K1+690 | K1+710 | 20 | — | 0 | 无 | 160 | B 型 | — |
| 24 | 2-DC-QH-5 | K1+710 | K1+800 | 20 | 0.7～2.7 | 1.5 | J346 | 160 | C 型(管桩或灌注桩) | — |
| 25 | 2-DC-NO-15 | K1+800 | K1+873 | 20 | — | 0 | J354、J361 | 160 | B 型 | — |
| 26 | ≥20m 高程区 | K1+873 | K1+890 | 20 | — | 0 | J354、J361 | 160 | B 型 | — |
| 27 | 2-DC-NO-15 | K1+890 | K1+895 | 20 | — | 0 | J354、J361 | 160 | B 型 | — |
| 28 | 2-DC-QH-4 | K1+895 | K1+980 | 20 | 0.3～4.0 | 2.1 | J361、J369、J370 | 160 | C 型(管桩或灌注桩) | — |
| 29 | 2-HZ-JY-1 | K1+980 | K2+030 | 23 | — | 2 | J378 | 160 | B 型 | — |
| 30 | 2-HZ-NO-2 | K2+030 | K2+090 | 23 | — | 0 | J379 | 160 | A 型 | — |
| 31 | 1-DC-RT(DZ)-4 | K2+090 | K2+544 | 20 | — | 8.5 | J388、J395、J404、J412、J455 | 160 | C 型(管桩或灌注桩) | — |
| 32 | 1-HZ-RT(DZ)-1 | K2+544 | K2+678 | 20 | — | 8.5 | J473、J491 | 160 | C 型(管桩或灌注桩) | — |

续表 2-6

| 序号 | 处理代号 | 管廊起点桩号 | 管廊终点桩号 | 填筑标高/m | 软土深度范围/m | 软土平均厚度/m | 对应钻孔 | 管廊地基承载力要求/kPa | 管廊地基处理方案 | 预估桩长 |
|---|---|---|---|---|---|---|---|---|---|---|
| 33 | 2-YLDC-QH-8 | K2+678 | K2+765 | 20 | 0.5～2.8 | 2.2 | J509 | 160 | C 型(管桩或灌注桩) | — |
| 34 | 2-YLDC-DZ-2 | K2+765 | K2+880 | 20 | — | 不明 | J527、J545 | 160 | C 型(管桩或灌注桩) | — |
| 35 | 2-YLDC-QH-7 | K2+880 | K2+992 | 20 | 0.7～2.6 | 1.6 | J563、J562、J544、H57 | 160 | C 型(管桩或灌注桩) | — |
| 36 | 2-YLDC-DZ-2 | K2+992 | K3+098 | 20 | — | 不明 | J580、J579 | 160 | C 型(管桩或灌注桩) | — |
| 37 | 2-YLDC-QH-5 | K3+098 | K3+290 | 20 | 0.5～3.6 | 2 | J595、J612、J630、J594、J611、J629 | 160 | C 型(管桩或灌注桩) | — |
| 38 | 2-YLDC-NO-5 | K3+290 | K3+358 | 20 | — | 0 | J648、J647 | 160 | A 型 | — |
| 39 | ≥20m 高程区 | K3+358 | K3+460 | 20 | — | 0 | J666 | 160 | A 型 | — |
| 40 | 2-YLDC-NO-5 | K3+460 | K3+492 | 20 | — | 0 | J648、J647 | 160 | A 型 | — |
| 41 | 2-YLDC-DZ-1 | K3+492 | K3+575 | 20 | — | 不明 | F141 | 160 | C 型(管桩或灌注桩) | — |
| 42 | 2-YLDC-QH-3 | K3+575 | K3+745 | 20 | 0.6～3.2 | 2 | J715、J733、J751 | 160 | C 型(管桩或灌注桩) | — |
| 43 | 2-YLDC-NO-1 | K3+745 | K3+870 | 20 | — | 0 | L215 | 160 | B 型 | — |
| 44 | ≥20m 高程区 | K3+870 | K4+090 | 20 | — | 0 | — | 160 | A 型 | — |
| 45 | 非水系治理范围 | K4+090 | K5+028 | — | — |  | — | 160 | 待定 | — |

## 2.5 黄山 1 号山石料综合利用

### 2.5.1 背景描述

鄂州花湖机场坐落于黄山以北。为保证各类飞机能正常起飞与降落，机场场地工程需要对黄山 1 号、2 号和 3 号山体进行净空处理，接近机场红线的高程需降至 32m。据现场勘测(图 2-18)，黄山 1 号、2 号和 3 号山体的绝大部分区域位于机场红线外，但 1 号山体少部分区域(约 100 万 $m^2$)位于机场征地红线内。

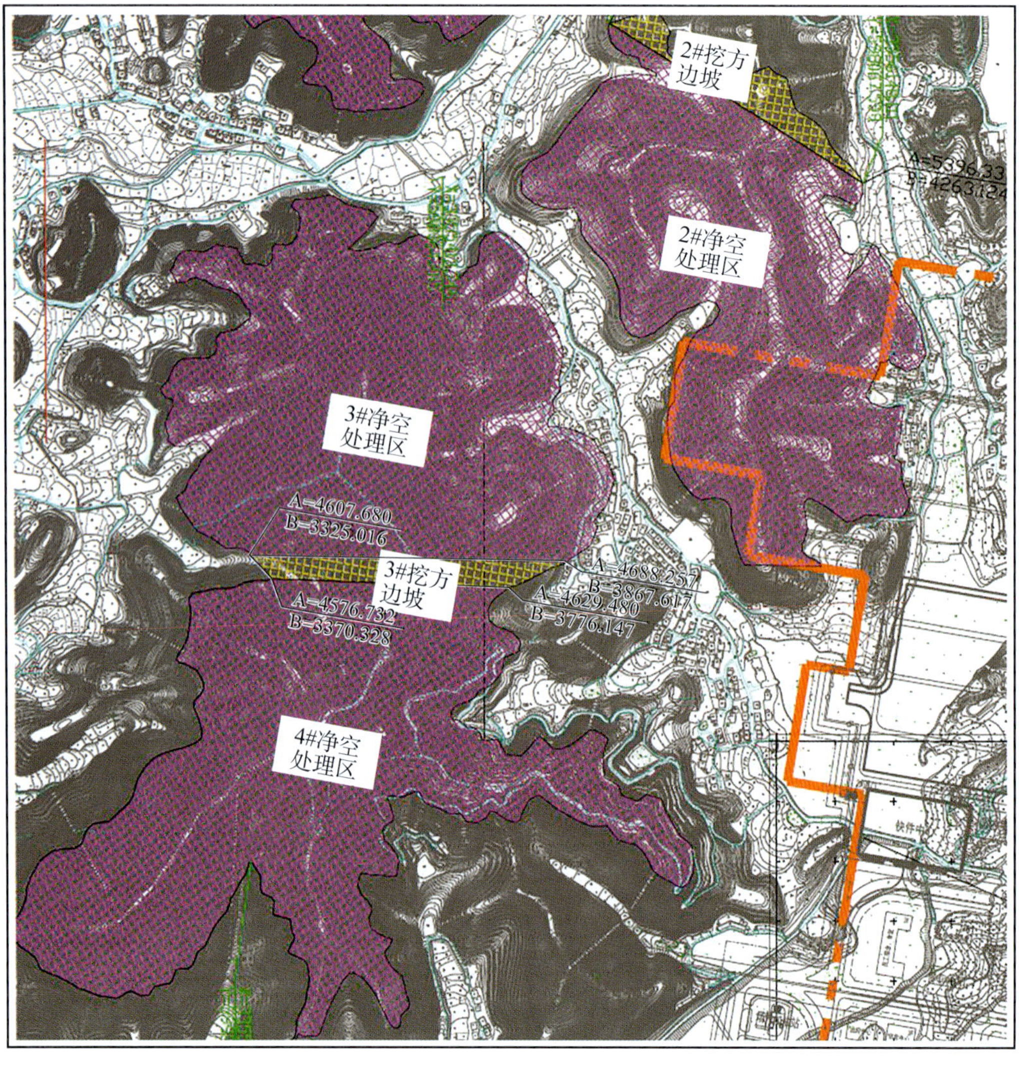


图 2-18 鄂州花湖机场西侧地形图

考虑到 1 号山位于规划范围红线内，经过净空处理后的标高为 32m，而机场工程设计地势为 22m，因此建设面临着总挖方高度约 10m、总挖面积约 100 万 $m^2$ 的挑战。另外，初步勘察揭示，该区域的挖方岩石主要为微风化的花岗岩，其质地坚硬且质量上乘。鉴于此，初定将其作为机场场道工程混凝土面层的骨料来源，将区域划定为料源区。场道工程道面混凝土总量约为 140 万 $m^3$，计算其中的粗骨料约为 60 万 $m^3$（图 2-19）。

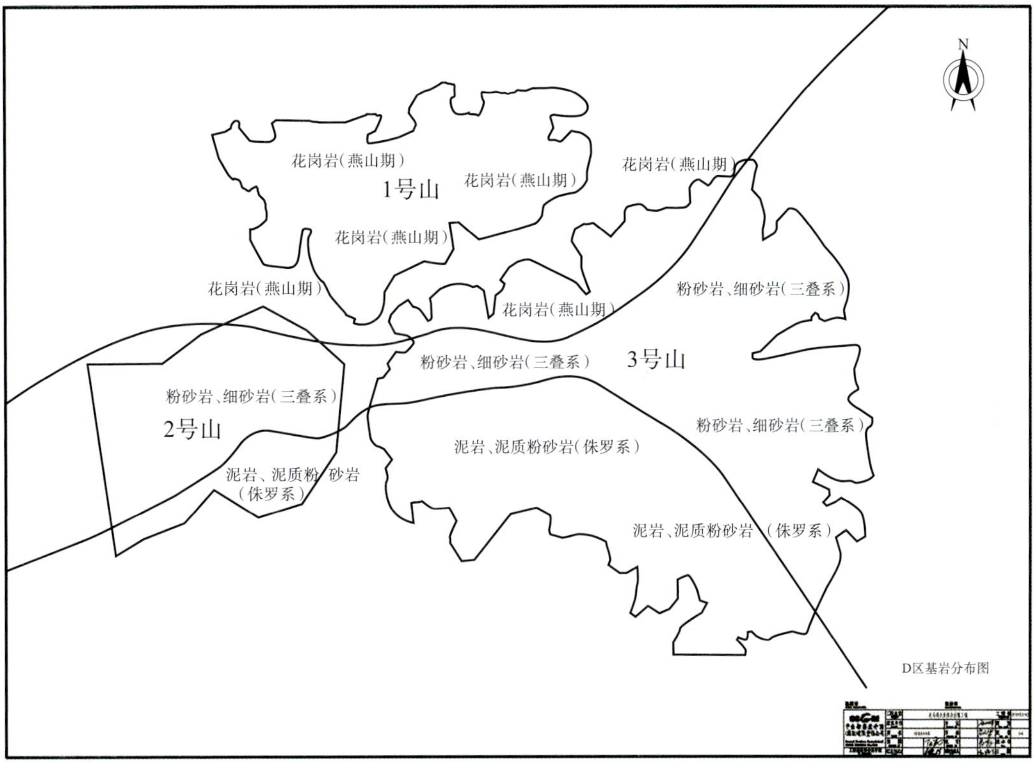


图 2-19　山体岩石种类分布图

## 2.5.2　案例依据

《民用机场水泥混凝土面层施工技术规范》（MH 5006—2015）规定：粗集料应采用碎石或破碎卵石，应质地坚硬、耐久、耐磨、洁净，并符合压碎值（第一修订案修改为 25%）、抗压强度和碱活性等关键指标的要求。

## 2.5.3　问题分析

①针对料源区的微风化花岗岩中各项指标要求（如压碎值、碱活性等），需要对其进行严格的检测和评估，以确保其满足施工规范的要求。

②虽然料源区微风化花岗总量约为 100 万 $m^3$，但是实际可开采与可利用的骨料数

量会受到多种因素的影响。

③料源区所占场地包含灯光站、进近灯、围界、排水沟等多个工程项目，这些项目的存在可能会对骨料加工周期产生影响。

### 2.5.4 解决方案

①提前委托专业地勘单位，对料源区进行细致、深度的详细勘察和试验，结论为：

a.基岩岩矿基本成分为闪长岩、正长斑岩、玄武安山岩以及辉绿岩。

b.硫化物及硫酸盐含量小于或等于1%；氯化物含量小于或等于0.02%，碎石红白皮含量不大于10%，满足规范要求。

c.微风化花岗岩坚固性质量损失小于5%，洛杉矶磨耗损失小于30%，满足规范要求。

d.试样90d龄期的砂浆膨胀率均小于0.1%，可判定为非活性骨料。

e.按照红线范围面积和设计地势计算，可开挖方量约95万$m^3$。

②实际施工时，根据工程建设需要，各标段在设计地势(22m)的基础上继续下挖取料，后期利用场内其他土石方进行了回填。

③开采和加工周期不超过5个月，节省了场地平整时间，满足了后续工程建设节点的进度安排。

④经对比碎石市场价，利用本料源区可节约工程造价不少于一亿元，特别是在市场供应紧张的情况下，有效保障了料源的供应。

## 2.6 吹填长江疏浚弃土用于机场地基处理

### 2.6.1 背景描述

在鄂州花湖机场原地基处理方案中，对于软土厚度大于3m的区域采用排水固结法处理，主要施工工艺：将场地清表后或沟塘处理后，铺设一层多向复合土工垫，并虚铺0.75m中粗砂垫层或碎石垫层，上层进行排水板施工，然后铺设0.5m山皮石，再在上面继续填筑土石方至堆载高度或超载高度(图2-20)。

本项目对中粗砂垫层或碎石垫层的主要要求为：

①砂垫层：采用透水性较好的中粗砂，含泥量不大于3%，渗透系数应大于0.01cm/s。

②碎石垫层：含泥量不大于3%，渗透系数应大于0.01cm/s。

另外，在机场建设过程中，鄂州本地及周边市场的砂源短缺问题一直困扰着工程团队，导致工程多次短暂停工，对工程进度造成了显著影响。经研究发现，长江干线湖北段(含鄂州段)正在开展“645”航道整治工程，长江重点浅滩的整治和疏浚工作将产生大量的疏浚弃土,与此同时鄂州花湖机场的建设也将产生大量净空处理的石方,并且距离与航道整治工程戴家洲河段最近距离不足1km。综上所述,两个工程所产生的物料完全可以实现资源互用,从而节约工程投资、缩短建设工期,实现资源共享共赢的目标。

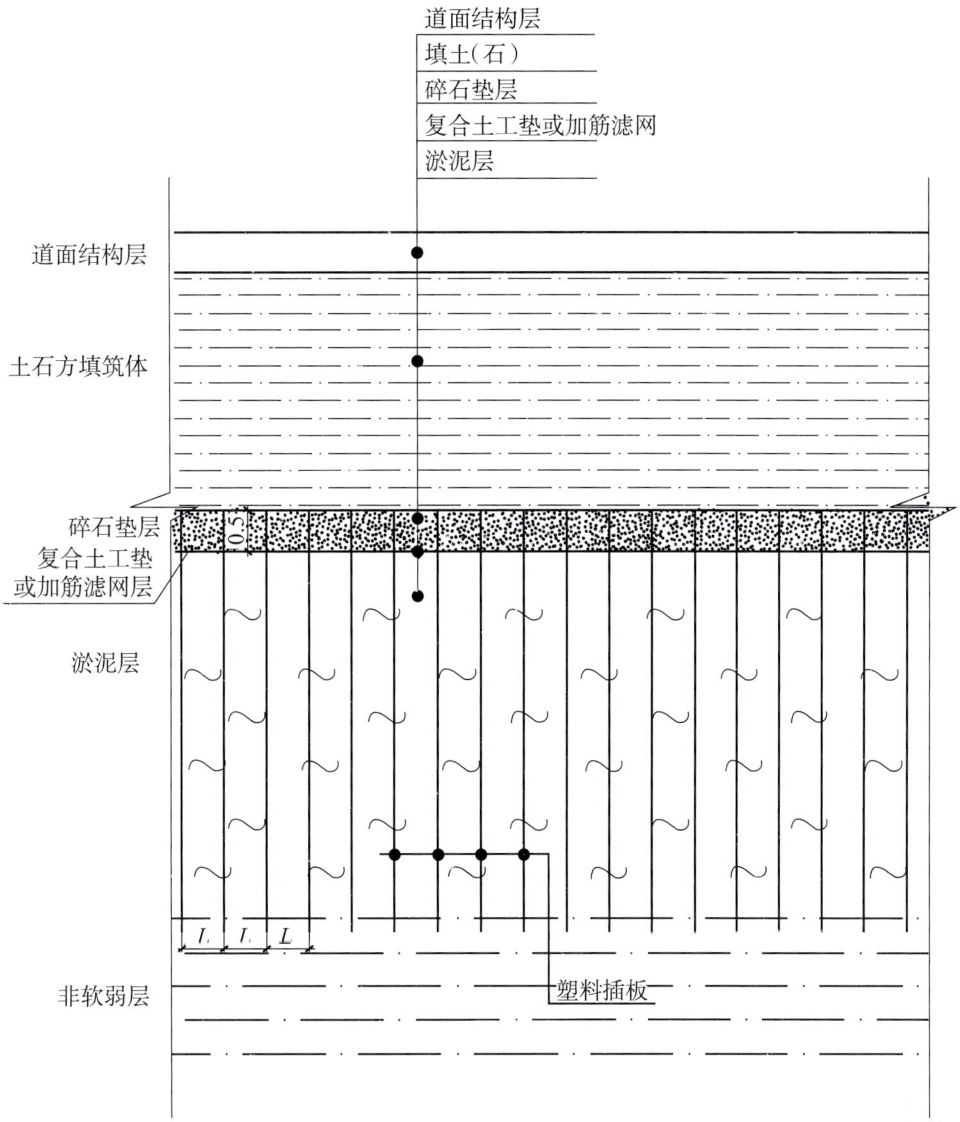


图 2-20　塑料排水板堆载预压剖面示意图

## 2.6.2　问题分析

①长江航道整治工程形成的疏浚弃土不同于中粗砂,其颗粒较细,含泥量可能较大,并且长江不同区段的疏浚弃土质量存在差异。

②原有设计厚度的疏浚土,在承载力方面可能无法满足排水板施工机械的作业

要求。

③管道吹沙至施工区时，将导致大量江水引入填筑区，所以需要增加排水通道。

### 2.6.3 解决方案

①委托专业检测单位对疏浚弃土进行检测，分析研究其渗透系数和含泥量是否符合设计要求，是否堵塞排水板和排水通道。

②经现场试验，疏浚弃土吹填厚度为1.5m时，可满足排水板插板机作业及排水垫层厚度要求。另外，可取消原设计方案中的复合土工垫。

③针对大量江水引入填筑区的问题，可利用场区现有防汛排水通道，增加固定抽水设备，在吹填作业期间采取不间断抽水的措施。

④相较于碎石和中粗砂相对较高的市场价格，长江疏浚弃土吹填方式可节约工程造价约5千万元，特别是在市场供应紧张的情况下，保障了材料供应，对工程进度未造成影响。

### 2.6.4 总结

吹填造地是用吹沙的方式堆沙造地，不同于传统的挖土搬运，也不同于挖沙搬运。近距离吹沙不用管道，远距离吹沙需要长短不一的管道，最长的可延伸6km。吹填造地是用挖沙船或挖泥船的泵将围堰外水底的沙水一起吹进围堰内，水排出围堰后，沙沉积在围堰内形成陆地，再用强夯等地基处理方法处理松土。其主要步骤：施工围堰—抽砂回填—地基处理。

## 2.7 设计模型全场整合案例

### 2.7.1 背景描述

鄂州花湖机场工程BIM技术实施要求全阶段、全专业、全业务、全参与，旨在探索并落实具有机场建设特色的BIM技术全生命周期应用路线。这一要求体现了对BIM技术在机场建设中的高度重视和广泛应用。在设计阶段，BIM技术应用范围包括场道、助航灯光、航管、总图与智能化等20多个专业。主要涵盖的飞行区工程有场道工程，助航灯光、站坪照明及附属设施等共16项单项工程；空管工程有塔台及裙房工程，场监雷达工程，航管工程，二次雷达、天气雷达及场外导航台工程等共10个单项工程；航站楼、转运中心、消防救援等单体建筑设施以及市政设施、管线、管廊工程模型等。

### 2.7.2 问题分析

①机场项目功能复杂,涉及设计单位和相关专业众多,协调管理难度大;

②机场项目工程数量多,三维模型数据总量大,结构设计复杂,整合应用及管理难度大;

③机场项目全场设计整合的设计接口、管线综合、设计碰撞等问题较多。

### 2.7.3 解决方案

#### 1.全场 BIM 模型结构分级

模型结构分级指的是按照设计标段、单项工程、子单项工程、专业等逐级拆分,根据模型文件需求拆分至 5 ~ 8 级,最终由 1600 多个模型数据文件整合成全场 BIM 模型(图 2-21)。

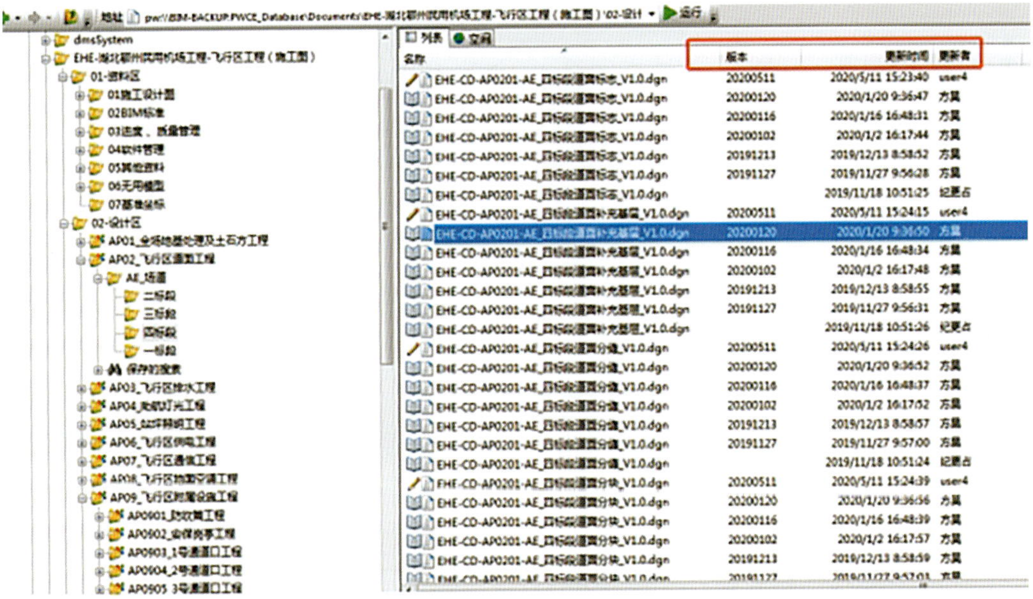


图 2-21 模型数据文件

#### 2.主要职责及流程(图 2-22)

①民航院作为模型整合的总协调单位,组织与协调 BIM 设计阶段设计 1 标、2 标、3 标、4 标模型整合工作,修改设计接口、解决碰撞等问题;

②将所有标段的数据模型统筹到 PW 平台进行模型数据管理;

③各标段自行解决标段内部的设计碰撞及接口问题;

④综合会审前组织各标段人员对整合模型的标段接口及碰撞情况进行检查,并记录问题,形成问题记录单;

⑤综合会审上会，对会审成果进行审查，形成综合会审记录单，形成整改意见；

⑥会后组织各标段按照整改意见修改设计模型。

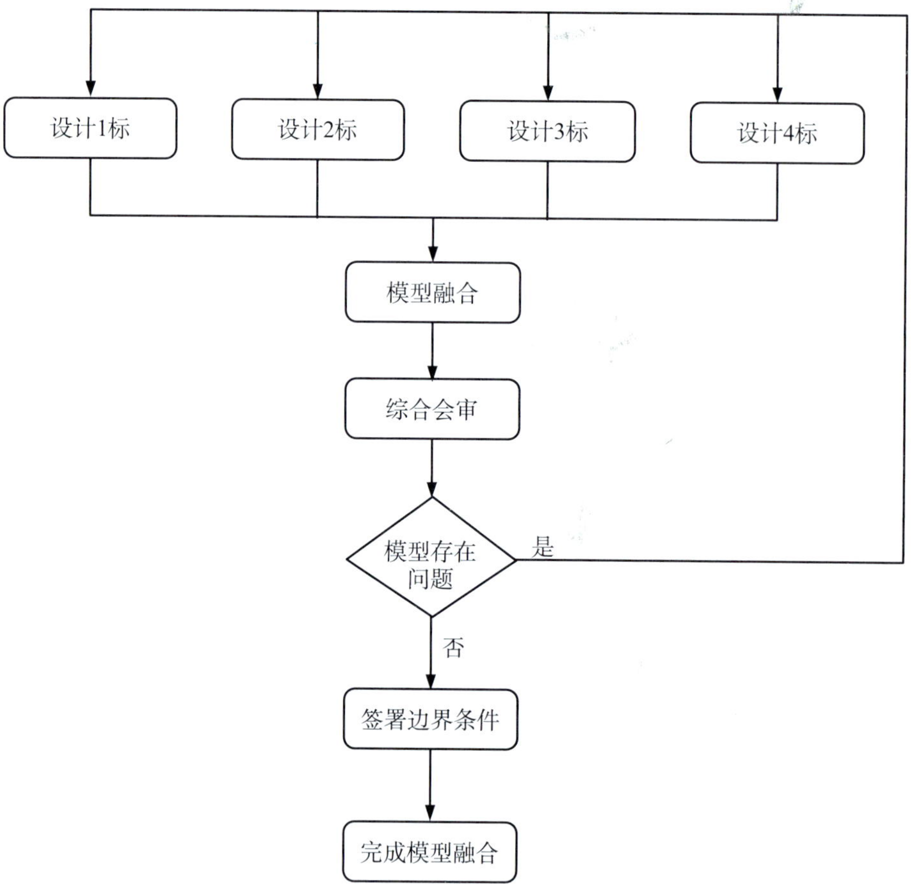


图 2-22　整合流程图

### 3.BIM 模型整合应用

(1)辅助设计读图

相较传统的二维设计读图，通过整合三维模型辅助设计读图和设计图纸审核效果更加直观，不仅提高了读图和设计审核的效率，也弥补了机场工程专业设计综合及全场设计综合读图的空白，同时可视化 BIM 模型可以让项目设计与施工人员快速了解设计内容和设计意图(图 2-23)。

(2)设计边界协调

利用整合的三维可视化模型核查总图、道路、场道等工程的设计边界，确保边界的横向和竖向接口保持一致并符合设计要求。通过模型实时提取三维坐标数据，对有问题的设计边界进行可视化协调。

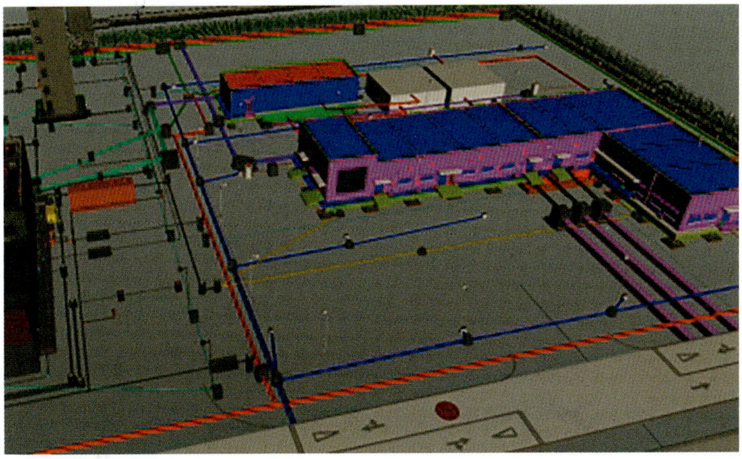

图 2-23 三维可视化模型示例

解决的主要问题:

①检查出多处充电桩工程设计边界与场道工程的重复(图 2-24)。

②发现总图、道路、场道工程设计边界的竖向和平面错误共 17 处,其中有 5 处存在较大设计错误。

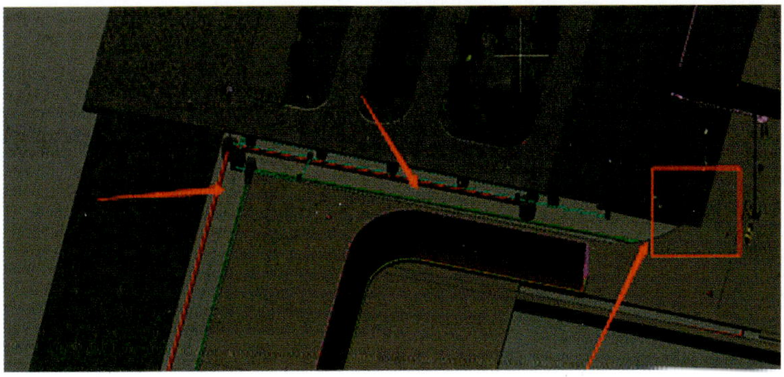

图 2-24 设计边界错误示例

(3)设计碰撞检查

通过BIM软件对各专业、单项工程的整合模型进行可视化检查与自动碰撞检查,检测出各专业实体之间横向与竖向的碰撞,各专业设计人员基于三维可视化模型分析碰撞原因,优化设计方案(图 2-25)。

解决的主要问题:优化设计碰撞问题 300 余处。

(4)管线综合分析

基于 BIM 软件的自动碰撞检查和可视化检查功能,核查飞行区室外工程设备管线碰撞、接口错误、管线安全间距等问题,设计双方通过可视化模型提取三维数据进行优化设计,以提高管线综合的设计质量,同时编制碰撞检测报告和管线综合报告。

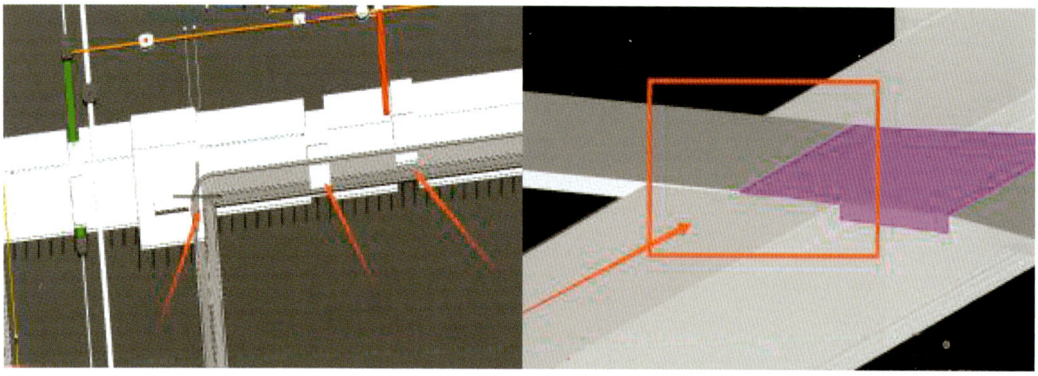

（a）　　　　　　　　　　　　　　　　（b）

图 2-25　设计模型碰撞示例

（a）管廊与排水沟碰撞；（b）道面与排水暗沟碰撞

解决问题：本项目优化管线碰撞、接口问题 1500 余处，其中重力管的接口问题 18 处（图 2-26）。

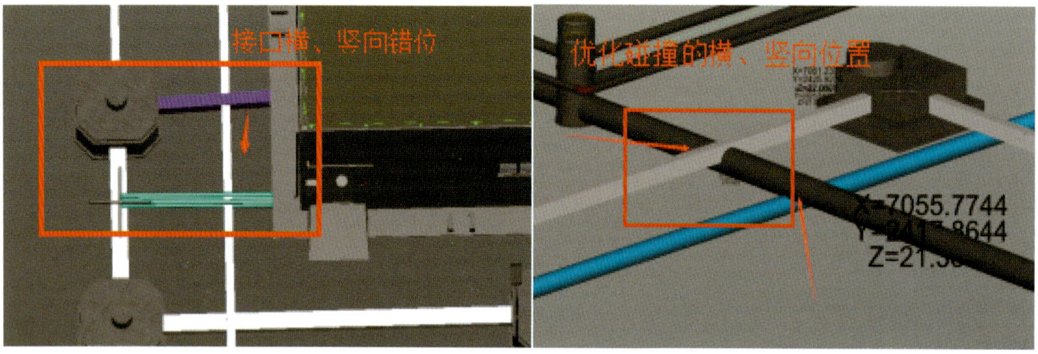


图 2-26　管线碰撞、接口错误示例

（5）辅助专项方案优化设计

助航灯光及站坪照明电缆排管、通信电缆排管、消防给水管、雨污水管等横穿飞行区的排水明沟、暗沟的实施方案是机场工程的一个重难点问题，通常分为管道上翻、下翻、横穿、横穿加支撑、平移等多种方式（图 2-27），一般在施工阶段根据现场情况确定实施方案。BIM 模型三维可视化的应用可辅助设计人员在设计阶段做好交叉方案，不仅提前解决了管线碰撞的问题，也减少了施工阶段的设计变更，降低了施工成本。

## 2.7.4　总结

鄂州花湖机场的设计阶段总共组织大小评审会 10 余次，解决了全场设计模型的全部接口问题和碰撞问题，展现了 BIM 技术在复杂工程设计中的显著优势。对于设计单

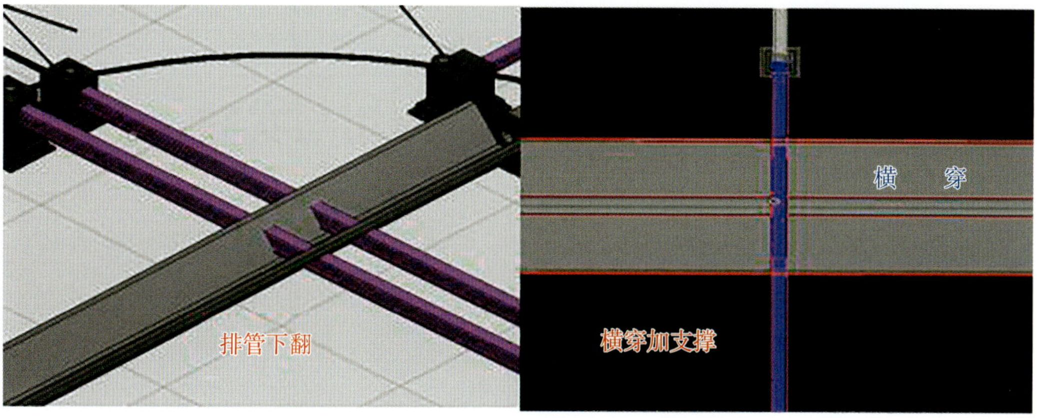


图 2-27　管道下翻与横穿及横穿加支撑示例

位，BIM 技术的应用带来了多方面的效益。首先，设计图纸的质量得到了大幅提升，减少了施工阶段因变更增加的设计工作，提高了部分设计生产力，降低了设计成本。对于业主单位，在设计阶段BIM技术的应用减少了大量隐性设计问题，提升了机场工程的设计质量，减少了施工阶段的设计变更次数，从提前解决施工问题出发，提升了业主对项目的把控力，保证项目顺利推进。

在模型整合应用方面，BIM 技术发挥了巨大的作用。通过模型整合，设计师能够在设计阶段就进行图纸校核、各专业间设计碰撞、设计边界接口核对、辅助设计读图以及辅助专项方案论证等工作，不仅解决了机场工程重难点设计问题，也弥补了机场工程设计阶段 BIM 技术整合应用的空白。

# 3 飞行区工程设计应用与实践

## 3.1 飞行区工程概况

鄂州花湖机场作为顺丰的核心枢纽，其飞行区等级指标、跑道规划、机坪与转运中心布局等方面的设计都充分展现了现代化机场的高效运行理念。

首先，飞行区等级指标为 4E，规划建设东跑道、西跑道、三跑道。第一期建设东、西跑道，三跑道为远期规划跑道。3 条跑道均为 E 类跑道，满足 B747-8 运行要求，均按 B747-8 标准设计。

其次，鄂州花湖机场高峰运行时段为夜间，主要服务于顺丰航班。顺丰枢纽时间窗将飞机到港与离港时间规划为 02:15—03:00（即最晚落地时间为 02:15，最早起飞时间为 03:00）。第二期 2045 年高峰小时起降架次为 60（即机场高峰小时架次），跑道运行为集中起飞（或降落），跑道容量较起降混用跑道更小。

再次，鄂州花湖机场作为顺丰的核心枢纽，需实现高效运行效率，因此将机坪和转运中心集中布置在两条跑道之间，依据转运中心构型和机坪机位布置等主要因素设置跑道间距，可最大限度实现资源集约、运行高效的平面布局。根据预测结论，转运中心第一期需 117 个机位，远期需 174 个机位，机型主要为 E 类。

最后，考虑飞机过站时间的限制要求，机场设计还注重缩短一部分远、近机位与转运中心的距离，进行多方案平面布局。由于西跑道受城际铁路隧道影响，对西跑道进行北移或南移将影响城际铁路运行和导致高压线拆迁量增加，且填湖、净空处理等需求均会增多，因此以东跑道东移或南移变化为主。

## 3.2 飞行区道面设计 BIM 应用案例

### 3.2.1 背景描述

道面设施是飞行区主要建设内容，具有较高的工程投资占比。设计内容一般包括：平面定位、平面尺寸、道（路）面结构、防吹坪、围场路、服务车道、道肩、道面标志、分缝、附属物等。鄂州花湖机场飞行区各类型不同厚度铺筑面面积共计约 400 万 $m^2$。

### 3.2.2 问题分析

在道面设计中，主要在平面、高程等方面的实际施工中存在问题，本案例主要针对这两类问题进行分析与总结(图 3-1)。

| 专业 | 子专业 | 二级子专业 | 构件类别 | 构件子类别 | 构件类别（示例） | 构件编码 | | | | | | | 建模方式 | 构件（族） | |
|---|---|---|---|---|---|---|---|---|---|---|---|---|---|---|---|
| | | | | | | 编码 | 专业代码 | 子专业代码 | 二级子专业代码 | 构件类别代码 | 构件子类别代码 | 构件类型代码 | Bentley | 族类型名称/构件名称（规则） | 族类型名称/构件名称（示例） |
| | 土方地势 | 土方地势 | 原地势 | 原地势 | 全场原地势 | 15.01.01_01.0001.0001 | 15 | 01 | 01 | 01 | 0001 | 0001 | 地形/网格 | [构件类别]_[构件子类别]_[构件类型] | 原地势_原地势_全场原地势 |
| | | | 设计地势 | 设计地势 | 全场设计地势 | 15.01.01_01.0001.0001 | 15 | 01 | 01 | 02 | 0001 | 0001 | 地形/网格 | [构件类别]_[构件子类别]_[构件类型] | 设计地势_设计地势_全场设计地势 |
| | | 铺面 | 水泥混凝土铺面 | 面层 | 16cm | 15.02.01_01.0001.0001 | 15 | 01 | 01 | 01 | 0001 | 0001 | 表面模板/网格 | [构件类别]_[构件子类别]_[构件类型] | 水泥混凝土铺面_面层_16cm |
| | | | | 基层 | 水泥稳定碎石基层 | 15.02.01_01.0001.0001 | 15 | 02 | 01 | 01 | 0002 | 0001 | 表面模板/网格 | [构件类别]_[构件子类别]_[构件类型] | 水泥混凝土铺面_基层_18cm-水泥稳定碎石基层 |
| | | | 沥青混凝土铺面 | 面层 | 16cm | 15.02.01_01.0001.0001 | 15 | 02 | 01 | 02 | 0001 | 0001 | 表面模板/网格 | [构件类别]_[构件子类别]_[构件类型] | 沥青混凝土铺面_面层_16cm |
| | | | | 基层 | 水泥稳定碎石基层 | 15.02.01_01.0001.0001 | 15 | 02 | 01 | 02 | 0002 | 0001 | 表面模板/网格 | [构件类别]_[构件子类别]_[构件类型] | 沥青混凝土铺面_基层_18cm-水泥稳定碎石基层 |
| | | 道肩 | 水泥混凝土道肩 | 面层 | 12cm | 15.02.02_01.0001.0001 | 15 | 02 | 02 | 01 | 0001 | 0001 | 表面模板/网格 | [构件类别]_[构件子类别]_[构件类型] | 水泥混凝土道肩_面层_12cm |
| | | | | 基层 | 水泥稳定碎石基层 | 15.02.02_01.0002.0001 | 15 | 02 | 02 | 01 | 0002 | 0001 | 表面模板/网格 | [构件类别]_[构件子类别]_[构件类型] | 水泥混凝土道肩_基层_18cm-水泥稳定碎石基层 |
| | | 静电接地 | 静电接地 | 静电接地 | 接地 1 | 15.02.03_01.0001.0001 | 15 | 02 | 03 | 01 | 0001 | 0001 | 单元 | [构件类别]_[构件子类别]_[构件类型] | 静电接地_静电接地_接地 1 |
| | | 地锚 | 地锚 | 地锚 | 防沉尾地锚 | 15.02.04_01.0001.0001 | 15 | 02 | 04 | 01 | 0001 | 0001 | 单元 | [构件类别]_[构件子类别]_[构件类型] | 地锚_地锚_防沉层地锚 |
| | | | 道面板补强 | 道面板补强 | 单层 | 15.02.05_01.0001.0001 | 15 | 02 | 05 | 01 | 0001 | 0001 | 单元/网格 | [构件类别]_[构件子类别]_[构件类型] | 道面板补强_层数_单层 |
| | | | 灯坑补强 | 浅桶灯 | 26.5cm | 15.02.05_02.0001.0001 | 15 | 02 | 05 | 02 | 0001 | 0001 | 单元/网格 | [构件类别]_[构件子类别]_[构件类型] | 道面板补强_浅桶灯_26.5cm |

图 3-1　道面基本构件信息表截图

### 3.2.3 解决方案

#### 1.平面衔接

道面覆盖范围广，在标段间、工程间分界面较多，在平面衔接上模型遗漏或重复情况较多。

案例：充电桩硬化区域应以充电桩区域设定红线为分界面，在通道口前的服务车道之间有所缺失的部分模型，应在审模后补充(图 3-2)。

#### 2.竖向高程

对道面模型和其他模型进行合模检查后，能够发现竖向衔接中存在的问题，有利于查明原因，进一步提出解决措施。

(1)排水明沟与道面板标高衔接案例

排水明沟穿越道面位置，设计时往往只标注沟顶高程中心线，而排水明沟具备一定宽度，不但在平面上需要与两侧道面板无缝衔接，竖向上也需要与道面高程精度一致，达到毫米级。常规设计时，排水沟和道面分属不同专业，因此协同性不强；模型中排水沟两侧与道面板两侧存在高差，后续在设计中采用高程内插的方式，对两侧道面板按照排水沟顶面高程进行修正(图 3-3)。

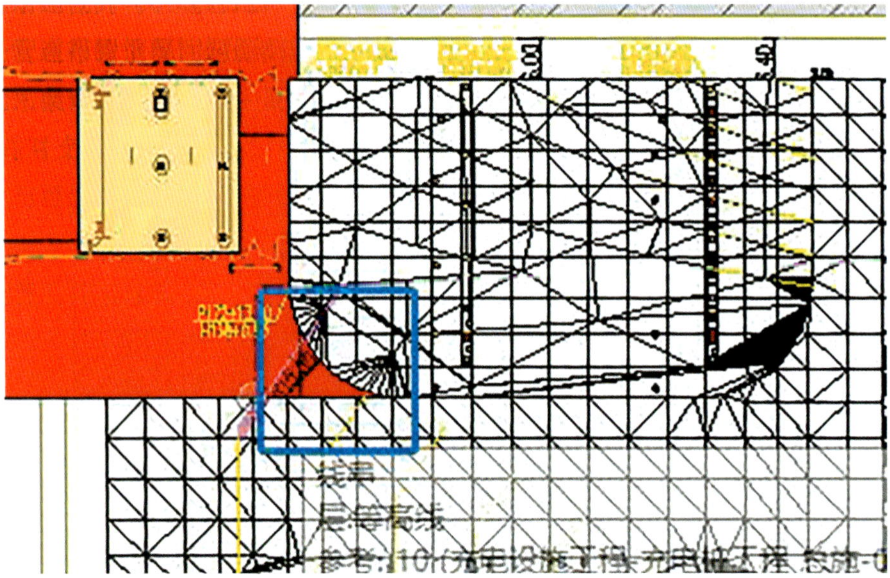

图 3-2　道面与充电桩区域

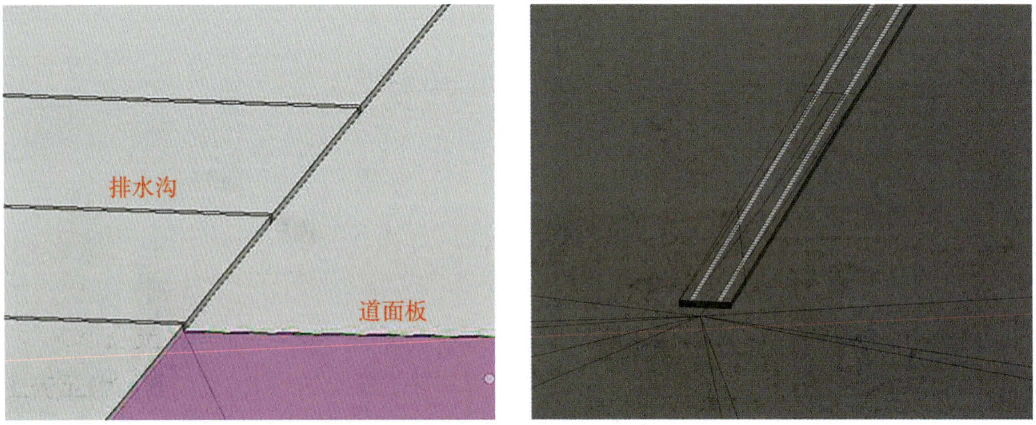


图 3-3　排水沟与道面板衔接

(2)场地初平与上部设施二次设计之间衔接案例

由于全场地势设计标高是其他工程的条件或载体,以及工程划分或专业分工界面,全场地势设计首先需要在工作区、预留发展用地、飞行区综合小区、通道口等位置完成场地初步平整设计工作,后续在场平基础上根据各自功能需求、规范要求进行竖向二次设计(图 3-4、图 3-5)。

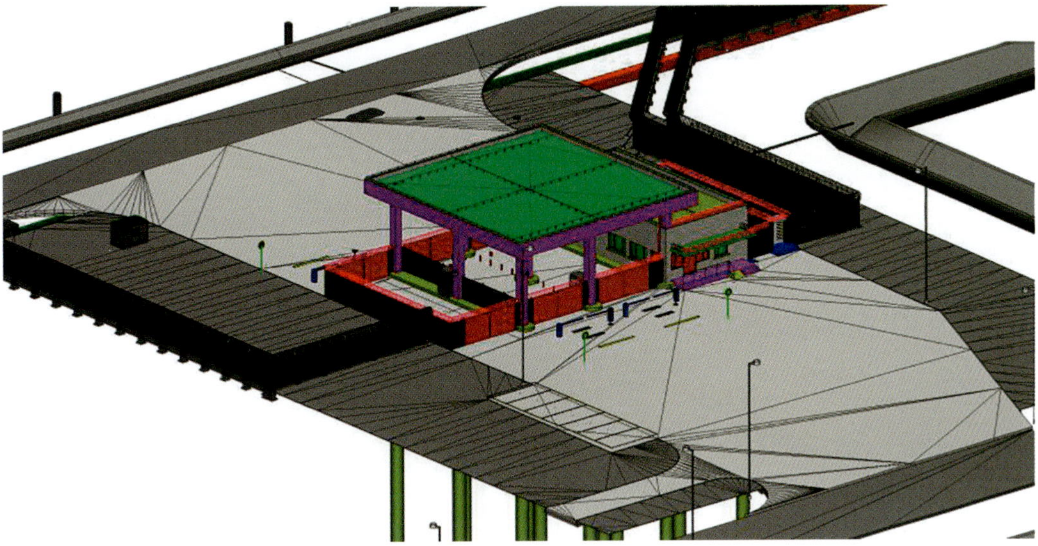

图 3-4 场平与道口衔接

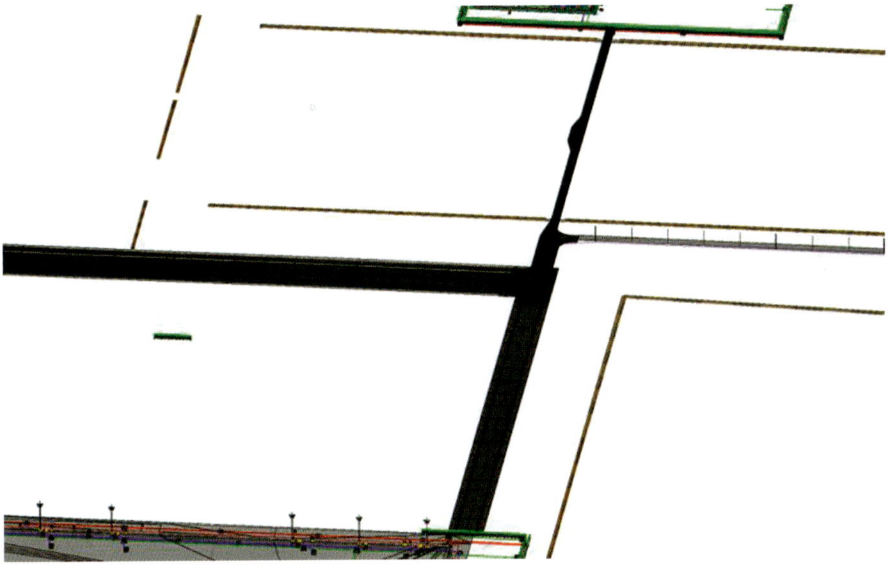

图 3-5 场平与预留发展用地临时路衔接

(3)道面分缝内插高程案例

模型审核过程中,发现在远离控制点高程位置,道面分缝内插高程存在从 0～5cm 不等的误差。分析原因,此问题由建模软件精度不足造成,通过开发程序并对控制点加密的方式,可以将高程误差控制在精度范围以内(图 3-6)。

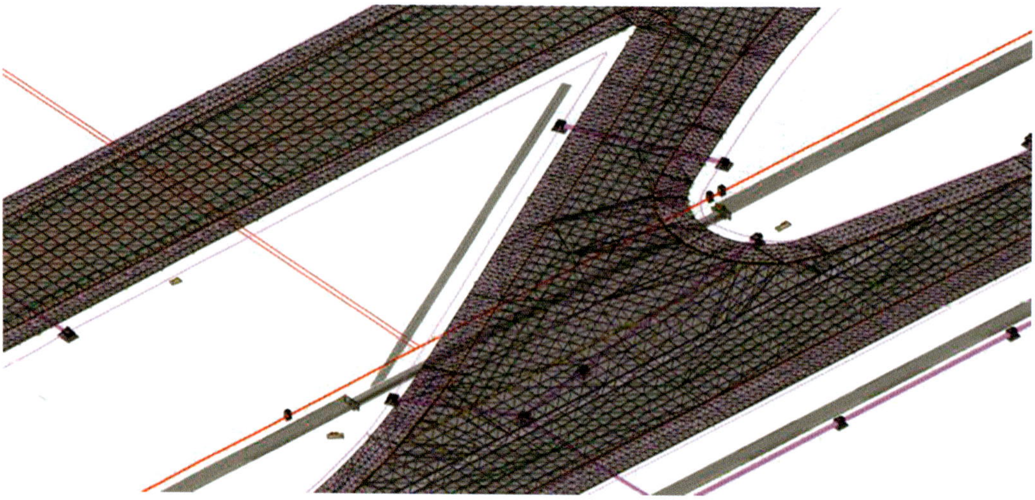

图 3-6　分缝高程

## 3.道面标志线

以往道面标志设计主要是在平面标志线设计的基础上配合标志大样图来明确细节要求的,难以在二维图纸上表达详尽,不容易发现按大样图施划可能存在的问题。

案例:按照原大样图,组合机位识别号码及引入线的划线空间不够,且引入线和机位号码易辨识混淆,严重导致误判,将其调整成另一种简单明了的施划方式(图 3-7)。

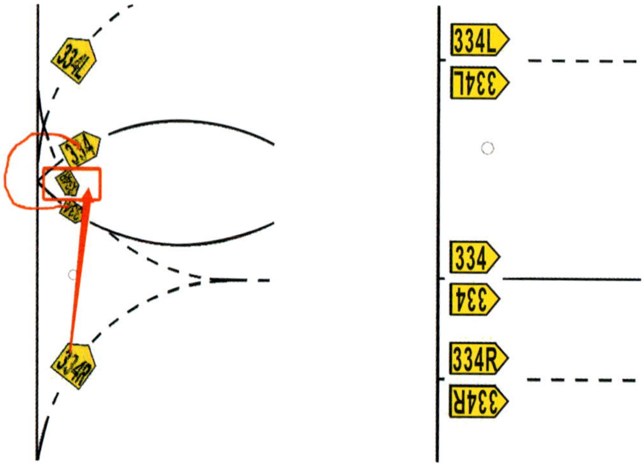


图 3-7　组合机位引入线标志

## 4.分缝设计

(1)预留灯坑与灯具定位案例

助航灯光埋置灯具与场道预留灯坑设计分属灯光和场道两个专业。在道面设计中需要对灯坑周边进行钢筋补强,出于避让道面板缝的考虑,还会对灯坑中心点位置进行微调，经灯光设计复核，满足灯坑中心点距离板缝不小于 0.5m 和灯光规范间距的要求。场地区域内灯具品种多，数量大，上千个灯坑与板缝的协调工作如果完全靠人工检查极易出现错漏和偏差。通过灯具模型和灯坑模型的合模检查，能够轻松找出灯具错误定位，同时还能可视化操作灯坑位置，实现对设计图纸的施工预演（图 3-8）。

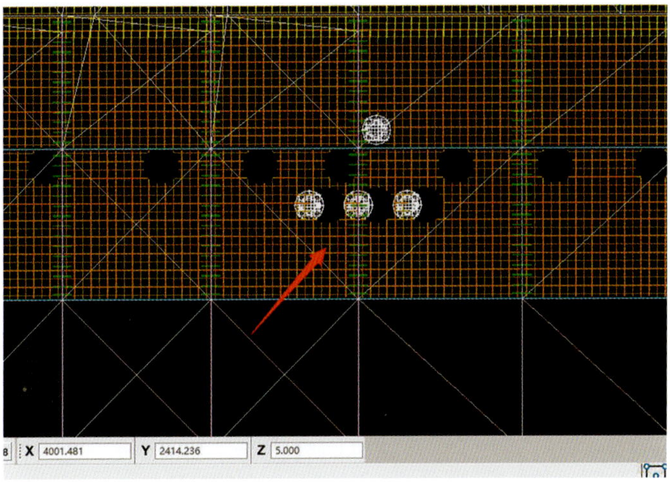


图 3-8　灯坑、灯具模型问题

（2）各类井的压缝案例

常规设计中，各管线专业的道面加强井设计，在平面上按照分缝图进行避缝。但由于条件受限或规范要求，造成井体位置与道面板缝交叉重合，即“压缝”。在模型中能够直观体现井体大小尺寸以及与道面板缝的相对关系，对压缝情况进行检查、调整（图 3-9）。

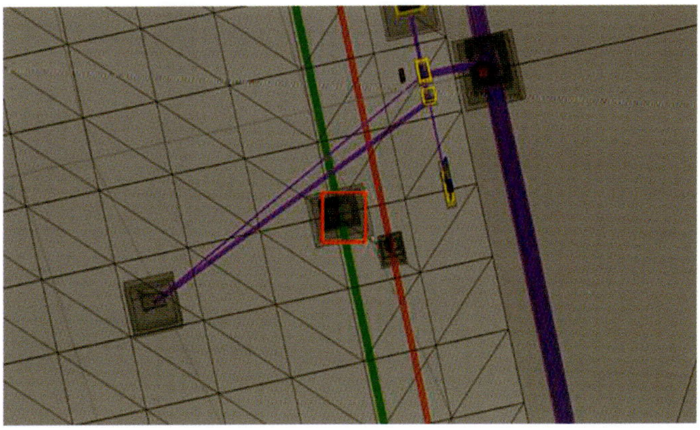

图 3-9　井压缝模型问题图

### 5.道面补强

道面设计中，会根据需要对排水暗沟、管廊、管线、填挖交接面等位置进行钢筋网补强。传统设计流程要求相关专业通过对道面专业提资的方式，将补强设计落实在道面图纸中。实施过程中，管线等平面位置可能会由于各种原因而产生变化，通过管线和道面的合模检查，能够发现补强位置、补强方式是否合适，进而调整设计（图3-10）。

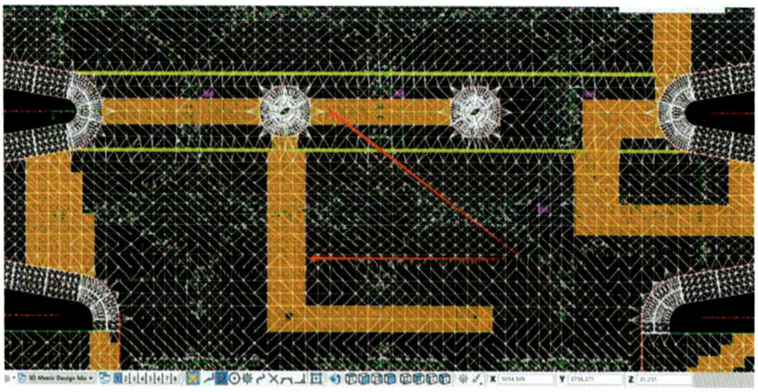

图3-10　钢筋网补强模型

### 6.围界等附属设施

通过BIM建模进一步修订了围界标准图，特别是对尺寸标注不清的部位进行了澄清，对围界刺丝圈、延伸臂、斜撑、警示牌等内容进行了细化，实现了围界立体式的转化，满足了安保规范的要求。

案例：根据要求，围界在转角处应设置立柱，相邻立柱间距小于3m，且设置斜撑。在内转角不大于90°情况下，斜撑基础会产生碰撞，因此对该位置进一步优化，取消直线段相邻斜撑或调整立柱位置（图3-11）。

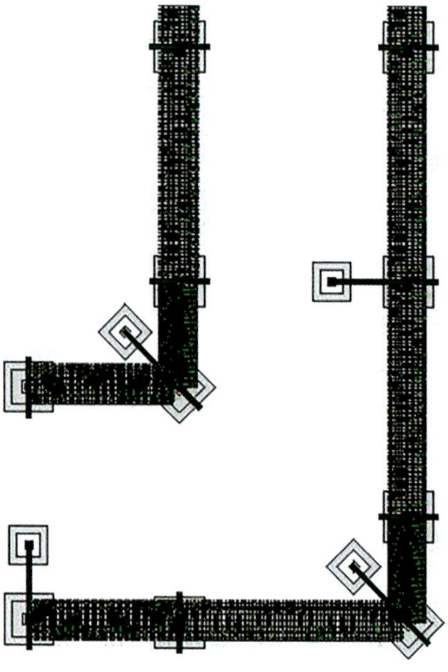

图3-11　围界内转角斜撑

### 3.2.4 总结

在道面设计过程中，引入BIM技术并建立相应的设计流程和实施标准，是提升设计质量、优化设计方案的重要举措。通过应用BIM工具，建立了道面的BIM设计流程和实施标准，开发了应用于道面的BIM工具，并通过模型合模、碰撞检查优化和完善设计内容等方式，解决了平面衔接、竖向高程、道面标志线、分缝设计、道面补强、围界基础等层面存在的一系列问题，从而提高了设计质量。

## 3.3 飞行区道面结构优化

### 3.3.1 背景描述

我国道面设计采用理论与经验相结合的设计方法：在理论方面参考设计年限、飞机轮载、土基反应模量等设计参数；在经验方面参考设计年限内飞机累计作用次数、机型等预测信息，从而进行道面结构设计。

### 3.3.2 问题分析

根据东、西飞行区运行机型及各类机型年起降架次不同，结合设计规范要求，可对相应道面宽度、厚度等指标进行优化。

### 3.3.3 解决方案

①根据机场的总体规划，B747-8机型的运行主要集中在东飞行区，故按照《国际民用航空公约》附件十四第八版和《民用机场飞行区技术标准》（第一修订案）的要求，西飞行区的平行滑行道、快速出口滑行道、联络道等道肩宽度可进行相应优化（图3-12）。

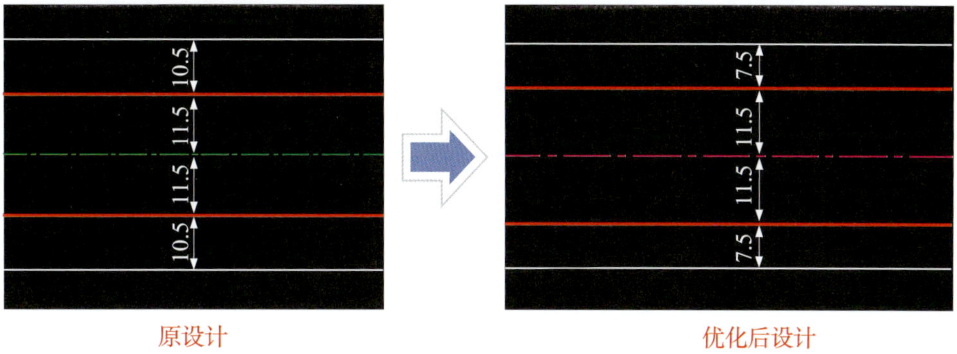


图3-12 道面宽度优化

②转运中心北侧道面，考虑到该部分机位近远期均为D类机位，并且局部为远期转运中心，故北远机位328～428机位、北近机位321～420机位道面可进行减薄（图3-13）。

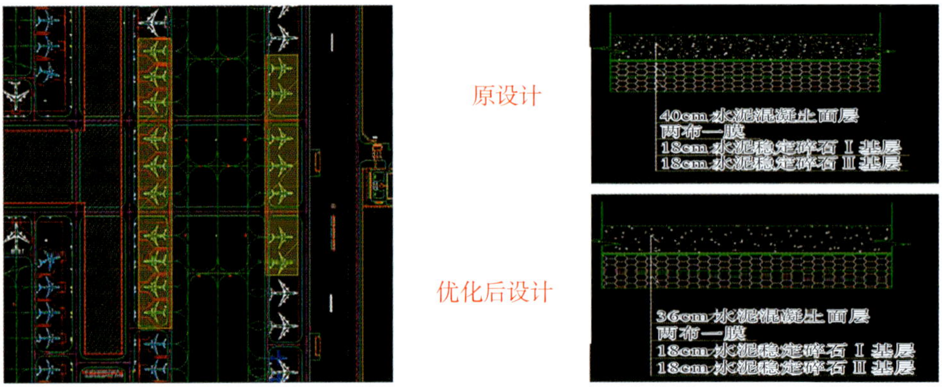


图3-13　道面厚度优化

③跑滑部位隔离层，初步设计和施工图设计阶段，在跑道、快速出口滑行道、一平滑和二平滑，以及平滑间的道口均采用沥青隔离层，即同步沥青碎石+微表处；优化后仅在跑道、快速出口滑行道、联络道以及一平滑设置沥青隔离层，其余二平滑、平滑间道口均将隔离层改为复合土工膜（图3-14）。

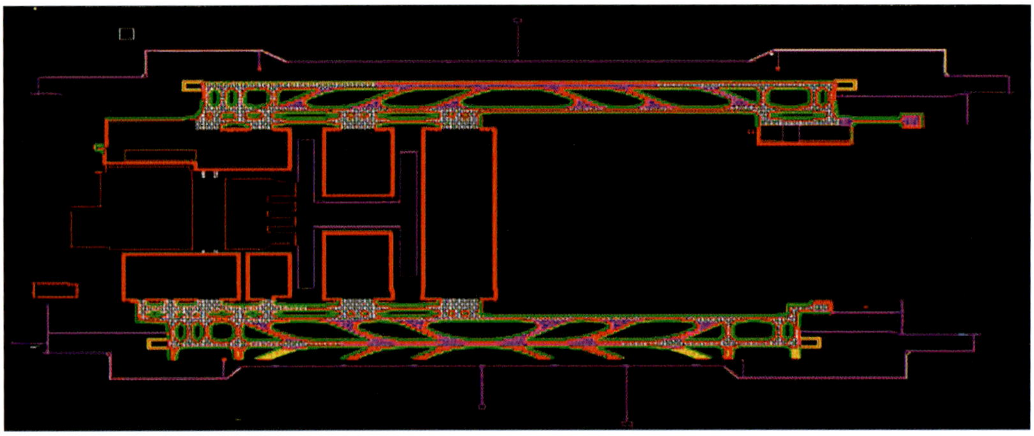

图3-14　沥青隔离层范围优化

### 3.3.4　总结

经过设计论证，结合现场实际，对道面结构进行优化，既节省了投资，又能满足现场使用需求。

西飞行区的平行滑行道、快速出口滑行道、联络道等道肩宽度由10.5m优化为7.5m，使得优化后的滑行道直线段总宽度为38m，满足B747、B777、A340、A330等所有E类飞机使用要求，可优化面积达 81075m²，节省投资约 1775.5 万元。

转运中心北远机位 328～428 机位、转运中心北近机位 321～420 机位道面减薄，由原设计的 40cm 水泥混凝土道面减薄至 36cm 水泥混凝土道面，基层厚度不变，可优化面积达 104726m²，节省投资约 136 万元。

跑道、快速出口滑行道、联络道以及一平滑设置沥青隔离层，其余二平滑、平滑间道口均改为复合土工膜作为隔离层。可优化面积达 258255m²，节省投资约 200 万元。

## 3.4 飞行区排水沟设计 BIM 应用案例

### 3.4.1 背景描述

飞行区排水沟是机场内重要的排水构筑物，设计全长约 75km，包括明沟、暗沟、箱涵等多种形式。鄂州花湖机场施工图排水设计包括飞行区内，以及需结合飞行区统筹考虑的机场用地红线范围内的排水，不包括工作区以及陆侧航站区范围。

### 3.4.2 问题分析

排水设计过程中，采用BIM对排水沟的平面及竖向进行布置和设计校核，发现在碰撞、衔接以及构造做法存在大量的问题。通过修改完善设计内容、更正标准图等方法，极大地减少了设计错误，优化了设计方案，提高了设计质量。本案例主要对与排水沟相关的碰撞、管线综合以及方案优化等问题进行分析。

### 3.4.3 解决方案

1.与管线交叉碰撞实例

在道面设计中，排水沟分布广泛是一个重要特点，这导致排水沟与其他管线之间难免会出现平面交叉和竖向碰撞的问题。遇到此情况时的设计原则是，优先考虑管线避让排水沟，通过分析交叉管线的类型及特点，研究上翻或下翻排水沟方案；当避让困难或代价较大时，考虑管线横穿排水沟，但应保证管线横穿对排水沟过水断面影响较小。一般当排水沟为明沟，且横断面较大可考虑横穿；当排水沟为暗沟或箱涵，横断面较小时应尽量避免横穿。

（1）电缆排管横穿浆砌片石明沟

若采用下翻排管，需要在排管穿越排水沟两侧设置检查井，当检查井深度过大且不便于施工时，考虑排管直接横穿排水沟方案，横穿位置大致在明沟上部 1/3 处，穿越位置电缆加保护管，同时减少穿越排管的排数（图 3-15）。

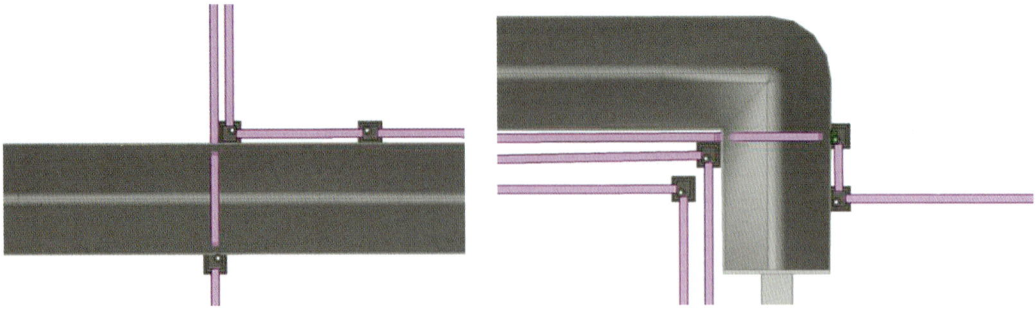

图 3-15　电缆排管横穿浆砌片石明沟

同时，利用BIM模型还能够精准地掌握电缆井和排水沟之间位置关系，特别是确定较深梯形明沟的上沿宽度，避免电缆井与排水沟上沿之间的碰撞。电缆排管穿越较宽的梯形明沟时，还需要在排水沟上添加支架以确保电缆排管有底部支撑（图 3-16）。

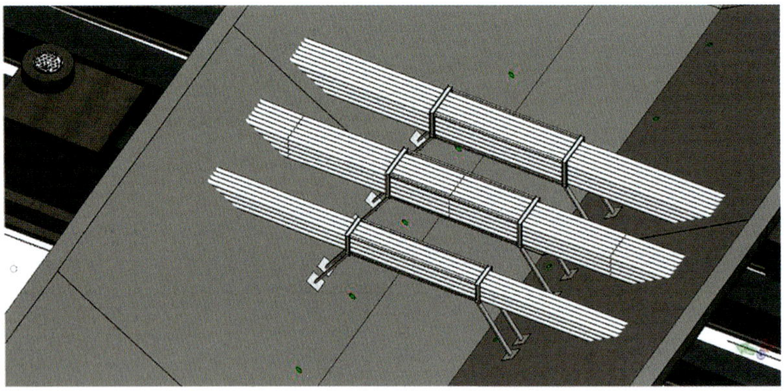

图 3-16　电缆排管横穿浆砌片石明沟（带支架）

（2）电缆排管横穿暗沟或箱涵

当排水暗沟埋深覆土过浅时，电缆排管无法上翻排水沟，且下翻同样存在检查井设置问题。若暗沟尺寸较大，可考虑横穿排水沟预埋电缆钢套管，设置钢套管时将位置设置在排水沟上部 1/3 处，且调整排水沟局部沟体配筋，同时应适当减少电缆排数，以减少因设置套管而对排水沟过水断面造成影响（图 3-17）。

除了电缆排管外，站坪上通信格栅管、消防管也经常与排水沟有碰撞。对于尺寸较小的明沟或埋深较浅的暗沟/箱涵，可通过下沉管线到排水沟下方，并加深排水沟两侧检查井的方式处理。

### 2.排水沟节点优化

根据排水沟在场区内平面位置、承担荷载等不同，应用不同的排水沟类型，不同类型排水沟之间的衔接通常采用集水井或节点形式。

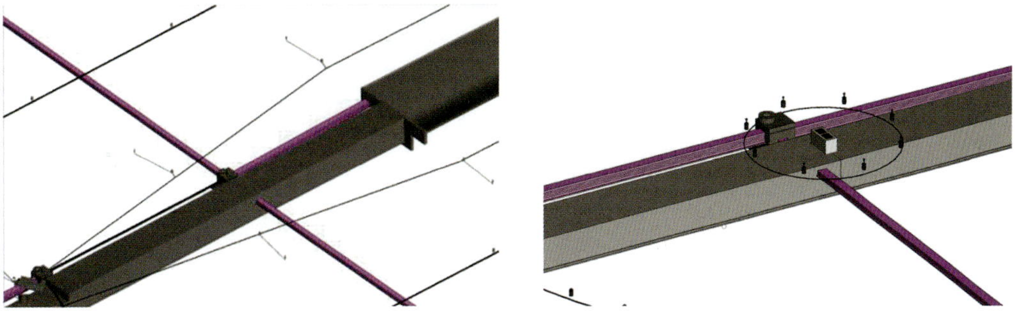

图 3-17 电缆排管横穿暗沟

(1)排水沟节点三维设计

排水沟节点有两通、三通、四通等不同情况，结合沟的不同形式，节点较为复杂，利用三维可视化工具，可以对节点形式进行设计优化。

参照两种典型节点的 BIM 设计效果，通过直观的三维模型更容易发现设计中不合理的细节问题，对节点自身进行优化(图 3-18)。

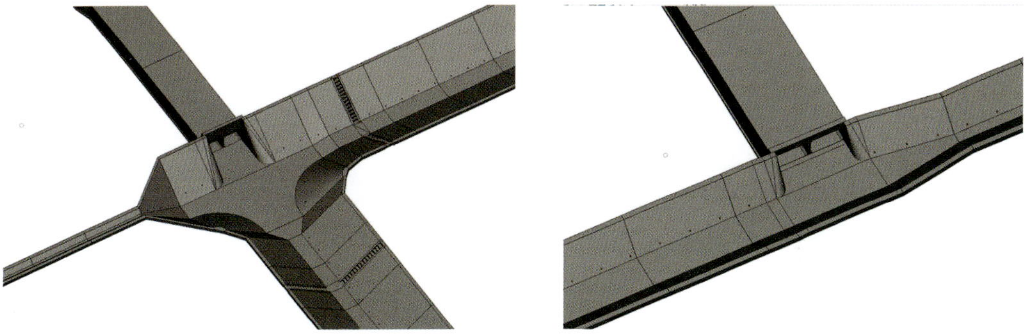

图 3-18 排水沟节点模型

(2)排水沟与道面/道肩碰撞

在排水沟设计过程中，排水沟与周边设施如道面或道肩的碰撞问题是一个常见的挑战。特别是当排水沟的节点几何形状复杂且体积较大时，这种碰撞问题更为突出。因此，在设计阶段及时发现并解决这些碰撞问题至关重要。

在发生碰撞的实例中，梯形明沟排水沟两侧各含 50cm 护砌平台，道肩边缘也存在扩大基础，两者叠加容易导致部分结构碰撞或者间隙太小施工不便。在传统二维设计中，该类碰撞不易被发现，往往在施工时才被发现和处理，利用三维模型的优点可以发现类似问题并预先进行设计优化调整(图 3-19)。

解决该类碰撞的方法主要有两种：一是调整排水沟平面位置，同时调整周边设计地势与排水沟位置相适应；二是优化排水沟节点，尽量减小节点尺寸。

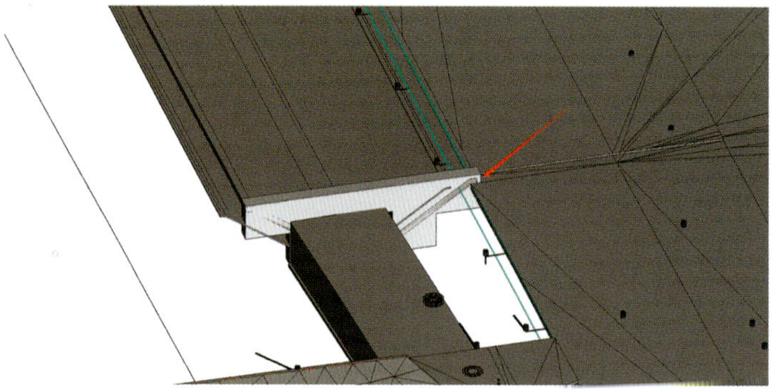

图 3-19　排水沟与道肩碰撞模型

### 3.排水暗沟顶板侵入道面结构

排水暗沟设计一般应保证暗沟埋深不小于道面结构厚度。在水力计算和排水沟坡度及尺寸计算过程中,暗沟经常出现埋深不够,侵入道面结构的情况。通过三维模型碰撞检查能够提前校核和发现此类问题,避免施工返工造成损失(图 3-20)。

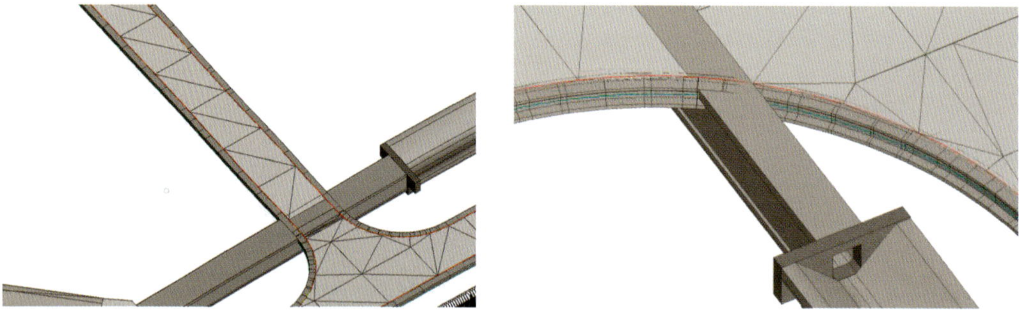

图 3-20　排水暗沟与道面碰撞模型

专业之间没有同步进行设计变更时,易出现排水暗沟侵入道面结构层的情况。通过 BIM 设计中的碰撞检查工具,就能够很快判断出这些位置,及时进行设计调整。

当排水暗沟顶板侵入道面基层即水泥稳定碎石层时,可不进行设计调整,正常实施道面面层施工;当排水沟顶板侵入道面水泥混凝土面层时,应重新进行水力计算并调整排水沟尺寸及埋深,保证暗沟埋深不小于道面面层的厚度。

### 4.与综合管廊、检查井、设备基础等构筑物的碰撞

经前期论证,已基本确定综合管廊飞行区段的路由。排水沟与综合管廊合模后,发现存在局部碰撞情况。

(1)排水沟与管廊碰撞

综合管廊由市政设计院设计,在二维互提设计条件时容易忽略综合管廊结构局部设置的横向搭板。通过三维模型发现排水沟结构与管廊结构有局部碰撞情况(图 3-21),采取微调排水沟位置的措施来避让管廊结构以解决问题。

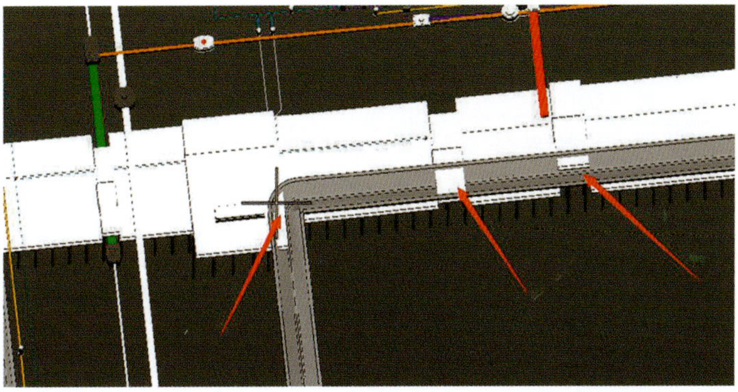

图 3-21 排水沟与管廊碰撞模型

(2)排水沟与电缆井、检查井碰撞

下游的排水箱涵一般尺寸较大，根据水力计算情况可能设计成多孔箱涵。按照经验，箱涵和电缆井之间至少需要 1m 的模板施工空间。在目前 BIM 设计中，尚不能对排水沟和电缆井的间距实现检查，需要在合模时进行人工测量(图 3-22)。

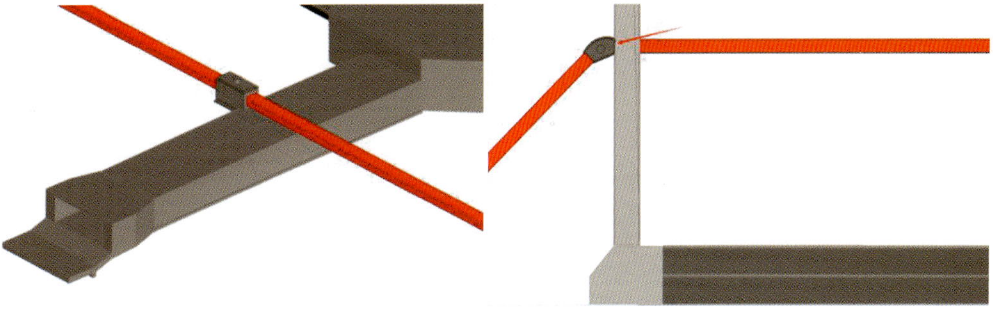

图 3-22 排水沟与电缆井碰撞模型

解决方法：一般考虑移动电缆井的位置，如果整条电缆路由上有多个电缆井与排水沟碰撞，则考虑移动整个电缆路由。

### 5.设计方案优化

设计模型建成后，通过模型整合检查，发现一些可以通过优化方案节约费用，完善设计的情况(图 3-23)。

在以上实例的合模过程中，场区边坡截水沟与北工作区主干路相距较近，且主干路边设有雨水箅子管沟，经协调由市政设计统一考虑用雨水箅子收集和容纳边坡排水，取消原边坡截水沟。

### 6.排水设计工程量提取与校核

可以通过 BIM 软件提取排水沟模型工程量，并与 CAD 设计工具计算的工程量相互校验，查找并分析差别较大处的原因，将设计遗漏的问题进一步补充完善。

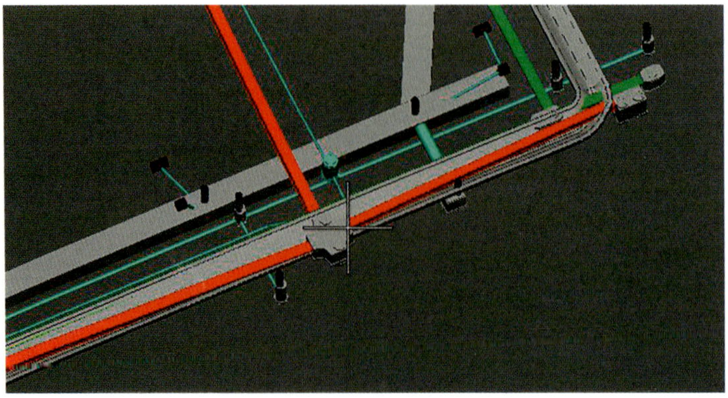

图 3-23　市政路边沟与边坡截水沟设计优化

在鄂州花湖机场排水设计过程中，通过三种渠道的工程量对比（传统 CAD 场道排水输出工程量、BIM 模型提取工程量、造价咨询单位计算工程量），详细分析所有差异超过 2%的工程量的原因，有效提升了设计质量（图 3-24）。

### 3.4.4　总结

在排水沟设计中应用三维 BIM 技术，能够快速发现设计问题、优化设计方案，提高设计质量，降低投资造价等。

首先，三维 BIM 技术通过构建精细化的三维模型，能够真实反映排水沟与周边设施之间的空间关系。其次，通过模拟施工过程中的各种情况，BIM 技术能够预测并发现排水沟与其他管线、道面或道肩之间的碰撞点。此外，通过对模型进行参数化调整，设计师可以方便地尝试不同的设计方案，并实时查看调整后的效果。这有助于找到更加合理、经济的设计方案，提高设计质量并节省投资造价。最后，三维 BIM 技术的应用还能够提高设计团队之间的协作效率。综上所述，三维 BIM 技术在排水沟设计中的应用具有显著的技术优势和应用价值。

## 3.5　飞行区纤维混凝土优化案例分析

### 3.5.1　背景描述

混凝土道面在施工过程中受材料、温度、湿度、气候等因素易产生表面裂缝。在后续的使用过程中，荷载反复作用和环境因素影响，这些裂缝会逐步发展成为纵向、斜向、横向、板角等深层裂缝，最终道面会因抗折强度不够而断裂破坏。实践中，部分机场甚至出现道面断裂、错台、拱起、唧泥、剥落、松动等工程病害，严重影响机场道面的正常使

| | A | B | C | E | F | G | H | I | J | K | L | M | N | O | P | Q | R | S | T | U | V | W | X | Y | Z |
|---|---|---|---|---|---|---|---|---|---|---|---|---|---|---|---|---|---|---|---|---|---|---|---|---|---|
| 1 | | | | | | BIM提量 | | | | | | | | | | | | | 传统算量 | | | | | | |
| 2 | | | | | | 盖板 | | | 现浇混凝土沟体 | | 基础 | | 砌体 | | HDP | 盖板 | | | 现浇混凝土沟体 | | 基础 | | 砌体 | | |
| 3 | 标段 | 排水线名 | 排水沟类型 | 图纸沟长 | BIM沟长 | 预制C40混凝土 | 现浇C40混凝土 | 预制C30混凝土 | 现浇箱涵C30混凝土 | 现浇沟体C30混凝土 | C15混凝土 | 碎石 | M7.5水泥砂浆砌片石 | C30混凝土预制块 | E管(直径1.2m) | 预制C40混凝土 | 现浇C40混凝土 | 预制C30混凝土 | 现浇箱涵C30混凝土 | 现浇沟C30混凝土 | C15混凝土 | 碎石 | M7.5水泥砂浆砌片石 | C30混凝土预制块 | HDPE管(直径1.2m) |
| 4 | | | | m | | $m^3$ | $m^3$ | $m^3$ | $m^3$ | $m^3$ | $m^3$ | $m^3$ | $m^3$ | $m^3$ | m | $m^3$ | $m^3$ | $m^3$ | $m^3$ | $m^3$ | $m^3$ | $m^3$ | $m^3$ | $m^3$ | m |
| 5 | 3 | SW9-1 | LC类钢筋混凝土盖板明沟 | 82.000 | 82.000 | | | 26.4 | | 60.64 | 12.19 | 12.19 | | | | | | 26.117 | | 61.280 | #### | ###### | | | |
| 6 | 3 | SW9-2 | LC类钢筋混凝土盖板明沟 | 115.000 | 115.000 | | | 37.4 | | 111.8 | 17.25 | 17.25 | | | | | | 36.628 | | 84.941 | #### | ###### | | | |
| 7 | 3 | SW9-2 | LC类钢筋混凝土盖板明沟 | 139.000 | 139.000 | | | 44.9 | | 123.0 | 20.7 | 20.7 | | | | | | 44.272 | | 127.132 | #### | ###### | | | |
| 8 | 3 | SW10-1 | LC类钢筋混凝土盖板明沟 | 83.000 | 83.000 | | | 26.7 | | 61.3 | 12.31 | 12.31 | | | | | | 26.436 | | 62.028 | #### | ###### | | | |
| 9 | 3 | SW2-1 | LC类钢筋混凝土盖板明沟 | 93.000 | 93.000 | | | 29.9 | | 67.72 | 13.82 | 13.82 | | | | | | 29.621 | | 69.5.3 | #### | ###### | | | |
| 10 | 3 | SW2-2 | LC类钢筋混凝土盖板明沟 | 56.000 | 56.000 | | | 17.6 | | 40.7 | 8.1 | 8.1 | | | | | | 17.836 | | 42.310 | #### | 8.400 | | | |
| 11 | 3 | SW1-1 | LC类钢筋混凝土盖板明沟 | 87.500 | 87.500 | | | 28.2 | | 64.3 | 12.99 | 12.99 | | | | | | 27.869 | | 65.391 | #### | ###### | | | |
| 12 | 3 | SW1-2 | LC类钢筋混凝土盖板明沟 | 58.000 | 58.000 | | | 18.85 | | 43.36 | 8.7 | 8.7 | | | | | | 18.473 | | 43.340 | #### | 8.700 | | | |
| 13 | 3 | SW1-2 | LC类钢筋混凝土盖板明沟 | 58.500 | 58.500 | | | 19.01 | | 44.6 | 8.8 | 8.8 | | | | | | 18.632 | | 44.569 | #### | 8.775 | | | |
| 14 | 3 | SW1-2 | LC类钢筋混凝土盖板明沟 | 43.500 | 43.500 | | | 16.3 | | 38.5 | 7.4 | 7.4 | | | | | | 15.986 | | 38.485 | #### | 7.395 | | | |
| 15 | 3 | SW1-2 | LC类钢筋混凝土盖板明沟 | 81.000 | 81.000 | | | 30.0 | | 70.0 | 13.6 | 13.6 | | | | | | 29.768 | | 76.405 | #### | ###### | | | |
| 16 | 3 | SW4 | LC类钢筋混凝土双孔箱涵（设计水孔） | 102.000 | 102.000 | | | | 843.1 | | 102.2 | 68.1 | | | | | | 629.421 | | | #### | ###### | | | |
| | 3 | SW4 | LC类钢筋混凝土双孔箱涵（设计水孔） | 87.500 | 87.500 | | | | 226.2 | | 35.2 | 23.5 | | | | | | 547.800 | | | #### | ###### | | | |

图 3-24　工程量校核对比

用和飞机起降安全(图 3-25)。因此,机场道面混凝土要求具有高强度、抗冻、抗冲击、耐高温、耐磨、抗腐蚀等性能。

图 3-25　某机场道面混凝土裂缝

纤维作为混凝土中的第六组分,其在混凝土中的均匀分散和相互搭接,可以形成三维空间网状结构。这种结构能够有效改善混凝土收缩引起的早期开裂，预防早期损伤和内部缺陷的产生。纤维增强了混凝土韧性，可以有效抵抗冻融过程中的周期性反复应力效应。另外,纤维的掺入可以隔断混凝土的毛细通道,缩短冻融循环过程中自由水的流程长度,当产生的水压力超过材料的极限抗拉强度时造成破坏的概率随之变小。因此,纤维是目前解决混凝土开裂、耐久性损伤最重要的功能性材料。

案例依据:北京大兴国际机场在实验室以及现场试验段,针对掺加超高强改性聚酯合成纤维混凝土做了相关的实验研究。纤维的主要性能参数:断裂强度不小于 990 MPa、弹性模量不小于 10.7GPa、耐碱性能(极限拉力保持率)不低于 99%、纤维长径比不小于 300,掺量为 1.4kg/m$^3$,配合比与空白组相同。

在部分除冰坪道面混凝土中使用的超高强改性聚酯纤维(FC 纤维),有效克服了北方冬季施工出现的低温、大风等不利因素,减少了早期收缩裂缝的出现,增强了道面耐久性。在施工过程中,通过调整纤维掺量,实现了较好的混凝土施工性能和较高的施工效率,满足了工程需要。根据研究结果,纤维混凝土在施工性能的强度方面、抗冻耐久性方面、抗裂性方面以及抗冲击性能方面均有较好的表现。

(1)施工性能

FC 纤维混凝土经高频振捣、抹面后拉毛,拉毛纹理顺滑,无明显纤维拉出和纤维露头的现象。

(2)分散性

经搅拌站搅拌后,FC 纤维在混凝土中分布均匀,纤维单丝分散可见,未出现明显结团现象。

(3)混凝土力学性能

对于7d龄期时，对照组的试件强度均值为5.20 MPa，纤维组的试件强度均值为5.4 MPa。对于28d龄期时，对照组的试件强度均值为5.70 MPa，纤维组的试件强度为6.00 MPa。试验结果表明，对比纤维组和对照组抗折强度数据，掺入FC纤维的机场道面混凝土，7d及28d的抗折强度均略有提高。

(4)与钢筋的黏结强度

经过现场取样测试，FC纤维不会对机场道面混凝土与钢筋的握裹力造成不利影响。

(5)抗裂性能

抗裂效果良好，掺加组未出现裂纹。

(6)抗冻耐久性

试件完成300次冻融循环后：普通混凝土质量损失率为3%，相对动弹性模量为85%；纤维混凝土质量损失率为1%，相对动弹性模量为93%。试验结果表明掺入FC纤维的机场道面混凝土的抗冻耐久性提高近10%。

(7)抗冲击性能

FC纤维混凝土抗冲击测试结果为1.56，即抗冲击性能满足技术要求。

### 3.5.2 问题分析

由于纤维混凝土属于新材料、新技术，国内机场使用案例较少，对于其作用机理、材料掺量、施工性能、使用效果还存在认识和经验不足，需要结合工程现场的施工材料、施工机械、气温环境、工艺水平等条件具体确定。

### 3.5.3 解决方案

通过试验段确定纤维掺量，并论证混凝土的施工性能和使用效果。

机场公司组织各施工单位在不同标段开展试验段工作，每立方混凝土按照1.0kg、1.2kg、1.4kg及2.0kg、2.4kg等规格掺量掺加FC纤维，观察并判断混凝土搅拌和浇筑的和易性，同时对成型抗裂试件进行各种试验研究(图3-26至图3-28)。

结论：①按照1.4kg的掺量，搅拌站生产的纤维混凝土纤维分散性良好，纤维单丝分散均匀，无结团现象；采用传统施工工艺能满足摊铺、振捣、整平、揉浆及做面施工要求；拉毛纹理顺滑，无明显纤维拉出，基本无面层浆体破坏及纤维露头现象，满足现场施工要求。

②纤维混凝土试验段浇筑完成后，洒水养护14d，待龄期超过28d后，现场钻芯取样，制备劈裂强度试验试件，检测空白组及各纤维对照组劈裂强度试验结果，各试验段钻芯劈裂试验均满足设计要求，掺加FC纤维试验段劈裂强度略有提高。

图 3-26　部分纤维混凝土试件

图 3-27　抗裂试验

图 3-28　裂纹深度检测

③掺加 FC 纤维的混凝土与普通混凝土相比，通过限裂效能等级可知，其显著提高了混凝土的抗裂性能。掺量为 1.4kg 的纤维混凝土基本无裂缝出现，达到了不开裂的工程要求。

④纤维混凝土较普通混凝土，抗破坏冲击能力有不同程度的提高，纤维混凝土的抗冲击次数比为 3.2 ~ 5.5。

通过试验段确定纤维长度，并论证混凝土的施工性能和使用效果。通过掺加 12mm、20mm、40mm 等不同长度的 FC 纤维，对比观察混凝土拌和均匀性与施工和易性，结论为：纤维超过 20mm 后，容易出现结团的现象，混凝土抗折强度略有下降。

制定《鄂州花湖机场纤维混凝土道面施工技术规程（试行）》，严格控制材料质量、掺加数量、施工工艺、检测过程。

### 3.5.4 总结

北京大兴国际机场的实验研究表明，超高强改性聚酯纤维混凝土在施工性能、强度、抗冻耐久性、抗裂性以及抗冲击性能等方面均有较好的表现。机场道面混凝土的抗裂性能提升可有效减少机场运营期间道面混凝土裂缝、掉边、掉角等病害，可有效保证机场运营安全，有利于节约机场道面后期维护费用。现场施工同时也反馈，纤维混凝土在道面提浆、拉毛的过程中易出现道面形成面层损坏的情况，因此对施工的工艺有较高的要求。

依据案例研究，对此标段道面纤维混凝土进行各项试验分析，结论如下：

对高强改性聚酯纤维、聚乙烯醇纤维及耐碱玻璃纤维，采用不同纤维掺量掺入混凝土（外掺法）后，经搅拌机搅拌并成型试块后，对混凝土拌合物性能、力学性能、耐久性能、经济性及施工性进行综合比较与分析。聚乙烯醇纤维及耐碱玻璃纤维可用于混凝土施工，防开裂效果不明显；高强改性聚酯纤维适用于大面积混凝土施工，搅拌均匀且性能稳定，防开裂效果明显，掺加 1.4kg/m$^3$ 即可满足施工要求，且实体换算抗折强度略有提高。此标段最终选定高强改性聚酯纤维用于道面混凝土，掺量为 1.4kg/m$^3$。

因 FC 纤维抗拉强度、弹性模量、断裂延伸率等检测指标需从纤维生产线上抽取长丝检测，为确保抽检材料与现场供货材料一致，计划由施工单位、监理单位、三检单位及业主单位各派一名代表前往纤维生产厂家共同见证取样检测，跑道纤维一次性采购供货，生产及打包运输过程各方可全程驻场监造。纤维运至施工场地后，集中仓储，建立使用台账，加强掺量计量控制，另外在质量验评系统对纤维计量投料、拌和质量、拉毛质量进行全过程填报记录，确保道面纤维混凝土质量受控。

## 3.6 预留东跑道东侧远期联络道施工条件

### 3.6.1 背景描述

鄂州花湖机场本期规划建设东西两条跑道，远期在东跑道东侧规划建设三跑道，二、三跑道之间布置滑行道及联络道系统。根据近远期规划，应明确本期与远期施工界面，做好远期建设接口预留，确保近远期规划衔接顺畅、施工便利，对运行影响最小。

### 3.6.2 问题分析

根据相关规定，在跑道有飞行活动期间，禁止在跑道中心线两侧75m以内的区域进行任何施工作业。位于东跑道东侧远期联络道及基础的施工时间、结构形式、施工范围、施工内容需要尽快明确。如以上内容全部在远期施工，跑道中心线75m范围属于不停航施工，需要按规定报局方审批，施工成本有所提高，施工工效难免降低，且势必会对本期工程造成拆改与资金浪费。

### 3.6.3 解决方案

本期东跑道东侧75m范围内，道面区域按照远期联络道要求，进行地基处理及土石方填筑；本期东跑道东侧一定范围内，预留远期联络道的道面结构(图3-29)。

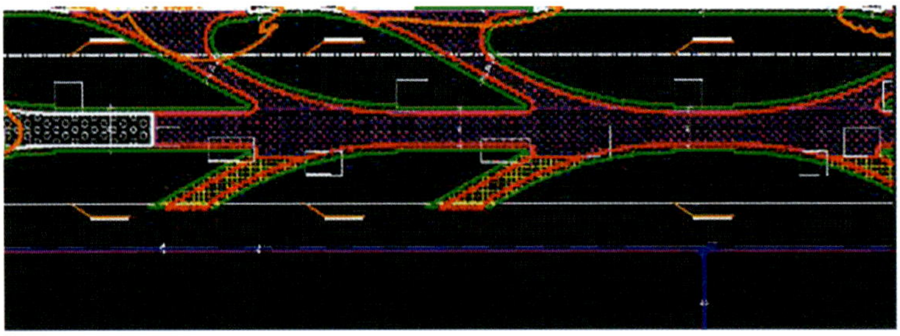

图3-29 远期联络道的道面结构预留范围

### 3.6.4 总结

预留方案使本期增加的投资不多，但大大降低远期不停航施工难度，总体上节约了工程费用，对安全运行影响最小，达到了“四两拨千斤”的效果。

①东跑道东侧75m范围内，道面区域地基处理及土石方施工于本期一步到位，减少

了远期拆改工程量，降低了远期不停航施工难度，对东跑道运行影响最小。

②东跑道东侧滑口按照远期联络道结构预留，避免本期采用道肩结构带来的远期拆除及新建，节约了工程费用，实现了近远期规划顺畅衔接。

③考虑到道面施工较快，75m范围内其他区域道面施工工期较短，对运行影响较小，第一期增加投资不多，同时为远期规划调整预留一定弹性空间。

## 3.7 综合管廊与转运中心线合建的设计方案

### 3.7.1 背景描述

湖北鄂州花湖机场综合管廊南起南工作区，起点位于南二路西侧110kV变电站，往北经飞行区至规划北一路、顺丰大道后，止于北工作区北侧用地红线，初步设计总长5980m。标准段管廊覆土厚度平均为3.0m，施工时根据实际情况适当加深，以避让排水管及其他管线、建构筑物竖向交叉处，这是基于地质条件、管廊稳定性以及后续维护等因素综合考虑的。入廊管线包括48回10kV电力电缆、24孔通信线缆和2×*DN*400供水管。管廊标准断面采用两舱形式，电力电缆回路较多，单独成舱。供水和通信共舱，设计断面净宽(2.6+2.8)m，净高2.5m(图3-30)。

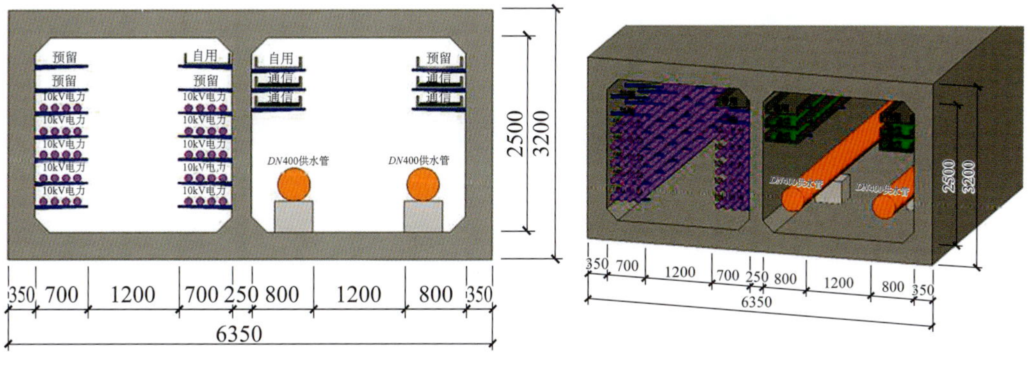


图3-30　综合管廊标准断面图

综合管廊是整个机场工程的“大动脉”，负责连接至塔台、转运中心、南北灯光站等核心、要害节点，管廊路由优化是否合理，不仅关系到工程投资，更涉及机电设备能否如期调试，飞机能否如期校试飞，鄂州花湖机场能否如期投用。当前面临的问题有：

①初设方案中管廊避开了转运中心建筑，绕行长度较长。

②优化前，在管廊路由处堆载了大面积土方，堆载完成时间与管廊施工开始时间存

在时序冲突。

③按照塔台投用时间倒排工期,需提前完成管廊建设含电缆铺设,为塔台供电。

### 3.7.2 问题分析

为有效解决以上问题,在综合平衡管廊工期、工程投资、施工难度、协调难度等因素后,两家业主各自组织设计、监理、施工单位认真分析现场条件、查找问题,进行了多轮磋商和方案比选。

### 3.7.3 解决方案

优化后,综合管廊平面位置由转运中心室外调整至转运中心下方,下穿了远期机坪隧道,为管廊与转运中心及下穿隧道合建创造了条件(图 3-31)。

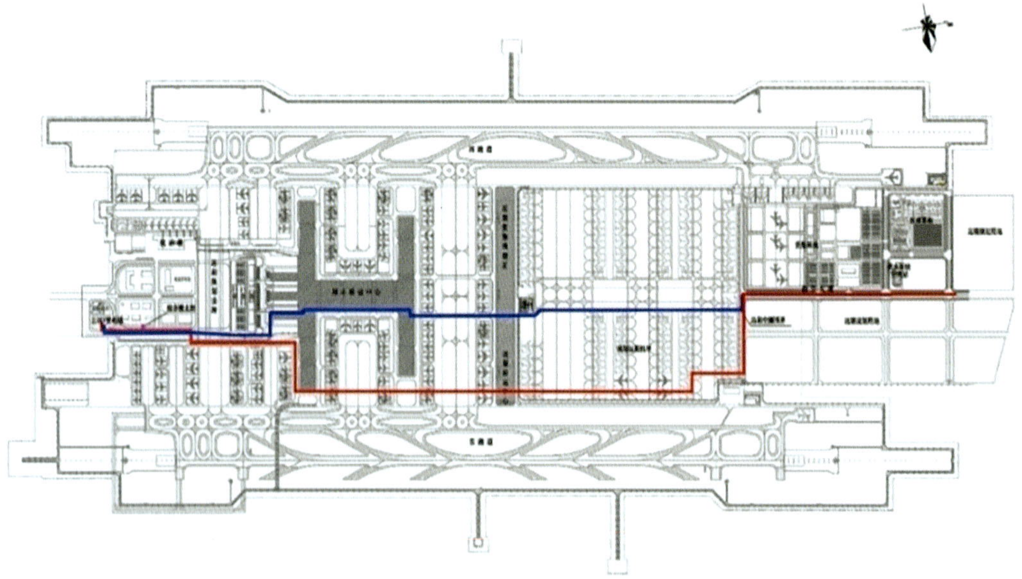

图 3-31 解决方案示意图

### 3.7.4 总结

新路由避开了走马湖堆载区域,为管廊全面开工创造了条件;打通了管廊与建筑合建渠道,减少了管廊顶部负荷,优化了管廊结构;作业面为红砂岩,因此减少管廊局部埋深,能大幅降低施工难度。

①优化路由后,管廊长度缩短约 1km。

②避开场地内走马湖堆载预压区,长度约 504m,缩减管廊施工工期。

③管廊顶板与转运中心建筑底板合建,平均埋深减少 2.8m,节省基坑支护、土方、地

基处理等费用,约 8000 万元。

④实现与远期机坪隧道共建的愿景,减少该节点管廊埋深约 1.5m。

⑤优化管廊各类口部设计,实现与转运中心建筑、设备的合理衔接。

## 3.8 东跑道南端灯光检修栈桥优化

### 3.8.1 背景描述

鄂州花湖机场东跑道南端规划设计有Ⅱ类精密进近系统,灯光带长 900m,其中 160m 位于水域中。为达到进近灯灯芯高度,须满足一定坡度标准的要求,对水域灯杆进行抬高。初设阶段因土方测算场内缺方,综合考虑功能需求及工程投资后,由设计院提供钢结构形式的灯光检修栈桥方案(图 3-32)。

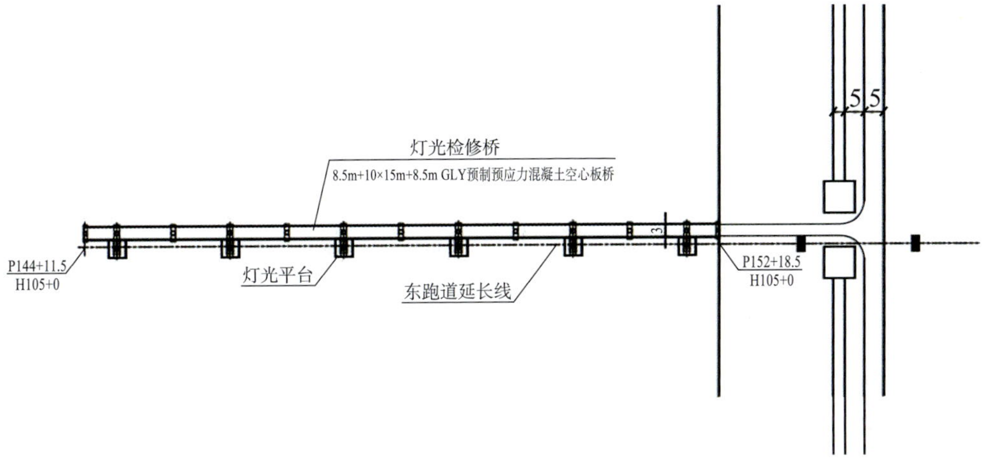


图 3-32　初设方案:检修桥

### 3.8.2 问题分析

随着工程逐步推进,料源地交付、地势优化、走马湖卸载及沟槽、基坑土方开挖后,场内土方出现余方。基于以上变化,机场公司组织设计院进行研究并调整了设计方案。

### 3.8.3 解决方案

设计院调整灯光检修栈桥方案为灯光检修便道方案,增加了涉水边坡的防护,采用双围界的方式,将检修便道纳入飞行区范围,利于灯光检修及场地保护(图 3-33)。

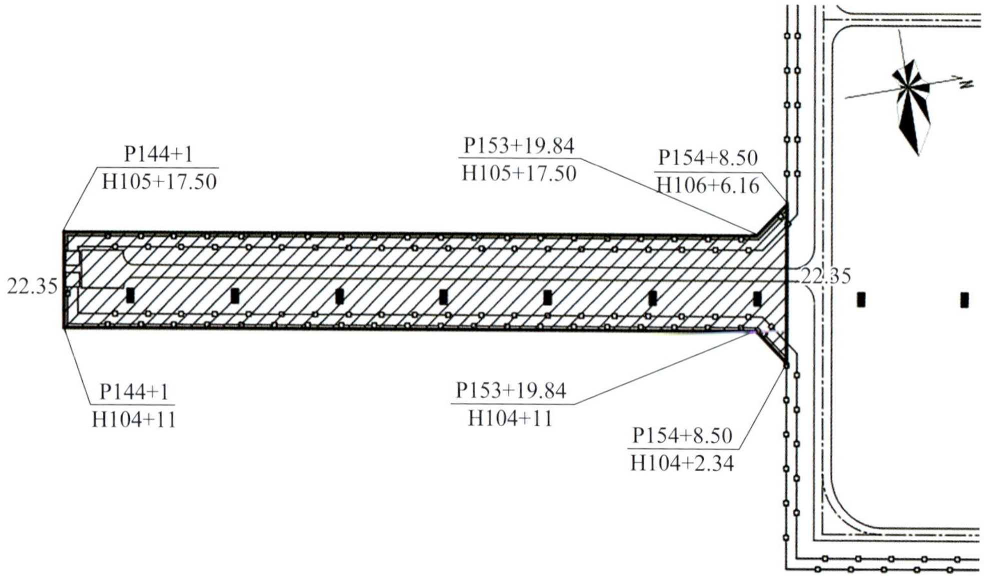


图 3-33　施工图方案：检修便道

说明：本图比例尺为 1∶1000，单位为米，坐标采用湖北鄂州民用机场独立 PH 坐标系，方格网间距 20m×20m。

### 3.8.4　总结

方案调整后，节约了工程投资，减少了交叉施工，便于施工组织和后期灯管运维。

①节约工程投资约 100 万元。

②检修通道宽度由 3m 拓宽至 25m，便于检修人员驱车巡检及维护。

③便于采用双围界将检修便道纳入飞行区范围，利于灯光检修及场地保护。

## 3.9　飞行区助航灯光设计 BIM 应用案例

### 3.9.1　背景描述

助航灯光是机场飞行区的重要部分，对于机场运行安全具有至关重要的作用。设计助航灯光系统时，需要考虑多个方面的因素，以确保其能够有效地引导飞机安全起降和滑行。助航灯光的设计内容通常包括以下几个方面：跑道灯具、滑行道灯具、进近灯具、坡度灯、标记牌、一次电缆、二次电缆、电缆井、助航灯光排管等。

### 3.9.2　问题分析

助航灯光工程具有工程总量大，分布范围广，其他专业接口多等特点。鄂州花湖机场飞行区各类灯具约 11000 个，一次电缆约 900 km，二次电缆约 270 km。飞行区内有各种电力管线、雨污水管线、通信管线及排水沟等，碰撞点位多，容易发生管线碰撞，灯具、标识牌遮挡等问题。

### 3.9.3 解决方案

助航灯光设计过程中，建立了本专业的BIM设计流程和实施标准，开发了应用于助航灯光、站坪照明和飞行区供电的 BIM 工具，并通过模型合模、碰撞检查优化和完善设计内容，提高设计质量。本案例主要对助航灯光相关的设计检查、碰撞处理、工程量统计等问题进行总结（图 3-34）。

| 专业 | 子专业 | 二级子专业 | 构件类别 | 构件子类别 | 构件类型（规则） | 构件类型（示例） | 建模方式 | | 构建（族） | | | | |
|---|---|---|---|---|---|---|---|---|---|---|---|---|---|
| | | | | | | | Revit | Bentley | 族名称（规则） | 族名称（示例） | 族类型名称/构件名称（规则） | 族类型名称/构件名称（示例） | 设计阶段 |
| | | | 跑道灯光系统 | 跑道边灯 | 安装方式-发光颜色 | 嵌入式浅座-白黄 | — | 单元 | — | — | [构件子类别]_[构件类型] | 跑道边灯_嵌入式浅座-白黄 | 建模表示设备安装位置及主要外形构造 |
| | | | | 跑道入口灯 | 安装方式 | 立式 | — | 单元 | — | — | [构件子类别]_[构件类型] | 跑道入口灯_立式 | 建模表示设备安装位置及主要外形构造 |
| | | | | 跑道入口翼排灯 | 安装方式 | 立式 | — | 单元 | — | — | [构件子类别]_[构件类型] | 跑道入口翼排灯_立式 | 建模表示设备安装位置及主要外形构造 |
| | | | | 跑道末端灯 | 安装方式 | 立式 | — | 单元 | — | — | [构件子类别]_[构件类型] | 跑道末端灯_立式 | 建模表示设备安装位置及主要外形构造 |
| | | | | 跑道中线灯 | 安装方式-发光颜色 | 嵌入式浅座-白红 | — | 单元 | — | — | [构件子类别]_[构件类型] | 跑道中线灯_嵌入式浅座-白红 | 建模表示设备安装位置及主要外形构造 |
| | | | | 跑道接地带灯 | 安装方式 | 嵌入式浅座 | — | 单元 | — | — | [构件子类别]_[构件类型] | 跑道接地带灯_嵌入式浅座 | 建模表示设备安装位置及主要外形构造 |
| | | | | 道路等待位置灯 | 安装方式 | 立式 | — | 单元 | — | — | [构件子类别]_[构件类型] | 道路等待位置灯_立式 | 建模表示设备安装位置及主要外形构造 |
| | | | | 滑行道边灯 | 安装方式 | 嵌入式浅座 | — | 单元 | — | — | [构件子类别]_[构件 | 滑行道边灯_嵌入式浅座 | 建模表示设备安装位置及主要外形 |

图 3-34 助航灯光基本构件信息表截图

（1）灯具位置合理性检查

通过与场道专业 BIM 模型的合模检查，更容易检查出灯具设计是否合理。例如，如果一个回路的部分深筒灯具位于排水沟的暗沟上，就需要核对位于暗沟顶板上部的灯具，检查灯具放置处的深度是否满足深筒灯的安装高度，若不能满足就要考虑使用浅座安装方式（图 3-35）。

（2）标记牌辅助定位

由于标记牌的定位受到排水沟、电缆井等多种条件的影响，在合模之后就能够根据所在位置的外部条件，结合《民用机场飞行区技术标准》（MH 5001—2021）的要求选择合适的位置。

图 3-36 为标记牌位于排水明沟内的情况，检查标记牌与滑行道的距离之后，确定标

记牌及对应的灯箱均向滑行道方向移动，以避开排水沟的调整方案。

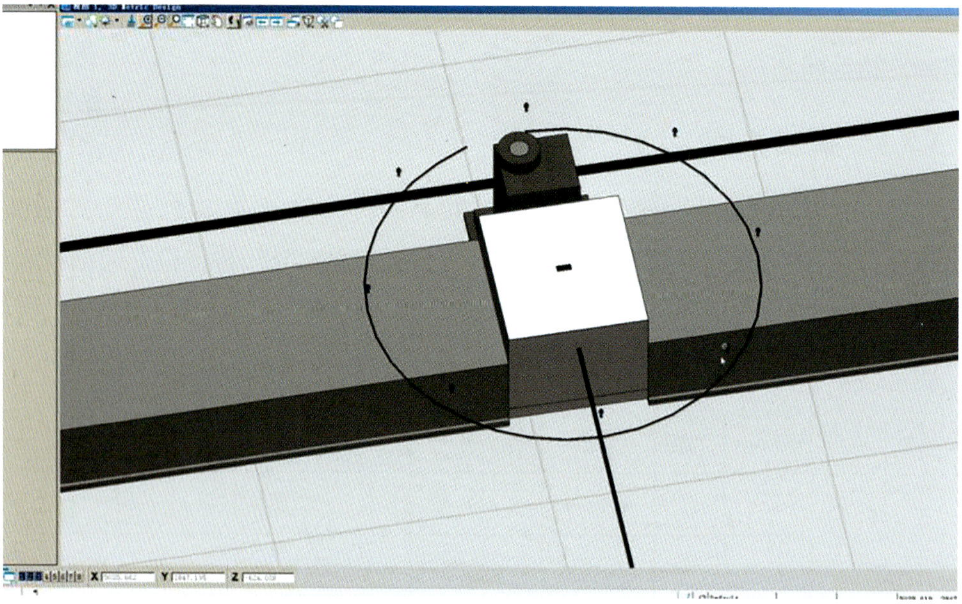

图 3-35　深筒灯和暗沟的位置检查

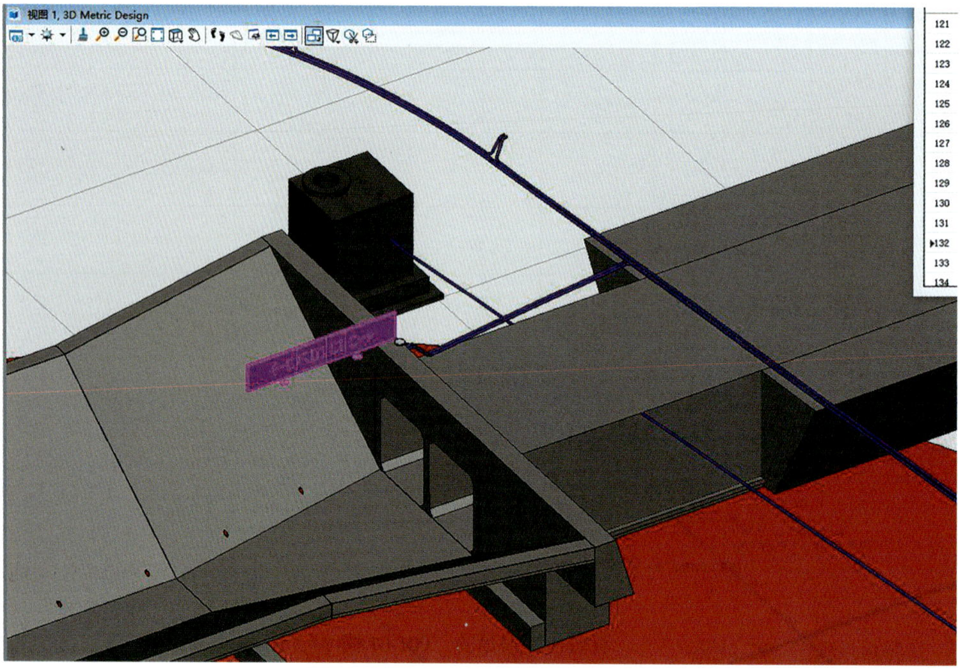


图 3-36　标记牌和灯箱同步移动以避开排水沟

对于标记牌位于盖板明沟上的情况（图 3-37），如果周边不易找到合适的放置位置，可以将标记牌直接固定在排水沟盖板上，但务必确保配套的隔离变压器箱移动到土面区，并制作独立基础进行保护。

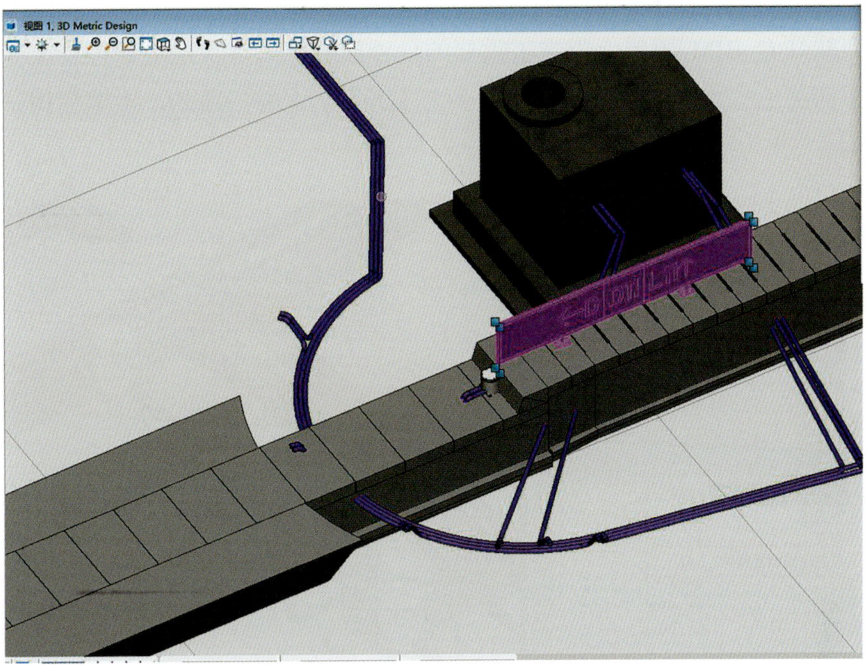


图 3-37 标记牌和盖板明沟位置冲突的情况

(3)电缆井、排管与排水沟的碰撞处理

电缆排管在穿越排水沟时可以采用下沉穿越或者横穿的方案，如果采用横穿的方案，需要确保排管的截面高度小于排水沟截面总高度的 1/3，同时排管的截面底部位于排水沟截面高度的 1/2 以上，对于横穿宽度大于 6m 的情况，需额外增加支架(图 3-16)。

对于排水沟深度较小的情况，则需要采取增大排管埋深下穿排水沟的方式，利用 BIM 模型确定排管需要下沉的深度(图 3-38)。

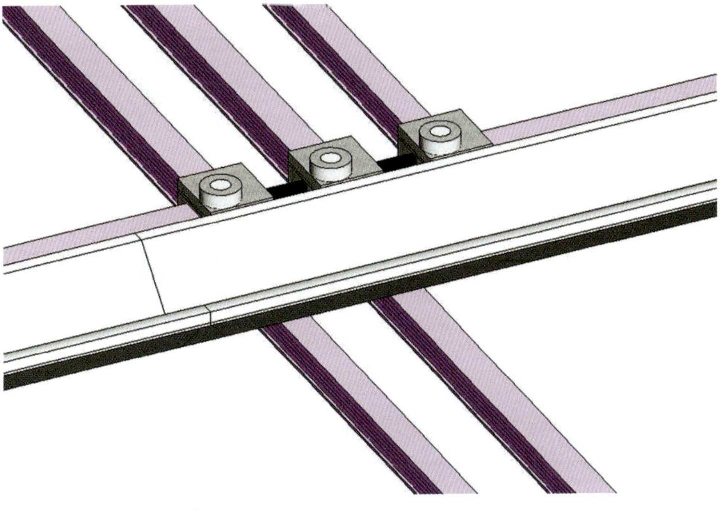

图 3-38 排管下穿排水沟

（4）便捷的 BIM 工程量统计

在助航灯光 BIM 模型上附带了重要的设计属性——一次电缆保护管上存储了对应的电缆回路编号属性（图 3-39），以便于统计出每个电缆回路的一次电缆保护管长度（图 3-40）。

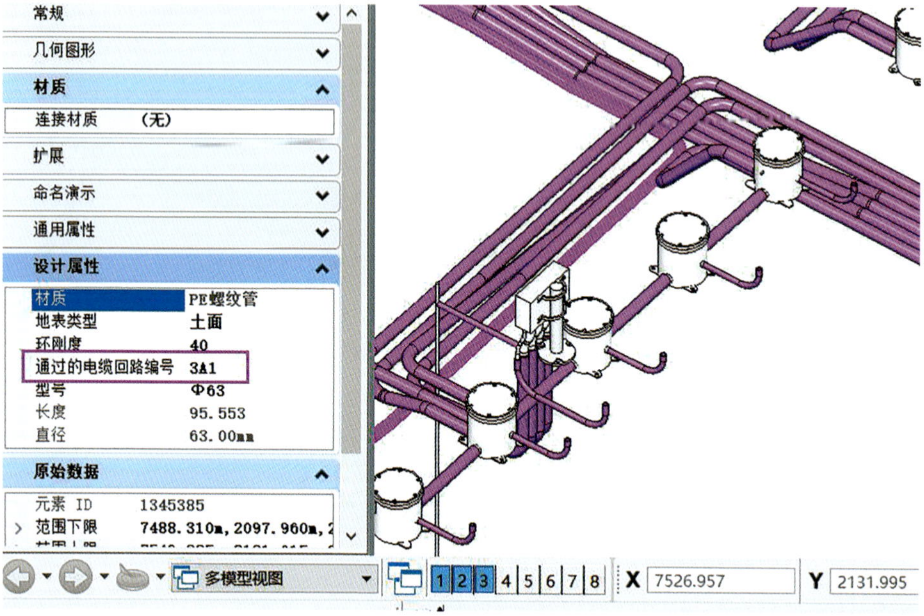


图 3-39　一次电缆保护管上的回路编号属性

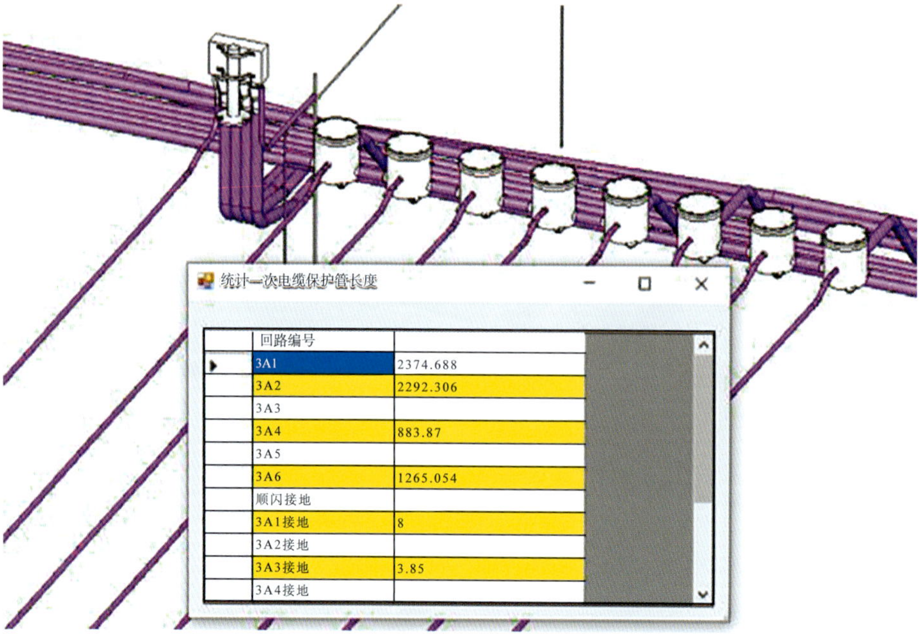


图 3-40　基于 BIM 二次开发的工程量快速统计

### 3.9.4 总结

BIM在助航灯光与其他专业协同的层面具有较大的作用，从二维到三维，设计成果更加直观，让各专业的交叉碰撞、目视助航灯具标记牌遮挡等问题在早期设计阶段即可展露，方便设计人员进行针对性的优化设计，也减少了后期深化设计工作量，同时有助于工程量的提取和计价。

## 3.10 助航灯光工艺工程设计方案

### 3.10.1 背景描述

1.工程背景

机场本期建设2条E类跑道，长度均为3.6km。01L、01R跑道为Ⅰ类精密进近仪表跑道，19L、19R跑道为Ⅱ类精密进近仪表跑道(图3-41)。

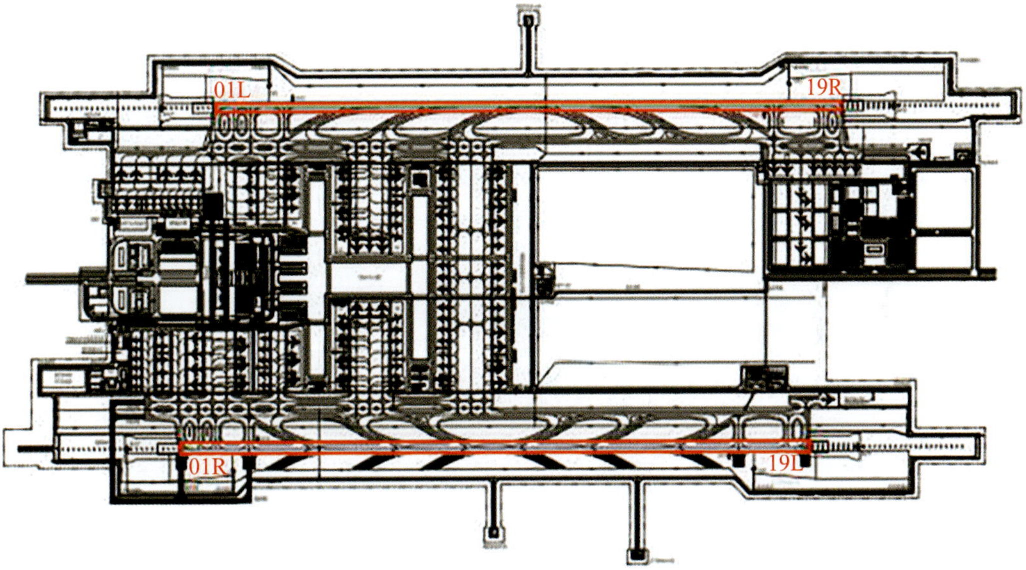


图3-41 跑道、滑行道分布图

2.设计方案

(1)进近灯光系统

设置标准900m长度B式进近灯光系统，加30灯的顺序闪光灯系统(图3-42)。19L、19R跑道为Ⅱ类精密进近跑道，增设侧边灯。选用由5灯组成、长度4m的立式灯具：短排灯，其光芯位于跑道中线的延长线上。

主降Ⅱ类灯光带同样设置30套闪光灯。顺序闪光灯系统，当Ⅰ类灯光运行时，开30盏闪光灯，按30灯系统运行；当Ⅱ类灯光运行时，开21盏闪光灯，按21灯系统运行。Ⅰ/Ⅱ类转换控制通过闪光灯控制器实现。

图3-42 鄂州花湖机场进近灯光

(2)跑道灯光系统

跑道灯光系统，包含跑道中线灯、跑道边灯、跑道入口灯、跑道末端灯及接地带灯。其中，在道肩上安装的跑道边灯、跑道入口翼排灯及跑道末端灯为立式灯具，其余均为嵌入式灯具(图3-43)。

图3-43 鄂州花湖机场跑道灯光

(3)滑行道灯光系统及滑行引导标记牌

设置滑行道中线灯、滑行道边灯、中间等待位置灯、快速出口滑行道指示灯、禁止进入排灯、跑道警戒灯及停止排灯，其中跑道及快速出口滑行道上的嵌入式灯具为浅筒灯，其余嵌入式灯具均为深筒灯。

在跑道和滑行道的道面外，设置滑行引导标记牌，包含跑道等待位置标记牌、跑道出口标记牌、跑道脱离标记牌、交叉点起飞标记牌、禁止进入标记牌、位置标记方向标记牌、目的地标记牌及滑行道终止标记牌等(图 3-44)。

图 3-44　滑行引导标记牌

(4)PAPI 灯

跑道两端各设置一组坡度灯。坡度灯连接智能电气控制系统，在出现异常状况时，PAPI 系统能自动关闭灯光。

(5)灯光站

本期助航灯光工程共设置 4 座灯光站。东、西跑道南北两端各设置 1 座灯光站。运控中心及 4#灯光站所在的灯光站，命名为中心灯光站，设置在东跑道南端(图 3-45)。

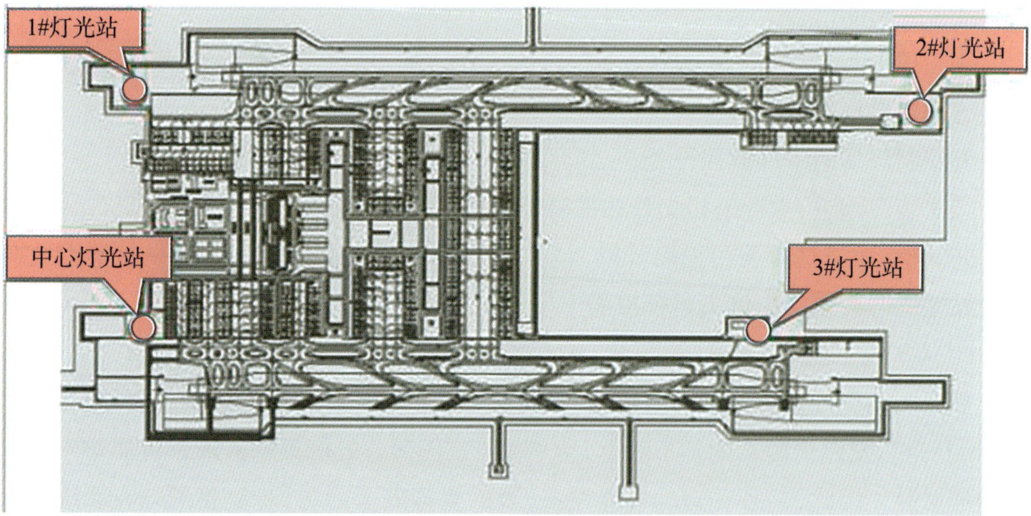


图 3-45　灯光站分布图

灯光站的母联柜为自投自复方式，每个灯光站设置4台变压器，两台为灯光工艺回路（配置柴油发电机组、UPS作为备用电源），另外两台为灯光站内空调等动力负荷供电。

灯光站按无人值守设计，站内设置视频监控。

助航灯光计算机监控维修中心（运控中心）设置在中心灯光站。

（6）助航灯光计算机监控系统

在机场的运行管理中，助航灯光系统的监控与控制至关重要。为了确保机场助航灯光系统的运行稳定和管理高效，塔台、运控中心控制室、各灯光站均设置计算机监控设备，各站之间采用光缆作为通信传输方式。系统可供塔台管制人员及灯光维护管理人员控制和监视机场助航灯光系统，及时准确地了解全场灯光的运行情况，掌握设备故障发生的性质、位置以及历史记录。塔台、运控中心控制室、灯光站均可对助航灯光进行控制，且第一、二、三级别顺序依次为塔台、运控中心控制室、灯光站。塔台可授权运控中心控制室、灯光站对助航灯光进行控制，因此当系统出现故障时，助航灯光状态仍可保持不变。

本系统采用单灯监控装置对进近灯光系统、跑道灯光系统、微波探测器进行监视；对于停止排灯、部分滑行道中线灯进行监控。单灯监控系统纳入计算机监控系统。

本系统主要实现以下功能。

①控制功能：塔台、运控中心控制室及灯光站可控制所有跑道、滑行道和进近灯光回路以及开关控制对象，调节回路光级；

②监视功能：监视所有灯光回路的开关状态，装有单灯控制器的单个灯的开、关以及故障状态；

③报警功能；

④管理功能；

⑤创建运行状态和告警日志；

⑥控制灯具的单灯监控设备；

⑦安装在跑道、滑行道相交处的探测传感器，用于检测飞机位置；

⑧其他：进近灯可采用视频监控，该功能通过安防围界系统实现，安防围界系统向灯光站系统开放相关摄像头监视权限。

（7）单灯监控系统

鄂州花湖机场作为一个大型机场，其助航灯光系统拥有上万套灯具，灯具分布在跑道、滑行道以及跑道两端的延长线上，点多面广，任何一处灯具的故障都可能对飞行安全构成威胁。因此，应用先进的智能设备，及时发现安全隐患，保证助航灯光系统的正常运行，对保障飞行安全具有重大意义。本次设置一套单灯监控系统，应用先进的智能设备，对进近灯光系统、跑道灯光系统、微波探测器进行监视；对于停止排灯、部分滑行道中线灯进行监控。本系统可帮助工作人员掌握实时信息，及时发现安全隐患，并可对以上灯具进行灵活的控制管理，工作人员可在监控室内，集中管理该系统，保证助航灯光系统的正常运行。另外，本系统应接入助航灯光计算机监控系统。

### 3.10.2　问题分析

(1)节能要求

由于鄂州花湖机场全场助航灯具约 11000 套，滑行引导标记牌近 300 套，本工程用电量在飞行区占比较大。为响应国家节能减排号召，落实绿色机场建设要求，推动节能灯具的应用势在必行。

(2)智慧创新

鄂州花湖机场设有灯光站 4 座，灯光站之间距离长达数公里，对灯光站的巡检、维护难度较大。为实现智慧机场的建设目标，灯光站需实现智能化。

### 3.10.3　解决方案

#### 1.全场助航灯光灯具采用 LED 光源

全场助航灯光灯具采用 LED 光源，相较于传统卤素光源，LED 灯可节能 50%以上。

#### 2.灯光站无人值守

鄂州花湖机场本期建设 4 个灯光站，分别为中心灯光站、1#灯光站、2#灯光站和 3#灯光站。4 个灯光站均按无人值守设计(图 3-46)。

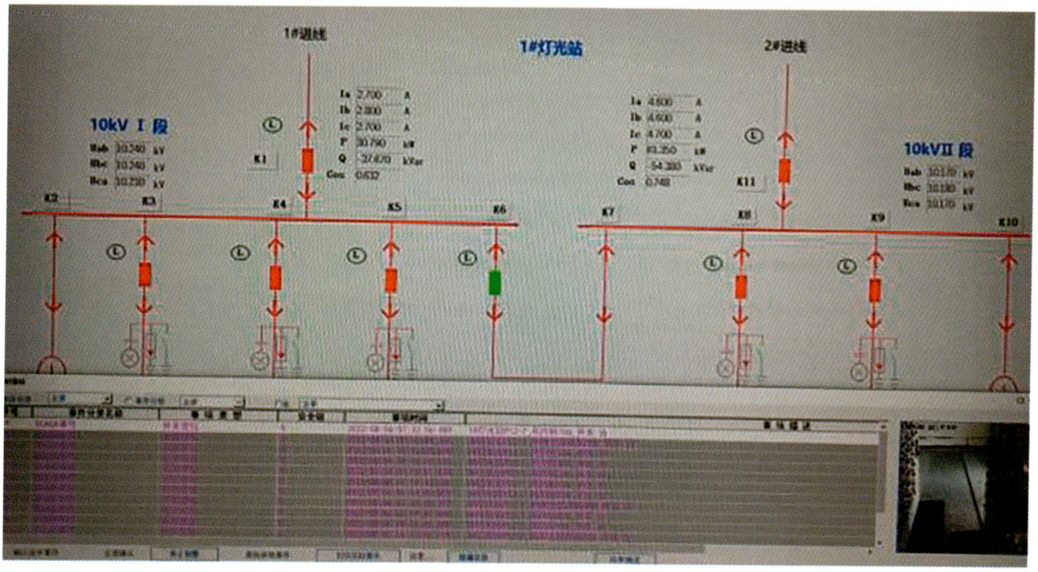


图 3-46　灯光站无人值守设计

3.电力监控系统

本期建设的4个灯光站均设置在机场飞行区内,安防等级高。考虑到灯光站对保障机场正常运行的重要性,4个灯光站均设置有安防监控装置,同时设置有自动消防装置。

无人值守灯光站的另一重要指标是对站内灯光设备、电气设备、计算机和网络通信的监控。4个灯光站均设置了完备和先进的监控设备,可进行远程操作。为确保信息的准确性与可靠性,鄂州花湖机场4个灯光站增加了站内设备的视频监控,在高压配电室、低压配电室、电力变压器室、变配电室、柴油发电机室、UPS主机室、UPS电池室及调光器室设置监控摄像头(图3-47)。

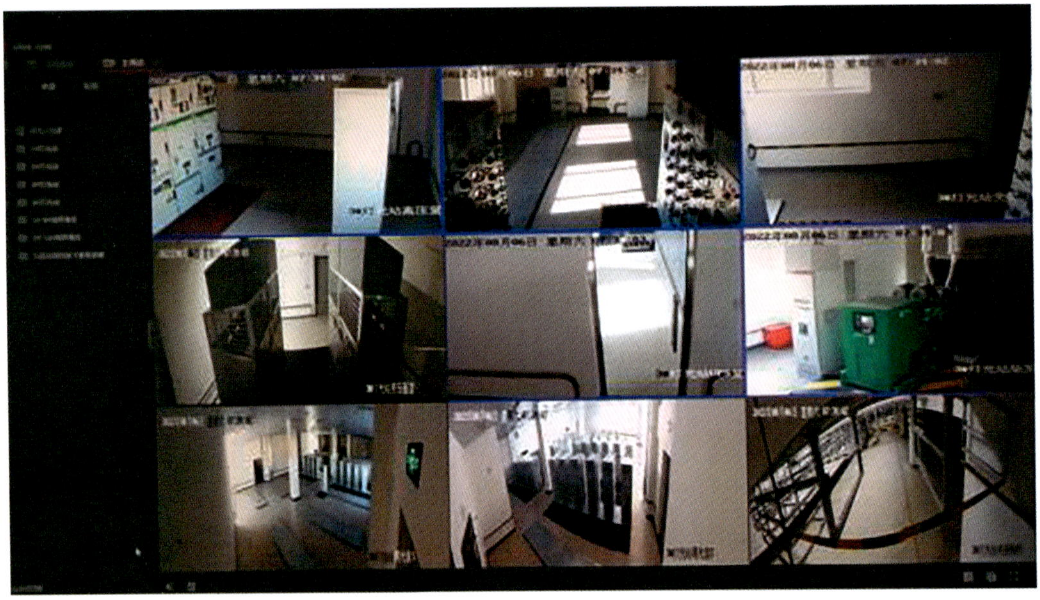

图3-47 视频监控

4个灯光站的所有监控信息,通过连接4个灯光站的双环拓扑冗余光纤网络,实时上传至计算机监控和维修中心(运控中心),且同步显示在3m×7m的灯光大屏幕及各自的21英寸液晶显示屏上。在计算机监控和维修中心,可以对4个灯光站的重要设备进行远程控制(图3-48)。

4.灯光站运维管理系统

飞行区作为机场的核心区域,其正常运行对于保障飞机的起飞、着陆、滑行和停放至关重要。在飞行区的日常运营中,灯光站、高杆灯、助航灯光、消防报警等机电设备系统发挥着不可替代的作用。随着机场进出港航班数量增多,飞行区的保障工作面临着更大的挑战,其中,灯光站承载的压力尤为突出。

为了应对这些挑战,提升设备保障能力,降低人员劳动强度,让灯光站的机电设备运维人员更加专注于核心业务,应用新技术解决运维管理问题成为当务之急。通过新

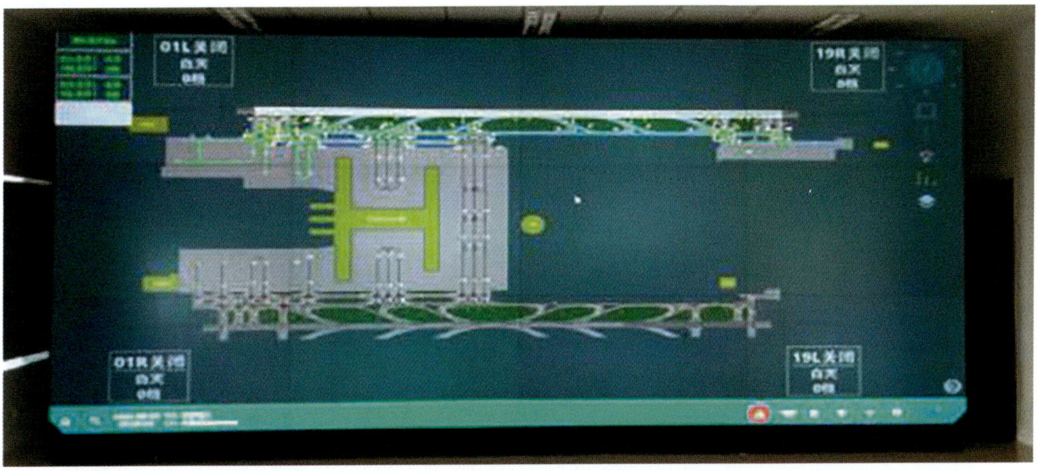

图 3-48　助航灯光监控系统大屏幕

技术应用与内部管理机制的融合创新，建立飞行区灯光站的智慧运维管理平台，将飞行区灯光站内各种保障系统纳入一个综合管理平台，通过“大云物移智”等物联网技术融合应用，将值班监视、基础设施设备监管、备品备件管理、人员作业等设施运维管理各环节数据打通，形成完整作业闭环，从而实现数字化运维，提升飞行区灯光站设备本质安全和工作效率（图 3-49）。

图 3-49　灯光站运维管理系统架构图

（1）集中监控值守

传统灯光站内助航灯光系统、电力监控系统、消防监控系统等为独立运行系统，存在数据割裂不能互通，依赖人工传递信息等隐患。

通过集控站，打通多个相互独立的自动化系统，实现信息互通。实现灯光站所有设施的集中监控、线上巡检、指挥调度、作业远程支持等应用场景。

鄂州花湖机场灯光站部署灯光站运维管理系统，通过相应的数据接口，将独立专业子系统（助航灯光监控系统、单灯监控系统、电力监控系统、环境监控系统等）的关键数据整合到平台，通过平台综合态势看板集中监管，同时将异常告警信息通过作业终端APP及时通知管理人员与一线作业人员，快速处理故障，消除信息孤岛（图3-50、图3-51）。

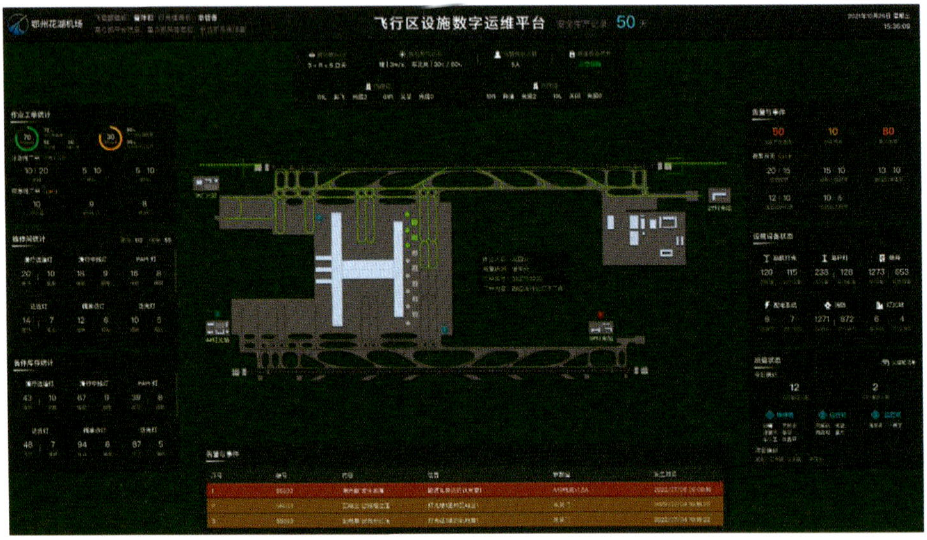


图3-50　灯光站运维管理系统综合态势看板图

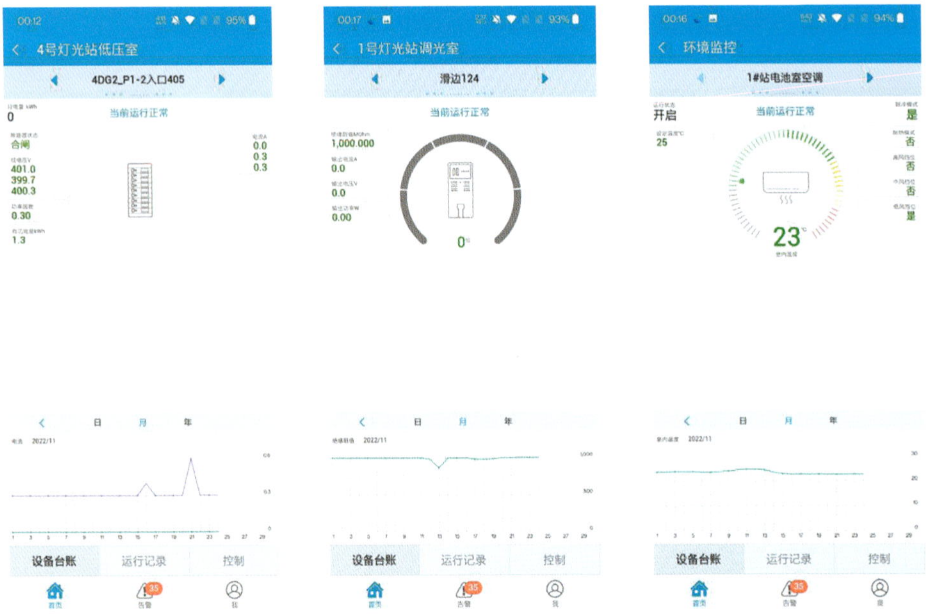


图3-51　APP客户端部分系统实时数据图（电力监控/助航灯光/环境监控）

（2）运维作业数字化支持

传统的运维作业方式主要依赖人工传递信息、安排任务、纸质记录等方式，作业规范程度与效率较低，且缺乏监管。

通过运维管理系统，结合现场 PDA 辅助作业，实现“自动派单—接单执行—结果自动记录”的过程，从而达到灯光站的整个作业过程实现数字化闭环的目标。

通过该系统能实现日常工作任务的自动分配，所有的申请、审批、检查、提醒、公示等流程均可在线上完成，从而提升部门的运行效率。

此外，系统提供巡检路线建立、维修引导、保养计划等配置界面，通过该管理界面，相关管理人员可以按照规定及当前管理重心自动调整巡检路线、巡检内容、指定推送，制订保养计划、保养内容等（图 3-52）。

图 3-52　APP 客户端工单池及巡检路线图

（3）巡检表单电子化

自动生成生产报表，实现组织信息无纸化。目前对于设备设施的巡检等仍采用纸质记录、申报、审批、手工汇总、人工录入的方式。通过计算机系统的自动介入，定期人工点检。系统通过巡检工单、巡检路线、操作人员输入相对应的巡检地点记录的参数，在完成工单后，自动生成电子报表（图 3-53）。

18点58分41

3号站日常巡检

| 时间 | 2022-11-21 18:58:41 ~ 2022-11-21 19:38:21 | 交班人员 | 万律 |
|---|---|---|---|
| | | 接班人员 | |

**供配电**

| 设备类型 | 设备 | 录入项 名称 | 录入项 值 | 检查项 名称 | 检查项 结果 | 异常描述 |
|---|---|---|---|---|---|---|
| 柴油发电机(日巡) | 3号站柴油发电机(日巡) | 蓄电池电压 | 27.30 | 检查电解液、冷却水水位正常 | √ | |
| | | 油桶油位 | 65.00 | 检查机油、柴油油位正常 | √ | |
| | | | | 无渗漏、无异味 | √ | |
| | | | | 选择开关在"自动"状态 | √ | |
| | | | | 故障指示灯不亮 | √ | |
| | | | | 翻查设备控制屏菜单内容是否显示正常，检查控制箱接线是否紧固 | √ | |
| UPS设备(日巡) | 3号站1#UPS设备 | 输出电压 | 404.80 | 运行情况 | √ | |
| | | A相电流 | 20.10 | UPS室和电池间的温度和湿度 | √ | |
| | | B相电流 | 19.40 | UPS室和电池间的通风情况 | √ | |
| | | C相电流 | 20.20 | | √ | |
| | 3号站2#UPS设备 | 输出电压 | 403.00 | 运行情况 | √ | |
| | | A相电流 | 17.10 | UPS室和电池间的温度和湿度 | √ | |
| | | B相电流 | 16.70 | UPS室和电池间的通风情况 | √ | |
| | | C相电流 | 17.60 | | √ | |
| 高压供电设备(日巡) | 3号站高压供电设备 | | | 高压柜设备及仪表运行是否正 | √ | |
| | | | | 直流屏设备运行是否正常 | √ | |
| | | | | 电力变压器运行是否正常 | √ | |
| 低压供电设备(日巡) | 3号站1路低压供电设备 | 输出电压 | 404.70 | 设备及仪表运行是否正常 | √ | |
| | | A相电流 | 16.40 | 检查电源柜、母联柜断路器 | √ | |
| | | B相电流 | 19.00 | 检查PLC工作状态，旋钮在自动位置 | √ | |
| | | C相电流 | 18.60 | | √ | |
| | 3号站2路低压供电设备 | 输出电压 | 402.70 | 设备及仪表运行是否正常 | √ | |
| | | A相电流 | 20.50 | 检查电源柜、母联柜断路器 | √ | |
| | | B相电流 | 28.00 | 检查PLC工作状态，旋钮在自动位置 | √ | |
| | | C相电流 | 35.40 | | √ | |
| | 3小区1路低压供电设备 | 输出电压 | 405.70 | 设备及仪表运行是否正常 | √ | |
| | | A相电流 | 10.90 | 检查电源柜、母联柜断路器 | √ | |
| | | B相电流 | 4.10 | 检查PLC工作状态，旋钮在自动位置 | √ | |
| | | C相电流 | 6.40 | | √ | |
| | 3小区2路低压供电设备 | 输出电压 | 403.20 | 设备及仪表运行是否正常 | √ | |
| | | A相电流 | 2.10 | 检查电源柜、母联柜断路器 | √ | |
| | | B相电流 | 3.00 | 检查PLC工作状态，旋钮在自动位置 | √ | |
| | | C相电流 | 7.50 | | √ | |

| | | | | | | |
|---|---|---|---|---|---|---|
| 低压供电设备(日巡) | 3号站1路低压供电设备 | 输出电压 | 404.70 | 设备及仪表运行是否正常 | √ | |
| | | A相电流 | 16.40 | 检查电源柜、母联柜断路器 | √ | |
| | | B相电流 | 19.00 | 检查PLC工作状态，旋钮在自动位置 | √ | |
| | | C相电流 | 18.60 | | √ | |
| | 3号站2路低压供电设备 | 输出电压 | 402.70 | 设备及仪表运行是否正常 | √ | |
| | | A相电流 | 20.50 | 检查电源柜、母联柜断路器 | √ | |
| | | B相电流 | 28.00 | 检查PLC工作状态，旋钮在自动位置 | √ | |
| | | C相电流 | 35.40 | | √ | |
| | 3小区1路低压供电设备 | 输出电压 | 405.70 | 设备及仪表运行是否正常 | √ | |
| | | A相电流 | 10.90 | 检查电源柜、母联柜断路器 | √ | |
| | | B相电流 | 4.10 | 检查PLC工作状态，旋钮在自动位置 | √ | |
| | | C相电流 | 6.40 | | √ | |
| | 3小区2路低压供电设备 | 输出电压 | 403.20 | 设备及仪表运行是否正常 | √ | |
| | | A相电流 | 2.10 | 检查电源柜、母联柜断路器 | √ | |
| | | B相电流 | 3.00 | 检查PLC工作状态，旋钮在自动位置 | √ | |
| | | C相电流 | 7.50 | | √ | |
| 变电站(日巡) | 3号站变电站 | | | 检查电缆沟积水 | √ | |
| | | | | 站内电缆沟入口、设备间及通风口处的防护网或挡板 | √ | |
| | | | | 门窗的玻璃，换气扇和空调等设备 | √ | |
| | | | | 站内的消防设施 | √ | |

**助航灯光**

| 设备类型 | 设备 | 录入项 名称 | 录入项 值 | 检查项 名称 | 检查项 结果 | 异常描述 |
|---|---|---|---|---|---|---|
| 监控系统(日巡) | 3号站监控系统 | | | 系统设备的工作状态，有无异常噪声、异常发热和异常气味 | √ | |
| | | | | 系统设备操作是否顺畅，控制指令响应是否及时可靠 | √ | |
| | | | | 查询系统监控对象的运行状态和参数，显示是否及时准确 | √ | |
| | | | | 检查系统报警信息 | √ | |
| 恒流高光器(日巡) | 3号站恒流高光器 | | | 检查调光器报警信息、工作状态，有无异常噪声、异常发热和异常气味等现象 | √ | |
| | | | | 检查回路培缘显示 | √ | |
| | | | | 检查备机及切换柜的工作状态 | √ | |

备注：

| 检查人 | | 万律、张琪 | | 负责人 | | 裘志乐 |
|---|---|---|---|---|---|---|

图 3-53　系统自动生成电子报表图

(4)告警及预警提醒

设备与设施的预警和告警管理是飞行区运维工作的关键环节。由于飞行区管理空间范围大，对设备巡检、故障的响应耗时长，缺乏对于设备的综合故障预警，以及状态的实时查看。通过设备故障告警的联动，实时查看现场情况，并将告警信息同步送到PC端综合态势看板及APP客户端消息提醒。

对接灯光站内各系统，若机电设施运行状态出现异常，系统会将包含故障类型、设备名称、地点的预/告警信息同步发送到PC端综合大屏看板和APP客户端消息提醒(图3-54)。

(5)仓库管理

传统的仓库管理主要通过人工纸质记录、贴标签等方式进行，仓库管理效率不高。通过智慧仓库数字化系统，实现仓库的库存实时监控，库存不足及时预警，保障库存充足及库房安全。各类备品备件的信息记录完善，出入库记录、流向清晰，可有效提升仓库的管理效率和安全监管。

## 3.10.4　总结

①助航灯光灯具及滑行引导标记牌采用LED光源，节能效果显著，并且由于LED灯使用寿命更长，可在相同周期内减少维护量。

图 3-54 告警信息及历史告警界面

②由于灯光站实现无人值守，运行检测等主要操作均可由远方控制端进行，灯光站内无需再设置固定值班人员，不仅可以降低人工成本及维护成本，还可有效提高管理效率。

③灯光站运维管理系统设计紧密结合现场实际情况，针对灯光站机电设备运作特点，系统所有运行设施实行24h实时在线监管，最新监控数值即时传送到综合态势看板，能够看到所有在线监控点的实时数据。为灯光站日常运维进一步优化了工作项，减轻灯光站人员调度压力。实现信息孤岛消除、工单电子化、告警信息及时推送等功能，进一步保障灯光站设施的安全。

## 3.11 飞行区消防救援工程房建隔声墙体选型

### 3.11.1 背景描述

鄂州花湖机场作为新兴的航空枢纽，在飞行区消防救援工程房建方面需要满足一系列严格的要求。特别是在隔声墙体的设计上，需要确保在紧急救援活动中，墙体能有效隔绝外部噪声，为救援人员提供一个相对安静的工作环境，以便他们能更好地进行决策和操作。同时，隔声墙体的设计也需满足建筑美观、耐用及可持续性的要求。

### 3.11.2 问题分析

货航飞机多在夜间运行。为满足建设人文机场的要求，保证飞行区消防救援执勤人员在飞机运行期间能有较好的办公和休息环境，需对消防救援工程各主要单体建筑墙体构造进行设计比选和设计优化。

### 1.规范要求

消防救援工程为24h有人值守的功能用房，鄂州花湖机场保卫救援部要求为消防救援执勤人员打造良好的工作、休息环境。

民用航空运输机场相关规范里并无消防救援设施隔声建造的要求，参考《民用建筑隔声设计规范》(GB 50118—2010)中对住宅建筑和办公建筑的要求(图3-55)。

4 住宅建筑

4.1 允许噪声级

4.1.1 卧室、起居室（厅）内的噪声级，应符合表4.1.1的规定。

表4.1.1 卧室、起居室（厅）内的允许噪声级

| 房间名称 | 允许噪声级（A声级，dB） | |
|---|---|---|
| | 昼 间 | 夜 间 |
| 卧室 | ≤45 | ≤37 |
| 起居室（厅） | ≤45 | |

4.1.2 高要求住宅的卧室、起居室（厅）内的噪声级，应符合表4.1.2的规定。

表4.1.2 高要求住宅的卧室、起居室（厅）内的允许噪声级

| 房间名称 | 允许噪声级（A声级，dB） | |
|---|---|---|
| | 昼 间 | 夜 间 |
| 卧室 | ≤40 | ≤30 |
| 起居室（厅） | ≤40 | |

4.2 隔声标准

4.2.1 分户墙、分户楼板及分隔住宅和非居住用途空间楼板的空气声隔声性能，应符合表4.2.1的规定。

声性能，应符合表4.2.8的规定。

表4.2.8 高要求住宅分户楼板撞击声隔声标准

| 构件名称 | 撞击声隔声单值评价量(dB) | |
|---|---|---|
| 卧室、起居室(厅)的分户楼板 | 计权规范化撞击声压级 $L_{n,w}$（实验室测量） | <65 |
| | 计权标准化撞击声压级 $L'_{nT,w}$（现场测量） | ≤65 |

4.3 隔声减噪设计

4.3.1 与住宅建筑配套而建的停车场、儿童游戏场或健身活动场地的位置选择，应避免对住宅产生噪声干扰。

4.3.2 当住宅建筑位于交通干线两侧或其他高噪声环境区域时，应根据室外环境噪声状况及本章第4.1节规定的室内允许噪声级，确定住宅防噪措施和设计具有相应隔声性能的建筑围护结构（包括墙体、窗、门等构件）。

4.3.3 在选择住宅建筑的体形、朝向和平面布置时，应充分考虑噪声控制的要求，并应符合下列规定：

1 在住宅平面设计时，应使分户墙两侧的房间和分户楼板上下的房间属于同一类型。

2 宜使卧室、起居室（厅）布置在背噪声源的一侧。

3 对进深有较大变化的平面布置形式，应避免相邻户的窗口之间产生噪声干扰。

4.3.4 电梯不得紧邻卧室布置，也不宜紧邻起居室（厅）布置。受条件限制需要紧邻起居室（厅）布置时，应采取有效的隔声和减振措施。

4.3.5 当厨房、卫生间与卧室、起居室（厅）相邻时，厨房、卫生间内的管道、设备等有可能传声的物体，不宜设在厨房、卫生间与卧室、起居室（厅）之间的隔墙上。对固定于墙上且可能引起传声的管道等物件，应采取有效的减振、隔声措施。主卧室内卫生间的排水管道宜做隔声包覆处理。

4.3.6 水、暖、电、燃气、通风和空调等管线安装及孔洞处理

图3-55 《民用建筑隔声设计规范》(节选)

该规范4.1.1条要求卧室允许噪声级为：昼间不超过45dB，夜间不超过37dB。该规范4.3.2条注明，当住宅建筑位于交通干线两侧或其他高噪声环境区域时，应根据室外环境噪声状况及本章第4.1节规定的室内允许噪声级，确定住宅防噪措施和设计具有相应隔声性能的建筑围护结构(包括墙体、窗、门等构件)。

该规范8.1.1条要求办公室允许噪声级为昼间不超过40dB。面临城市干道及户外其他高噪声环境的办公室及会议室，应依据室外环境噪声状况及所确定的允许噪声级，设计具有相应隔声性能的建筑围护结构(包括墙体、窗、门等各种部件)。

由于在机场周围小于4km范围内，噪声能达到90dB以上，若选用普通墙体，则隔声量不能满足室内环境要求，因此至少需要选择隔声量大于53dB的墙体构造做法。

2.设计依据

在国标图集《绿色建筑评价标准应用技术图示》(15J904)中 E7 页表 E1-6 常用隔声构件隔空气声隔声量表(图 3-56)。

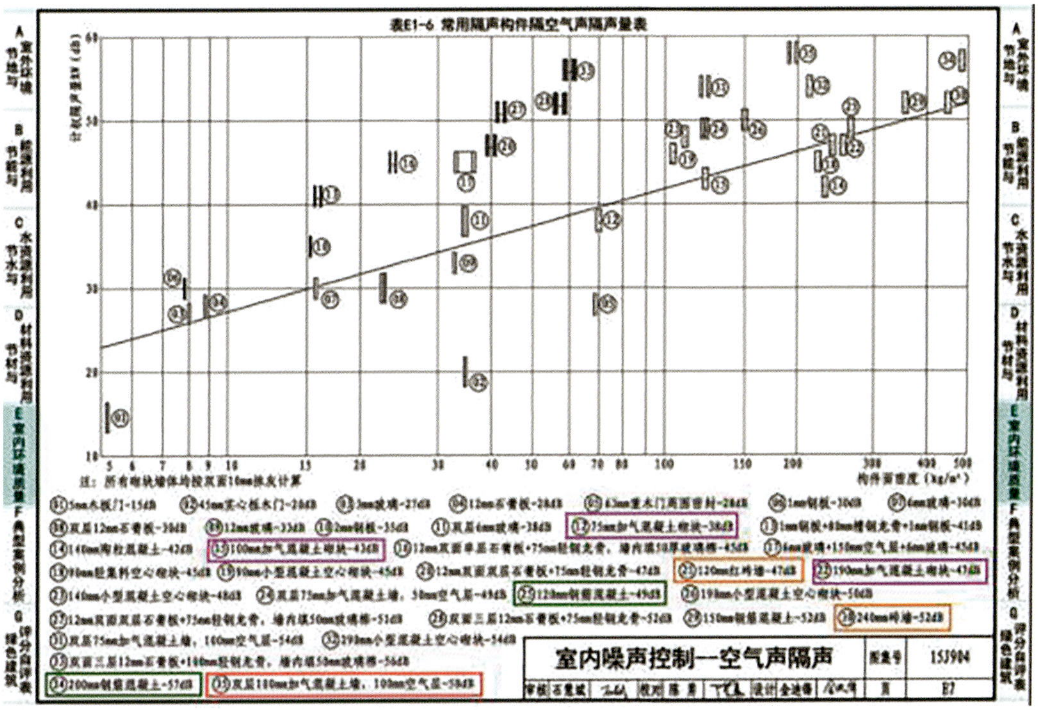


图 3-56 常用隔声构件隔空气声隔声量表

可得出如下规律:

①材料越厚重,隔声效果越好,但是隔声效果与材料厚度非正比关系;

②增加空气间层能有效提高隔声性能,比同等厚度的材料隔声效果更好;

③钢筋混凝土、砖墙、空气间层加气混凝土隔声效果比较好。

根据中南标图集《民用建筑隔声与吸声构造》15ZJ502(图 3-57),以及消防救援工程造型方案,本项目可采用的建筑外墙墙体构造做法有如下几种。

①外墙隔声系统:18 厚拴挂陶土板+200 厚加气混凝土幕墙系统;计权隔声量:大于 58dB,满足要求。

②外墙隔声系统:150 加气混凝土砌块+100 空气间层+150 加气混凝土砌块;计权隔声量:大于 58dB,满足要求。

③外墙隔声系统:400 厚砖墙/200 厚纯钢筋混凝土外墙;计权隔声量:大于 54～58dB/57dB,满足要求。

④内墙隔声系统:100 厚加气混凝土+50C 型龙骨填 50 厚岩棉+18 厚防火隔声板;计权隔声量:大于 54～56dB,满足要求。

## 常用墙体的隔声性能(三)

| 编号 | 名称及构造简图 | 构造 | 墙厚(mm) | 计权隔声量 $R_w$(dB) | 频谱修正量 C(dB) | 频谱修正量 $C_{tr}$(dB) | $R_w$+C(dB) | $R_w+C_{tr}$(dB) | 附注 |
|---|---|---|---|---|---|---|---|---|---|
| 墙11 | 实心砖墙 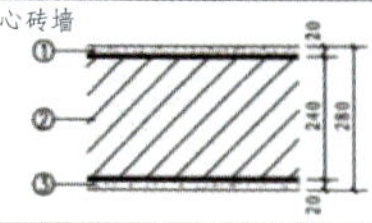 | 1.20厚水泥砂浆<br>2.240厚单层砖墙<br>3.20厚水泥砂浆 | 280 | 52~54 | 0 | −2 | 52~54 | 50~52 | |
| 墙12 | 实心砖墙  | 1.240厚砖墙<br>2.110厚黏土空心砖(3孔空心砖) | 350 | 55 | −1 | −2 | 54 | 53 | |
| 墙13 | 实心砖墙 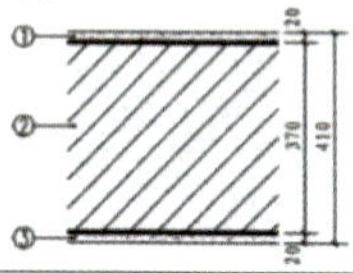 | 1.20厚水泥砂浆<br>2.370厚砖墙<br>3.20厚水泥砂浆 | 410 | 56-58 | 0 | −2 | 56~58 | 54~56 | |
| 墙14 | 实心砖墙 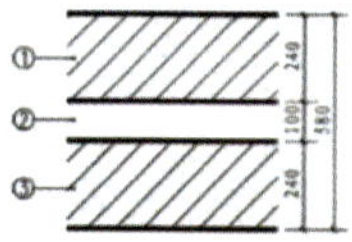 | 1.240厚砖墙<br>2.370厚空气间层<br>3.240厚砖墙 | 580 | 68 | −1 | −3 | 67 | 65 | |

注：1. 一般情况下，当外墙有保温层时，墙体的隔声性能会有所提高。
2. 表中数据由清华大学建筑环境检测中心提供，仅供参考。

常用墙体的隔声性能(三) 图集号 15ZJ502 页 12

## 常用墙体的隔声性能(六)

| 编号 | 名称及构造简图 | 构造 | 墙厚(mm) | 计权隔声量 $R_w$(dB) | 频谱修正量 C(dB) | 频谱修正量 $C_{tr}$(dB) | $R_w$+C(dB) | $R_w+C_{tr}$(dB) | 附注 |
|---|---|---|---|---|---|---|---|---|---|
| 墙24 | 钢筋混凝土墙  | 1.150厚钢筋混凝土墙 | 150 | 52 | −1 | −2 | 51 | 50 | |
| 墙25 | 钢筋混凝土墙 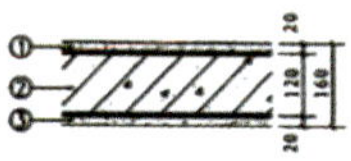 | 1.20厚水泥砂浆<br>2.120厚钢筋混凝土墙<br>3.20厚水泥砂浆 | 160 | 48~50 | −1 | −2 | 47~49 | 46~48 | |
| 墙26 | 钢筋混凝土墙 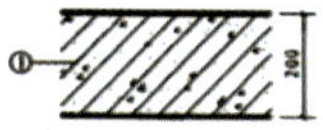 | 1.200厚钢筋混凝土墙 | 200 | 57 | −1 | −2 | 56 | 55 | |
| 墙27 | 钢筋混凝土墙 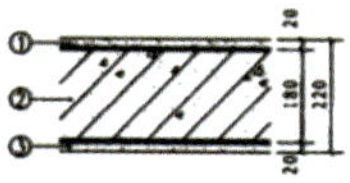 | 1.20厚水泥砂浆<br>2.180厚钢筋混凝土墙<br>3.20厚水泥砂浆 | 220 | 52~54 | −1 | −2 | 51~53 | 50~52 | |

注：1. 一般情况下，当外墙有保温层时，墙体的隔声性能会有所提高。
2. 表中数据由清华大学建筑环境检测中心提供，仅供参考。

常用墙体的隔声性能(六) 图集号 15ZJ502 页 15

图 3-57 建筑外墙墙体构造做法参考

### 3.构造比选

(1)陶板幕墙

18 厚拴挂陶土板+200 厚加气混凝土幕墙系统隔声效果分析:单层陶土板的计权隔声量是 37dB,数值与 100 厚的蒸压加气混凝土相同,加上空气层与 200 厚的加气混凝土墙(42～45dB),隔声效果大于双墙系统(58dB),满足隔声要求(图 3-58 至图 3-60)。

图 3-58　陶板常见板型

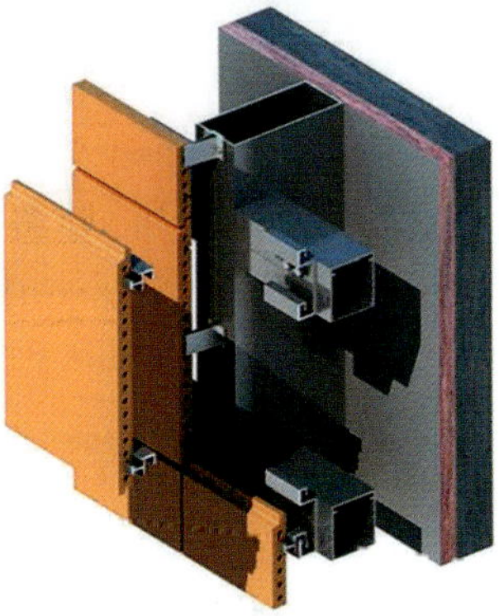

图 3-59　干挂陶板节点示意

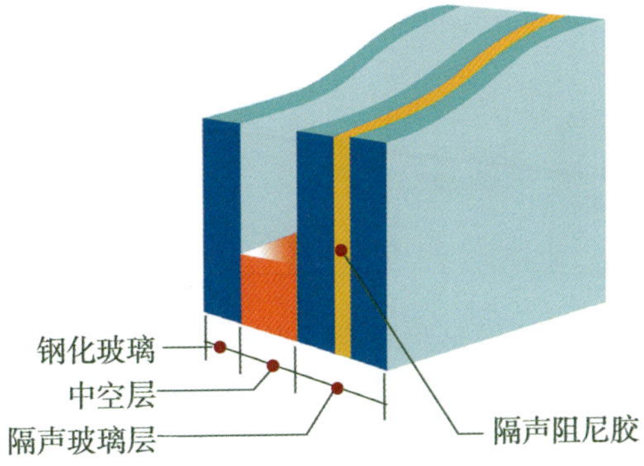


图 3-60　窗户玻璃选用构造示意

采用陶板幕墙体系的建筑立面质感舒适，纹理美观，市场上的综合单价为560～820元/m²，属于外立面造价稍高的建筑构造做法(图3-61、图3-62)。

图3-61　采用陶板幕墙的建筑项目1

图3-62　采用陶板幕墙的建筑项目2

(2)双墙系统

150加气混凝土砌块+100空气层+150加气混凝土砌块的墙体，其加权隔声性能大于58dB，热桥部位隔声性能大于57dB。市场上的综合单价为300～400元/m²(图3-63至图3-65)。

图3-63　采用双墙的建筑项目

图3-64　采用双墙的建筑项目立面多采用真石漆装饰

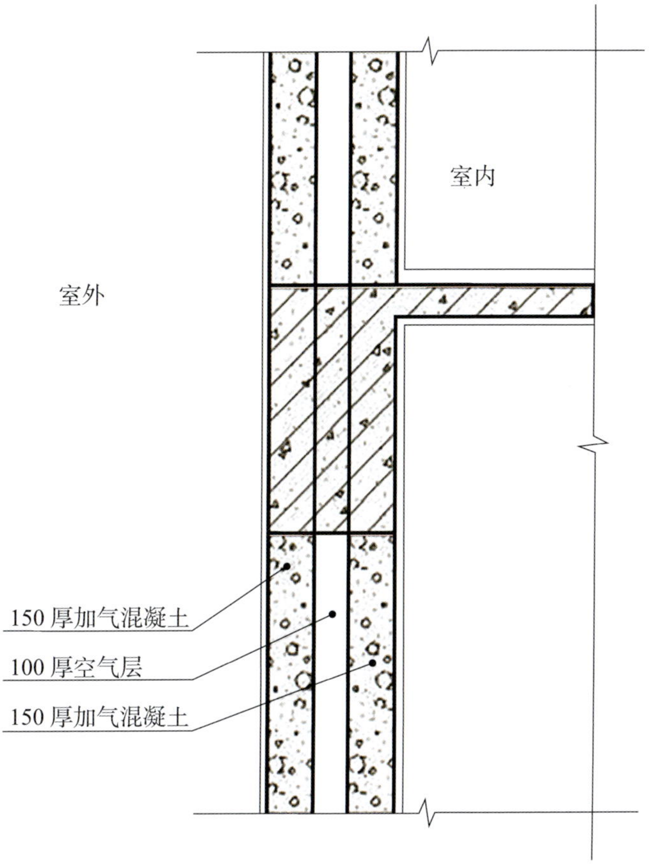


图 3-65　双墙系统典型构造节点

此墙体构造简单，可不用做墙体保温，外立面采用真石漆装饰，施工工艺简单，且综合单价较低，但建筑立面效果略显单一。

（3）单层重墙/厚墙系统

采用 200 厚钢筋混凝土外墙，其隔声性能达到大于 57dB 的标准，或采用 400 厚砖墙，其隔声性能为 56～58dB，综合单价分别为 670 元/$m^2$ 和 500 元/$m^2$（图 3-66、图 3-67）。

图 3-66　钢筋混凝土墙体典型构造

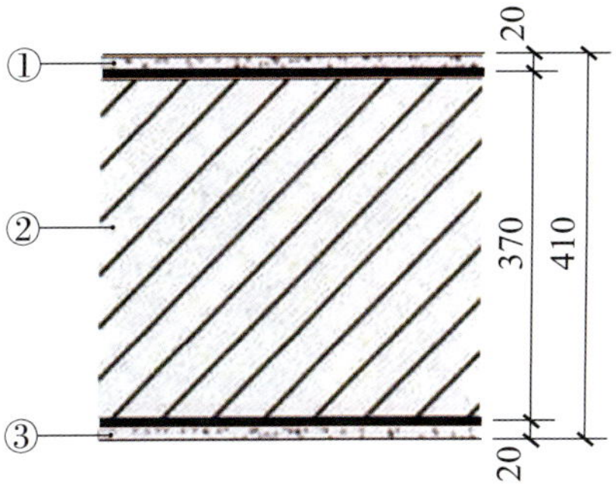


①20 厚水泥砂浆；②370 厚砖墙；③20 厚水泥砂浆

图 3-67　实心砖墙典型构造

以上两种墙体构造简单，外立面采用真石漆装饰，施工工艺简单，但墙体厚重，结构荷载较大，综合造价较高。

（4）复合墙系统

100 厚加气混凝土+50C 型龙骨填 50 厚岩棉+18 厚防火阻尼隔声板，隔声性能：54～56dB，勉强满足隔声要求。

此做法在建筑墙体内侧增加 50 厚岩棉隔声层（兼做保温层）及隔声板装饰基层，外立面采用真石漆装饰，施工工艺简单，综合单价约 550 元/m²，但建筑立面效果一般，隔声效果不理想（图 3-68）。

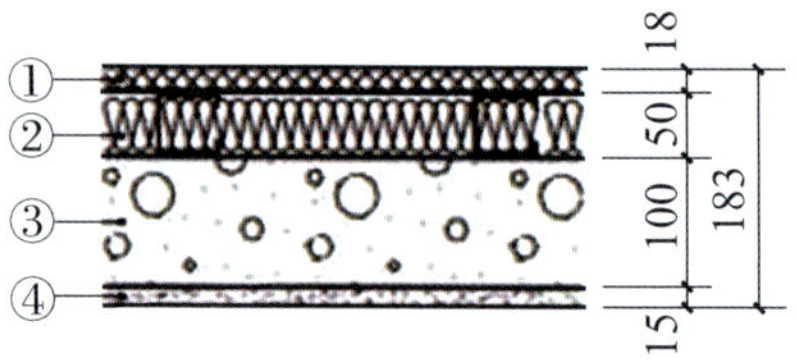


①18 厚防火阻尼隔声板
②50C 型龙骨填 50 厚岩棉（容重 100kg/m³）
③100 厚蒸压加气混凝土砌块墙
④15 厚墙体抹灰

图 3-68　蒸压加气混凝土砌块隔声板复合隔声墙典型节点及构造做法

此外，消防站宿舍外墙部位 30%～50%都是卫生间，疏松的隔声材料容易受潮，隔声效果衰退较快。而内墙为疏松多孔材料，容易被撞坏，影响室内美观性与隔声性；容易发霉，影响室内环境。

## 3.11.3　解决方案

根据上述分析，综合比选见表 3-1。

**表 3-1　墙体综合比选**

| 种类 | 构造 | 隔声性能/dB | 优点 | 缺点 | 造价/（元/m²） |
| --- | --- | --- | --- | --- | --- |
| 陶板幕墙 |  | >58 | 满足隔声要求；质感舒适，纹理美观 | 施工工艺复杂；造价稍高 | 560～820 |

续表 3-3

| 种类 | 构造 | 隔声性能/dB | 优点 | 缺点 | 造价/（元/m²） |
| --- | --- | --- | --- | --- | --- |
| 双墙系统 | 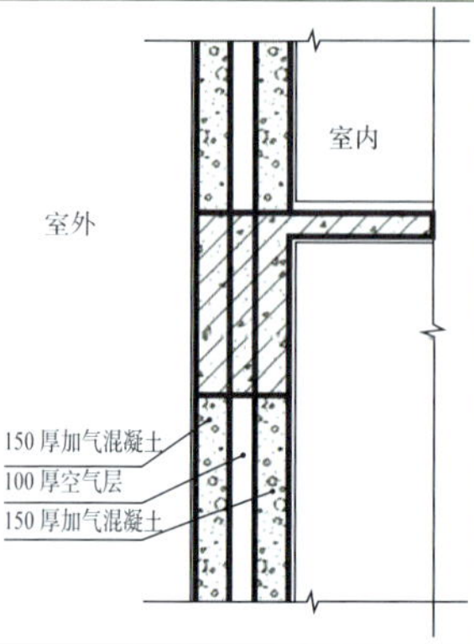 | >58 | 满足隔声要求；构造简单可不做保温；工艺简单，造价低 | 立面美观不足 | 325 |
| 单层重墙/厚墙系统 | 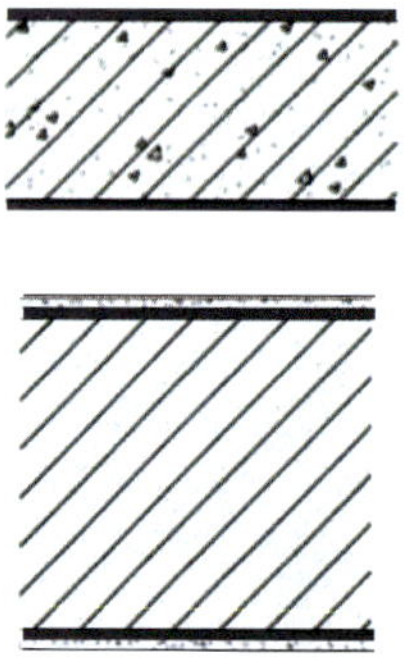 | ＞54～58或57 | 满足隔声要求；构造简单；施工工艺简单 | 外墙荷载太大 | 670,500 |
| 复合墙系统 | 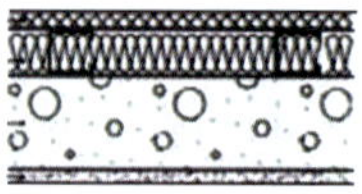 | ＞54～56 | 满足隔声要求 | 隔音效果衰退较快；强度低，易受损；易发霉 | 550 |

结合设计造型、工程造价、使用需求等多方面因素，最终消防救援工程建筑墙体采用双墙体系生成的 BIM 设计整合模型，见图 3-69 和图 3-70。

图 3-69　消防主站和消防训练塔 BIM 设计整合模型

图 3-70　消防执勤点 BIM 设计整合模型

待消防救援工程房建设完成后，该工程各主要功能用房隔声降噪效果还将通过第三方检测机构进行检测分析。

### 3.11.4　总结

综上所述，依据机场的人文与环境层面要求，对消防救援工程房各主要单体建筑墙体构造进行隔声层面的考虑，分别从材料、构造做法、立面造型、工程造价、实际需求等方面进行方案比选，选定双墙体系为墙体构造选型，通过合理设计组合墙的结构，使用多层不同材质的材料，形成复合隔声结构，以提高墙体的整体隔声性能。

# 4 塔台工程设计应用与实践

## 4.1 塔台工程概况

塔台是机场的指挥调度中心，被誉为“机场的大脑”，其重要性不言而喻。鄂州花湖机场的塔台工程建筑设计方案充分体现了现代科技与传统文化的完美结合，既实用又美观，是机场建设中的一大亮点。

塔台设计灵感源于鄂州市市花——腊梅，塔台的整体外形呈六个对称形花瓣，以直径 10m 的混凝土核心筒为“花茎”，外扩钢结构“脉络”加双曲幕墙形成直径达 23.5m 的“花瓣”，朴素淡雅，简洁大方，从空中向下俯瞰，整个塔台宛如一朵盛开的腊梅，寓意着鄂州空港将绽放于吴楚大地，傲立于世界货运枢纽之列。塔台的结构层分为地上 20 层、地下 1 层，其造型独特，设计精细，不仅体现了现代化建筑的风格，也融入了地方文化元素。

在塔台内部，空间布局合理，设施先进，内部装修精良。塔台的核心区域——空管中央控制室，视野开阔，可以俯瞰整个机场的全貌，为机场的运行管理提供了极大的便利，确保机场能安全和高效地运行。

在施工过程中，塔台工程的建设者们克服了许多困难，包括高空作业难度大，顶端的圆弧形玻璃幕墙安装复杂等。为了保证“花茎”与“花瓣”吊装、安装的平整度，工程团队通过 BIM 技术对 6 块巨型钢模板的预埋件实施精准定位和模拟预演。这种技术的应用不仅提高了施工效率，更确保了塔台设计的精准实现，为鄂州花湖机场的顺利运行奠定了坚实的基础。

## 4.2 塔台造型设计优化

### 4.2.1 背景描述

鄂州花湖机场旨在提升鄂州市的交通运输能力，促进当地经济发展。作为机场的核心部分，塔台扮演着监控和指挥飞行的关键角色。因此，其设计方案需要满足功能性、

安全性和美观性的要求，同时体现现代建筑设计的创新与特色。

### 4.2.2 问题分析

在设计过程中，设计团队面临多个挑战。首先，塔台需要具有足够的高度，以确保指挥人员能够全面监控机场的各个区域。其次，设计方案需要权衡多方因素，既要体现现代建筑的设计理念，又要满足机场运营的实际需求。最后，考虑到机场未来的发展和扩建，塔台的设计还需要具备一定的前瞻性和可扩展性。

### 4.2.3 解决方案

针对上述挑战，设计团队提出了四个解决方案。

(1)方案一：现代科技(图 4-1)

①造型简约，便于模块化设计施工；

②形体优雅，呼应转运中心造型；

③立面开窗，满足消防排烟要求。

图 4-1　方案一

(2)方案二：鄂州市市花(图 4-2)

形体简单，中心对称，方便施工，造型取自鄂州市市花——腊梅。

(3)方案三：螺旋(图 4-3)

①形体柔美，与转运中心对比强烈；

图 4-2　方案二

图 4-3　方案三

②造型呈螺旋上升状，象征鄂州花湖机场事业蒸蒸日上；

③又如漩涡汇聚，象征鄂州花湖机场对人才的强大吸引力。

(4)方案四：工业气息(图 4-4)

①立面规整，方便使用，易于建造；

②金属铝板与玻璃材质间隔布置，对比强烈。

图 4-4　方案四

经过方案比选，塔台设计采用了方案二。首先，塔台被设计为机场内的最高建筑，以确保指挥人员拥有最佳的观察视野。其次，通过采用独特的蜡梅花造型和现代建筑材料，如钢结构和双曲幕墙，使建筑在美观性和功能性之间达到平衡。这种设计不仅赋予了塔台独特的外观，还提高了其结构强度和耐久性。

此外，为了解决未来发展和扩建的问题，设计团队在规划阶段就充分考虑了塔台的可扩展性。通过模块化的设计理念和预留的扩展接口，塔台可以在未来根据需要进行改建和扩建，从而满足机场不断增长的运营需求。

### 4.2.4　总结

综上所述，鄂州花湖机场塔台工程建筑设计方案在设计背景、问题分析和解决方案方面都经过了精心的规划和考量。这不仅确保了塔台在机场运营中的核心作用得以充分发挥，还为机场的未来发展奠定了坚实的基础。

## 4.3　塔台地下室基础及施工设计优化案例分析

### 4.3.1　背景描述

鄂州花湖机场塔台基础及地下室施工设计方案的优化，不仅体现了对投资成本的精准控制，也展现了对施工进度的高效管理。在地面标高与基础标高差异不大的情况下，在清淤平整场地后，采取先进行桩基及地下部分的结构施工，再进行场地回填的施工方案，可以避免回填后再进行基坑反开挖工作，由此可节省塔台基础施工的土石方及由基坑反开挖带来的较大基坑支护费用。

为节省投资、加快现场施工进度，由机场公司牵头组织了专家论证，在满足塔台相关设计、施工规范的基础上，与设计人员及BIM咨询团队配合对塔台基础及地下室施工设计方案进行了优化。

### 4.3.2 问题分析

塔台所在位置的现状地面标高与基础标高差异不大，但与设计地面标高相差超过6m（图4-5）；按原设计回填至设计地面标高后仍需要进行反开挖至基础标高后再施工，重复的施工作业不仅影响工期，还会产生额外的深基坑的基坑支护费用以及深基坑施工安全风险。

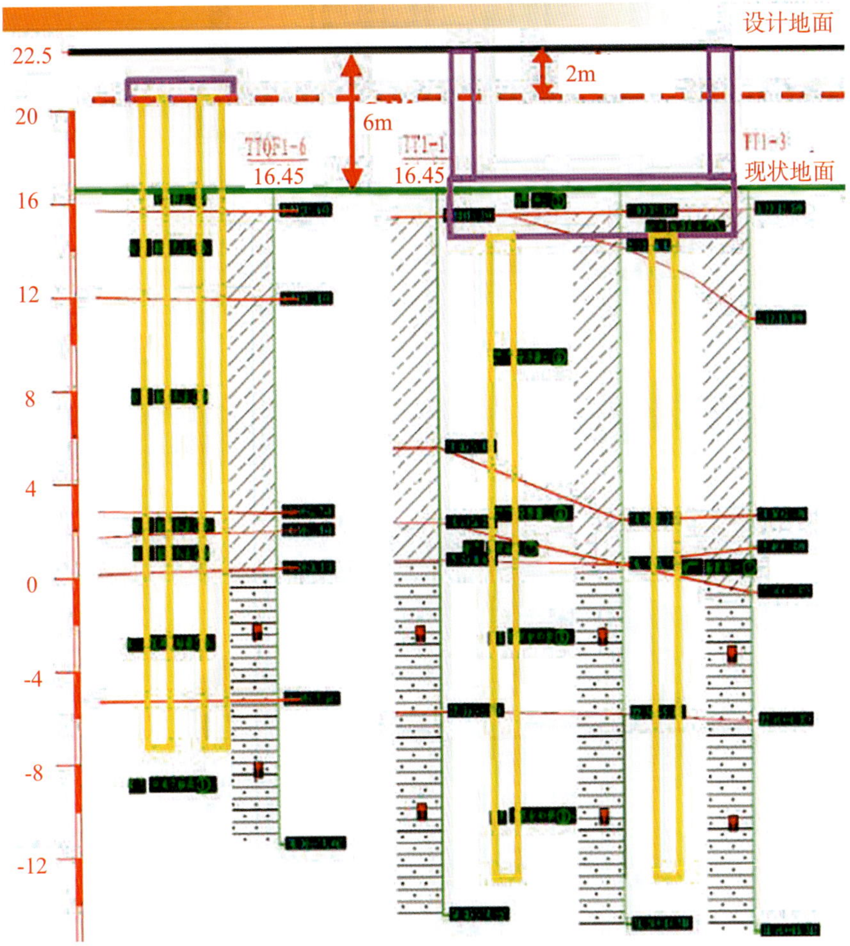


图4-5 标高示意图

### 4.3.3 解决方案

①由机场公司牵头组织专家论证，并在设计人员、BIM 咨询团队的配合下，研究能够降低成本、加快现场施工进度的解决方案。

②优化施工设计，在清淤平整场地后，先进行桩基及地下部分结构施工，再进行场地回填。

③优化基础设计，将桩基筏板标高定于现场清淤后最方便施工的 −7.5m(图 4-6)。

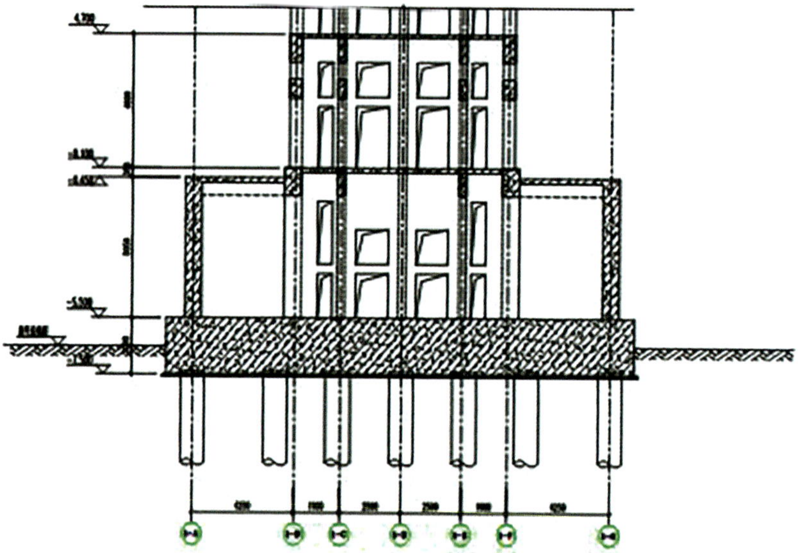

图 4-6　地下室剖面图

④优化地下室设计，在现有平面及高度上优化地下室房间布局，使调整后的地下室空间满足使用需求(图 4-7)。

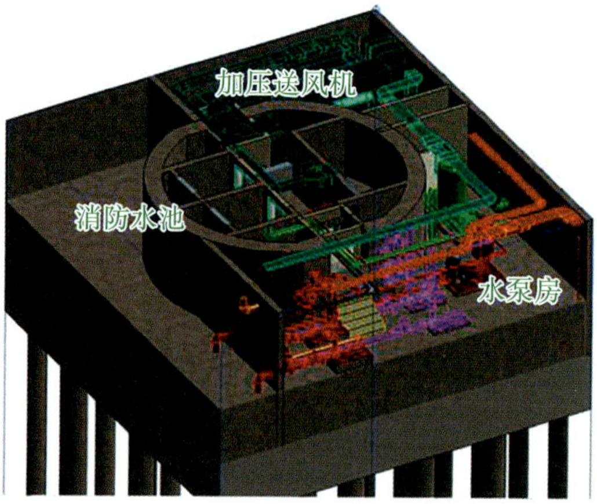


图 4-7　地下室房间布局

### 4.3.4 总结

①应用 BIM 技术对塔台地基与地下室进行优化设计并论证方案的优化可行性，能更精准地反映工程量，可有效节省投资约 1000 万元(表 4-1)。

表 4-1 投资变化对比

| 项目 | 地下室有设备用房 | | |
|---|---|---|---|
| | 桩筏基础筏板底标高 −9.000 m | 桩筏基础筏板底标高 −7.500 m | 桩筏基础筏板底标高 −7.500 m |
| | 有基坑支护 | 有基坑支护 | 无基坑支护 |
| | 投资/万元 | 投资/万元 | 投资/万元 |
| 基坑支护 | 1200 | 768 | 0 |
| 地下部分增加 | 0 | 0 | 200 |
| 地上部分增加 | 0 | 0 | 0 |
| 合计 | 1200 | 768 | 200 |

②通过 BIM 进行施工过程模拟并论证施工设计优化可行性，使优化后的施工过程一目了然，且使塔台提前近 2 个月满足开工条件，整体工期节省 45d。

③通过模型施工交底、现场施工指导、施工优化后施工难度大等问题的解决，有效减少施工过程中的返工并保证施工的进度和质量。

## 4.4 塔台指挥明室设计优化案例分析

### 4.4.1 背景描述

塔台指挥明室对视野要求较高，管制员需要全方位目视机场各个区域，而传统塔台结构柱及玻璃幕墙龙骨等支撑结构均对管制员的视野有一定影响。

为尽量减少视野遮挡并为机场管制员提供良好的指挥视野和舒适的工作环境，在满足塔台相关设计、施工规范的基础上，由机场公司牵头组织设计人员，并与 BIM 咨询团队合作对塔台指挥明室设计方案进行优化。

### 4.4.2 问题分析

①塔台明室屋面含有的许多天线及基础使屋面有较大荷载，故明室四周必须有几根较大结构柱对屋面进行支撑，但结构柱会对视野造成遮挡。

②塔台明室的玻璃幕墙接缝处的幕墙支撑龙骨及填缝胶会对视野造成遮挡。玻璃

面积过小则龙骨及填缝胶过多，玻璃面积过大则爆裂率较高，增加安全风险(图 4-8)。

图 4-8　优化前塔台明室幕墙

### 4.4.3　解决方案

①精确计算塔台(图 4-9)明室屋面荷载，在满足结构安全前提下尽可能减小结构柱尺寸。

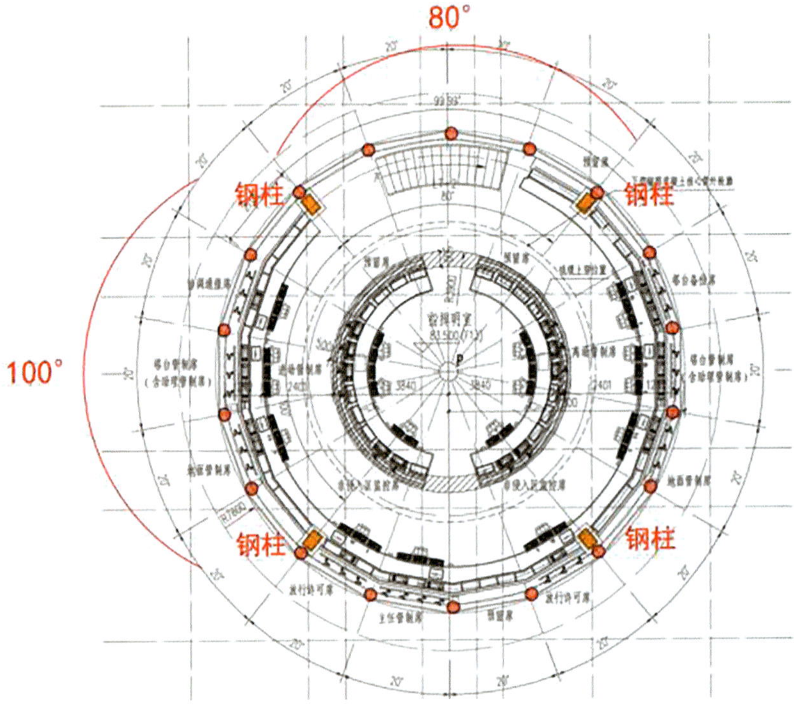


图 4-9　塔台平面

②研究塔台在机场的相对位置并根据管制员指挥工作的目视需求，调整指挥明室屋面支撑结构柱平面位置，使东西跑道及南北两侧站坪等主要关注区域不受结构柱影响。

③优化玻璃幕墙材质及高度，采用三层中空夹胶超白钢化玻璃，使玻璃顶部及底部与结构主体进行有效连接且不设竖向分格龙骨，玻璃落地安装，其底部与管制桌台面平齐，最大限度消除龙骨对工作人员视线的遮挡，同时调整玻璃尺寸使其在满足视野需求的条件下尽可能降低爆裂风险。

④优化玻璃分幅，外幕墙平面采用18等分圆（20°/等分）使每块玻璃正好对应一个管制席位。

### 4.4.4 总结

通过上述优化，花湖机场塔台指挥明室视野范围有了明显提升（图4-10）。

图4-10 优化后塔台明室幕墙

## 4.5 塔台电梯设计优化案例分析

### 4.5.1 背景描述

由于塔台指挥明室及其下层平面的空间限制，传统塔台电梯只能升至指挥明室的下两层，即管制员需要步行两层楼梯才能到达指挥明室，对塔台管制员的工作效率及工作舒适性产生负面影响。

在不影响塔台指挥明室使用功能、明室下设备层空间的使用需求、空间舒适性的前提下，利用BIM技术尽量优化空间布局、电梯到达楼层及楼梯设计，为机场管制员提供舒适的工作环境。在满足塔台相关设计及施工规范的基础上，由机场公司牵头组织设计人员，并在BIM咨询团队协助下，对塔台指挥明室的电梯方案进行了优化。

### 4.5.2 问题分析

①塔台有摆放管制席位及通视的要求，管制相关系统设备数量多且稳定性要求较高，加之塔台平面空间有限，所以塔台明室无法设置电梯井道，传统管制员至少需要步行两层楼梯才能到达指挥明室，通行效率及舒适性较差。

②塔台明室楼梯设置必须满足消防疏散要求，又不能过多占用指挥明室使用面积，且楼梯通道位置不能影响管制席位排布，加之塔台层高一般较高，导致指挥明室楼梯较为陡峭，舒适性及安全性较低。

### 4.5.3 解决方案

①通过BIM技术进行施工图设计，将建筑结构机电精装及工艺设备合模，优化建筑结构布局及机电及工艺设备排布摆放，在指挥明室下一层的设备检修环层留出合理高度空间，保证电梯冲顶高度，使电梯能够到达明室下一层，减少楼梯层数。

②通过BIM技术进行施工图设计，合理排布管制席位，优化系统设备布线及楼梯洞口，减小楼梯洞口对明室使用面积的影响（图4-11）。

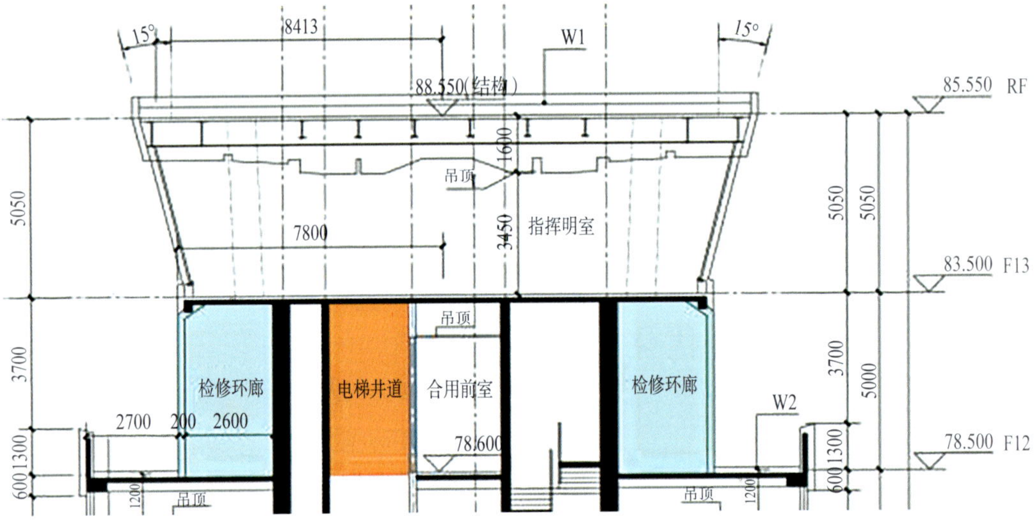


图4-11 塔台剖面图

③优化楼梯位置及路径，使弧形楼梯位于指挥明室的外侧，保证指挥明室中部管制台布置的有效空间，合理利用有限空间并增加楼梯跨度以消化5m层高，使楼梯尽量平缓，增强舒适性和安全性。

### 4.5.4 总结

通过上述优化，花湖机场塔台指挥明室使用空间、电梯通行区域及楼梯的舒适性有了较大提升（图 4-12）。

图 4-12 塔台明室内部图（优化后）

## 4.6 综合监控管理平台设计优化案例分析

### 4.6.1 背景描述

空管设施设备涉及通信、导航、监视、气象等几个专业，设施设备种类繁多、型号各异。

### 4.6.2 问题分析

①空管设施设备种类丰富、型号繁杂，加之各设备均由不同厂家制造，导致针对各系统设备的监控系统相互独立、互不兼容。这一状况直接造成监控系统数量众多、监控室屏幕呈现形式多样化以及监控数据记录各自孤立的局面，给整体管理带来了极大的不便与挑战（图 4-13）。

②一般机场运维资料，如设备履历、人员档案、维护表等多为纸质版，导致制表较麻烦、不利于保存查找、不能很好地整理排查同类问题，且大量表格不利于值班员填写数据（图 4-14）。

③形成的档案资料内容繁杂，整理和查找工作难度大，无法很好地发挥档案资料的价值（图 4-15）。

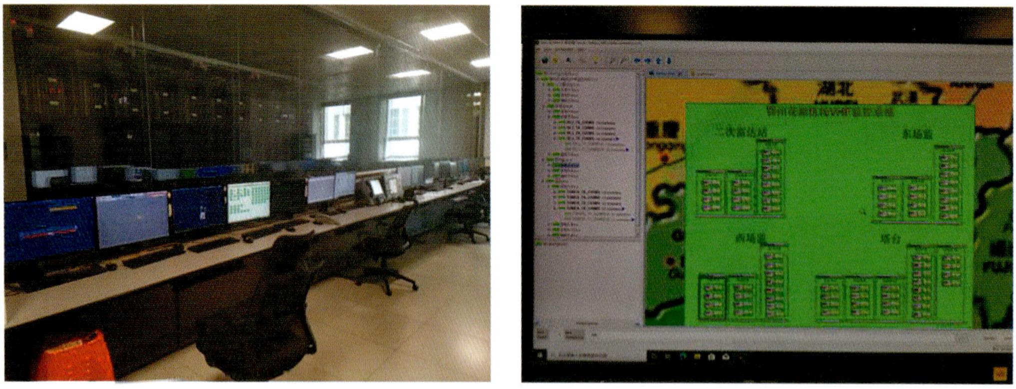

图 4-13　众多监控系统

图 4-14　运维资料

图 4-15　档案资料

## 4.6.3　解决方案

为了提升对空管设施设备的日常监控及维护管理工作的效率，鄂州花湖机场自主开发了一套综合监控管理平台系统——鄂州花湖机场设备集中监控系统。该系统将所有主要空管设施设备的设备监控、机房动环监控及日常运维的记录、档案等结合在一起，满足空管所有主要设施设备的监控、维护、记录、档案管理等运维工作需求。

①将 28 套系统的通信导航监视告警数据全部接入鄂州花湖机场设备集中监控系统，便于统一查看设备的告警情况（图 4-16）。

②设备集中监控系统将设备集中告警的信息与维护时需要填写的部分基本设备状态进行对应，便于值班人员进行维护填写；将设备库、仪表库、备件库、人员库相互关联，日常值班事件、维护记录、执照考取情况可以直接关联到对应的值班人员的人员档案中，当设备定检、大修或备件更换时，相关记录会直接更新到设备履历中，实现更便捷的无纸化运行（图 4-17）。

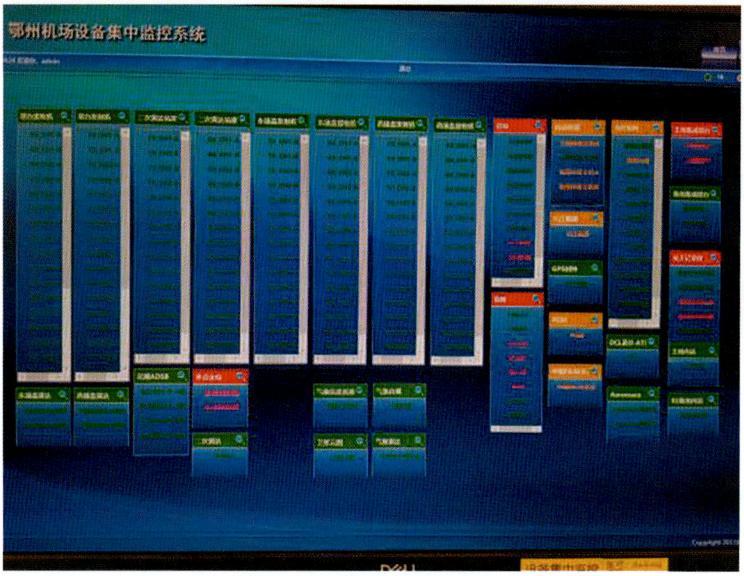


图 4-16　设备集中监控系统

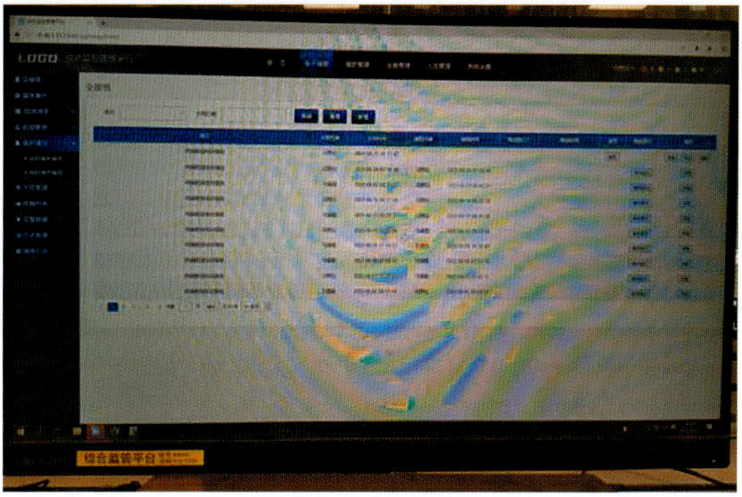

图 4-17　设备集中监控系统界面

③设备集中监控系统监控设备的同时也能实时掌握外台动环设备情况，如供电情况、UPS 状态、蓄电池状态、空调状态等，使监控室值班人员第一时间掌握外台站情况，便于及时解决紧急情况。

④设备集中监控系统具备定时设置维护提醒，定时提醒值班人员进行设备维护、备件定检、仪器仪表定检的功能，使值班人员日常值班更加便利。

⑤设备集中监控系统基本的运维功能也能保证仪器仪表的使用，备件的更换，人员换班、交接班有章可循，便于查找数据并实现智能管理（图 4-18）。

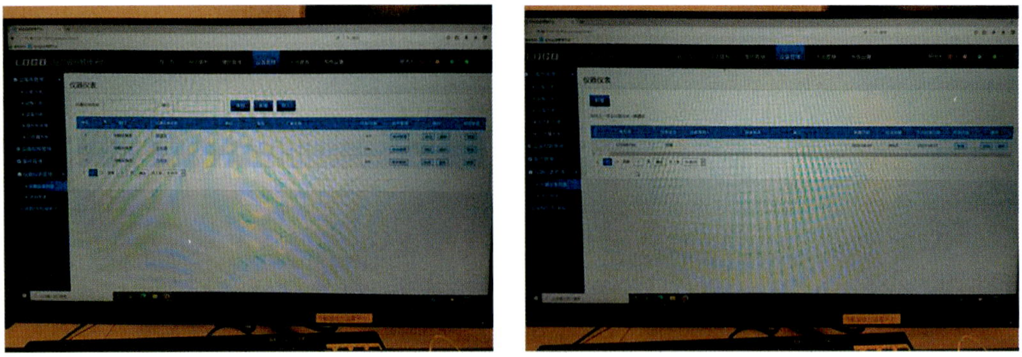

图 4-18　设备集中监控系统平台

### 4.6.4　总结

通过上述优化，鄂州花湖机场空管设施部的日常值班运行保障工作效率得到了显著的提升。值班人员可以直接通过设备集中监控系统实现无纸化高效办公，任意设备的告警信息、台站的动力环境情况也能第一时间掌握(图 4-19)。

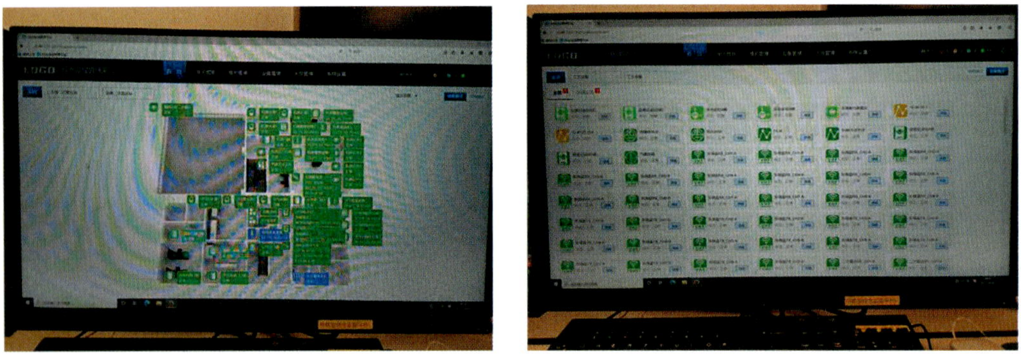

图 4-19　设备集中监控系统平台界面

## 4.7　机场起降飞机与机场附近水道航行船舶的协同运行监控优化案例分析

### 4.7.1　背景描述

鄂州花湖机场的建设选址临近长江航道，其中长江航运在推进长江经济带发展国家战略、构建沿江综合立体交通走廊、优化沿江产业布局中发挥着主通道、主骨架、主支撑的重要作用。然而，长江中超高通航船舶，可能对机场飞机的起降造成潜在的不利影响，这一挑战不容忽视。

### 4.7.2 问题分析

根据相关资料分析、计算得出机场场址的航道里程为930km,其设计通航最高水位为24.741m(《内河通航标准》中规定Ⅰ～Ⅲ级航道以20年一遇的洪水重现期设计最高通航水位),航经戴家洲河段的大型船舶的最大水面以上的高度可达到24.233m(不眠桅),因此以1985国家高程作为参考系,飞机起飞经过航道时的限高不得低于48.974m。故本案例主要研究、解决问题有:

(1)难点一

飞机起降经过航道时,系统需对飞机进行动态跟踪,并具有夜间跟踪功能。飞机飞行速度快且飞行轨迹是无形的,空中没有聚焦参考,如何使系统准确定位飞机并聚焦跟踪。

(2)难点二

船舶在行驶过程中,如何使系统探测船舶是否超出预定高度。

(3)难点三

如何使系统在电子航道页面上凸显超高船舶并对其进行视频接力跟踪,还要满足夜间视频显示效果。

### 4.7.3 解决方案

为规避长江干线航道的超高船舶对鄂州花湖机场飞机起降可能带来的风险,机场公司发挥引领作用,组织专业团队设计并建设了一套融合了智能传感与监测技术的长江航道船舶探测系统。该系统通过实时监控机场起降飞机与机场附近水道航行船舶,保障飞机起降的运行安全。在飞机起降航迹保护区和缓冲区相关的江段关键位置,设立5座铁塔,安装探测设备,以实现对区域内船舶的精准探测。当系统探测目标船只的高度超过设定的限高高度时,系统会立即在终端席位上弹出警告窗口,并发出声光报警,同时将相关视频图像及数据推送至席位显示,为管制员判断是否指挥航空器避让超高船只提供依据。由于鄂州花湖机场北端按照Ⅱ类精密仪表着陆的标准运行,因此本次建设的系统也能够在CAT-Ⅱ类标准天气情况下运行。当天气情况不能满足系统探测要求时,系统应能自动发出警告,告知管制员当前情况下系统不可使用;当天气情况好转时,系统应具备提示功能以告知管制员系统恢复使用(图4-20,图4-21)。

系统前端在铁塔(站址三)和塔台分别安装2台双光谱转台(图4-22)。系统通过ADS-B解析程序,获取到飞机的航班号、坐标经度、坐标纬度、高度、速度、航向等数据,预设双光谱转台的录像角度、速度、轨迹等,对进入通航保护区域内的飞机进行跟踪。双光谱转台具有可视光和热成像两种跟踪模式(图4-23、图4-24),可以满足系统夜间作业需求,并且站址三和塔台两处的双光谱转台可实现对飞机接力跟踪,覆盖东、西跑道和长江航道通航区域约6km的范围。

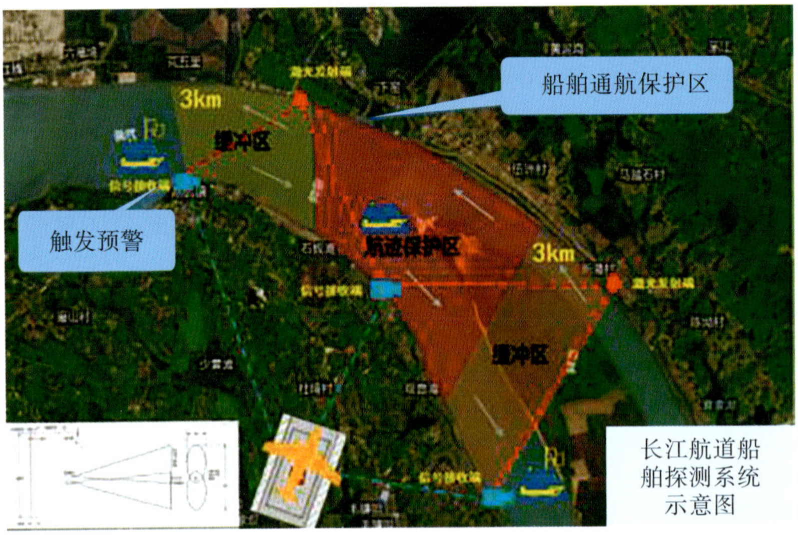


图 4-20　系统总体探测示意图

图 4-21　系统实地应用图

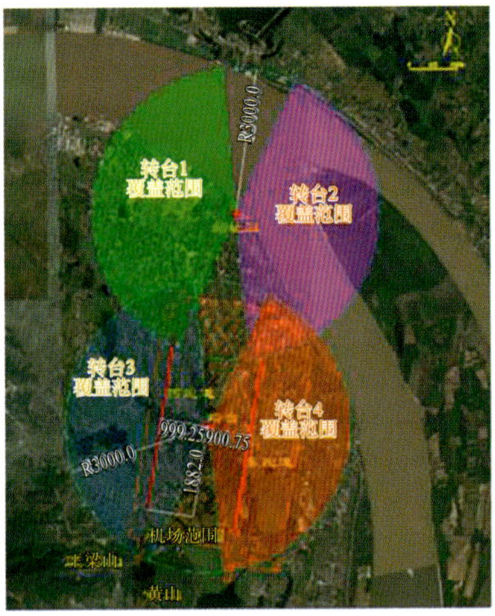


图 4-22　双光谱转台覆盖范围示意图

（a）

（b）

图 4-23　飞机跟踪监控视频截图

（a）可视光；（b）热成像

图 4-24 飞机跟踪监控系统截图

系统前端建设五座铁塔（鄂州三座，黄冈两座），在铁塔标高 48m 位置安装 4 套 4 光束激光对射设备，形成 4 道横跨长江约 5km 距离的虚拟龙门架。这一设计创新性地采用了阻断式报警方式，对过往船舶进行超高探测（图 4-25）。如有船舶触碰对射激光，系统立即弹窗提醒塔台管制员（图 4-26）。同时，系统电子地图上通过 AIS 系统显示该船舶的位置，标识其行驶轨迹并预测其 10min 后将要驶过的航迹等。

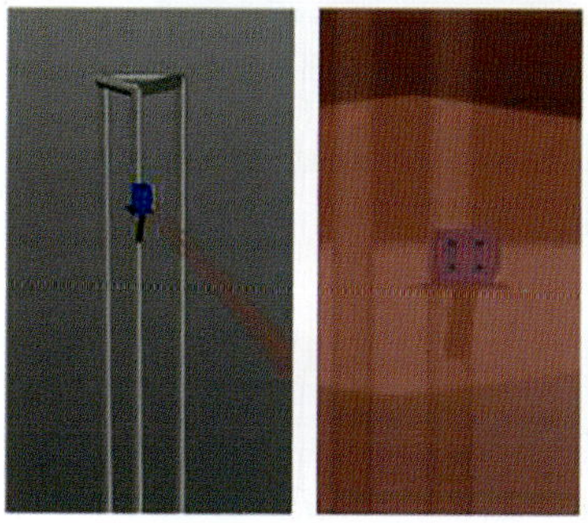

图 4-25 激光发射端、接收端示意图

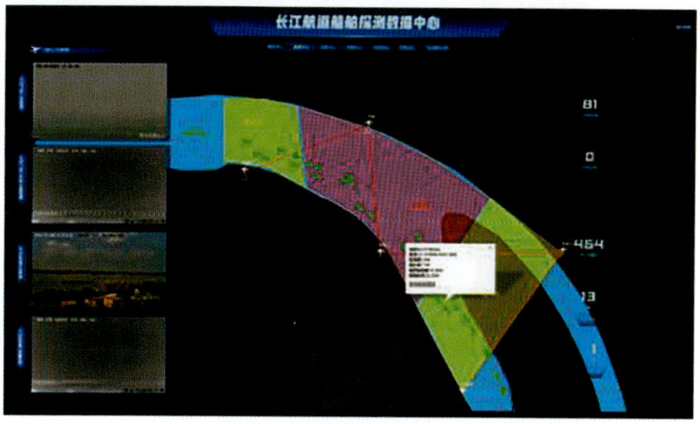


图 4-26 对射激光监控视频截图

系统前端在鄂州三座铁塔分别配备 1 台可变焦球机和 22 台（站址一 6 台、站址三 9 台、站址四 7 台）热成像全景融合拼接成航道全景监控画面（图 4-27、图 4-28）。系统通过基于 AIS 与视频识别技术，对可疑船舶进行目标识别、定位，并实时监控；通过热成像图片识别技术预估船舶标高（图 4-29），作为跟踪船舶的数据补充。

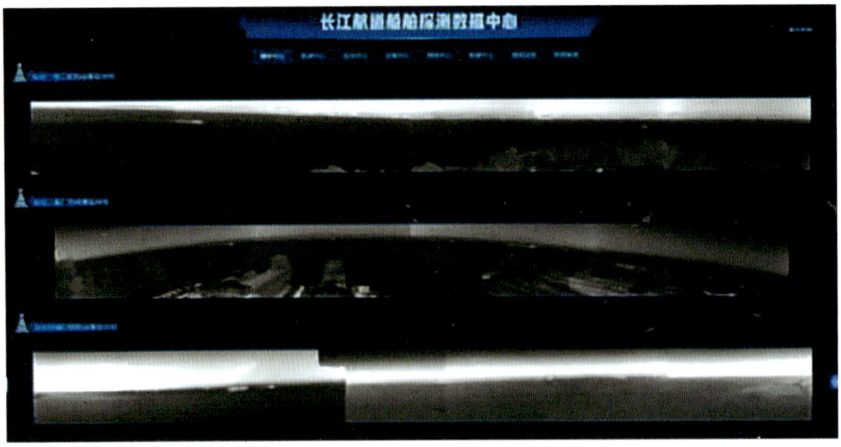


图 4-27　站址一、三、四热成像全景监控视频截图

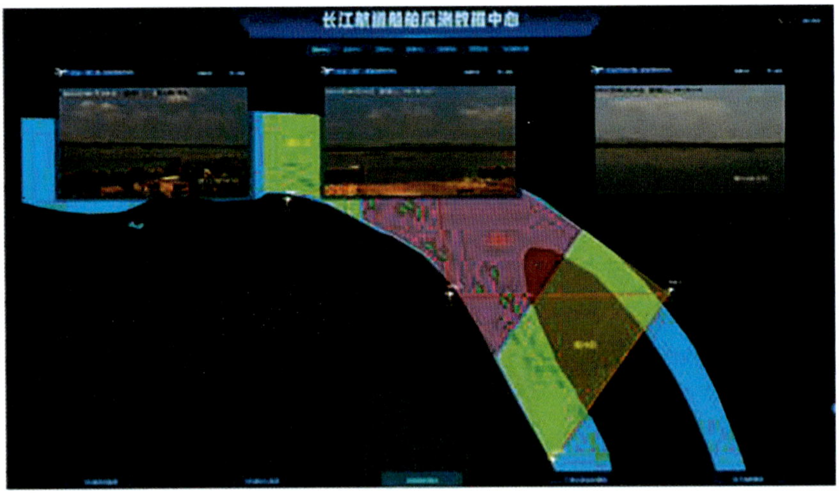


图 4-28　球机跟踪船舶视频截图

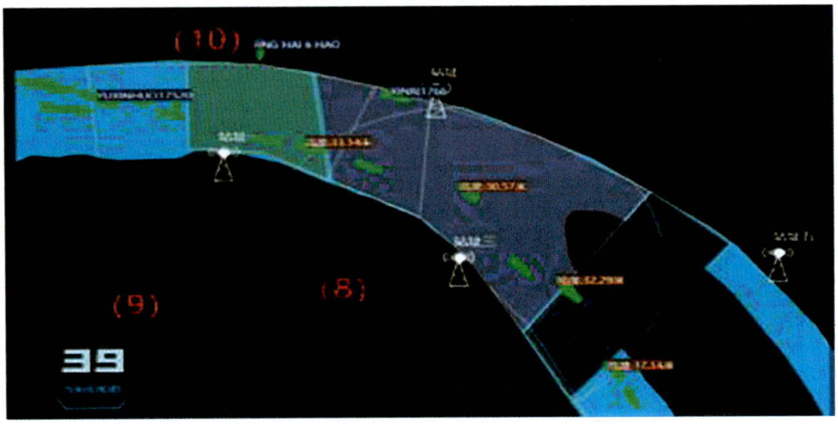


图 4-29　系统预估船舶标高

### 4.7.4 总结

①长江航道船舶探测系统通过自主开发ADS-B+热成像技术，实现对东、西跑道和长江航道通航区域约6km范围的飞机接力跟踪；

②系统通过超远距离对射激光技术对过往船舶进行超高探测并结合AIS系统凸显超高船舶位置，跟踪其行驶动态；

③系统通过AIS、视频监控、热成像监控、全景融合等技术，构建航道全景监控系统，实现对可疑船舶识别、定位、显示标高、接力跟踪等；

④系统实现对船舶通航保护区内超过48m水工设施、通航船舶实施有效监测，为飞机安全起降提供了数据支撑，优化了塔台管制员监控管理手段，提升了机场运行效率；

⑤实现了系统的有效利用，机场设计跑道标高时，在可控范围内节约了机场跑道建设成本；

⑥系统是行业创新型应用，构建了一套从探测、追踪到预警的全方位、一体化、多角度的飞机和船舶协同运作监控体系，具有广泛的推广意义与价值。

# 5 转运中心工程设计应用与实践

## 5.1 转运中心工程概况

转运中心是机场的枢纽，不仅是顺丰公司迈向国际领先快递企业的重要基石，更是其业务流畅运作的核心保障。转运中心建筑整体呈“工”字形，巧妙融合了现代美学与实用功能。建筑一层为国内装卸货区、国际装卸货区、陆侧装卸货区、安检区域、异形件处理区域等；二层主要为海关监管区域；三层主要用于包裹分拣；四层主要为国内小件的一次分拣、二次分拣区域，以及国际小件的海关监管区，第一期转运中心单体建筑占地面积 303000m$^2$，建筑面积 678000m$^2$，规划远期（2045 年）转运中心单体建筑占地面积 501500m$^2$，建筑面积 117.02 万 m$^2$。

转运中心主要服务跨区域次晨和次日快递业务时效产品。近期主要服务国内市场，远期辐射扩大至全球范围，提供包括国际标快、国际特惠、国际小包、保税仓储、集运、海淘转运等不同类型及时效标准的进出口服务，为客户需求量身定制包括市场准入、运输、清关、派送在内的一体化的进出口解决方案，同时引入国际合作业务，提升鄂州花湖机场货运转运中心的利用价值。顺丰航空未来业务主要依赖轴辐式的全货机网络运作，并以散航作为有益补充，通过建立集中处理的鄂州花湖机场货运的转运中心，配合 3 个区域性枢纽（深圳、杭州、北京）及多级站点相协同的航空网络模式，辐射全国主要机场，以及国际站点，形成稳定的航空运输网络。

## 5.2 转运中心货件处理流线与空间布局优化

### 5.2.1 背景描述

鄂州花湖机场是中国首个专业航空货运枢纽，其转运中心是整个货运流程中的核心环节。随着货运量的不断增加和货物流转的高效需求，原有的货件处理流线和转运中心的空间布局逐渐暴露出一些问题，需要进行优化以提升处理效率和空间利用率。

(1)货件处理流线优化的背景

货件处理流线是指货物从进入转运中心到离开转运中心的整个流动过程。在鄂州花湖机场转运中心运营初期,货件处理流线可能存在一定的不合理性,如流线过长、交叉、回流等现象,这些都可能导致货件处理效率低下,甚至增加货损的风险。因此,需要对货件处理流线进行优化,以提高货物处理的效率和准确性。

(2)空间布局优化的背景

随着货运量的增长，转运中心的空间布局也需要进行相应的调整。初期设计可能未充分考虑到空间未来的扩展性和灵活性，导致部分空间利用率不高或者出现拥堵现象。为了应对未来的货运增长和变化,需要对空间布局进行优化,使其更加合理、高效,并能够适应未来的扩展需求。

### 5.2.2 问题分析

分拣中心工艺系统是整个分拣中心的核心，工艺方案的优劣对分拣中心的效率高低起到决定性作用。在工艺方案的选择上，需要对不同的分拣层级和布局方式进行比较研究。

按分拣层级分类，主要有一级分拣和二级分拣两种方式。一级分拣的特点是快件在卸货后只要经过一次分拣即可装车,主要应用于服务城市(或地区)的中小型分拣中心，目前大部分的分拣中心采用的都是一级分拣模式。二级分拣指快件在卸货后需要经过初分拣和终分拣共两次分拣才可装车,主要应用于枢纽型分拣中心,因枢纽型分拣中心需分拣目的地较多,使用一级分拣无法满足分拣效率的要求,目前全球大型枢纽基本上采用二级分拣的模式,如UPS世界港、UPS科隆欧洲转运中心、EMS南京转运中心、DHL莱比锡转运中心等。

按分拣布局分类，主要有分散式布局和集中式布局两种。分散式布局是将功能相同的分拣模块以分散的方式布局在分拣中心不同区域;而集中式则相反,是将功能相同的分拣模块以集中的方式布局在同一区域。分散式布局有更灵活的分期扩建方案，但系统整体设备利用率比集中式稍差，因此如需达到同等处理能力需要更多的设备投入和建筑空间,成本也会相应地提高;集中式布局则在设备利用率上具备优势,以更少的成本满足分拣中心的处理能力要求，因此目前大部分枢纽采用的是集中式布局而非分散式布局。

综上所述,基于鄂州枢纽件量大、分拣目的地多的特点,以及经济性因素,最终选定集中二级分拣模式作为鄂州花湖机场分拣中心的工艺方案。基于鄂州花湖机场分拣中心集中二级分拣模式,结合分拣中心的模块化工艺布局及“主体+指廊”的建筑构型,可以确定分拣中心的工艺概念方案(图5-1)。分拣中心一层主要包括空侧装卸货区、陆侧装卸货区、重货处理区、工作人员辅助办公区、设备用房；一层夹层主要是异形件分拣区、工作人员安检通道。二层主要包括进口海关处理区域、出口海关处理区域、安检区域、国际包裹分拣区、工作人员辅助办公区及设备用房。三层主要用于国内包裹分拣。四层主要包括小件预分拣区、二次分拣区及工作人员辅助办公区。

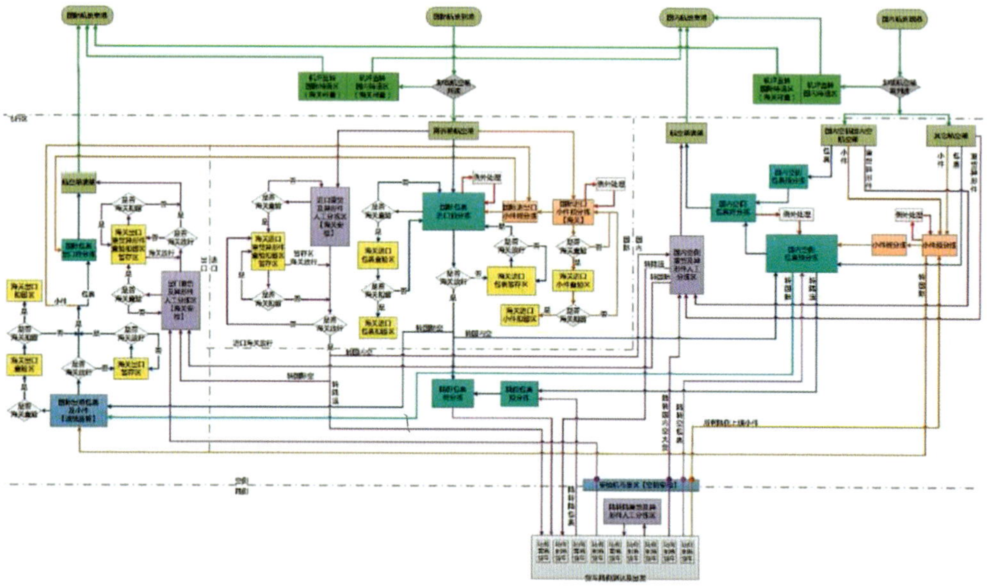

图 5-1　分拣中心的工艺概念方案

### 5.2.3　解决方案

根据快件来源和去向，分拣中心可以分为陆侧和空侧；根据快件的处理形式、监管要求等，分拣中心又可以分为海关监管区域及国内快件处理区域。

1.按快件流向分析

以进入分拣中心的包裹为例，结合分拣中心各层的功能布局，描述三种进港形式（国内进港、国际进港及陆侧进港），对应包裹的三种出港形式（国际出港、国内出港及陆侧出港）形成的作业流程。

（1）三种进港形式对应的国际出港流程

国内空侧、国际空侧及陆侧到达的货物到达卸货后：

国内空侧到达的包裹通过输送线运送至三层国内包裹分拣区进行初分拣后，进入二层出口海关处理区域；陆侧到达的包裹在一层经过包裹预分拣、安检后，也进入二层出口海关处理区域。完成通关手续后，运送到一层国际装卸货区进行国际包裹终分拣，最后完成装货及出港。

国际空侧到达的包裹通过输送线运送至二层出口海关处理区域，完成包裹预分拣后运送至一层国际装卸货区进行国际包裹终分拣，最后完成装货并出港(图 5-2)。

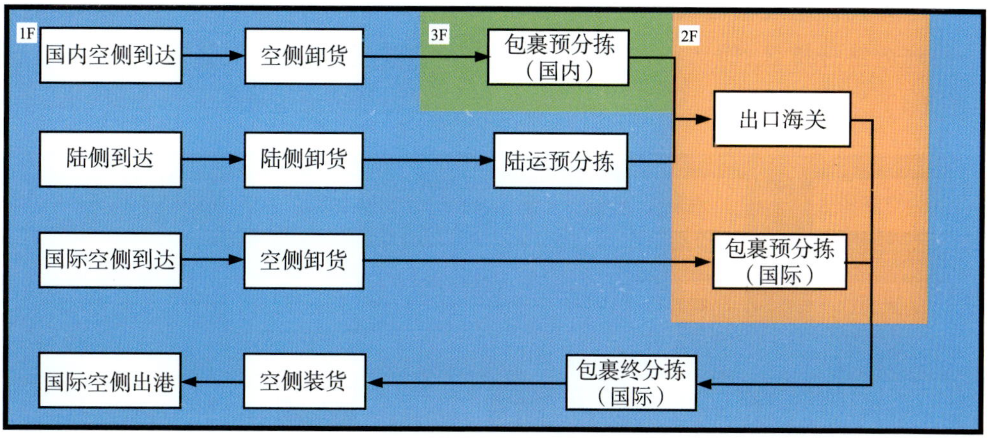


图 5-2　国际出港流程(以包裹为例)

(2)三种进港形式对应的国内出港流程

国内空侧、国际空侧及陆侧到达的货物到达卸货后:国内空侧到达的包裹通过输送线运送至三层国内包裹分拣区;陆侧到达的包裹在一层经过包裹卸货、预分拣、安检后，进入三层国内包裹分拣区；国际空侧到达的包裹通过输送线运送至二层进口海关处理区域,完成包裹预分拣后同样进入三层国内包裹分拣区;进入三层包裹分拣区的包裹完成预分拣后,通过输送线运送至一层国内空侧装卸货区进行包裹终分拣,最后完成装货出港(图 5-3)。

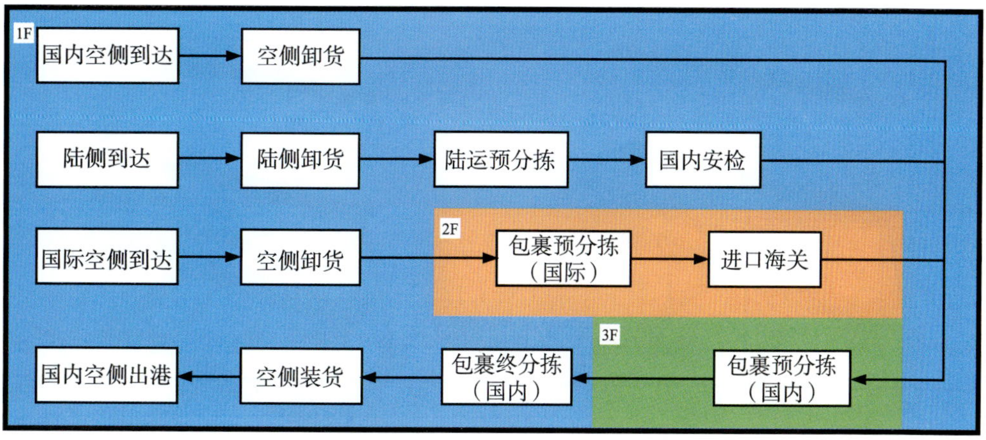


图 5-3　国内出港流程(以包裹为例)

(3)三种进港形式对应的陆侧出港流程

国内空侧、国际空侧及陆侧到达的货物到达卸货后：国内空侧到达的包裹通过输送线运送至三层国内包裹分拣区，完成包裹预分拣后通过输送线运送至一层陆运终分拣区；陆侧到达的包裹在一层经过包裹预分拣、安检后，进入一层陆运终分拣区；国际空侧到达的包裹通过输送线运送至二层进口海关处理区域，完成包裹预分拣后同样进入一层陆运终分拣区；进入一层陆运终分拣区域的包裹完成二次分拣后，最终装车发运（图 5-4）。

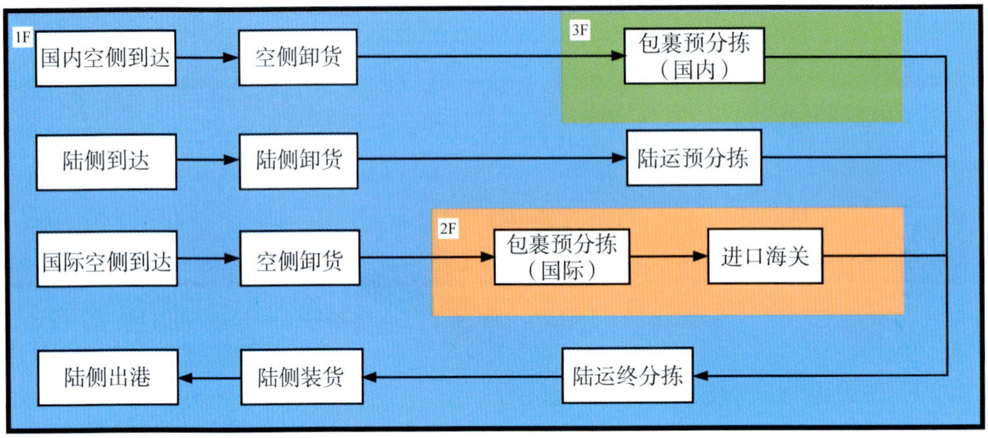


图 5-4　陆侧出港流程（以包裹为例）

## 2.按物流动线分析

根据相关数据分析预测，2025 年分拣中心内处理的快件中，处理量最大的是包裹和小件，因此所对应的分拣区域面积需求、分拣设施需求及分拣复杂程度较大。结合分拣中心平面布局，分拣中心内包裹、小件的物流流线如图 5-5、图 5-6 所示。

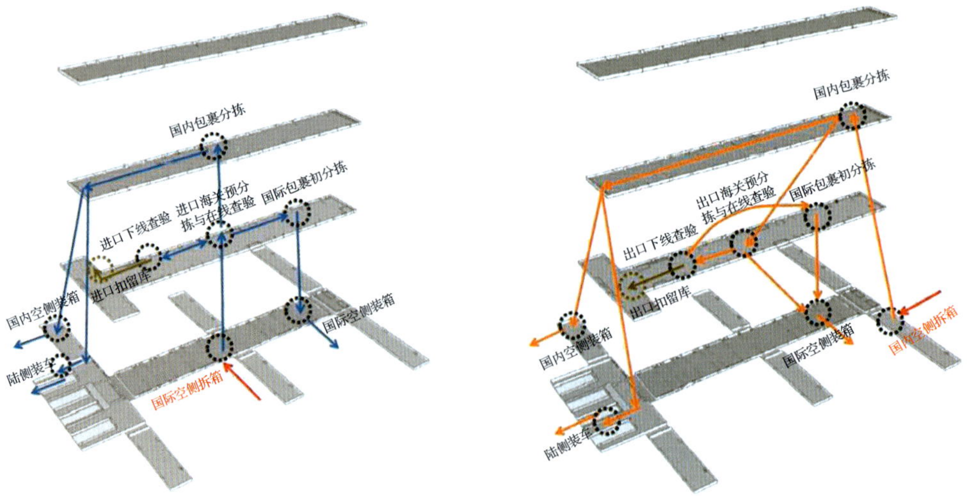


（a）　　（b）

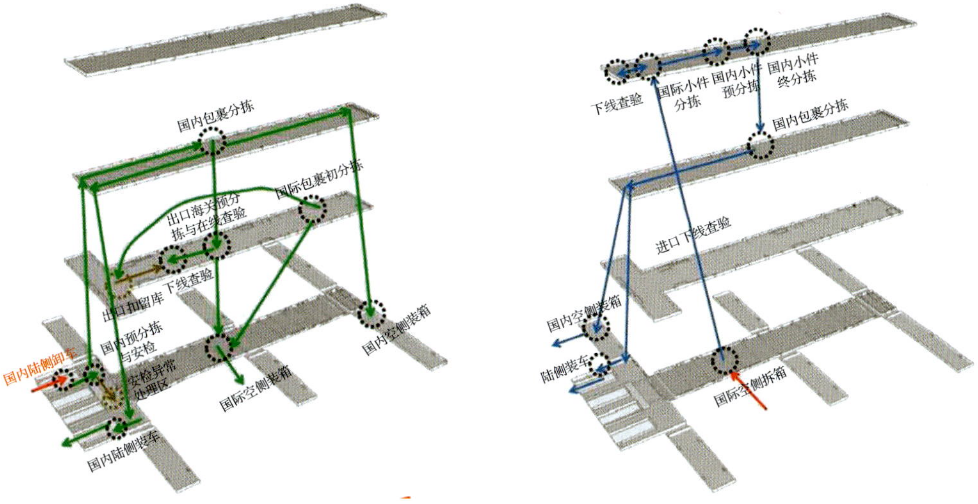


(c)　　　　(d)

图 5-5　包裹流线

(a)国际包裹空侧到港流线;(b)国内包裹空侧到港流线;

(c)陆侧包裹到港流线;(d)国际小件空侧到港流线

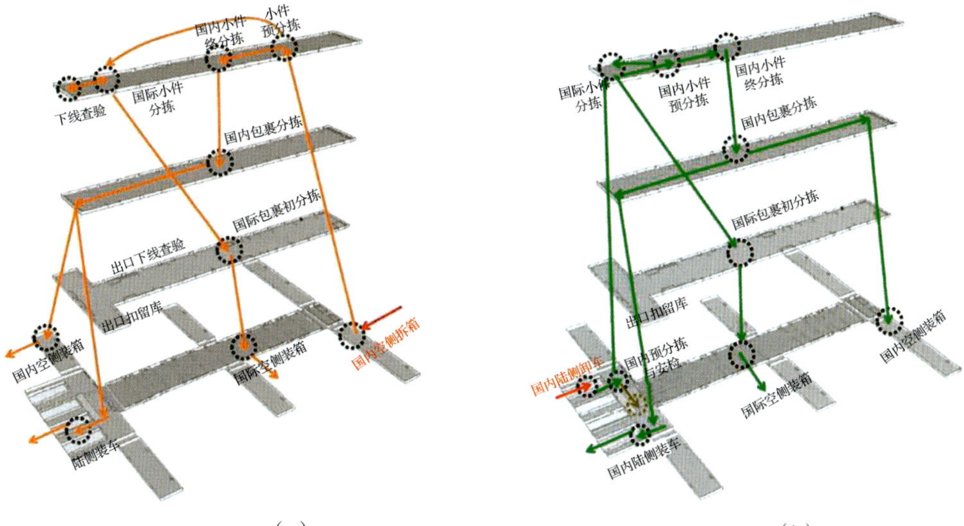


(a)　　　　(b)

图 5-6　小件流线图

(a)国内小件空侧到港流线;(b)陆侧小件到港流线

### 5.2.4　总结

经过上述优化措施，鄂州花湖机场转运中心的货件处理流线与空间布局得到了显著的改善，整个转运流程更加清晰、高效。快件流向与物流动线流畅分明，有效提高了转运效率，降低了运营成本，同时也为项目的整体推进和实施奠定了坚实的基础。

# 5.3 转运中心桩基长度优化设计案例分析

## 5.3.1 背景描述

在房建工程的结构基础设计过程中，需根据场地岩土勘察报告所提供的地质承载力，结合地质断面图分析确定持力层及其深度。传统岩土勘察报告岩面图（图 5-7）、地层断面图（图 5-8）及结构基础设计均为二维表达，无法通过数据推理出基岩面，且桩基长度也无法给出较为准确的值，不易于指导施工和计算工程量。

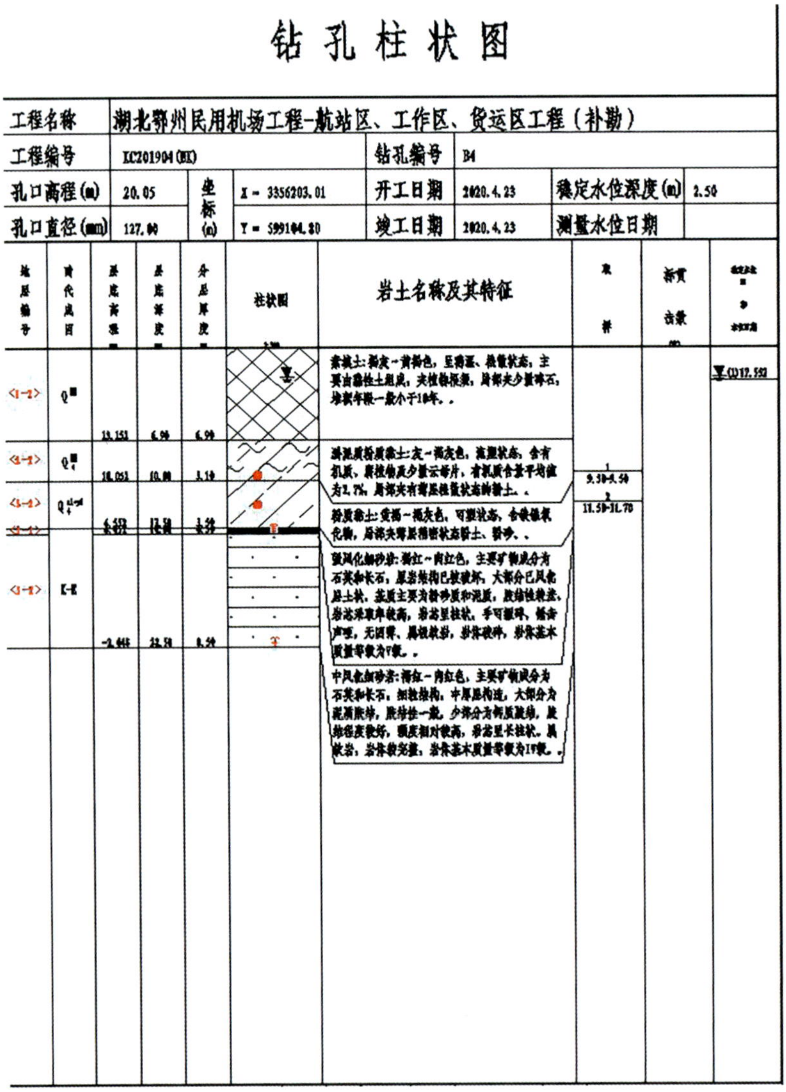


图 5-7　钻孔柱状图

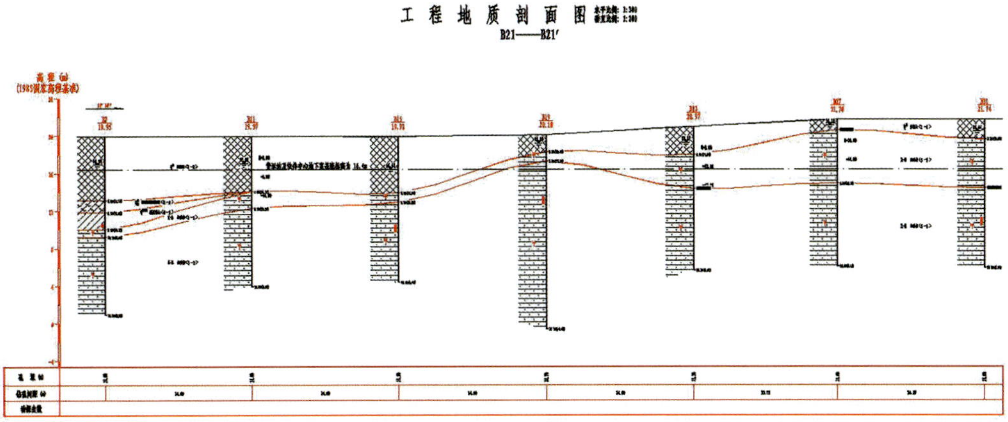


图 5-8 工程地质剖面图

## 5.3.2 问题分析

生成的岩面等高线图、淤泥底层等高线图、淤泥厚度等高线图等均为平面图形，图形与数据信息均为二维表达（图 5-9）。结构基础设计依据二维图形判断持力层，并依此设计基础选型及基础深度，得出的颗粒度为区间范围，导致有效性和准确性偏低。依照图纸清单算量及投标也为范围值，精准度有一定偏差。

（a） （b） （c）

图 5-9 等高线图

（a）岩面等高线图；（b）淤泥底层等高线图；（c）淤泥厚度等高线图

## 5.3.3 解决方案

①通过地质建模软件，输入勘察孔位数据信息，软件生成岩土模型及地质勘察信息；

②提取持力层岩层标高数据，运用开发插件生成岩面模型；

③输入桩基设计控制参数，运用开发插件进行参数化设计，使其适配岩面；

④完成桩基础模型以统计模型工程量，并应用于各阶段。

### 5.3.4 总结

①通过插件开发解决软件问题；

②运用参数化精准设计；

③运用 BIM 数字化技术（图 5-10），提高设计效率；

④数字化应用解决传统设计工程量准确性问题。

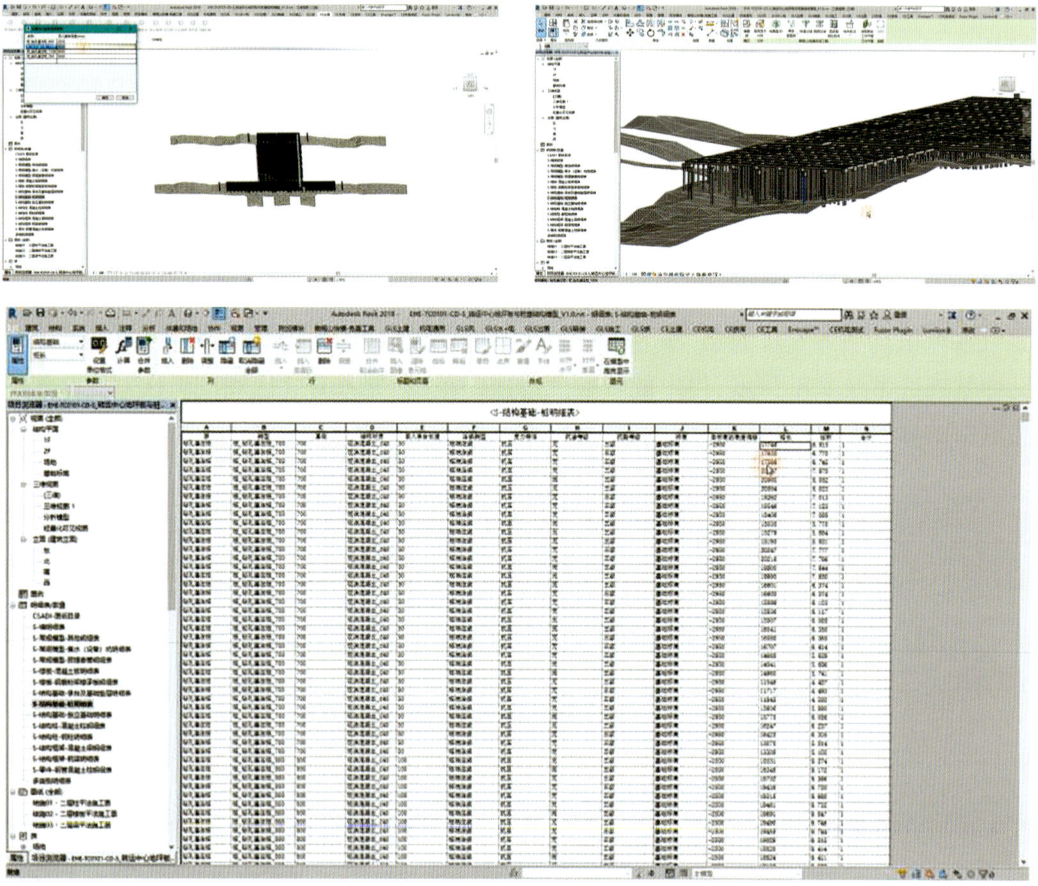

图 5-10 BIM 软件操作界面

## 5.4 转运中心消防设计优化案例分析

### 5.4.1 背景描述

转运中心作为专注于分拨作业的航空快件集散转运枢纽，其显著特色在于货件的快速高效流通、自动化转运处理以及夜间集中作业模式。转运中心可处理快件属于丙二类别，其处理的快件主要包括商务函件、电子产品、家电产品、医药，还有少部分冷藏货（鲜活）、贵重物及动物等，转运中心建筑具有以下特点：

①功能具有整体性，连续传输设备不可分割；

②货物处理时间短，快速通过，无等待、滞留；

③空侧安防区域面积大，货物要求无易燃易爆品；

④工作人员数量少；

⑤物流分拣系统传输皮带采用阻燃材料；

⑥采用低烟无卤电缆；

⑦24h 人员值守；

⑧全场 CCTV 视频监控。

### 5.4.2 问题分析

本项目由于建筑尺寸大、自动化程度高、工艺流程特殊（功能的整体性、连续性，传输设备不可分割）等，难以设置防火墙、卷帘等常规的物理分隔措施，主要存在以下几个方面特殊消防设计问题。

1.建筑定性

《建筑设计防火规范》（GB 50016—2014，2018 年版）第 2.1.1 条对于高层建筑定义如下：建筑高度大于 27m 的住宅建筑和建筑高度大于 24m 的非单层厂房、仓库和其他民用建筑。

本项目包括主楼（包括陆侧指廊）和空侧指廊两部分，总体呈“工”字形布局（图 5-11）。

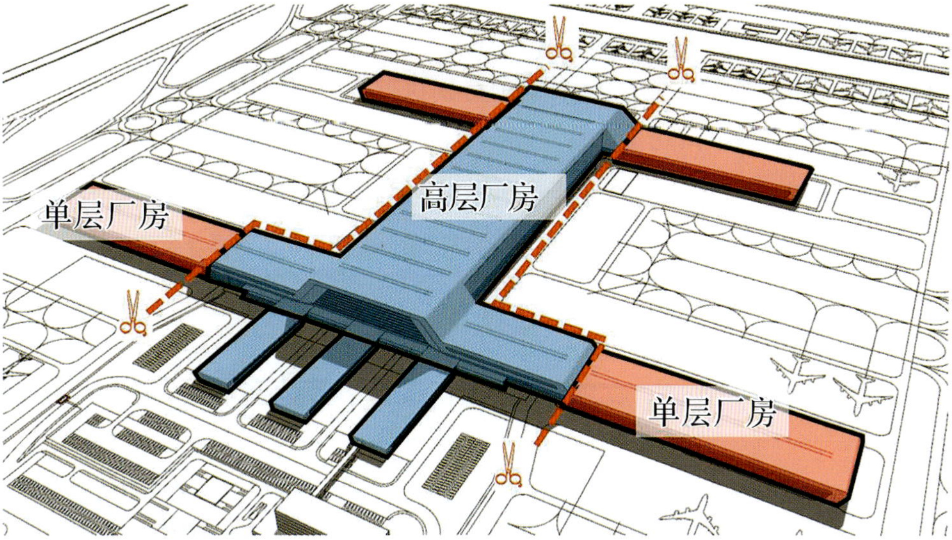


图 5-11 总平面示意图

指廊(单层厂房)一层,建筑高度12.3m;主楼(高层厂房)4层,建筑高度42m。主楼与指廊之间具有一定的防火间距,由于功能需要,转运带在指廊与主楼之间相互连通,所以在建筑之间设有净空高度约8.0m的屋盖。如何进行本项目中主楼和指廊的建筑定性需要进一步分析。

2.防火分区

《建筑设计防火规范》(GB 50016—2014,2018年版,以下简称《建规》)第3.3.1条规定,除规范另有规定外,厂房的层数和每个防火分区的最大允许建筑面积应符合表5-1的规定。

表5-1 厂房层数及每个防火分区的最大允许建筑面积

| 生产的火灾危险性类别 | 厂房的耐火等级 | 最多允许层数 | 每个防火分区的最大允许建筑面积/m² | | | |
|---|---|---|---|---|---|---|
| | | | 单层厂房 | 多层厂房 | 高层厂房 | 地下或半地下厂房(包括地下或半地下室) |
| 丙 | 一级 | 不限 | 不限 | 6000 | 3000 | 500 |
| | 二级 | 不限 | 8000 | 4000 | 2000 | 500 |
| | 三级 | 2 | 3000 | 2000 | — | — |

《物流建筑设计规范》(GB 51157—2016,以下简称《物流规范》)中第15.1.1、15.3.1条规定:

①物流建筑的消防设计除应符合本规范外,尚应按下列要求执行现行国家标准《建规》的规定:

a.作业型物流建筑应执行有关厂房的规定;

b.存储型物流建筑应执行有关仓库的规定;

c.综合型物流建筑的作业区、存储区应分别执行有关厂房和仓库的规定。

②除高层物流建筑外,用于物品自动分拣的作业型物流建筑内,布置密集自动分拣系统设备区域的最大允许防火分区建筑面积可按表5-2执行。

表5-2 布置密集自动分拣系统设备区域的最大允许防火分区建筑面积

| 建筑类型 | 耐火等级 | 每个防火分区最大允许建筑面积/m² |
|---|---|---|
| 单层 | 一级 | 不限 |
| | 二级 | 16000 |
| 多层 | 一级 | 12000 |
| | 二级 | 8000 |

注:当建筑设自动灭火系统时,最大允许防火分区面积可以按本表增加1倍。

《物流规范》无高层厂房的防火分区面积的规定，执行《建规》的要求，在设置喷淋的情况下，防火分区最大可以做到6000m²，主楼一字型区域最少需要做20个防火分区（图5-12）。

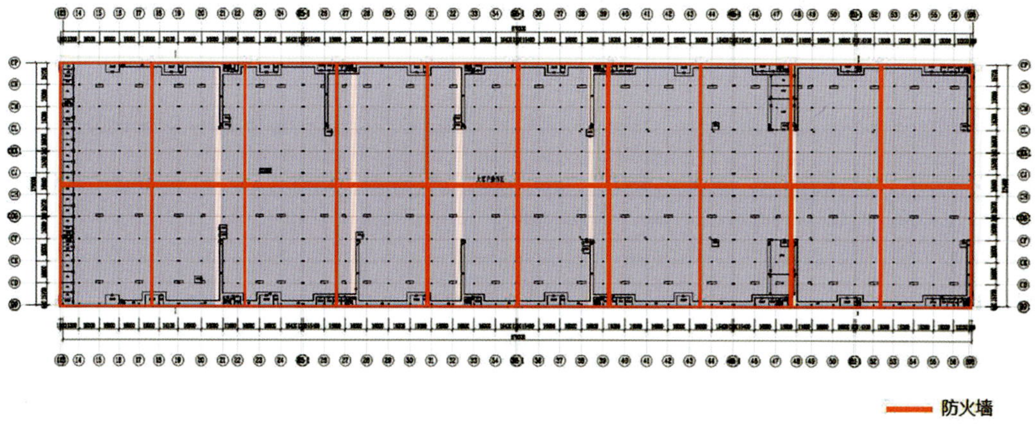


图5-12　防火分区示意图

### 3.人员疏散设计

《物流规范》第15.4.1条规定，物流建筑的安全疏散应按其使用功能分别执行现行国家标准《建规》中有关厂房和仓库疏散的规定。当丙二类作业型物流建筑层高超过6m，且设有自动喷水灭火系统时，其任一点至安全出口的最大疏散距离不应超过规定值的1.25倍。分拣、输送设备的布置应满足人员疏散通行要求。在物流中心和航站楼等建筑中，应严格遵守相关的安全疏散规定，确保在紧急情况下人员能够迅速、安全地撤离。根据《民用机场航站楼设计防火规范》（GB 51236—2017）第3.4.3条规定，行李处理用房内任一点至最近安全出口的直线距离不应大于60.0m。按照《建规》第3.7.4条的规定，对于丙类一、二级耐火等级的厂房来说，单层厂房内任一点至最近安全出口的直线距离不应大于80m；多层厂房任一点至最近安全出口的直线距离不应大于60m；高层厂房任一点至最近安全出口的直线距离不应大于40m（表5-3）。

由于本项目建筑体量较大，主楼长度700m、宽度176m，且功能需求建筑中部无法设置楼梯，导致部分区域的疏散距离可能超出规范限制。针对这一特殊情况，我们需要进行深入的分析和设计，以确保疏散方案既符合规范要求，又满足实际功能需求。

通过上面的分析，在满足疏散距离不大于60m，按照避难走道伸出36m，两避难走道间距60m，每边需伸出12组（图5-13）。

表 5-3　厂房内任一点至最近安全出口的直线距离　单位:m

| 生产的火灾危险性类别 | 耐火等级 | 单层厂房 | 多层厂房 | 高层厂房 | 地下或半地下厂房（包括地下或半地下室） |
|---|---|---|---|---|---|
| 甲 | 一、二级 | 30 | 25 | — | — |
| 乙 | 一、二级 | 75 | 50 | 30 | — |
| 丙 | 一、二级<br>三级 | 80<br>60 | 60<br>40 | 40<br>— | 30<br>— |
| 丁 | 一、二级<br>三级<br>四级 | 不限<br>60<br>50 | 不限<br>50<br>— | 50<br>—<br>— | 45<br>—<br>— |
| 戊 | 一、二级<br>三级<br>四级 | 不限<br>100<br>60 | 不限<br>75<br>— | 75<br>—<br>— | 60<br>—<br>— |

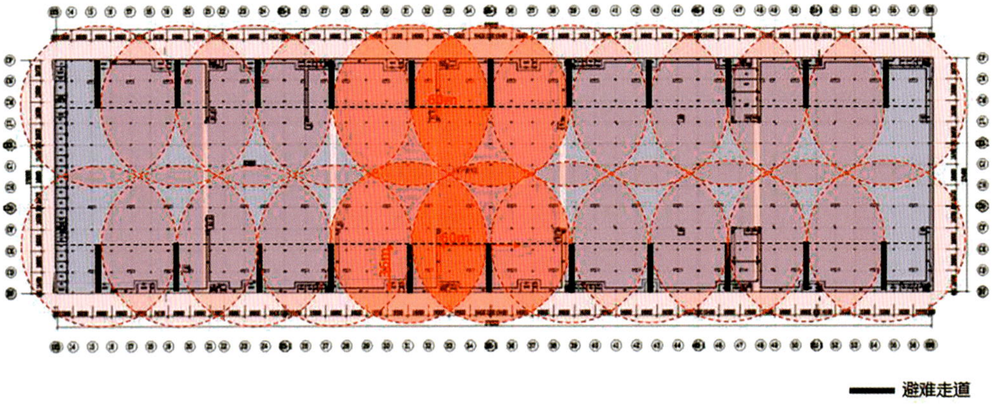


图 5-13　疏散距离示意图

## 4.消防系统设计

(1)消火栓设计

《消防给水及消火栓系统技术规范》(GB 50974—2014)第 7.4.10 规定:室内消火栓宜按直线距离计算其布置间距,并应符合下列规定:

①消火栓按 2 支消防水枪的 2 股充实水柱布置的建筑物,消火栓的布置间距不应大于 30.0m;

②消火栓按 1 支消防水枪的 1 股充实水柱布置的建筑物,消火栓的布置间距不应大于 50.0m。

本项目结合柱网位置布置消火栓，部分区域消火栓设置间距为 32 m，超过 30 m（图 5-14）。

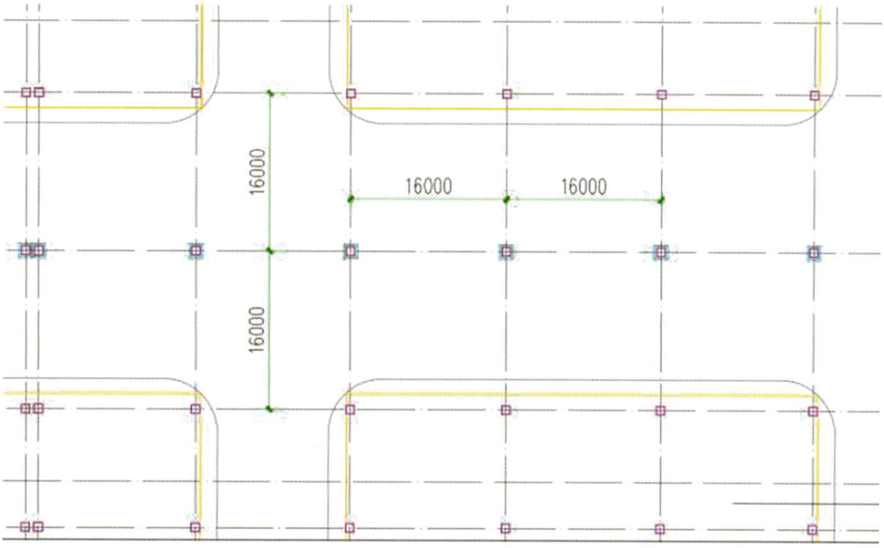


图 5-14 柱网位置示意图

（2）高位水箱设计

《消防给水及消火栓系统技术规范》（GB 50974—2014）第 5.2.2 规定，高位消防水箱的设置位置应高于其所服务的水灭火设施，且最低有效水位应满足水灭火设施最不利点处的静水压力，并应符合下列规定：

①一类高层公共建筑不应低于 0.10 MPa，但当建筑高度超过 100m 时不应低于 0.15 MPa；

②高层住宅、二类高层公共建筑、多层民用建筑不应低于 0.07 MPa，多层住宅不宜低于 0.07 MPa；

③工业建筑不应低于 0.10 MPa，当建筑体积小于 20000 $m^3$ 时，不宜低于 0.07 MPa；

④自动喷水灭火系统等自动水灭火系统应根据喷头灭火需求压力确定，但最小不应小于 0.10 MPa；

⑤当高位消防水箱不能满足本条第 1 款至第 4 款的静压要求时，应设稳压泵。

因机场限高要求，高位消防水箱设置高度受限，无法满足最低有效水位高于最不利消防用水点的要求。

（3）消防车登高操作场地

《建规》第 7.2.1 条规定：高层建筑应至少沿一个长边或周边长度的 1/4 且不小于一个长边长度的底边连续布置消防车登高操作场地，该范围内的裙房进深不应大于 4m。

《建规》第 7.2.1 条图示 2 中显示，进深不应大于 4m 的限制包括“裙房、雨棚、挑檐等突出物”（图 5-15）。

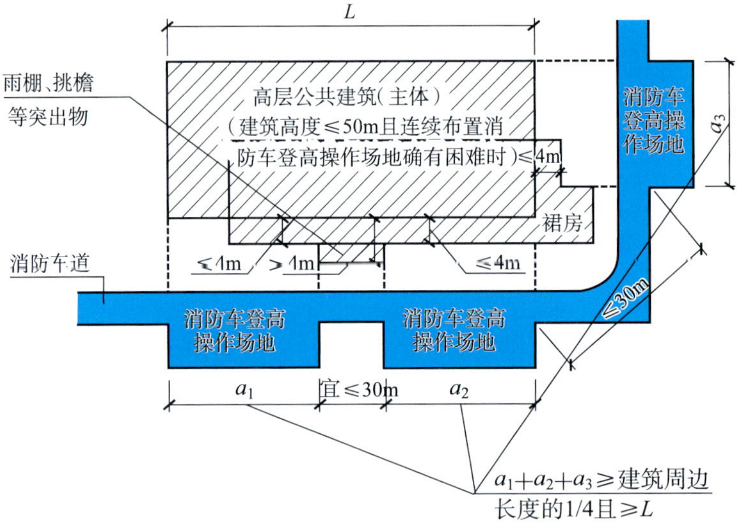


图 5-15 《建规》第 7.2.1 条图示

转运中心主楼两侧设置消防车登高操作场地，因工艺要求，该范围内设有进深超过 4m 的雨棚（约 6.8m），无法满足规范的要求（图 5-16）。

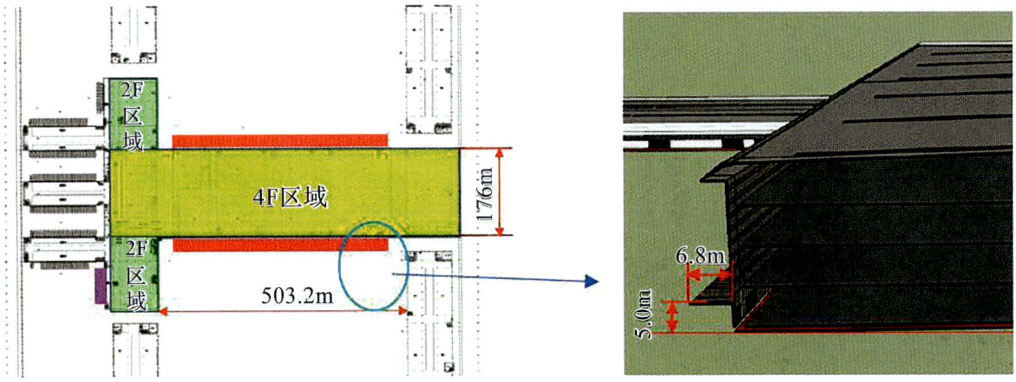


图 5-16 雨棚设置示意图

## 5.4.3 解决方案

### 1.建筑定性

本项目中，主楼高 4 层，建筑高度达到 42m，属于《建规》中“建筑高度大于 24m 的非单层建筑”，即高层建筑；指廊建筑高度 12.3m，为单层建筑；且主楼和指廊之间有一定的防火间距。虽然本项目主楼与指廊之间设有屋盖，且转运带在指廊与主楼之间相互连通，但在采取一定措施防止火灾在两栋建筑之间蔓延、屋盖满足一定条件下，主楼和指廊可根据自身特点分别进行建筑定性。

①主楼和指廊分别进行建筑定性，主楼按高层建筑、指廊按单层建筑进行消防设计（图 5-17）。

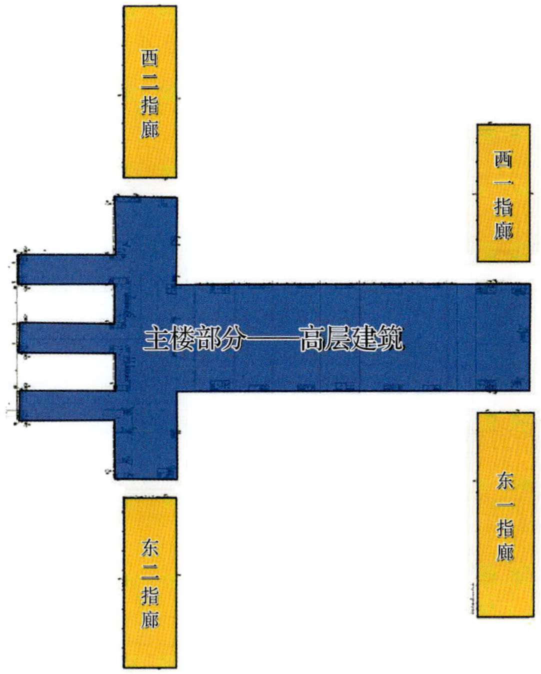


图 5-17 建筑定性示意图（蓝色为高层建筑、黄色为单层建筑）

②主楼和指廊的防火间距满足《建规》要求，现有设计中防火间距不小于 20m。

③屋盖下方、建筑两侧外墙采用耐火极限不低于 3h 的防火墙分隔，对于必须连通处，可通过防火处理的连廊或传送设施连接，但应在建筑外墙处采用耐火极限不低于 3h 的防火卷帘（或防火卷帘+自动喷水灭火系统）、甲级防火门等形式进行分隔。

④建议在屋盖上设置一定的开口且开口率不低于地面面积的 25%，以保证该区域的安全性。

### 2.防火分区划分

实施防火分隔措施，核心目的在于有效遏制火灾的蔓延和控制防火分区内可燃物的数量。对于转运中心这类大型设施，其主要功能区域往往占据较大面积，这也导致了可燃物数量的显著增加。一旦发生火灾，火势很容易迅速蔓延，不仅会造成巨大的财产损失，更会对人员安全疏散构成严重威胁。但是由于转运中心物流配送工艺流程的特殊性，部分功能区域空间上是连续的，很难实现实体防火分隔。为保证转运中心的消防

安全性,可采取以下措施:

①随着防火分区面积的扩大,火灾危险性也会随之增大,其对建筑防火造成的影响之一是起火后火灾的蔓延面积大,会严重威胁人员的生命安全以及带来重大的财产损失。因此,结合本项目的平面布局及功能设置,从防火分隔的角度出发,提出以下设计策略:

a.转运中心指廊按照规范要求划分防火分区,主楼有条件情况下尽可能划分防火分区,确有困难时根据功能需要进行防火分区的划分(图 5-18),现有设计中主楼部分防火分区面积较大,超过《建规》高层厂房的面积要求(表 5-4)。

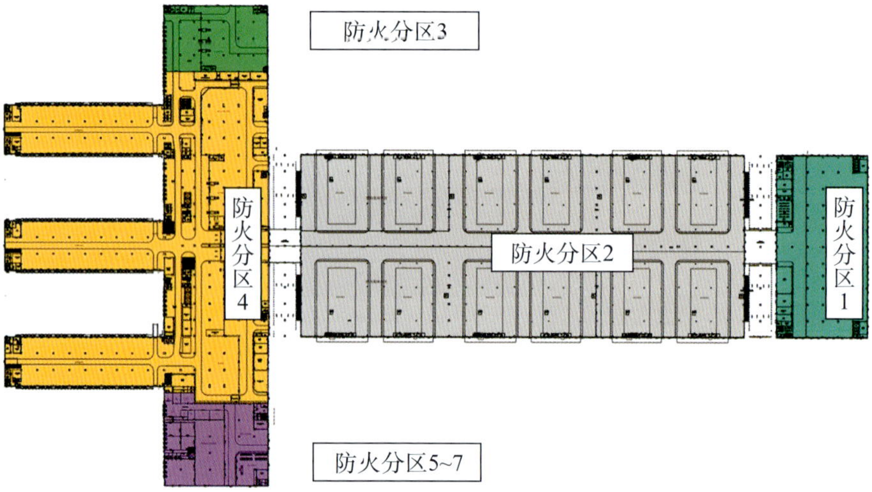


(a)

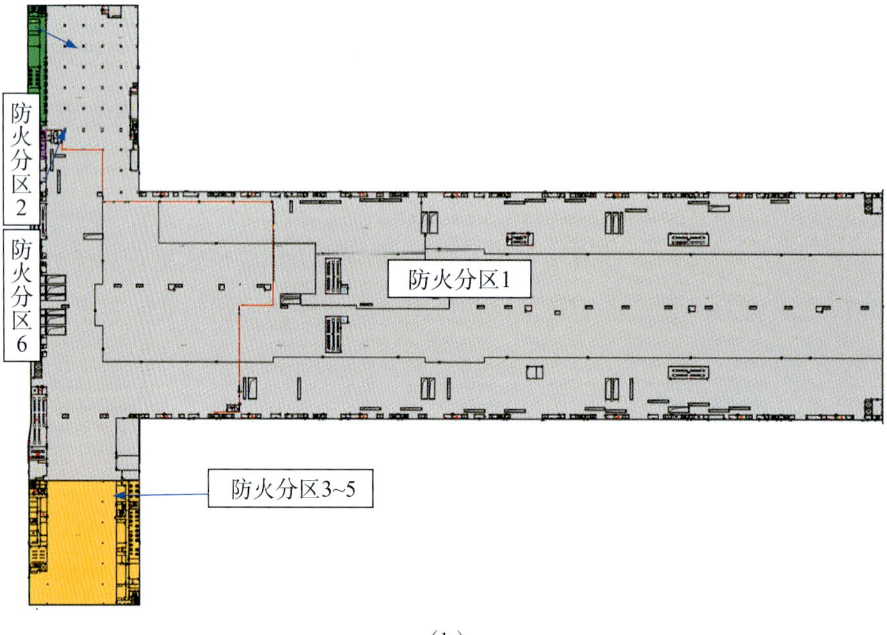


(b)

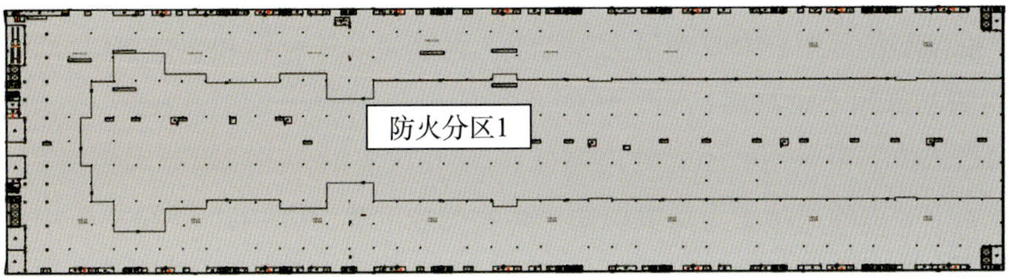


(c)

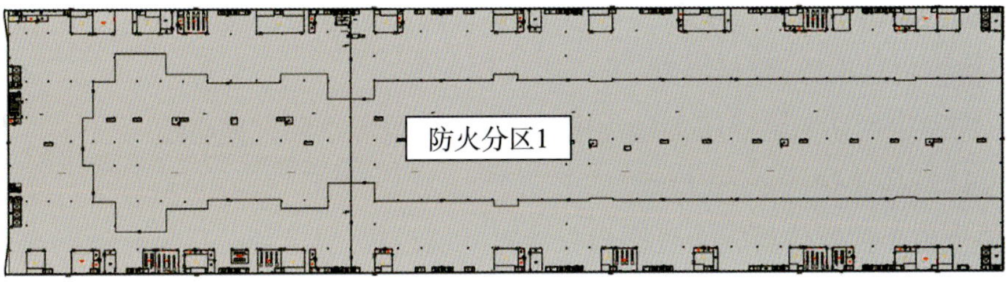


(d)

图 5-18 防火分区示意图

(a)首层防火分区示意图;(b)二层防火分区示意图;(c)三层防火分区示意图;(d)四层防火分区示意图

**表 5-4 主楼防火分区面积统计**

| 楼层 | 防火分区 | 面积/m² | 楼层 | 防火分区 | 面积/m² |
|---|---|---|---|---|---|
| 一层 | 1 | 15805 | 二层 | 1 | 135072 |
| | 2 | 77228 | 三层 | 1 | 119400 |
| | 3 | 6635 | 四层 | 1 | 119400 |
| | 4 | 56319 | — | — | — |

b.防火分区之间采用防火墙、耐火极限不低于 3h 的防火卷帘(或防火卷帘+自动喷水灭火系统)、甲级防火门进行分隔。

为防止发生火灾蔓延，传送带穿越楼层处及穿越防火分区处的孔洞应设置防火卷帘(或防火卷帘+自动喷水灭火系统)完全分隔开,发生火灾时,传送带应及时停止运行,在自动探测无障碍物堵塞卷帘下降路径后卷帘联动降落。

c.为了保证转运中心的功能正常,同时为了控制火灾蔓延,本项目在转运中心面积较大的防火分区内设置防火隔离带，来达到控制火灾蔓延的目的。防火隔离带的设置可以将大面积的区域划分为若干较小的区域,可以防止火灾在各区域之间蔓延,有效地降低火灾带来的危害。

②防火分区面积过大对建筑防火造成的影响之一,是内部所容纳的可燃物增多,增

加了潜在的火灾发生位置，因此，从控制火灾荷载的角度出发，提出以下设计策略：

a.严格控制转运中心内发烟量大和毒性大的建筑装饰材料和装修材料，同时要求装饰装修材料均采用不燃材料；

b.输送机传送带采用经阻燃处理的材料，防止火灾沿传送带蔓延和传播；

c.转运中心内的消防主干线电缆使用矿物绝缘电缆，其他电气线路可采用低烟无卤阻燃型电缆，并进行漏电保护；

d.严格控制转运中心内分拣和运输的货品种类，其火灾危险性不应大于丙类 2 项；

e.人员的疏散通道内不应堆放可燃物，保证疏散通道的畅通；

f.严格控制点火源，包括吸烟、动用明火作业等；

g.火灾发生后切断输送机的动力电源，防止传送带导致火灾蔓延。

### 3.人员疏散设计

本项目由于建筑体量较大且楼梯只能靠外墙设置，导致部分区域疏散距离较长。疏散距离越长，人员疏散时在起火分区内滞留的时间越长，则生命安全受到火灾威胁的可能性越大，所以需制定措施提高人员疏散过程中的安全性。

（1）疏散距离控制原则

本项目转运中心主要是货品的分拣和运输，类似民用机场航站楼中的行李处理机房，根据《民用机场航站楼设计防火规范》（GB 51236—2017）第 3.4.3 条规定，行李处理用房内任一点至最近安全出口的直线距离不应大于 60.0m；并且本项目采用了高标准的分拣系统，自动化程度高，特别是二至四层基本实现自动化分拣，工作人员数量较少且位置相对固定。因此，建议按照 60m 距离控制人员停留区域的疏散。

（2）利用穿越建筑的消防车通道进行疏散

本项目设有 6 个穿越建筑的消防车通道，其中 1#～4#位于指廊和主楼之间，5#、6#穿越主楼，消防车通道宽度均不小于 20m。考虑到建筑内部分人员可能需要通过消防车通道进行疏散，为了给消防救援提供良好的救援环境及为人员疏散提供相对安全的疏散条件，对其提出以下要求：

①穿越建筑的消防车通道两侧采用耐火极限不低于 3h 的防火墙分隔，对于必须连通处，可通过防火处理的连廊或传送设施连接，但应在建筑外墙处采用耐火极限不低于 3h 的防火卷帘（或防火卷帘+自动喷水灭火系统）、甲级防火门等进行分隔；

②使用中应加强对消防车通道的管理，保证消防车通道的清洁和畅通，禁止在通道内堆放任何妨碍消防车通行的物品等；

③消防车通道范围内不得布置任何可燃物，通道内所有装饰装修及吊顶等材料均应采用不燃材料；

④消防车通道应设置人车分流路肩及栏杆，避免火灾时因混乱而发生车祸（图 5-19）。

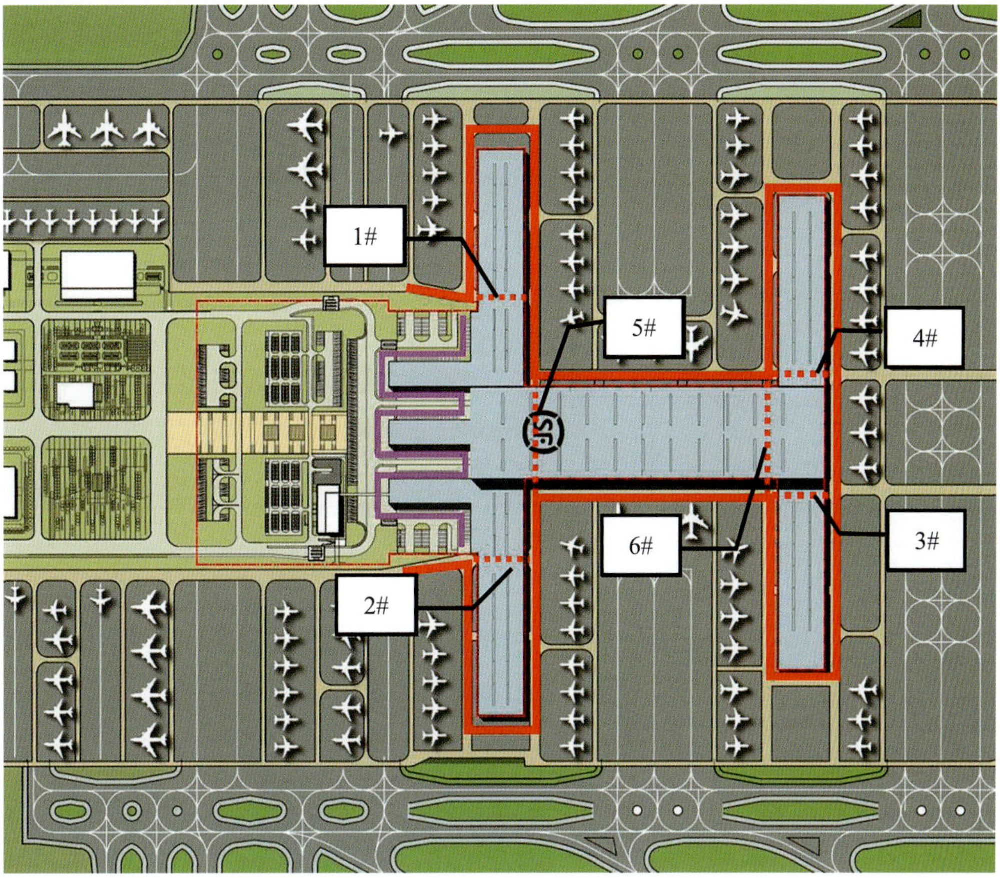


图 5-19 消防车通道示意图(红色虚线为穿越消防车道)

(3)按照上述原则进行设计后,各层具体情况如下:

首层防火分区 1、防火分区 3～7 的疏散距离均控制在 60m 以内(图 5-20),防火分区 2 进深较大且由于功能需要内部无法设置疏散通道或避难走道,导致疏散距离较长(约 100m)。

针对防火分区 2 疏散距离较长问题,拟通过消防电源控制、火灾时联动开启该区域对外提升门或卷帘门,以改善一层的疏散条件。后续将通过计算机模拟分析结合火灾烟气模拟及人员疏散模拟,论证现有疏散设计方案是否可行。

二至四层采用自动化分拣设施,人员数量较少且位置相对固定。二层防火分区 2～6 按照规范要求进行疏散设计,疏散距离均可满足规范要求。二至四层防火分区 1 人员停留的区域疏散距离不大于 60m,整体疏散距离不大于 100m。人员停留的区域与无人区之间设置高度不小于 1.2m 的防护栏杆分隔,保证正常操作期间无人区不会有人员进入(图 5-21)。

①建筑面积大于 $1000m^2$ 的防火分区,直通室外的安全出口不应少于 2 个;建筑面

积不大于 1000m² 的防火分区，直通室外的安全出口不应少于 1 个，可利用通向相邻防火分区的甲级防火门作为辅助安全出口。

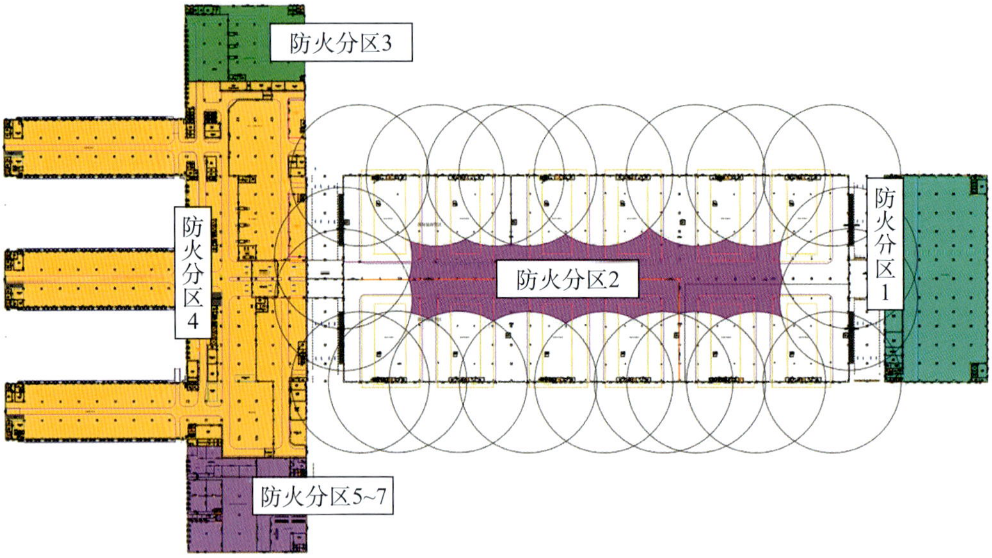


图 5-20　首层疏散距离示意图(按照疏散距离 60m 画圈)

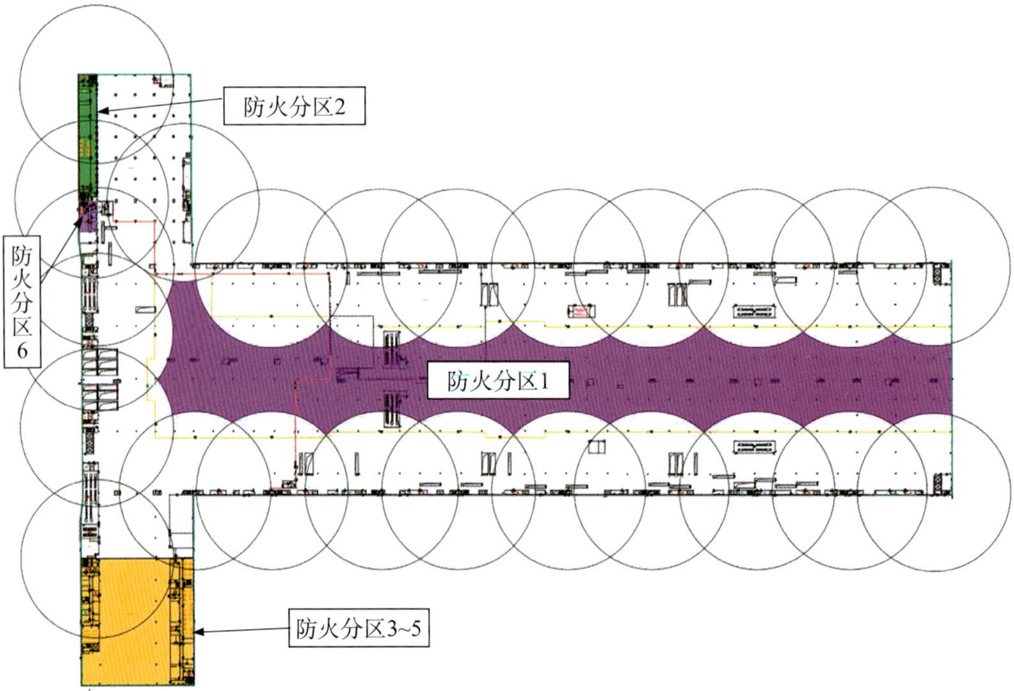


(a)

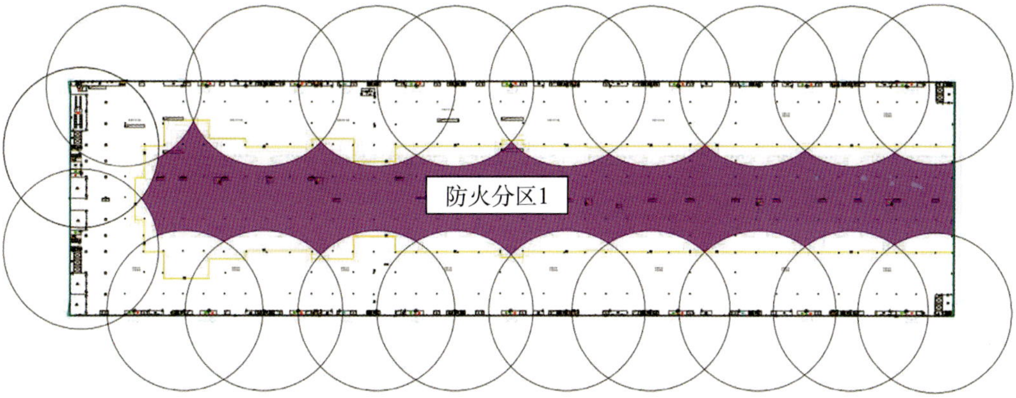


（b）

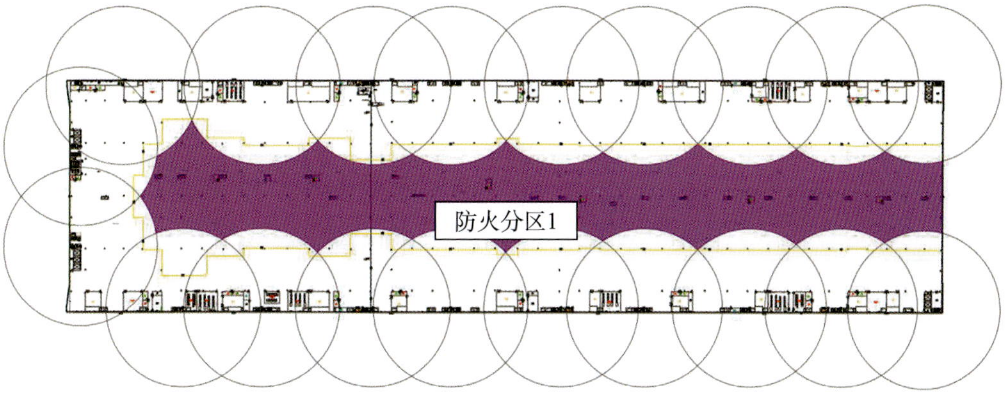


（c）

图 5-21 疏散距离示意图

(a)二层疏散距离示意图(按照疏散距离 60m 画圈,共有 160 人);(b)三层疏散距离示意图(按照疏散距离 60m 画圈,共有 370 人);(c)四层疏散距离示意图(按照疏散距离 60m 画圈,共有 180 人)

②消防车登高操作场地对应范围内,可直接进入公共区域的外墙处,设置供消防人员进入的救援窗,间距不宜大于 20m,确有困难时不超过 40m。

③在主楼靠外墙消防登高操作场地对应范围内设置消防电梯(图 5-22)。

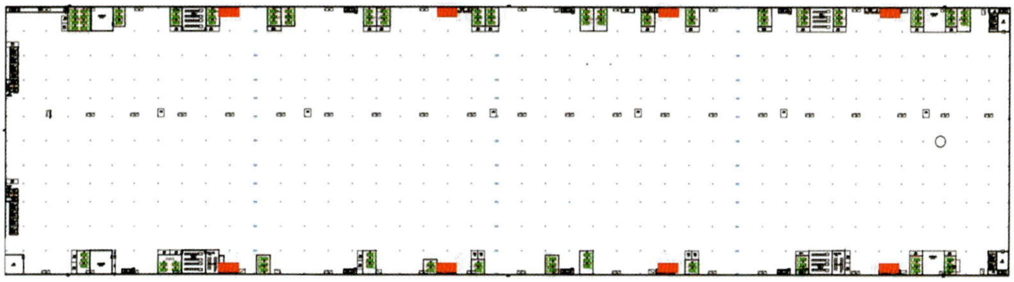

图 5-22 四层消防电梯布置示意图(红色部分)

④建筑内设置集中控制型消防应急照明灯具系统，消防应急照明灯具的照度须保

证疏散路径上的最低水平照度不低于 3lx,消防应急照明灯具的备用电源的连续供电时间不小于 90min。

⑤转运中心疏散出口设置大尺寸的疏散指示标识。

⑥运营阶段按规定组建义务消防队,每季度至少组织 1 次演练、培训。

(4)标高夹层安检区疏散设计

①集中安检区与安检通道之间应采取防火分隔措施,如防火墙、防火门、防火卷帘等,每个集中安检区设置 2 个疏散楼梯(图 5-23)。

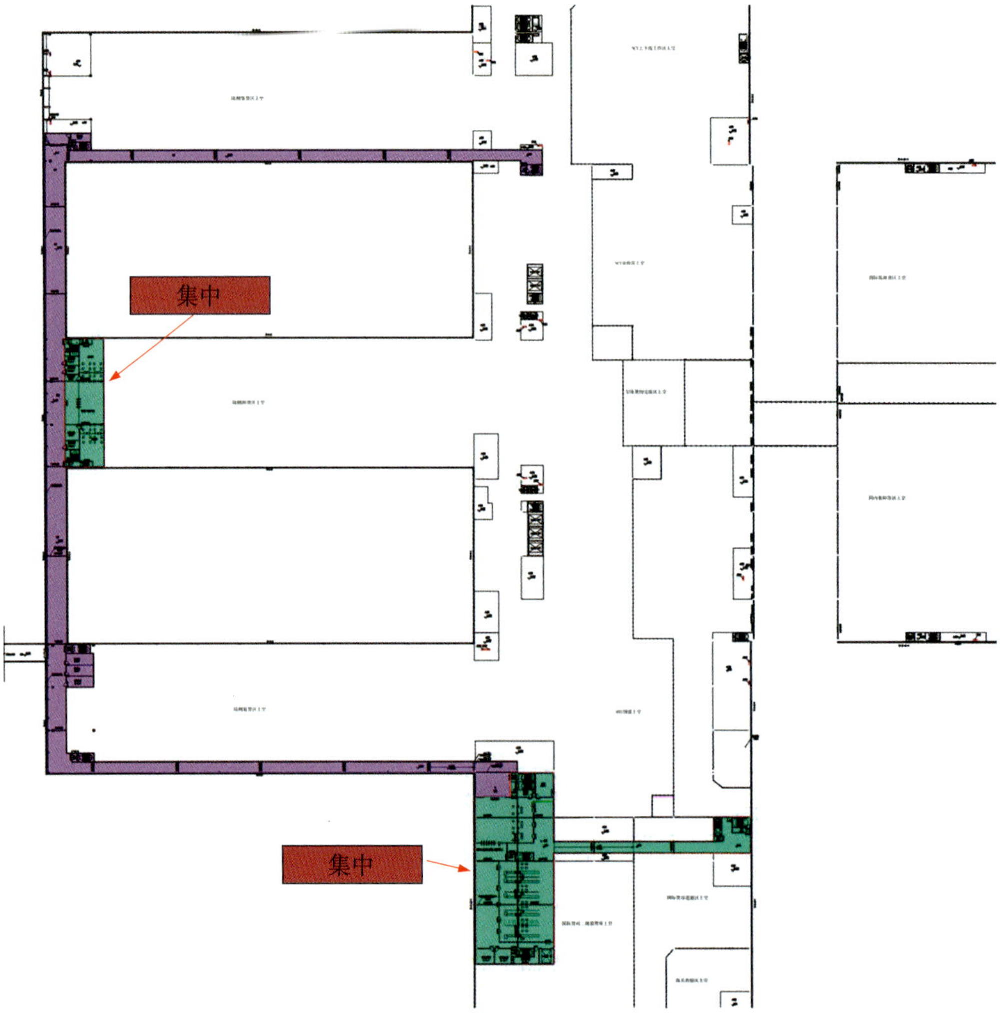


图 5-23 6.5m 标高夹层集中安检区示意图(蓝色标识)

②针对安检通道疏散距离较长问题,拟采取以下措施:

a.安检通道防火隔墙的耐火极限不应低于 3h,楼板的耐火极限不应低于 1.5h;

b.安检通道直通地面的出口不应少于 2 个,并应设置在不同方向;

c.安检通道内部装修材料的燃烧性能应为 A 级；

d.安检通道内应设置灭火系统、排烟系统、消火栓、消防应急照明、应急广播和消防专线电话。

③针对部分楼梯在首层无法直通室外问题，拟通过在负一层设置专用避难走道的方式解决，疏散楼梯在负一层经专用避难走道后再疏散至室外，避难走道满足以下要求：

a.疏散楼梯对应的专用避难走道应分别独立设置，避难走道通至靠建筑外墙位置处，应设置独立的疏散楼梯直通室外；

b.避难走道防火隔墙的耐火极限不应低于 3h，楼板的耐火极限不应低于 1.5h；

c.通向避难走道的门至该避难走道最近直通地面的出口的距离不应大于 60m；

d.避难走道的净宽度不应小于通向该避难走道的设计疏散总净宽度；

e.避难走道内部装修材料的燃烧性能应为 A 级；

f.避难走道的机械加压送风量应按避难走道的净面积每平方米不少于 $30m^3/h$ 计算；

g.避难走道（图 5-24）内应设置消火栓、消防应急照明、应急广播和消防专线电话。

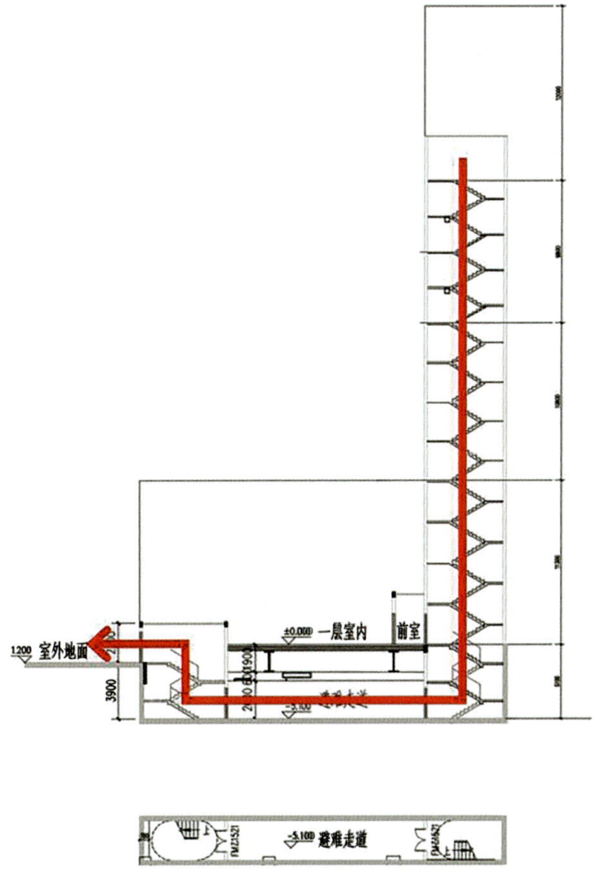


图 5-24 避难走道设置示意图

4.消防系统设计

（1）报警系统设计

本项目采用点式感烟探测器和空气采样早期烟雾探测器，二者预警灵敏度较高。

（2）防排烟系统设计

按照《建筑防烟排烟系统技术标准》（GB 51251—2017）和《物流建筑设计规范》（GB 51157—2016）进行本项目的防排烟设计。当建筑的机械排烟系统沿水平方向布置时，每个防火分区的机械排烟系统应独立设置，对于面积较大的防火分区，建议每 6000m² 设置一个独立的机械排烟系统。

现有设计中，大部分防烟分区（图 5-25 中红色边框无填充区域）在水平方向上均是独立的排烟系统。

（3）灭火系统设计

本项目设置自动喷水灭火系统，对于夹层设备区域、宽度大于 1.2m 的传送带、镂空率小于 70%的钢平台，其下方设置喷淋系统。结合柱网位置布置消火栓，部分区域消火栓设置间距超过 30m（达到 32m）。因机场限高要求，高位消防水箱设置高度无法满足高于最不利消防用水点要求，通过设置增压稳压设备以满足最不利消防用水点的供水要求。

（4）消防车登高操作场地

《建规》虽然只是要求消防车登高操作场地范围内的裙房进深不应大于 4m，但《建规》第 7.2.1 条图示 2 中显示，进深不应大于 4m 的限制包括了“裙房”和“雨棚、挑檐等突出物”。该条规定可满足扑救建筑火灾和救助高层建筑中遇困人员的基本要求。对于

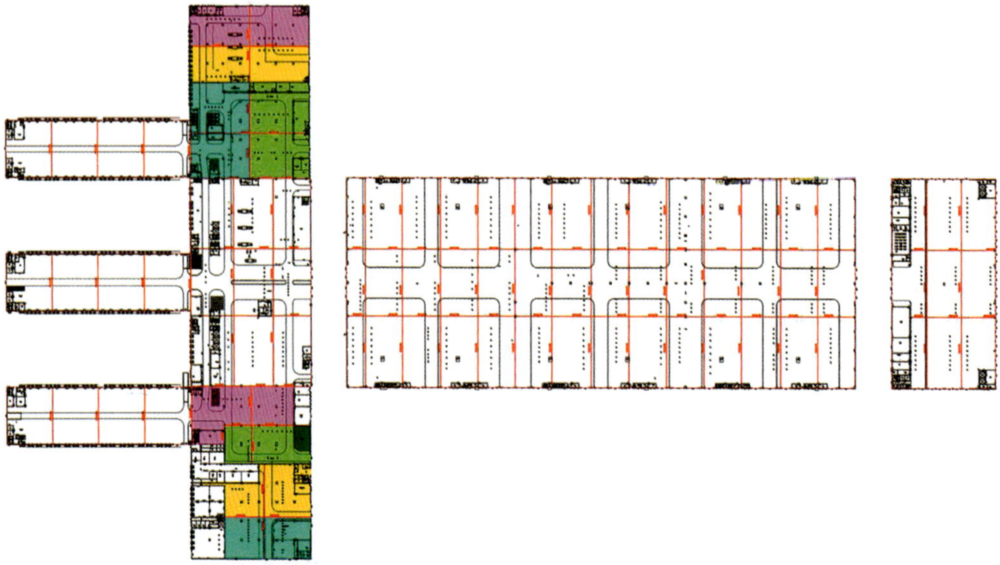

（a）

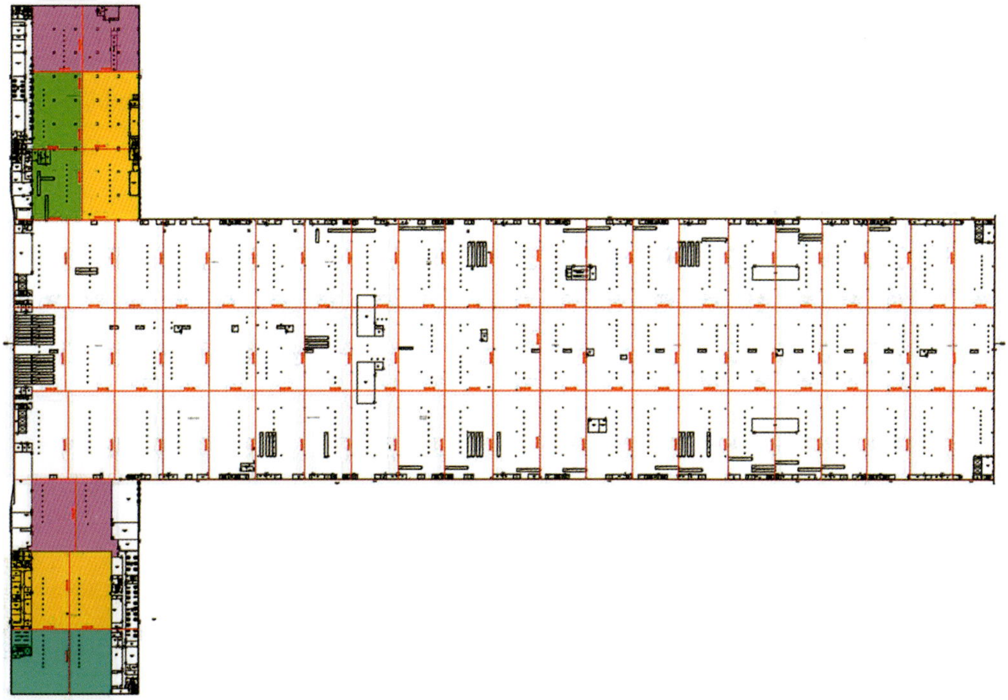

（b）

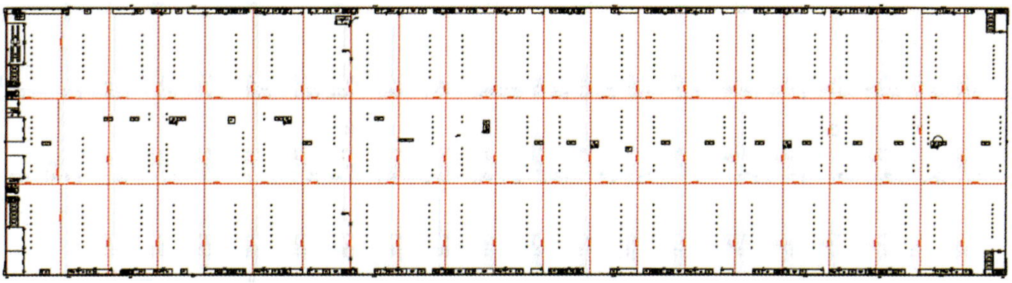

（c）

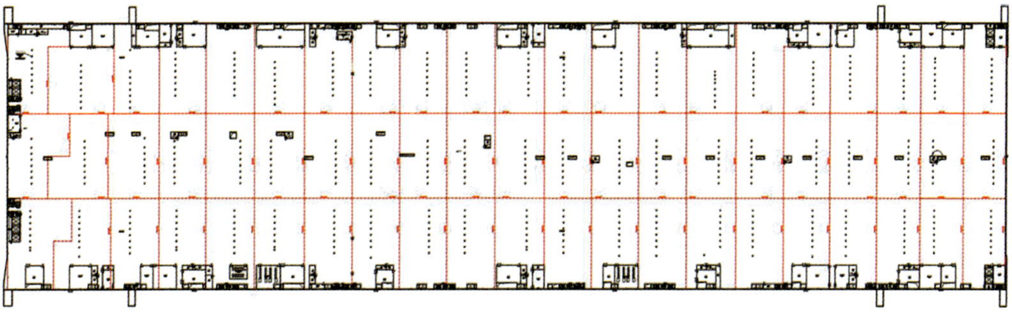

（d）

图 5-25　各层防烟分区示意图（防烟分区之间无挡烟垂壁）

（a）首层防烟分区示意图；（b）二层防烟分区示意图；

（c）三层防烟分区示意图；（d）四层防烟分区示意图

高层建筑，要认真考虑合理布置，确保登高消防车能够靠近高层建筑主体，便于登高消防车开展灭火救援。

本项目主楼两侧设置消防车登高操作场地，场地范围内有进深超过4m的雨棚（约6.8m），需要研究分析其对消防救援的影响。

主楼两侧操作场地外的区域也可通行消防车辆，进一步增大了消防车操作的空间。主楼一层层高11.3m，雨棚设置在距地高度5.0m处（图5-26），雨棚与二层的窗口之间距离约7.5m，且本项目采用上人雨棚，对于消防登高车开展灭火救援是有利的（图5-27）。

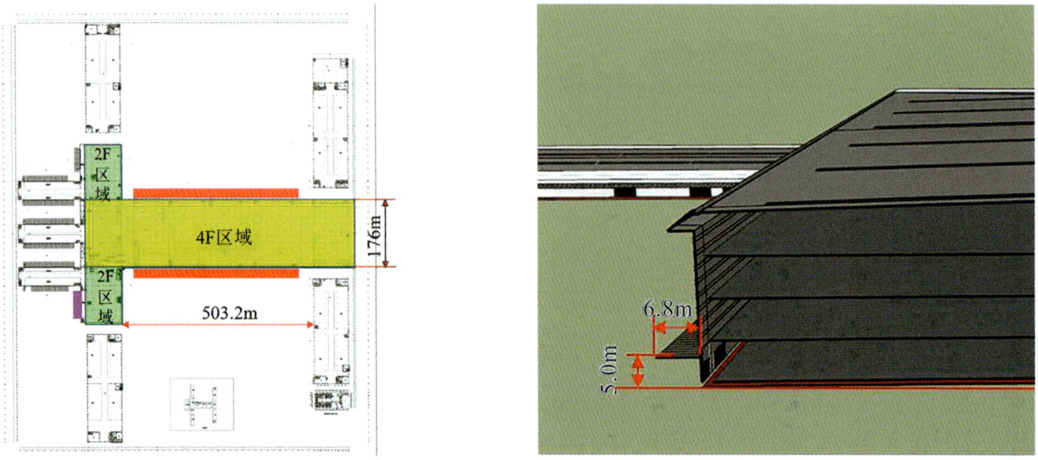


图5-26　雨棚设置示意图

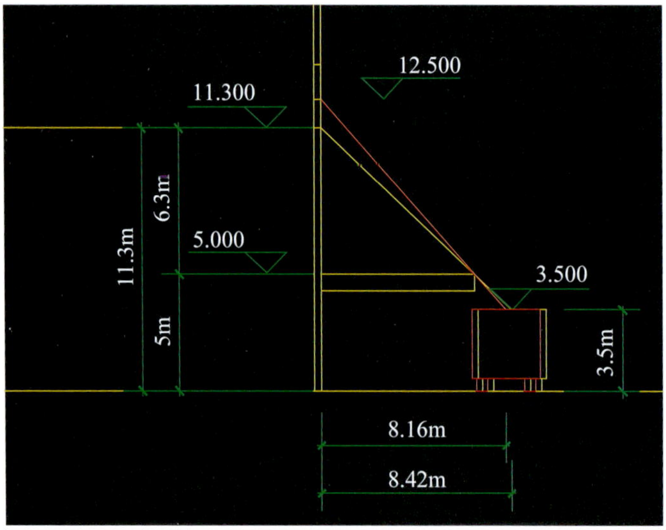


图5-27　消防车扑救示意图

另外，经调研，鄂州市消防部门配备有专门针对高层建筑进行登高灭火和救援的曲臂消防车，该车臂架前端可折弯，在灭火抢险救援中发挥着很大的作用，曲臂消防车及其工作范围见图 5-28，本项目现有雨棚设计不会妨碍该车的救援。

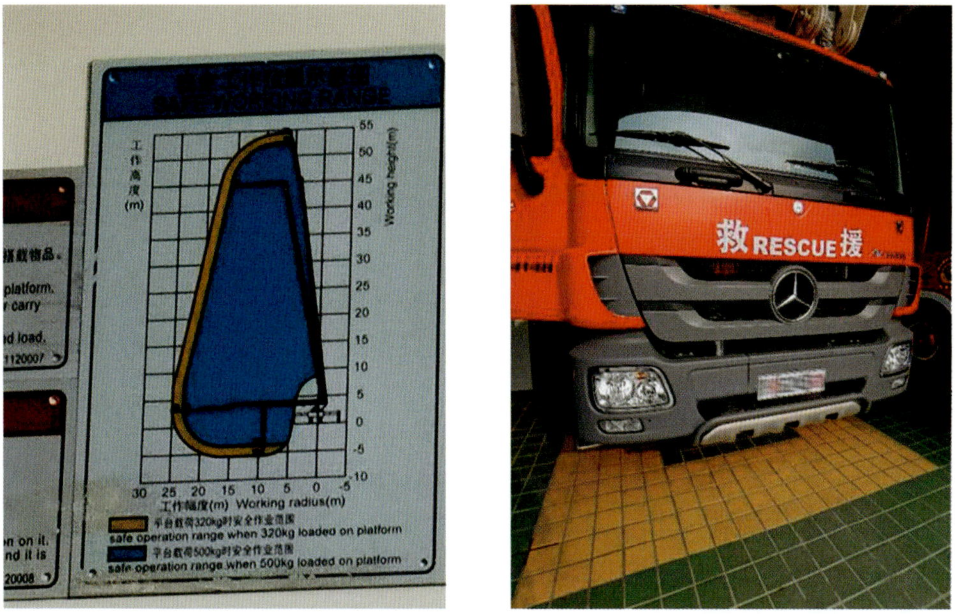


图 5-28　鄂州市曲臂消防车及其工作范围示意图

## 5.4.4　总结

通过深入剖析转运中心建筑内消防设计难点，制定了有针对性的方案，解决建筑设计中存在的问题。对采用上述设计方案后的火灾场景、烟气蔓延、人员疏散等进行模拟分析计算，并对建筑的消防安全水平进行验证，最终判断该特殊消防方案可达到在火灾时保障人员疏散安全的设计目标。

①通过特殊消防的论证优化，极大地缓解了消防设计与工艺设备之间的冲突，大幅提高大楼的工艺产能，减少造价。

②从建筑定性上，把空侧指廊定位为单层建筑，大大降低了指廊的消防成本。具体如下：

a.省去了大量防火分区的封火墙与工艺的干涉，减少了工艺设备穿墙造成的设备翻转和防火卷帘等设施；

b.省去了大量避难走道，保证了空间的完整性，减少了对工艺的影响；

c.雨棚、高位水箱、消火栓等从细节上优化了消防的要求，使建筑更加合理。

## 5.5 转运中心沥青服务车道优化案例分析

### 5.5.1 背景描述

转运中心服务车道原设计采用水泥混凝土结构，总厚度为55cm，使用范围包括建筑边线外1.5m及整个楼前20m宽的服务车道。考虑到转运中心与楼前机坪之间易产生不均匀沉降，会对楼前设施停放、服务车道运行造成影响；同时受走马湖堆载体提前卸载的影响，以及地基处理效果较弱，后期可能会对原设计水泥混凝土结构产生不良影响。经过综合考虑，决定对转运中心服务车道进行设计优化。

### 5.5.2 问题分析

由于受不均匀沉降影响，原设计水泥混凝土结构不能很好地满足相应要求，同时针对后期使用年限、维修便利性、对机坪使用影响等方面综合考虑，初步确定采用沥青混凝土结构。

### 5.5.3 解决方案

针对以下方面对水泥混凝土和沥青混凝土两种结构进行对比。

1.应对不均匀沉降优劣

沥青混凝土柔性变形适应性好于水泥混凝土；沥青路面后期维修方便，养护期短，对服务车道正常使用的负面影响小。

2.后期使用及维护保养经济性、便利性

(1)沥青道面结构

每3～10年小修一次，其间对机坪使用影响较小；10年大修一次，5年后沉降趋于稳定，大修后使用期限较长(按15年设计寿命)。

(2)水泥道面结构

每3～5年修一次，其间对机坪使用影响较大；5年盖被一次，沉降趋于稳定，盖被后使用期限较长(按15年设计寿命)。

整体上，沥青道面在维修周期及经济性、使用年限、对机坪使用影响等方面具有优势。因此转运中心服务车道全部采用沥青混凝土结构。

### 5.5.4 总结

根据现场实际情况结合后期维护使用要求变更服务车道道面结构，虽然一定程度上增加了工程造价，但是能解决因地基沉降产生路面断裂破坏而影响正常运营的问题。该设计优化组合现场施工，因时因地进行调整，有利于项目的整体推进和实施。

## 5.6 综合管廊转运中心段设计优化

### 5.6.1 背景描述

机场管廊是连接机场南北区的重要市政设施，原管廊总长1554m，含逃生口8座，吊装口3座，通风口4座，出线舱7座，排水泵井8座，平均覆土2.9m；含两舱，分别为电力舱和综合舱，舱内有高压电力管线、通信管线和供水管线。

①站坪区域存在大面积堆载预压，其堆载时间与管廊施工时间存在重叠；

②塔台按照原计划时间投入使用，需管廊提前建设，为管廊供电；

③研究与转运中心合建，节省建设费用。

### 5.6.2 问题分析

由于原管廊转运中心段与转运中心是独立建设，转运中心与管廊之间相互没有干扰，所以考虑以上因素后着手分析管廊转运中心段与转运中心合建方案。

转运中心范围内新线路包含两段，转运中心陆侧场院段和转运中心楼内段（图5-29）。陆侧场院段和原线路相似，主要工作为梳理现有的室外场地内的市政管网的交叉干涉问题。本节主要针对转运中心楼内合建段的优化方案进行论述。

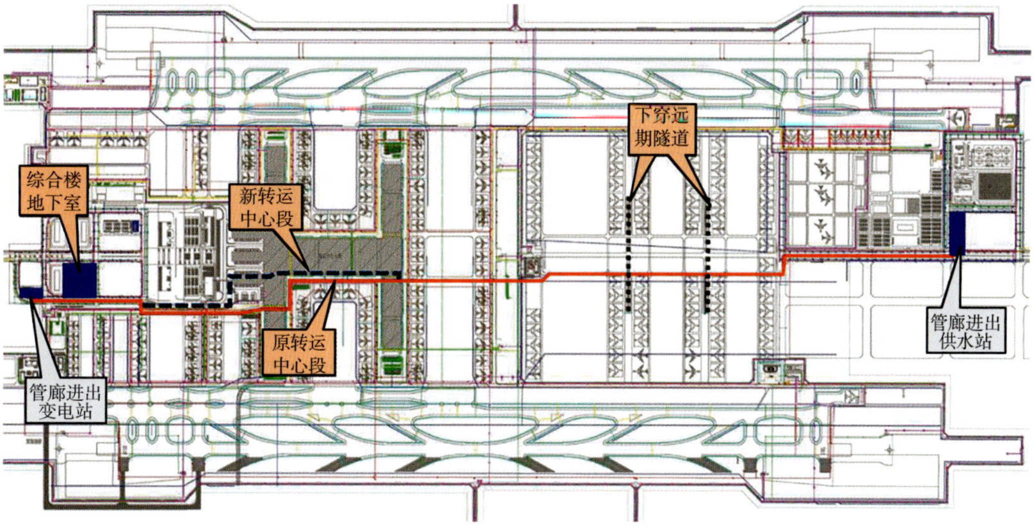


图5-29 管廊在楼内段的分布图

管廊相隔一段距离需要设置相应的疏散口、通风口、管线出线口等设施，因此在楼内段楼梯需要靠近边跨布置，沿线利用现有的楼梯直接对外疏散（图 5-30）。

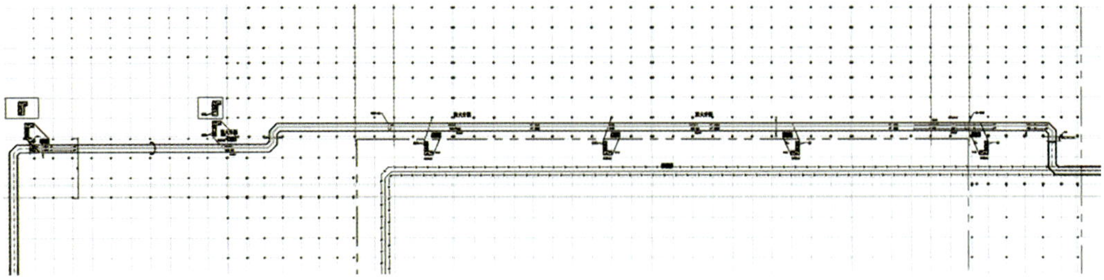

图 5-30　疏散楼梯布置图

## 5.6.3　解决方案

### 1.与主体结构脱开方案

方案问题：

①钢板支护桩与主体结构桩距离太近，相互干扰大，导致施工困难（图 5-31）。若采用此方案，需加大主体结构柱网，增加工程造价，并需调整工艺布局。

②钢板支护桩距离主体结构桩太近，不能回收，成本过高。

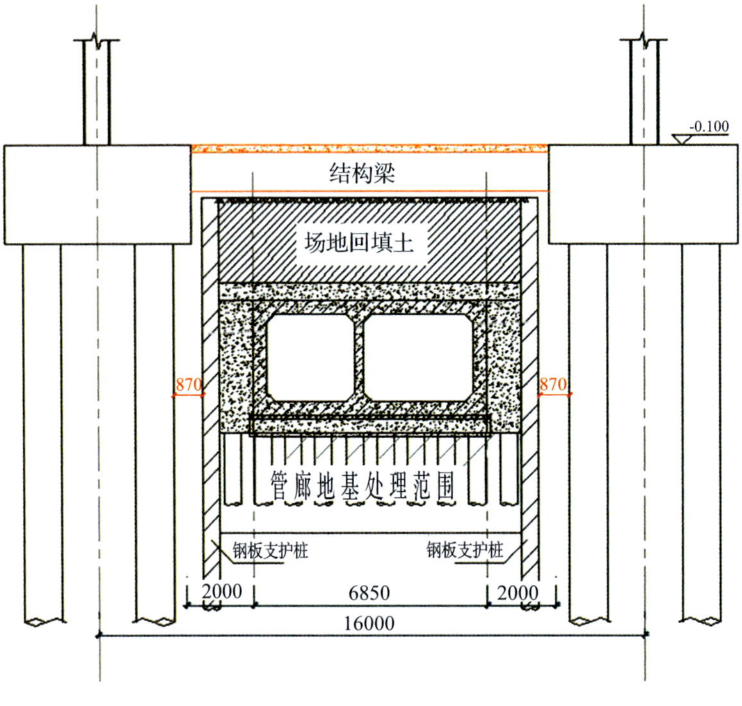


图 5-31　结构剖面图（主体结构脱开）

③管廊排风口如何设置，排风口对转运中心一层的工艺影响程度等问题需进一步研究。

2.与主体结构共建方案

方案问题：

①为了满足一层工艺及主体的不均匀沉降要求，管廊结构基础需采用钻孔灌注桩，使造价成本提高，桩基施工周期增加（图 5-32）。

②管廊结构需考虑一层工艺荷载的影响，一般区域 3t/m²，局部区域 5t/m²。

③管廊排风口会占用转运中心一层的部分空间。

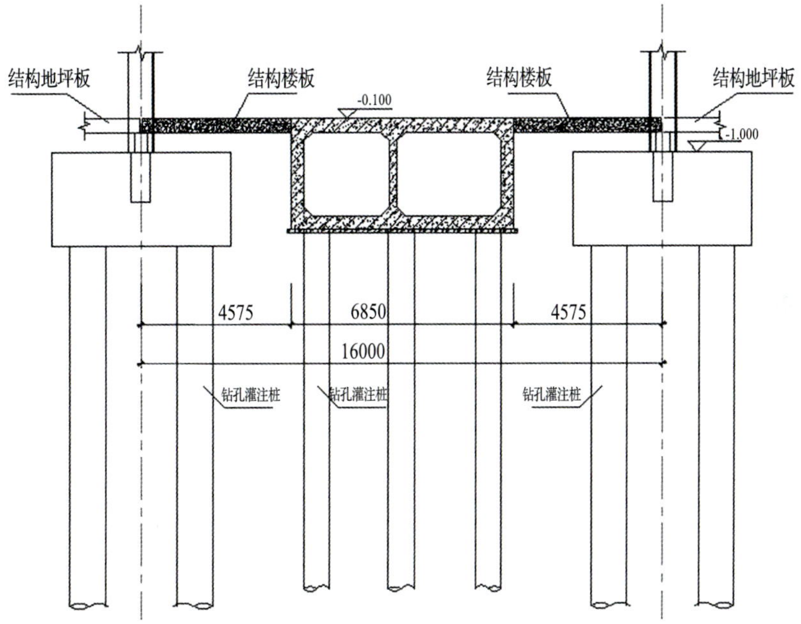


图 5-32　结构剖面图（主体结构共建）

## 5.6.4　总结

管廊转运中心段合建，虽然产生了一些次生影响，但是基本可以忽略，总体上产生了较好的经济效益。具体如下：

①管廊整体长度减少 60m，管廊的整体造价降低，节省了成本；

②初步估算避开了约 504m 的堆载预压区；

③管廊的结构顶板可与转运中心的地坪板共建，减少了管廊的单方造价；

④缩短了转运中心的管廊出线口接线距离，约 35m；

⑤可借用转运中心的楼梯出地面，减少空侧站坪的逃生口数量、通风口数量及对空侧站坪资源的占用。

## 5.7 综合管廊与转运中心线合建的设计方案

### 5.7.1 背景描述

由北京市市政工程设计研究总院有限公司（以下简称“北京院”）负责设计的湖北鄂州花湖机场综合管廊工程，管廊南起南工作区，起点位于南二路西侧 110kV 变电站，往北经飞行区至规划北一路、顺丰大道后，止于北工作区北侧用地红线，总长 5980m。工程共包括 34 个防火分区，设置 9 座吊装口，34 座逃生口，18 座通风口和 3 座日常人员出入口。管廊在吊装、逃生及通风等节点均设置夹层，夹层净高 2.2m，标准段管廊覆土厚度平均为 3.0m，与排水管等其他管线、建构筑物竖向交叉处根据实际情况适当加深避让。入廊管线包括 48 回 10kV 电力电缆、24 孔通信线缆和 2×*DN*400 供水管。管廊标准断面采用两舱形式，电力电缆回路较多，单独成舱。供水和通信共舱设计断面净宽（2.6+2.8）m，净高 2.5m。

鄂州花湖机场货运转运中心，建筑整体平面呈“工”字形，东西最长 1088m，南北最宽 856m，建筑面积 67.8 万 $m^2$（图 5-33）。转运中心由主楼、指廊、航材库和机组休息区组成。其中主楼四层，局部二层，建筑檐口高度为 42m，一至四层层高分别为 11.3m、10.8m、9.8m、7.3m；指廊和连廊一层，建筑檐口高度为 12.3m。航材库和机组休息区位于三层，建筑高度分别为 12.9m、13.5m。转运中心由中南建筑设计院股份有限公司（以下简称“中南院”）负责设计。

图 5-33 鄂州花湖机场转运中心效果图

综合管廊沿南北方向，从转运中心陆侧指廊和主楼地下穿过，转运中心段综合管廊长约860m，与转运中心共建。在转运中心与综合管廊共建段，管廊由南向北穿越转运中心L4陆侧指廊，进入A1至A4钢结构主楼后，最后进入服务车道（图5-34）。合建段综合管廊顶板与转运中心首层板相连，两者融为一体，即综合管廊作为转运中心首层板使用。

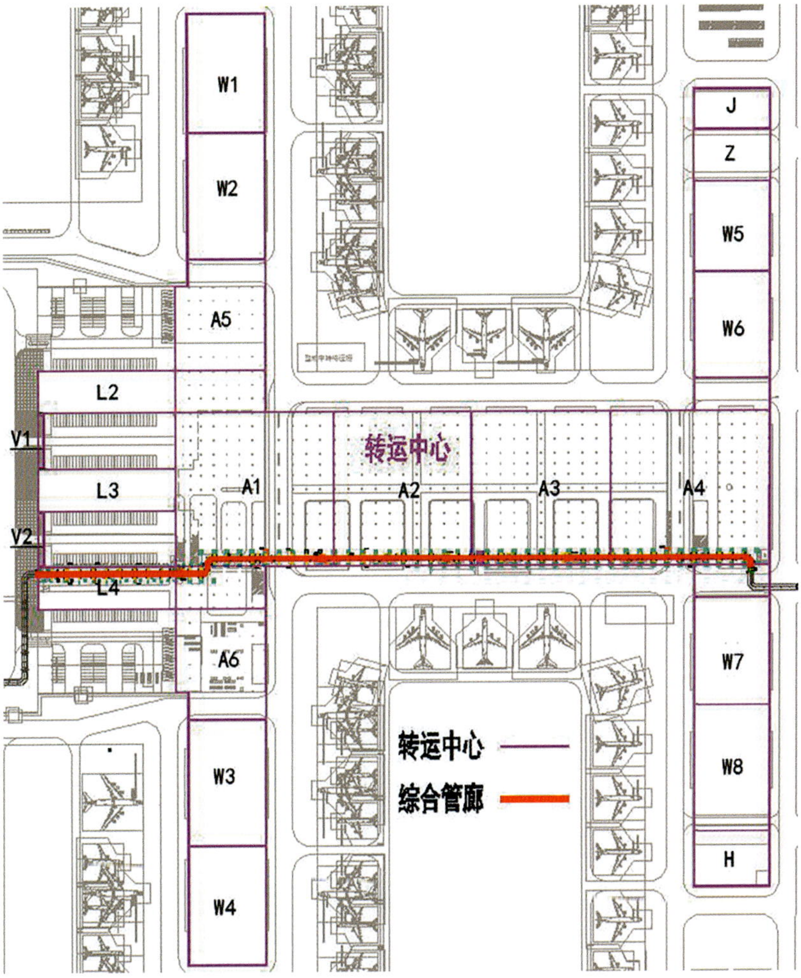


图5-34　转运中心与综合管廊合建段的位置关系总图

## 5.7.2　问题分析

### 1.建筑设计问题分析

在建筑设计的过程中，最大的难点在于，除了需要综合考虑两种不同建（构）筑物的实际情况，采用互相兼容、互相共存的构造做法与材料以外，还需要兼顾两者不确定的施工时间或不同时间施工的情况，综合设计出能相对独立施工并投入使用的阶段措施。这是一个既统一又矛盾的过程，需要综合前期设计统筹、施工阶段策划，严格施工，认真监测，多方努力。

2.结构专业总体设计问题分析

①管廊进入转运中心后，平面路由应避免管廊结构与转运中心主体结构的碰撞和交叉，特别是管廊结构不应与转运中心框架柱有重合（局部1#～4#连接通道除外），因为转运中心首层采用箱型钢管混凝土柱，这种管廊结构与箱型钢管混凝土柱结合的方式容易混淆两者的结构体系，从而增加北京院和中南院结构专业协调的难度。

②在管廊路由选择上，要避免管廊进入转运中心的进深方向过长，以减小管廊的总体长度。

③在竖向标高选择上，除服务车道外，综合管廊尽可能浅埋以减少覆土。考虑到转运中心首层楼面设计活荷载标准值为20kPa，相当于1m厚覆土的荷载量，为此可考虑将管廊顶板与转运中心首层板结合，以减少工程造价。

④在地基基础选择上，因转运中心上部结构跨度大（柱网尺寸平均为16m×16m）、荷载大，柱底轴力大，为此综合管廊地基基础需要独立考虑，不与转运中心基础共同考虑。

⑤管廊特殊节点与转运中心结构协同设计。除管廊标准段外，合建段共有4个连接通道与转运中心首层连通，此处管廊结构需与转运中心结构协同，主要为解决转运中心框架柱与管廊连接通道结构结合的协同设计问题。

## 5.7.3 解决方案

1.工艺设计方案

（1）管廊标准横断面设计

合建段管廊与非合建段相比，入廊管线和管廊净宽规模一致，管廊净高考虑到纵向排水找坡的需要增加了0.2m（图5-35）。

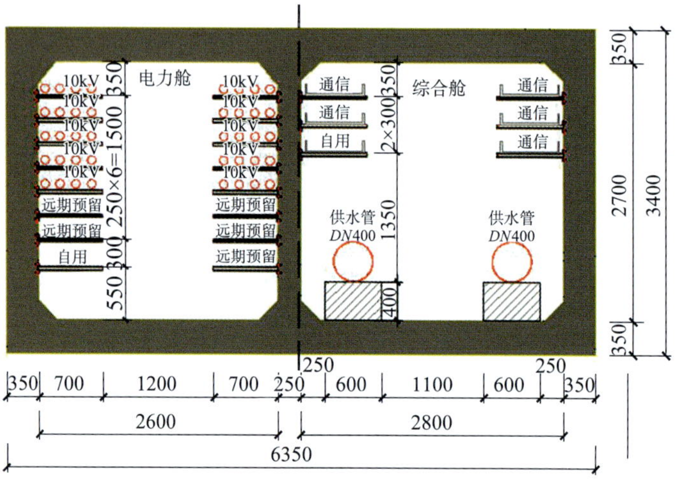


图5-35　合建段管廊标准断面设计图

（2）平面设计

管廊起点桩号为A2+968.029，止点桩号为A3+826.271，总长约858m，共有5处防火分隔，2座吊装、通风、逃生合建口部，4座与转运中心建筑结合的逃生通道和3座管线出舱口。

结合转运中心建筑及设备设计方案，通过优化扩大管廊吊装、通风区间，合建段管廊沿线仅设计了2个出地面的口部，均布置在转运中心建筑外侧的2处人行道上，实现转运中心建筑内部无管廊地面口部，从而避免与转运中心建筑、设备互相干扰。

（3）竖向设计

管廊顶板与转运中心底板共建，管廊埋深仅3.5m，其中在2处横穿服务车道处，管廊埋深逐渐增加至7.2m，以避让服务车道下的管线。管廊整体平均埋深约4.0m，经济实用。

（4）节点设计

①通风、吊装、逃生合建口部

地面口部设置在2处人行道上方，地面共用1个出入口，节省占地空间（图5-36）。

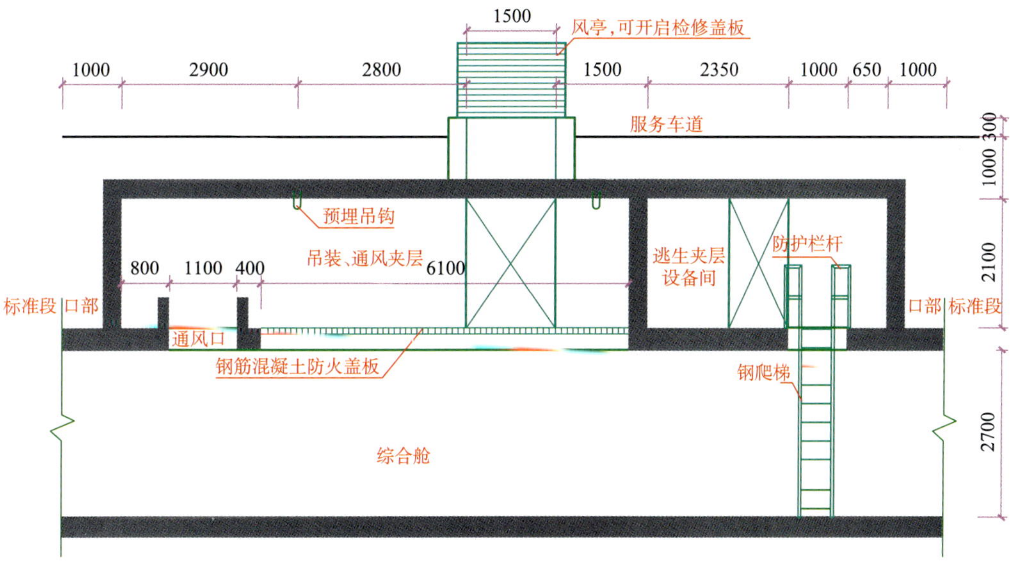


图5-36　通风、吊装、逃生合建口部断面设计图

②逃生口

逃生口与转运中心逃生楼梯合建，管廊从负二层与转运中心逃生楼梯连通，人员在应急工况下可以从负一层管廊—负二层逃生通道—转运中心逃生楼梯—机场地面逃生（图5-37）。

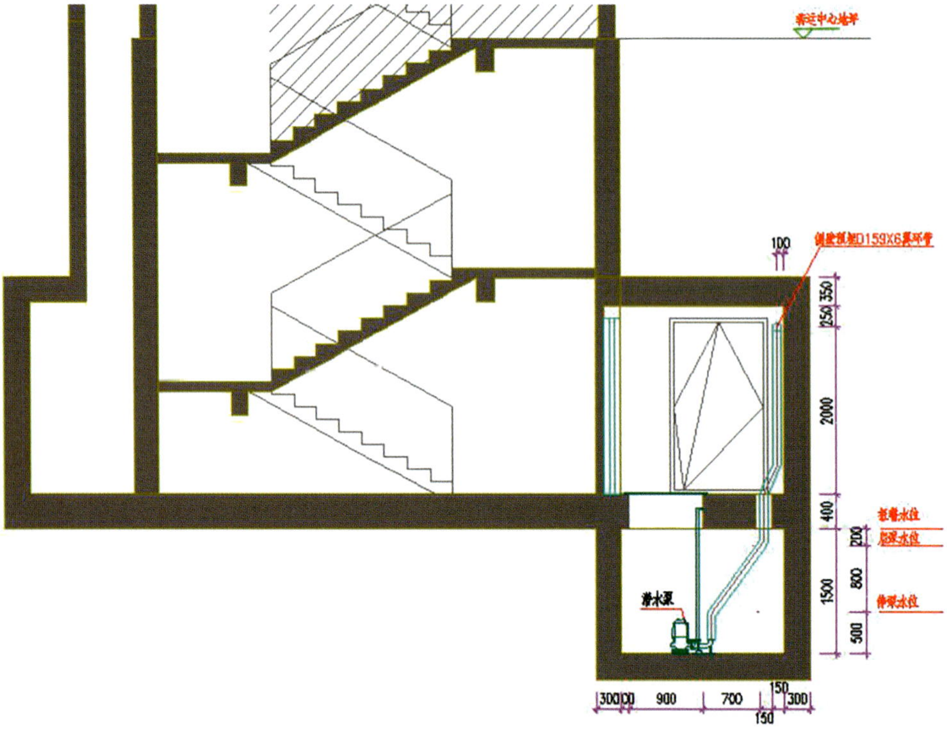


图 5-37 逃生口断面设计图

③管线出舱

管线出舱与转运中心配电间合建，在配电间底板设置连通管廊的电力和通信套管，线缆直接从管廊与转运中心配电间连接（图 5-38）。

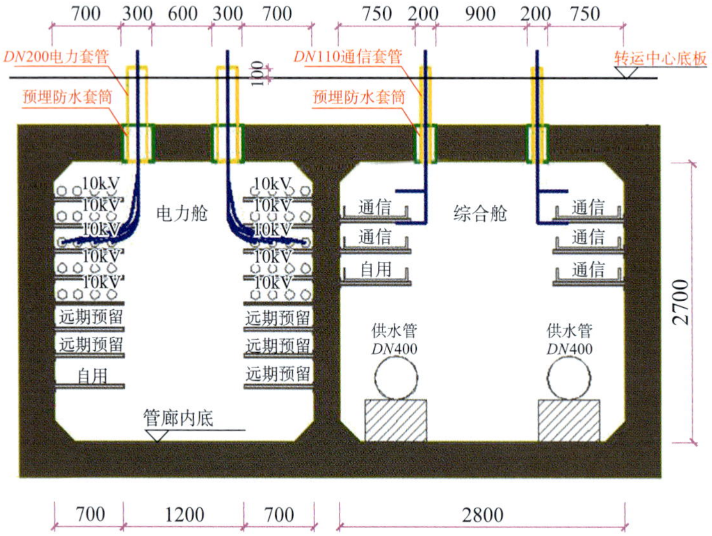


图 5-38 管廊设置平面图

### 2.建筑设计方案

(1)合建段综合管廊建筑总体设计原则

转运中心与综合管廊合建段的建筑设计包括民用建筑与地下综合管廊的消防疏散、地下防水设计、室内装饰做法设计、日常运维检修人员疏散流线设计等内容。

同时，采用地下综合管廊与地面转运中心合建的设计，既可以节省用地资源，减少施工开挖；也可以利用地面建筑的疏散出口，兼顾地下综合管廊疏散共同设计，减少地面逃生口与建筑基底；此外，利用转运中心内部后勤流线，可以直接进入地下综合管廊进行日常运维和设备检测检修。

(2)合建段综合管廊建筑概况

地面转运中心属于民用建筑，地上 1～4 层高层大型公共建筑，耐火等级为一、二级，屋面防水等级Ⅰ、Ⅱ级(详见中南院设计)；地下综合管廊属于城市综合管廊，埋深约 6m，综合管廊顶部平均覆土厚度 3m，管廊高度约 3.2m(图 5-39)，耐火等级为地下一级，地上二级；防水等级地下室顶板防水等级为一级(覆土)，地下室底板、侧壁防水等级为二级；地下主体抗渗等级为 P8。

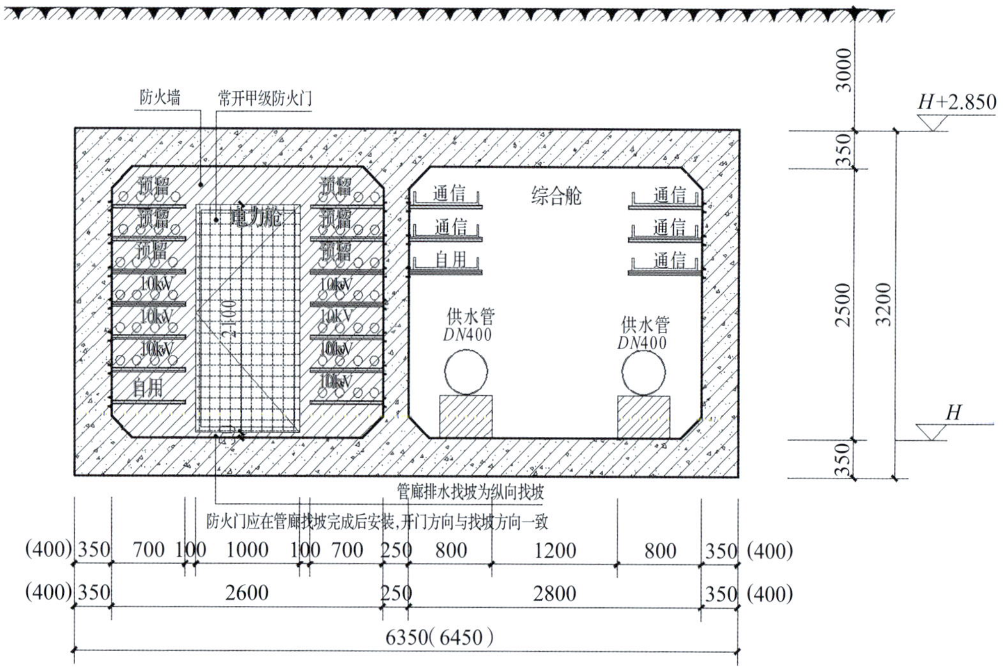


图 5-39　管廊标准段防火门、防火墙示意图

(3)建筑防水设计

合建段长度约 860m，地面转运中心首层地板与地下综合管廊顶板在同一平面，转运中心没有地下室，根据鄂州当地水位等情况，中南院地面不设置防潮层；地下综合管

廊为全埋地下建构筑物，需要全密闭防水设计。由于与地面转运中心结构共板，且两者施工时间不一样，造成地下管廊的防水设计难以完全闭合，无法形成有效防水（水可以从图 5-40 蓝色箭头处破坏防水设计）。

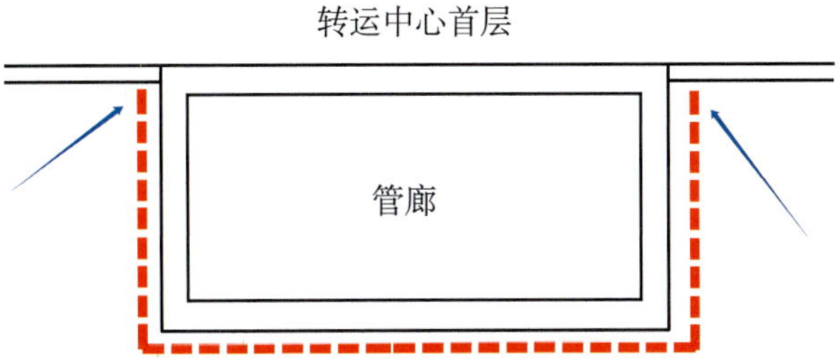


图 5-40　防水难点示意图

如果转运中心设置有地下室，可以通过搭接和防水材料围合形成闭合防水；倘若转运中心地面设置有防潮层，也可以通过防水层和防潮层进行搭接、加强，形成有效的防水闭合；并且，现在管廊已经先行施工完成，转运中心及后进场的防水保护也是一个难题。在防水设计上，假如为了管廊的防水，增加转运中心的地面防潮做法（转运中心首层面积非常大），则是非常不合理也不经济的，更不应为此增加转运中心的地下室设计。

经过一系列充分的讨论和设计推敲，综合参考了国标里室内外防水做法，并借鉴一些项目的防水经验，最终决定在管廊结构顶板处设计了一个类似牛腿的构造，在平面位置与转运中心的结构分缝位置相对应（图 5-41 中的绿色箭头）；在管廊防水材料上，采用自粘型热塑性聚烯烃（TPO）合成高分子防水卷材，这种卷材相较于其他卷材，有比较好的厚度、拉伸强度、断裂伸长率，可以有效地减少在二次施工中对防水卷材造成的破坏；用卷材围合整个管廊的底部和侧壁，甩槎伸出地面一段长度，并用射钉暂时固定保护（图 5-41 中的黄色箭头）。待转运中心的地面和结构预留分缝等都施工完成之后，再按转运中心地面室内装饰做法，统一把转运中心的地面和管廊的顶板以上部位进行设计施工，既可以完善室内装饰做法设计，又对防水材料起到了保护作用，防水的难题迎刃而解（图 5-42）。

（4）合建段综合管廊建筑疏散设计

地面转运中心属于民用建筑及地上 1～4 层的高层大型公共建筑，疏散距离根据《建筑设计防火规范》（GB 50016—2014，2018 年版）相关第 5.5.17 条规定以及专家论证审查确定；地下管廊的疏散和检修除了遵守《城市综合管廊工程技术规范》（GB 50838—2015）第 5.4.4 条的规定之外，还要兼顾《建筑设计防火规范》的相关内容。

本项目设置了电力电缆舱室和供水通信合用的其他综合舱室，不涉及天然气管道舱室和热力管道舱室，按规范规定，电力舱室逃生口间距不大于 200m，其他舱室逃生口

间距不大于400m；本合建段总长约860m，大约要设置4个逃生口，间隔不大于200m。考虑到地下综合管廊的功能相对单一，逃生口的设置应根据地上转运中心疏散口以及疏散楼梯的位置，综合考虑共同设计，以节省地面逃生的空间，减少对飞行区的影响，使其更加经济。

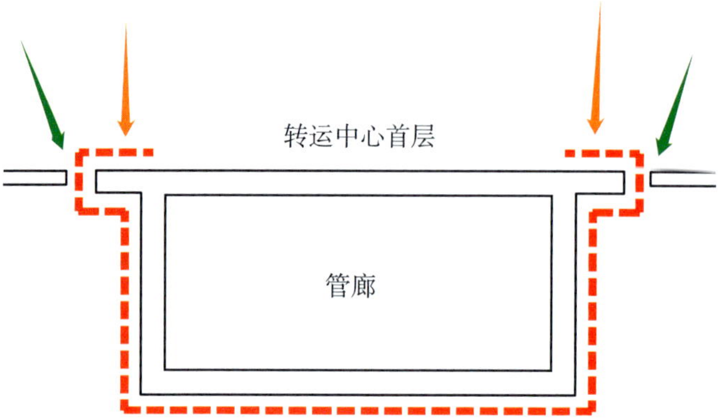


图5-41　防水措施示意图

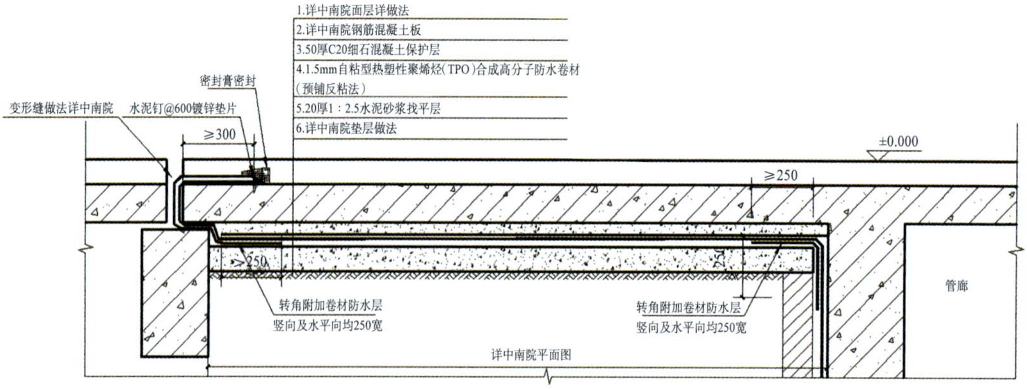


图5-42　防水节点大样图

由于地面转运中心属于民用建筑，地下部分属于城市综合管廊，所以建筑火灾的危害和危险性不同，对火灾的预防和设防措施等也不同，而且地上和地下属于不同的防火分区，故在逃生口、安全出口、疏散楼梯的共同设计上需要进行相应有效的防火分隔，防止烟气和火焰蔓延到建筑的上部楼层，同时避免建筑上部的疏散人员误入地下综合管廊。综上所述，在首层共用楼梯间交接入口处，采用耐火极限不小于2h的防火隔墙，或者采用乙级防火门将上层建筑和下层管廊连通部分完全分隔开，并设置明显的疏散指示标志；连通室外的首层出入口的疏散宽度，需要满足各个建筑功能的最小疏散宽度要求(图5-43)。

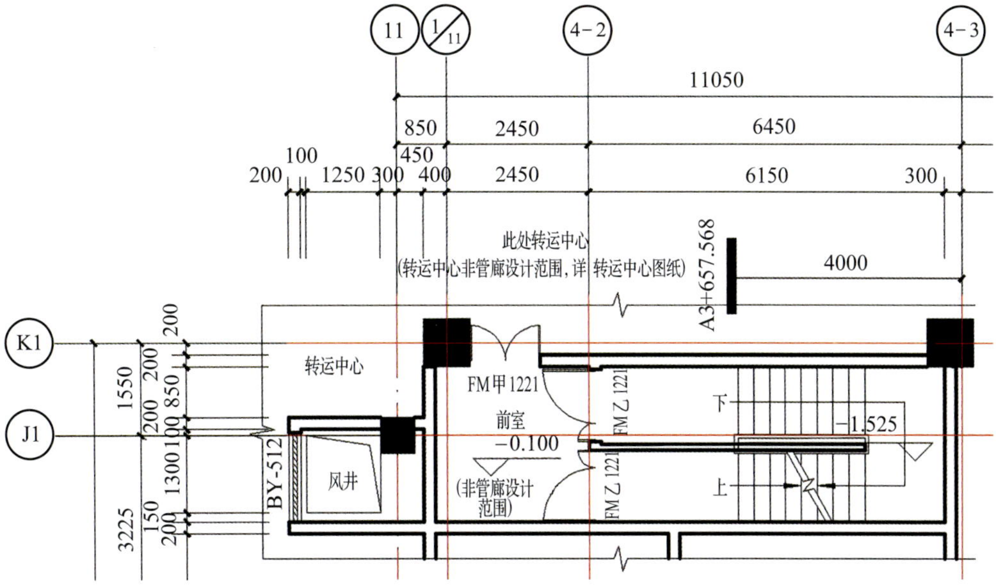


图 5-43　转运中心地面合用疏散安全出口图

## 3.结构设计方案

转运中心与综合管廊合建段，应由管廊工程的工艺、结构、建筑、电气、通风专业以及转运中心工程的建筑、结构等专业共同确定管廊的平面路由和竖向标高。

(1)总体结构方案

①平面路由。经双方设计院共同研究，确定将综合管廊放置于转运中心进深第一跨的中间部位，即转运中心 A1 至 A4 钢结构主楼的 K1 轴至 L1 轴(轴网间距 15.15m)的中间部位，转运中心 L4 陆侧指廊 H1 轴～J1 轴(轴网间距 15.3m)的中间部位(图 5-44、图 5-45)。

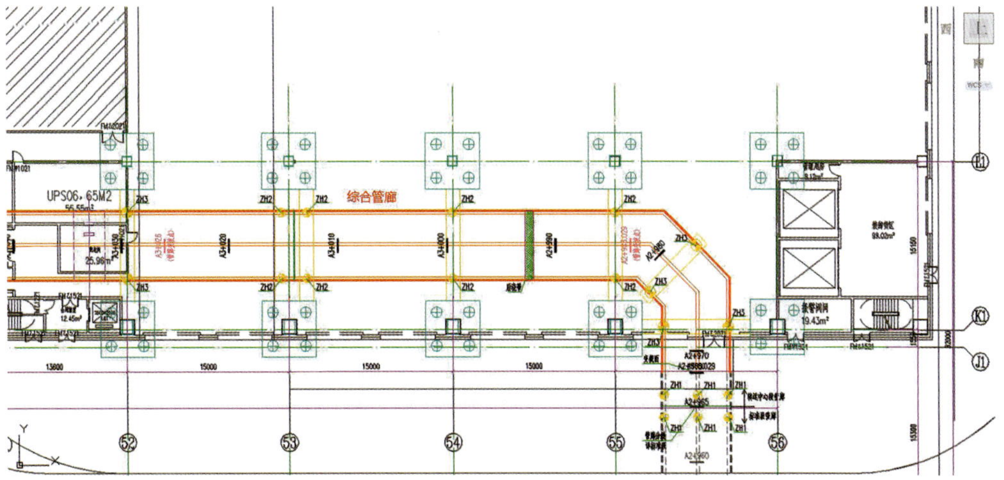


图 5-44　综合管廊与转运中心 A4 钢结构主楼的平面关系图

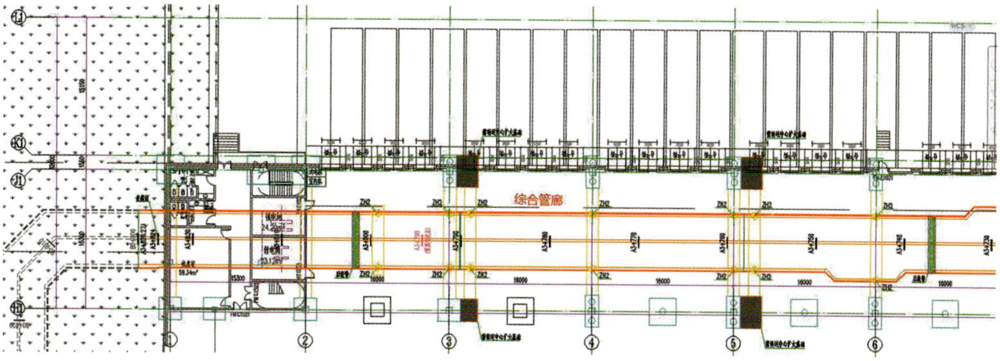

图 5-45 综合管廊与转运中心 L4 陆侧指廊的平面关系图

②竖向标高。管廊顶板与转运中心首层结构板共用(图 5-46)。

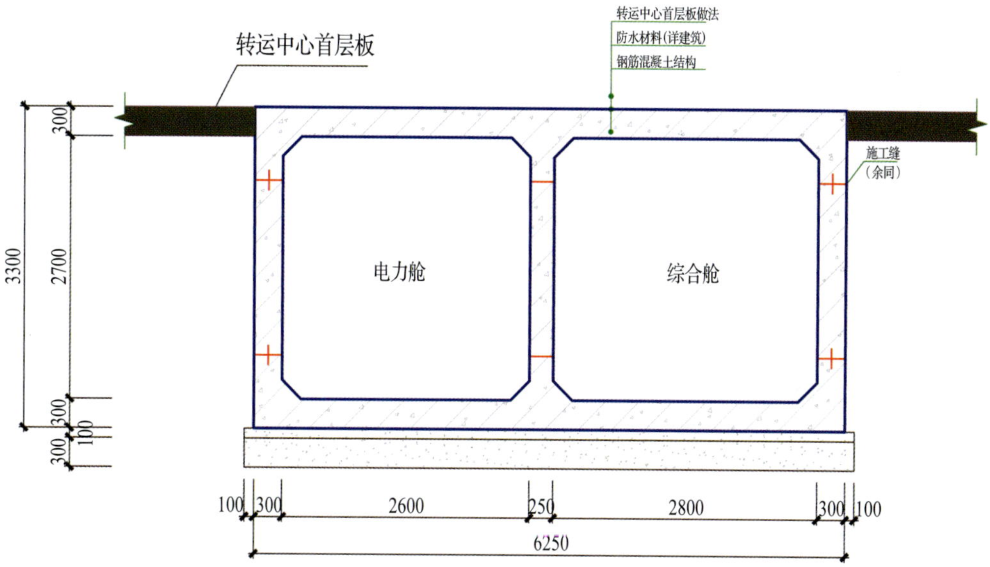


图 5-46 综合管廊顶板与转运中心首层板共用图

(2)合建段综合管廊地基基础设计

根据勘察报告,本工程主要地层参数见表 5-5。

**表 5-5 地层参数表**

| 地层年代 | 层号 | 岩土名称 | 状态 | 天然重度$\gamma$/(kN/m³) | 渗透系数 $k$/(cm/s) | 承载力特征值 $f_{ak}$/kPa | 压缩模量 $E_{s(1\text{-}2)}$/MPa |
|---|---|---|---|---|---|---|---|
| $Q^{ml}$ | ①-1 | 杂填土 | 松散 | 18.3 | $8\times10^{-4}$ | — | — |
| $Q_1^4$ | ②-1 | 淤泥 | 流塑 | 15.7 | $1\times10^{-6}$ | 20 | 1.2 |
| | ②-3 | 淤泥质黏土 | 软塑 | 18.0 | $1\times10^{-6}$ | 67 | 3.6 |

续表 5-5

| 地层年代 | 层号 | 岩土名称 | 状态 | 天然重度$\gamma$/(kN/m³) | 渗透系数 $k$/(cm/s) | 承载力特征值 $f_{ak}$/kPa | 压缩模量 $E_{s(1-2)}$/MPa |
|---|---|---|---|---|---|---|---|
| $Q_{al}^4$ | ②-4 | 粉质黏土 | 可塑 | 19.0 | $2\times10^{-6}$ | 130 | 6.5 |
| $Q_l^4$ | ②-5 | 淤泥质黏土 | 软塑 | 17.7 | $1\times10^{-6}$ | 70 | 3.8 |
| $Q_{al}^4$ | ③-1 | 粉质黏土 | 可塑 | 19.4 | $2\times10^{-6}$ | 180 | 8.0 |
| $J_2$ | ⑦-2-1 | 泥质粉砂岩 | 强风化 | 21.0 | — | 500 | $E_0$=50 |
| | ⑦-2-2 | 泥质粉砂岩 | 中风化 | 23.0 | — | $f_a$=1000 | — |

合建段综合管廊部分位于挖方区，部分位于湖区及填方区。挖方区管廊持力层直接位于中风化泥质粉砂岩，其承载力高，无论是综合管廊还是转运中心，此位置的地基基础均采用天然基础，均以中风化泥质粉砂岩作为持力层（图 5-47）。

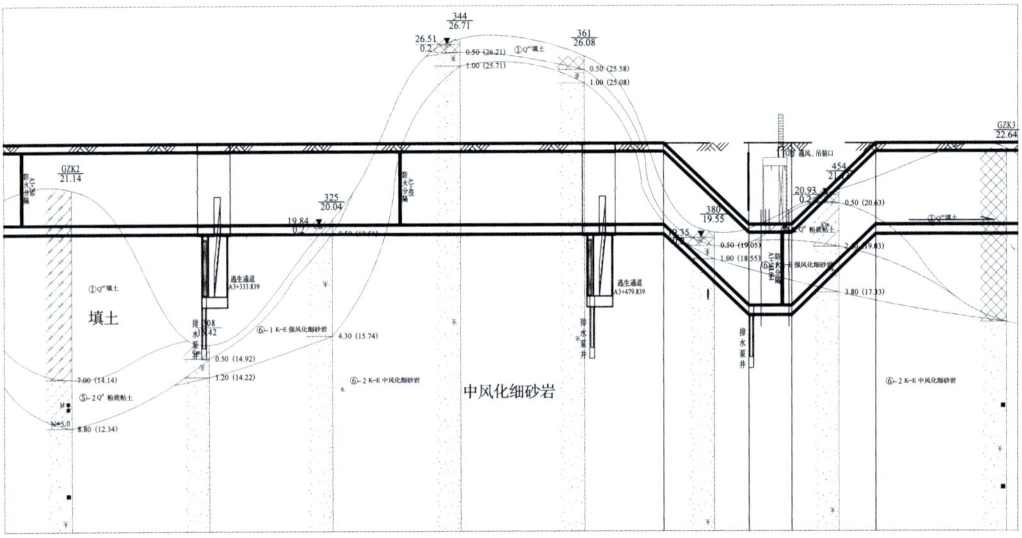


图 5-47　合建段管廊典型纵断面图

位于湖区及填方区的合建段管廊，底板多位于杂填土层或后期填土层中，地基承载力低，压缩模量小，为此该合建段均采用 800 钻孔灌注桩。

（3）合建段管廊钻孔灌注桩的布置方案考虑因素

①管廊顶板直接作为转运中心首层板，管廊顶部虽然没有覆土，但是要兼顾转运中心首层板与管廊顶板连接后，首层板的恒活荷载传递到管廊，因此桩的承载力需要适当提高。

②转运中心进深方向承台间需要用地梁连接，该地梁不可避免地要穿越管廊，为此

需要考虑转运中心地梁穿越管廊的方式，是两者脱开还是刚性地连接在一起。如两者脱开，则管廊灌注桩需要避开地梁位置，让地梁从管廊底板以下穿过；如两者刚性地连接起来，则管廊灌注桩无需避开地梁位置。

（4）合建段管廊钻孔灌注桩的布置方案

经过与转运中心主体结构专业人员的多次对接，合建段管廊的桩基布置方案如下：

①结合转运中心轴网间距为16m跨度，沿综合管廊纵向桩间距约为16m，桩的横向间距为管廊外壁的中心间距，约为5.25m；

②转运中心进深方向承台间地梁穿越管廊时，与管廊桩基础及管廊底板刚性连接（图5-48）。

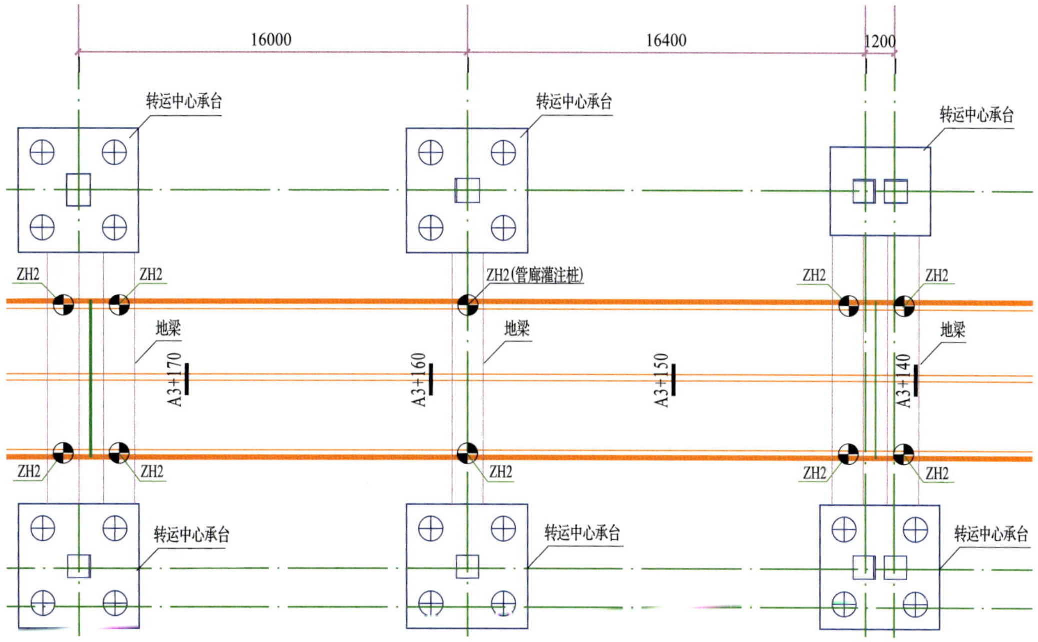


图5-48 标准段合建综合管廊桩基与转运中心的关系图

（5）标准段合建综合管廊的结构设计

标准段合建综合管廊结构设计，需要根据标准段的荷载分布情况、传力路径、边界条件等因素计算分析。计算分析分为标准断面的受力计算分析及变形缝间管廊的整体计算分析两部分。利用软件或程序进行结构的整体计算分析，以进行合理配筋设计（图5-49）。

（6）合建段综合管廊节点的结构设计

合建段管廊特殊节点主要包括1#～4#连接通道的结构设计及管廊穿越转运中心服务车道的下沉段设计。

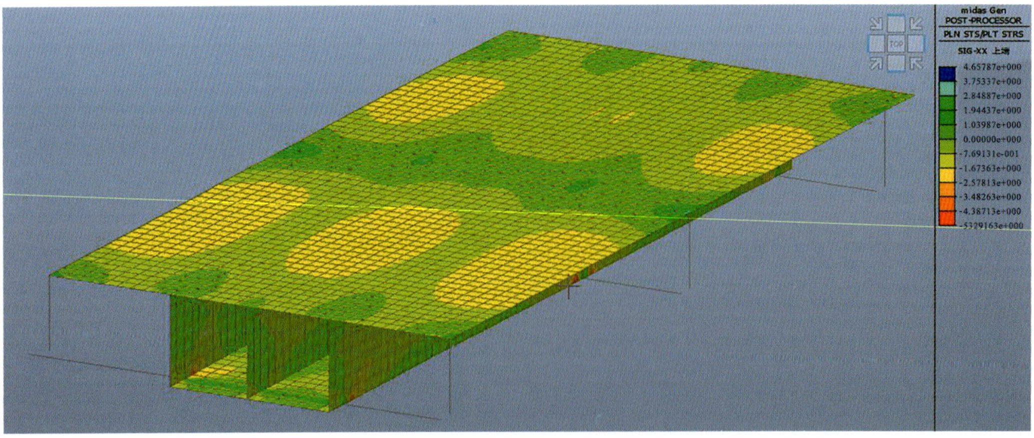


图 5-49　合建管廊与转运中心首层板的整体计算分析

①连接通道桩基础与转运中心的关系

连接通道为两层钢筋混凝土管廊结构(图 5-50),因形状特殊,且两端已经与转运中心承台交接在一起,为此需均匀布置数量较多的桩基础,同时需要与转运中心桩基础进行统筹考虑(图 5-51)。

②连接通道与转运中心外挑地梁的协调

因转运中心在连接通道处同时存在一些功能用房，功能用房位置转运中心采用悬挑梁的结构形式,需侵入管廊连接通道。通过 BIM 合模,能很好地解决相关的碰撞和避让问题,有效地提高了工作效率。

③下沉段管廊主体结构与转运中心首层板的连接

通过在管廊顶部设置翼墙，有效解决下沉段转运中心首层板与综合管廊的连接设计问题(图 5-52)。

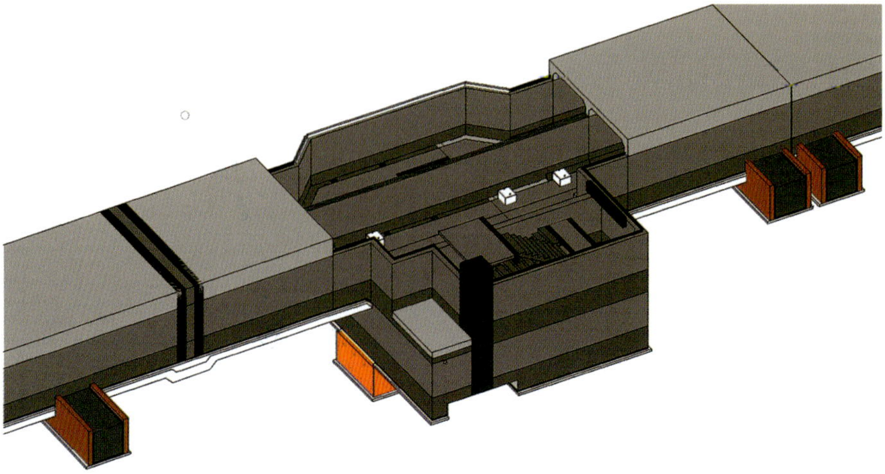

图 5-50　连接通道 BIM 模型

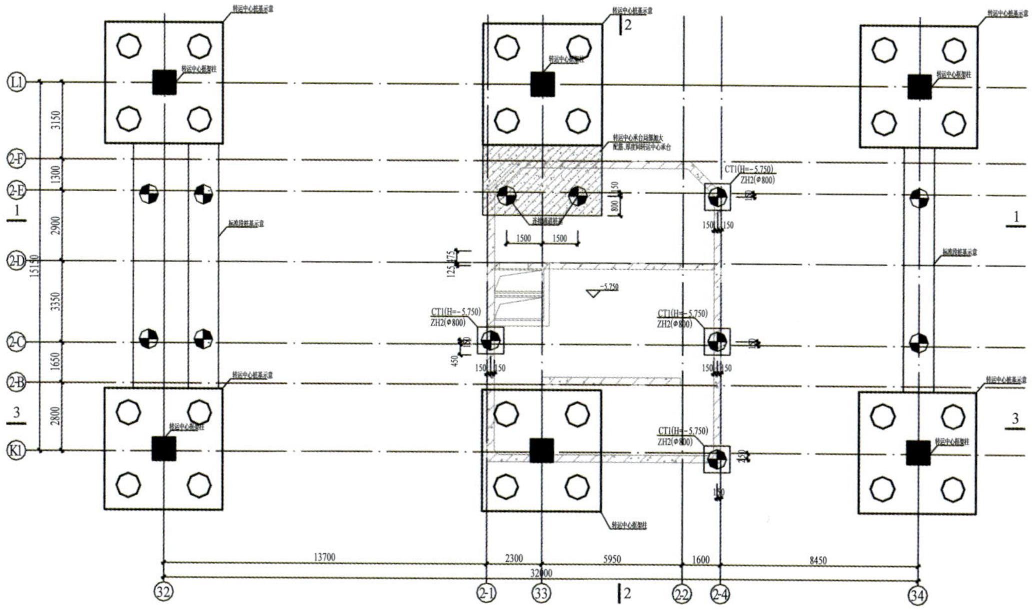

图 5-51 连接通道与转运中心桩基础的关系图

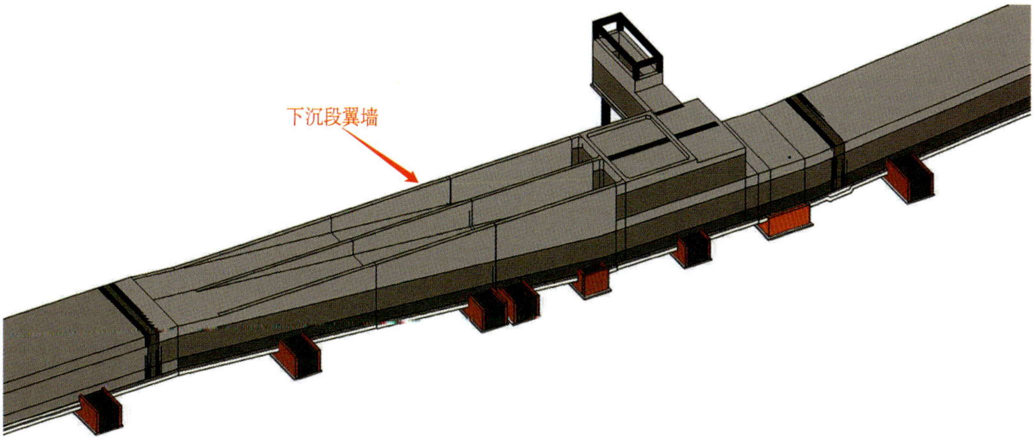


图 5-52 管廊穿越转运中心服务车道的下沉段 BIM 模型

### 4.电气设计方案

机场管廊供电需要全段统一考虑，共设 3 个供电点，管廊的每个防火分区为一个独立配电单元。为充分利用原有资源，避免重复建设，其中有两个供电点利用就近的机坪变电站，不另设变压器，10#～18#防火分区由 4#机坪变电站供电，19#～28#防火分区由 2#机坪变电站供电。

转运中心段综合管廊长约 860m，共涉及 6 个(17#～22#)防火分区。其中，17#、18#

防火分区由4#机坪变电站供电，19#～22#防火分区由2#机坪变电站供电。转运中心段综合管廊不从转运中心引电，不影响转运中心的用电。

合建段综合管廊的监控被纳入管廊监控系统统一监控，没有监控信号接入转运中心。

5.通风及防排烟设计方案

综合管廊与转运中心合建但业主权属不同，两者各自独立运营。因此在通风及防排烟系统设计中，管廊的通风及防排烟系统独立设计，有利于功能实现且方便管理。

地下管廊通过封闭楼梯间疏散至地面，并设置独立的直通室外的疏散门（图5-53）。由于地下管廊位于地下二层，且无法满足自然通风条件，因此本项目对楼梯间设计机械加压送风系统，其送风量参见《建筑防烟排烟系统技术标准》（GB 51251—2017）第3.4.5条至第3.4.9条。

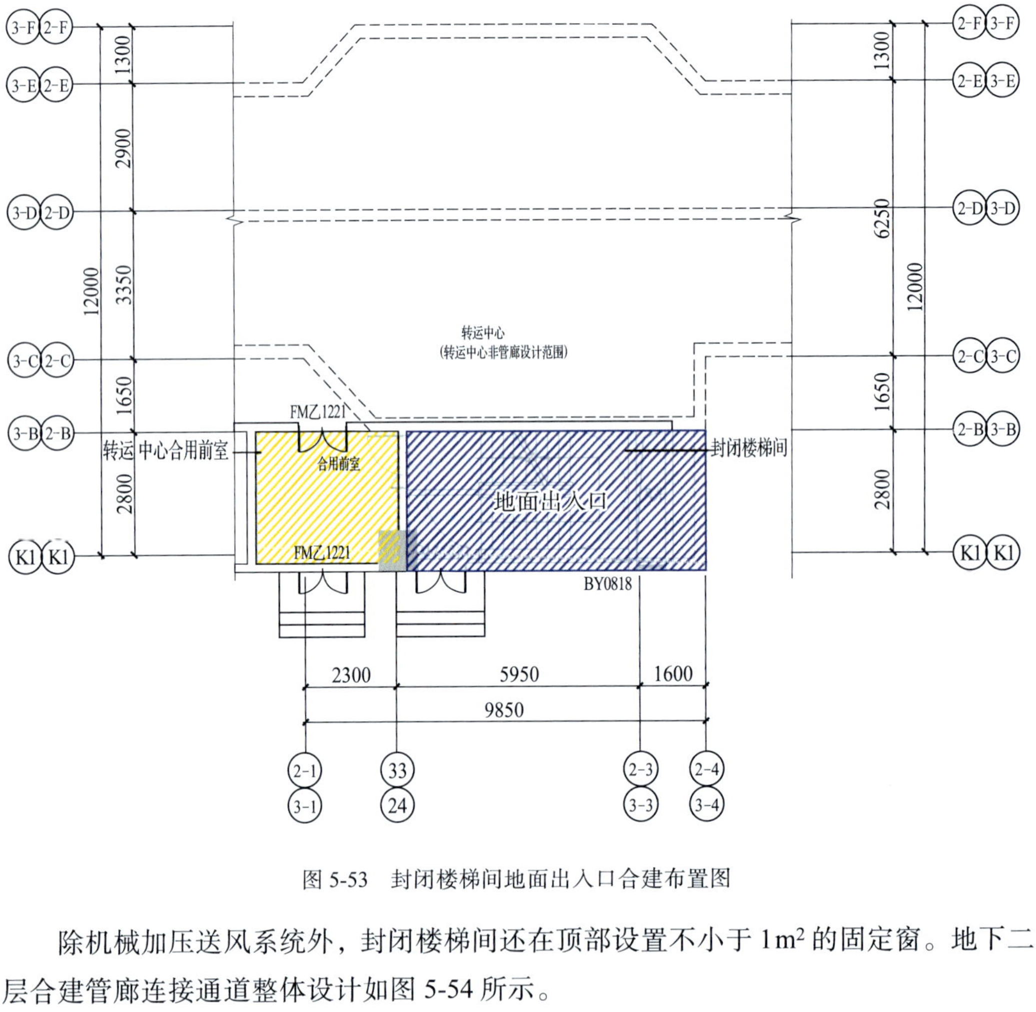


图5-53 封闭楼梯间地面出入口合建布置图

除机械加压送风系统外，封闭楼梯间还在顶部设置不小于$1m^2$的固定窗。地下二层合建管廊连接通道整体设计如图5-54所示。

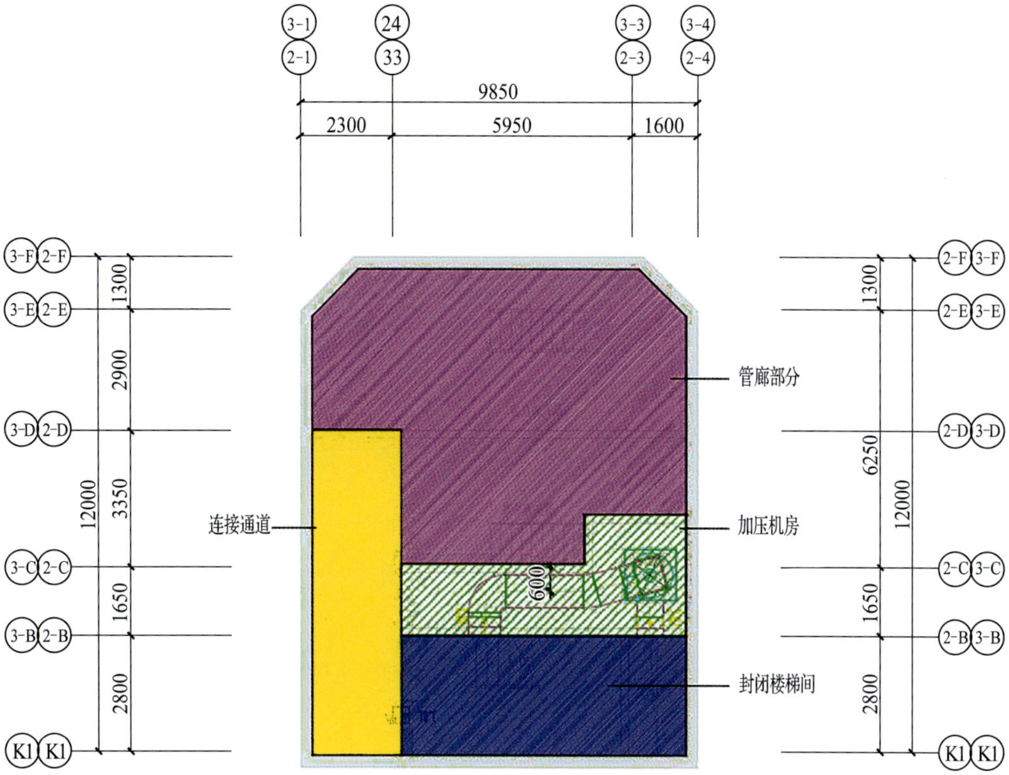


图 5-54　地下二层合建管廊连接通道布置图

通风设计过程中，通过与 BIM 技术结合，有效避免了楼梯栏杆与百叶碰撞、风机基础漏项、风管外包裹防火板漏项等相关问题。

### 5.7.4　总结

通过对管廊及转运中心进行工艺设计、建筑设计、结构设计、电气设计及通风及防排烟设计解决相关问题，既能节省资源、保证结构协调，又使整体工程顺利进行。

## 5.8　综合管廊最终线路与原初步设计线路的对比

### 5.8.1　背景描述

鄂州花湖机场综合管廊的最终线路与原初步设计线路之间可能存在一些差异，这些差异可能出于实际施工过程中的调整、现场条件的限制、成本控制、技术可行性等多方面的考量。

## 5.8.2 问题分析

(1)线路走向与布局

初步设计线路:在初步设计阶段,综合管廊的线路主要基于理论规划和预期需求进行设计的,旨在实现管廊的基本功能,并覆盖主要区域。

最终线路:在实际施工过程中,可能会根据地质条件、施工难度、成本预算等因素对线路进行优化调整。例如,某些地质复杂区域可能会改变管廊的走向或深度,以避免潜在的风险和降低成本。

(2)技术挑战与施工难度

初步设计:初步设计可能未充分考虑实际施工中的技术挑战,如地质条件、地下水位、周边设施等。

最终线路:在实际施工中,可能会遇到预料之外的技术难题,如硬岩、软基等地质问题。这些问题可能需要通过调整原设计线路,或者采用特殊的施工方法和技术来解决。

(3)成本预算与控制

初步设计:初步设计的预算可能基于理论计算和市场行情,但实际施工中可能会出现预算超支的情况。

最终线路:为了控制成本,可能需要在不降低管廊质量和功能的前提下,对原设计线路进行优化,如缩短线路长度、减少弯曲和交叉等。

(4)功能与需求变化

初步设计:可能主要关注管廊的基本功能,如供电、通信、供水等管道的迁入。

最终线路:随着项目的进展和实际需求的变化,可能需要对管廊的功能进行扩展或调整。例如,可能需要增加新的管道类型或预留未来扩展的空间。

(5)安全与可持续性

初步设计:在初步设计阶段,尽管已经考虑了安全性和可持续性因素,但是实际施工中可能出现新的安全隐患或可持续性挑战。

最终线路:为了确保管廊的安全性和可持续性,可能需要对原设计线路进行微调,以适应现场环境和未来发展的需要。

## 5.8.3 解决方案

### 1.初步设计线路

初步设计线路在原规划方案基础上进行局部线路的优化,共新建综合管廊总长5980m(图 5-55)。

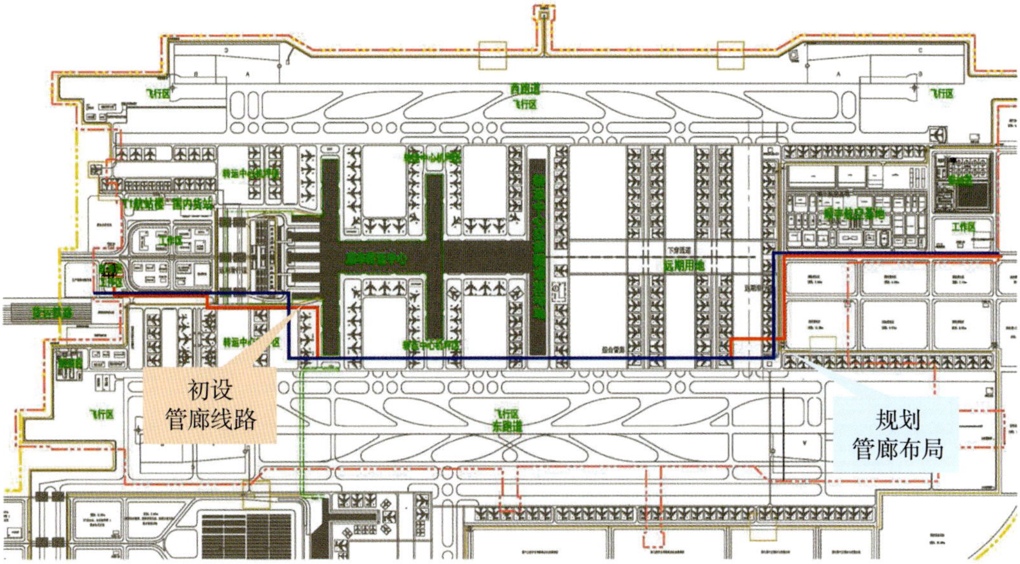


图 5-55　初步设计线路图

①原规划部分管廊进入顺丰转运中心用地红线内，且该位置规划为下穿道路，因此将管廊往南调整至飞行区服务车道下。

②飞行区南侧东西向的管廊原规划位于机坪下方，不利于管廊地面出口的设置，因此往东调整至顺丰转运中心南侧的服务车道上。

③飞行区北侧管廊与飞行区消防泵站用地冲突，因此将管廊往西偏移避开消防泵站。

④根据道路横断面设计，优化南二路、北一路及顺丰大道管廊敷设位置。

### 2.施工图优化

(1)第一版方案

初设管廊线路虽然避开了转运中心主楼建筑以及飞行区的 2 条车行隧道，但线路较长，投资较大，因此第一版施工图方案对管廊线路进行了优化，总长度减少了约 1 km(图 5-56)。首先，管廊从转运中心东侧主楼下方的服务车道穿过，不再绕行主楼，长度大幅缩短；其次，管廊下穿飞行区的 2 条车行隧道，并考虑主体结构与车行隧道合建，一方面有效减少了管廊长度，另一方面也尽量减少管廊埋设深度。

(2)第二版方案

第一版方案虽然已经大幅缩短了管廊长度，但是南区飞行区内仍有 500 多米的管廊位于走马湖超载区，管廊须待超载区卸载后才能施工，工期受到极大影响。因此，为了满足工期要求，第二版施工图南区超载区段的管廊调整至转运中心建筑内部(图 5-57)，与转运中心合建，避开了超载区，从而极大加快了管廊建设进度，缩短了工期。另外，与转运中心建筑合建段的管廊顶板即为转运中心的底板，埋深小，不仅有利于管廊施工，也进一步减少了工程投资。

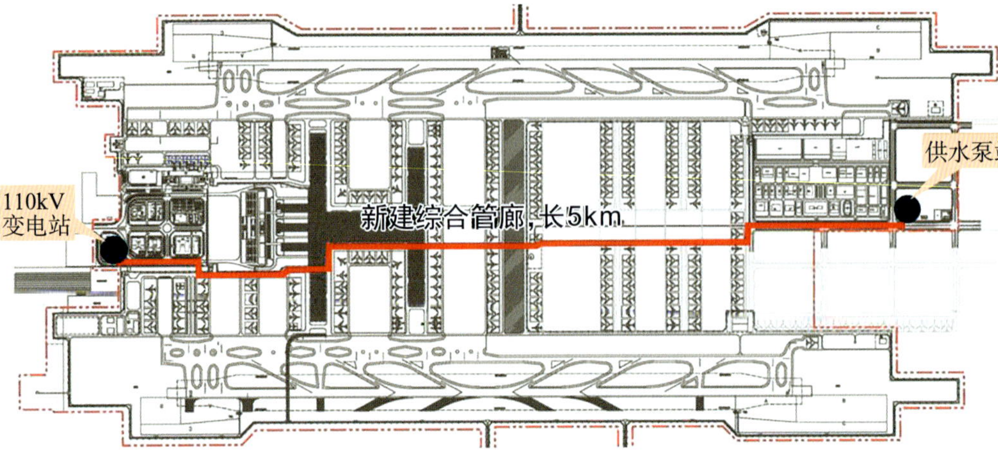


图 5-56　第一版方案线路图

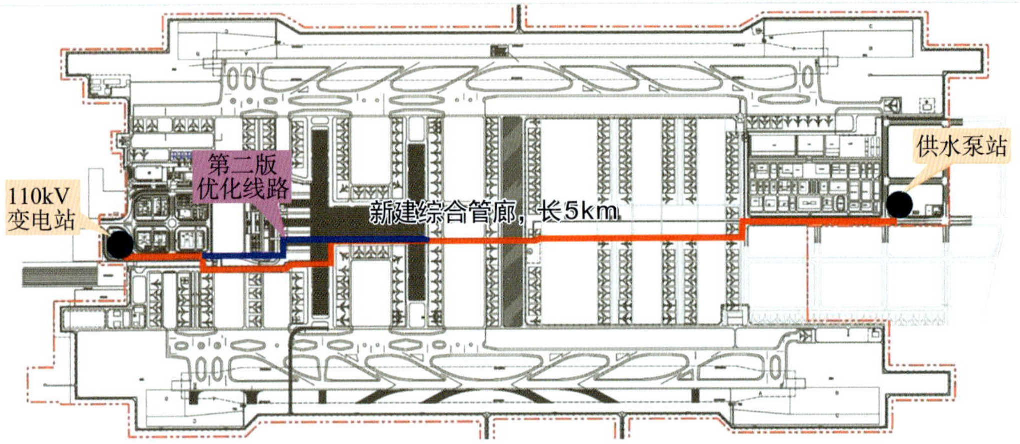


图 5-57　第二版方案线路图

## 5.8.4　总结

管廊总体线路的调整以及转运中心与综合管廊合建，经业主、北京院、中南院各方多轮的研究和深度设计，合理确定了管廊的平面路由、竖向标高、功能合并、合建方式等。具体如下：

①平面路由减少了管廊结构与转运中心主体结构的碰撞和交叉，通过设计 4 个连通通道，兼顾转运中心和综合管廊的建筑疏散及通风防排烟的需求；

②管廊连通通道节点与转运中心协同设计，减少了对转运中心建筑空间的占用；

③综合管廊总体线路长度从原初步设计的 5980m 调整至约 5000m，共减少约 980m 的管廊长度，其中综合管廊与转运中心合建后，管廊总体长度比原路线方案减少了 38m，共节约工程总投资约 8000 万元。

# 6 航站楼、快件中心及综合业务楼设计应用与实践

## 6.1 航站楼和其他单体建筑工程概况

鄂州花湖机场一期航站楼 T0 面积约为 1.5 万 $m^2$，设有 4 部登机廊桥，为前列式构型，2030 年将满足旅客吞吐量 150 万人次。待二期东航站区建成后，一期航站楼将被改造为货运站。

总部服务保障楼是为航空行政及现场各板块保障人员处理各种业务而使用的建筑综合体，为行政管理人员、商务人员和IT人员，货运、空勤、机务等高级管理层提供服务，主要功能空间包括业务办公空间、休闲共享空间、资料中心、展示中心和信息中心等。按照预估，将为 2025 年的 119 架飞机配置相应人员，综合各部门在此办公的比例，总部服务保障楼的办公人数将达到 849 人。

飞行运输是航空基地重要的功能。为保障运输安全，航空基地集中飞行相关职能设定飞行综合业务用房。飞行综合业务用房功能包括行政办公、航空调度（含签派、放行）、更衣、培训、资料保存等，第一期将保障 119 架航班。

运行控制中心作为飞机运行组织与实施的业务主管部门，负责日常管理公司航班、动态管理飞机运行，包括监控飞行器飞行途中和重点的情况，跟踪、调整延误的航班，适时、合理地配置运力资源，促进飞机正常运行，提高公司经济效益等工作。运行控制中心的功能空间主要包括办公室、会议室、运行指挥大厅、应急指挥室、生产排班视频会议室、机房、其他服务用房及设备用房等。运行控制中心的人员数量根据人机比需要，2025 年将达到 714 人。机场信息机房应按照二级信息机房标准进行建设和管理，以保证区域各业务生产系统的正常运行，同时设立相应数量的工位，并配备前端维护、应用运维和网络维护等人员。

由于机场未来的主营业务将集中在鄂州基地，顺丰航空信息中心将设置在鄂州基地内。顺丰航空信息中心包含研发中心、运维服务中心、数据中心、中心机房和灾备机房，内有核心网络交换机、服务器、监控设备等重要设备，设置监控室、操作间、配线间、

备件库房、空调机房和维护人员办公室等机房支持辅助区域。

## 6.2 航站楼平面布局与空间优化设计

### 6.2.1 背景描述

鄂州花湖机场近期航站楼 T0 面积约为 1.5 万 $m^2$，设有 4 部登机廊桥，为前列式构型，2030 年将满足旅客吞吐量 150 万人次。待二期东航站区建成后，一期航站楼 T0 将被改造为货运站。二期航站楼在 2050 年将满足旅客吞吐量 2000 万人次，分为新 T1 和 T2 航站楼，均为前列式构型（图 6-1、图 6-2）。

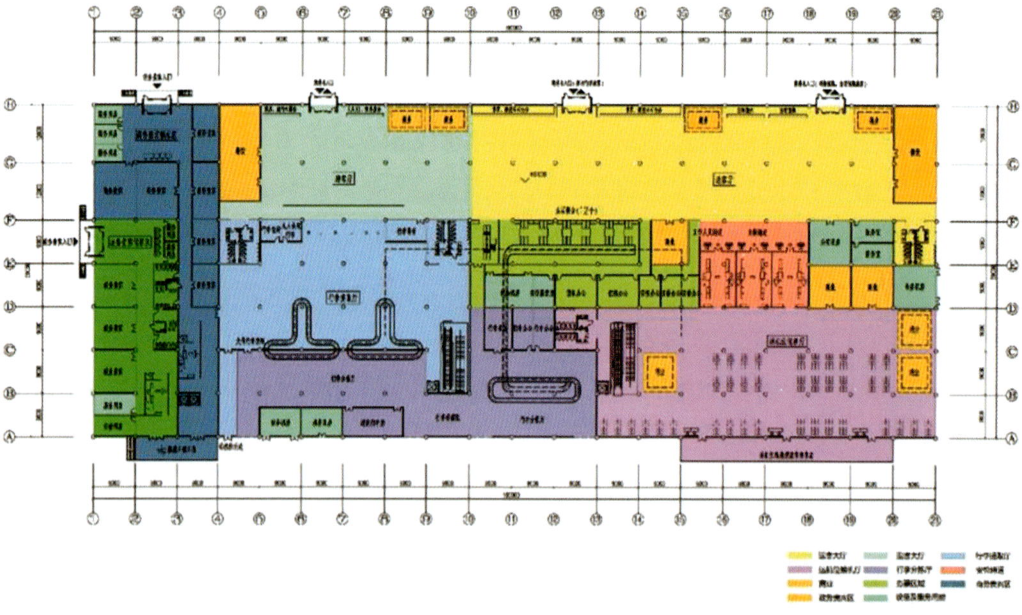

图 6-1　航站楼一层平面图

### 6.2.2 问题分析

一期航站楼 T0 到 2030 年的面积约为 1.5 万 $m^2$，机位需求为 10 个（10C），旅客吞吐量将达到 150 万人次。由于受到武汉天河机场和周边城市发展等因素的影响，鄂州花湖机场的客运量存在较大的不确定性，因此一期航站区应布置在场址南侧，紧邻转运中心。一期航站楼 T0 为临时的过渡性方案，二期将改造为货运站。

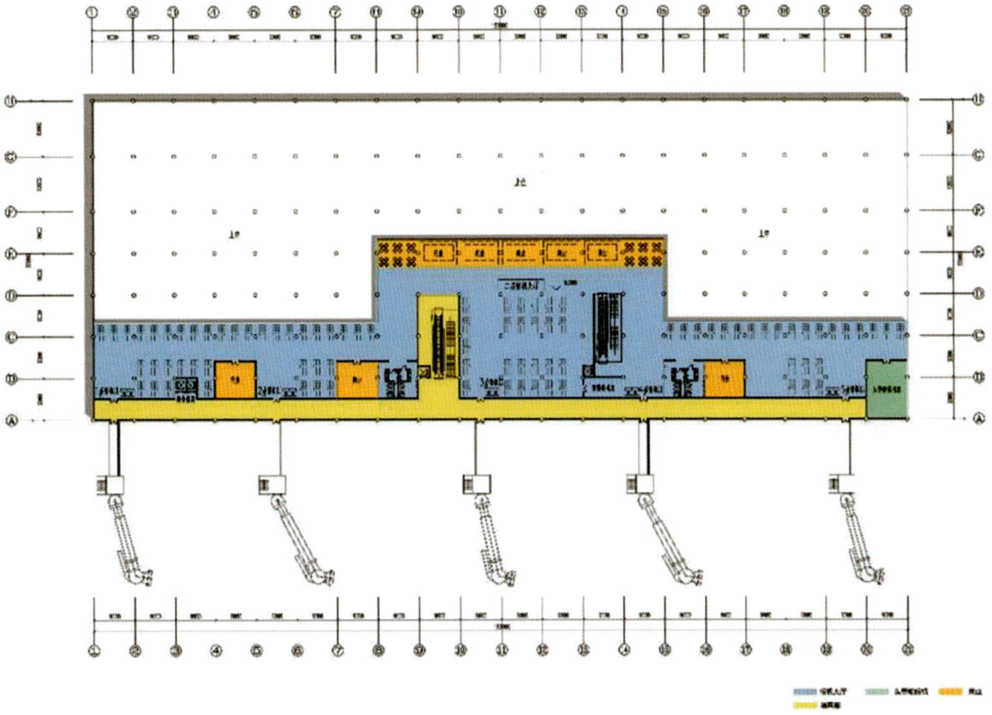

图 6-2　航站楼二层平面图

### 6.2.3　解决方案

基于以上因素，一期航站区规划有以下两个方案可供比选。

(1)方案一

一期航站楼 T0 位于一期航站区南侧，靠近用地红线，北侧布置货运站、快件中心，远期垂滑南侧。优点：航站楼位于外侧，交通流线简洁；功能分区清晰，与工作区相对独立。缺点：航站楼距离垂直滑行道较远，不便于飞机停靠；航站区客运交通与工作区交通组织容易形成干扰(图 6-3)。

(2)方案二

T0 航站楼紧邻垂滑布置，南侧依次布置货运站、快件中心。优点：航站楼临近垂直滑行道，方便客运飞机进出；工作区交通组织相对独立，不受客运进场交通的影响。缺点：航站楼位于内侧，二期发展范围受到外侧货运站和快件中心的限制；客运交通流线较长。考虑一期方案仅满足 150 万旅客吞吐量的发展需求，在旅客吞吐量超过 50 万之后应开展远期航站区的建设研究工作，二期扩建目标应在 1000 万人次左右。为利于客运飞机的滑行效率，建议一期航站区采用方案二(图 6-4)。

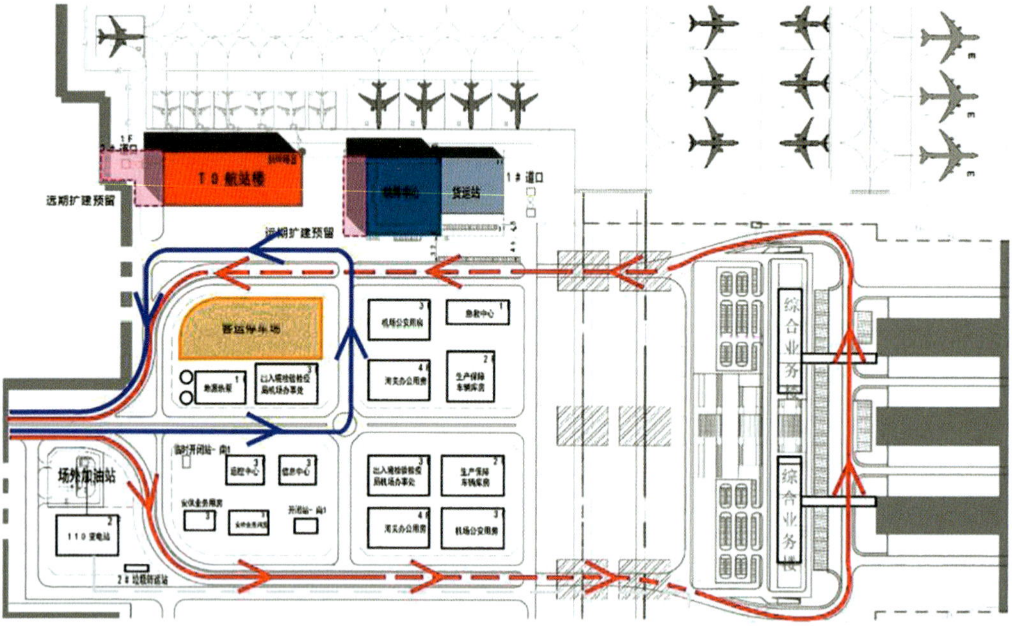


图 6-3　一期航站区方案一平面图

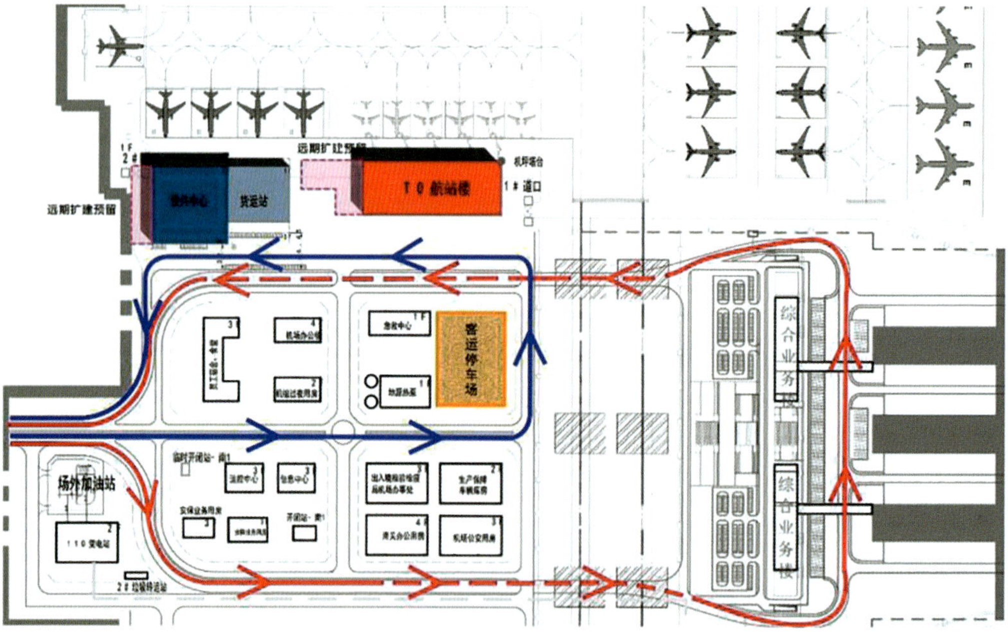


图 6-4　一期航站区方案二平面图

根据总平面分析和功能分区规划，二期航站区在东跑道与三跑道之间南侧布局，进场交通采用南侧进场方式。按照航站楼构型及机位布置可形成以下三个方案进行比选。

(1)方案一

航站区采用单元式航站楼，T1 航站楼采用前列式构型，T2 航站楼采用指廊式构型。T1 航站楼紧邻东跑道东侧，满足货运站、航空公司基地及机务维修区用地的布局需求。T1 航站楼及站坪用地在东跑道南端外侧，需延伸平滑至跑道外侧满足机位滑行需求。T2 航站楼为便于分期建设，采用了指廊式构型，存在整个航站区位置与东跑道、三跑道衔接滑行距离长的问题。进场路紧邻三跑道平滑布置，与场外机场高速连接。优点：三跑道投入使用前，航站楼与东跑道距离较近，符合“南降北起”原则；场外进场路避开湖面，建设条件较好；工作区及航站区陆侧用地空间较大。缺点：航站区位置偏南，需延长平滑；机位数量相对较少；与三跑道关系不够紧密；进场路切割工作区用地(图 6-5、图 6-6)。

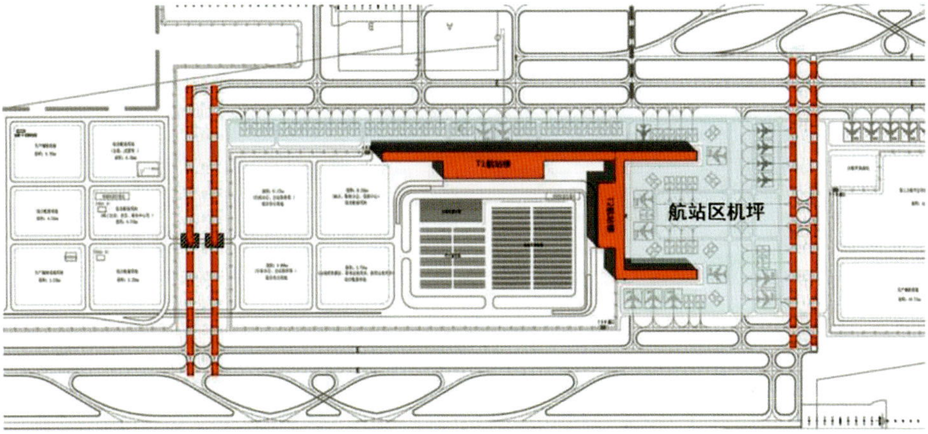


图 6-5　二期航站区方案一平面图

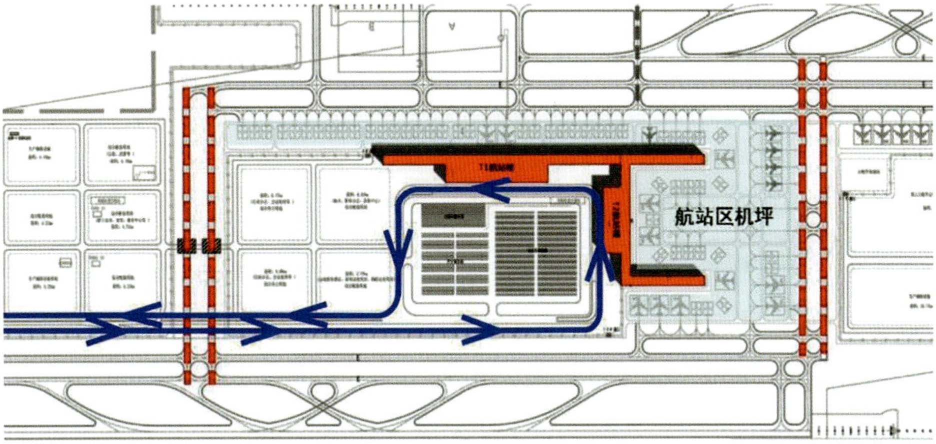


图 6-6　二期航站区方案一交通流线图

（2）方案二

航站区采用单元式航站楼，T1 航站楼采用指廊式构型，T2 航站楼采用前列式构型。T1 航站楼紧邻东跑道东侧，与东跑道快滑出口的衔接较方案一的更为顺畅，整体位于东跑道长度范围内。T2 航站楼位于三跑道西侧、T1 航站楼南侧，采用前列式构型，有利于跑道间陆侧用地的使用，且与三跑道衔接顺畅，提高了整体运行效率。机场路靠近东跑道东侧平滑布置，使整体交通流线顺畅。优点：进场路合理，不需要跨湖；航站区为未来建设留有余地；航站区与跑道关系较紧密；工作区及航站区陆侧用地空间较大；有利于分期建设。缺点：机位数量相对较少；航站区位置偏南；进场路切割工作区用地（图 6-7、图 6-8）。

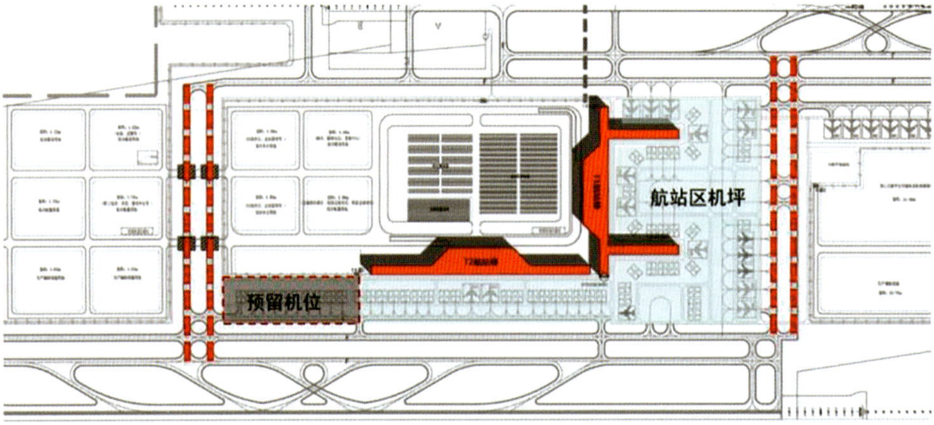


图 6-7　二期航站区方案二平面图

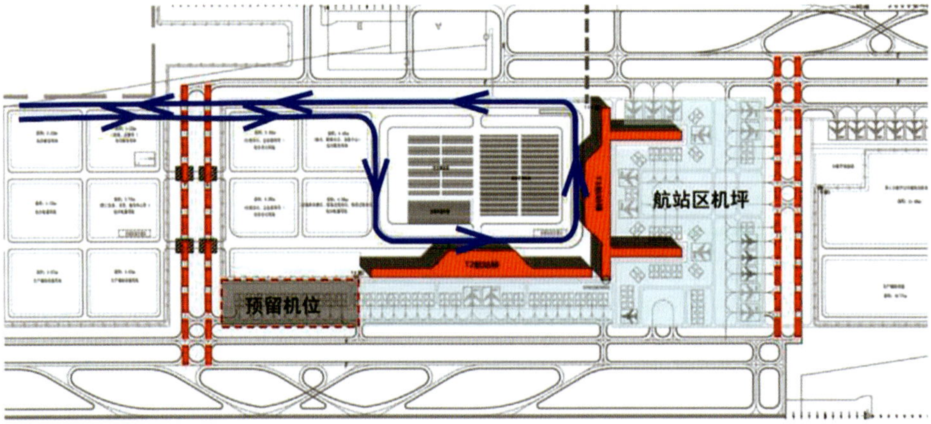


图 6-8　二期航站区方案二交通流线图

（3）方案三

该方案较方案二区别在于航站区远机位布置：不同于方案二将远机位安排在 T1 航

站楼北侧，方案三将远机位布置在三跑道西侧。方案三航站区位置较方案二整体北移，工作区用地及航站楼前陆侧用地减少。优点：航站区位置合理，飞机流线顺畅；机坪机位数量多；航站区为未来建设留有余地；航站区与三跑道关系较紧密；进场路靠西侧布置，工作区用地集中布置；有利分期建设。缺点：进场路需要跨湖建设；航站区陆侧用地及工作区空间较局促。

### 6.2.4 总结

由于鄂州花湖机场的客运量存在较大的不确定性，因此一期航站区应布置在场址南侧，紧邻转运中心。一期航站楼 T0 为临时的过渡性方案，二期将改造为货库使用。

综合飞机运行、进场路交通组织、机位布置等因素考虑，方案三最具综合优势，因此推荐方案三作为二期航站区规划方案（图 6-9、图 6-10）。

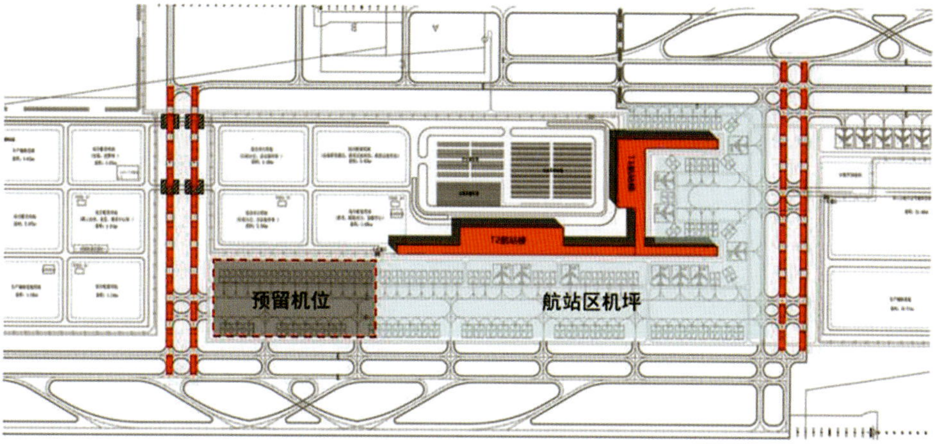


图 6-9　二期航站区方案三平面图

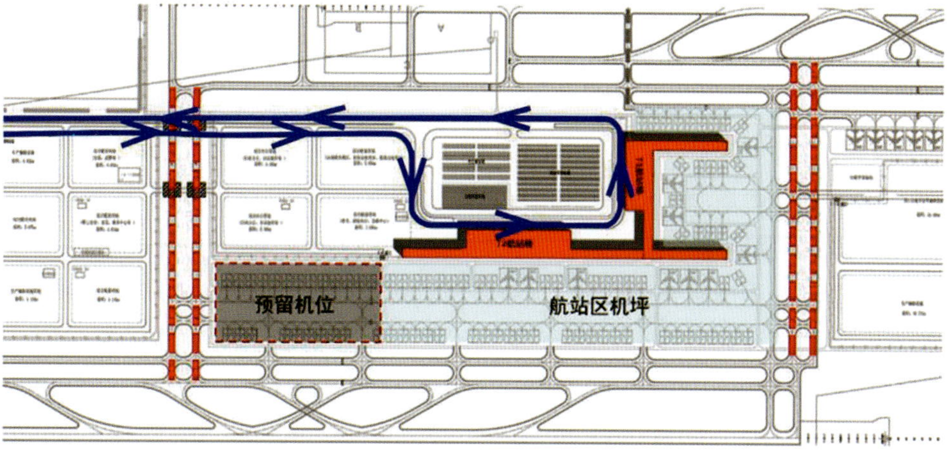


图 6-10　二期航站区方案三交通流线图

## 6.3 小型航站楼建筑地域性与现代性的思考

### 6.3.1 背景描述

新建鄂州花湖机场位于湖北省鄂州市，2 h飞行圈可辐射全国90%的经济总量、80%的人口，是亚洲第一、全球第四大货运机场。机场的功能定位为货运枢纽、客运支线、公共平台和航空基地。

根据总规批复，航站楼2025年旅客吞吐量为150万人次，航站楼面积约1.5万$m^2$，机位需求10个（10C）。由于受到武汉天河机场和周边城市发展等因素的影响，鄂州花湖机场的客运量存在较大的不确定性，因此一期航站区设置在场址南侧紧邻转运中心，T0航站楼为临时过渡性方案，二期将改造为货运站。

### 6.3.2 问题分析

在机场总体规划的要求中，航站楼是航站区的主体建筑，也是整个机场的核心建筑。航站楼的设计不但要与整个航站区相协调，更要与整个机场的规划相一致，即需要建设一座面积约1.5万$m^2$、满足2025年150万旅客吞吐量的航站楼。

### 6.3.3 解决方案

鄂州是湖北省的历史文化名城与荆楚文化发祥地，而凤凰是荆楚文化的形象代表。“凤凰展翅，一鸣惊人”表现了楚人开拓进取、勇往直前的精神。

鄂州是一座有江、有山、有湖的城市，“山在城中，城在水中，湖在绿中，人在画中”，是名副其实的山水园林城市。

鄂州花湖机场作为货运枢纽、客运支线，客与货共享资源，又各自独立，是机场建设史上的一项创举。

（1）方案比选阶段

通过对不同城市航站楼的案例进行分析，得出航站楼造型设计的三种主要手法，即现代性、地域性以及抽象性。

通过对不同规模航站楼屋面和立面的处理手段进行分析，总结出“单层大屋盖、多层大屋盖”和“屋面变化延伸至立面、立面与屋面相对独立”这两种手法。

设计提出了多种比选方案（图6-11）。

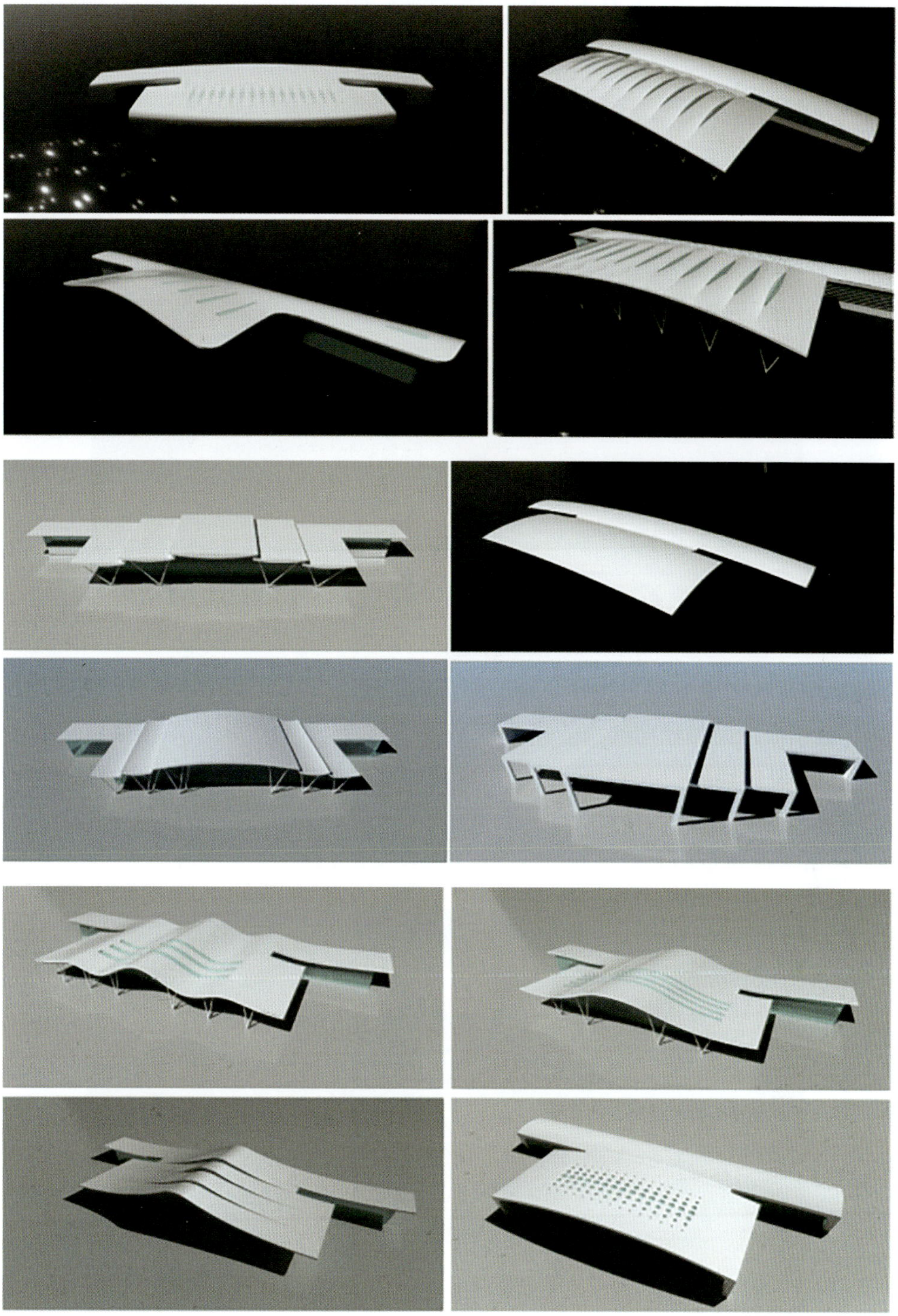

图 6-11　方案模型比选

(2)方案确定阶段

方案一:吴都楚韵,时代之门

航站楼造型新颖、大气，有工业之风，气势恢宏的门廊欢迎四方来客，犹如城市之窗、时代之门，且与转运中心相协调、呼应（图 6-12）。

图 6-12　方案一效果图

方案二：山水鄂州，湖光山色

航站楼与转运中心分别为客与货的两个主体建筑，在立面风格上采取协调互补的手法。转运中心以简约硬朗的工业风造型，展现“山”的宏伟大气；航站楼以飘逸的曲面，展现“水”的灵动洒脱。二者共同演绎出鄂州山水城市特征，展现鄂州山灵水秀的诗意气质（图 6-13、图 6-14、图 6-15）。

其他方案效果见图 6-16。

图 6-13　方案二效果图 1

图 6-14　方案二效果图 2

图 6-15　方案二效果图 3

图 6-16　其他方案效果图

### 6.3.4 总结

最终通过多轮汇报，并报机场工程建设指挥部审议，明确方案一为项目实施方案，随后进入深化设计阶段。图 6-17、图 6-18 为鄂州花湖机场航站楼实拍图。

图 6-17 鄂州花湖机场航站楼实拍图 1

图 6-18 鄂州花湖机场航站楼实拍图 2

## 6.4 走马石区域建筑设计优化

### 6.4.1 背景描述

走马石区域（图 6-19）位于西北指廊端部约 1/4 处附近。地勘报告显示，走马石为砂岩，是一种沉积岩。砂岩是由源区岩石经风化、剥蚀和搬运在盆地中堆积形成。走马石不仅存储着这方热土的历史信息，更是机场核心区域3个乡镇8个村48个村民小组上万拆迁村民心中的“乡愁”，是我国新时代民航强国的重要见证者之一。历史留存与人文建设的有机融合，使鄂州花湖机场成为一个有人文故事的机场，一个有温度的机场，一个有灵魂的机场。

图 6-19　走马石区域

### 6.4.2　问题分析

由于走马石区域正好处于转运中心的西北指廊的室内，通过对现状的留存情况的考察和对转运中心功能布局的精准定位得知，走马石的南侧基石凸出墙体0.55m，凸出保护区范围红线0.45m，最高点凸出现屋面1.67m，因此与现有的功能用房、机电用房存在冲突（图 6-20 至图 6-22）。

### 6.4.3　解决方案

基于走马石特有的形态，业主方建议将整个走马石区域完整保留，并保留走马石周边的原生态，为此将走马石上方的屋面作镂空处理，对原有的建筑布局进行重新梳理。航材库在东侧或者西侧，对使用的影响不大，而机组楼为机组人员的短暂休息场所，需要有较好的环境，因此将原机组休息区与原方案的航材库对换，使机组楼与走马石区域毗邻，互为增益（图 6-23，图 6-24）。

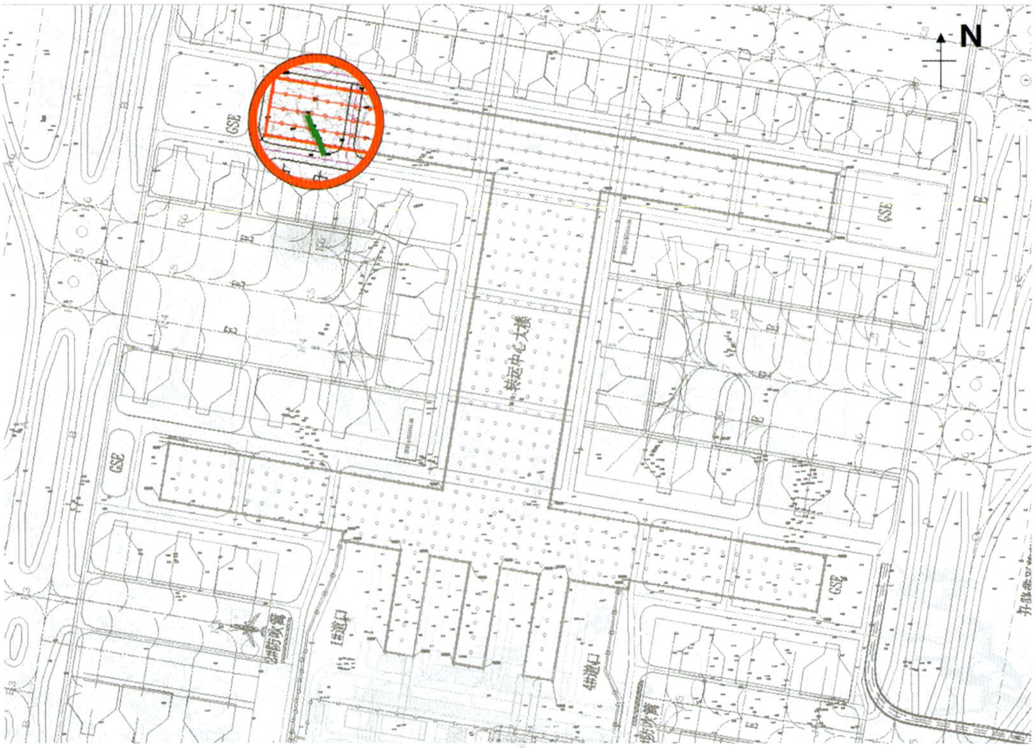


图 6-20　走马石区域所在位置平面图

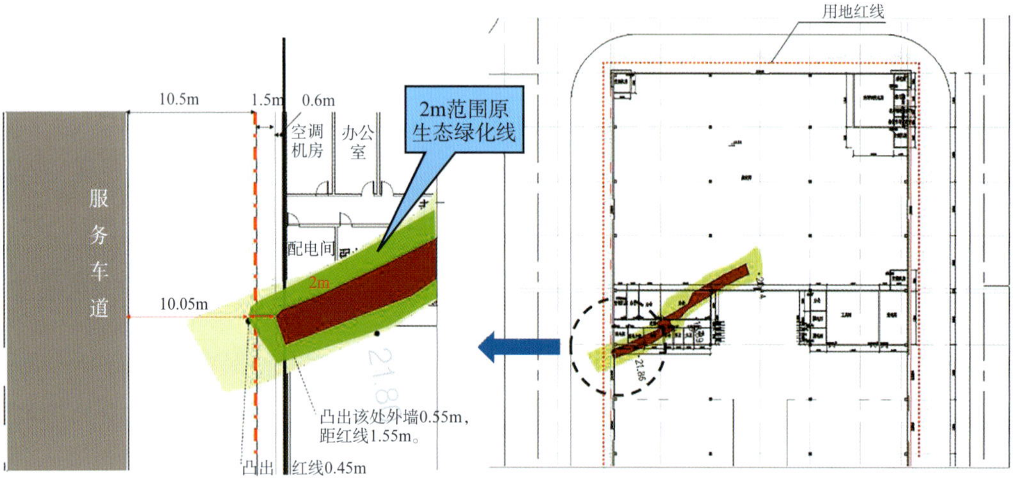


图 6-21　走马石区域位置细节图

图 6-22 走马石区域位置立面图

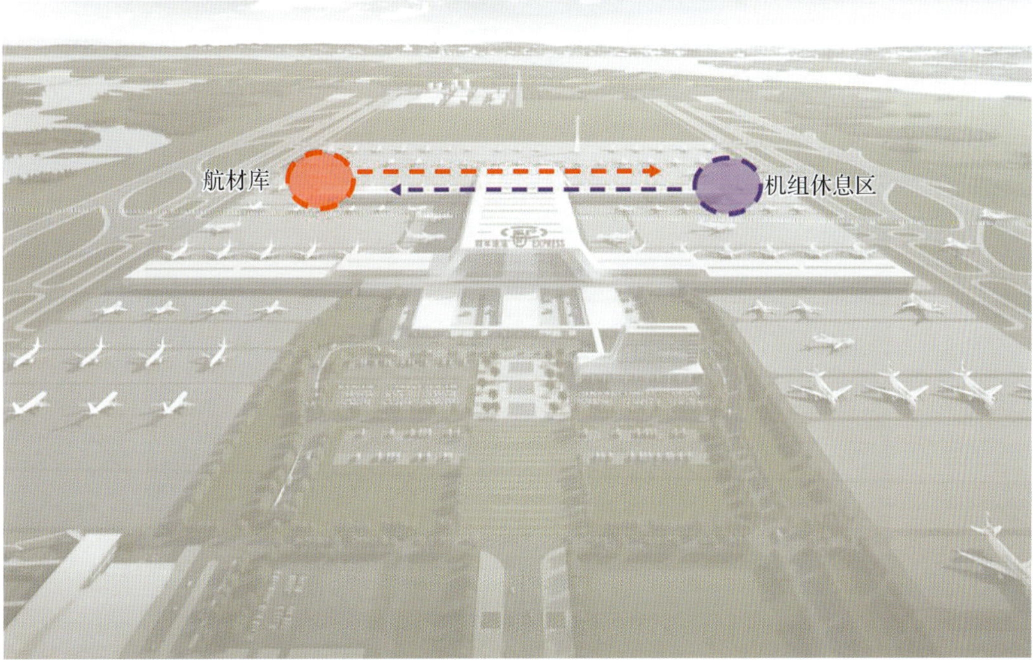


图 6-23 原机组休息区与原方案的航材库位置对换示意图

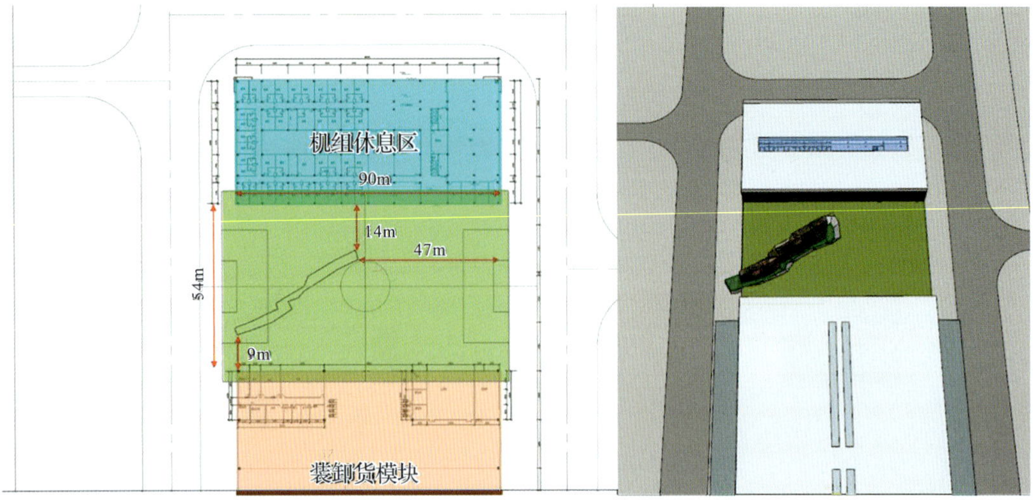


图 6-24　对原西北指廊楼内的功能进行调整

经上述分析可知，走马石突出南侧外墙、顶部突出原设计屋面 1.67m，走马石及周边 2m 范围内地面标高较原设计正负零标高低 0.45m。经过上一轮的方向性方案选择，要求在保留走马石及周边 2m 范围内原生态的前提下开展建筑设计，故有以下三个方案。

（1）方案一：屋顶镂空，室外庭院，立面开敞

整体造型北指廊中轴对称端部屋顶局部抬高 4m，建筑西侧屋顶镂空，东侧通过屋面形式与其呼应，建筑整体中轴对称，建筑和谐统一。走马石区域局部抬高 4m 并挑空，并将该区域设计为室外过渡景观空间，沿走马石走向及形态自然布置景观，外立面南北通透。建筑仅通过屋面构架完成建筑指廊端部造型，机组休息区采光通风良好（图 6-25、图 6-26）。

图 6-25　方案整体效果图①

① 方案一、二、三仅在左上角走马石区域有变化，整体效果图无法反映细部差异。

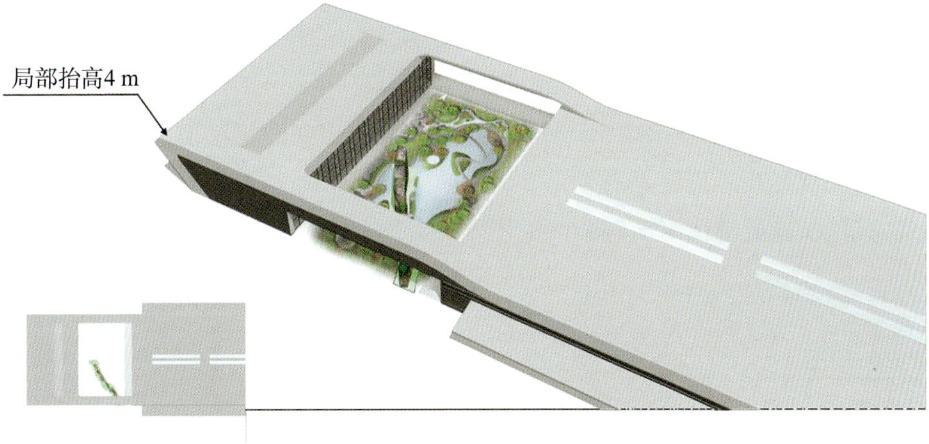


图 6-26　走马石区域屋面局部效果

景观平面以山石和白砂为主体，用以模拟自然界的各种景观，反映禅宗的自然—内在—超越思想；加入小桥、罗汉松、莲花、水雾等景观元素，以黑白灰为场景主色调，营造一种古朴、静谧的禅境意境（图 6-27）。

图 6-27　方案一景观平面图

（2）方案二：屋顶局部抬高，有封闭顶棚，景观和休息区融合

整体造型北指廊中轴对称端部屋顶局部抬高 5.5m，建筑屋面为桁架结构构架+镂空格栅屋面板，建筑整体呈中轴对称，和谐统一。

走马石区域局部合理抬高 5.5m，将走马石完全覆盖在建筑屋顶以下，屋面采用桁架结构，结构底部标高距离走马石顶部 2.5m，局部建筑立面为通透百叶，走马石局部景观为半室内景观，是员工休闲区（图 6-28、图 6-29）。

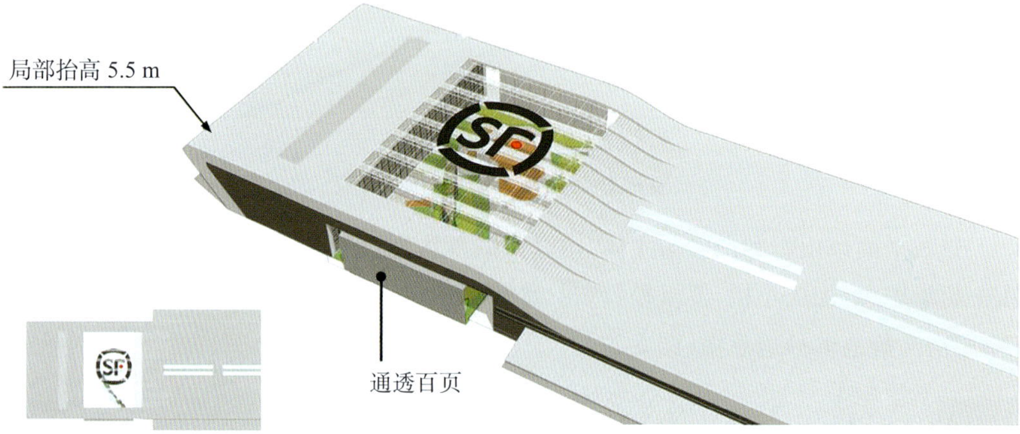


图 6-28　走马石区域屋面局部效果

图 6-29　局部建筑立面图

走马石区域加百叶，建筑外墙突出转运中心用地红线 0.9m 左右，建筑服务距离有

9.6m，不影响服务车道的使用（图 6-30）。

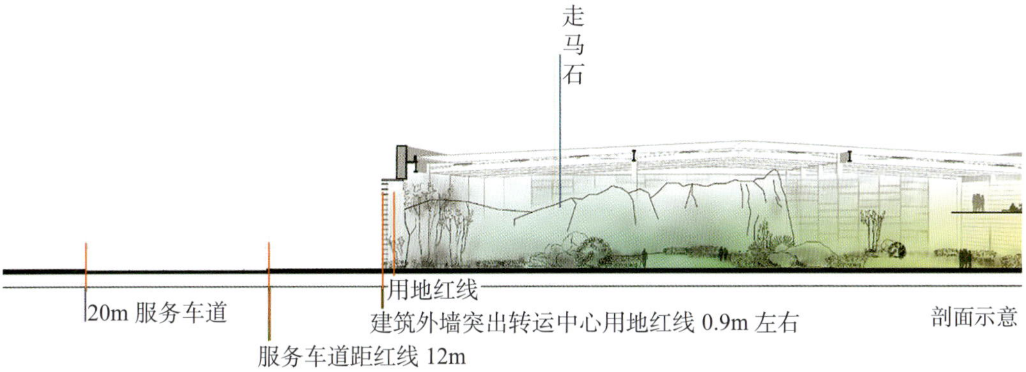


图 6-30　方案二剖面示意

景观平面采用中式园林风格，以体现高山流水、回归自然的心境，正所谓“青青翠竹尽是真如，郁郁黄花无非般若”（图 6-31）。

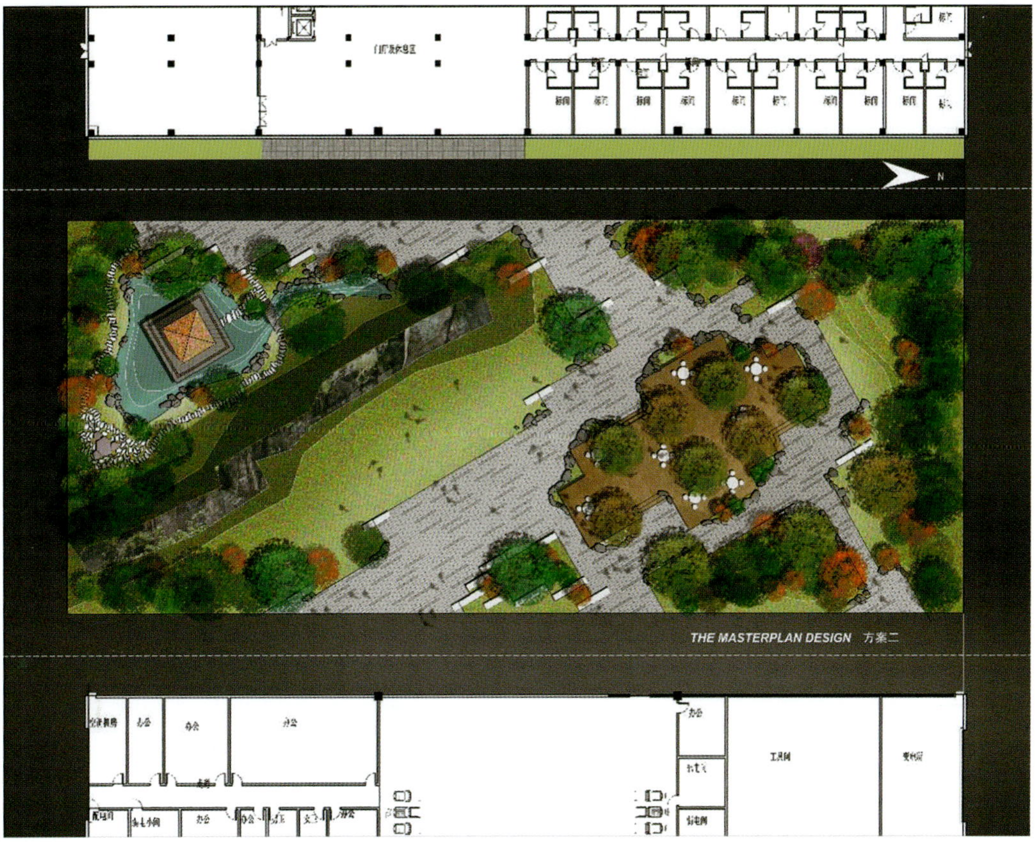


图 6-31　方案二景观平面图

（3）方案三：景观和休息区独立，屋顶整体抬高，有封闭顶棚，立面为玻璃幕墙。

整体造型北指廊中轴对称端部屋顶局部抬高 7.5m，建筑屋面为张弦梁结构构架+采光屋面板，建筑整体中轴对称，建筑和谐统一。

走马石区域局部合理抬高 7.5m，将走马石完全覆盖在建筑屋顶以下。屋面采用张弦梁结构，结构底部标高距离走马石顶部 2.5m，局部建筑立面为玻璃幕墙，走马石局部景观为半室内景观，为企业展示区（图 6-32、图 6-33）。

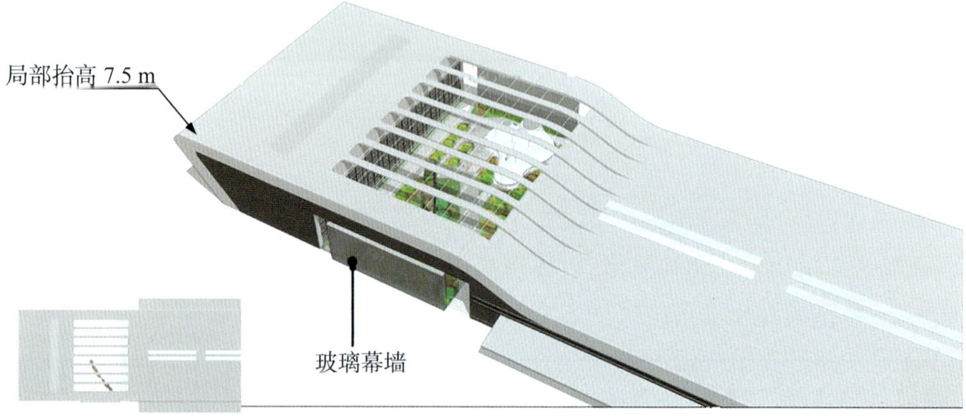


图 6-32　走马石区域屋面局部效果

图 6-33　局部建筑立面的玻璃幕墙

走马石区域局部合理抬高 7.5m，将走马石完全覆盖在建筑屋顶以下，屋面采用张弦梁结构，结构最高为 5m。

在方案二的基础上将景观和员工休息区分离为两个独立的封闭区域，休息区可根据当地气候调整设置空调，改善员工待工环境。景观区可作为文化展厅，用于公司的宣传及教育，可展示公司的企业文化及机场建设历程（图 6-34）。

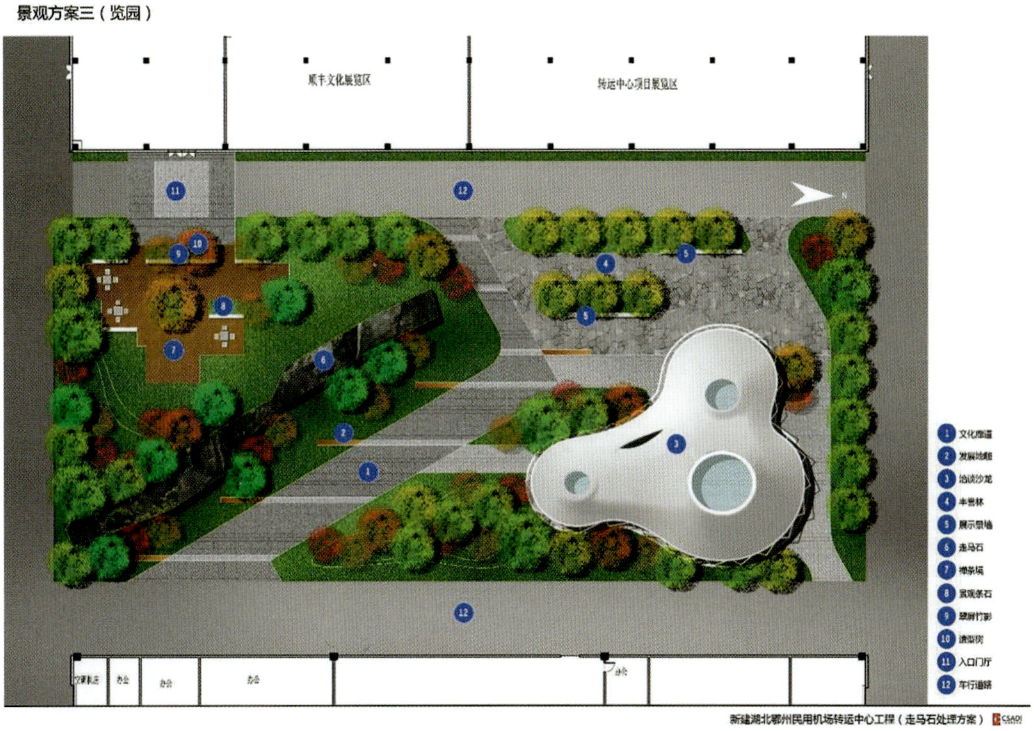


图 6-34　方案三景观平面图

将三个方案汇总比较（表 6-1），三个方案的平面、屋面、立面代表三种不同的类型，可供方案分项组合选择。最终经各方综合评判，甲方选择了方案一，并在其基础上对走马石景观庭院进行深化优化，形成最终的施工方案。

## 6.4.4　总结

走马石相对于机场而言本来是一个障碍物，然而通过各方对走马石的深入了解和认知，最终选择将其保留，并建立走马石景观文化保护区。该方案化障碍为人文，成为整个转运中心设计的点睛之笔。

①减少了约 5000m² 的建筑面积，减少建筑造价约 200 万元。

②为机场提供了一个公共的人文景观，使机场有人文故事、有温度、有灵魂。

③为机组休息区提供了一个良好的休息环境。

④为顺丰在机场空侧提供了一个展示企业文化、转运中心建设历程的空间。

**表 6-1　方案比选**

| | 平面方案 | | 屋面方案 | 立面方案 | | 投资 |
|---|---|---|---|---|---|---|
| 方案一 | 现代禅庭<br> | 1.大量景观；<br>2.纯室外；<br>3.贴临机组休息区，日间采光、通风良好 | 局部抬高、室外庭院<br> | 立面通透，环境区无外墙<br>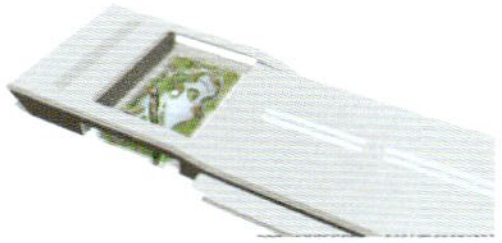 | 无外墙，建筑外墙不超用地红线 | −66 万元 |
| 方案二 | 中式园林<br>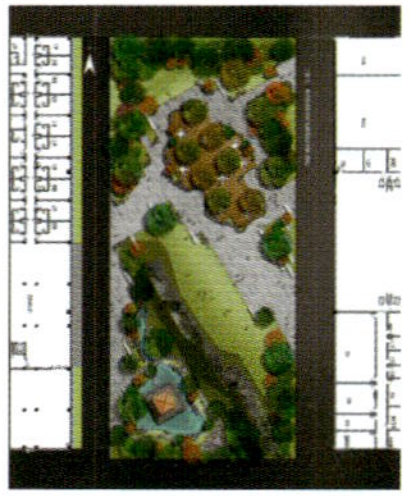 | 1. 景观和休息区相结合；<br>2. 半室外灰空间；<br>3. 贴临机组休息区，通风、采光一般 | 局部抬高，有顶屋面<br> | 立面通风百页，局部出入口<br> | 有外墙，局部建筑外墙超用地红线 | +180（380）万元 |
| 方案三 | 文化展厅<br>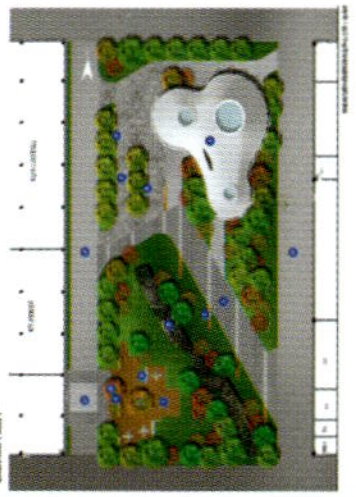 | 1. 景观+休息区或航材库独立功能区域；<br>2. 贴临机组休息区，通风、采光差 | 局部抬高，有顶屋面<br> | 立面玻璃封闭，局部车道洉口<br> | | +850 万元 |

注：投资仅计算了与初步设计的土建增量，景观投资不在本次投资比较内。

## 6.5 航站楼金属屋面构造选型分析

### 6.5.1 背景描述

鄂州花湖机场航站楼建筑面积为 14947.78m²(不含车道边挑檐及雨棚)，金属屋面外轮廓投影面积为 16789.70m²。最终确定的鄂州花湖机场航站楼方案造型简约，极富工业风美感。相应的，屋面造型简单，构成为 5%两坡金属屋面(单边最大坡长约 50m)、8 条北向三角形屋脊天窗和 36 块 4.6m² 的车道边挑檐采光天窗。整个金属屋面体系需满足 I 级防水等级要求。

### 6.5.2 问题分析

在航站楼建筑设计中，兼顾内部功能与外部形象是工程推进中需要解决的根本问题。金属屋面作为航站楼重要的外围护结构之一，对航站楼的室内空间环境与外在建筑形象有关键性影响。航站楼作为一个城市的门户建筑，为体现航空建筑的标志性与特征，其金属屋面往往采用弧形曲面呼应飞行的流畅感与速度，屋面构型设计往往是复杂的单曲或者双曲屋面。本项目航站楼体量巨大，屋面面积规模空前，其屋面设计在抗风、防水、防雷等方面都面临挑战。

### 6.5.3 解决方案

(1)金属屋面主要类型

常见的金属屋面类型主要有镀锌钢板直立锁边屋面、铝镁锰合金直立锁边屋面、不锈钢屋面(图 6-35)。

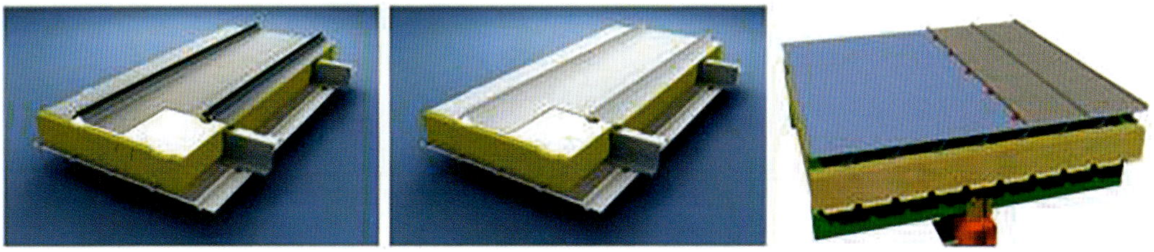

(a) (b) (c)

图 6-35 金属屋面主要类型

(a)镀锌钢板直立锁边屋面;(b)铝镁锰合金直立锁边屋面;(c)不锈钢屋面

（2）金属屋面主要构造及性能比较

①镀锌钢板直立锁边屋面（图 6-36）。典型构造做法：0.6mm 厚压型钢板底板；隔汽层；保温层（含衬檩支撑及衬檩）；二次防水层（TPO 或防水透气膜）；0.8mm 厚镀锌压型钢板直立锁边屋面板。

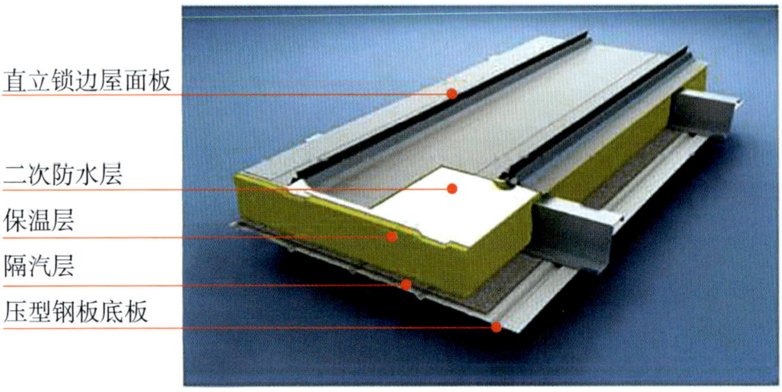


图 6-36　镀锌钢板直立锁边屋面剖透视图

镀锌钢板直立锁边屋面分为滑动支座屋面和铰合式屋面（不可滑动）。

滑动支座镀锌钢板直立锁边金属屋面技术成熟、稳定，在材料上与 PVC、TPO 相比使用年限更有保障。屋面上可直接设置光伏板，无需穿过防水层。滑动支座屋面的典型屋面节点如图 6-37 所示。

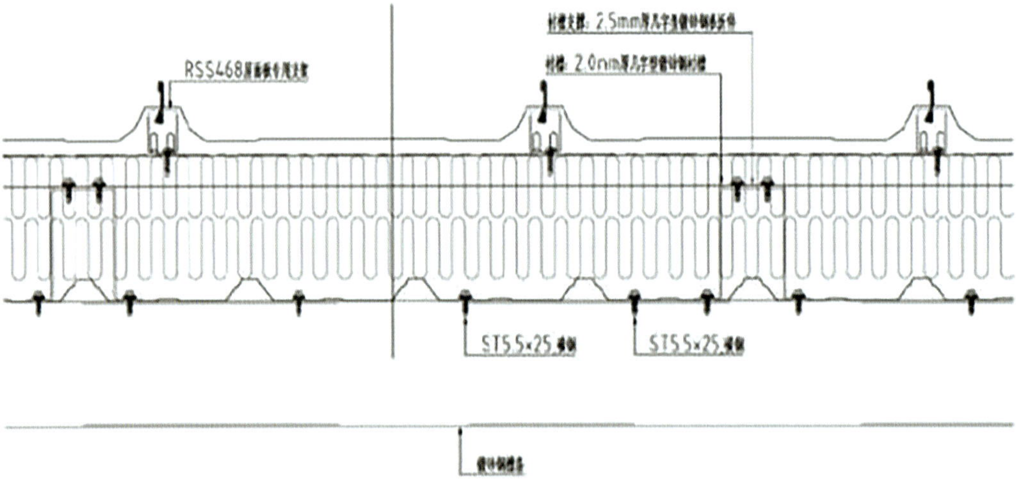


图 6-37　滑动支座屋面节点示意

铰合式镀锌钢板直立锁边金属屋面，是不滑动屋面技术，抗风揭性能好、有利于光伏板支座的设置与安装，能防止支座偏移破坏屋面。铰合式屋面的典型屋面节点如图 6-38 所示。

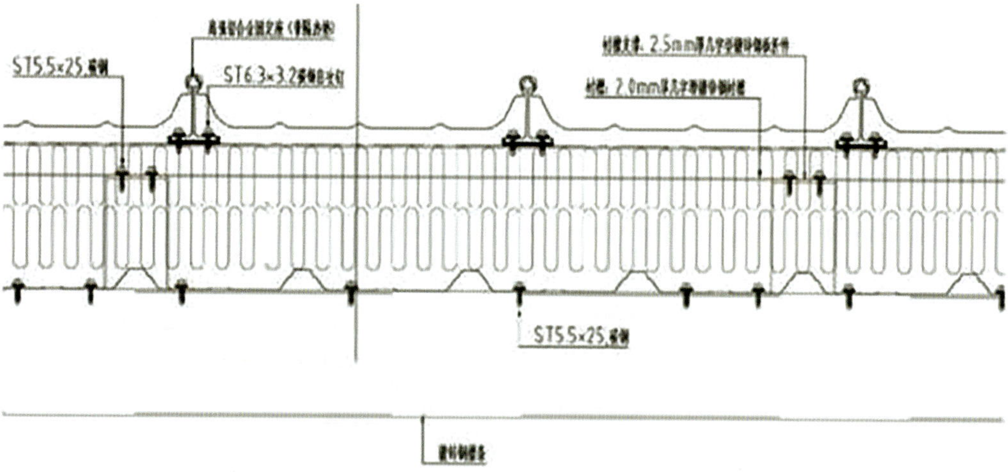

图 6-38 铰合式不滑动屋面节点示意

②铝镁锰合金直立锁边屋面(图 6-39)。典型构造做法:0.6mm 厚压型钢板底板;隔汽层;保温层(含衬檩支撑及衬檩);二次防水层(TPO 或防水透气膜);1mm 厚铝镁锰合金直立锁边屋面板。

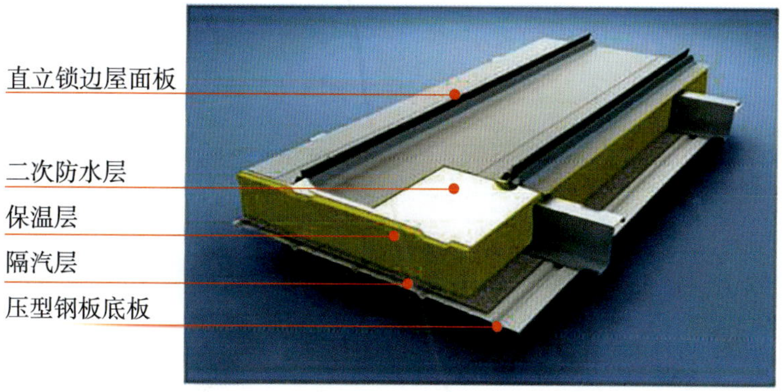


图 6-39 铝镁锰合金直立锁边屋面剖透视图

特点:技术成熟、稳定,耐久性与防腐性优于镀锌钢板,在机场、火车站等大型公共建筑中应用广泛。成形超强,构造轻盈,适合复杂的双曲面造型。

③不锈钢屋面

a. C1 焊接构造不锈钢屋面(图 6-40)。其典型构造做法:保温层(含衬檩支撑及衬檩);0.6mm 厚压型钢板支撑;0.2mm 平钢板;二次防水层(TPO 或防水透气膜);0.6mm 厚不锈钢焊接屋面板(430/443/445)。

C1 焊接构造不锈钢屋面的特点:其耐久性与防腐性与铝镁锰合金的相当;可采用焊接方式,因此能达到更可靠的防水效果;抗风揭性能优于铝镁锰屋面系统;对屋面工艺要求较高，且焊接设备费用较昂贵；采用焊接工艺的不锈钢屋面，不适合在其上新增光伏板。

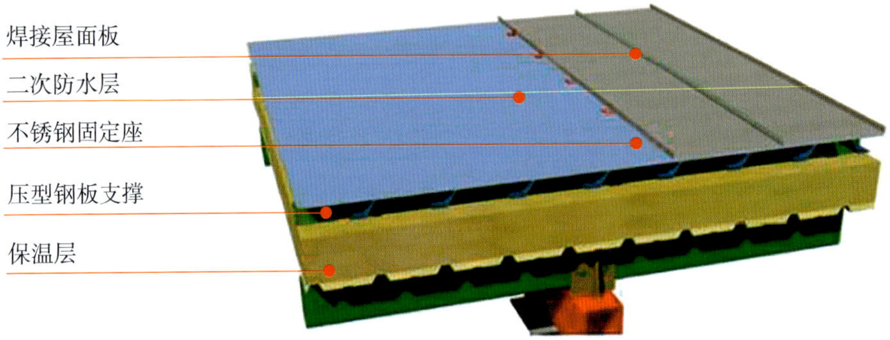


图 6-40　C1 焊接构造不锈钢屋面剖透视图

b.C2 直立锁边构造不锈钢屋面（图 6-41）。其典型构造做法：0.6mm 厚压型钢板底板；隔汽层；保温层（含衬檩支撑及衬檩）；二次防水层（TPO 或防水透气膜）；0.6mm 厚不锈钢直立锁边屋面板（430/443/445）。

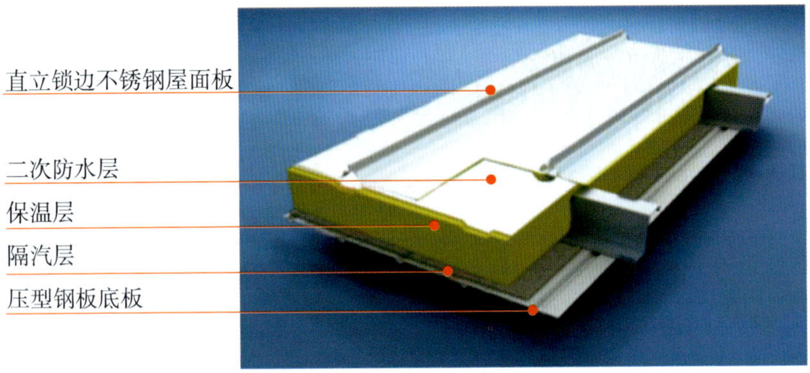


图 6-41　C2 直立锁边构造不锈钢屋面剖透视图

C2 直立锁边构造不锈钢屋面特点：其构造方式与镀铝锌钢板锁边构造方式相同，防水性能相当，仅材料耐久性与防腐性更优于镀铝锌钢板。因为不锈钢回弹系数较大，成型工艺要求更高，易造成锁缝不严实。

（3）性能比较

不锈钢屋面刚度和强度大，温度变形小，耐久性强，材料使用寿命长，但加工成型难度大，回弹性大；焊接构造太复杂，工艺要求高、工期长，锁边构造的防水性能无明显优势；因材料外观颜色较单一，表面需做毛面处理。铝镁锰屋面耐候性好，可塑性强，材料使用寿命长，对复杂曲面更具优势，但抗风揭性能不及钢板屋面。镀锌钢板屋面刚度和强度大，温度变形小，耐久性较好、性能均衡，工艺成熟，在其上安装光伏板对屋面构造影响较小，且表面涂层色彩样式较为丰富。三种屋面性能比较如表 6-2 所示。

表 6-2 屋面性能比较

| | 镀锌钢板直立锁边屋面 | 铝镁锰合金直立锁边屋面 | 不锈钢屋面 |
|---|---|---|---|
| 防水性能 | 较好 | 较好 | 焊接时好，直立锁边无优势 |
| 使用寿命 | 中等 | 较长 | 长 |
| 外观多样性（色彩） | 多 | 较多 | 很少 |
| 耐久性 | 较好 | 好 | 好 |
| 温度变形 | 小 | 大 | 小 |
| 受力变形 | 较小 | 大 | 小 |
| 压型回弹 | 小 | 小 | 较大 |

### 6.5.4 总结

通过屋面构造做法方案比选及案例介绍，从节约造价和构造稳定性方面考虑，鄂州花湖机场航站楼金属屋面体系将参照大兴机场，采用镀铝锌压型钢板金属屋面体系，并取消最外层的复合金属装饰板，由施工单位进行深化并建立 BIM 模型后指导施工（图 6-42）。

图 6-42 航站楼金属屋面施工实景图

## 6.6 快件中心平面布局与空间优化设计

### 6.6.1 背景描述

货运站和快件中心的架空综合办公楼与货物处理主站房相邻布置，架空综合办公楼在快件中心处一层为快件中心作业区，在货运站处为陆侧车辆停靠站台的进出港普货车辆装卸区。

快件中心站房为两层的物流建筑(图6-43)，一层高度5m，二层高度5.6m，站房进深98m，开间126m，采用大跨度、大柱网结构，便于快件处理设备的摆放。快件中心和货物处理主站房的柱网尺寸为14m×14m，便于设备模块化布置，并适应将来发展情况下对工艺的布置调整。

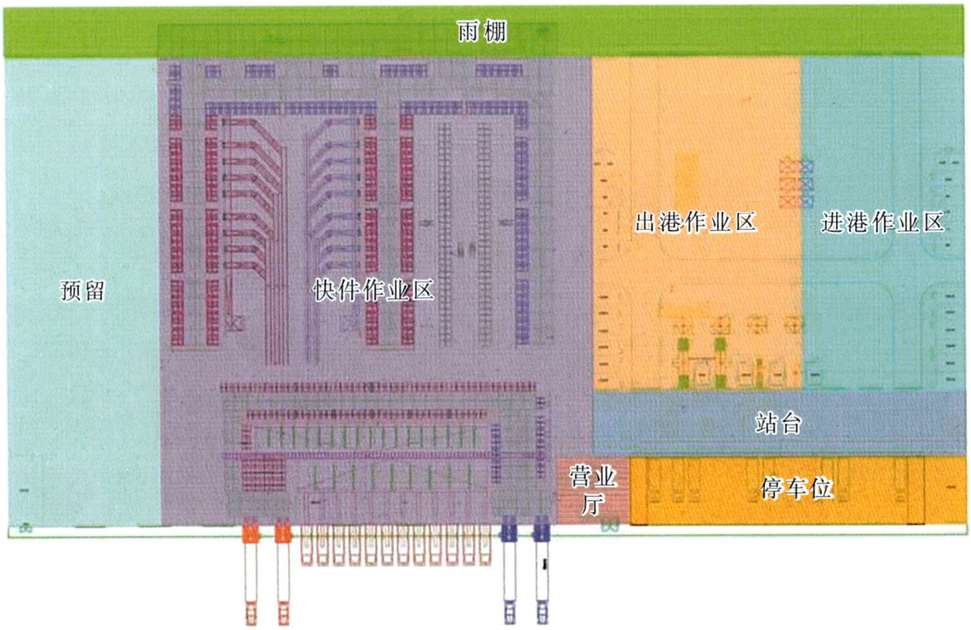


图6-43 平面布置图

### 6.6.2 问题分析

快件中心及周边功能复杂、联系紧密。货运站和快件中心的架空综合办公楼与货物处理主站房相邻布置，架空综合办公楼在快件中心处一层为快件中心作业区，是进出港快件车辆装载、卸载区；在货运站处为陆侧车辆停靠站台的进出港普货车辆装卸区，办公楼和货运站之间为货运站的陆侧雨棚，雨棚下面为货运站的陆侧站台。

### 6.6.3 解决方案

营业厅布置在架空综合办公楼的一层，位于快件中心和货运站之间，并与货物处理主站房相邻，方便货主办理手续，并合理地组织人流、物流、信息流，提高作业效率。架空综合办公楼的二楼为海关和检验检疫办公地点，贴建办公的三楼为货运站工作人员办公场所。在架空综合办公楼的营业厅与货物处理主站房相接的部位设置了人员通道及更衣室，人员更衣后经过安检方可进入作业区，离开货站作业区的工作人员则需通过该通道检查后方可离开或进入更衣室，以保证货物的安全。

货运站房货物处理区包括收发货区、散货存储区、出港配货区、进港理货区等。货运站的站房一层，进深70m，开面80m，采用大跨度、大柱网结构形式，货物处理站房的柱网尺寸为14m×24m、14m×32m，便于叉车、拖车等设备作业，并具有适应将来发展的对工艺布置调整的灵活性。空侧等待棚进深10m，陆侧站台进深14m。在出港货物处理区设货物配货区，为出港航班进行配货。在出港货物处理区设有散货拖斗复重的地磅。货物处理区设有特殊货物品库以供进出港特货的暂存，特殊货物品库的类型包括冷冻库、冷藏库、动物房及贵重物品库。

### 6.6.4 总结

快件中心的设计有如下亮点：

①在结构设计上，采用了大跨度、大柱网结构形式，便于快件处理的设备的摆放和设备模块化布置，并为未来发展做准备。

②在功能区布局上，充分考虑了工作流程，合理地组织了人流、物流、信息流，提高作业效率。在货物处理方面设置了细致的多区域，且设有特殊货物品库。

## 6.7 综合业务楼布局和规模设计优化

### 6.7.1 背景描述

综合业务楼为转运中心的配套办公大楼，根据批复，综合业务楼近期的建设规模需求为：地面23000m$^2$，地下18000m$^2$。根据2019年8月12日提供的综合业务楼的使用面积需求表（表6-3），初步预判直到2050年，办公面积需求不会有大规模的调整。

表 6-3　综合业务楼使用面积需求

| 年份 | 2022 年 | 2025 年 | 2028 年 |
|---|---|---|---|
| 面积汇总/$m^2$ | 13158 | 16448 | 19738 |

同时,依据货航 2019 年 4 月提供的机场北侧的货航业务楼的建筑面积需求表,如表 6-4。此外还有如下信息:

表 6-4　货航业务楼的建筑面积需求 1

| 年份 | 2022 年 | 2025 年 | 2028 年 | 2045 年后 |
|---|---|---|---|---|
| 面积汇总/$m^2$ | 1 万～3.1 万 | 1 万～3.1 万 | 3.1 万 | 6.2 万 |

①2028 年之前,货航将逐步搬迁至鄂州花湖机场北侧的货航基地,2028 年完成搬迁。

②最新的机场北侧货航基地内的货航办公楼截至 2025 年的建设规模为 3.1 万 $m^2$。

③若与综合业务楼合建,2028 年之前,综合业务楼需提供 1 万 $m^2$ 的面积给货航使用。

④2028 年后,货航办公功能将整体搬迁至机场北侧的货航基地,可消化综合业务楼 3000$m^2$ 的建筑面积,用于满足与货航基地关联度不高的功能。

2019 年 8 月 12 日,经过与货航再次沟通,货航业务楼的建筑面积需求如表 6-5。

表 6-5　货航业务楼的建筑面积需求 2

| 年份 | 2022 年 | 2025 年 | 2028 年 | 2045 年后 |
|---|---|---|---|---|
| 面积汇总/$m^2$ | 1 万 | 1 万 | 3.1 万 | 6.2 万 |

### 6.7.2　问题分析

由于一期分拣综合业务楼和货航业务楼均独立建设，两个单体建筑的体量过小且在不远的将来又需扩建一部分面积,且分别建设在两个场地,因此存在建设不集中、浪费土地、建设管理难度增加、小面积扩建等问题。

这两个单体建筑的建设位置也需要经过充分的分析,达到一期最优、二期能合理拓展的目标。

### 6.7.3　解决方案

首先,通过对分拣综合业务楼和货航业务楼的各年份的需求数据汇总分析(图 6-44),结合需求趋势,合建业务楼取 29000$m^2$ 的面积进行共同建设,可兼顾中长期发展需求。规模选择原因如下:

①满足一期合建的面积需求;

②二期货航办公北迁至货航基地后，也能满足综合业务楼的基本规模需求，且无空置。

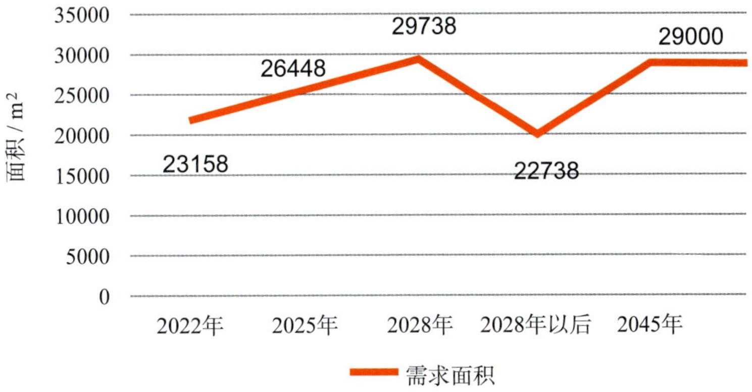


图 6-44　综合业务楼和货航业务楼各年份的需求面积数据汇总分析

其次，通过对综合业务楼的选位进行分析，找出最优的落位（图 6-45、图 6-46）。

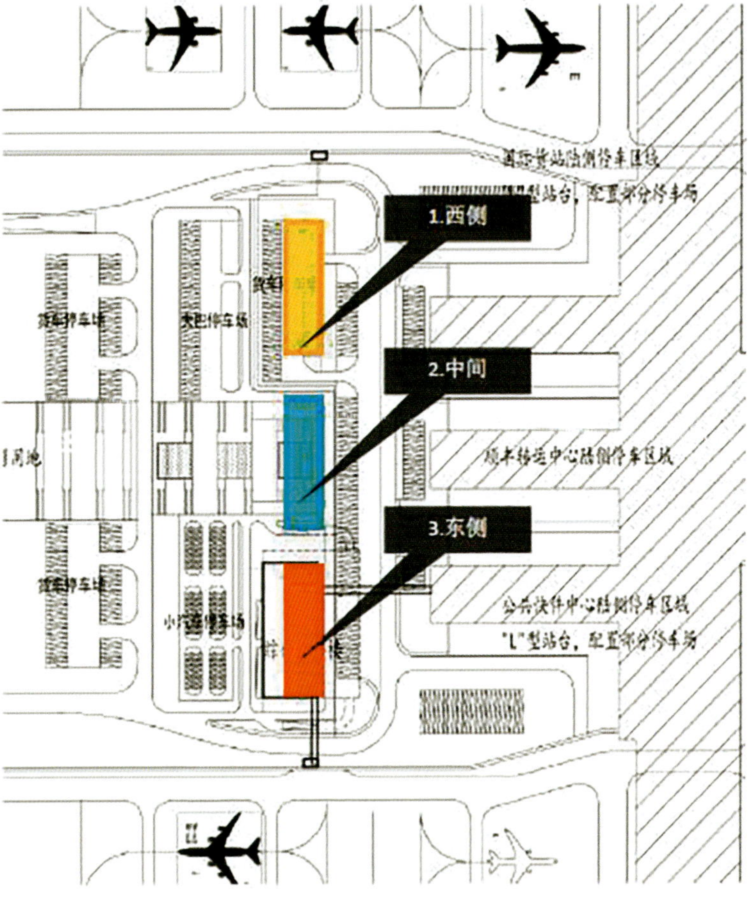


图 6-45　综合业务楼的选位

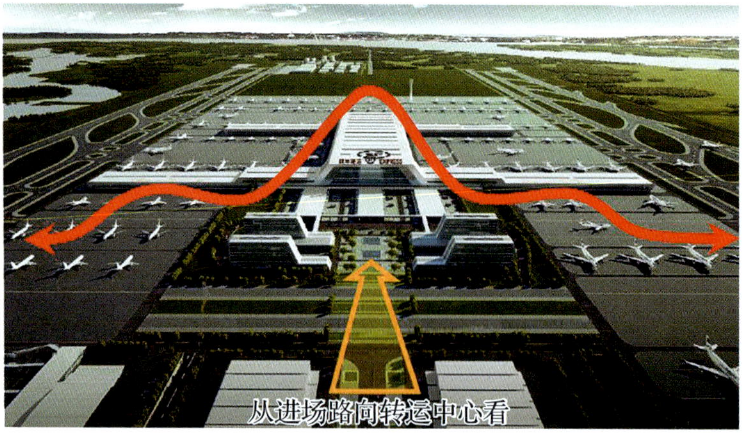


图 6-46　综合业务楼视线分析

综合业务楼应位于转运中心中轴及两侧，不遮挡核心区的主体形象。形成高低错落的天际线。结合各选择的优缺点综合考虑(表 6-6),最终选择方案三。同时通过对现有场地的分析,梳理出合适的建设条件。

表 6-6　综合业务楼的选位方案比选

| 位置 | 优点 | 缺点 |
|---|---|---|
| 方案一:转运中心楼前西侧 | — | 进场较远,不方便 |
| 方案二:转运中心楼前中间 | — | 视线遮挡不利于展示转运中心形象 |
| 方案三:转运中心楼前东侧 | 方便进场、利于展示转运中心形象 | — |

(1)南北向陆侧用地条件

从侧指廊南端至用地红线距离 377m,预留南侧的两条南垂滑共占去 146.5m,指廊南侧的陆侧场院核心区共占用 106m,剩余给综合业务楼的空间距离为 109.5m(图 6-47、图 6-48)。

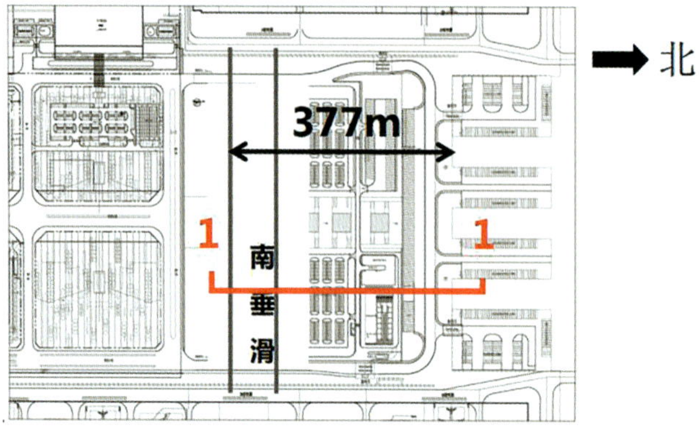


图 6-47　南北向陆侧用地条件平面图

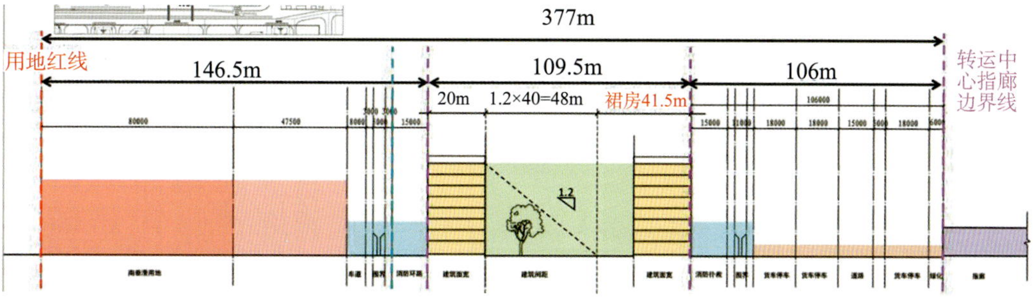


图 6-48　南北向陆侧用地条件立面图

（2）东西向陆侧用地条件

从陆侧场院中轴线至用地红线距离 254m，中轴线参照整个鄂州花湖机场的中轴线退距，二者共占 70m。场地的东侧围界、绿化、主进场道路、综合楼自身的消防车道及退距等共占用 50m，剩余留给综合业务楼的空间距离为 109.5m（图 6-49 至图 6-50）。

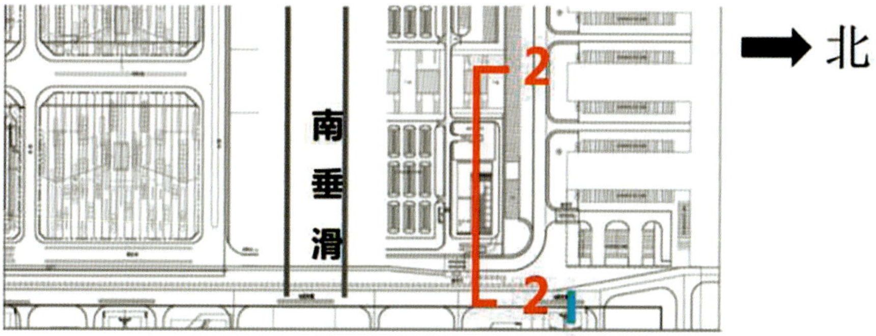


图 6-49　东西向陆侧用地条件平面图 1

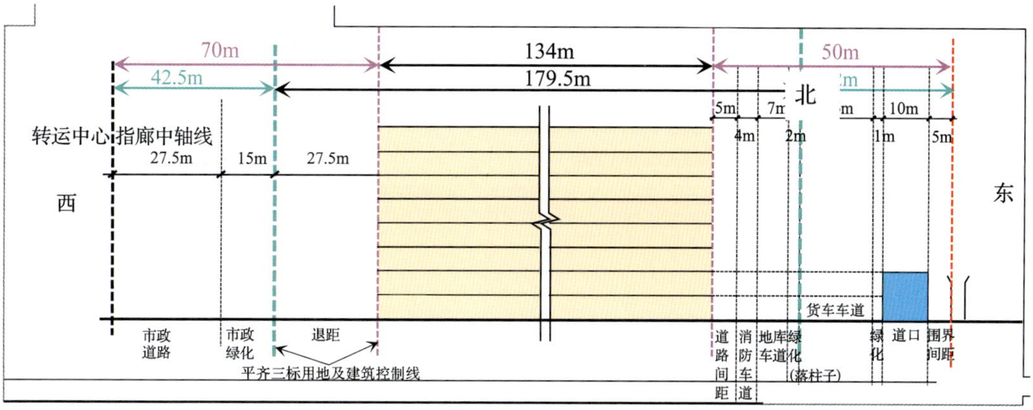


图 6-50　东西向陆侧用地条件立面图

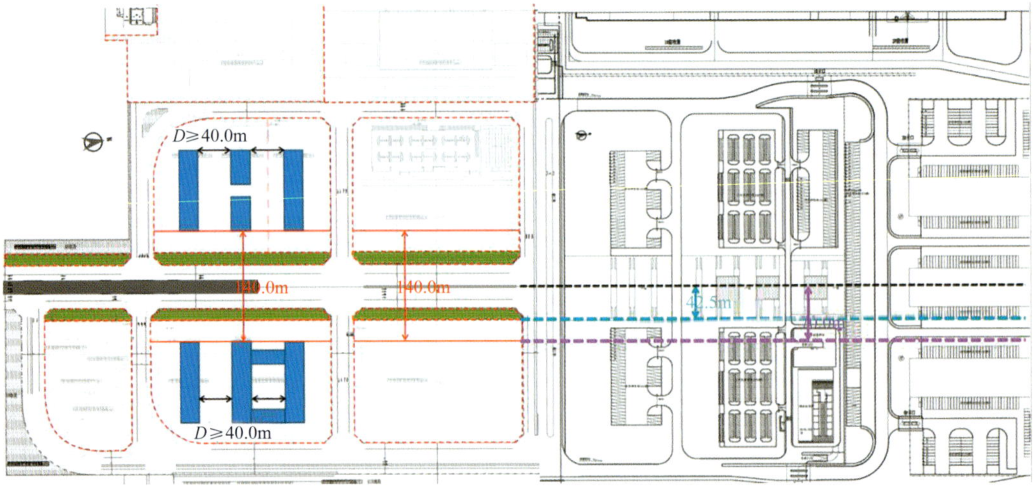


图 6-51 东西向陆侧用地条件平面图 2

(3)用地强度

对比鄂州花湖机场南工作区的建设指标和修建性详规的控制，整个区域的用地强度和空间开敞相近，并考虑一定的舒适度，选择如下的用地控制指标(图 6-52、表 6-7)：

①高度≤38m；

②容积率≤2.0；

③建筑密度≤35%。

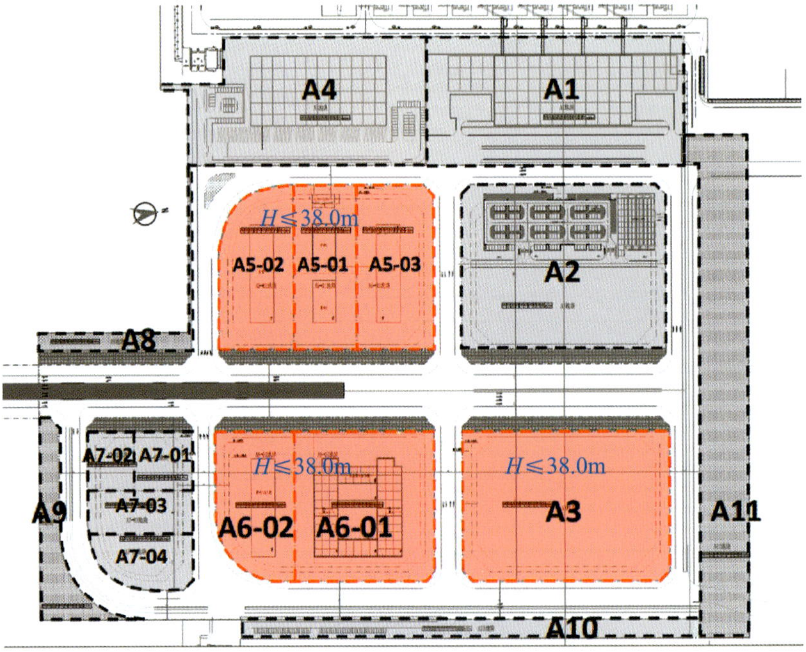


图 6-52 用地控制指标

表 6-7 用地控制指标

| 用地编号 | 用地代码 | 用地面积 | 容积率 | 建筑面积 | 建筑高度 | 建筑密度 | 绿地率 | 停车位 | 用地性质 | 备注 |
|---|---|---|---|---|---|---|---|---|---|---|
| A1 | H24 | 35831.40m² | ≤0.8 | 14950m² | 24m | ≤40% | 5% | 50 | | 仅地面临时停车 |
| A2 | H24 | 36102.57m² | — | — | — | — | 30% | — | 交通场站 | 根据发展扩展停车 |
| A3 | H24 | 33325.25m² | ≤2.0 | — | 38m | ≤35% | 30% | — | 行政办公 | 建筑控制高度≤38m |
| A4 | H24 | 31842.80m² | ≤0.8 | 24160m² | 20m | ≤40% | 5% | — | | 仅地面临时停车 |
| A5-01 | H24 | 11373.60m² | ≤2.0 | 8900m² | 38m | ≤30% | 35% | — | 旅馆用地 | 仅地面临时停车 |
| A5-02 | H24 | 13693.10m² | ≤2.0 | — | 38m | ≤30% | 35% | — | 行政办公 | 建筑控制高度≤38m |
| A5-03 | H24 | 13693.10m² | ≤2.0 | — | 38m | ≤30% | 35% | — | 旅馆用地 | 旅客过夜楼 |
| A6-01 | H24 | 22766.50m² | ≤2.0 | 35830m² | 38m | ≤35% | 30% | 440 | 行政办公 | 建筑控制高度≤38m |
| A6-02 | H24 | 12009.51m² | ≤2.0 | — | 38m | ≤30% | 30% | — | 行政办公 | 建筑控制高度≤38m |
| A7-01 | H24 | 3660.00m² | ≤0.5 | — | 10m | — | — | — | 加油加气站用地 | |

(4)建筑规模

①一期建设方案

综合上述陆侧用地条件：容积率=2.0，建筑层数 40m÷4.5m/F=8.8F，故最多只能做 8 层。

②总图布置

一期建的一栋塔楼地上设 8 层，地下室设 2 层，建筑高度(女儿墙顶)约 40m。与转运中心分离，占地面积小；集中于一栋楼，能最大限度提高容积率，共享设施设备(图 6-53)。

### 6.7.4 总结

综合业务楼的选址和建设，充分发挥了场地的各项优势。

①由于一期分拣综合业务楼和货航业务楼均独立建设，两个单体的体量过小且分两个场地建设，且在不远的将来又需扩建一部分面积，存在建设不集中、浪费土地、建设管理难度增加、小面积扩建等问题。采用一期合建、二期货航业务楼北建的方案，能使资源整合最大化。

②陆侧场地发挥了近期的最大优势，场地和容积率利用充足，交通便利、停车方便。

③整个陆侧的延展面展示形象的面积增大，展示面好。

④场地的建设位置，可达到一期最优，二期能合理拓展的目的。

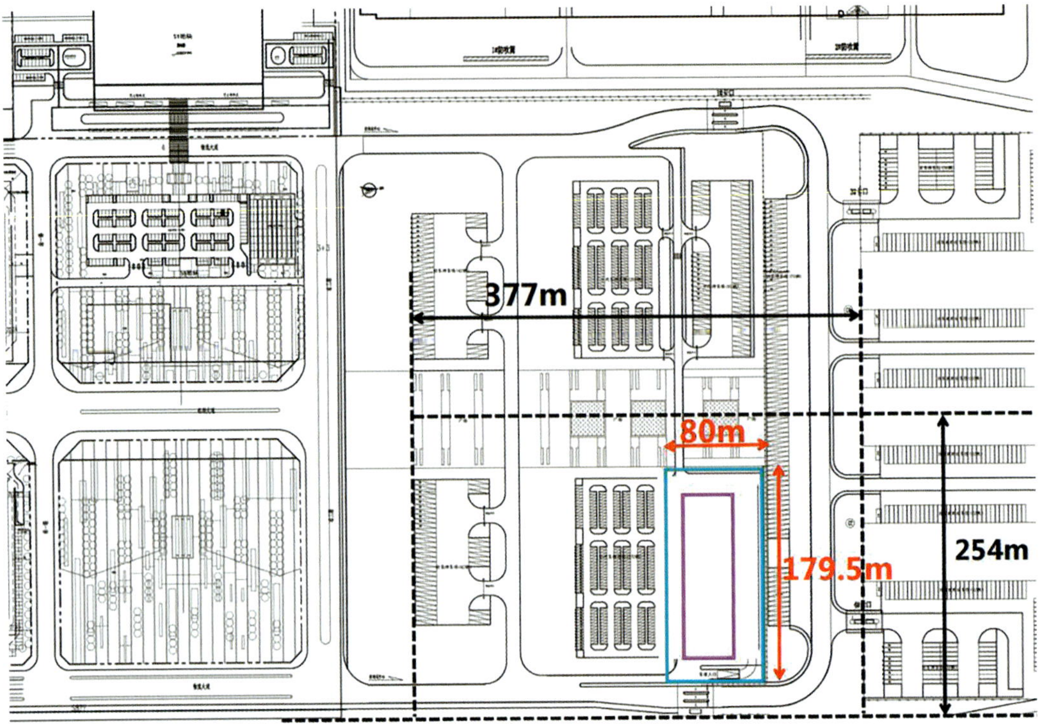


图 6-53 综合业务楼选址平面图

## 6.8 综合业务楼绿色建筑设计优化

### 6.8.1 背景描述

鄂州花湖机场作为现代化的航空枢纽，致力于在建设和运营过程中融入绿色、低碳的理念。综合业务楼作为机场的重要建筑之一，其绿色建筑设计优化是响应全球环保趋势、提高能效和减少碳排放的重要举措。通过优化绿色建筑设计，机场旨在降低运营成本，提升员工的工作环境，并为旅客提供更加舒适的服务体验。

### 6.8.2 问题分析

1.绿色建筑（三星）总体设计策略

①对环境的回应：最少的资源使用；废旧资源再利用；零能耗自持续建筑。

②对资本的回应：建筑成本控制；一次长期投入的权衡；直接成本与隐形成本；物资成本与人力成本；设计、评估带来的自身成本。

③对人的回应：适宜的舒适度；健康的空间感；无害的活动空间。

2.绿色建筑设计思考层面

①是否最大限度地减少能源使用?

②是否在绿色策略的使用与其他建筑标准之间谋求一定的平衡?

③是否在各设计标准出现矛盾之时,以绿色建筑思想以及原则处理矛盾?

④是否在已被证实的材料来源中充分利用可循环的材料和可再生的材料?

⑤是否考虑建筑管理系统必须易于使用者操作,不宜过于复杂?

⑥是否考虑利用地层温度的恒定,调节冬夏室内气温起伏?

⑦是否使用最适宜的技术手段获得最大的绿色效应?

⑧是否进行了多专业的有效整合?

⑨是否进行了策略的量化研究?

⑩是否对整体生态效益与建造的经济性进行了评估?

3.绿色建筑(三星)设计策略

(1)整体设计

选址、走向、场地内要素;总平面布置、生态保护;主要朝向、主导风向;日照;地下空间;配套服务设施;交通组织。

(2)单体设计

体型系数;自然采光、通风、热稳定性;适变性、可用性;资源综合设计;保温材料、绿色建材的设计;可再生能源的运用;水资源的利用。

(3)室外环境设计

场地绿化;海绵城市;屋顶绿化、立面绿化。

(4)室内环境设计

光环境(视野、自然光、照明);热环境(热舒适、节能控制、个体控制);声环境(安静、适宜、声学效果)。

(5)人文环境设计

地域文化的传承;以人为本的施工及生产技术;城市地标及新景观的创造;品牌宣传及商业效益的回报。

### 6.8.3 解决方案

(1)光污染防治

建筑幕墙设计采用可见光反射比小于0.2的材料,避免产生光污染。

(2)风环境提升

经过验证性模拟(图6-54),整体情况良好。夏季避免无风及涡旋区域;冬季避免大风区域。

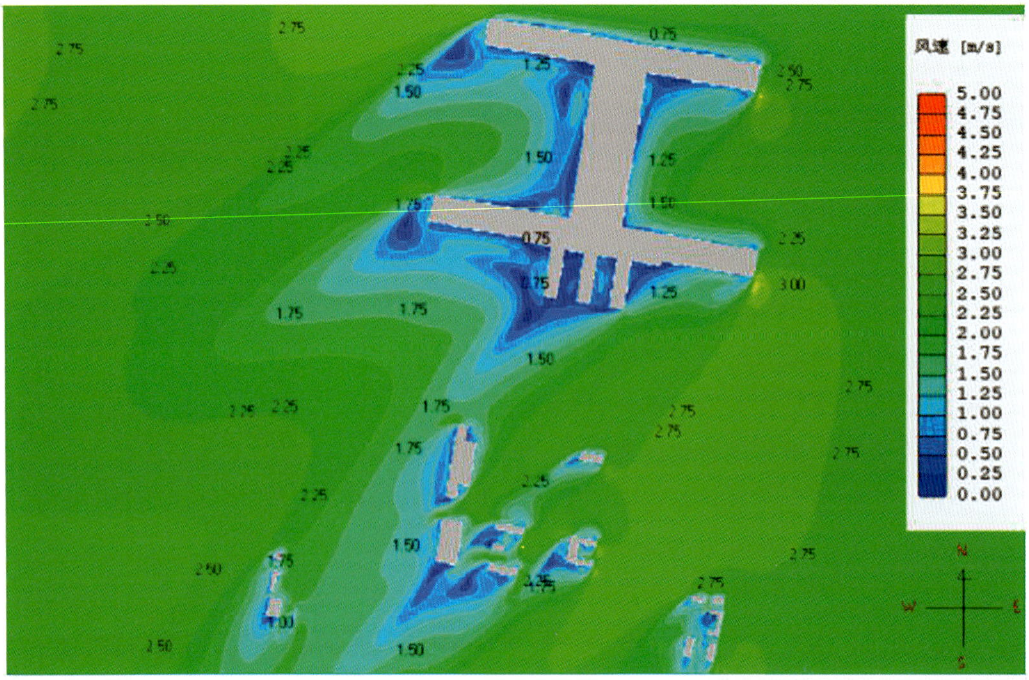


图 6-54　风环境验证性模拟

(3)热岛效应验证

城市热岛效应是指城市因大量的人工发热、建筑物和道路等高蓄热体增多及绿地减少等,造成城市“高温化”的现象。本项目采用计算机模拟技术(图 6-55),验证出现热岛效应过高的情况。如有不达标之处,应考虑增加缓解热岛效应的绿化及减少场地热量。

图 6-55　热岛效应验证

(4)屋顶绿化(图 6-56)

①有效改善项目的微气候(空气净化、热舒适度好、减少空调使用)。

②低影响开发,减少场地雨水径流量(防止内涝)。

③经过计算,场地年径流总量控制率可达到 57.4%(径流控制率越高,洪涝风险越小)。

图 6-56 屋顶绿化鸟瞰图

(5)围护结构提升

采用了热工性能好的围护结构,经过计算,项目采暖空调全年计算负荷降低比例达到 11.51%,项目总节能率为 69.03%(节约运行能耗,图 6-57)。

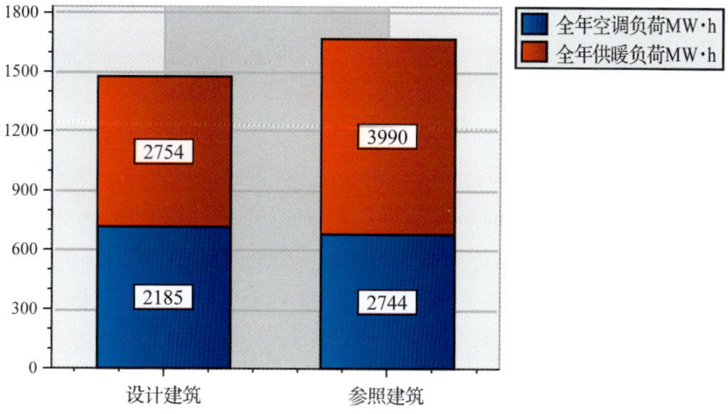


图 6-57 设计建筑与参照建筑全年负荷对比图

(6)合理使用可再生能源

由于项目自带数据机房,耗电量大,如果仅使用光伏发电技术满足绿色建筑要求,难度很大且会增加造价,因此结合项目实际情况综合考虑,选择了太阳能热水和光伏发电组合的策略。两者使用的比例都不大(平衡经济性和绿色建筑设计要求),但具有良好的经济效益，同时还可以获得更多的绿建分数。

（7）其他多项综合性节能技术

①水系统、风系统采用变频技术并满足节能要求。

②公共区域的照明系统采取分区、定时、感应等节能控制措施及采用高效照明灯具。

③采用节能电梯（图6-58），并采用节能控制措施。

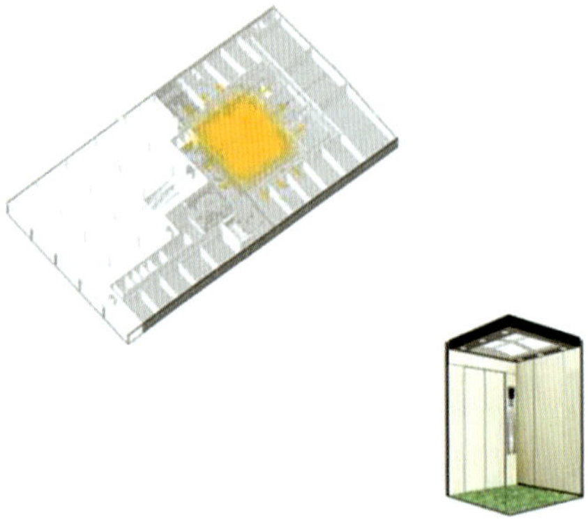

图6-58　节能电梯示意图

（8）全年运行能耗对比

全年运行能耗比常规设计低22.51%，具体情况如图6-59所示。

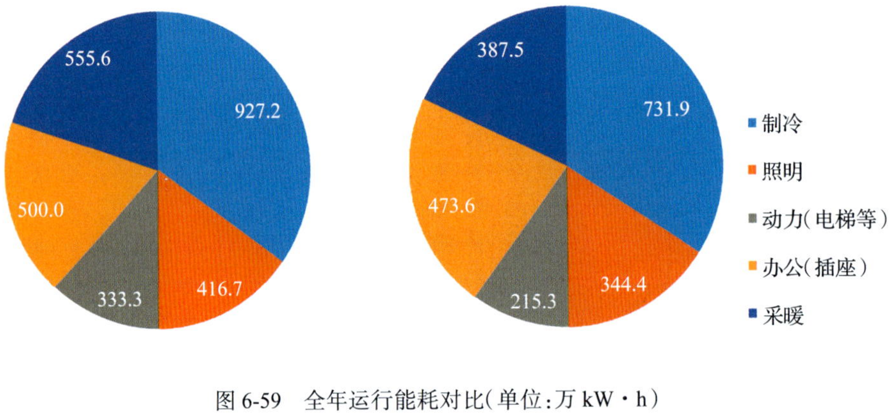


图6-59　全年运行能耗对比（单位：万kW·h）

（9）综合水资源利用解决方案

①选用密闭性能好的阀门、设备，使用耐腐蚀、耐久性能好的管材；

②室外埋地管道采取有效措施避免管网漏损；

③根据水平衡测试的要求安装分级计量水表；

④控制用水点供水压力不大于0.20 MPa，但能满足用水器具要求的最低工作压力；

⑤采用用水效率等级达到1级的卫生器具；

⑥采用节水灌溉系统，并设置土壤湿度感应器、雨天关闭装置等节水控制措施；

⑦室外广场、道路冲洗采用高压水枪以利节水；

⑧综合上述节水措施，经计算，项目整体年节水率达到25.19%（图6-60）。

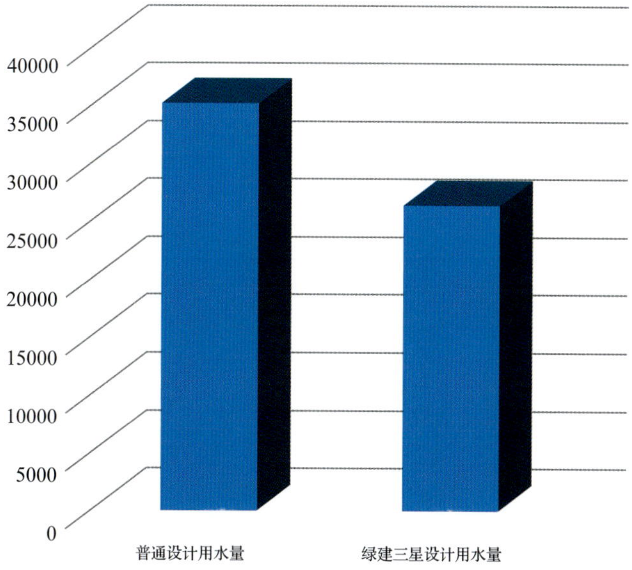


图6-60 普通设计和绿建三星设计用水量对比（单位：t）

（10）预拌混凝土和预拌砂浆

可减少砂浆使用量；降低混凝土成本；罐车密闭运输，减少了运输过程中的漏撒；减少工程维修费用，延长了建筑物的使用寿命；减少粉尘排放，改善施工环境，实现绿色施工。

（11）构件隔声和室内背景噪声

通过改善建筑隔声来隔绝机场噪声，保证室内安静；专门计算是否满足隔声要求；对于不满足要求的建筑部件，予以替换升级（图6-61）。

（12）大厅声环境

对大厅声环境进行优化计算（图6-62），杜绝回声、颤动回声等声缺陷。

（13）采光、光环境

测算后发现大玻璃幕墙容易对室内造成眩光，采用中置遮阳百叶后，解决了相关问题。

中置遮阳百叶（图6-63）拥有以下几个优点：

①造价和室内装百叶窗帘相差不多；

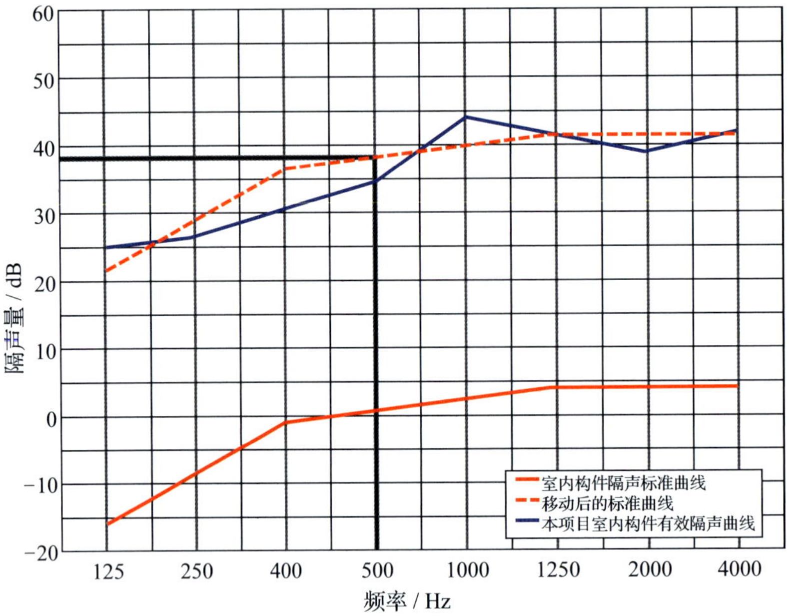


图 6-61　隔声构件的隔声曲线

| | | | 混响时间设计计算表 | | | | | | | | | | | | |
|---|---|---|---|---|---|---|---|---|---|---|---|---|---|---|---|
| 构 | 造 | 面积 | 25 | | 250 | | 500 | | 1k | | 2k | | 4k | | 依　据 |
| | | | a | A | a | A | a | A | a | A | a | A | a | A | |
| 天花板 | 穿孔石膏板 | 325.1 | 0.53 | 172.30 | 0.61 | 198.31 | 0.49 | 159.30 | 0.29 | 94.28 | 0.25 | 81.28 | 0.15 | 48.77 | |
| 地面 | 水磨石 | 268 | 0.01 | 2.68 | 0.01 | 2.68 | 0.02 | 5.36 | 0.02 | 5.36 | 0.02 | 5.36 | 0.03 | 8.04 | |
| | 通高洞口 | 57.1 | 0.30 | 17.13 | 0.35 | 19.99 | 0.40 | 22.84 | 0.45 | 25.70 | 0.50 | 28.55 | 0.55 | 31.41 | |
| 墙面 | 墙面(乳胶漆) | 75.95 | 0.01 | 0.76 | 0.01 | 0.76 | 0.02 | 1.52 | 0.02 | 1.52 | 0.02 | 1.52 | 0.03 | 2.28 | |
| | 走廊洞口 | 14.41 | 0.10 | 1.44 | 0.15 | 2.16 | 0.20 | 2.88 | 0.22 | 3.17 | 0.25 | 3.60 | 0.30 | 4.32 | |
| 东立面 | 墙面 | 119.3 | 0.01 | 1.19 | 0.01 | 1.19 | 0.02 | 2.39 | 0.02 | 2.39 | 0.02 | 2.39 | 0.03 | 3.58 | |
| | 木门 | 10.5 | 0.16 | 1.68 | 0.06 | 0.63 | 0.04 | 0.42 | 0.03 | 0.32 | 0.02 | 0.21 | 0.02 | 0.21 | |
| | 大门(玻璃门) | 10.35 | 0.18 | 1.86 | 0.15 | 1.55 | 0.10 | 1.04 | 0.10 | 1.04 | 0.10 | 1.04 | 0.10 | 1.04 | |
| 西立面 | 玻璃幕墙 | 98.8 | 0.18 | 17.78 | 0.06 | 5.93 | 0.04 | 3.95 | 0.03 | 2.96 | 0.02 | 1.98 | 0.02 | 1.98 | |
| | 墙面(乳胶漆) | 20.56 | 0.01 | 0.21 | 0.01 | 0.21 | 0.02 | 0.41 | 0.02 | 0.41 | 0.02 | 0.41 | 0.03 | 0.62 | |
| | 各构造面积总和验算 | 1090.43 | | | | | | | | | | | | | |
| 空气吸收4 mv | | | 0.00 | 0.00 | 0.00 | 0.00 | 0.00 | 0.00 | 0.00 | 5.13 | 0.01 | 15.38 | 0.02 | 37.60 | 室内总面积(m²) |
| 室内平均吸声系数a | | | 0.201 | | 0.217 | | 0.188 | | 0.130 | | 0.121 | | 0.100 | | 1090.43 |
| 总吸声量A | | | 219.24 | | 236.33 | | 204.51 | | 141.82 | | 131.45 | | 108.83 | | 室内容积(m³) |
| 混响时间T60 | | | 1.14 | | 1.05 | | 1.23 | | 1.77 | | 1.79 | | 1.83 | | 1708.9 |

图 6-62　大厅声环境

②不用清洗；

③属于外遮阳，相较于内遮阳有避免热量进入室内的优点；

④可根据季节自由调节(夏季遮阳、冬季透光)，以减少空调能耗；

⑤外立面干净整洁，具有统一性。

图 6-63　中置遮阳百叶

(14)室内通风

室内通风在过渡季节对于降低能耗、改善空气品质有重要的帮助。本项目设计中采用了模拟计算的方式(图 6-64),保证室内通风质量。如果验算不达标,会要求幕墙专业开大窗扇的面积。

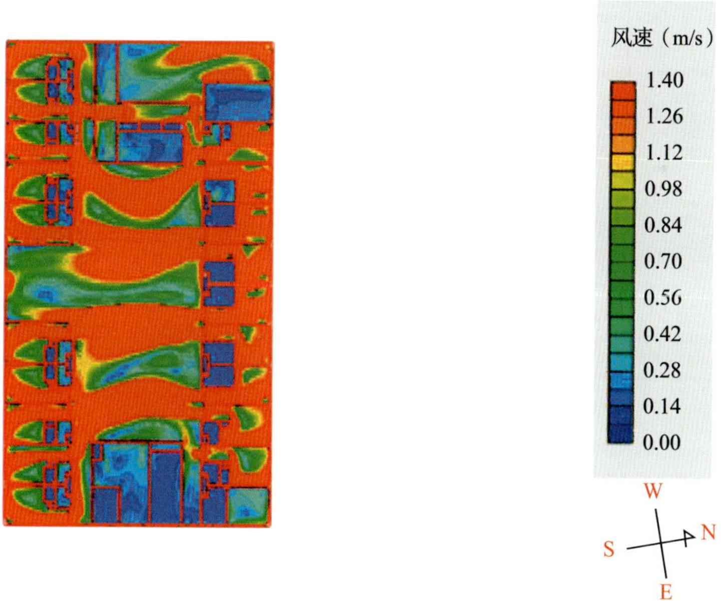


图 6-64　室内通风模拟计算

(15)室内空气品质

①对室内的二氧化碳浓度进行数据采集(图 6-65)、分析并与通风系统联动;

②采用中效过滤器进行新风处理(PM2.5,PM10);

③地下车库设置与排风设备联动的一氧化碳浓度监测装置。

以上措施能有效改善室内空气品质,同时具有节能的效果。

图 6-65 室内空气品质数据采集

## 6.8.4 总结

(1)经过多维度项目评价,综合业务楼绿色建筑评分总分为 84 分,满足绿色建筑三星要求(图 6-66)。

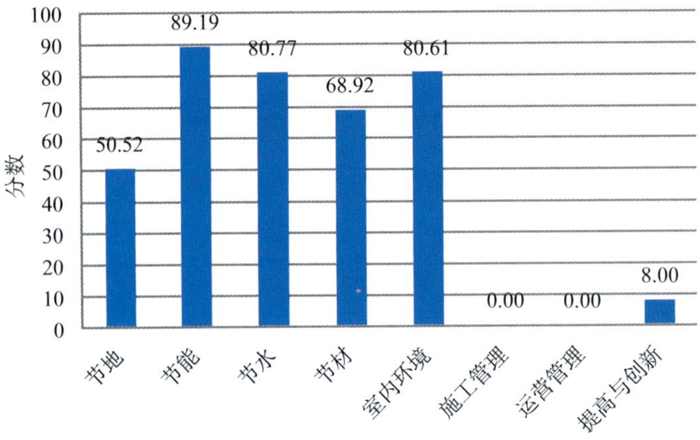


(a)

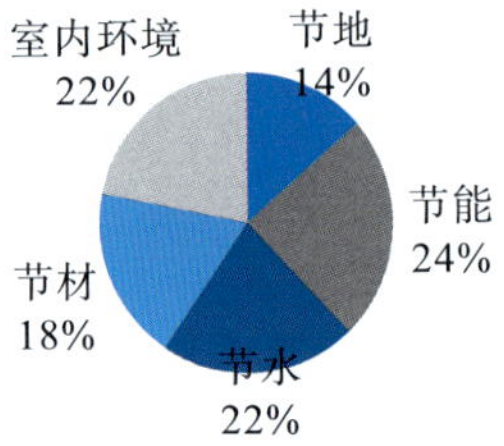


(b)

图 6-66 综合楼绿建三星评分图

(a)条形图;(b)饼状图

①节地得分情况如图 6-67 所示。

| 条文编号 | 条文内容 | 不参评分 | 得分 | 项目评价情况 |
|---|---|---|---|---|
| 4.1.1 | 项目选址应符合所在地城乡规划，且应符合各类保护区、文物古迹保护的建设控制要求 | | Y | |
| 4.1.2 | 场地应无洪涝、滑坡、泥石流等自然灾害的威胁，无危险化学品、易燃易爆危险源的威胁，无电磁辐射、含氡土壤等危害 | | Y | |
| 4.1.3 | 场地内不应有排放超标的污染源 | | Y | |
| 4.1.4 | 建筑规划布局应满足日照标准，且不得降低周边建筑的日照标准 | | Y | |
| 4.2.1 | 节约集约利用土地（19分） | | 0 | |
| 4.2.2 | 场地内合理设置绿化用地（9分） | | 2 | |
| 4.2.3 | 合理开发利用地下空间（6分） | | 0 | |
| 4.2.4 | 建筑及照明设计避免产生光污染（4分） | | 2<br>2 | |
| 4.2.5 | 场地内环境噪声符合现行国家标准《声环境质量标准》GB 3096 的有关规定（4分） | | 0 | |
| 4.2.6 | 场地内风环境有利于室外行走、活动舒适和建筑的自然通风（6分） | | 2<br>1<br>2<br>1 | |
| 4.2.7 | 采取措施降低热岛效应（4分） | | 2<br>2 | |
| 4.2.8 | 场地与公共交通设施具有便捷的联系（9分） | | 3<br>3<br>3 | |
| 4.2.9 | 场地内人行通道采用无障碍设计（3分） | | 3 | |
| 4.2.10 | 合理设置停车场所（6分） | | 0<br>3 | |
| 4.2.11 | 提供便利的公共服务（6分） | | 6 | |
| 4.2.12 | 结合地形地貌进行场地设计与建筑布局，保护场地内原有的自然水域、湿地和植被，采取表层土利用等生态补偿措施（3分） | 3 | 0 | |
| 4.2.13 | 充分利用场地空间合理设置绿色雨水基础设施，对大于$10hm^2$的场地进行雨水专项规划设计（9分） | | 3<br>0<br>0 | |
| 4.2.14 | 合理规划地表与屋面雨水径流，对场地雨水实施外排总量控制（6分） | | 3 | |
| 4.2.15 | 合理选择绿化方式，科学配置绿化植物（6分） | | 3<br>3 | |

图 6-67　节地得分情况

②节能得分情况如图 6-68 所示。

| 条文编号 | 条文内容 | 不参评分 | 得分 | 项目评价情况 |
|---|---|---|---|---|
| 5.1.1 | 建筑设计应符合国家现行相关建筑节能设计标准中强制性条文的规定 | | Y | |
| 5.1.2 | 不应采用电直接加热设备作为供暖空调系统的供暖热源和空气加湿热源 | | Y | |
| 5.1.3 | 冷热源、输配系统和照明等各部分能耗应进行独立分项计量 | | Y | |
| 5.1.4 | 各房间或场所的照明功率密度值不应高于现行国家标准《建筑照明设计标准》GB 50034 规定的现行值 | | Y | |
| 5.2.1 | 结合场地自然条件，对建筑的体形、朝向、楼距、窗墙比等进行优化设计<br>（6分） | | 6 | |
| 5.2.2 | 外窗、玻璃幕墙的可开启部分能使建筑获得良好的通风<br>（6分） | | 0 | |
| 5.2.3 | 围护结构热工性能指标优于国家现行相关建筑节能设计标准的规定<br>（10分） | | 10 | |
| 5.2.4 | 供暖空调系统的冷、热源机组能效均优于现行国家标准《公共建筑节能设计标准》GB 50189的规定以及现行有关国家标准能效限定值的要求。<br>（6分） | 6 | 0 | 不参评 |
| 5.2.5 | 集中供暖系统热水循环泵的耗电输热比和通风空调系统风机的单位风量耗功率符合现行国家标准《公共建筑节能设计标准》GB 50189 的有关规定，且空调冷热水系统循环水泵的耗电输冷（热）比比现行国家标准《民用建筑供暖通风与空气调节设计规范》GB 50736 规定值低20%<br>（6分） | | 6 | |
| 5.2.6 | 合理选择和优化供暖、通风与空调系统<br>（10分） | 10 | 0 | 不参评 |
| 5.2.7 | 采取措施降低过渡季节供暖、通风与空调系统能耗<br>（6分） | | 6 | |
| 5.2.8 | 采取措施降低部分负荷、部分空间使用下的供暖、通风与空调系统能耗<br>（9分） | 3 | 3<br>0<br>3 | |
| 5.2.9 | 走廊、楼梯间、门厅、大堂、大空间、地下停车场等场所的照明系统采取分区、定时、感应等节能控制措施<br>（5分） | | 5 | |
| 5.2.10 | 照明功率密度值达到现行国家标准《建筑照明设计标准》GB 50034 中规定的目标值<br>（8分） | | 8 | |
| 5.2.11 | 合理选用电梯和自动扶梯，并采取电梯群控、扶梯自动启停等节能控制措施<br>（3分） | | 3 | |
| 5.2.12 | 合理选用节能型电气设备<br>（5分） | | 3<br>2 | |
| 5.2.13 | 排风能量回收系统设计合理并运行可靠<br>（3分） | | 3 | |
| 5.2.14 | 合理采用蓄冷蓄热系统<br>（3分） | 3 | | |
| 5.2.15 | 合理利用余热废热解决建筑的蒸汽、供暖或生活热水需求<br>（4分） | 4 | | |
| 5.2.16 | 根据当地气候和自然资源条件，合理利用可再生能源<br>（10分） | | 4<br>4 | |

图 6-68　节能得分情况

③节水得分情况如图 6-69 所示。

| 条文编号 | 条文内容 | 不参评分 | 得分 | 项目评价情况 |
| --- | --- | --- | --- | --- |
| 6.1.1 | 应制定水资源利用方案，统筹利用各种水资源 | | Y | |
| 6.1.2 | 给排水系统设置应合理、完善、安全 | | Y | |
| 6.1.3 | 应采用节水器具 | | Y | |
| 6.2.1 | 建筑平均日用水量满足现行国家标准《民用建筑节水设计标准》GB 50555中的节水用水定额的要求（10分） | 10 | 0 | |
| 6.2.2 | 采取有效措施避免管网漏损（7分） | | 1<br>1<br>5 | |
| 6.2.3 | 给水系统无超压出流现象（8分） | | 8 | |
| 6.2.4 | 设置用水计量装置（6分） | | 2<br>4 | |
| 6.2.5 | 公用浴室采取节水措施（4分） | 2<br>2 | | 不参评 |
| 6.2.6 | 使用较高用水效率等级的卫生器具（10分） | | 10 | |
| 6.2.7 | 绿化灌溉采用节水灌溉方式（10分） | | 7<br>3<br>0 | |
| 6.2.8 | 空调设备或系统采用节水冷却技术（10分） | | 0<br>0<br>10 | |
| 6.2.9 | 除卫生器具、绿化灌溉和冷却塔以外的其他用水采用节水技术或措施（5分） | | 5 | |
| 6.2.10 | 合理使用非传统水源（15分） | | 0<br>0 | |
| 6.2.11 | 冷却水补水使用非传统水源（8分） | 8 | 0 | |
| 6.2.12 | 结合雨水利用设施进行景观水体设计，景观水体利用雨水的补水量大于其水体蒸发量的60%，且采用生态水处理技术保障水体水质（7分） | | 4<br>3 | |

图 6-69　节水得分情况

④节材得分情况如图 6-70 所示。

| 条文编号 | 条文内容 | 不参评分 | 得分 | 项目评价情况 |
| --- | --- | --- | --- | --- |
| 7.1.1 | 不得采用国家和地方禁止和限制使用的建筑材料及制品 | | Y | |
| 7.1.2 | 混凝土结构中梁、柱纵向受力普通钢筋应采用不低于400MPa 级的热轧带肋钢筋 | | Y | |
| 7.1.3 | 建筑造型要素应简约，且无大量装饰性构件 | | Y | |
| 7.2.1 | 择优选用建筑形体。根据国家标准《建筑抗震设计规范》GB50011-2010规定的建筑形体规则性评分（9分） | | 3 | |
| 7.2.2 | 对地基基础、结构体系、结构构件进行优化设计，达到节材效果（5分） | | 5 | |
| 7.2.3 | 土建工程与装修工程一体化设计（10分） | | 10 | 土建装修一体化设计 |
| 7.2.4 | 公共建筑中可变换功能的室内空间采用可重复使用的隔断（墙）（5分） | | 0 | |
| 7.2.5 | 采用工业化生产的预制构件（5分） | | 0 | |
| 7.2.6 | 采用整体化定型设计的厨房、卫浴间（6分） | 3<br>3 | 0<br>0 | |
| 7.2.7 | 选用本地生产的建筑材料（10分） | 10 | 0 | |
| 7.2.8 | 现浇混凝土采用预拌混凝土（10分） | | 10 | |
| 7.2.9 | 建筑砂浆采用预拌砂浆（5分） | | 5 | |
| 7.2.10 | 合理采用高强建筑结构材料（10分） | | 10 | |
| 7.2.11 | 合理采用高耐久性建筑结构材料（5分） | | 0<br>0 | |
| 7.2.12 | 采用可再利用材料和可再循环材料（10分） | | 8 | |
| 7.2.13 | 使用以废弃物为原料生产的建筑材料（5分） | 5 | 0 | |
| 7.2.14 | 合理采用耐久性好、易维护的装饰装修建筑材料（5分） | 2<br>2<br>1 | 0<br>0<br>0 | |

图 6-70　节材得分情况

⑤室内环境得分情况如图 6-71 所示。

| 条文编号 | 条文内容 | 不参评分 | 得分 | 项目评价情况 |
|---|---|---|---|---|
| 8.1.1 | 主要功能房间的室内噪声级应满足现行国家标准《民用建筑隔声设计规范》GB 50118 中的低限要求 | | Y | |
| 8.1.2 | 主要功能房间的外墙、隔墙、楼板和门窗的隔声性能应满足现行国家标准《民用建筑隔声设计规范》GB 50118 中的低限要求 | | Y | |
| 8.1.3 | 建筑照明数量和质量应符合现行国家标准《建筑照明设计标准》GB 50034 的规定 | | Y | |
| 8.1.4 | 采用集中供暖空调系统的建筑，房间内的温度、湿度、新风量等设计参数应符合现行国家标准《民用建筑供暖通风与空气调节设计规范》GB 50736 的规定 | | Y | |
| 8.1.5 | 在室内设计温、湿度条件下，建筑围护结构内表面不得结露 | | Y | |
| 8.1.6 | 屋顶和东、西外墙隔热性能应满足现行国家标准《民用建筑热工设计规范》GB 50176 的要求 | | Y | |
| 8.1.7 | 室内空气中的氨、甲醛、苯、总挥发性有机物、氡等污染物浓度符合现行国家标准《室内空气质量标准》GB/T 18883的有关规定 | | 不参评 | |
| 8.2.1 | 主要功能房间的室内噪声级<br>（6分） | | 0 | |
| 8.2.2 | 主要功能房间的隔声性能良好<br>（9分） | | 3<br>4 | |
| 8.2.3 | 采取减少噪声干扰的措施<br>（4分） | <br>2 | 2<br>0 | |
| 8.2.4 | 公共建筑中的多功能厅、接待大厅、大型会议室和其他有声学要求的重要房间应进行专项声学设计，满足相应功能要求（3分） | | 3 | |
| 8.2.5 | 建筑主要功能房间具有良好的户外视野<br>（3分） | | 3 | |
| 8.2.6 | 主要功能房间的采光系数满足现行国家标准《建筑采光设计标准》GB 50033 的要求<br>（8分） | | 8 | |
| 8.2.7 | 改善建筑室内天然采光效果<br>（14分） | | 6<br>0<br>0 | |
| 8.2.8 | 采取可调节遮阳措施，降低夏季太阳辐射得热<br>（12分） | | 12 | |
| 8.2.9 | 供暖空调系统末端现场可独立调节（8分） | | 8 | |
| 8.2.10 | 优化建筑空间、平面布局和构造设计，改善自然通风效果<br>（13分） | | 13 | |
| 8.2.11 | 气流组织合理<br>（7分） | | 4<br>3 | |
| 8.2.12 | 主要功能房间中人员密度较高且随时间变化大的区域设置室内空气质量监控系统<br>（8分） | | 5<br>0 | |
| 8.2.13 | 地下车库设置与排风设备联动的一氧化碳浓度监测装置<br>（5分） | | 5 | |

图 6-71　室内环境得分情况

⑥创新项得分情况如图 6-72 所示。

| 条文编号 | 条文内容 | 不参评分 | 得分 | 项目评价情况 |
|---|---|---|---|---|
| 11.2.1 | 围护结构热工性能比国家现行相关建筑节能设计标准的规定高20%，或者供暖空调全年计算负荷降低幅度达到15% | | 2 | |
| 11.2.3 | 采用分布式热电冷联供技术，系统全年能源综合利用率不低于70% | | 1 | |
| 11.2.4 | 卫生器具的用水效率均达到国家现行有关卫生器具用水效率等级标准规定的1级 | | 1 | |
| 11.2.6 | 对主要功能房间采取有效的空气处理措施 | | 1 | |
| 11.2.10 | 应用建筑信息模型（BIM）技术，在建筑的规划设计、施工建造和运行维护阶段中的一个阶段应用得1分，在两个或两个以上阶段应用得2分 | | 2 | |
| 11.2.12 | 采取节约能源资源、保护生态环境、保障安全健康的其他创新，并有明显效益。采取一项得1分，采取两项及以上得2分。 | | 1 | 太阳能充电桩 |

图 6-72　创新项得分情况

(2)综合业务楼项目经讨论未采用的绿色技术

①构件隔声、场地噪声失分

全幕墙结构，如果要加强隔声，则需要同时加强幕墙和砌块厚度，成本过大。

②非传统水源失分

场地内没有市政非传统水源，而水专业建议不做传统水源收集。

③容积率、绿地率失分

由项目性质决定。

④可再生能源失分

光伏装机量适宜，若得满分则装机成本过高。

⑤高耐久建材失分

本项目不在易腐蚀地区，因此建材耐久有一定保证。换高耐久建材支出过大，经济性较低。

⑥内区采光、地下空间采光失分

内区采光由项目性质决定，如果要得分则需改变进深和面宽，经济性不够。地下空间采光分数较少，若要得分则需要加入大量设备，投资成本上升，空间占用加大。

(3)综合业务楼项目绿色技术的增量成本

绿色建筑措施增量单方造价 200～250 元/$m^2$(建筑面积计算，表 6-8)。

表 6-8　综合业务楼项目绿色技术的增量成本

| 项目 | 投资比较 | 占地面积 | 施工工期 | 检修维护 | 建筑节能 | 防雷 | 施工要求 |
|---|---|---|---|---|---|---|---|
| 全户内变电站 | 5515 万 | 4315$m^2$ | 约 10 个月 | 检修空间大 | 采用砌块、混凝土 | 采用屋顶避雷带 | 传统施工方式 |
| 预制舱变电站 | 5272 万 | 3689$m^2$ | 约 6 个月 | 受到运输条件限制，层高低，检修空间小，特殊情况需拆除屋顶 | 采用钢结构及轻质板材 | 采用 3 根 30m 高避雷针 | 对施工工艺要求较高 |
| 全户内变电站优势 | — | — | — | — | 建筑保温隔热性能好 | 满足环评要求 | 技术成熟 |
| 预制舱变电站优势 | 减少站内投资概算 243 万 | 减少占地面积 626$m^2$ | 减少施工周期 4 个月 | — | — | — | — |

## 6.9　变电站装配式方案优化与基坑方案优化

### 6.9.1　背景描述

鄂州花湖机场工程的市政配套工程——110kV 中心变电站，方案设计时考虑了两种形式：传统户内变电站和预制舱式变电站(图 6-73 至图 6-77)。

图 6-73 传统半户内变电站

图 6-74 传统全户内变电站

预制舱式变电站将配电室、主变室、GIS 室等做成一个或若干个独立的集装箱，预制舱包含电气设备、建筑墙体、舱体承重体系、屋面板、照明、空调、通风设备等，在工厂完成预定制后，在施工现场组装，坐落于土建基础上。

图 6-75　全预制舱变电站

图 6-76　预制舱半户外变电站

图 6-77　舱体内屏柜

经详细方案对比(表6-9),预制舱式变电站相比传统户内变电站有以下优势:

①造价较低,投资金额可减少约243万元;

②占地面积小,可缩小约626m²;

③施工周期短,可缩短约4个月。

尽管预制舱式变电站有检修、节能方面的短板,但是对于机场项目来说,造价、工期仍是占比很重的决定性因素,因此采用预制舱方案(图6-78、图6-79)。

表6-9 预制舱式变电站和传统户内变电站的比较

| 方案 | 行程时间/s | 车均延误/s |
|---|---|---|
| 方案一(全立交方案) | 74.3 | 2.36 |
| 方案二(平交方案) | 80.14 | 7.64 |
| 方案三(短高架方案) | 72.75 | 0.25 |
| 方案四(单向长高架方案) | 73.62 | 0.63 |

图6-78 机场变电站预制舱方案效果图

## 6.9.2 问题分析

预制舱为新兴技术产品,主要应用于电压等级35kV的变电站内,以及110～220kV变电站的二次设备预制舱单体、电抗器单体、SVG单体等。目前的设计依据只有《预制舱式二次组合设备技术规范》(QGDW 11157-2014),虽然现行产品有配电室预制舱、GIS预制舱、主变预制舱,但并无特定规范,处于产品先行,技术规范亟须更新完善的阶段。

普通预制舱大多为单个集装箱,箱体高出地面1m左右,箱体下空间为检修空间层,可布置电缆。

如果舱体下空间未封闭,电缆可直接下行,通过地下电缆直埋,上下舱体通道为钢楼梯(图 6-80)。

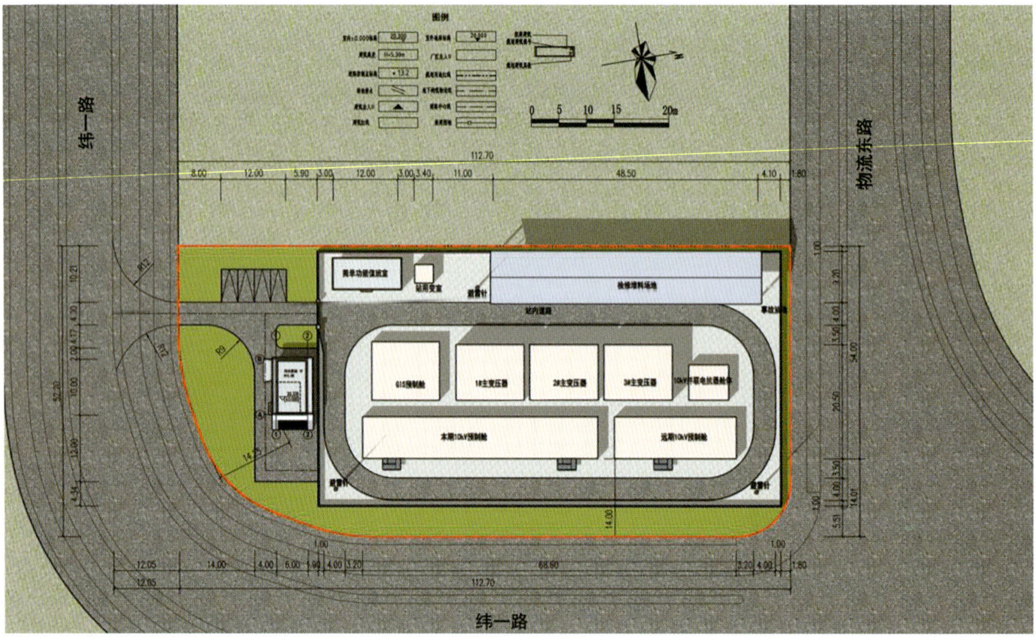


图 6-79　机场变电站总平面图

图 6-80　普通预制舱之未封闭舱体下空间

大多数集装箱下空间层为封闭状态(图 6-81),电缆在封闭层铺设,上下舱体通道为人孔和直梯(图 6-82)。

图 6-81　普通预制舱之封闭舱体下空间

图 6-82　预制舱人孔和直梯

常规预制舱的设计现状主要有两点问题:

①预制舱的功能与传统工业厂房相同,那么预制舱下的空间理论上为地下室,地下室的逃生通道不能简单用人孔和直梯解决。

相关规范指出,金属竖向梯作为安全出口,是有限制条件的。结合本工程实际情况,地下室建筑面积大于 $200m^2$,需要设置两个安全出口,其中一个出口可利用金属竖向梯,另一个必须用疏散楼梯。

常规设计中,预制舱和地下空间的连接通道只有若干个上人孔,不符合防火消防规范。

②预制舱底座通过条形地基或者混凝土梁与基础连接,无接触区域不需要做实体楼板(图 6-83),预制舱与梁通过顶部的预埋件进行连接。

当预制舱底部地下空间的电缆需要走吊架时,吊架将无受力点,使常规设计的实现遇到困难。

图 6-83　电缆吊架示意图

### 6.9.3 解决方案

（1）解决逃生通道问题

在预制舱下的电缆夹层中设置逃生楼梯，且该楼梯需直通室外，由于场地外无多余空间做单独的楼梯间，因此逃生楼梯需进入预制舱内，再出室外。这部分空间与预制舱电气设备间通过隔墙分成两个独立的空间。

电缆夹层设计方与预制舱厂家需要配合确定预制舱的舱底开洞区域，以做楼梯间使用，并按设计要求在楼梯间外侧做墙体，以隔井房间，保证夹层里的人员通过楼梯能直出室外，且不需要穿越设备区便可通过设备区大门逃生。

具体可见图 6-84 至图 6-86。

因BIM精准建模，电缆夹层建筑和上部预制舱以三维视图呈现，可有效检验二者衔接是否有误。

（2）解决楼顶电缆吊架安装问题

因电缆夹层空间有限，在地上有支架、楼顶有吊架的条件下，为确保电缆的有序排放，然而部分吊架的位置受限，导致单纯依靠屋面梁不能完美解决吊架支点问题。因此，本工程在夹层顶部浇筑屋面板，屋面板上有预制舱底板，相当于有双层楼板，不仅能有效解决吊架安装问题，而且能更好地杜绝地下湿气进入舱内，避免影响设备运行（图 6-87、图 6-88）。

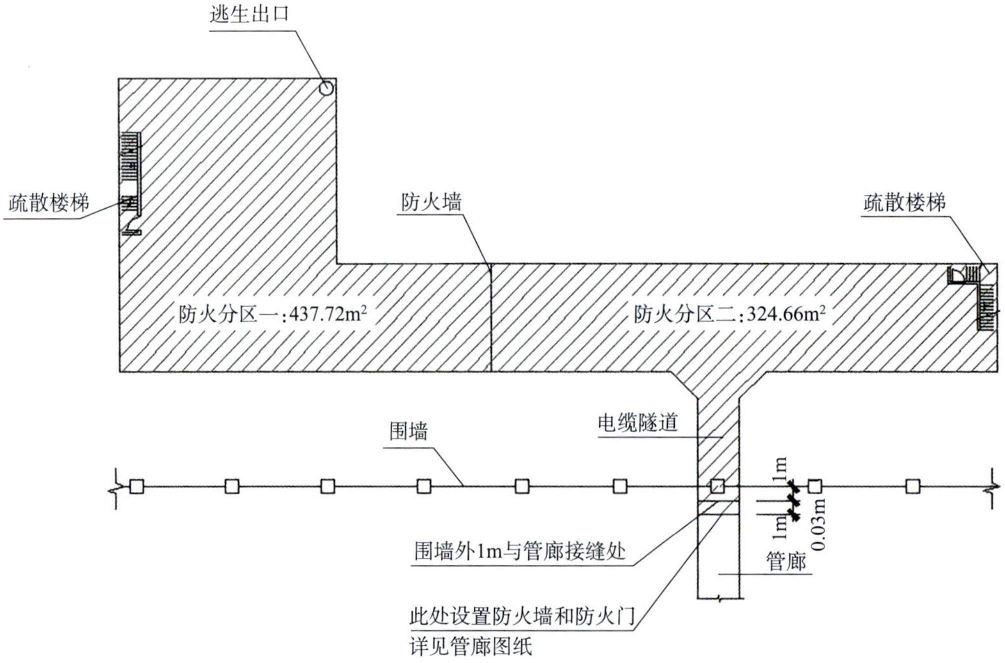


图 6-84　电缆夹层内防火分区示意图

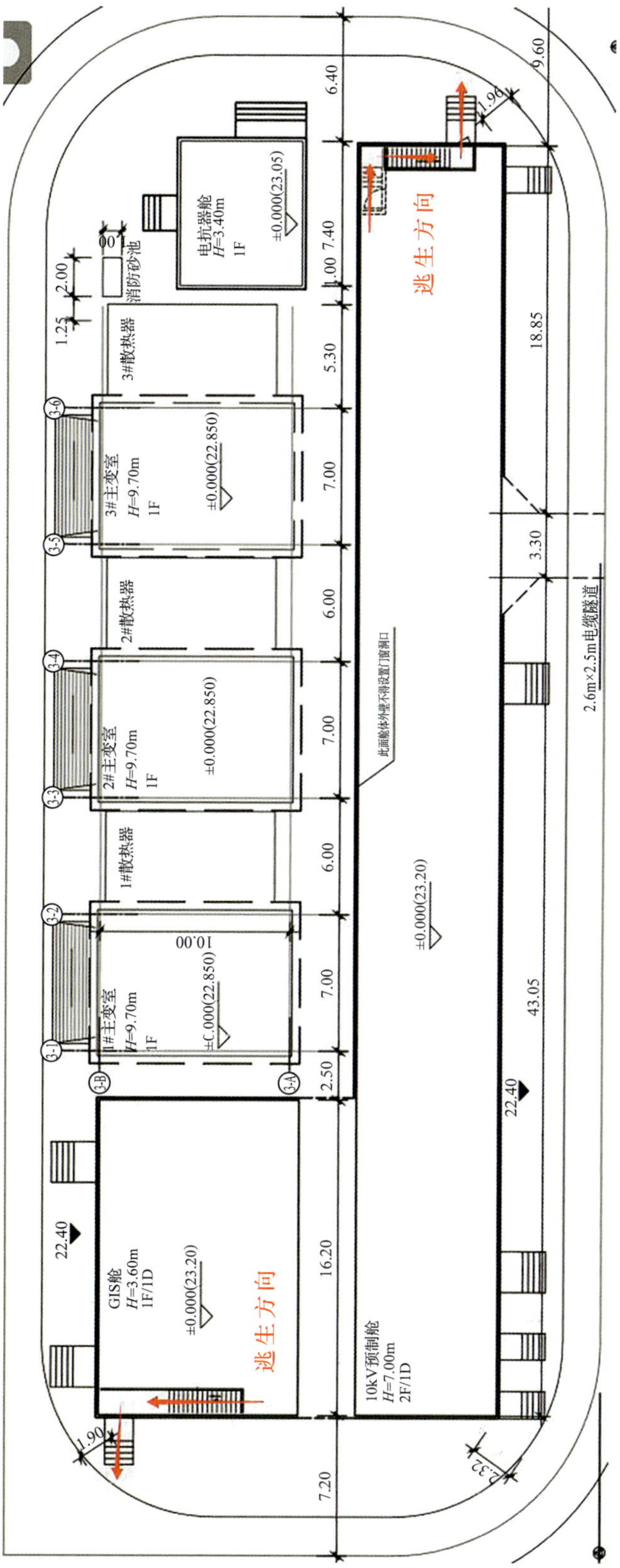


图6-85 两个楼梯的逃生方向

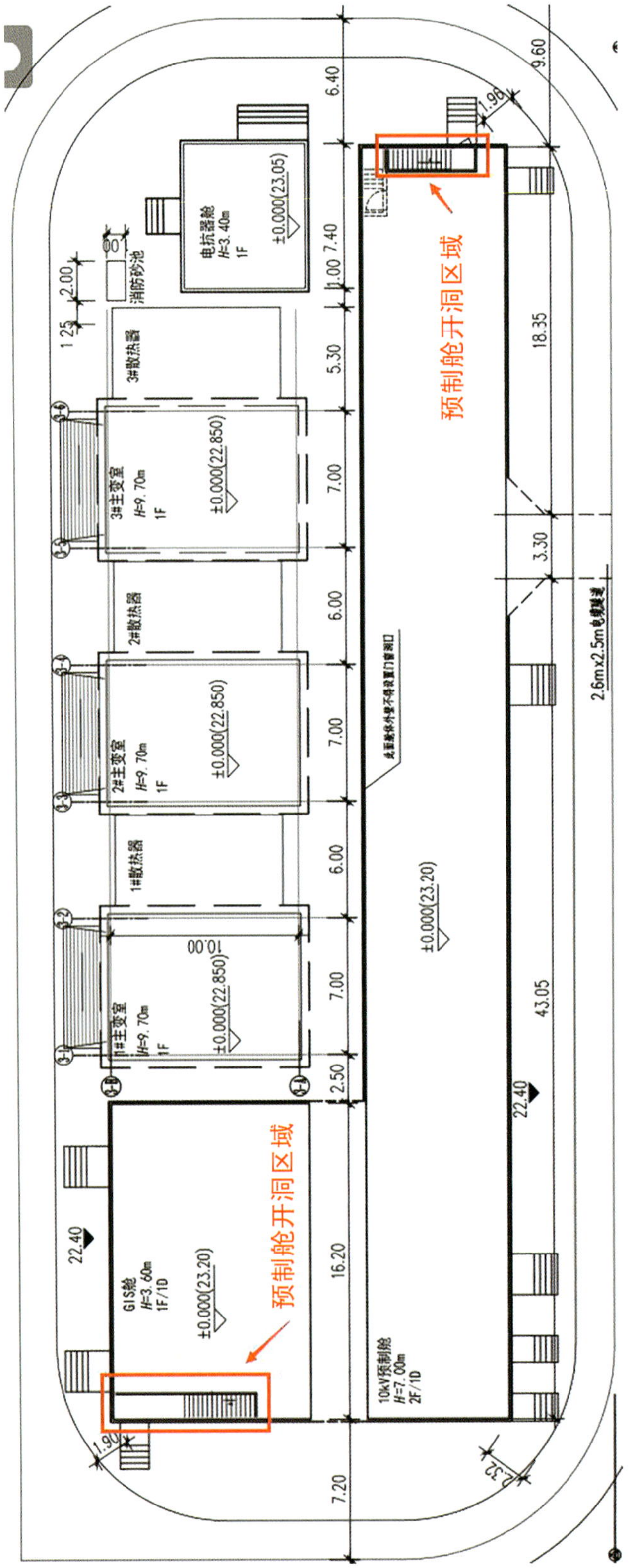


图6-86 预制舱的开洞区域

图 6-87　完成后电缆夹层顶面

图 6-88　预制舱安装后现况

(3)解决室外登舱梯与夹层的衔接问题

本工程的预制舱为二层结构,通过室外楼梯可进入二层(图 6-89、图 6-90)。由于

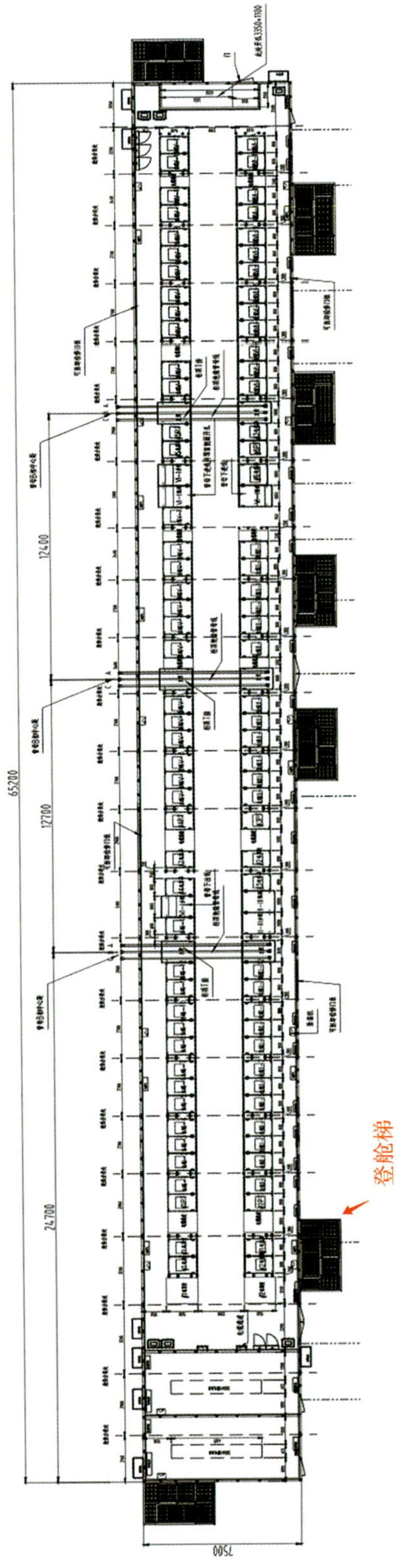


图6-89 预制舱室外登舱梯

室外登舱梯的位置由厂家确定，设计方需要根据楼梯位置做楼梯基础。楼梯基础为400mm厚的混凝土平台，室外登舱梯可通过膨胀螺栓固定于平台上。室外登舱梯与门前台阶要避免碰撞，而BIM建模可以完美检验二者是否协调。

图 6-90　室外登舱梯安装实景

（4）解决电气设备与结构主体的碰撞问题

电缆夹层为电缆敷设层，层高为3.5m，底部标高−3.5m，0标高高出室外地面0.8m，同时电缆夹层与室外管廊通过电缆隧道连接，电缆隧道底部标高−5.15m。电缆夹层平面图和剖面图如图6-91至图6-93所示，电缆支架安装在地面上，电缆吊架安装在板顶上（图6-94至图6-96）。电缆支架需要穿越中间的隔墙，因此需在墙上设置洞口，待电缆敷设完毕进行防火封堵。

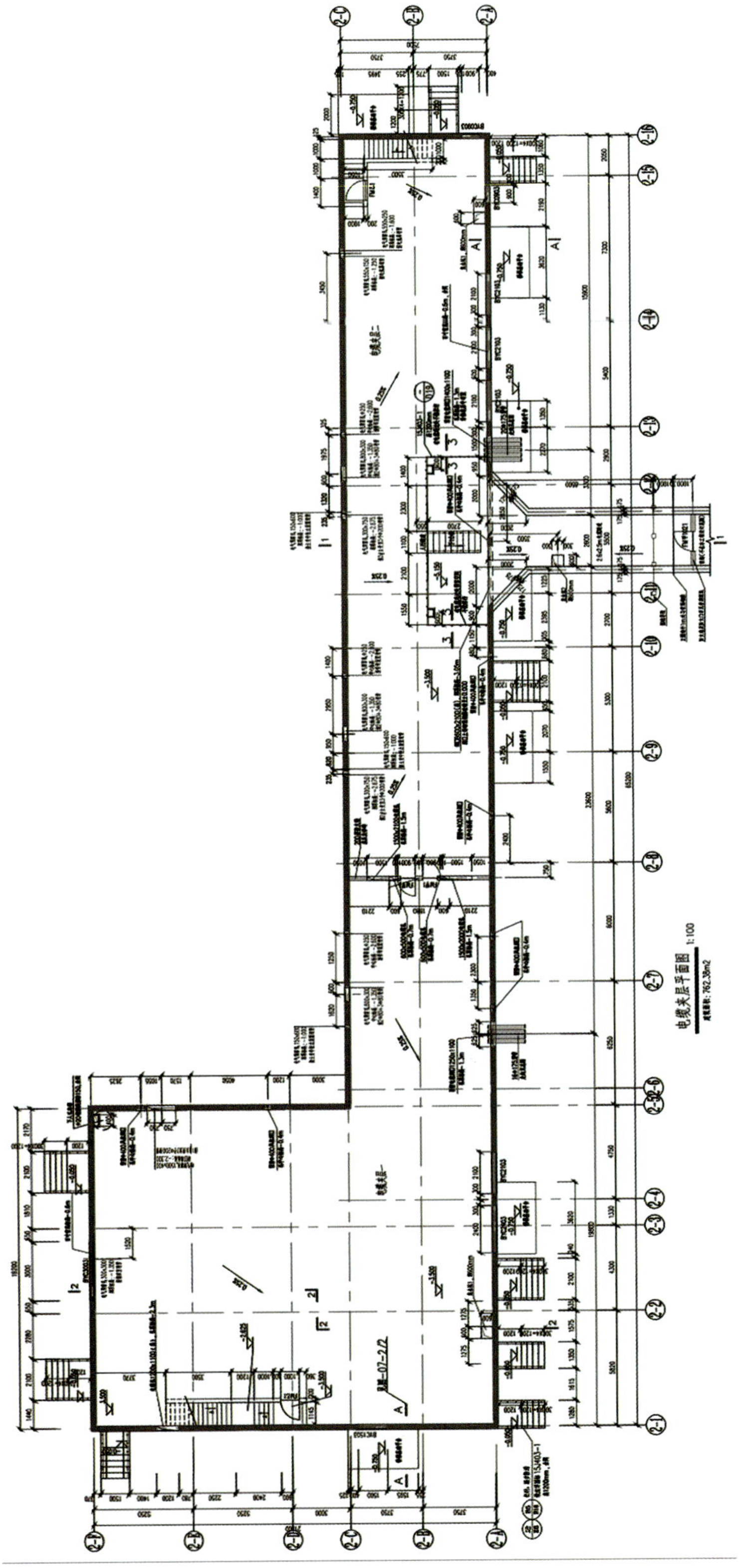

图6-91 电缆夹层平面图

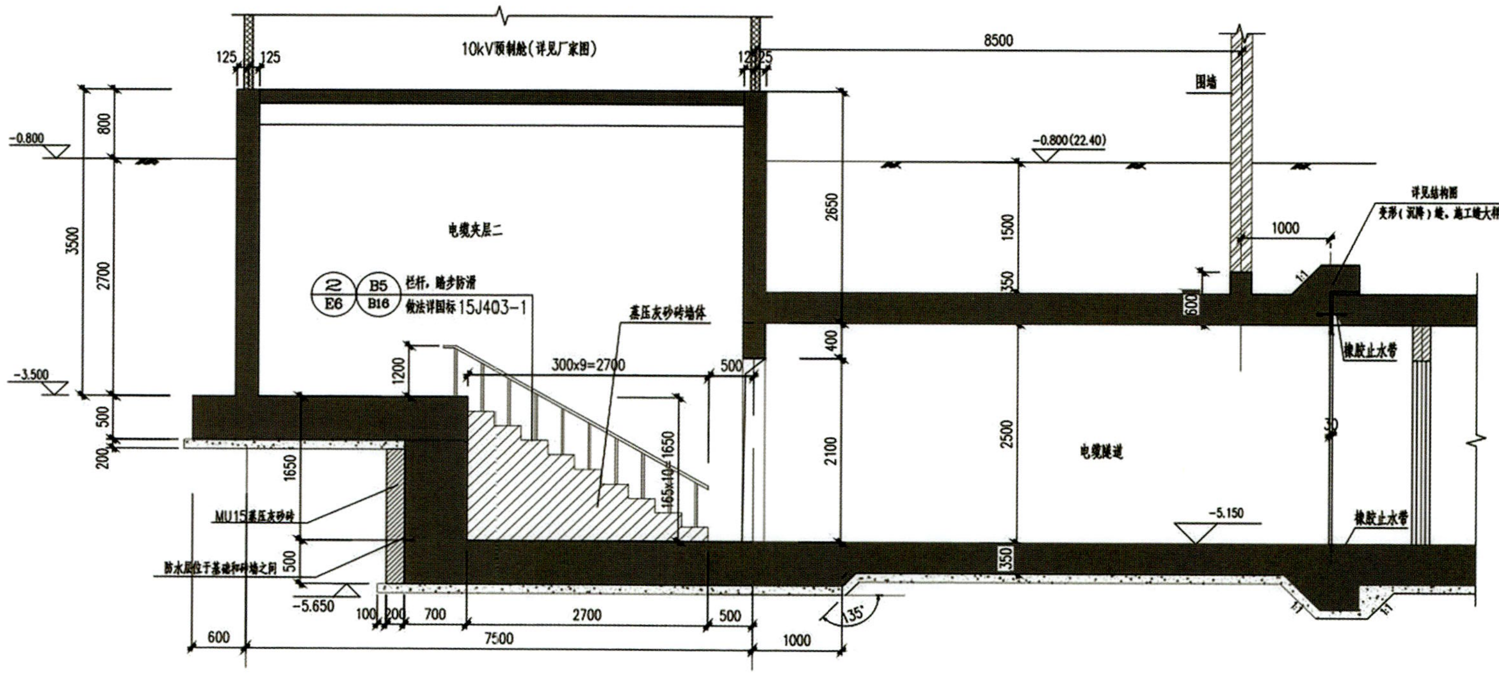


电缆夹层与隧道入口剖面图 1:50

图6-92　电缆夹层与隧道入口剖面图(1—1)

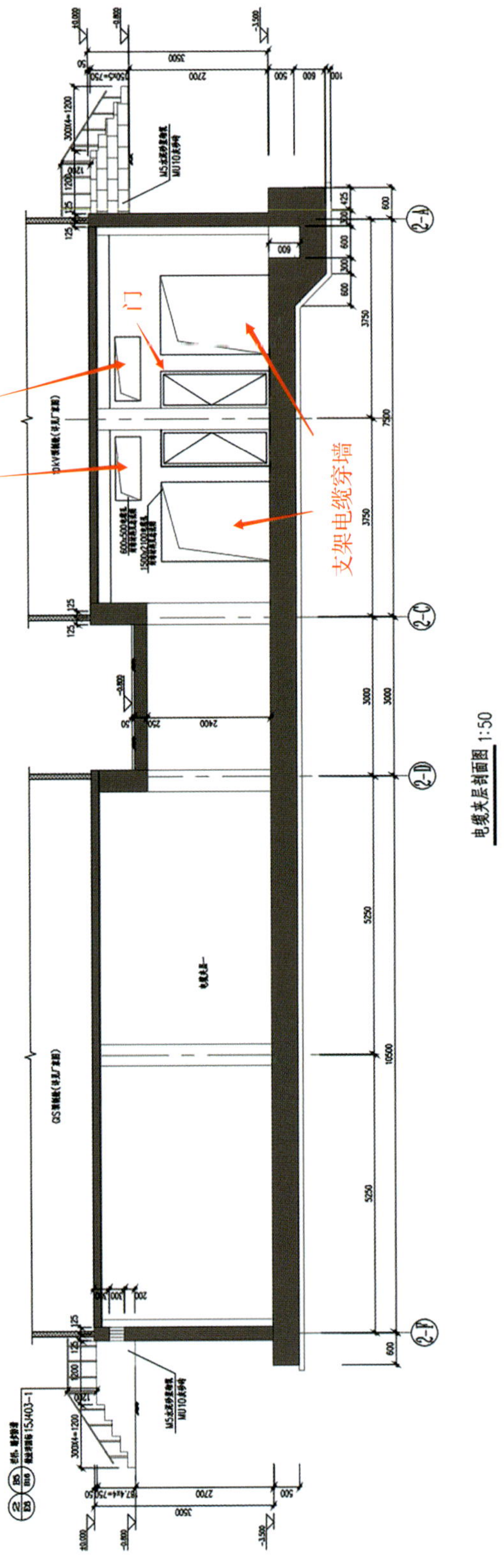


图6-93　电缆夹层剖面图(2—2)

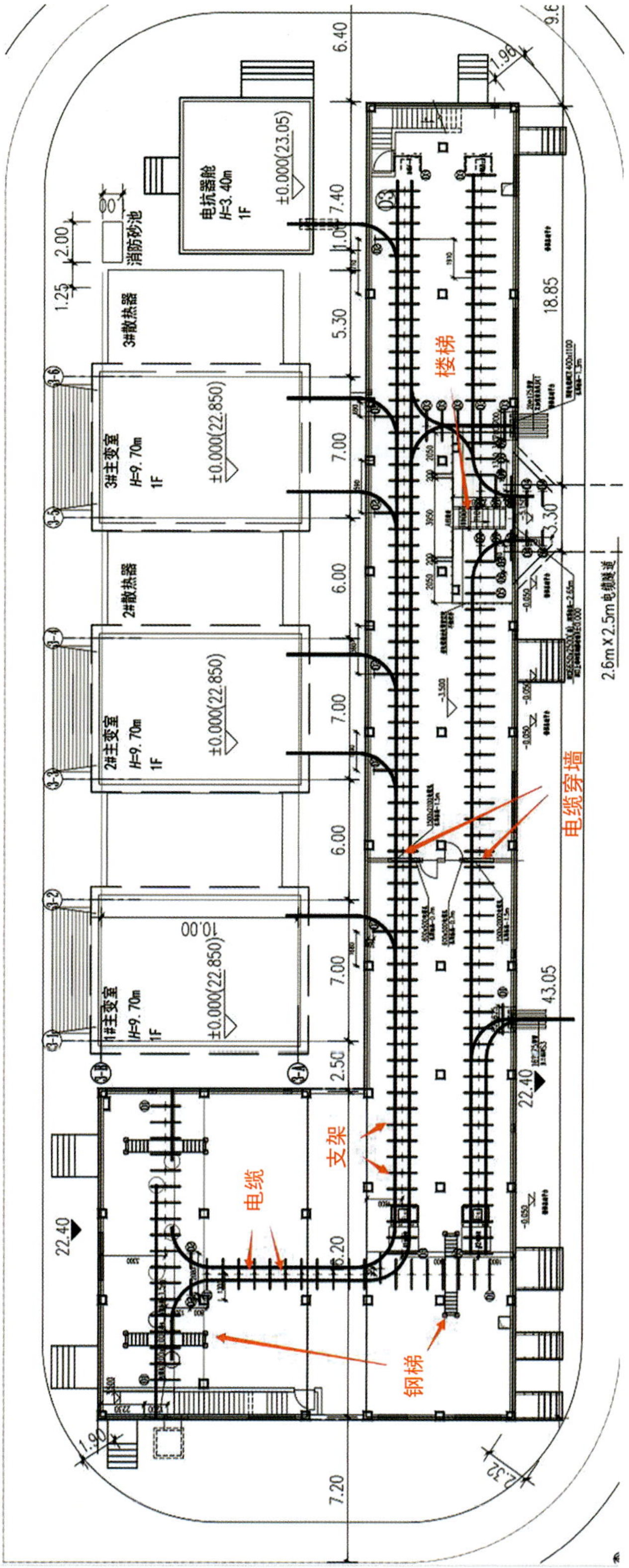


图6-94 电缆支架布置图

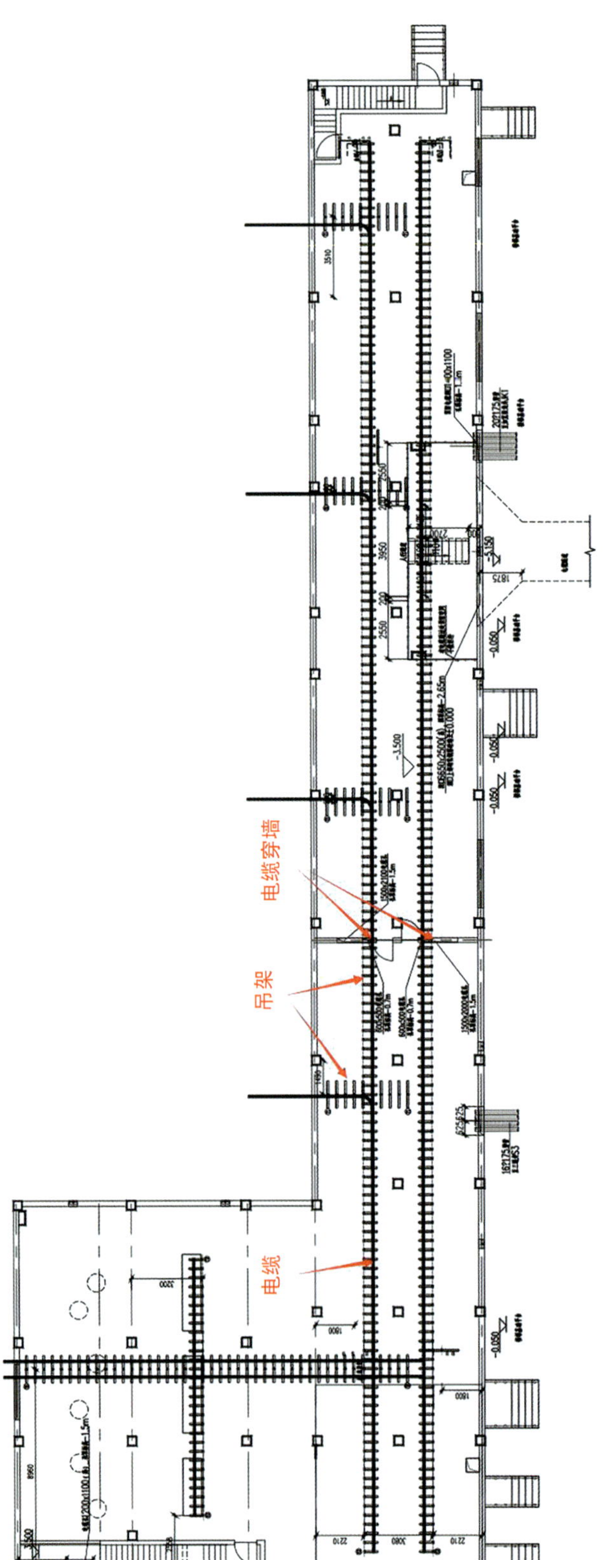


图6-95 电缆吊架布置图

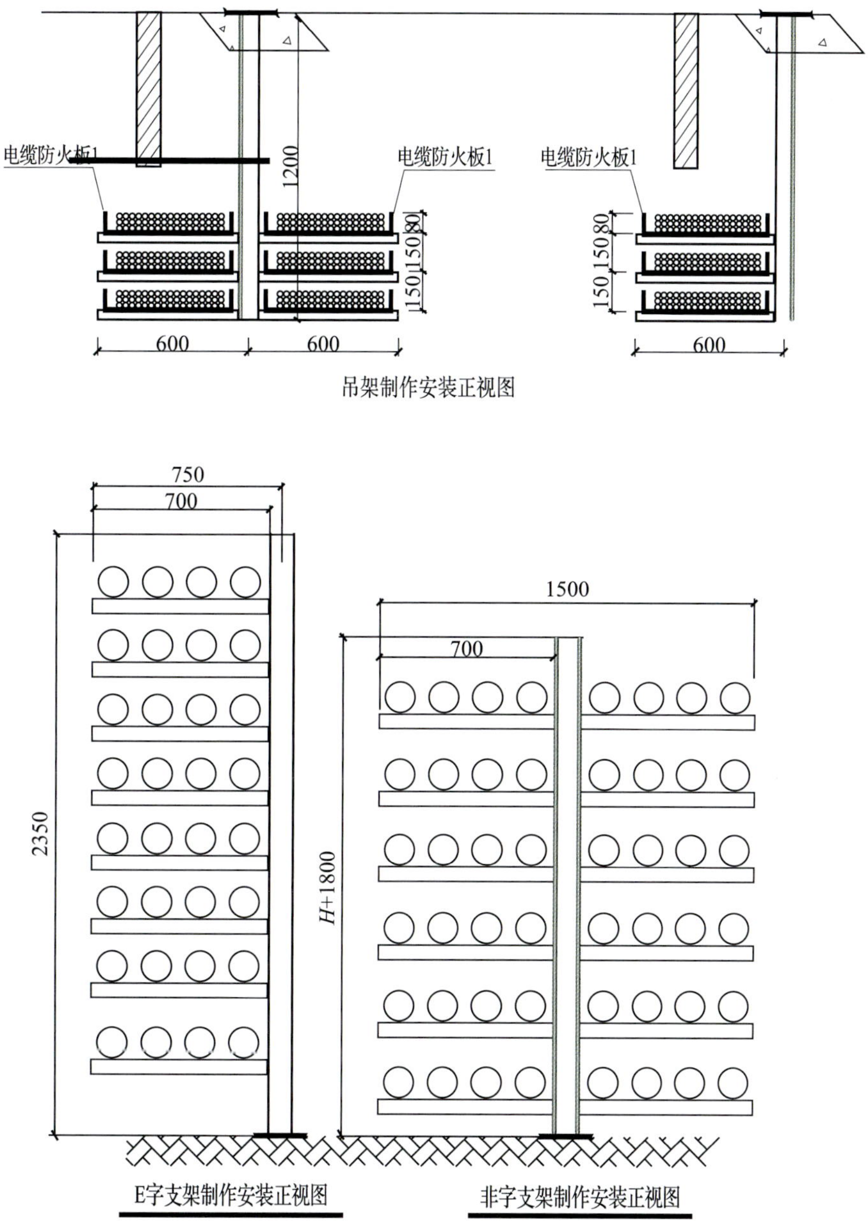


图 6-96　吊架、支架示意图

电缆经过楼梯向下进入电缆隧道，楼梯边缘设置防护栏杆。由于部分支架在楼梯两侧有转弯，需考虑与楼梯不碰撞，并满足电缆敷设半径。因此为了避免此处形成死角，需要在平台位置设置两个钢爬梯，才可满足检修要求。

电缆支架的高度为 1.05～2.35m，顶部吊架的高度为 1.2m，在部分支吊架重叠布置区域，净空几乎为 0。通过 BIM 三维模型的运用，能更清楚地看到碰撞区域以及由于电缆布置成为检修死地的部分区域。考虑到后期检修事宜，在部分较低的支架区域设置跨越钢梯，以翻越支架形成连通区域。图6-94、图6-97所示为检修钢梯的位置和钢梯详情。

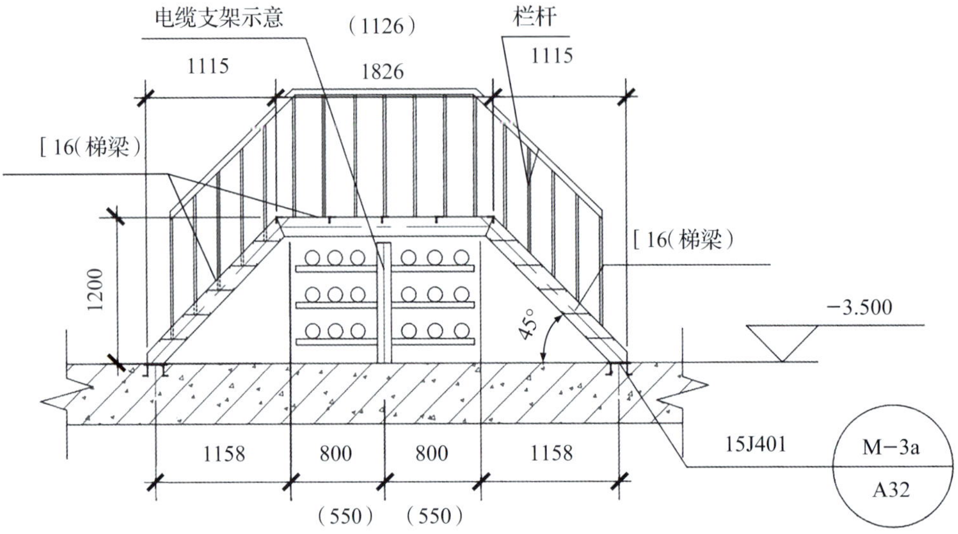


图6-97　检修钢梯示意图

（5）解决电气设备与暖通设备的碰撞问题

由于电缆夹层内电缆较多，发热量较大，平时需要散热通风；另外，夹层内设置了悬挂式超细干粉灭火装置，需考虑火灾后的粉尘和烟气排放。因此本工程设置了排风风管：水平向风管紧贴梁底布置，在风管下壁设置吸风口；竖向风管伸至地面以上200mm，侧部设置吸风口[图6-98(a)]。

因电缆支架过密导致水平向风管和吊架碰撞，竖向风管恰好位于两排支架之间的检修通道上，阻碍巡视。版本一风管布置较长；版本二综合考虑了夹层内楼梯、百叶窗布置位置，调整了风管的定位和长度，尽量使其贴近墙体，从而在最大程度上节约空间[图6-98(b)]。

通过BIM可视化建模，能非常准确地确定暖通设备和电缆支架的位置，优化后的设计能合理利用空间，有效避免了施工时出现碰撞。

（6）解决电气设备与给排水设备的碰撞问题

框架梁与干粉灭火器碰撞的局部调整(图6-99至图6-102)。

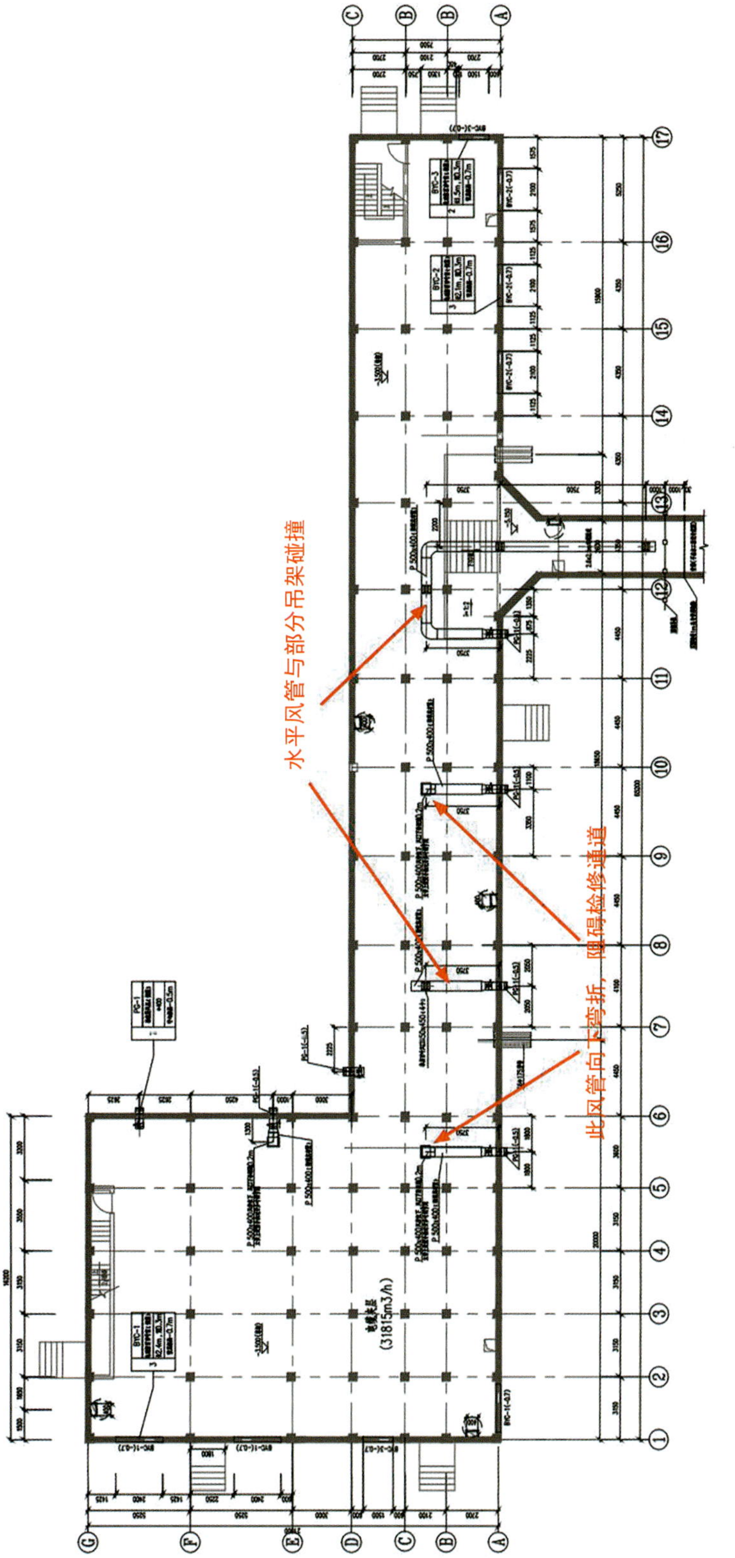


（a）

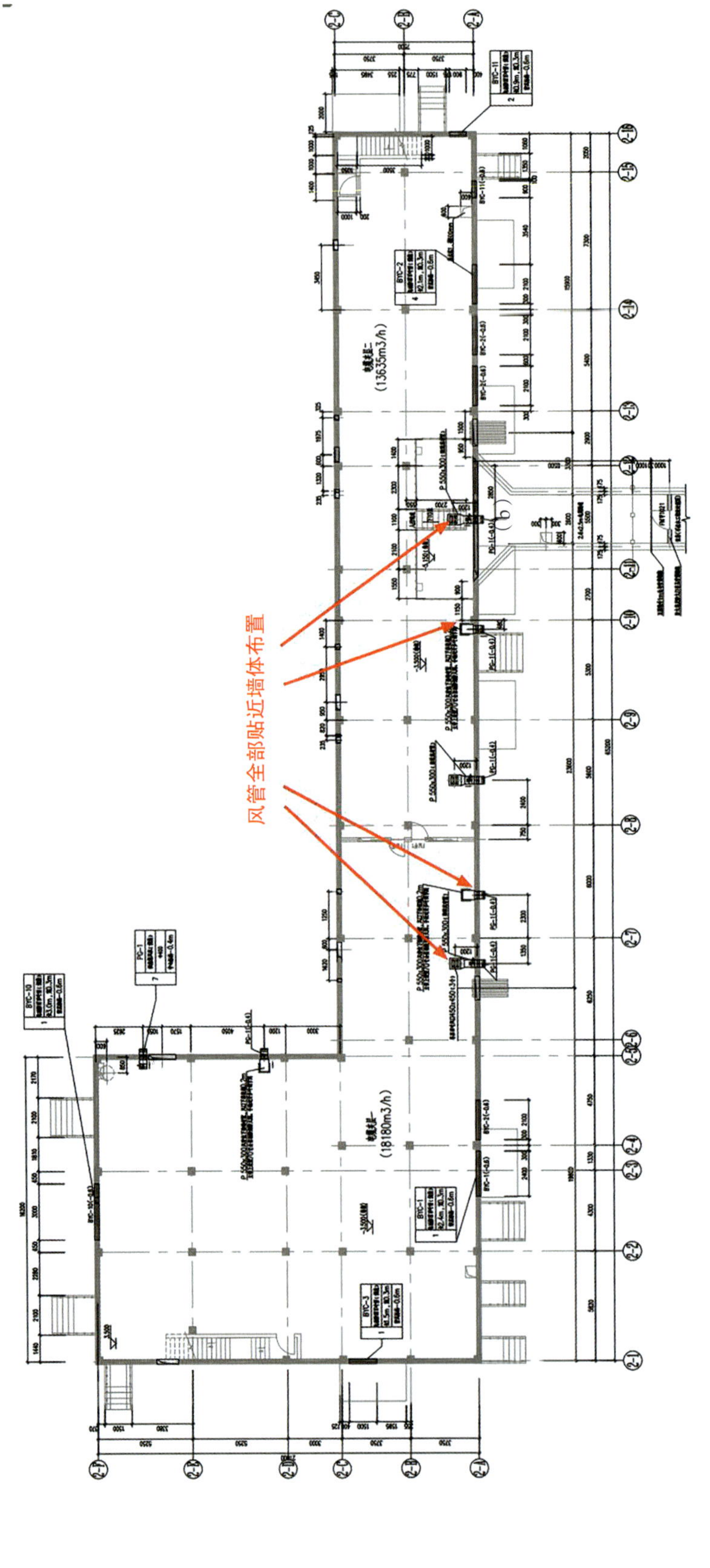


图6-98 电缆夹层暖通平面图

(a)版本一;(b)版本二

图 6-99　干粉灭火器位于梁底

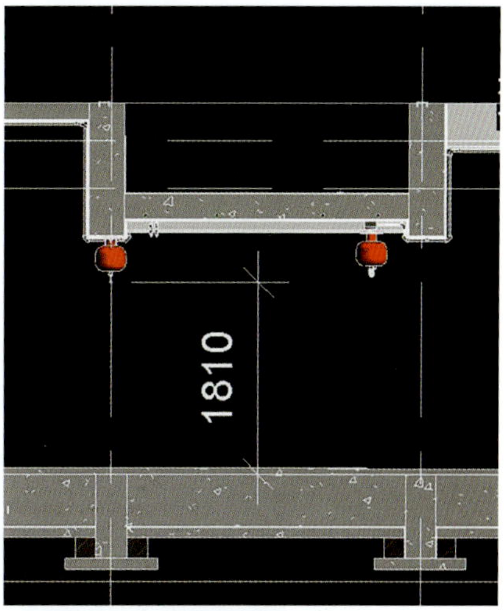


图 6-100　干粉灭火器下净空太低

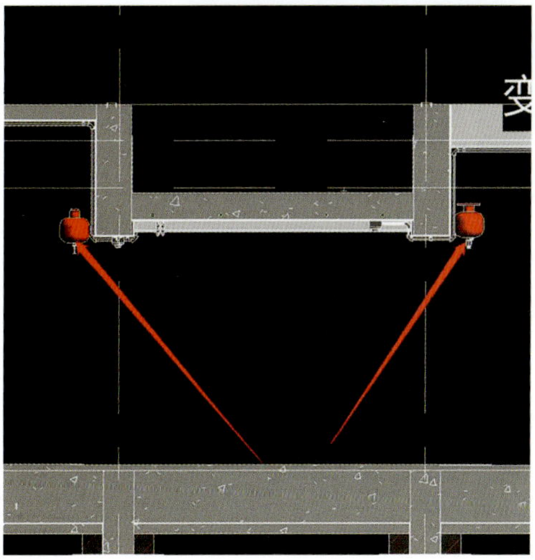

图 6-101　将干粉灭火器置于梁侧

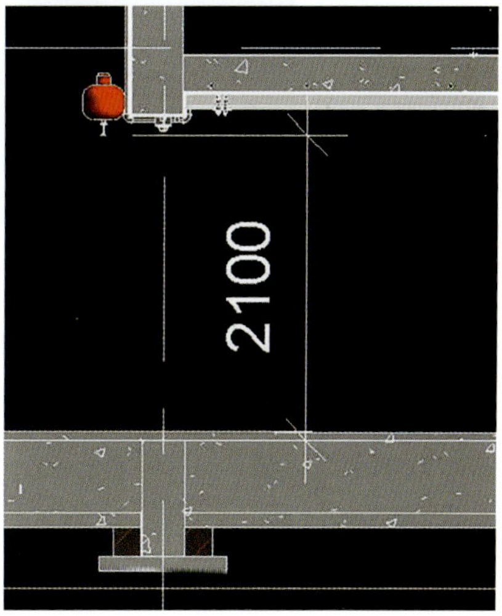


图 6-102　干粉灭火器下净空抬高

（7）场区基坑支护设计方案优化

图纸中基坑支护方案基于室外场平标高已达到设计值，其绝对标高为 22.4m，而走马湖施工已完成，现场施工标高为 20m 左右。受突发事件影响，后续土石方施工单位和综合管廊施工单位几乎同时进场，此时再按原计划等待卸载、回填、开挖基坑等设计工序施工将对项目进度产生严重不利影响，因此实际施工不需要堆填至设计标高，此种情况的开挖基坑较浅，施工安全，也更经济。

针对现场具体情况，由 BIM 根据实际建模，实现了基坑支护方案的优化（图 6-103）。

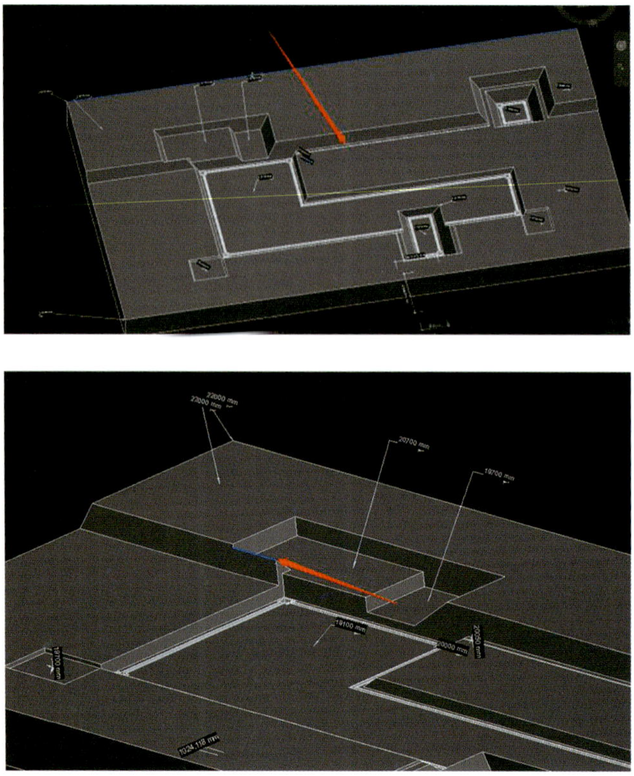

图 6-103　优化后基坑三维截图

a.安检业务用房、安全保卫业务用房、生产保障车辆库房、ITC-AOC-航管楼；

b. 工作区生产保障车辆库房由地上调整为地下，由 7500m$^2$ 调整为 15500m$^2$。总建筑面积 28554m$^2$，其中地上 19502m$^2$、地下 9052m$^2$，地上六层、地下一层。

### 6.9.4　总结

本工程将变电站工程中的预制舱结构与电缆夹层结合起来设计，一方面解决了预制舱结构的基础问题，另一方面解决了预制舱下的电缆敷设问题，在地下室中敷设电缆有利于变电站的检修和运营。

在此过程中，BIM 三维模型技术能够将设计可视化，在解决夹层的逃生通道和吊架安装问题，以及设计和厂家的对接方面均起到了重要作用。

在常规设计中，各专业之间互相提资，因此实施起来难免会出现认知偏差，造成各专业设计之间的矛盾冲突。此种冲突如果未能及时发现，就只能在施工中解决，届时很多条件发生改变，优化设计将受到各方面制约和束缚，甚至增加成本，延长工期。而基于 BIM 技术的三维可视化技术，既能检验设计成果，又能很好地指导施工，对本工程的顺利实施起到了重要作用。

# 7 道路交通、综合管廊及景观工程设计应用与实践

## 7.1 南区交通组织方案优化

### 7.1.1 背景描述

为贯彻推动长江经济带发展等国家战略，促进区域经济社会协调发展，完善区域综合交通运输体系，适应航空货运发展需求，提升应急救援保障能力，国家发展和改革委员会印发了《国家发展改革委关于新建湖北鄂州民用机场工程可行性研究报告的批复》(发改基础〔2019〕53号)同意新建鄂州花湖机场(图7-1)。一期工程飞行区跑道滑行道系统按满足2030年旅客吞吐量150万人次、货邮吞吐量330万吨的目标设计，航站区、转运中心等设施按满足2025年旅客吞吐量100万人次、货邮吞吐量245万吨的目标设计，飞行区等级指标4E。

图7-1 项目鸟瞰图

### 7.1.2 问题分析

交通拥堵：随着航班量的增加，南区的交通流量也在不断上升，原有的道路已无法满足现有的交通需求，导致交通拥堵现象频发。

停车难：随着旅客和货物的增多，停车需求也随之增加。然而，原有的停车场设计容量有限，导致停车难问题日益突出。

运输效率低：原有的交通组织方案未能充分考虑旅客和货物的快速流转需求，导致运输效率低下，影响了机场的整体运营效率。

### 7.1.3 解决方案

1.道路系统的总体规划方案

(1)对外衔接

一期客、货运区均布置在机场南侧，客、货运车辆由南侧新建机场高速进入机场；二期客运区布置在机场东南侧，客运区车辆由新建机场高速、燕花路进入机场，国际货运、普货、第三方货运车辆由 S203、吴楚大道进入机场。

(2)内部路网

机场内道路规划以进出场路为骨架，呈环形结构，与客、货运车辆的主要流线相匹配，道路等级分为主干路、次干路，主干路串联起航站区、转运中心、普货、第三方货运等多个功能区域，次干路承担机务维修区、航空公司、工作区等多个区域的集散功能。

(3)交通组织

机场客运区位于机场南侧，场内交通包含货运交通、客运交通及场内工作区人员交通。其中，货运交通单独成环，由货运主干路连接转运中心；客运交通通过主进场路以后在转运中心用地前左拐，进入客运停车场和航站楼，客运交通系统也形成独立环线，机场内部的交通通过内部道路实现交通转换。南区交通组织如图 7-2 所示。

在垂滑道规划区域设置两座隧道下穿，利于远期实施垂滑道，避免影响转运中心的正常运转；保证客货分离，交通流线顺畅，互不干扰。

2.方案优化——交通组织设计原则

①交通安全原则：充分保障各类交通流的有序流动，降低交通冲突概率。

②供需平衡原则：合理调节交通流的通行需求，使之与道路通行能力相匹配。

③均衡分布原则：在特定区域内，从空间和时间上调整疏导交通流，使之分布趋于均匀。

④交通分离原则：在时间和空间上，将行人、非机动车、机动车交通流分离，减少混合运行和互相干扰。

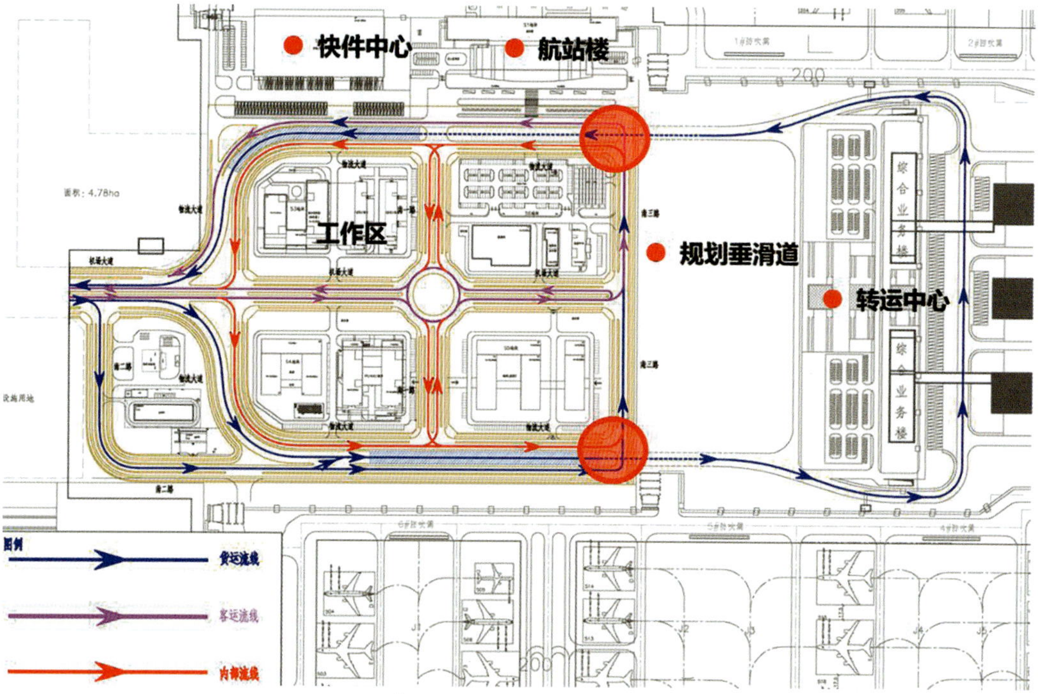


图 7-2　南区交通组织图

⑤交通连续原则：尽可能地保证车辆和行人连续移动，减少停车次数和等候时间。

3.方案优化——交通组织优化设计前提条件

①考虑旅客的体验感受及安全；尽量做到无红绿灯畅行至航站楼，最多有一个红绿灯等待，保证流线简洁。

②考虑到转运中心的交通流量大，转运中心出行需有独立的路权。

③不考虑隧道下穿南区规划垂滑道，近期采用平交方式，远期实施垂滑道时再设置隧道。

4.方案优化——交通分析

(1)转运中心货运交通(数据由顺丰提供)

2045 年，转运中心货车进出港全天均有分布（图 7-3），其高峰小时流量约为 165pcu。

(2)转运中心通勤交通(数据由顺丰提供)

2045 年，转运中心通勤出行时间段集中(图 7-4)，集中在晚上 9～10 点及早上 6～7 点，高峰小时流量为 1212pcu。

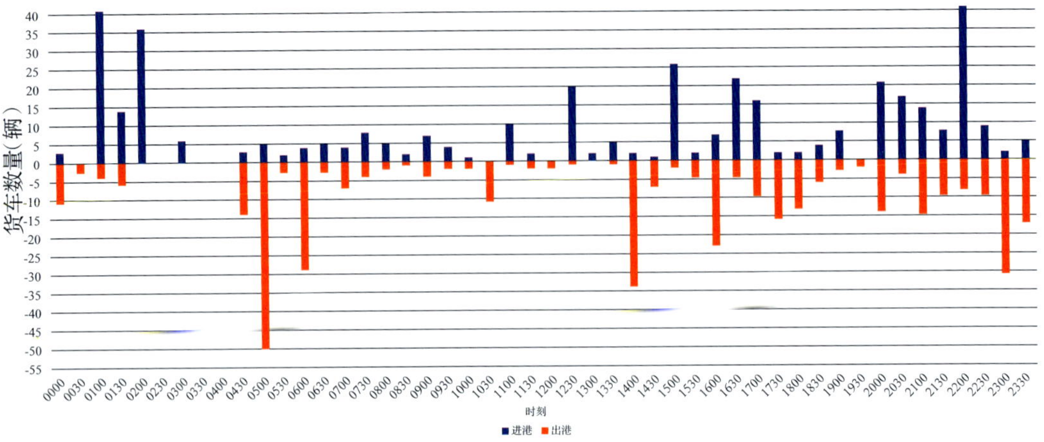


图 7-3　2045 年转运中心货车进出港时刻预测

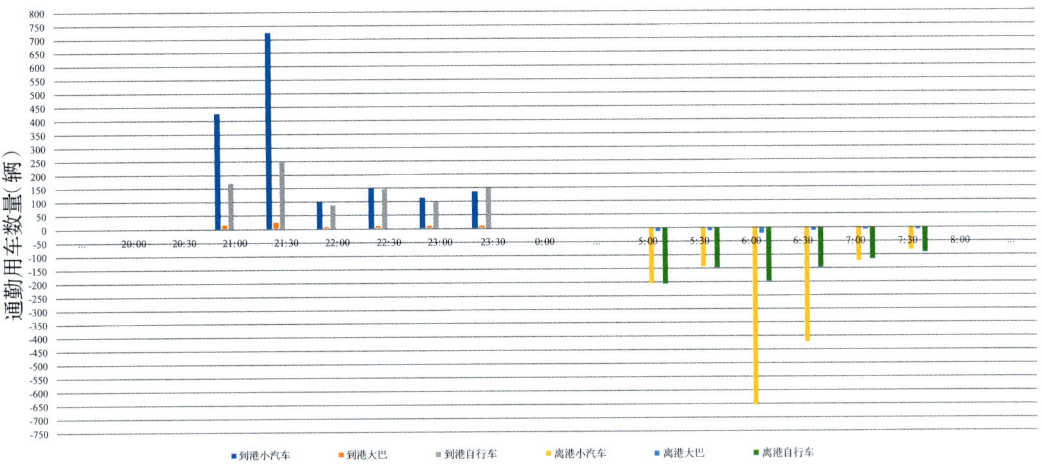


图 7-4　2045 年转运中心员工通勤用车时刻预测

(3)客运交通

客运运行时间较长,高峰小时(晚上 9～10 点)流量约为 1150pcu(图 7-5),与转运中心通勤入场流量重叠。

(4)小结

对南区高峰小时流量进行统计,其高峰小时流量合计 2963pcu;转运中心通勤车入场和出场高峰不存在重叠。图 7-6 所示为 2045 年分时刻流量叠加图。

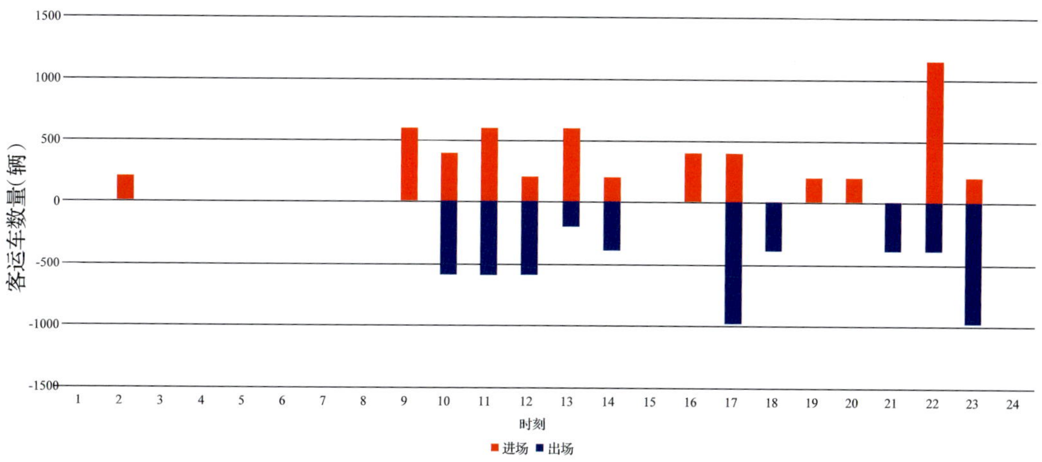


图 7-5　2045 年客运进出场交通量预测

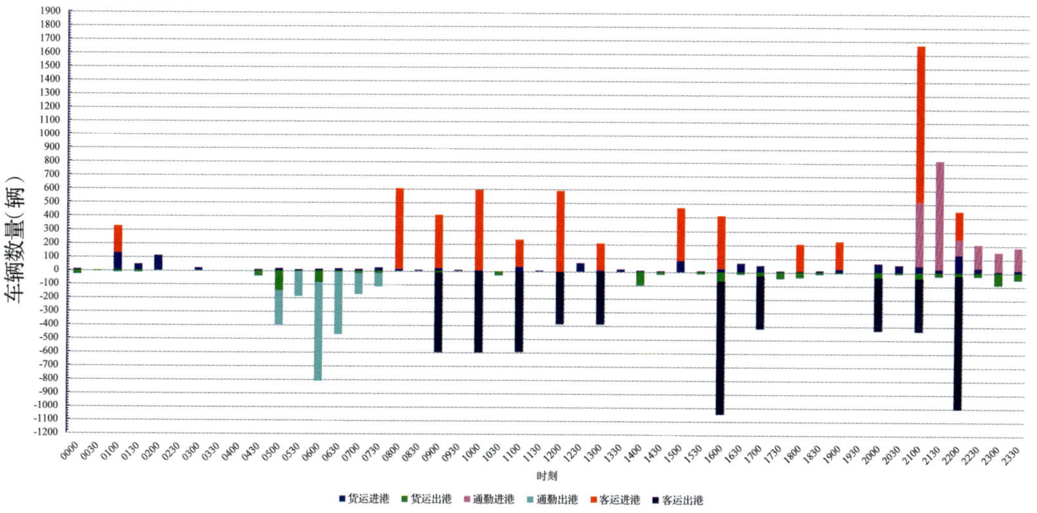


图 7-6　2045 年分时刻流量叠加

(5)交通特征分析

两种交通流向——进场、出场；四大功能区——航站楼、停车场、转运中心、地块；五种交通工具——大巴、出租车、社会车、货运、通勤车；布局方式为端式布局，区域内部主要交通功能为服务及集散功能；区域空间尺度不大、路网密度较高，相互间衔接便捷，但集散长度受限；交通方式单一，主要为机动车交通，通勤的辅助交通为非机动车交通；货运区主要交通功能为场内外联系；区域机动车全天进出场流量为 17260pcu，各交通进场累计高峰小时流量为 2963pcu(图 7-7)。

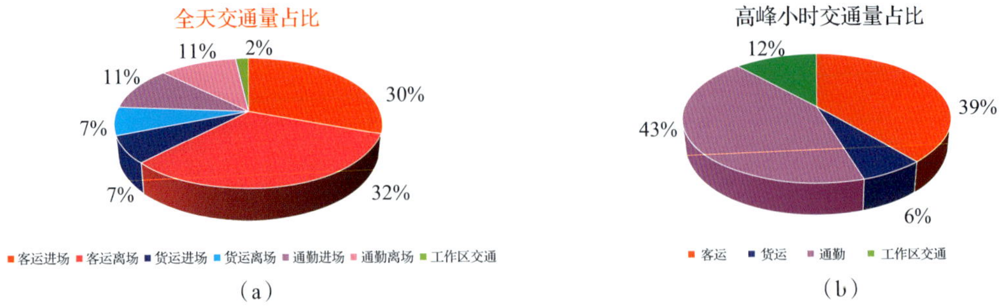


图 7-7　交通流量

(a)全天交通量占比;(b)高峰小时交通量占比

## 5.方案比选

(1)方案一:全立交方案

方案一(图 7-8)沿机场大道全线设置双向高架桥,终点位置设置两条匝道分别连接航站楼及转运中心;转运中心离场交通车辆利用西侧高架桥(左幅)出行。

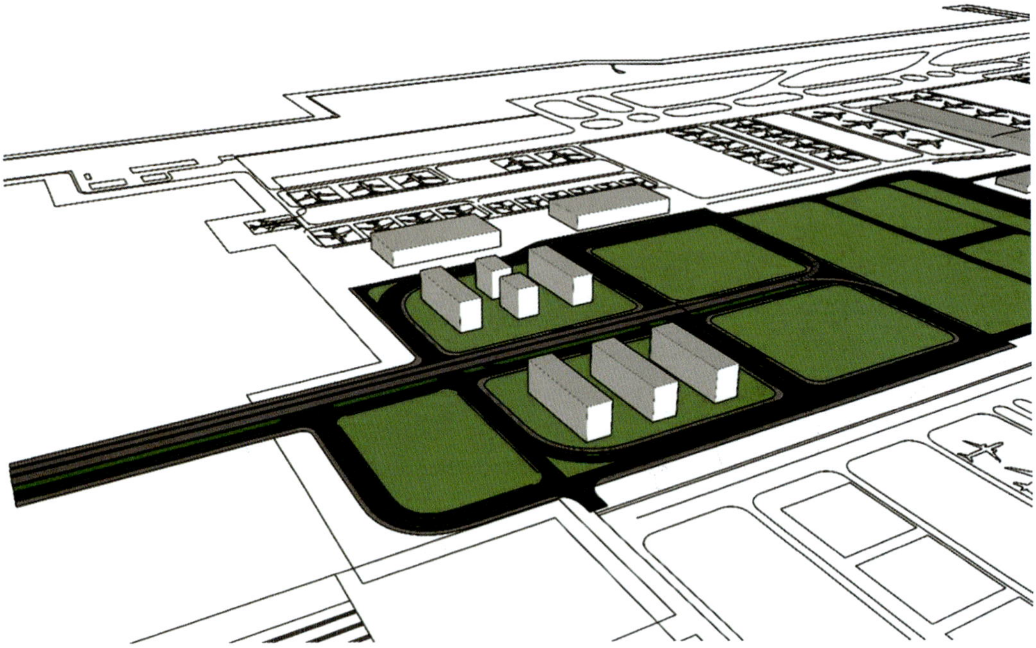

图 7-8　方案一(全立交方案)简图

方案一的交通流线情况(图 7-9):进入机场的客、货车均走机场高架桥,其车流连续,但客货车辆混行不分离;进入停车场、工作区内部的车流与转运中心的出场车流产生冲突;工作区内部的交通转换距离过短,易产生不利影响。

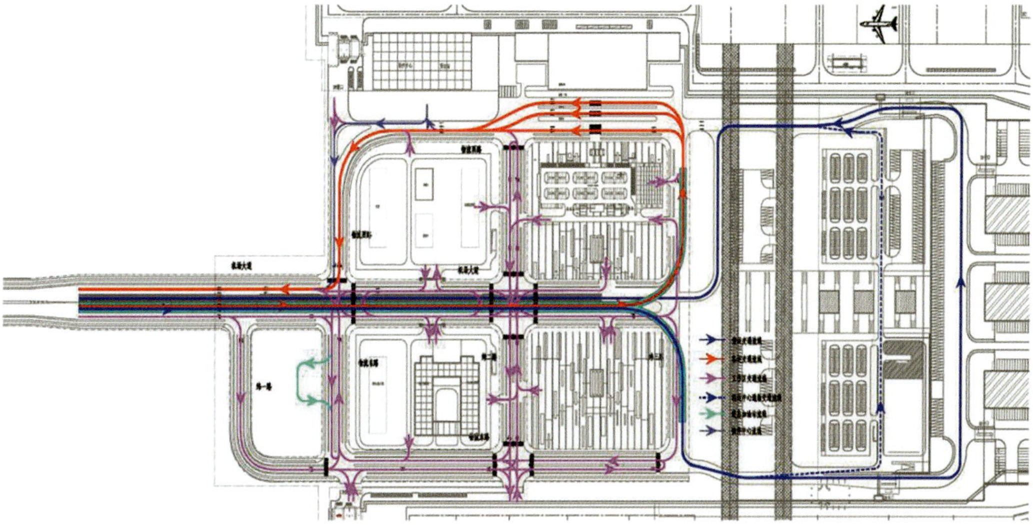

图 7-9 方案一(全立交方案)交通流线图

交通仿真评价:对客运车辆的平均行程时间进行监测,其平均行程时间为 74.3s,延误时间为 2.36s。

(2)方案二:平交方案

方案二(图 7-10)的平面布局方式为平面交叉,在机场大道与物流东路/物流西路交叉口设置信号灯,纬二路与机场大道交叉口采用右进右出的交通方式,平交方案在客运进场路径上仅设置一处信号灯。

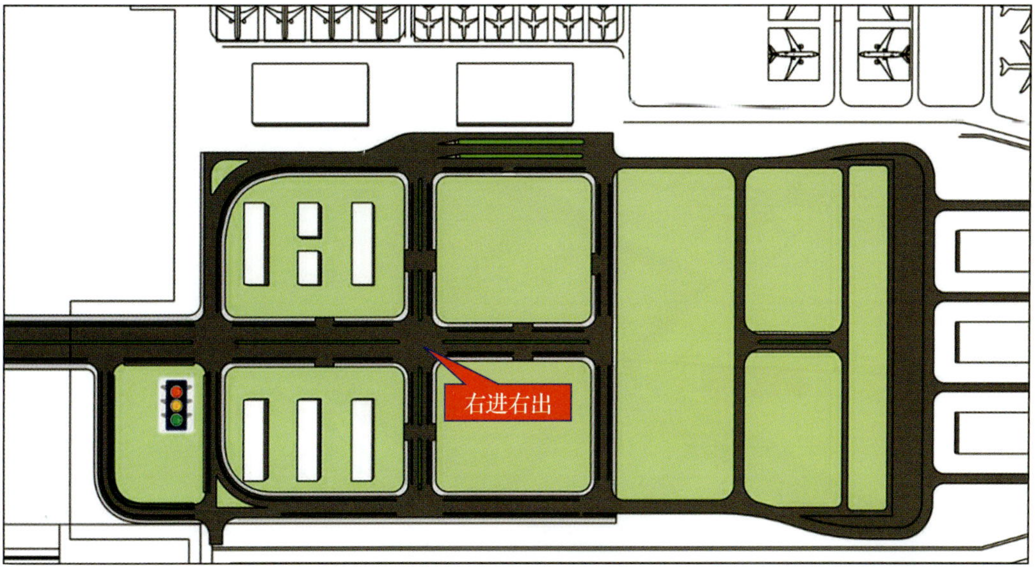


图 7-10 方案二(平交方案)简图

方案二的交通流线情况(图 7-11):转运中心进出场车流通过物流东路绕行,航站楼客运车辆流线呈单向环形;灯控路口仅有两相位,直行车辆运行效率高;工作区内部交通转换需利用机场大道两端交叉口掉头,绕行距离增加 480m。

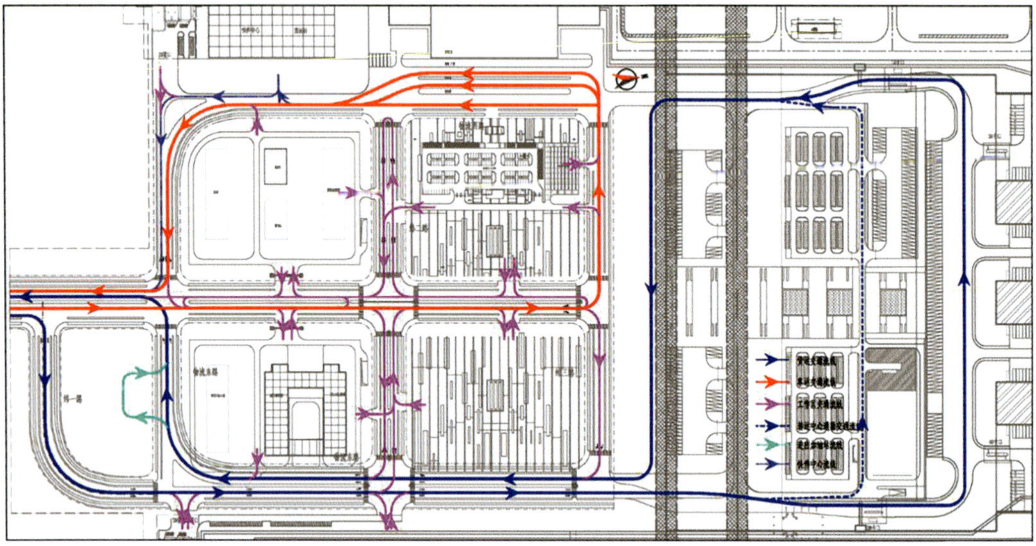

图 7-11　方案二(平交方案)交通流线图

交通仿真评价:对客运车辆的平均行程时间进行监测,其平均行程时间为 80.14s,延误时间为 7.64s。

(3)方案三:短高架方案

方案三(图 7-12)在方案二的基础上增设高架桥上跨纬一路、物流东路,该方案中航站楼客运进场路径上未设置灯控。

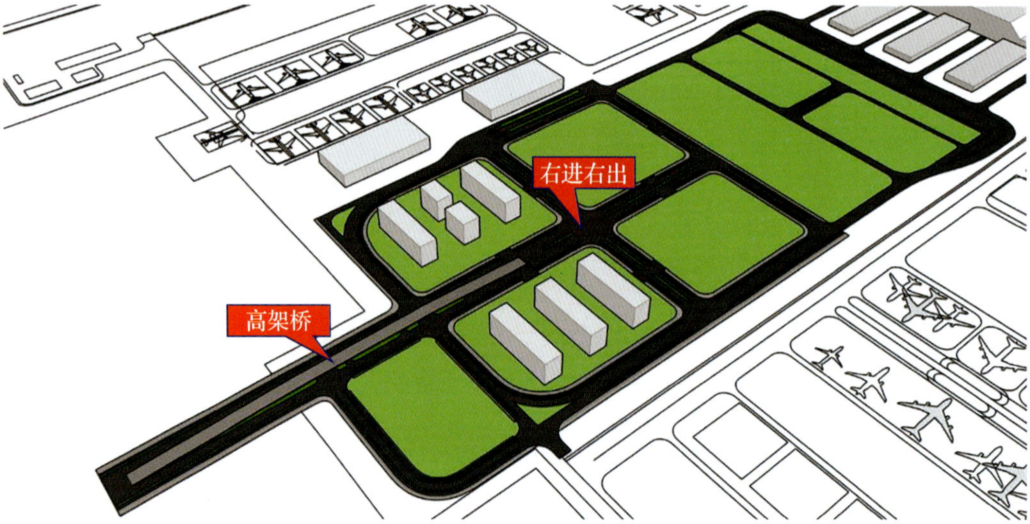


图 7-12　方案三(短高架方案)简图

方案三的交通流线情况(图7-13):转运中心进出场车流利用物流东路绕行,航站楼客运车辆流线呈单向环形;由于客运车辆无灯控,其运行效率高;工作区内部交通转换需利用机场大道两端交叉口掉头,绕行距离增加480m。

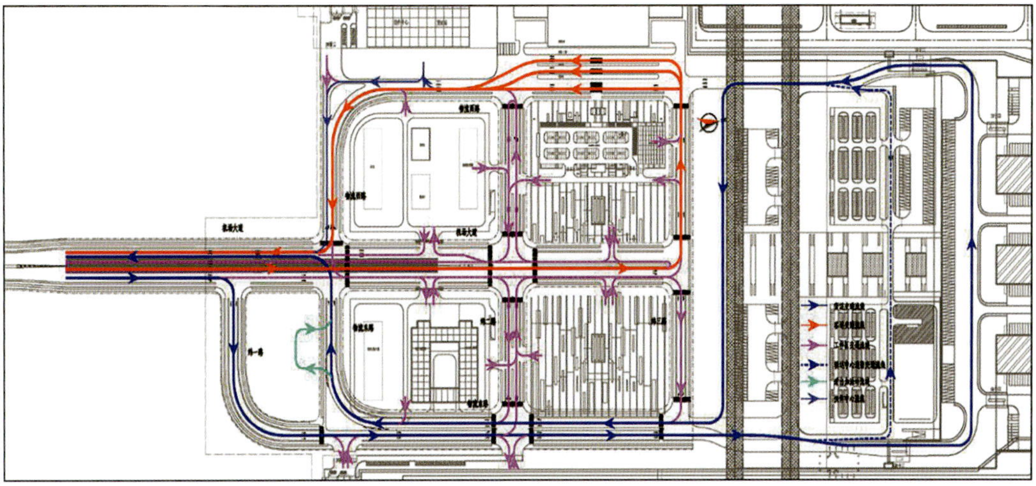

图7-13　方案三(短高架方案)交通流线图

交通仿真评价:对客运车辆的平均行程时间进行监测,其平均行程时间为72.75s,延误时间为0.25s。

(4)方案四:单向长高架方案

方案四(图7-14)设置长高架桥跨纬一路、物流东路、纬二路,客运车辆进场路径不设置信号灯,由于客运车辆流线为环形,将该方案中的高架桥设置为单向高架。

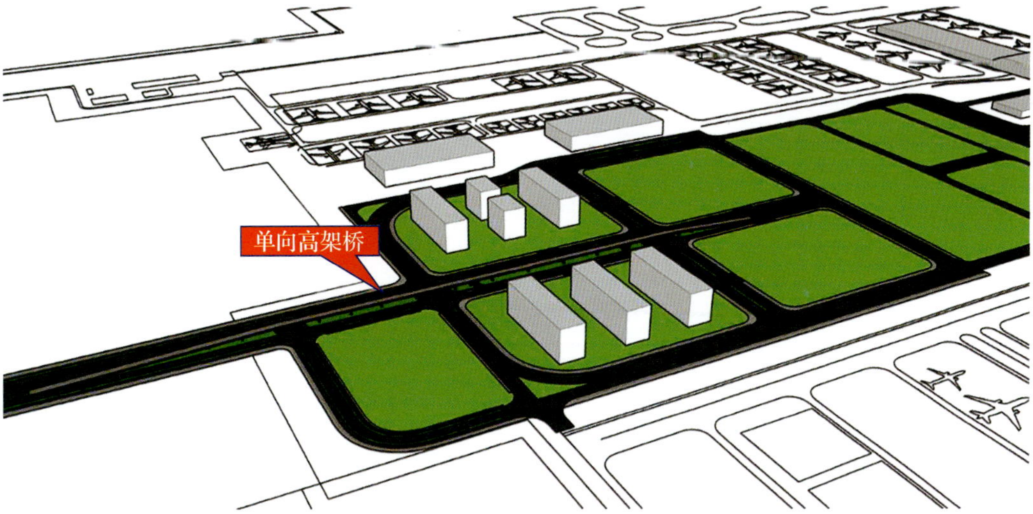


图7-14　方案四(单向长高架方案)简图

方案四的交通流线情况(图 7-15):转运中心进出场车流利用物流东路绕行,航站楼客运车辆流线呈单向环形;由于客运车辆无灯控,运行效率高;工作区内部交通车辆转换利用桥下路口,缩短交通距离。

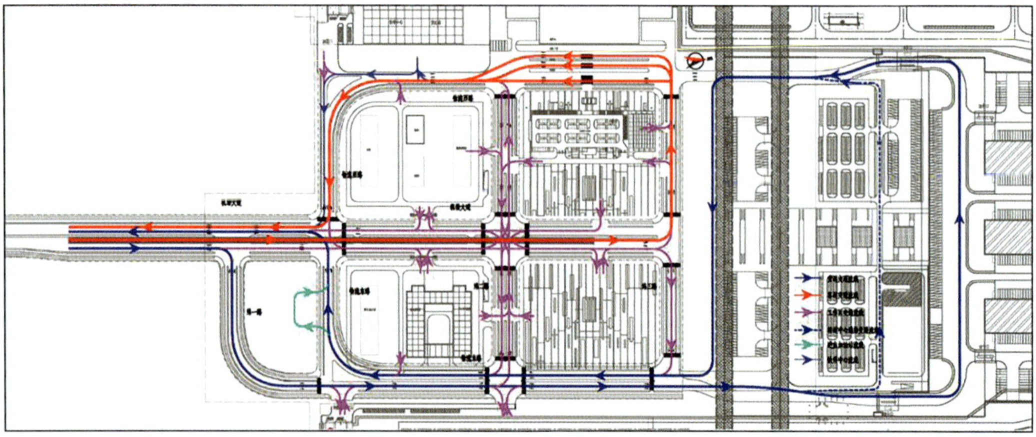

图 7-15　方案四(单向长高架方案)交通流线图

交通仿真评价:对客运车辆的平均行程时间进行监测,其平均行程时间为 73.62s,延误时间为 0.63s。

6.小结

(1)交通仿真评价对比

纵向比较所有方案,由于方案二(平交方案)客运车辆需要经过一个信号交叉口,故行程时间与车均延误时间明显高于其他方案。由于方案一(全立交方案)中客运、通勤、货运车辆分离点靠后,客运车辆在经过机场大道时受到其他两类车辆的影响,故行程时间与车均延误时间略高于方案三、方案四。对所有方案进行交通仿真评估,方案三(短高架方案)最优,车均延误时间仅为 0.25s。

(2)方案比选

对各方案进行比选,各方案在功能上均能满足交通运行要求,其服务水平、延误时间差异性不大;其中立交方案投资高,且与远期航站楼东迁后衔接不利,对用地、景观、环境有影响(表 7-1)。

方案一(全立交方案):通行时间较短,投资最高,对用地、景观、环境有影响。

方案二(平交方案):投资较省,通行时间长,服务水平较低,与景观环境协调性较好。

方案三(短高架方案):通行时间最短,服务水平最高,投资相对较高,对景观、环境有影响。

方案四(单向长高架方案):地块交通的衔接最便捷,投资相对较高,与景观、环境的协调性较好。

表 7-1 方案对比表

| 方案比选 | | 方案一（全立交方案） | 方案二（平交方案） | 方案三（短高架方案） | 方案四（单向长高架方案） |
|---|---|---|---|---|---|
| 方案简图 | | 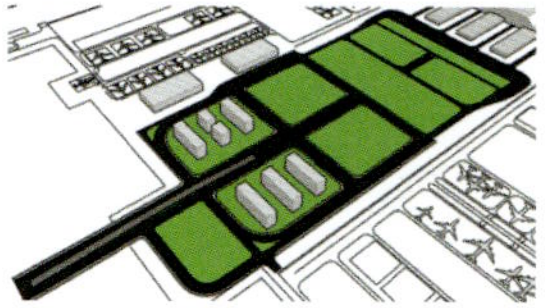 | 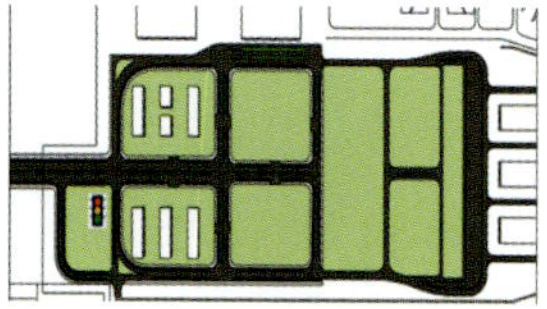 | 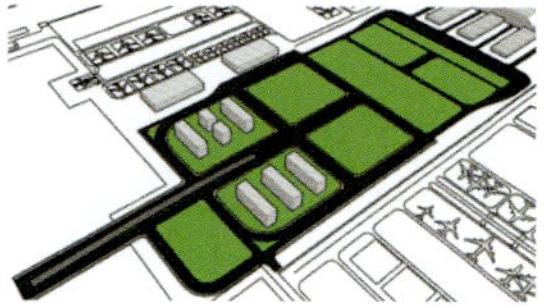 | 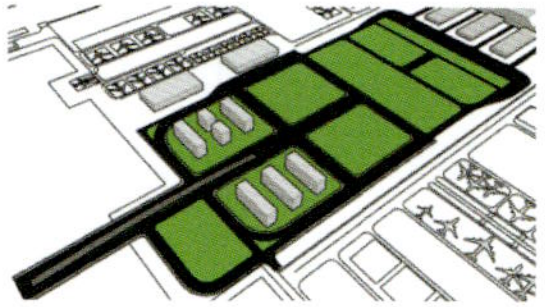 |
| 交通功能 | 客运 | 进场客货混行，无信号灯，延误 2.36 s | 客货分离，一处信号灯，延误 7.64 s | 客货分离，无信号灯，延误 0.25 s | 客货分离，无信号灯，延误 0.63 s |
| | 货运 | 中轴进出，路径长 3.0 km | 东侧进出，路径长 3.37 km | 东侧进出，路径长 3.37 km | 东侧进出，路径长 3.37 km |
| | 通勤 | 中轴进出，路径长 2.73 km | 东侧进出，路径长 3.1 km | 东侧进出，路径长 3.1 km | 东侧进出，路径长 3.1 km |
| | 地块交通转换 | 转换距离短，需灯控 | 绕行增加约 480 m | 绕行增加约 480 m | 转换距离短，需灯控 |
| 服务水平 | | 一级 | 一级 | 一级 | 一级 |
| 景观效果 | | 有影响 | 无影响 | 有影响 | 有影响 |
| 环境影响 | | 噪声污染大 | 噪声污染小 | 噪声污染大 | 噪声污染大 |
| 近远期关系 | | 远期航站楼搬走后高架桥利用率低 | 远期改扩建方便 | 远期航站楼搬走后高架桥利用率低 | 远期航站楼搬走后高架桥利用率低 |
| 道路用地 | | 127096 $m^2$（占南工作区 45.01%） | 125211 $m^2$（占南工作区 44.35%） | 130850 $m^2$（占南工作区 46.34%） | 129857 $m^2$（占南工作区 45.99%） |
| 建设条件 | | 高架桥超出机场红线，高架建设难度较大 | 较好 | 高架桥超出机场红线，高架建设难度较大 | 高架桥超出机场红线，高架建设难度较大 |
| 工程投资 | | 比方案二增加 1.6 亿元 | 9620 万元 | 比方案二增加 4500 万元 | 比方案二增加 5600 万元 |

综上所述，从利于客货分流、路网均衡；互联互通、灵活可控；近远结合、少投易施等方面得出结论：方案三（短高架方案）为最优方案。

7.方案评审

2019年6月25日，湖北国际物流机场有限公司在鄂州组织召开了湖北鄂州花湖机场工程-市政配套工程南区综合交通方案专家咨询会。与会专家认为设计方案三（短高架方案）合理，并提出建议（图7-16）：

①将货运出口设置在纬一路，纬二路恢复双向交通。

②机场大道/纬二路节点建设采用近远期结合，近期采用平交灯控方式，为远期设置高架桥预留条件。

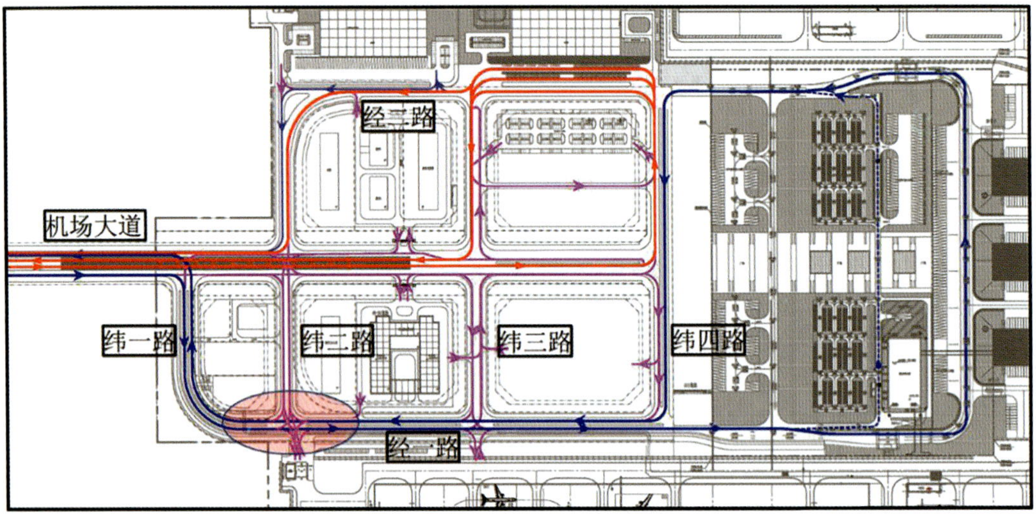


图7-16 方案评审后优化流线图

与原方案对比（表7-2）：

（1）优点

货运出场交通在纬一路左转，可有效缓解纬二路交叉口的交通压力，纬二路可恢复双向交通，加强东西两侧工作区地块的联系。

（2）缺点

①纬一路、纬二路东段由单向通车调整为双向通车，纬一路红线宽度由30m调整至39m；纬二路东段红线宽度由25m调整至30m，压缩了地块面积。②由于1号道口位置已定，纬二路东段、经一路与1号道口处形成错位交叉。

## 7.1.4 总结

通过对各方案进行比选后，得出优化后方案有以下优点：①更加有利于南区的交通

表 7-2 方案对比表

| 方案比选 | 优化前(货运利用纬二路左转出场) | 优化后(货运利用纬一路左转出场) |
| --- | --- | --- |
| 方案简图 | 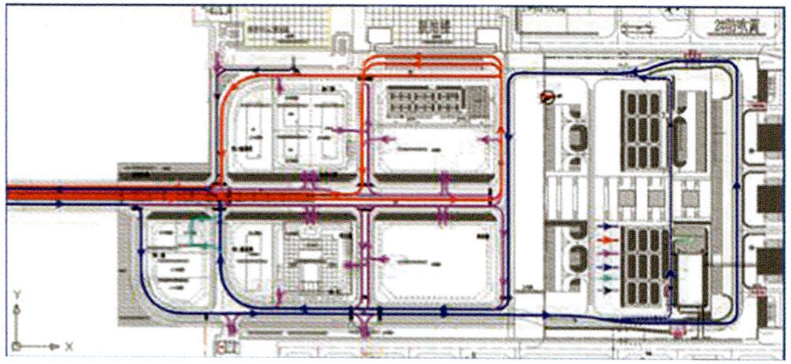 | 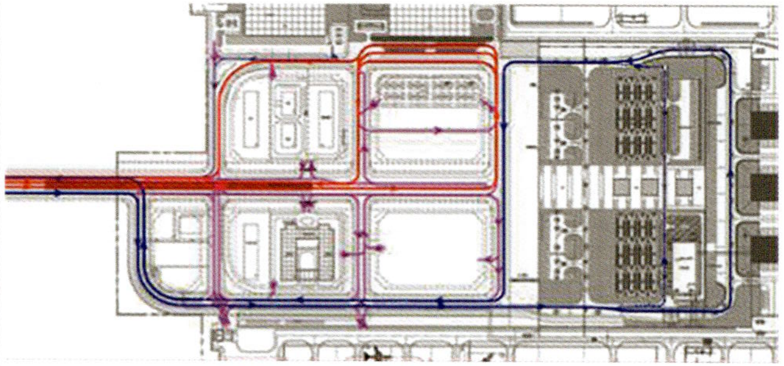 |
| 客货运交通组织 | 客货分离,交通组织基本相同,机场大道-纬二路口货运出场与客运出场冲突较大 | 客货分离,交通组织基本相同,货运出场调整至纬一路路口,减小了纬二路路口的交通压力 |
| 货运及转运中心出行效率 | 两个信号灯控路口 | 三个信号灯控路口 |
| 地块间沟通联系 | 纬二路为单向交通,东西联系稍有不便 | 纬二路为双向,东西联系及进出 2 号道口更加方便 |
| 用地情况 | 由于纬一路、纬二路均为单向,用地面积较小 | 纬一路、纬二路红线宽度增加,优化后用地面积增加 2080 $m^2$ |
| 平面交叉 | 纬二路与经一路路口不设置信号灯 | 纬二路与经一路路口与 1 号道口错位交叉,设置信号灯 |

运行，转运中心出行更为便利，对工作区的交通影响最小；②为高架桥远期实施预留条件，更符合交通需求，同时采用远近结合的方式，使该方案更为科学合理。

## 7.2 现浇管廊与预制管廊方案比选

### 7.2.1 背景描述

鄂州花湖机场综合管廊功能复杂，管廊入廊管线包括 48 回 10kV 电力电缆、24 孔通信线缆和 $2\times DN400$ 供水管。

管廊标准断面采用两舱形式，电力电缆回路较多，单独成舱。供水和通信共舱，设计断面宽 6.85m，高 3.3m。

管廊采取现浇钢筋混凝土和预制钢筋混凝土两种结构形式。

①现浇钢筋混凝土管廊：采用现场浇筑方法，不需要大型的运输、吊装机械，不需预制场地，纵向每 30m 设一道变形缝。

②预制钢筋混凝土管廊：在工厂分段制作，预制管廊的分段形式、分段长度根据管廊受力特点、接缝数量、施工运输、吊装能力等综合考虑。

### 7.2.2 问题分析

（1）成本问题

现浇管廊的成本主要集中在人力、材料和时间上，而预制管廊的成本则主要集中在预制件的制造、运输和安装上。需要根据具体情况进行成本分析，以确定哪种方案更具成本效益。

（2）施工周期问题

如果工期紧张，预制管廊可能更具优势，因其施工速度快，可以更快地投入使用。而如果工期较为宽裕，现浇管廊则更为合适，因其可以更好地适应现场条件。

（3）质量问题

预制管廊在工厂标准化生产，质量更易控制；而现浇管廊则需要在现场进行施工和养护，质量可能受到多种因素的影响。在质量方面需要综合考虑两种方案的优缺点。

（4）灵活性问题

现浇管廊可以根据现场条件进行灵活调整，而预制管廊则可能受限于其固定的尺寸和形状。在选择方案时需要考虑现场的实际情况和需求。

### 7.2.3 解决方案

(1)预制管廊

对国内外预制装配化箱型混凝土管廊使用情况进行调研后得知，国内预制装配化箱型混凝土管廊使用较少，而国外地下管道中预制装配化管廊占有较大比重，在工程中大量应用。

①预制装配的尺寸规格

一般管廊顶板厚度的高跨比为 1/15～1/8，预制管廊的纵向分段长度一般为 2.0～2.5m，根据生产和施工条件，单块预制件的重量以不超过 40t 为宜。

②预制装配式管廊的连接

为保证管廊的纵向整体性和接口的密封性，管廊之间采用预应力锚索或 PC 钢棒进行连接。

③预制装配式管廊的接口

预制管廊的接口形式主要有平口式、企口式、钢承口式，其中企口式接口有单胶圈和双胶圈做法。当管廊敷设在地下水位以上时，可采用平口式接口，当管廊在地下水位以下时，需要较高的抗渗要求，须采用带橡胶圈的企口式或钢承口式。

④预制装配式管廊的工厂生产

预制拼装结构综合管廊是将管廊结构拆分为若干预制管片，在预制工厂浇筑成型后，运至现场拼装。通过特殊的拼缝接头构造，使管廊形成整体，达到结构强度和防水性能等方面的要求(图 7-17)。

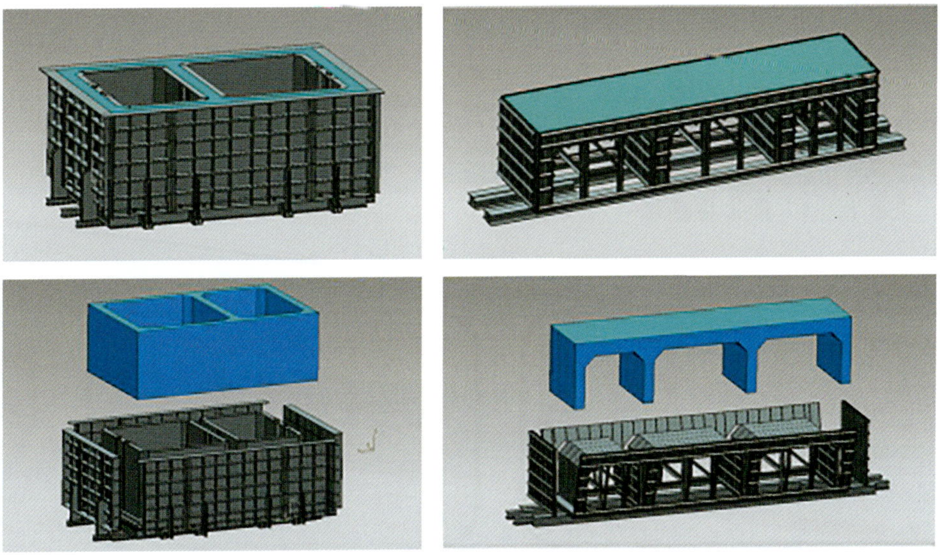

图 7-17 预制管廊工厂制作流程示意图

相较于传统的现浇施工技术，预制拼装施工技术具有以下优点：工厂预制现场拼装，施工速度快，工期短；安装工程不受季节影响，可雨季施工，冬季施工；施工围蔽宽度小，可最大限度减少对道路交通影响；使用创新接口形式，止水效果好；精细化加工、安装，工程质量稳定可靠；可顶进作业，免去管线拆迁费用；绿色施工，减少现场污染；精工细作，成本可控性高。

（2）现浇管廊

钢筋混凝土结构形式的管廊现场浇筑，是目前国内主要的施工方法，现场浇筑的管廊结构整体性好，接缝少，施工工艺简单，但普遍存在伸缩缝处施工质量不到位，从而导致漏水等情况。

（3）结构形式选型

①管廊预制率和设计参数

管廊预制仅局限于标准段，对于不规则节点部分仍需采用现浇施工；双舱管廊可预制的标准段约 3.5km，单舱 0.5km；根据管廊尺寸特点，可采用两种预制模具；受安装吊装机械的限制，单节管廊重 40t 最佳，则单节管廊长度为 2.0m（图 7-18 至图 7-21）。

②预制管廊的地基处理

预制管廊属刚柔并济型接头，各管节连接成链条，连接处具有较好的变形能力，管廊可随地基变形而变形（图 7-22）；由于预制管廊本身的变形需要，地基处理需采用均匀性较好的复合地基或天然地基，不适宜采用传统意义上的桩基础；预制管廊的复合地基受走马湖地基处理工程影响，无法采用搅拌桩、旋喷桩，拟采用每节管廊单排管桩复合地基；由于部分湖区、塘区岩面较浅，故取管桩长度小于 10m，但管桩过短容易断桩或出现承载力过低不满足设计要求的问题。

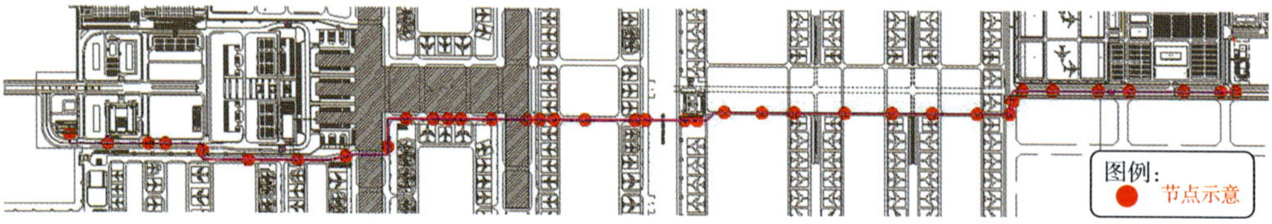


图 7-18　管廊总平面

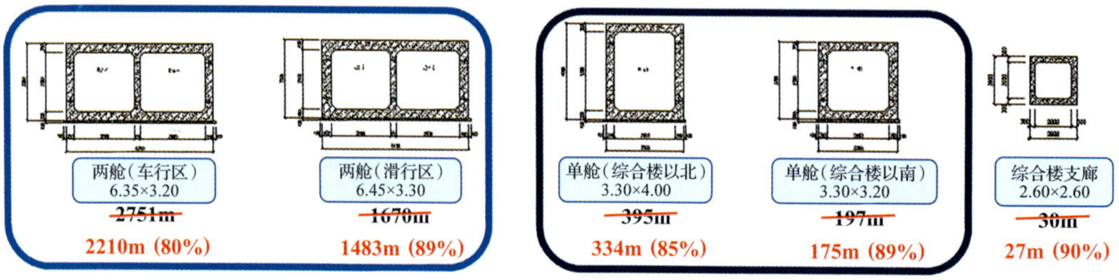


图 7-19　本工程管廊的预制率

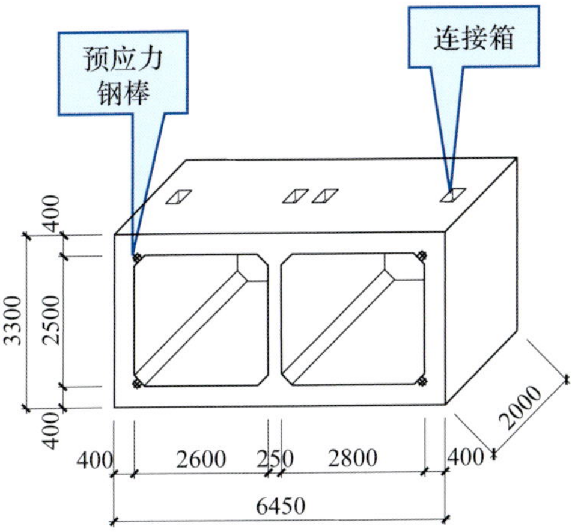


图 7-20 单节预制管廊

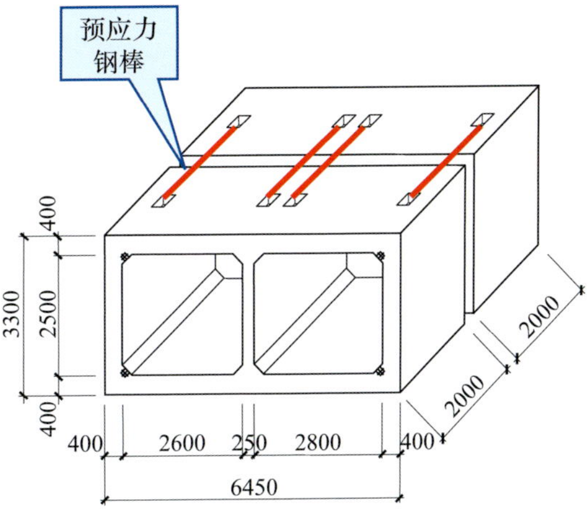


图 7-21 两节预制管廊拼装

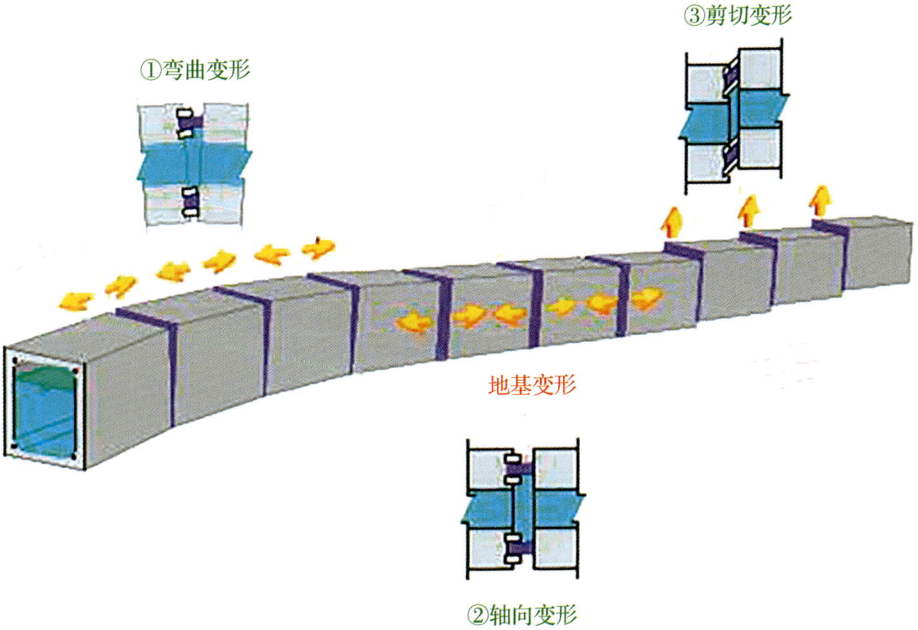


图 7-22 预制管廊的地基变形

③预制管廊施工方式和工期分析

在本工程中的基坑开挖、基础施工、回填土方等方面，现浇管廊和预制管廊在工期上没有明显的区别。两者的工期区别主要体现在管廊现场作业施工上：对比 30m 标准段管廊，预制管廊的施工工期比现浇管廊缩短 15d 左右，约 35% 的工期（未考虑预制厂家选定、模具定制、预制场地建设 3～4 个月的工期）。现浇管廊和预制管廊的施工流程见图 7-23，30m 长 3 舱管廊现浇施工和预制施工作业工序时间见表 7-3、表 7-4。

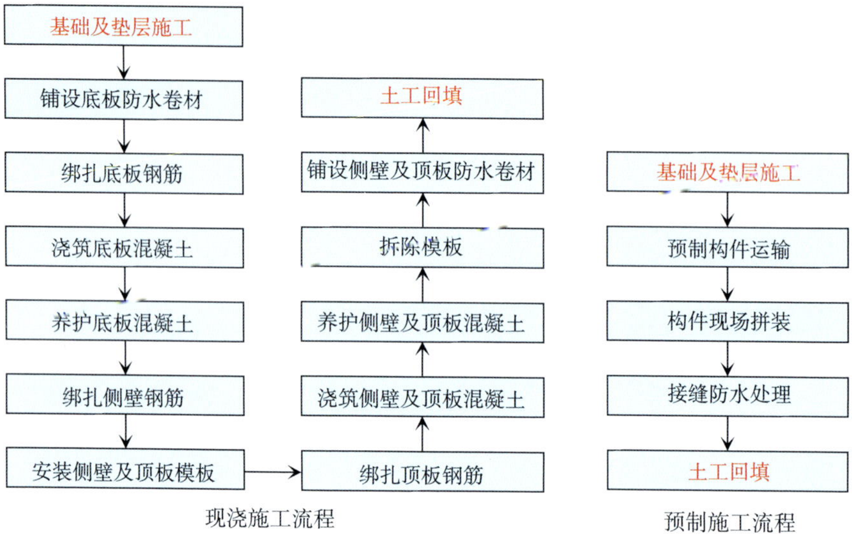


图 7-23　现浇施工与预制施工流程图

表 7-3　30m 长 3 舱管廊现浇施工作业工序时间表

| 序号 | 工序名称 | 完成需要时间/h | 备注 |
|---|---|---|---|
| 1 | 铺设防水卷材 | 8 | |
| 2 | 浇筑卷材保护层细石混凝土 | 6 | |
| 3 | 卷材保护层细石混凝土养护 | 24 | |
| 4 | 底板钢筋绑扎及预埋件 | 96 | |
| 5 | 底板模板及支架安装 | 36 | |
| 6 | 底板混凝土浇筑 | 16 | |
| 7 | 模板拆除 | 16 | |
| 8 | 底板混凝土养护 | 72 | |
| 9 | 墙身钢筋绑扎 | 16 | |
| 10 | 墙身、顶板支架及模板 | 168 | |
| 11 | 顶板钢筋绑扎 | 96 | |
| 12 | 顶板模板及支架安装 | 192 | |
| 13 | 墙身及顶板混凝土浇筑 | 16 | |
| 14 | 模板拆除 | 96 | |
| 15 | 墙身及顶板混凝土养护 | 168 | |
| 16 | 墙身及顶板防水卷材 | 16 | |
| 总计 | | 1042 | |

表 7-4 3m 长 3 舱管廊预制施工作业工序时间表

| 序号 | 工序名称 | 完成需要时间/h | 备注 |
|---|---|---|---|
| 1 | 单节预制管廊钢筋绑扎、浇筑、8h 蒸气养护、拆模 | 24 | ×15 |
| 2 | 预制管廊养护、出厂的检测 | 168 | |
| 3 | 吊装、张拉 | 58 | |
| 4 | 接缝处理(打胶、注浆)、防水处理 | 84 | |
| 总计 | | 670 | |

(4)综合管廊与转运中心合建的设计思路由来

在原设计中,并未考虑将综合管廊与转运中心两者合二为一,原设计综合管廊路线穿越转运中心时并未进入转运中心建筑本体结构,而是在建筑体中的服务车道穿越。最终在施工图阶段将两结构合并,主要原因有以下几方面:

①出于对施工工期的考虑。由于机场工程实施前,需要对走马湖进行填湖施工,即走马湖水系综合治理工程,该工程针对软土、淤泥等不良地质条件进行相应的地基处理,其中在原综合管廊设计线路的转运中心段存在 505m 的超载区。由于超载区卸载土方的时间较晚,影响管廊施工工期。为此,根据工期需要调整优化管廊线路,确保鄂州花湖机场项目总体工程目标的实现(图 7-24)。

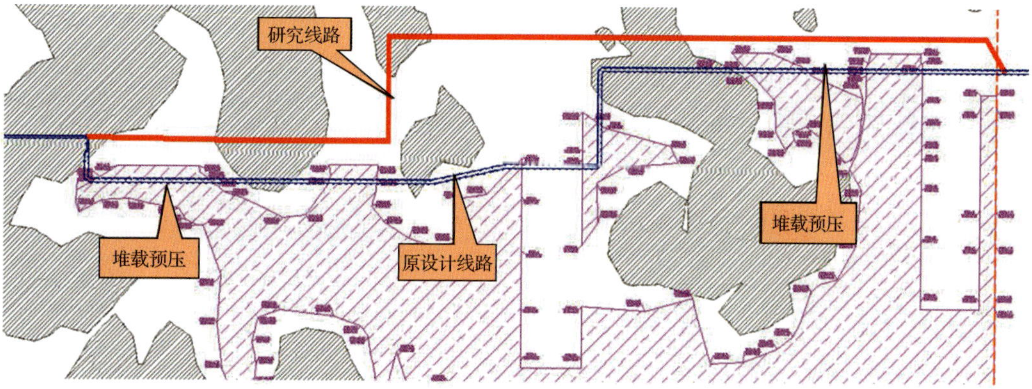


图 7-24 研究线路图

②方便管廊在转运中心段的运行维护管理。

③节省工程投资。原线路综合管廊顶部平均覆土厚度 3m,且上部为服务车道,按城-A 级荷载进行设计,管廊本身结构受力较大导致混凝土梁和配筋量增大,同时也影响管廊地基的处理费用(表 7-5)。

基于上述三点,综合管廊与转运中心合建事宜作为鄂州花湖机场工程的工作难点和关键点，被项目相关方视为重要设计研究工作。

表 7-5　管廊覆土厚度每增加 1m 造价变化量

| 方案 | 项目 | 单价/元 | 每延米管廊增加量 | 总长度/m | 造价变化/万元 |
|---|---|---|---|---|---|
| 管廊覆土厚度增加 1m | 开挖及回填 | 30 | 25.40 $m^3$ | 4421 | 336.88 |
| | 边坡加固 | 180 | 3.20 $m^2$ | 4421 | 254.65 |
| | 换填 | 80 | −9.35 $m^3$ | 520 | −38.90 |
| | 桩基础 | 370 | −1.67 m | 1800 | −111.00 |
| | 总和 | | | | 441.63 |

（5）预制管廊与现浇管廊的综合比选

从表 7-6 可知，我国现浇施工工艺趋于成熟，在结构整体性、施工难度、施工机械等方面较预制结构有优势，造价也稍低，但施工工期较长，施工环境差、作业面大。结合本区域实施管廊道路的现有条件，最终确定分别有针对性地采用现浇钢筋混凝土管廊和预制拼装管廊两种结构形式。

表 7-6　预制管廊与现浇管廊的综合比选表

| 分项名称 | 现浇管廊 | 预制管廊 |
|---|---|---|
| 施工工艺 | 明挖开槽施工、基坑要保持干燥，施工受季节及气候影响大 | 明挖基坑可带水作业、可顶管，施工受季节及气候影响小 |
| 环境影响 | 湿法作业，对环境污染大 | 干法作业，对环境污染小 |
| 抗震性及地基变形适应性 | 地震及地基变形容易导致变形缝开裂、漏水 | 管节间柔性连接，抗震性能好，地基变形适应性更强，但接缝多，总体漏水的风险也高，对接缝技术要求很高 |
| 施工机械 | 常规机械 | 需要大型运输、吊装机械 |
| 预制场地 | 不需要 | 现场附近具备预制场地，减小运距 |
| 工期（30m 两舱） | 长，约 43d | 较短，约 28d（节约 35%，未包含预制场地建设、管段制作、养护、出厂验收、运输的时间） |
| 综合造价（30m 两舱） | 75 万元 | 101 万元（较现浇管廊高 35%） |
| 其他问题 | 地基处理：不应采用原管廊刚性基础，而应采用每节管廊单排管桩复合地基，以解决较短的管桩存在的受力问题；<br>基坑支护：放坡开挖，基坑顶敞口大，对管廊吊装机械要求高且费用增加，预制管廊吊装处需进行基坑加固处理；<br>施工组织：预制标准段与现浇节点之间的施工组织对工期的影响较大；<br>预制特殊要求：工期中未考虑预制厂选址、预制厂家及技术线路的选择、预制招标等；<br>BIM 模型周期：管廊现浇改预制会延长管廊 BIM 模型的周期，需增加 2 个月时间 | |

### 7.2.4 总结

(1)现浇方案

综合考虑走马湖工程对管廊工期影响,为合理地进行施工组织,施工方案采用现浇管廊的方式,可如期完成施工。

针对近期用地、远期用地和北工作区,施工方需使各个施工地块具备相应的施工条件后,方可进行管廊施工。

①近期用地施工条件:预压超载区域,设计 22.50m 标高区域,上述两片区域均平整至设计标高后,管廊方可施工(超载区可先施工灌注桩)。

②远期用地施工条件:将湖水区域填方至 16.00m(或 20.0m)标高,高于 22.50m 标高区域,上述两片区域均平整至设计标高后,管廊方可施工。

③北工作区施工条件:将北工作区平整至设计标高后,管廊方可施工。

(2)预制方案

①建造工期:预制方案虽能提高现场施工作业的效率,但综合考虑预制率、节点现浇、前期准备(预制厂、技术方案运输吊装)的时间成本、安装过程中对施工精度的严苛程度等因素,与现浇方案相比,两方案的总工期基本持平。

②成本造价:综合考虑预制模具与预制厂费用、基坑吊装点的加固、地基处理的改变、对防水卷材的保护等因素,相较于现浇方案,预制方案的造价高出 35%左右(C、D类地基处理),高出 60%左右(A、B 类地基处理)。

基于上述分析,建议采用现浇管廊方案。实施阶段若有施工单位认为必要,可结合实际需要调整为预制方案。

## 7.3 管廊穿越转运中心线路优化

### 7.3.1 背景描述

鄂州花湖机场综合管廊工程由北京院负责设计。管廊南起于南工作区,起点位于南二路西侧的 110kV 变电站,往北经飞行区至规划北一路、顺丰大道后,止于北工作区的北侧用地红线,总长 5980m。

### 7.3.2 问题分析

鉴于超载区卸载土方的时间较晚,管廊施工工期延长了 3 个月。为确保总体目标的实现,根据工期调整优化管廊线路,提出新路线(图 7-25)。

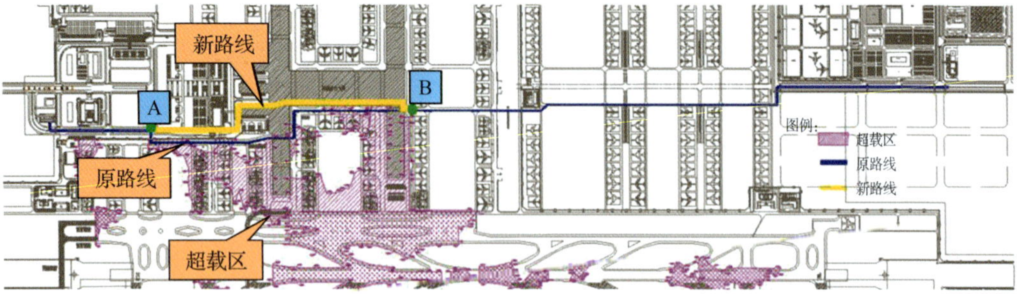


图 7-25 管廊新路线图

原路线管廊总长为 5011m,其中 AB 段管廊长度为 1524.67m,AB 段中有 505m 位于超载区。

新路线管廊总长为 4976.136m,其中 AB 段管廊长度为 1489.806m,AB 段管廊避开超载区。除 AB 段管廊外,新路线的其余管廊与原路线一致。

### 7.3.3 解决方案

为确保总体目标的实现,提出三个解决方案。

①方案一:超载区卸载后施工管廊(原路线)。

②方案二:超载区未卸载前施工管廊(原路线)。

③方案三:管廊改线至转运中心陆侧及转运中心下方(新路线)。

(1)方案一:超载区卸载后施工管廊(原路线)

AB 段管廊长度 1524.67m,其中 505m 位于超载区。AB 段管廊敷设机场服务车道,穿越两处转运中心子廊建筑(约 188m)。AB 段管廊平均覆土厚度 3.0m,要求超载区卸载至设计标高(约 22.50m)后,方可进行管廊施工,管廊施工采用放坡开挖的方式。该方案中 AB 段管廊投资金额为 8488.78 万元。

该方案存在问题:

①虽然施工简单,但受超载区卸载时间影响。超载区卸载时间为 2020 年底,预计超载区 505m 管廊施工时间需要至少 3 个月。

②基坑开挖面大,穿转运中心子廊的管廊基坑会影响转运中心桩基施工,二者施工顺序需协调配合。

该方案 AB 段管廊维持方案一的路线和埋深,考虑工期要求,在超载区未卸载前,对该区域管廊进行施工。超载区标高约 27.0m 时,对管廊施工区域进行开挖,采用排桩支护的方式。基坑止水则采用桩间旋喷桩与支护桩形成封闭止水帷幕的方式:Φ800@1000 灌注桩(桩长约 18.0m)和Φ600@1000 双管旋喷桩置入坑底 1.0m,形成封闭止水帷幕。考虑增加灌注桩约 511 根(9198m),旋喷桩约 505 根(6060m)。该方案中 AB 段管廊投资 10519 万元。

(2)方案二:超载区未卸载时施工管廊(原路线)

该方案存在问题:

①管廊工期不受超载区卸载时间影响:在超载区卸载之前,管廊可进场施工,可保证管廊施工的工期要求。

②基坑支护施工难度增大,投资增加:管廊基坑深度由 6.5m 增加为 11.0m,基坑开挖由放坡开挖改为排桩支护,施工复杂、难度增大、对超载区施工场地要求高,支护桩施工工期较长,且增加管廊投资。

③走马湖地基处理达不到原设计标准:在超载区卸载前施工管廊,管廊及其影响范围内的堆土被提前卸载,导致该范围地基土超载时间少于设计要求,故该范围地基土沉降不能达到设计预期的标准。

④超载区土体沉降对管廊结构安全不利:管廊两侧均为超载土体,两侧土体沉降速率难以保证一致,引起管廊两侧荷载不平衡,对管廊形成水平推力;土体沉降过程中,对廊体结构、桩基础产生负摩阻、水平挤压,也会影响结构的安全。

小结:方案二技术上存在较大风险,不推荐使用。

(3)方案三:管廊改线至转运中心陆侧及转运中心下方(新路线)

该方案(图 7-26)中 AB 段管廊总长 1489.806m,相较于方案一,AB 段管廊总长减少 34.864m。该方案中 AB 段管廊改线至转运中心南侧陆侧(约 583.537m),穿越转运中心大楼(约 583.537m),从转运中心北侧进入服务车道(约 48.029m)。管廊全线避让超载区,该段管廊平均覆土厚度 2.8m,采用放坡开挖的方式。转运中心外南侧、北侧的管廊基坑、管廊结构设计方案与方案一相同。穿越转运中心的管廊由中南院和机场转运中心共同设计。

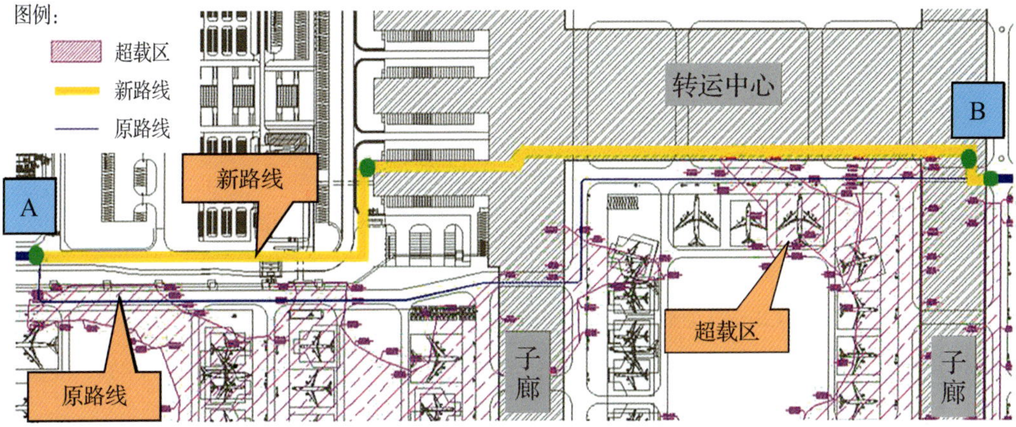


图 7-26 方案三:管廊改线至转运中心陆侧及转运中心下方

该方案中AB段管廊建设费用为7343万元。此外,转运中心费用增加595万元,入廊管线费用减少82万元,费用共计7856万元。

### 7.3.4 总结

相比方案一和方案二,方案三有以下优点:①穿越转运中心的管廊长度更长,需结合转运中心结构共同设计;②转运中心下方管廊荷载减小,对管廊结构有利。综合比较三个方案,推荐采用方案三进行施工。

## 7.4 管廊与远期预留隧道交会的设计方案

### 7.4.1 背景描述

湖北鄂州花湖机场综合管廊工程由北京院负责设计。管廊南起南工作区,起点位于南二路西侧的110kV变电站,往北经飞行区至规划北一路、顺丰大道后,止于北工作区的北侧用地红线,总长5980m。在该管廊区域中,共划分了34个防火分区,设置9座吊装口、34座逃生口、18座通风口、3座日常人员出入口。管廊在吊装、逃生及通风等节点均设置夹层,夹层净高2.2m,标准段管廊覆土平均厚度3.0m,与排水管等其他管线、建构筑物竖向交叉处根据实际情况适当加深避让距离。

入廊管线包括48回10kV电力电缆、24孔通信线缆和2×*DN*400供水管。管廊标准断面采用两舱形式,电力电缆回路较多,单独成舱。供水和通信共舱,设计断面净宽(2.6+2.8)m,净高2.5m。

综合管廊沿南北方向途经远期规划区,有2处位置(分别为管廊桩号A1+760和A1+375)与规划东西向的远期机坪下穿隧道在平面上垂直交叉,远期机坪隧道的规划条件由中国民航机场建设集团公司提供。

### 7.4.2 问题分析

中国民航机场建设集团提供的隧道规划设计条件如下:

①车道过滑行道中线40m后起坡,滑行带要求:此处的底标高=埋深(飞行区排水等场内管线因素)+顶板厚度+净空(需要考虑设施设备)+底板厚度(通道内路面结构及排水边沟)=2m+1.2m+4.8m+1.2m=9.2m。

②地面高程需考虑滑行道自身的横坡及纵坡需求,隧道内纵坡坡度为4%,根据管廊距汽车通道可以爬坡的距离确定爬坡高度。

③横断面考虑因素主要为飞行区的特种(加宽)车辆及行李拖车拖挂长度,单车道

暂按 4.25m 考虑,双侧检修及路缘带,通道内暂按 11m 考虑。

本工程共有 2 处位置需要考虑管廊穿越远期预留隧道(图 7-29),分别为管廊桩号 A1+760(南侧)和 A1+375(北侧)。

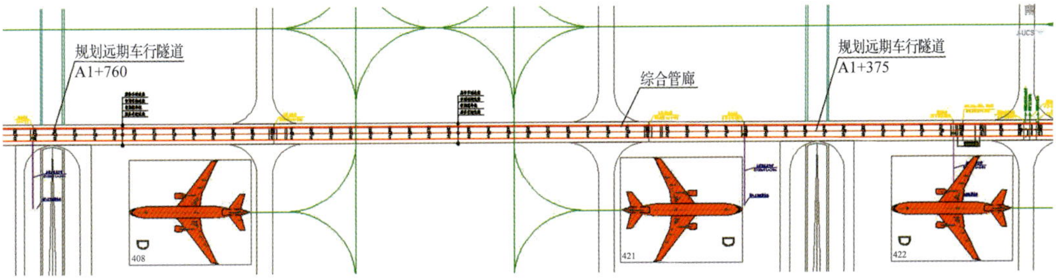


图 7-27 综合管廊与远期机坪下穿隧道的平面关系图

管廊穿越隧道设计方案主要考虑以下几个因素:

①远期预留隧道的设计条件是否明确。因隧道均处于规划阶段,相关的设计条件并不完全确定,存在后期改动的可能性。综合管廊施工图阶段,南侧隧道(A1+760)平面位置和竖向标高基本均已确定,而北侧隧道(A1+375)平面位置和竖向标高均未最终确定,存在不确定性。

②两者的空间关系,即管廊下穿隧道还是隧道下穿管廊的问题。

③工程经济性。因两者需要有一定的避让距离,在相同条件下结构的埋深会加大,标高过渡段变长,工程费用随着避让距离的增加而增多。因此,从工程经济性的角度看,两者的避让距离越小越经济,仅考虑经济性的理想情况为两者合建,即共用结构底(顶)板,共用桩基础。但前提条件是明确隧道的规划设计条件,否则会对后期隧道设计和使用造成较大的影响。

基于上述三点,综合管廊与远期预留隧道合建事宜作为鄂州花湖机场工程的工作难点和关键点,被项目相关方作为重要设计研究工作提上日程。

经过项目各方多轮的研究,因北侧隧道设计条件不确定,为此管廊穿越南侧隧道采用合建方案,北侧隧道采用避让方案,两侧隧道的空间关系均为管廊下穿隧道。

### 7.4.3 解决方案

#### 1.隧道设计方案

本部分隧道根据中国民航机场建设集团提供的隧道规划设计条件、同类下穿通道设计标准进行设计。

(1)设计标准(同类参照)

a.通道道路等级:城市次干道;

b.设计时速：40km/h；

c.下穿通道车辆荷载：飞行区特种车辆——顶推车重 60t，重型加油车重 80t；

d.汽车通道净高≥4.5m；

e.最大纵坡：4%；

f.抗震设防烈度：6 度；设计基本的震动加速度值：0.05g；

g.地下通道路面结构设计年限：15 年；

h.箱涵活荷载：F 类-A380F；

i.设计基准期：100 年；

j.设计使用年限：100 年；

k.设计安全等级：一级。

（2）隧道设计方案详情

①路线平面、纵断面及横断面

本次设计隧道长 9.15m，线位按规划线位，隧道覆土厚度为 2m，按平坡设计，后续规划隧道实施时，路面纵坡通过压重层及铺装调整，隧道结构净空高度预留 5.7m。隧道横断面布置：检修道+路缘带+行车道+行车道+路缘带+检修道=0.75m+0.5m+4.25m+4.25m+0.5m+0.75m=11m。路面相关设施由远期实施。

②隧道结构设计

隧道设计活载类型按照 A380F 类飞机荷载考虑，经计算确定箱涵结构尺寸：顶板厚 1.2m，侧墙厚 1m，底板与管廊合建。考虑到远期隧道实施时间暂不确定，为防止隧道积水，影响结构耐久性，隧道两端采用厚 50cm 钢筋混凝土板进行了封堵。相关尺寸如图 7-28、图 7-29 所示。

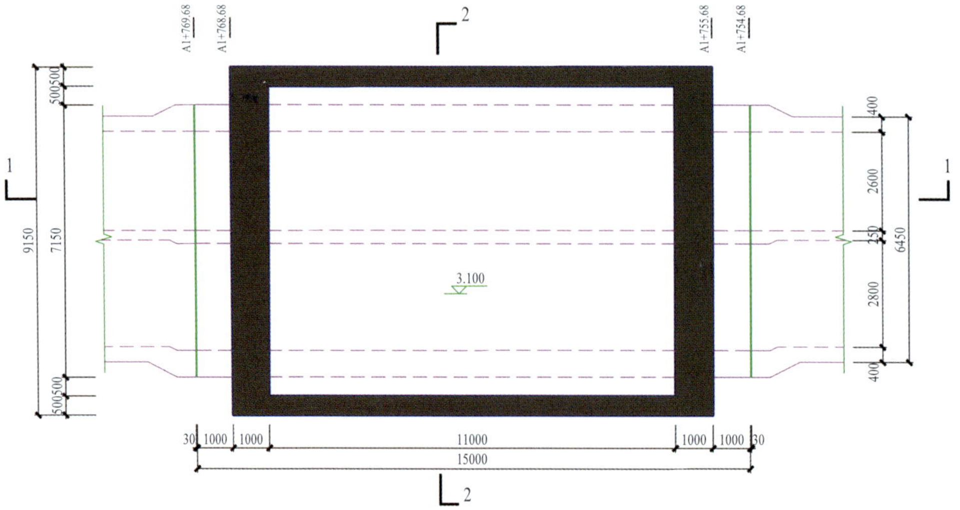


图 7-28　A1+760 南侧隧道与管廊合建平面图

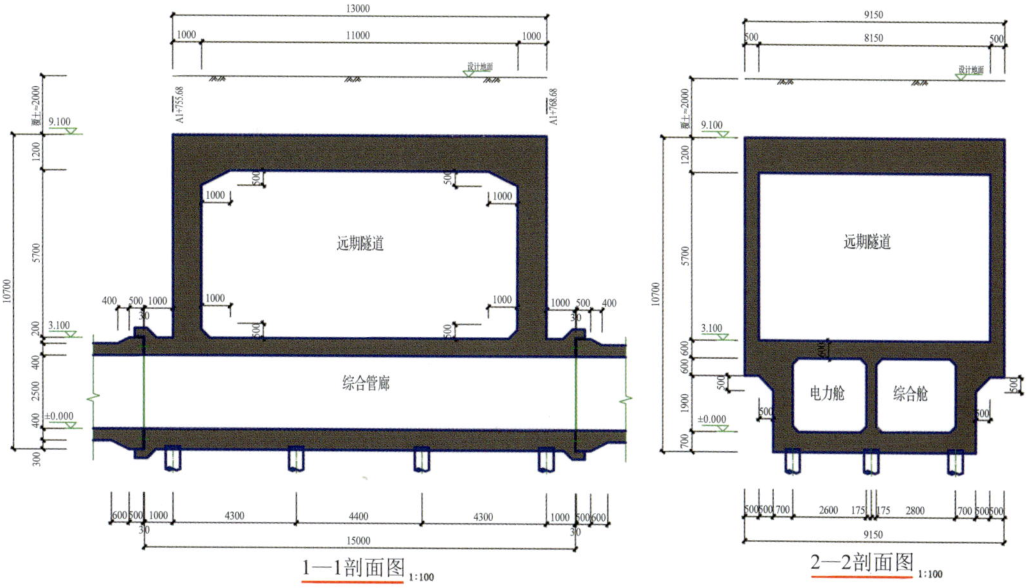


图 7-29　A1+760 南侧隧道与管廊合建剖面图

③隧道防水设计

a.防水设计原则及标准：防水设计遵循“以混凝土自防水为主、多道设防、因地制宜、综合治理”的原则，根据环境条件、结构形式、施工方法，选择有效、可靠、操作方便的防水方案；主体结构防水等级为二级，结构不允许渗水，结构表面无湿渍。

b.防水设计：主体结构采用 C40 防水混凝土，防水混凝土抗渗等级为 P8；主体结构采用防水混凝土和全包柔性防水层组成双道防水防线；裂缝控制：裂缝宽度均不得大于 0.2mm，且不得贯穿。

## 2.综合管廊结构设计方案

综合管廊和远期隧道的工艺专业、隧道专业设计方案确定后，即可开展综合管廊下穿隧道的结构设计。

结构专业总体设计原则如下：

①合建方案需要考虑将两者融为一体。合建方案考虑隧道底板与管廊顶板共用，桩基础共用。

②避让方案需考虑合理的避让距离，既满足规范的安全要求又要合理地考虑经济性要求。

## 3.管廊与南侧隧道合建的结构设计

南侧上部隧道长约 9.15m，管廊纵向方向的隧道宽度为 13m，隧道净高 5.7m（图 7-30、图 7-31）。

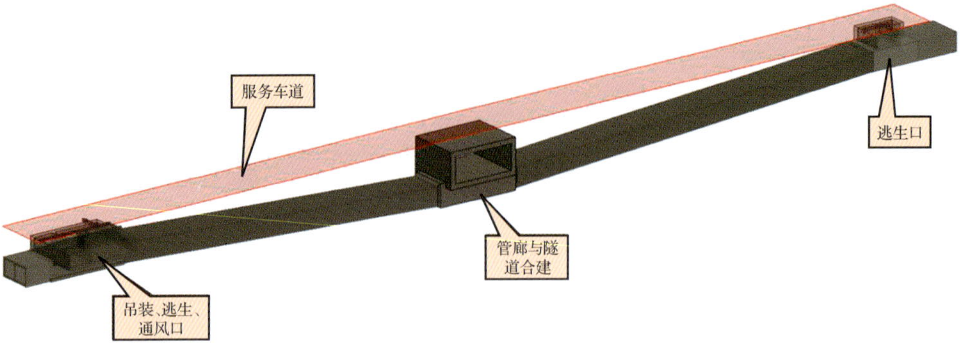


图 7-30　A1+760 南侧隧道与管廊合建 BIM 模型(初设阶段)

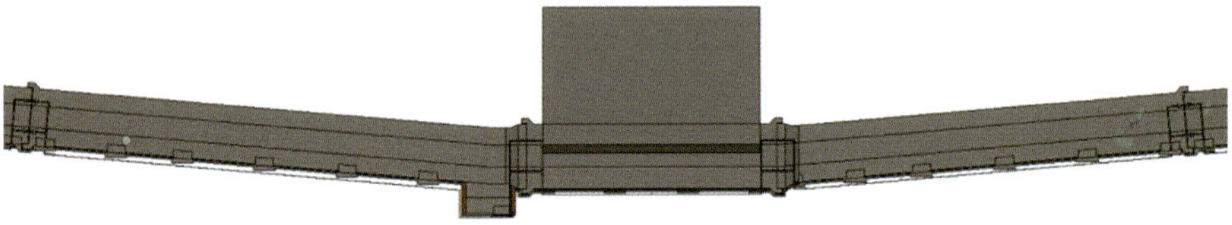

图 7-31　A1+760 南侧隧道与管廊合建 BIM 模型(施工图阶段)

考虑隧道底板与管廊顶板共用,经计算分析,板厚为 600mm,管廊侧壁及底板厚度均为 700mm。隧道顶板厚度 1200mm,隧道侧板厚度 1000mm。同时考虑隧道工程近期不实施,需要将隧道部分进行封堵,待日后实施隧道工程时再打开,封堵墙厚度为 500mm。合建段的结构计算采用 MidasGen 有限元软件进行分析和辅助配筋设计(图 7-32)。

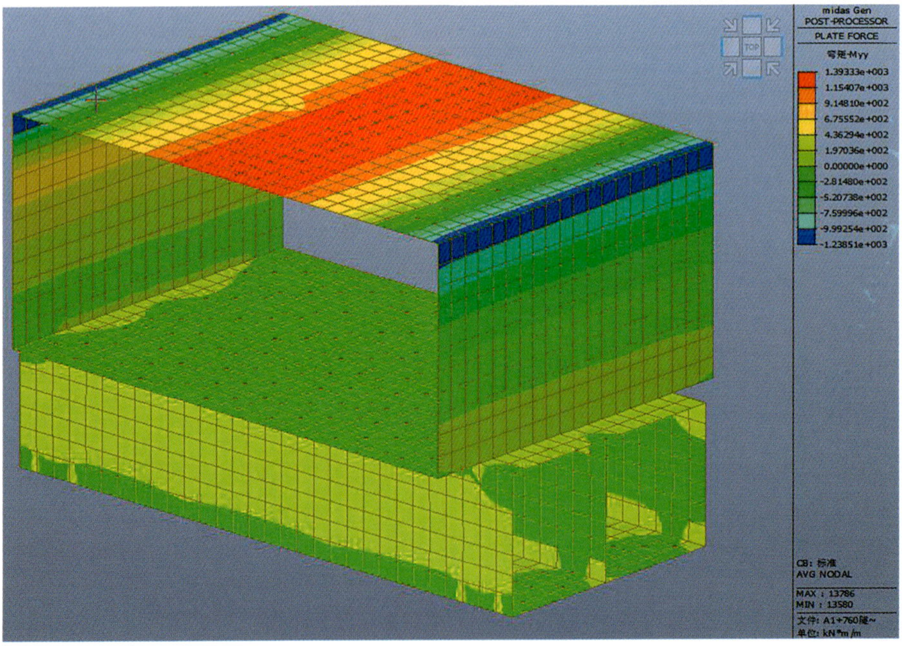


图 7-32　A1+760 南侧隧道与管廊合建段管廊 Midas 有限元计算结果

### 4.合建段的基础方案

根据勘察报告，合建段主要地层参数如表 5-5，管廊典型纵断面如图 7-33 所示。

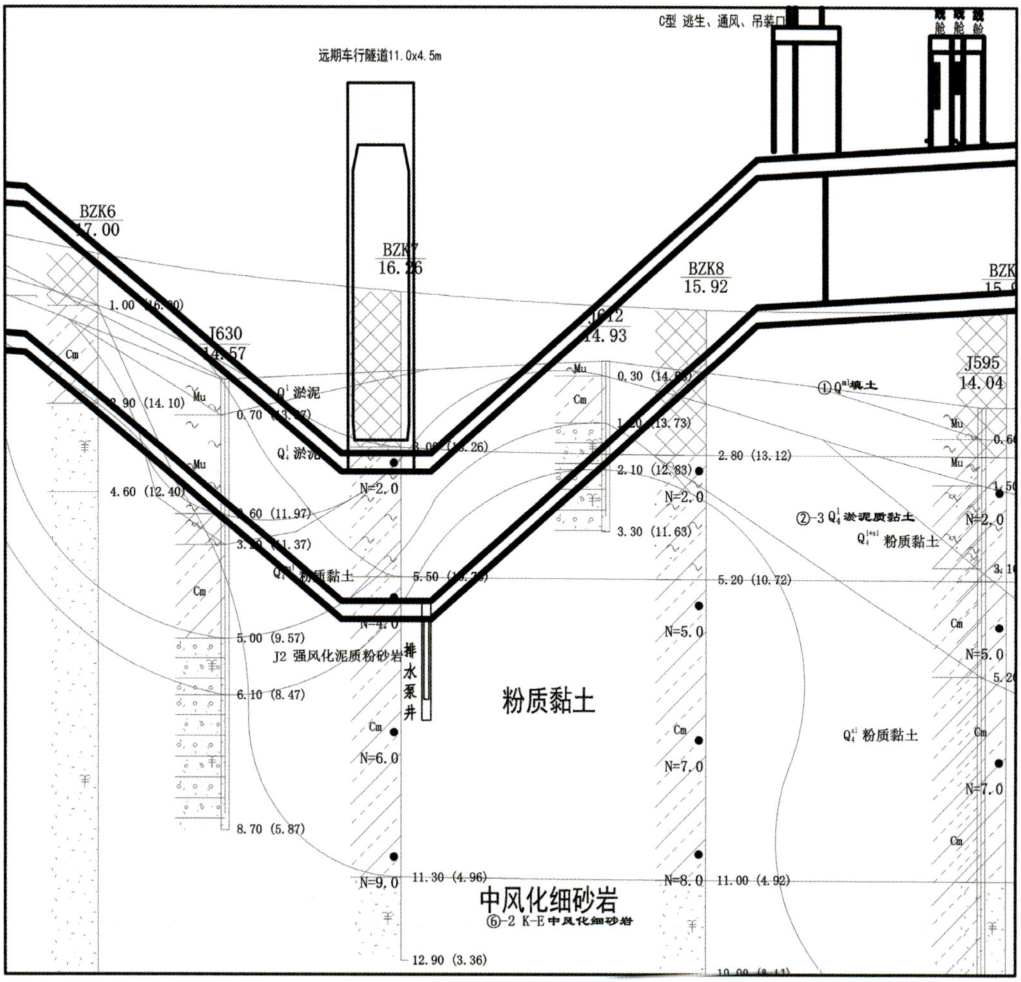


图 7-33 A1+760 南侧隧道与管廊合建段管廊典型纵断面图

合建段综合管廊部分位于原湖区，管廊底板基本位于淤泥层和粉质黏土层，该地基承载力低、压缩模量小，而合建段上部荷载很大，为此采用 800 钻孔灌注桩基础，桩沿管廊的排间距约 4.4m，横向每排 3 根桩，间距约 2.6m，均布置在管廊隔墙或外墙下（图 7-34）。

### 5.管廊与北侧隧道避让方案的结构设计

远期 A1+375 北侧隧道因平面位置和竖向标高的不确定，采用管廊下穿远期隧道的避让方案，两者不合建。

避让距离的确定是本方案的关键，通过不同覆土深度的结构受力计算，同时考虑避让距离应满足规范的安全要求和合理的经济性要求，最终确定的隧道底板底距离管廊顶板顶的距离约为 1.5m，管廊顶部最大覆土厚度约 11m。

避让方案的另一个关键点是管廊结构的抗浮计算复核，需要考虑到远期隧道施工时把管廊顶部覆土挖除，为此需要校核此工况的管廊整体抗浮设计是否满足要求。图 7-35 所示为 A1+375 管廊下穿隧道的 Midas 有限元计算结果。

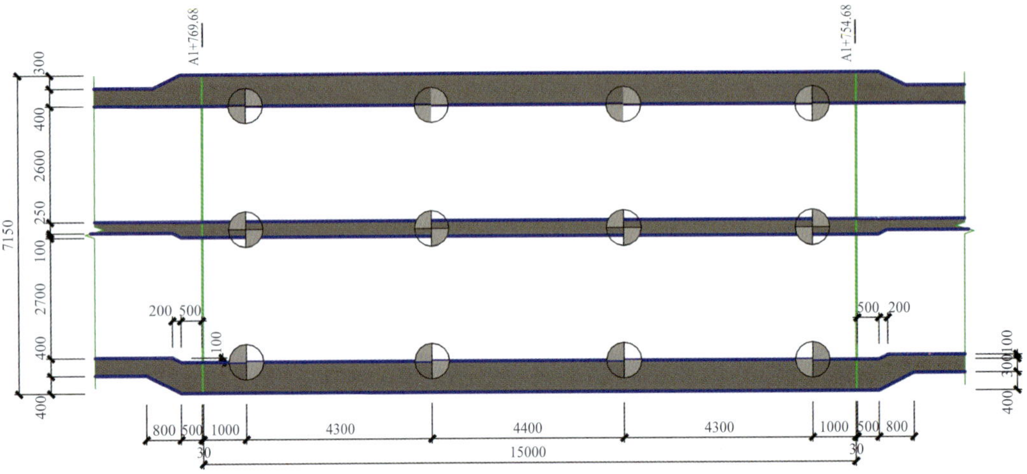


图 7-34　A1+760 南侧隧道与管廊合建段桩基布置图

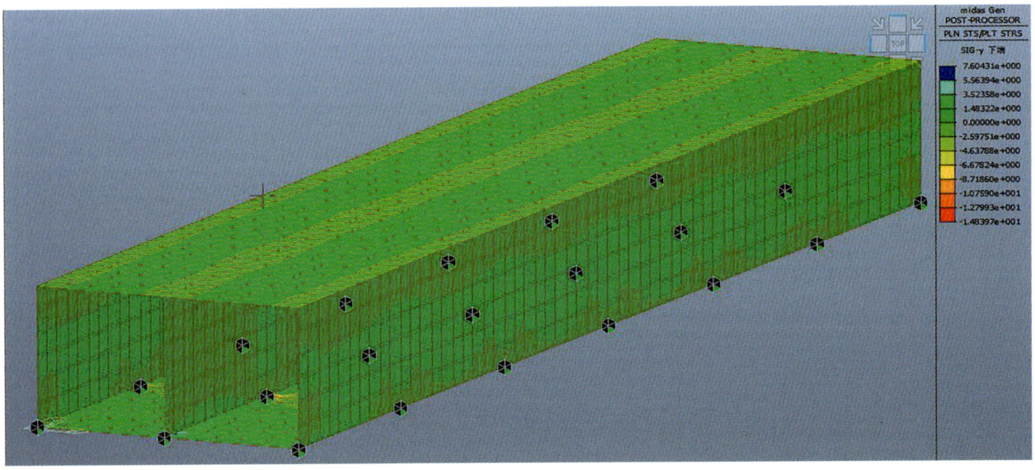

图 7-35　A1+375 管廊下穿隧道的 Midas 有限元计算结果

## 7.4.4　总结

管廊与远期预留隧道交会的设计方案，通过项目各方多次的研究以及设计院多专业的沟通和配合，在 BIM 技术的辅助下，确定了既合理又有针对性的设计方案。即管廊穿越 A1+760 南侧隧道采用合建方案，穿越 A1+375 北侧隧道采用避让方案。该方案既考虑了远期隧道实施的各种因素，又能够节约投资，经济合理。

## 7.5 东下穿通道优化案例

### 7.5.1 背景描述

鉴于鄂州花湖机场的平面布局之广，该项目总体规划远期机场呈现"东客西货"格局，客货两个片区的联系被东跑道隔断，为加强两个区域的联系，提高机场运行效率，在转运中心区和东航站区之间设立下穿通道(图 7-36)。

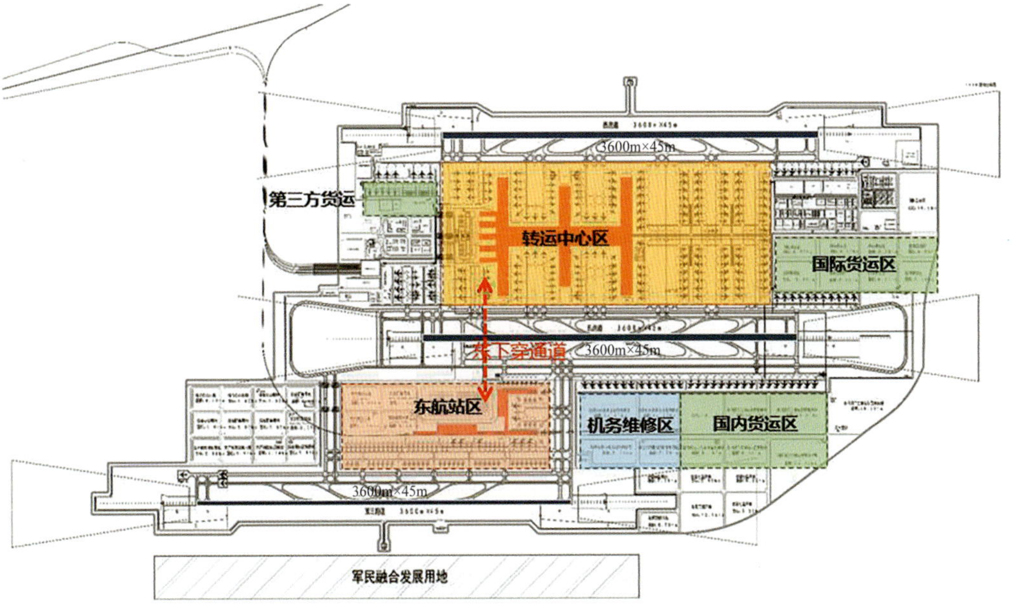


图 7-36 东下穿通道

飞行区预留下穿通道修筑范围西至转运中心侧的服务车道，东侧至本期围界，箱涵段施工长度 470m，U 槽段长 201m。箱涵、U 槽的土建结构一次实施完毕，附属路面、排水、照明等在远期实施。

### 7.5.2 问题分析

#### 1.运输货量

机场内货物流向主要包括两部分：第三方货运区中经过散航运输的货物；转运中心溢出的货物及通过散航由转运中心重新分拣的货物(图 7-37)。东航站区投用之前，顺丰和第三方货运均不使用下穿通道；东航站区投运后，在东航站区规划第三方货运区，客货同区运行，第三方货运也不需要使用下穿通道。因此，下穿通道的使用与否取决于转运中心溢出的货物及通过散航由转运中心重新分拣的货物量的多少。

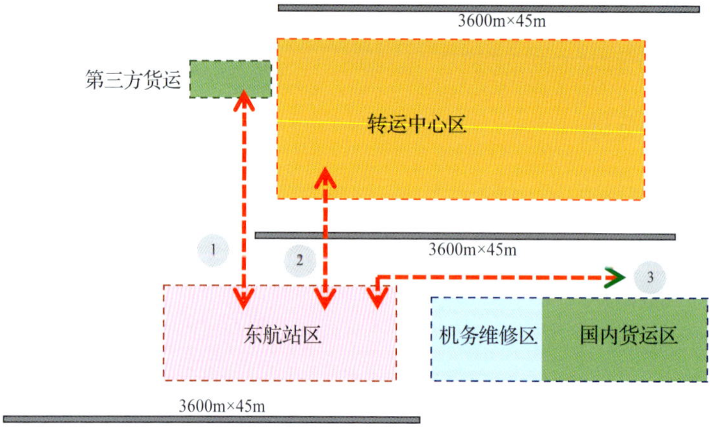


图 7-37　货运流线图

经调研可知，2018 年杭州、深圳两机场客运量 3800 万～5000 万人次，散航货量 6 万～10 万 t（表 7-7）。根据 2018 年杭州、深圳两机场客运量和散航货量情况，鄂州花湖机场顺丰规划的货运方式为全货机进出，规划上尽量不用散航。

表 7-7　客运量和散航货量对照

| 地区 | 客流/万人次 | 全年/万 t | 全货机/万 t | 散航/万 t | 日均/（散航，t） | 高峰日/（散航进，t） | 高峰日/（散航出，t） |
|---|---|---|---|---|---|---|---|
| 杭州 2018 | 3824 | 34 | 28 | 6 | 164 | 124 | 179 |
| 深圳 2018 | 4935 | 32 | 21.8 | 10.2 | 280 | 174 | 420 |
| 鄂州 2030 | 150 | 21.4（本地） | — | — | — | — | — |
| 鄂州 2050 | 2000 | 50.8（本地） | — | — | — | — | — |

鄂州花湖机场远期规划客运量 2000 万人次/年，其客运量对标杭州、深圳的客运情况。鄂州花湖机场的散航货量为 3 万～4 万 t，若在航站楼附近规划缓存区能够提高拖车载量。鄂州花湖机场高峰日，每小时单向穿行隧道拖车最大值为 30 辆，若航站楼无缓存区则为 90 辆；平日，每小时单向穿行隧道拖车最大值为 15 辆，若航站楼无缓存区则为 45 辆。由此可得出结论，鄂州花湖机场内的拖车流量整体不大。

从鄂州花湖机场的每日货量进行分析，顺丰主要使用早散航，少量使用晚散航，而全货机进港时间为前半夜，有充足的保障时间；本地货量可以从航站区的货站进行收运，不必经过转运中心。因此，按照货量分析，对于下穿通道的需求及时间保障要求不高（图 7-38）。

通过研究成都天府机场和天津滨海机场的案例发现，下穿通道一般旨在联系航站区与货运区。而鄂州花湖机场主要以夜间运行为主，大量飞机夜晚集中起降，有充足的时间处理腹舱货物，运行模式与时效均与客运机场有所不同。

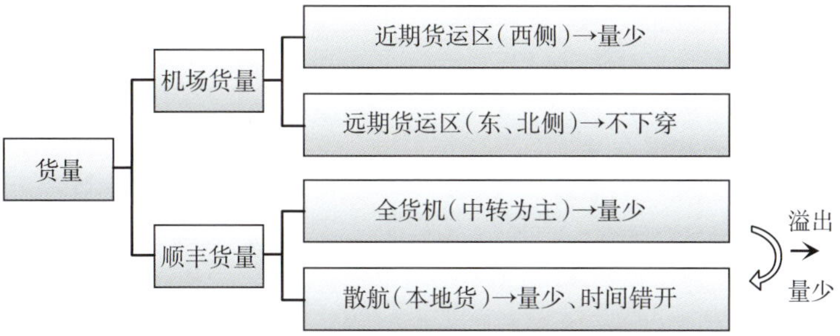


图 7-38　机场货量与顺丰货量对照图

## 2.运输距离与时间

将东航站区散航的运输距离和时间与转运中心的对比后（图 7-39），拟定了以下几个方案：

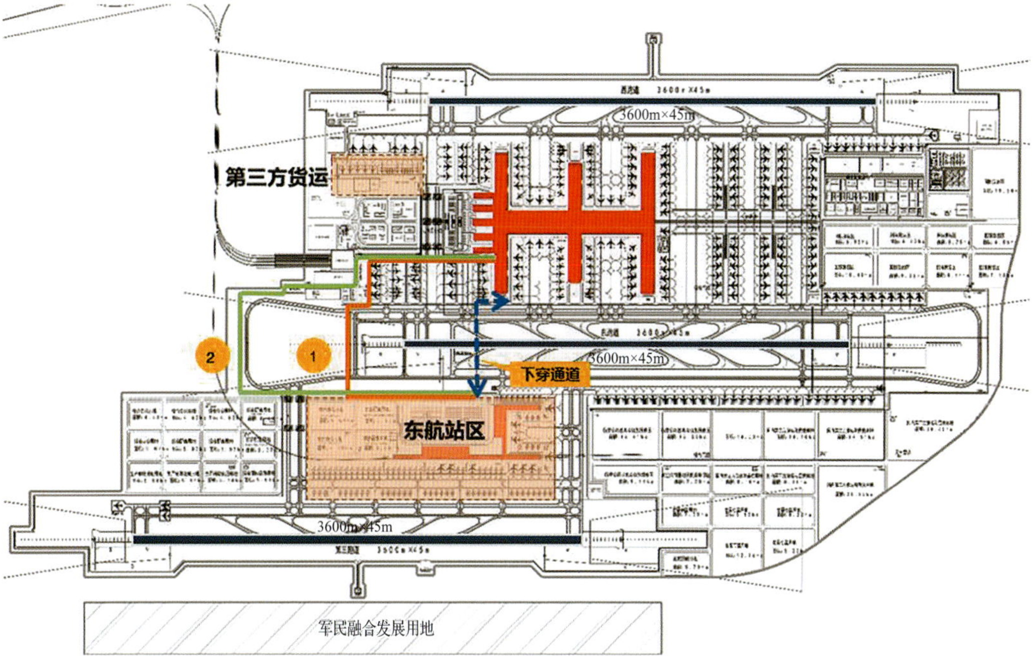


图 7-39　东航站区散航的运输距离和时间与转运中心的对比图

方案一。在东跑道南端设置近距绕滑，飞机运行方式为南降南起时近距绕滑使用受限，故考虑近距绕滑下穿跑道端安全区。

方案二。在东跑道南端设置远距绕滑，远距绕滑为地上，使用不受飞机起降影响。

方案三。下穿东跑道方案。

根据东航站区机位布置情况，选取A、B、C三个点来对运输距离和时间进行评价（图7-40）。首先假定拖车均速为30km/h，其结果见表7-8。

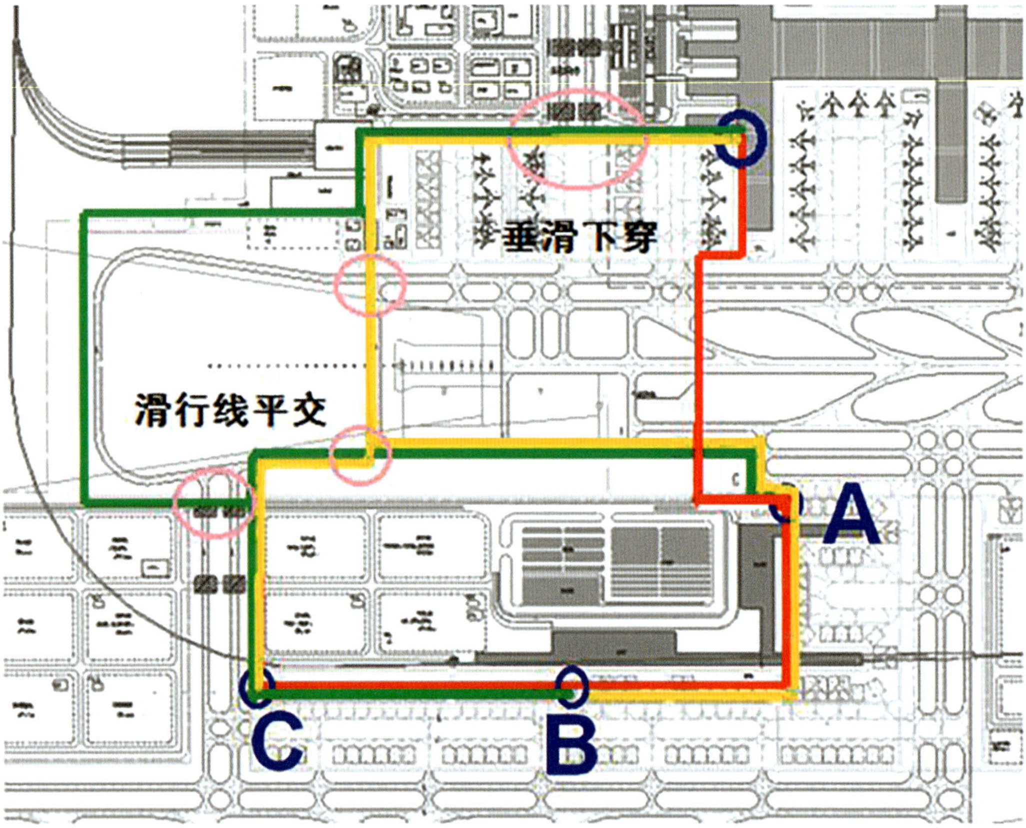


图7-40　东航站区机位布置情况图

表7-8　三种不同的运输路线对比

| 运输路线 | 运输数 / km | | | 平均距离 / km | 平均时间 / min |
|---|---|---|---|---|---|
| | A | B | C | | |
| 远距绕滑（绿色） | 5.4 | 5.1 | 4.2 | 4.9 | 9.8 |
| 近距绕滑（黄色） | 3.3 | 4.5 | 3.1 | 3.6 | 7.2 |
| 下穿隧道（红色） | 1.4 | 2.6 | 3.5 | 2.5 | 5 |

由表7-8可知，三种不同的运输路线，在距离上的差别在1～2km，折合时间为5～10min。在货量不大的情况下，绕行方案是可以接受的。

## 7.5.3　解决方案

鉴于鄂州花湖机场的业务发展的不确定性，为保留远期建设下穿通道的可能性，经过比较各种下穿通道建设方案(表 7-9),推荐远期采用明挖+跑道段暗挖。

**表 7-9 各种穿通道建设方案比对表**

| 方案 | 全明挖 | 全暗挖 | 明挖+跑道段暗挖(推荐方案) |
|---|---|---|---|
| 方案描述 | 通道全长均采用明挖法施工 | 除进出口爬坡段采用明挖法施工外,其他均采用暗挖法 | 下穿跑道段采用暗挖,其他采用明挖 |
| 机场类似项目 | 贵阳机场三期扩建下穿通道 | 虹桥机场(仙霞路 2 号、10 号线)仙霞路盾构直径 11.36m,最浅覆土厚度 9m | 首都机场 T3E-T2 地下联络通道、台北复兴北路穿越松山机场地下通道 |
| 施工工期 | 工期短,8～10 个月 | 工期长,24 个月以上 | 工期长,约 24 个月 |
| 对通航影响 | 大,需要关闭跑道约 4 个月 | 小,不影响跑道及滑行道运行 | 较小,不影响跑道运行 |
| 风险性 | 常规技术,风险小 | 暗挖段长,技术成熟度低,风险较大 | 技术成熟度相对较高,风险可控 |
| 沉降控制 | 可进行地基处理,工后沉降可控 | 施工期间跑道地表沉降可控制在 30mm 以内,可进行适当地基处理,工后沉降可控 | 施工期间跑道地表沉降可控制在 30mm 以内,可进行适当地基处理,工后沉降可控 |
| 工程费用 | 投资低 | 投资高 | 投资较高 |
| 总体评价 | 投资低,施工简单,安全;但对机场运行影响大,需关闭跑道 | 对机场运行影响小,但投资高,风险大 | 投资适中,风险可控,不影响跑道运行,综合效益高 |

绕行并设立下穿通道方案的优点是无需穿越跑道,施工成本会降低(表 7-10)。

**表 7-10 方案比对表**

| 绕行方案 | 应对货量/(万 t·年$^{-1}$) | 运行距离/m | 箱涵段长度/m | 运行时间/min | 本期工程投资/万元 | 远期工程投资/万元 |
|---|---|---|---|---|---|---|
| 方案 1(绕行):跑道端 | <5 | 3500 | | 7 | | |
| 方案 2(绕行):绕滑端 | <5 | 5400 | | 11 | | |
| 下穿通道方案 3-1:跑道下 | >5 | 800 | 700 | 2 | 21000 | 42000 |
| 下穿通道方案 3-2:跑道端 | >5 | 1800 | 737 | 4 | 14000 | 2000 |

### 7.5.4 总结

方案比对的结果显示，在车流量不大的情况下用绕行方案综合效益更好，对时效性影响不大。后期货量大时可考虑开挖下穿通道，技术难度略大，但能够实现并保证不停航施工，虽然投资有所增加，但假设15年后建设下穿通道，远期建设将会更节省成本。根据以上研究，确定原规划预留下穿通道工程本期暂缓实施。

## 7.6 远期发展区管廊沟槽预留

### 7.6.1 背景描述

湖北鄂州花湖机场综合管廊南起南工作区，起点位于南二路西侧110kV变电站，往北经飞行区至规划北一路、顺丰大道后，止于北工作区北侧用地红线，总长5980m。其中位于远期发展区的管廊长度约1500m，标准断面约6.45m（宽）×3.3m（高），含有3个口部结构，采用桩基础形式。

由于远期发展区管廊范围原地势约16m，最终场平标高为21.5m。根据标段划分及合同约定，走马湖工程施工单位负责管廊范围内16m至20m土石方填筑。

### 7.6.2 问题分析

为避免管廊区域场平至20m后，管廊单位重新组织土方队伍及设备进场，导致管廊工期增加。

### 7.6.3 解决方案

为优化施工时序，避免管廊区域土方重复施工，节约管廊工期及工程投资，因而变走马湖土方填筑"加法"为预留管廊沟槽"减法"（图7-41、图7-42），预留管廊施工条件（包括桩基施工空间、边坡防护、临时排水等），实现了管廊单位进场即可进行结构施工，使各施工工序得到有效衔接。

### 7.6.4 总结

通过充分发挥业主资源整合、调配作用，拉通两家设计、两家施工、两家监理单位，调整、优化了施工时序，总体上缩短了管廊工期，减少了工程投资，达到了"一举多得、多方共赢"的效果。该方法具有以下两个优点：

①缩短了管廊工期，为后期管廊拉通、机电安装、设备调试创造了有利条件。

②实现了工序有效衔接，节约了管廊工程投资，避免了索赔及审计风险。

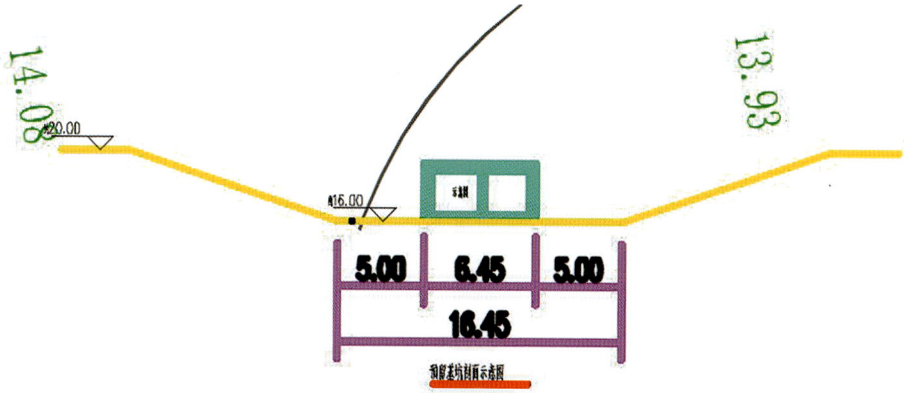


图 7-41 综合管廊标准断面沟槽横断面图

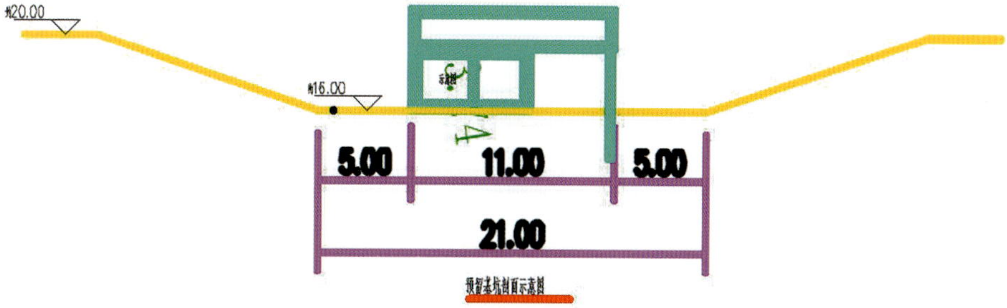


图 7-42 综合管廊口部沟槽横断面图

## 7.7 施工临时便道数字化设计案例

### 7.7.1 背景描述

鉴于湖北鄂州花湖机场场道施工单位尚未进场施工，为实现重载交通分离，拟在原走马湖工程施工便道基础上，规划建设新的全场施工临时路设施。临时路整体规划为两环三纵，如图 7-43 所示。

临时路的设置一方面需考虑将来全场施工的便利性，另一方面要结合场内拟建设施平面布置、土石方堆载和卸载施工工序以及原设计地下管线和构筑物情况，尽可能统筹好施工工序、不影响各设施的建设。

### 7.7.2 问题分析

(1)临时路平面路由的选择

临时路大部分平面路由考虑“以久代临”，采用原服务车道或工作区道路，如图 7-44 所示。

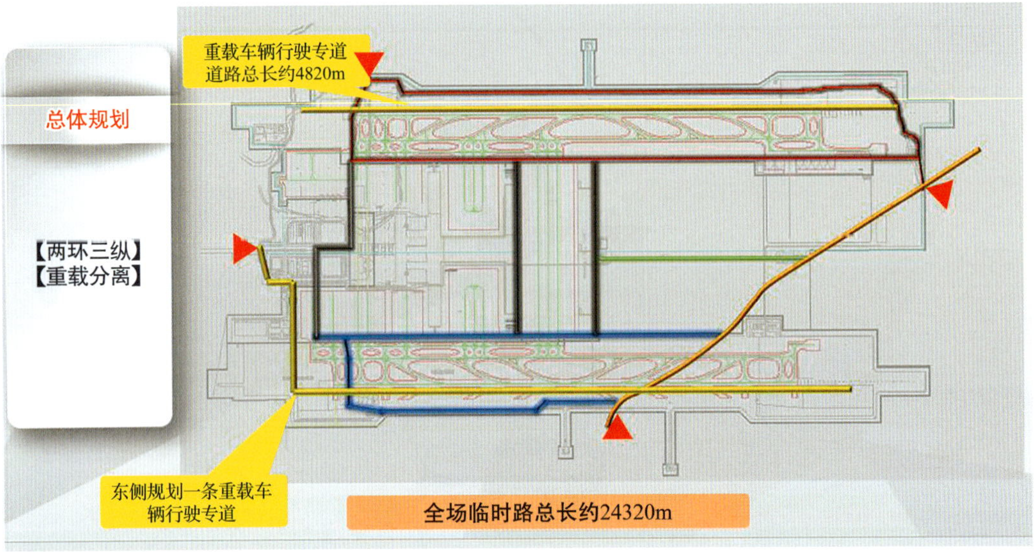


图 7-43　临时路规划

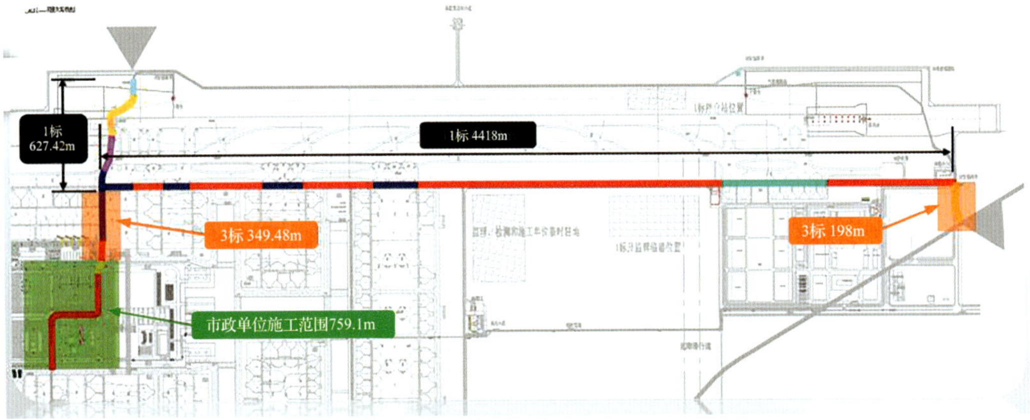


图 7-44　临时路部分规划平面图

根据“以久代临”路由，结合模型判断道面结构是否满足车辆荷载要求，进一步优化和调整路面结构。如图 7-45 所示路由选择道肩位置，结构厚度不够，需要调整局部原道肩结构厚度。

(2)管线和临时路的碰撞和预埋

从工序上需要对临时路管线进行提前实施或预埋，以免铺筑路面后因开挖敷设管线造成返工或损失。管线与临时路交叉情况如图 7-46 所示。

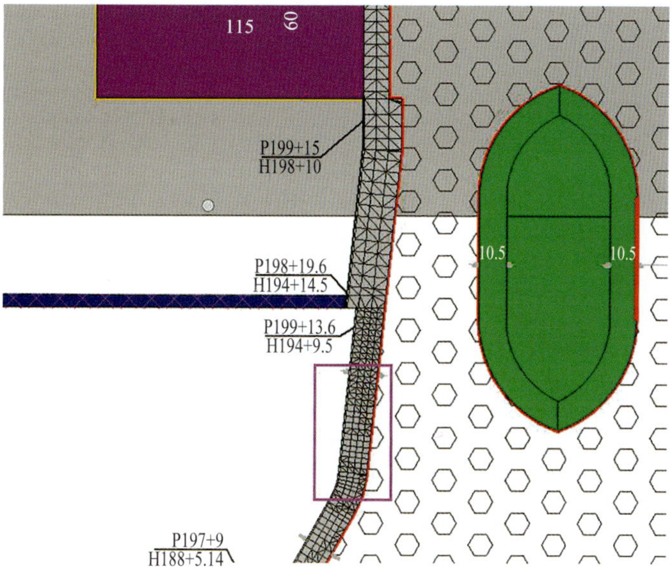


图 7-45　路面结构调整图

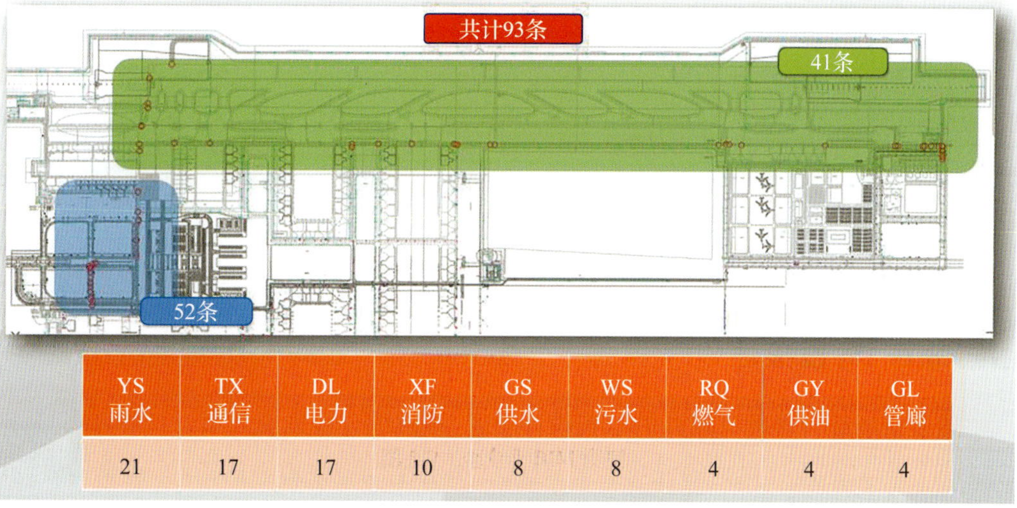


| YS 雨水 | TX 通信 | DL 电力 | XF 消防 | GS 供水 | WS 污水 | RQ 燃气 | GY 供油 | GL 管廊 |
|---|---|---|---|---|---|---|---|---|
| 21 | 17 | 17 | 10 | 8 | 8 | 4 | 4 | 4 |

图 7-46　管线与临时路交叉情况图

对临时路、穿越临时路各类管线进行建模，并进行合模检查，按照施工工序提前进行预演，发现存在的问题（图 7-47、图 7-48）。

### 7.7.3　解决方案

临时路数字化设计主要过程：

①初步确定全场临时路平面路由；

②结合现场土石方堆载及卸载工期，对临时路平面局部优化；

③确定临时路实施前所有需要预埋/预建的管沟；

④临时路模型与管线模型合模检查，发现碰撞冲突点并进行设计调整；

⑤结合数字化设计，确定临时路实施平面、结构以及工期方案。

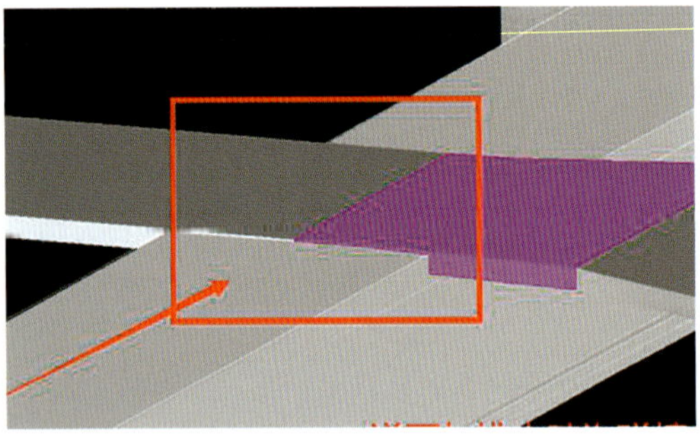

图 7-47　临时路各类管线模型碰撞图

图 7-48　穿越临时路各类管线模型碰撞图

### 7.7.4　总结

临时路建设是工程早期进行“三通一平”的重要工作。结合 BIM 数字化设计手段，可以对临时路建设方案的制定、实施起到优化设计的作用。提前进行模型检查，能够减少施工后的管线漏缺、碰撞等问题的出现，避免临时路实施后出现后续重复建设情况，真正落实临时路“以久代临”的理念。

## 7.8　景观绿化全覆盖布局优化

### 7.8.1　背景描述

鉴于机场综合楼拥有较高的景观设计要求，本次综合楼景观方案设计参考了GMP、GAD等国际知名设计机构的成功案例，延续了办公空间应该遵循的简约、清爽的设计风格，注重办公区的简洁、高效、安全以及展示企业文化的特性。

### 7.8.2　问题分析

在综合楼景观绿化全覆盖工程设计过程中，设计团队面临几个关键问题。

(1)全覆盖的挑战

如何在有限的空间内实现绿化的全覆盖，同时避免造成空间拥挤或影响机场的正常运营。

(2)生态与可持续性

如何选择合适的植物和材料，以确保绿化工程的生态友好性和可持续性。

(3)维护与成本

如何设计出一个既美观又低维护的绿化系统，以降低长期的维护成本。

(4)安全性考虑

在机场这一特殊环境中，如何确保绿化设计不会干扰飞行安全，如防止鸟类聚集等。

### 7.8.3 解决方案

(1)机场综合楼景观设计

在主入口区，入口铭牌、升旗台和开敞的形象广场依次排开，形成简洁明快的通过性空间。

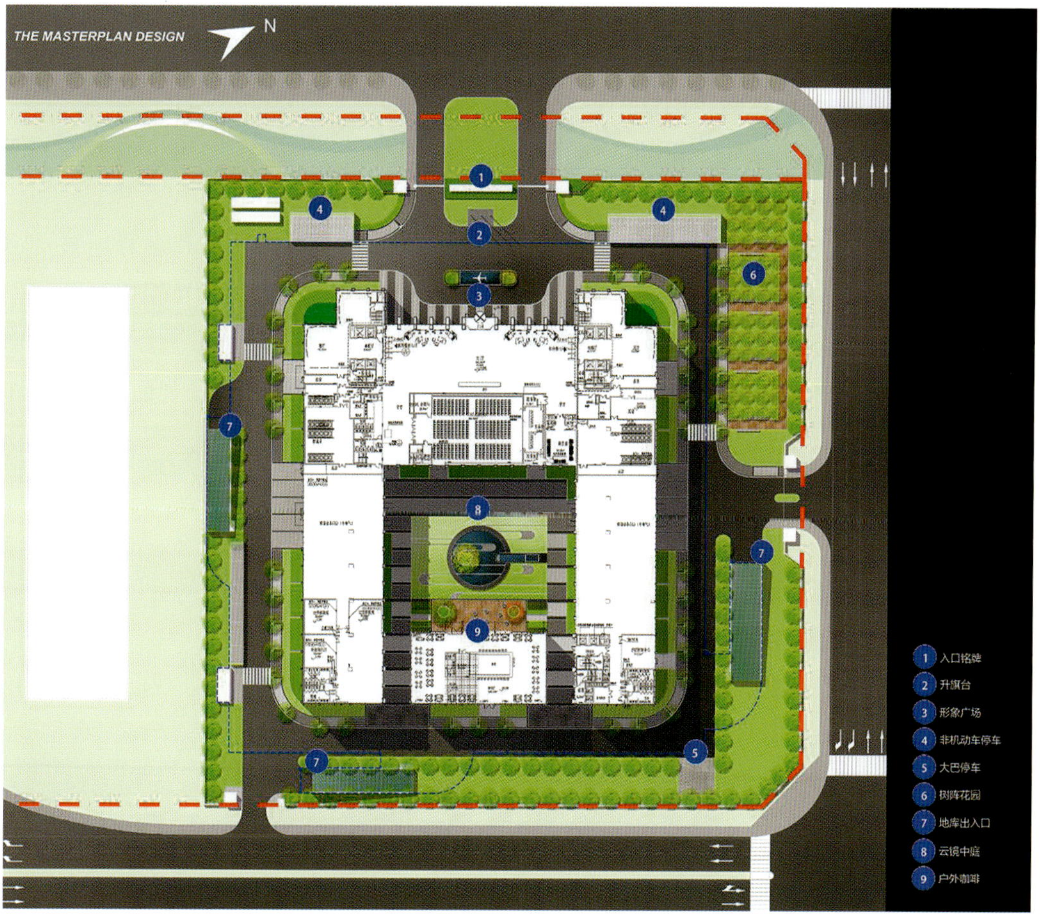


图 7-49　机场综合楼景观总平面

在建筑围合的内庭区域，设计方以李白“月下飞天镜，云生结海楼”的诗境作为整个场地的设计理念，在内庭中融入圆形镜面水景、云纹草坪，采用线性叠水手法加强空间几何感，再以一棵精选的观景树，作为整个庭院的点睛之笔。设计方将室内咖啡空间延伸至室外，通过增添商业外摆丰富空间细节，使综合楼的庭院成为员工舒适的休憩场所。设计方用现代的手法去诠释中庭空间，简洁干净，可坐，可赏，在楼上也可一览这诗意美景。在整个建筑周边区域，设计方将景观铺装草坪和整形灌木带与建筑立面的设计语言进行呼应；在人行道的设计中有效实现人车分行，车行道边缘设计非机动车停车位、大巴车位，合理组织车行关系，如图 7-49 所示。

（2）机场宿舍区景观设计

整个宿舍区的景观设计，以简洁、高效、安全为设计原则，总体可分为两个区域：宿舍区和生态停车区（图 7-50）。宿舍区铺装与建筑立面形态呼应，以黑、白、灰三种颜色的石材穿插铺设，灵动自由又不失稳重，层次丰富又很好地突出主入口形象。进入建筑门厅，160$m^2$ 的建筑中庭空间中铺设了一块整洁舒适的木质平台，平台上散置休闲座椅，该中庭空间被打造成怡然自得的交流休息场所。在生态停车区，则采用植草砖和行道树的结合，在夏季有很好的遮阳作用。

（3）道路界面景观设计

景观主题：大树成林、彩林沐秋。

景观风貌：植物空间疏朗通透，乔木地被层次简明，突出节点树群和多彩地被。多样化彩叶树种与常绿树种搭配，使人感觉畅游在五彩斑斓的美丽画卷中（图 7-51）。

植物选择：特色树为红枫、早樱；行道树为银杏、栾树、香樟、三角枫。

①航空大道起点纬九路，止点纬八路，为机场主干道。全长 1213m，景观面积 28652$m^2$（图 7-52、图 7-53）。

特色树：樱花、红枫；

行道树：香樟、栾树；

中分带：银杏、金森女贞、红叶石楠；

地被：红叶石楠、春鹃、金森女贞、月季等。

②纬八路起点航空大道，止点经四路，为机场主干道。全长 600m，景观面积 5424$m^2$（图 7-54、图 7-55）。

特色树：三角枫、红枫；

行道树：香樟；

中分带：三角枫、金森女贞、红叶石楠；

地被：春鹃、红花檵木、金森女贞等。

③经三路起点纬八路，止点纬九路，为机场主干道。全长 365m，景观面积 3216$m^2$（图 7-56、图 7-57）。

图 7-50　机场宿舍楼景观总平面

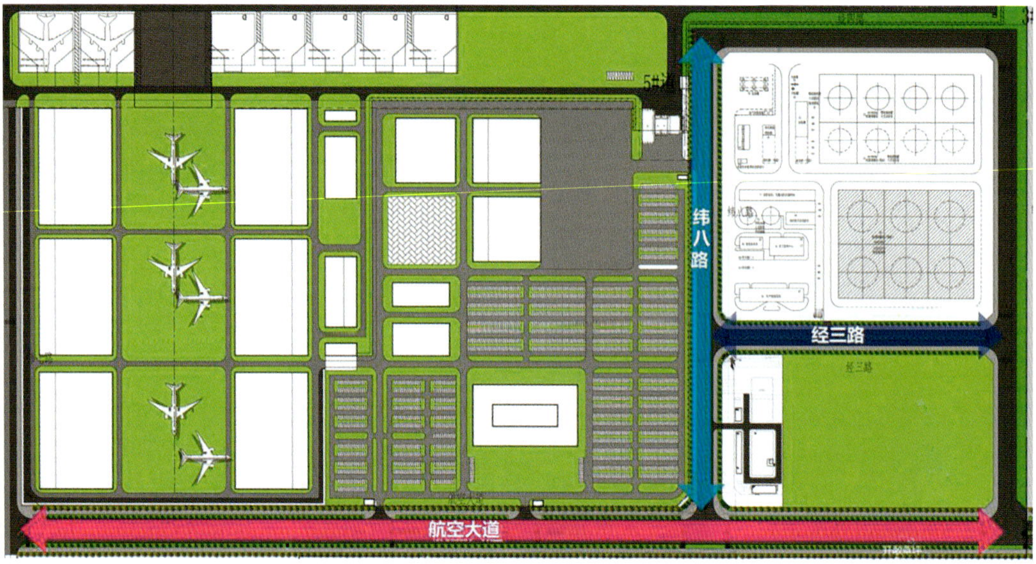


图 7-51 道路景观设计总平面

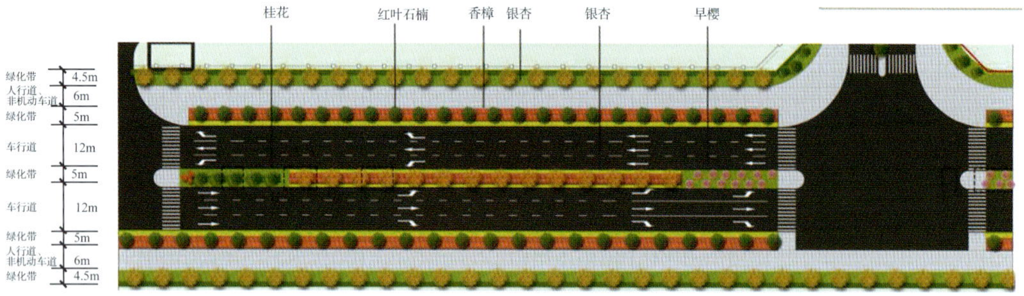


图 7-52 航空大道 250m 标准段平面图

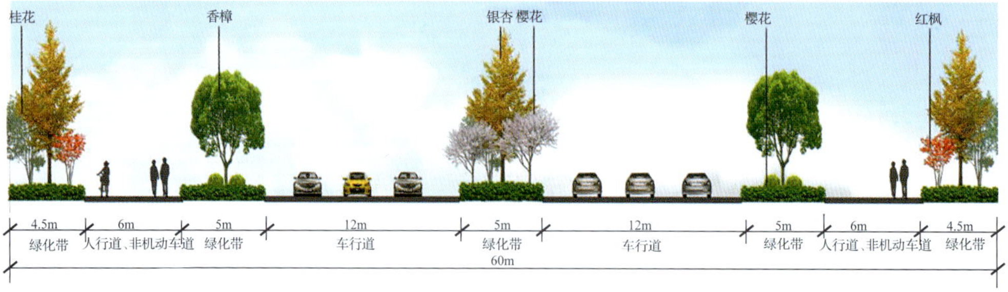


图 7-53 航空大道道路景观断面图

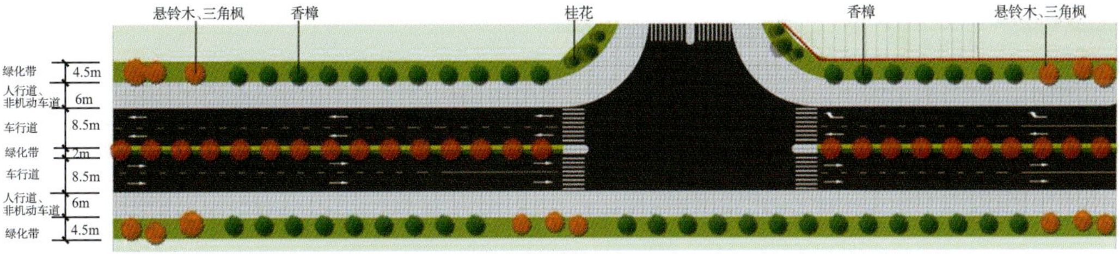


图 7-54 纬八路 250m 标准段平面图

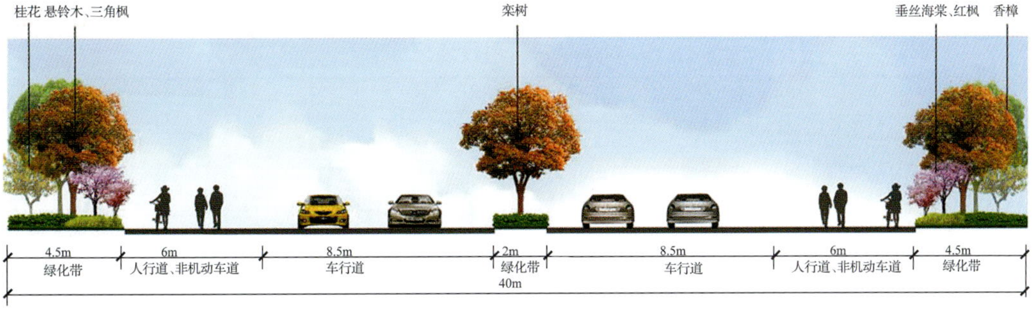


图 7-55 纬八路道路景观断面图

图 7-56 经三路 100m 标准段平面图

图 7-57 经三路道路景观剖面图

特色树：桂花；

行道树：香樟；

中分带：栾树、金森女贞、红叶石楠；

地被：红花檵木、春鹃等。

④行道树选择香樟、银杏、栾树、无患子、三角枫作为区域骨干树种

选择理由：考虑区域特点及树种自身特性；遵循设计主题及思路，保证区域统一效果。常用行道树见表 7-11。

**表 7-11　常用行道树**

| 植物名 | 形态特征 | 生长习性 | 观赏价值 | 抗性 | 根系 | 其他 | 生长速度 | 推荐 |
|---|---|---|---|---|---|---|---|---|
| 广玉兰 | 常绿卵形 | 弱阳；性喜肥沃、深厚、排水良好的酸性或中性土壤 | 观花观叶；可作园景树、行道树、庭院树 | 抗污染；耐烟，抗风，抗 $SO_2$、$Cl_2$、HF；不耐碱土 | 根系深广颇能抗风 | 树冠较小，遮阴有限 | 较慢 | |
| 重阳木 | 落叶伞形 | 喜光、稍耐阴；对土壤要求不高；耐寒、耐旱、耐水湿 | 花叶同放；秋叶转红；可作庭荫树、行道树 | 吸尘能力强；有较强的转换空气污染物能力 | 根系发达抗风 | 易生病虫害 | 快速 | |
| 法桐 | 落叶伞形 | 喜光；适生于微酸性或中性、排水良好的土壤 | 秋叶转黄；可作庭荫树、行道树 | 抗空气污染能力较强；叶片具吸收有毒气体和滞积灰尘的作用 | 根系较浅 | 春季飘絮 | 快速 | ✔ |
| 合欢 | 落叶伞形 | 喜光，喜温暖；耐寒、耐旱、耐土壤瘠薄及轻度盐碱 | 观花；可作庭荫树、风景林 | 对 $SO_2$、HCl 等有害气体有较强的抗性 | 根系浅，易倒伏 | 病虫害严重，苗源有限 | 快速 | |
| 香樟 | 常绿卵形 | 喜光、稍耐阴；对土壤要求不高，较耐水湿 | 观叶；可作庭荫树、行道树、风景林和防护林 | 抗 $SO_2$ 等有害气体，有很强的抗性 | 主根发达、深根性 | | 中等 | ✔ |
| 栾树 | 落叶卵形 | 喜温暖、湿润；对土壤要求不高 | 观花、果；夏季黄花、秋季紫果，形似灯笼、叶色变黄；可作庭荫树，行道树及园景树 | 抗风、能耐 −25℃的低温；对粉尘、$SO_2$、$O_3$ 有较强抗性 | 深根性、萌蘖力强 | | 中等 | ✔ |
| 银杏 | 落叶圆锥形 | 喜光；对气候、土壤的适应性较宽 | 观叶；树体高大，树干通直，姿态优美，是理想的行道树种 | 抗烟尘、抗有毒气体 | 深根性 | | 较慢 | ✔ |
| 三角枫 | 落叶广卵形 | 喜光，稍耐阴，稍耐寒，较耐水湿，耐修剪 | 观叶；树干通直，枝叶开展 | 对 $SO_2$ 抗性较强 | 深根性 | | 快速 | ✔ |

### 7.8.4 总结

本次机场的景观方案设计参考了 GMP、GAD 等国际知名设计机构的成功案例，以简洁、高效、安全为原则，对机场综合楼、宿舍区和道路界面的景观进行了系统化的设计。本次设计采用既诗意又现代的设计手法，综合考虑机场工作人员和客人的使用感受，在机场综合楼和宿舍区注重内部空间景观，在道路界面中精心搭配多样树种，力求设计出优质的机场景观方案。

# 深化设计篇

# 8 综合基础深化应用与实践

## 8.1 模型计量过程问题案例分析

### 8.1.1 背景描述

鄂州花湖机场顺丰转运中心工程是国内首个住建部BIM计量计价试点项目，为满足该项目全过程按模计量的要求，需对全专业模型的所有构件（如钢筋、防雷接地、电缆、抗震支架等）进行建模优化，并根据工程量清单计价要求赋予相应的计量参数，模型根据清单项进行建模拆分。为防止出现漏项或合并项影响模型计量的情况，建模时将每个构件与项目名称对应。

### 8.1.2 问题分析

为满足计量计价的要求，在BIM模型深化过程中，所有构件的建模方式、命名规则、精度要求、清单映射属性值，需统一标准，有据可循。在模型计量的过程中，容易出现计量参数缺失或与清单不一致、明细表缺失、构件属性无法计量、构件编码重复、构件重叠未扣减、模型与现场施工不一致、模型检验批划分与现场不一致等问题，以上问题需在模型归档前解决，否则将影响模型计量，进而影响工程款支付。

（1）模型中构件计量参数问题

进行清单映射时，需在创建模型构件时对构件进行计量参数赋值，此过程中容易出现参数缺失、计量参数与清单中计量属性不一致等问题。

（2）常规模型无法计量

由于常规模型属于特殊构件，此类构件不在构件信息总表中，无法和清单进行映射。

（3）构件编码重复

在对构件进行编码赋值时，由于机场更换过模型审批平台、建模时的部分构件通过复制的方式绘制等，软件赋值编码时会出现构件编码重复问题（图8-1），即两个不同构件的编码相同，导致模型计量不准确。

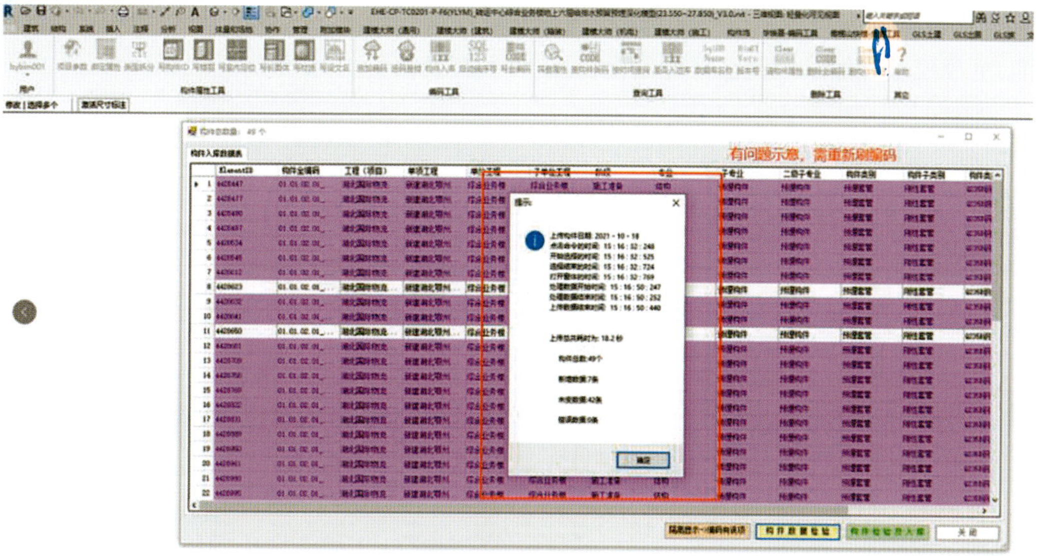


图 8-1 构件编码重复

（4）模型检验批划分与现场不一致

本项目采用线上质量验评的方式，以轻量化的模型为基础，系统使用检验批挂接 BIM 模型，施工现场使用移动端与工序结合填报施工图文的方法，全过程控制工程实施质量，质量验评完成后方可推送商务部，进行计量支付，当模型中检验批划分和现场划分不一致时，将出现所有检验批的模型量与现场施工工程量偏差较大而无法计量的情况。

### 8.1.3 解决方案

（1）模型中构件计量参数问题

针对此问题，以合同清单计量参数为基准（图 8-2），对深化模型计量参数赋值后进行查漏补缺，修改与清单不一致的项目模型参数；核实边界确认文件，对于施工方清单中没有的项目进行增项。

（2）常规模型无法计量

将常规模型构件进行扩库，交由 BIM 咨询和监理单位进行审核，无误后走扩库信息流程，进一步对构件进行拆分赋值。

（3）构件编码重复

清除编码重复的构件模型编码属性值，重新利用插件添加构件编码，核实编码是否重复，无误后对模型重新归档（图 8-3）。

（4）模型检验批划分与现场施工不一致

按照现场施工检验批审批完成后进行模型拆分的原则，检验批（图 8-4）审批完成后需对 BIM 深化人员进行技术交底，当出现模型与现场施工不一致的情况时应以现场为准，更改模型。如果模型已经轻量化，需走模型替换流程。

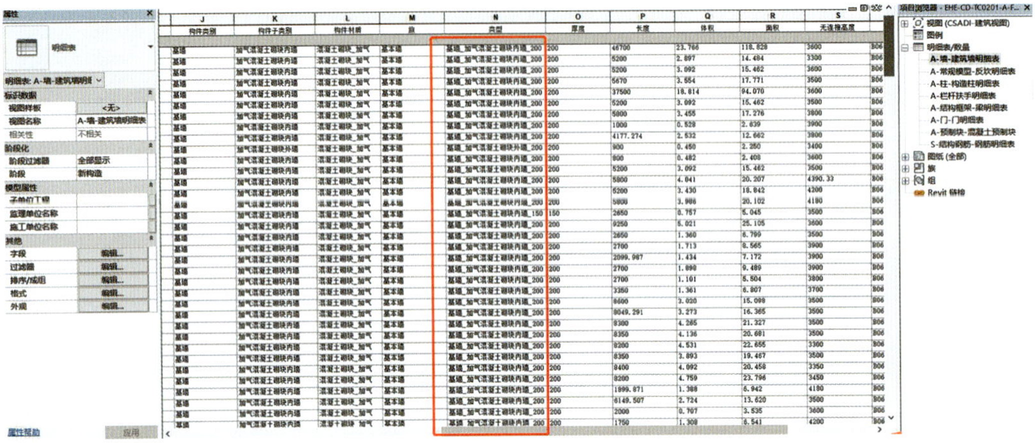

图 8-2　计量参数

图 8-3　编码重刷模型归档

## 8.1.4　总结

新兴技术 BIM 在工程造价精细化管理过程中将发挥重要作用，有助于加强对建筑工程的项目施工全过程的管理。但也需 BIM 建模人员在模型建立过程中，按照工程量清单规范要求，细化对所建模型的项目特征描述，并结合现场实际，与造价人员、工程现场人员紧密沟通与衔接。BIM 建模人员、造价人员需具备看图识图及空间模拟能力，对

构件的属性进行准确编辑，同时需造价人员准确挂接对应清单。运用 BIM 进行计量计价必将培养出一批具备 BIM 建模及商务能力的综合型人才。

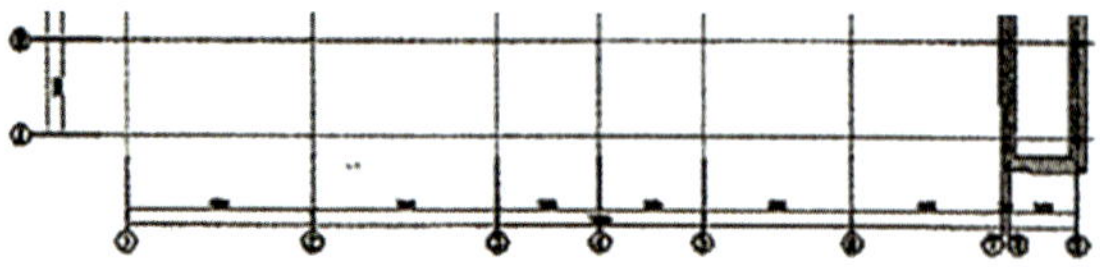

各个检验批应包含检验批内钢柱、钢梁、雨棚等主构件，以及检验批内对应的支撑、拉杆、隅撑等全部次构件。

各检验批内钢构件的防火涂料、面漆要求按照结构设计总说明中的要求执行。

| 部位 | 序号 | 涂装要求 | 设计要求 | 技术指标 | 备注 |
| --- | --- | --- | --- | --- | --- |
| | 1 | 环氧富锌底漆 | 80μm | 体积固体含量不小于60%，不挥发分中金属锌含量不小于70% | 高压无气喷涂 |

图 8-4　检验批划分

## 8.2　大型综合性项目模型拆分原则案例分析

### 8.2.1　背景描述

鄂州花湖机场项目以“智慧机场”为目标，全方位、全过程推广 BIM 应用。该项目采用一套数据打通项目过程中设计、招标、采购、计量、质量管理等环节。通过按模施工，计量计价等实现了项目的全生命周期管理，因此，项目着重关注模型质量深化和应用。在深化模型前，需要合理划分深化模型，避免构件重复、边界错乱，同时针对计算机性能、团队内部分工合作也起着决定性作用。

### 8.2.2　问题分析

在结构方面，鄂州花湖机场的模型深化内容主要为基础、柱、梁、墙、板、止水带、垫层、集水坑、电梯基坑、设备基础、楼梯、排水沟及各部钢筋部分。对整个单体大批量钢筋深化乃是国内首次，具有附带模型工作量大、人员投入多、计算机配置要求高等特点。若将单体当作一个 Revit 文件深化，一方面将造成深化效率急剧下降并且计算机性能需求更高的问题；另一方面，深化后整个单体的构件数量达 50 万之多，以至于在检验批划分、质量验评或清单挂接方面，构件的选取难度大幅提高，极有可能出现构件漏选、错选的情况。对此，项目团队不得不将模型进行拆分来提高深化效率及计量计价的准确率。

### 8.2.3 解决方案

模型拆分大致分为以下四个原则：根据模型构件数量、构件类别、专业类别拆分；根据检验批（分部分项）拆分；根据正负零分界或者楼层拆分；按模型特性或其他特殊要求拆分。

模型拆分一方面是根据理论原则了解大致拆分方向，另一方面还需结合现场实际情况、设计图纸以及相关管理人员、资料员的确认来判断拆分的合理性。

本项目的模型拆分思路按照以下几点进行：

①按地下部分、地上部分、专业（建筑、结构、给排水、暖通、电气、内装等）、楼层等划分。

②结合设计图纸，以结构为例，按后浇带、伸缩缝等划分，同时结合检验批大小再划分（管理人员、资料员可针对此进行交底），比如一个区域的楼板和相邻区域的楼板在建模时不能建成一个整体，而是要各自区分。

③若构件数量较少，对计算机性能要求较低，可将同一部分项的构件拆分成一个模型文件；对于某些零星构件，如集水坑和检修通道等，可合成一个模型文件。

图 8-5 所示为陆侧指廊 L2 区地上结构深化模型拆分。

RVT EHE-CP-TC0101-S-L2_转运中心L2区结构模型_V3.0-混凝土.rvt
RVT EHE-CP-TC0101-S-L2_转运中心L2区结构深化模型_V3.0-板洞翻边钢筋深化.rvt
RVT EHE-CP-TC0101-S-L2_转运中心L2区结构深化模型_V3.0-柱钢筋深化.rvt
RVT EHE-CP-TC0101-S-L2_转运中心L2区结构深化模型_V3.0-梁钢筋深化.rvt
RVT EHE-CP-TC0101-S-L2_转运中心L2区结构深化模型_V3.0-楼板钢筋深化.rvt

图 8-5 陆侧指廊 L2 区地上结构深化模型拆分

### 8.2.4 总结

鄂州花湖机场转运中心二标段项目计划审核与挂接大约 122 个批次模型，构件总数量超过 1000 万件，面对数量如此多的构件，仅依靠人力划分检验批和挂接清单，必然会发生构件遗漏的情况，出现问题之后的模型审核、调整的人力与时间成本非常大。模型拆分既可以高效地利用计算机的性能及平台的承载能力，也可以有效提高模型深化效率及检验批划分、质量验评或清单挂接效率，同时在一定程度上降低构件出错率。常规基于BIM技术应用的工程项目，并没有大批量使用钢筋及深化管线，而且也无需用模型进行计量计价，对此也不需要着重考虑模型划分。所以，BIM 团队在建设工程中不仅需要提升技术能力，更要有项目整体性的意识的提升，避免后期出现难以解决或重复工作的问题，这样可以极大推动整个工程的施工质量及进度。

## 8.3 转运中心各标段间接驳整合应用案例分析

### 8.3.1 背景描述

本项目作为4E级国际机场、航空物流国际口岸、亚洲第一座专业性货运枢纽机场，内部存在数十个标段，每个标段施工、设计、监理、咨询单位不尽相同，施工、深化作业面存在大量的交叉情况，为了便于管理，减少因专业交叉而产生的碰撞问题，利用一些相应的制度进行管理是项目实施的客观需求。

### 8.3.2 问题分析

以上海宝冶集团承包的转运中心二标段为例，其与转运中心主楼工程、场道标段、灯光标段、市政标段、管廊标段等，存在众多交界面。标段划分、设计单位、施工顺序、深化进度等原因，导致各标段模型整合出现了很多问题，如L4指廊与管廊标段模型整合、管综与工艺模型整合、空侧指廊室外排管与灯光二标管井整合、空侧指廊室外雨污水管与场道三标模型整合以及指廊与主楼标段屋面幕墙整合等问题，均需通过沟通解决。

①各标段交界面多，边界问题多，经常出现前期施工单位正常施工后，后续施工单位无法正常施工的问题，也经常出现土建碰撞、机电碰撞、路面无法衔接等情况。

②各标段施工单位不同，一方需要模型整合时，某些单位受限于公司知识产权、公司隐私等问题，往往拒绝共享模型给其他单位进行整合，且存在由于甲方单位发模型不及时或乙方要模型不及时，未能及时通过模型发现设计接驳问题，导致后续施工单位无法施工的情况。

③在模型整合后，由于存在多家设计单位，往往在接驳位置出现接口问题，施工单位难以协调双方的设计进行设计协调修改。

④本项目模型数据跨Revit、Tekla、Bently三大平台，在模型整合时，无法直接进行。

### 8.3.3 解决方案

针对模型整合问题，在建设单位的主持下，采用了以下的解决方案：

①每个批次提交的模型与其他标段存在边界问题时，利用边界确认文件(图8-6)进行确认，施工、监理、咨询、设计进行签字，互相确认无误后，模型方可过会。

**转运中心工程**

**施工阶段 BIM 模型边界确认文件**

编号：

| 标段 | 转运中心工程指廊及综合业务楼（二标段） | | |
|---|---|---|---|
| 工程名称 | 新建湖北鄂州民用机场转运中心工程指廊及综合业务楼工程施工总承包 | | |
| 成果名称/版本 | EHE-CP-TC0101-S-L2(DPB)_转运中心L2 区地坪板结构模型_V1.0 | BIM 软件及版本 | Revit2018 |
| 完成单位 | 上海宝冶集团有限公司 | 监理单位 | 北京帕克国际工程咨询股份有限公司 |
| 确认事项 | 本 BIM 模型是否需其它标段单位会签：☑是 ☐否 | | |
| | （1）本工程L2 区结构工程专业地坪板模型与转运中心一标段结构工程专业地坪板模型的接口已确认无误；<br>除上述以外，本工程模型与其它各标段之间不存在模型接口及碰撞问题。 | | |
| | 施工单位 BIM 负责人（签字、盖章）：李强 年 月 日 | 监理单位 BIM 负责人（签字、盖章）：2021年3月16日 | |
| | 设计单位 BIM 负责人（签字、盖章）：2021年3月16日 | BIM 咨询负责人（签字、盖章）：2021年3月16日 | |
| 关联方会签意见 | | | |
| 施工标段 | 施工单位 | 监理单位 | |
| *转运中心一标段* | BIM 负责人：（签字、盖章）2021年3月16日 | BIM 负责人：（签字、盖章）2021年3月16日 | |

备注：如本 BIM 模型不需其它标段单位会签，需在“确认事项”中说明没有边界确认需求的原因，并对因为没有确认模型边界承担全部责任，“关联方会签意见”不需填写。如需其它标段单位会签，需在“确认事项”中对会签内容进行详细说明，并在“关联方会签意见”中由其它各相关标段进行会签。

**转运中心工程**

**施工阶段 BIM 模型边界确认文件**

编号：

| 标段 | 转运中心工程指廊及综合业务楼（二标段） | | |
|---|---|---|---|
| 工程名称 | 新建湖北鄂州民用机场转运中心工程指廊及综合业务楼工程施工总承包 | | |
| 成果名称/版本 | EHE-CP-TC0101-E-L4(FLJD)_转运中心L4 区防雷接地模型_V1.0-防雷接地深化<br>EHE-CD-TC0101-E-L4(YLYM)_转运中心L4 区暗敷线管模型_V2.0 | BIM 软件及版本 | Revit2018 |
| 完成单位 | 上海宝冶集团有限公司 | 监理单位 | 北京帕克国际工程咨询股份有限公司 |
| 确认事项 | 本 BIM 模型是否需其它标段单位会签：☑是 ☐否 | | |
| | （1）本工程 L4 区防雷接地专业模型与转运中心一标段防雷接地、场道四标段地坪板专业模型的接口已确认无误；<br>（2）本工程 L4 区暗敷线管专业模型与转运中心一标段暗敷线管、场道四标段地坪板专业模型的接口已确认无误；<br>除上述以外，本工程模型与其它各标段之间不存在模型接口及碰撞问题。 | | |
| | 施工单位 BIM 负责人（签字、盖章）：2021年5月8日 | 监理单位 BIM 负责人（签字、盖章）：2021年5月8日 | |
| | 设计单位 BIM 负责人（签字、盖章）：2021年5月8日 | BIM 咨询负责人（签字、盖章）：2021年5月8日 | |
| 关联方会签意见 | | | |
| 施工标段 | 施工单位 | 监理单位 | |
| *转运中心一标段* | BIM 负责人：（签字、盖章）2021年5月8日 | BIM 负责人：（签字、盖章）2021年5月8日 | |

图 8-6　BIM 模型边界确认文件

②针对模型整合情况，召开模型提资会议，各参加单位基于共享文档填写模型需求（图 8-7），由机场及转运中心建设单位协调模型资源。

**转运中心各标段BIM深化设计模型提资协调清单**

| 需求单位 | 负责人 | 深化设计模型 | 楼层 | 区域地块 | 开始深化时间 | 配合单位 | 负责人 | 配合提供模型 | 楼层 | 区域地块 | 协调处室 | 协调人 |
|---|---|---|---|---|---|---|---|---|---|---|---|---|
| 上海宝冶 | 李强 | W3建筑深化 | 1~2层 | 空侧指廊W3 | 2021年6月15日 | 中天建设 | 江昆 | 主楼A6区建筑深化 | 1~2层 | 主楼A6区 | 主楼专班 | 董星佑 |
| 上海宝冶 | 李强 | L234建筑深化 | 1~2层 | 陆侧指廊L234 | 2021年6月15日 | 中天建设 | 江昆 | 主楼A1区建筑深化 | 1~2层 | 主楼A1区 | 主楼专班 | 董星佑 |
| 上海宝冶 | 李强 | L4建筑深化 | 1~2层 | 陆侧指廊L4 | 2021年6月15日 | 中铁十二局 | 邵帅 | 管廊建筑模型 | / | A3+664.860-A3+826.271段管廊 | 主楼专班 | 董星佑 |
| 上海宝冶 | 李强 | L2机电管综深化 | 1~2层 | 陆侧指廊L2 | 2021年6月10日 | 中天建设 | 江昆 | 主楼A1机电管综深化 | 1~2层 | 主楼A1区 | 主楼专班 | 董星佑 |
| 上海宝冶 | 李强 | L3机电管综深化 | 1~2层 | 陆侧指廊L3 | 2021年6月10日 | 中天建设 | 江昆 | 主楼A1机电管综深化 | 1~2层 | 主楼A1区 | 主楼专班 | 董星佑 |
| 上海宝冶 | 李强 | L4机电管综深化 | 1~2层 | 陆侧指廊L4 | 2021年6月10日 | 中天建设 | 江昆 | 主楼A1机电管综深化 | 1~2层 | 主楼A1区 | 主楼专班 | 董星佑 |
| 上海宝冶 | 李强 | L2L3L4机电管综深化 | 1~2层 | 陆侧指廊L2L3L4 | 2021年6月10日 | 中邮 | | 工艺深化模型 | 1~2层 | 陆侧指廊L2L3L4 | 主楼专班 | 董星佑 |
| 上海宝冶 | 李强 | L2L3L4机电管综深化 | 1~2层 | 陆侧指廊L2L3L4 | 2021年6月10日 | 中天，煌火 | | 弱电深化模型 | 1~2层 | 陆侧指廊L2L3L4 | 主楼专班 | 董星佑 |
| 上海宝冶 | 李强 | W2机电管综深化 | 1~2层 | 空侧指廊W2 | 2021年6月20日 | 中天建设 | 江昆 | 主楼A5机电管综深化 | 1~2层 | 主楼A5区 | 主楼专班 | 董星佑 |
| 上海宝冶 | 李强 | W6机电管综深化 | 1~2层 | 空侧指廊W6 | 2021年6月20日 | 中天建设 | 江昆 | 主楼A4机电管综深化 | 1~2层 | 主楼A4区 | 主楼专班 | 董星佑 |
| 上海宝冶 | 李强 | W1W2W5W6机电管综深化 | 1~2层 | W1W2W5W6机电管综深化 | 2021年6月20日 | 中邮 | | 工艺深化模型 | 1~2层 | 空侧指廊W1W2W5W6 | 主楼专班 | 董星佑 |
| 上海宝冶 | 李强 | W1W2W5W6机电管综深化 | 1~2层 | W1W2W5W6机电管综深化 | 2021年6月20日 | 中天，煌火 | | 弱电深化模型 | 1~2层 | 空侧指廊W1W2W5W6 | 主楼专班 | 董星佑 |
| 上海宝冶 | 李强 | W1W2W5W机电管综深化 | 1~2层 | W1W2W5W6机电管综深化 | 2021年6月20日 | 中天建设 | | 室外排水管沟深化模型 | 1层 | 站坪 | 主楼专班 | 董星佑 |
| 上海宝冶 | 李强 | W1W2W5W机电管综深化 | 1~2层 | W1W2W5W6机电管综深化 | 2021年6月20日 | 北京京航安 | | 电缆排管及电缆井深化模型 | 1层 | 站坪 | 主楼专班 | 董星佑 |
| 上海宝冶 | 李强 | W7机电深化 | 1~2层 | 空侧指廊W7 | 2021年6月15日 | 中天建设 | 江昆 | 主楼A4区机电深化 | 1~2层 | 主楼A4区 | 主楼专班 | 董星佑 |
| 上海宝冶 | 李强 | W3机电深化 | 1~2层 | 空侧指廊W3 | 2021年6月15日 | 中天建设 | 江昆 | 主楼A6区机电深化 | 1~2层 | 主楼A6区 | 主楼专班 | 董星佑 |
| 上海宝冶 | 李强 | 机组楼、航材库W3W4W7W8机电深化 | 1层 | 空侧指廊、机组楼航材库 | 2021年6月15日 | 中航建设 | | 站坪转运中心周围排水管沟深化模型 | - | 站坪 | 主楼专班 | 董星佑 |
| 上海宝冶 | 李强 | 机组楼、航材库W3W4W7W8机电深化 | 1层 | 空侧指廊、机组楼航材库 | 2021年6月16日 | 北京京航安 | | 站坪转运中心周围电缆排管及井体深化模型 | - | 站坪 | 主楼专班 | 董星佑 |
| 上海宝冶 | 李强 | 室外总图深化 | - | 转运中心室外工程 | 2021年6月17日 | 中铁建设 | 李代鹏 | 航站区市政管网及绿化及道路工程深化模型 | - | 市政 | 指廊专班 | 刘锐 |
| 上海宝冶 | 李强 | 室外总图深化 | - | 转运中心室外工程 | 2021年6月18日 | 中航建设 | 胡荣辰 | 场道站坪排水管沟及管井深化模型 | - | 站坪 | 指廊专班 | 刘锐 |
| 上海宝冶 | 李强 | 室外总图深化 | - | 转运中心室外工程 | 2021年6月19日 | 中铁十二局 | 邵帅 | 场道道面结构模型 | - | 站坪 | 指廊专班 | 刘锐 |
| 上海宝冶 | 李强 | 室外总图深化 | - | 转运中心室外工程 | 2021年6月20日 | 京航安 | 杨超 | 站坪电缆排管及电缆井深化模型 | - | 站坪 | 指廊专班 | 刘锐 |
| 上海宝冶 | 李强 | 综合楼及其连接厅机电管综深化 | B2~RF层 | 综合楼及其连接厅 | 2021年5月15日 | 中天，煌火 | | 弱电深化模型 | B2~RF层 | 综合楼及其连接厅 | 主楼专班 | [illegible] |
| 京航安 | 杨超 | 站坪供电及变电所设备摆放模型 | 1~2层 | 主楼机电、建筑模型 | 2021年5月16日 | 中天建设 | | 转运中心机电、建筑模型 | 1~2层 | | 主楼专班 | [illegible] |
| 京航安 | 杨超 | 站坪供电及变电所设备摆放模型 | 1~2层 | 空侧指廊机电、建筑模型 | 2021年5月17日 | 上海宝冶 | | 转运中心机电、建筑模型 | 1~2层 | | 指廊专班 | [illegible] |

图 8-7　BIM 深化模型提资协调清单

③基于模型碰撞问题，召开模型整合会议（图 8-8），由双方施工、咨询、设计、监理、建设单位主要人员参会，在会议上进行讨论，并进行决策，提升会议沟通效率。

④由建设单位开发合模平台（图 8-9）及合模插件，便于不同版本的格式转换与模型整合，为标段整合带来了技术上的便利。

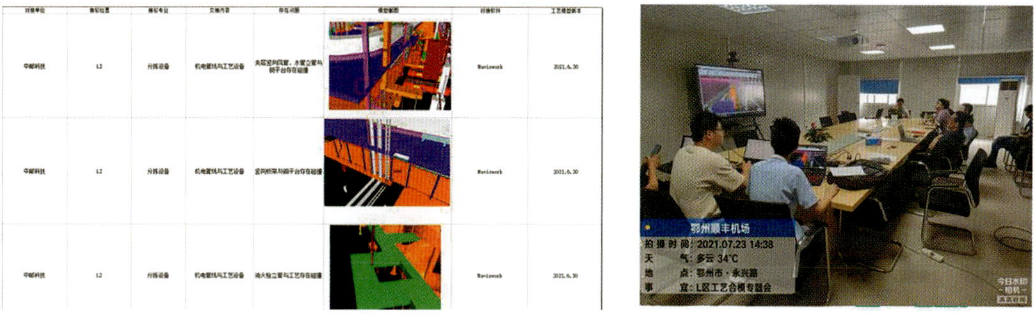


图 8-8 BIM 模型整合会议

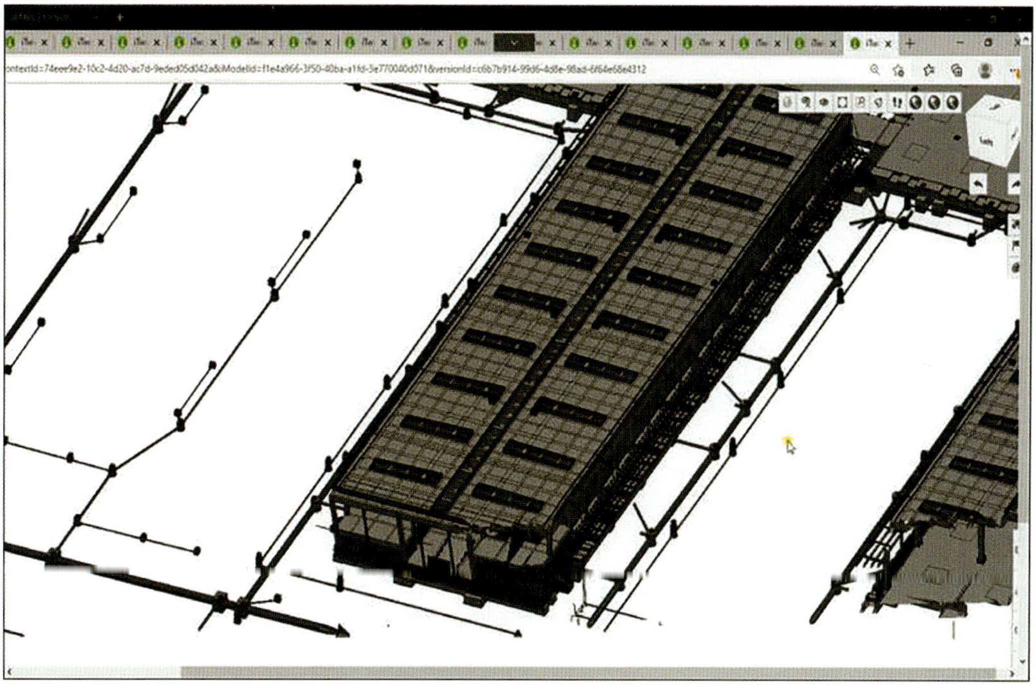

图 8-9 全专业 BIM 模型

## 8.3.4 总结

基于 BIM 模型对全项目的深化建模进行合模，能准确判断模型的合理性，同时，在合模中可发现各标段边界处的设计问题，并且在施工前，基于深化模型进行整合，针对碰撞进行调整，提前规避问题，解决问题，避免施工过程中的返工，提高工作效率，缩短工期，节省成本。将 BIM 模型应用于一线，推动了模型落地与实践应用。

## 8.4 模型深化出图案例分析

### 8.4.1 背景描述

本项目建设单位要求转运中心标段现场无蓝图，利用深化模型及模型出图指导现场施工。在施工前期，若BIM深化人员在现场施工经验、个人技术、出图规范等方面能力不足，将导致深化出图不能满足现场实际使用要求，在整个施工过程中，需不断对出图区域、出图数量、出图精度等进行调整优化，直至模型出图可以满足现场需求。

### 8.4.2 问题分析

使用传统图纸对于现场管理人员和施工人员的读图能力要求高。由于局部复杂区域晦涩难懂，特别是管线交叉区域、结构节点钢筋排布、建筑做法、路由避让等，实际施工过程中经常出现各种问题。基于BIM模型出具深化图纸，可以大幅度地降低图纸现场实际使用的难度，为按模施工落地提供了极大的便利。目前深化出图主要问题在于：

①对建筑节点区域钢筋排布复杂做法以及深化人员技术水平要求高，一旦出图错误，现场拆改费用大，影响工期。

②出图耗费时间巨大、效率低，人工成本高。

③施工单位深化出图并未获得图审机构确认，也没有专业设计院进行盖章确认，法律认可度低，施工单位及各参建单位承担较大风险。

### 8.4.3 解决方案

针对二维设计图纸中的复杂节点区域，如防雷接地节点、钢梁钢柱节点、局部降板、梁柱节点、梁套节点、管综平台、机电剖面等，改用三维形式进行展示，标注钢筋型号、等级、间距、净高等信息，为了使现场人员对于如何施工一目了然，采用以下解决方案：

①模型创建前，仔细察看图纸内容，选择复杂区域，提前编号，确认出图内容。深化出图主要分为以下几类：目录、设计说明、平面布置图、节点详图、细部做法、管综平面图、管综剖面图、机电轴测图、钢构件详图等内容（图8-10、图8-11）。

②针对各专业深化模型出图规则，进行归纳总结，形成一套模板，将出图工作进行分解，让各专业人员全面参与。基于Revit软件开发快速出图插件，并嵌入市面软件进行测试与使用，提高出图效率。

③模型报审时，深化出图随深化模型一起报审。监理、咨询、造价、设计各方审核后，就审核结果盖章确认。合同中约定各方责任与义务，现场出现问题时，分析问题原因，

因原设计问题造成的现场拆改，由建设单位承担；施工单位导致的问题，分析原因后由施工单位合理承担。

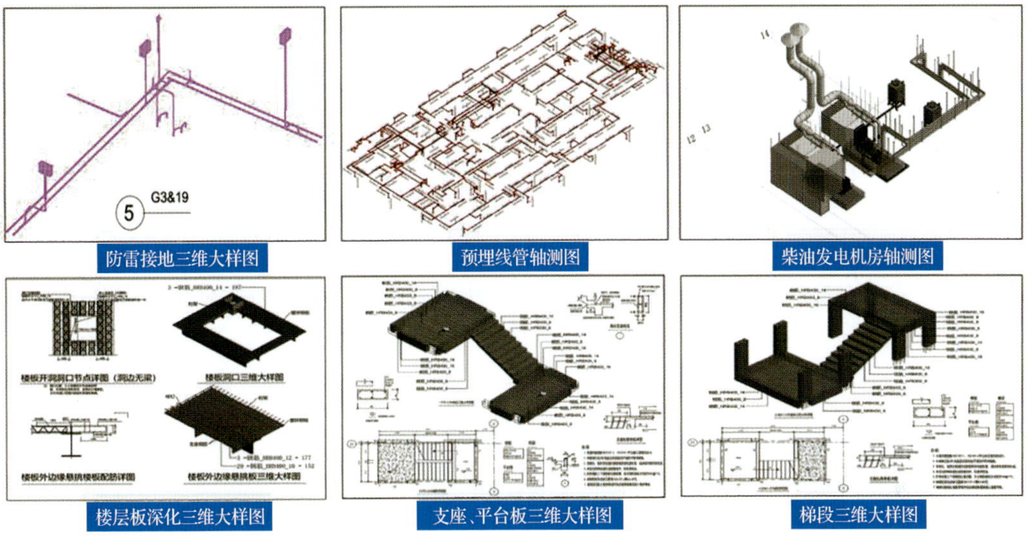


图 8-10　各区域深化图纸

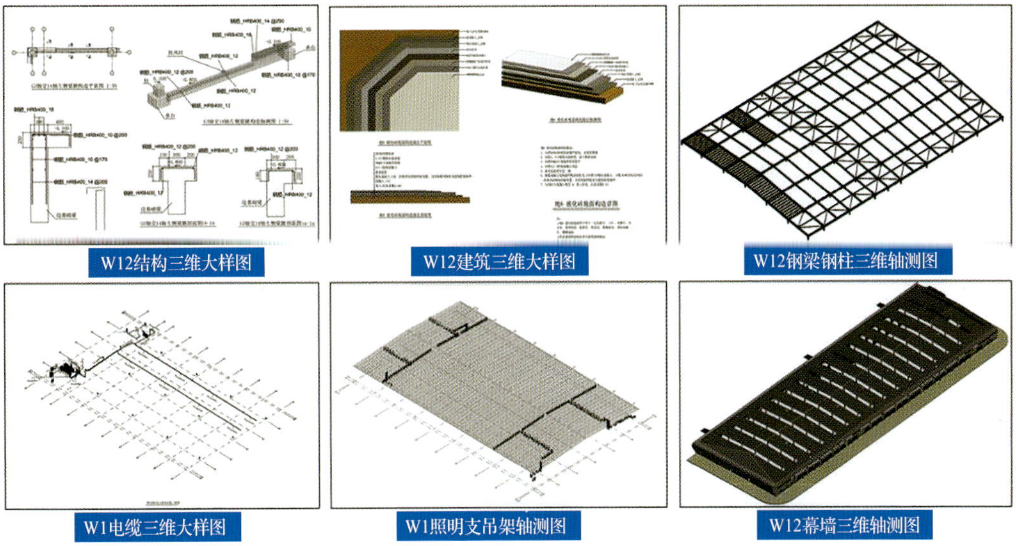


图 8-11　各区域深化图纸 2

## 8.4.4　总结

模型出图指导现场施工，需要深化人员了解现场实际需求，对深化人员技术能力及沟通能力要求较高。在团队工作初期，需要项目部各部门配合参与，共同提升出图质量，项目运行过程中施工单位也需主动进行数字化插件开发以提升工作效率。由建设单位牵头实施,各参建单位通力合作,方能促使按模施工真正落地。

## 8.5 模型与清单挂接问题处理案例分析

### 8.5.1 背景描述

鄂州花湖机场是全国首个采用BIM模型进行全过程质量验评和计量计价的项目。以“智慧机场”为目标,全方位、全过程推广BIM技术应用,遵循模型深化—模型审核—按模施工—按模质量验评—按模计量支付的唯一路径,验证了采用BIM模型施工的可行性。项目用一套数据打通项目过程中设计、招标、采购、计量、质量管理等环节,整合设计单位、施工单位、软件服务商、插件开发商、平台开发商等各方技术资源,协同提升设计生产效率从而实现项目的全生命周期管理。所以,模型深化与质量验评及计量计价等环节息息相关,为确保每个环节顺畅流通,需要着力于模型的深化过程。

### 8.5.2 问题分析

模型深化的最终目的是 BIM 计量计价。本项目的计量计价是通过对模型文件命名、构件参数赋值等构件编码信息映射的方式实现的。在模型深化过程中由于不同模型的文件命名、参数赋值等信息不一致,在结合工程清单对构件名称、构件属性(造价)、构件数量或长度,以及整个模型文件命名等模型信息进行构件编码实行统一化管理及输出时极易出现问题。常见问题如下:

(1)模型文件项目参数信息错误

项目信息中包含单项工程、单位工程子单位工程、阶段、版本、模型文件名称等主要参数。这些参数依单体而异,是平台判别各单体的主要依据。例如,模型的单位工程信息填写错误,可能会导致本属于综合楼项目的工程量被软件编码,自动归类统计于转运中心项目,可参照正确填写方式填写空侧质量W1区地上夹层混凝土深化模型项目参数的信息(图8-12)。

(2)构件名称的方式错误

构件命名采用三段式命名方式(构件类别_构件子类别_构件尺寸),如“柱_矩形柱_400×500”;没有按照此种方式命名的构件无法被软件编码,其工程量无法被正确统计,从而影响项目计量计价的准确性。

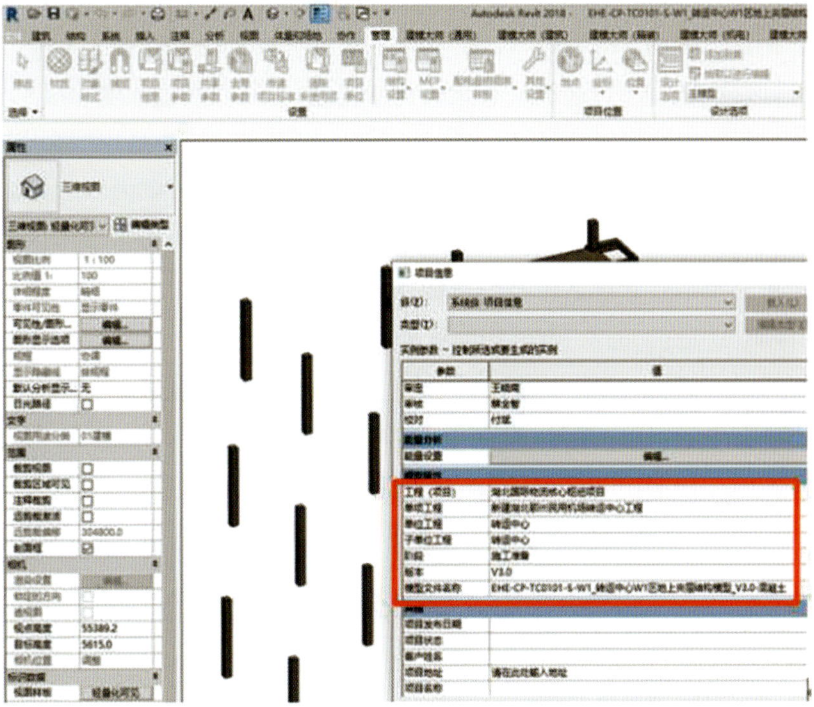

图 8-12 项目参数信息

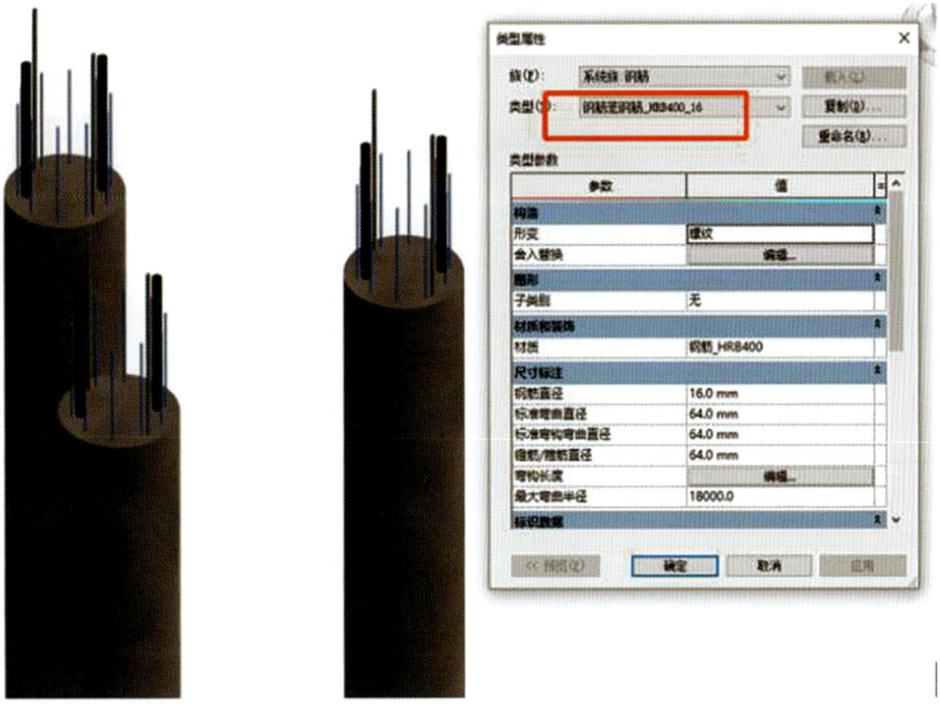


图 8-13 构件命名

项目主要针对基础和主体部分相同构件类型进行区分。一是钢筋部分，区分桩基所有钢筋（如“钢筋笼钢筋_HRB400_12”）与其余部分钢筋（如“钢筋_HRB400_12”）。二是混凝土部分，区分基础板（普通板）、有梁板、悬挑板等以及混凝土强度等级，如“板_有梁板_100-C30”。三是构件归属部分，区分构件存在的作用，如梁套，虽用墙命令建模，但其归属于基础梁，故命名为“梁_梁套_300”；如果没有严格按照清单内容对模型构件信息进行细分，易出现模型构件的工程量归类错误、遗漏等情况，从而影响项目的造价。图8-13为转运中心走马石景观区桩基结构深化模型的构件命名的正确样例。

（3）构件属性（造价）的实例参数错误

由于不同强度等级、抗渗等级、结构材质等的材料的单价不同，模型构件的实例参数如混凝土强度等级、抗渗等级、耐火等级、耐火极限、结构材质等信息填写错误时，虽不会影响模型的工程量，但是对项目整体的造价会有很大的影响。图8-14为空侧指廊W8区地坪板混凝土深化模型相关实例参数的正确填写方式样例。

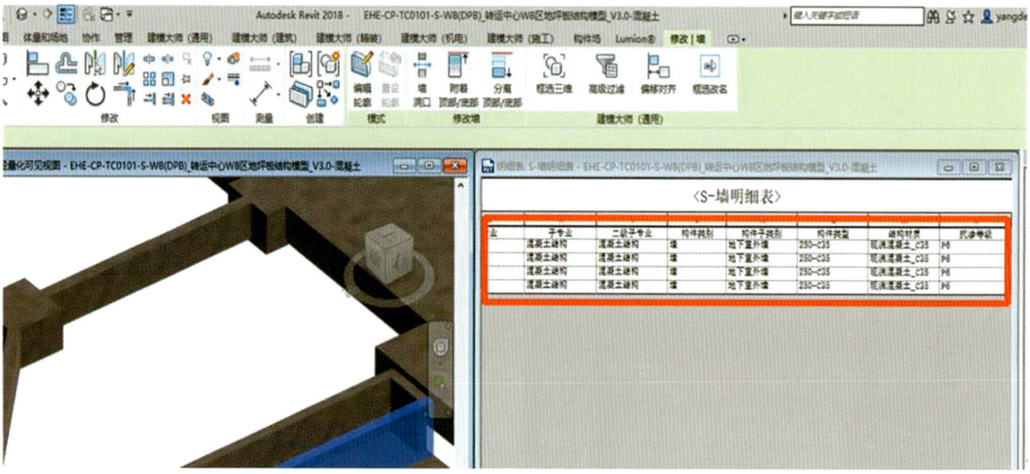


图 8-14　混凝土构件实例参数的正确填写方式样例

（4）构件类型、数量或长度错误

在模型创建的过程中没有严格按照国家规范标准来实施，易导致模型构件类型、数量以及长度错误，若出现此问题则会直接影响项目整体的工程量。例如，钢筋的模型没有按照国家规范标准来创建，就容易出现模型中钢筋的类型错误，钢筋数量增多或缺少，钢筋的长度错误等情况。图8-15为空侧指廊W8区地坪板承台及桩帽钢筋深化模型参数样例。

（5）构件编码错误

编码唯一性是构件挂接清单的重要保证，所有编码均是利用插件对构件模型信息一一映射生成的，并且所有构件必须入库。模型构件信息填写错误或遗漏会导致插件无法对模型编码或者构件编码错误，影响项目模型的清单挂接，质量验评，现场按模施工；进而影响项目的计量计价以及工程款的进度。图 8-16 为空侧指廊 W8 区地坪板承台及桩帽钢筋深化模型部分构件的正确编码样例。

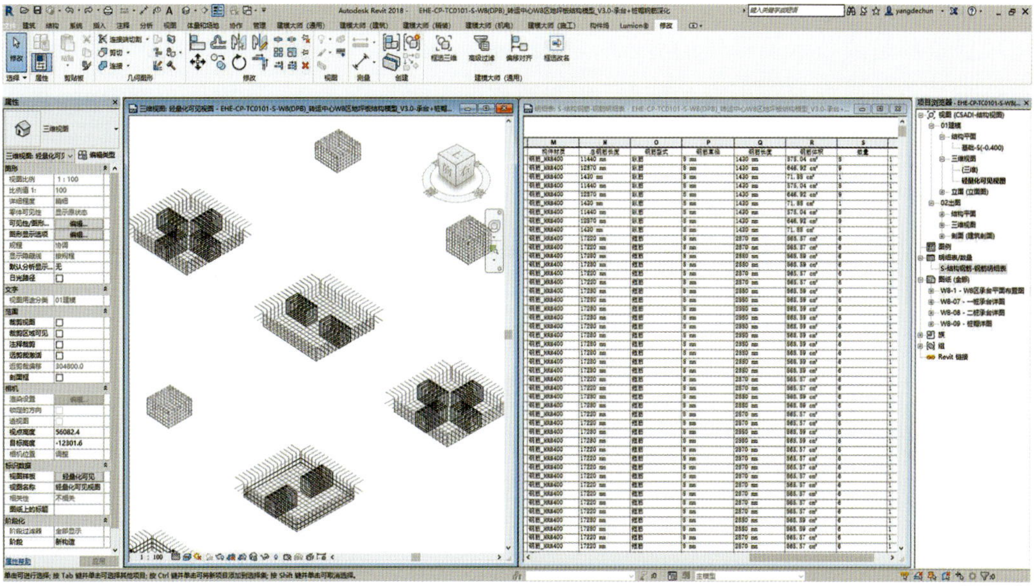

图 8-15　空侧指廊 W8 区地坪板承台及桩帽钢筋深化模型参数样例

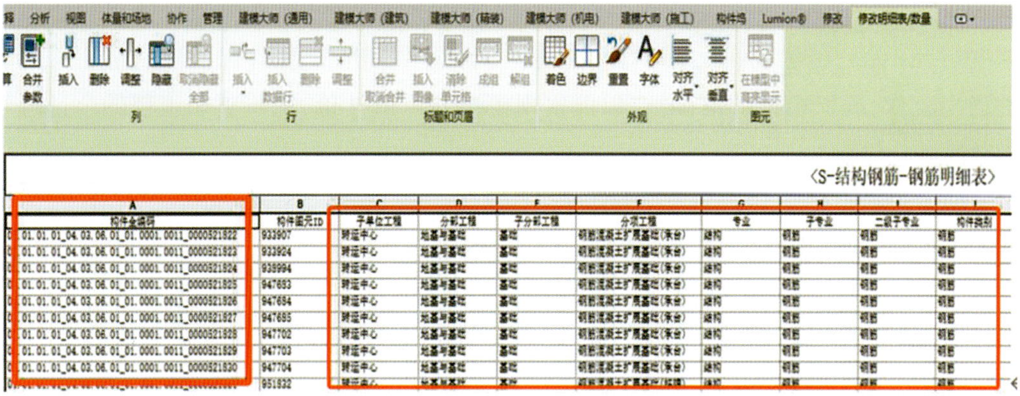


图 8-16　空侧指廊 W8 区地坪板承台及桩帽钢筋深化模型部分构件的正确编码样例

## 8.5.3　解决方案

本项目深化模型需要表达的信息相比以往常规项目更多，小部分模型信息可以通过插件直接生成，但大部分都需要手动填写，不仅效率低下，而且出错率很高。采取以下解决方案可以避免大规模的模型信息在填写中出现的问题。

①在模型深化前，召开项目内部会议，讨论模型划分细则及宣贯项目建模规范，各

部门确认无误后，正式开始深化模型。

②项目信息、属性信息以及构件编码可以利用插件生成并查错；通过插件 BIMET，直接自动读取模型信息，校核深化模型文件名称及模型版本信息的准确性。

③利用 BIM 插件，对所有构件进行类型拆分及设计属性拆分，获得属性信息，再根据项目资料员或技术员提供的分部分项信息进行核对，直接编辑填写需要手动填写的部分。若出现构件拆分失败的情况，则需要将此类型构件入库，待构件在库中时，再重新拆分。

④选中所有构件进行入库操作，未入库构件无法拆分和编码，再选择插件中的自动编号，生成构件编码。需要注意的是，一旦模型版本或文件名称修改，必须重新编码。

### 8.5.4 总结

模型构件的正确编码是实现项目全过程质量验评和计量支付的基础。模型的文件命名、构件命名、属性编写及构件编码等步骤的正确实施是模型与质量清单挂接、现场按模施工及进度款计量支付的最基础且重要的一环。模型文件的正确命名可以避免或减少不同项目单位工程之间的工程量出现交叉错误的情况；模型构件的正确命名以及构件实例属性的正确编写可以避免或减少构件无法编码以及构件的类型归类错误的问题；严格按照国家规范标准来实施，可以避免或减少模型构件类型、数量以及长度错误的发生。对此，BIM 工程师不仅要在深化过程中，还要在流转过程中重视这些情况，无论是从技术上，还是从计价上，都需要 BIM 工程师以及项目部相关部门的通力合作，确保模型的准确性，以此实现模型的计量计价，完善整个工程的全过程管理体系。

## 8.6 安检机器建模方法案例分析

### 8.6.1 背景描述

安检机器深化设计主要是应用BIM技术对安检机规格、尺寸、表达精度等进行模型深化，按照构件信息一览表要求对模型构件进行标准化建模并入库，并满足合理拆分、模型审核、质量验评系统规则、现场按模施工等要求，设备类型的产品对深化模型的精度要求较高，无需参变。本案例基于 Revit 软件描述满足上述需求的安检机器族建模方法。施工和验收主要参考的标准或规范包括产品供应厂家提供的产品图册、厂家提供的 CAD 图纸文件（图 8-17、图 8-18）。

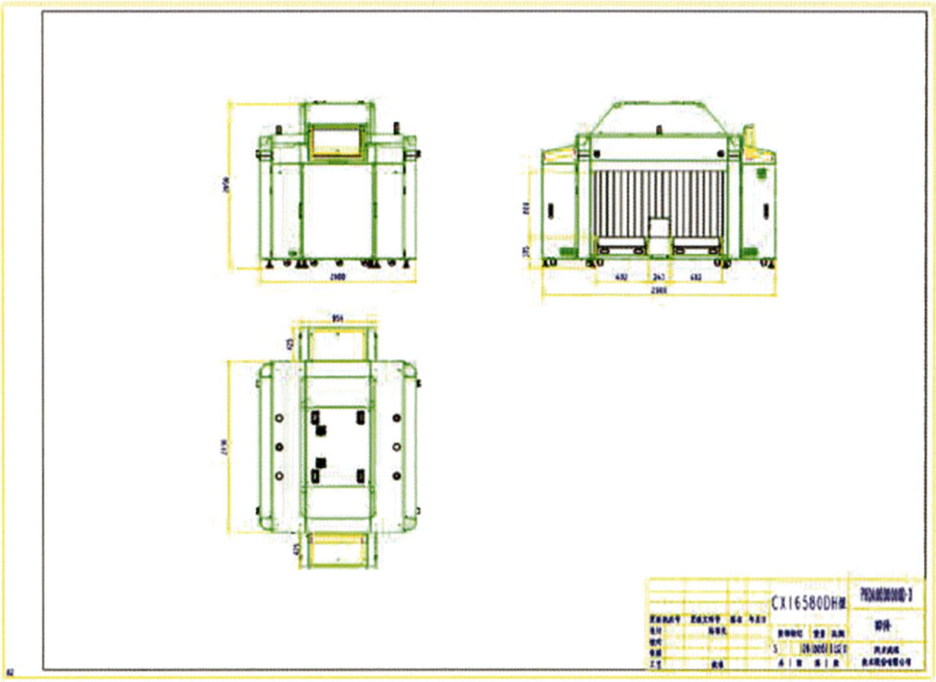

图 8-17　厂家提供的产品图册

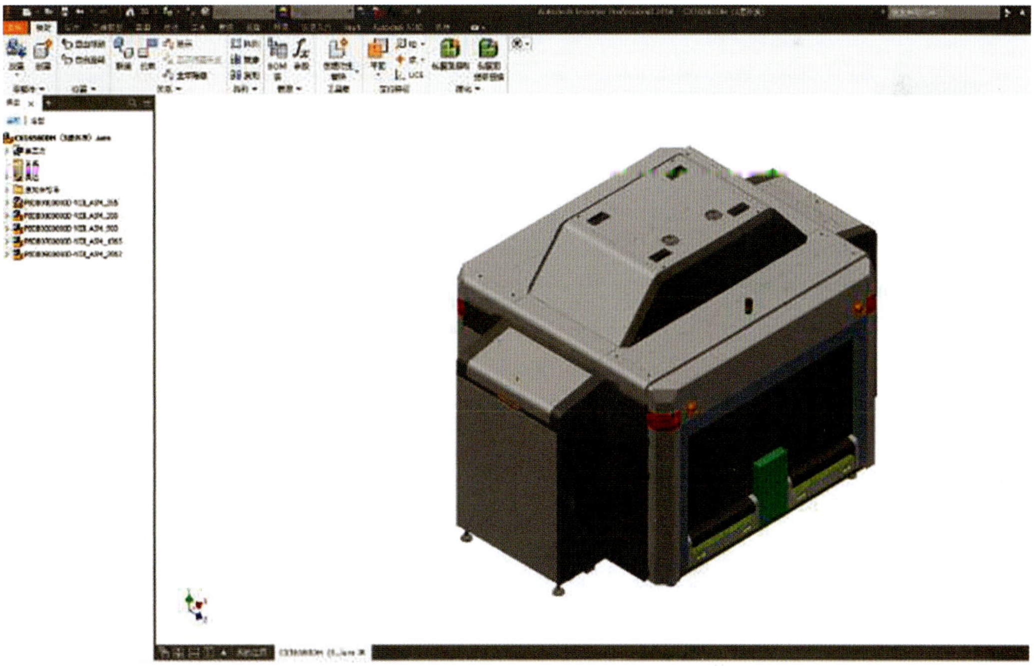

图 8-18　厂家提供的原始模型文件

### 8.6.2 问题分析

在深化设计过程中，由于安检设备机器实体精度太高但厂家提供的图纸深度不够，用 Revit 软件直接建模难以完整还原产品外观，需要厂家提供原设计模型文件，但此模型文件整体导入 Revit 之后无法针对零件进行添加材质操作，整体材质显示灰色，将对后期应用产生影响，需将模型拆分后再导入 Revit 软件拼装才能满足需求；部分零件包含太多曲面无法导入 Revit 软件，需要手动建模补充零件并进行拼装，安检设备机器无需参变。

### 8.6.3 解决方案

结合图纸及厂家资料对安检设备机器构造进行拆解，提前做好图元嵌套方式、非必要参变图元定位方式、设备拼装方式等规划；与业主沟通明确产品使用需求细节并通知产品供应商；与造价及模型审核方沟通模型深度，以满足计量计价、质量验评系统、产品实际样式为基础进行模型深化。安检设备机器族建模方案如下：

(1)拆分规划

应用 INVENTOR 软件打开厂家提供的 STP 格式模型文件(图 8-19)，规划设备拆解深度，对后期调整材质时部位之间的区分进行规划。

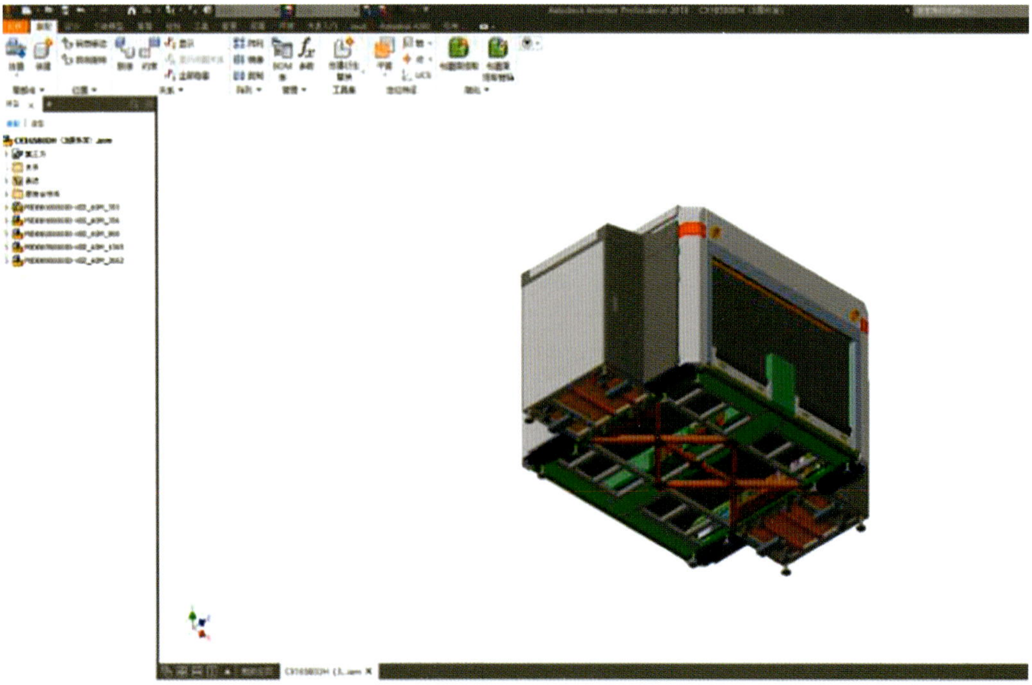

图 8-19　STP 格式模型文件

（2）隔离导出

软件中显示，原设计模型构件数量较多，导出时需要将部分材质相同、功能关联的构件合并酌情导出，拆分得越多模型精度越高，并存成 RFA 族格式文件（图 8-20）。

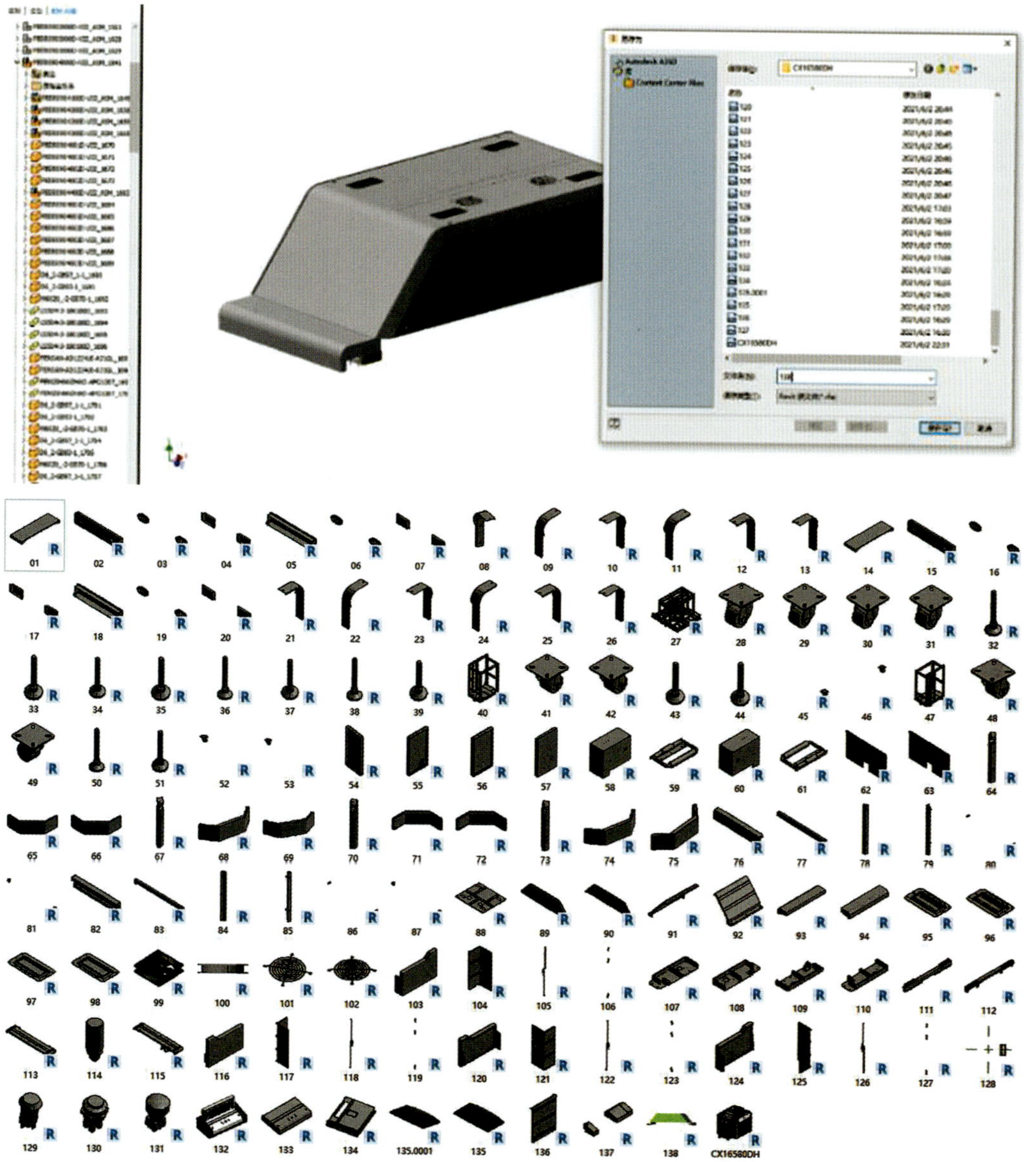

图 8-20　形成 RFA 族格式文件

（3）处理导出零件

全部拆分并导出成功后，应用 Revit 软件打开每个构件，编辑类型重命名该构件（图 8-21），使之在左侧属性栏导入符号处命名唯一，否则嵌套拼装时将因软件功能限制不能完成拼装，命名酌情填写；然后选择模型并单击部分分解命令炸开图元，经过此步才能进行材质添加操作；如果零件包含曲面过多，分解后部分零件将消失，需要手动在此零件族中建模补充完整，此种情况出现较少。

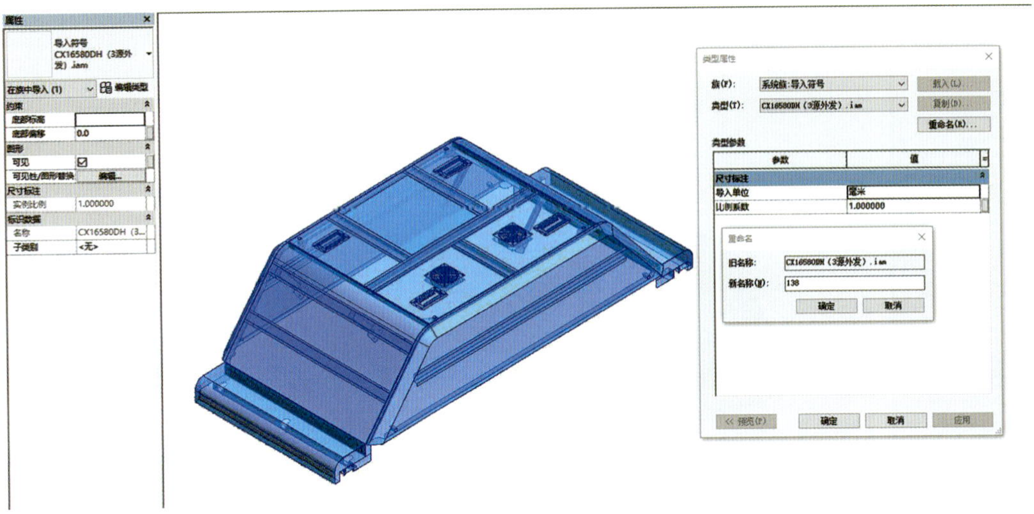


图 8-21　构件族类型修改

（4）拼装零件

此操作极为重要，新建族，单击“插入”选项卡中“从库中载入”面板里的“作为组载入”命令，不能选择载入族，只有在作为组载入的情况下才能精准拼装零件；全部零件作为组载入后，在参照标高平面视图下，将项目浏览器中的模型组依次全部拖到族的中心放置点，放置后零件会自动对齐它在原设计模型中的位置，无需手动调整零件位置，最终完成整个设备的拼装（图 8-22）。

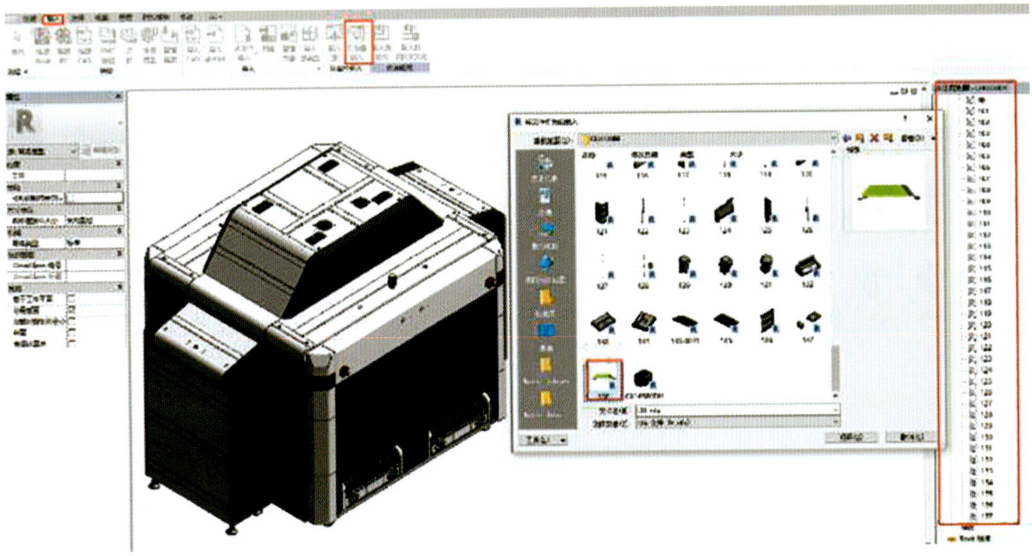

图 8-22　形成模型组文件

（5）调整材质

将各个组成部分关联相关材质参数并附材质（图 8-23）

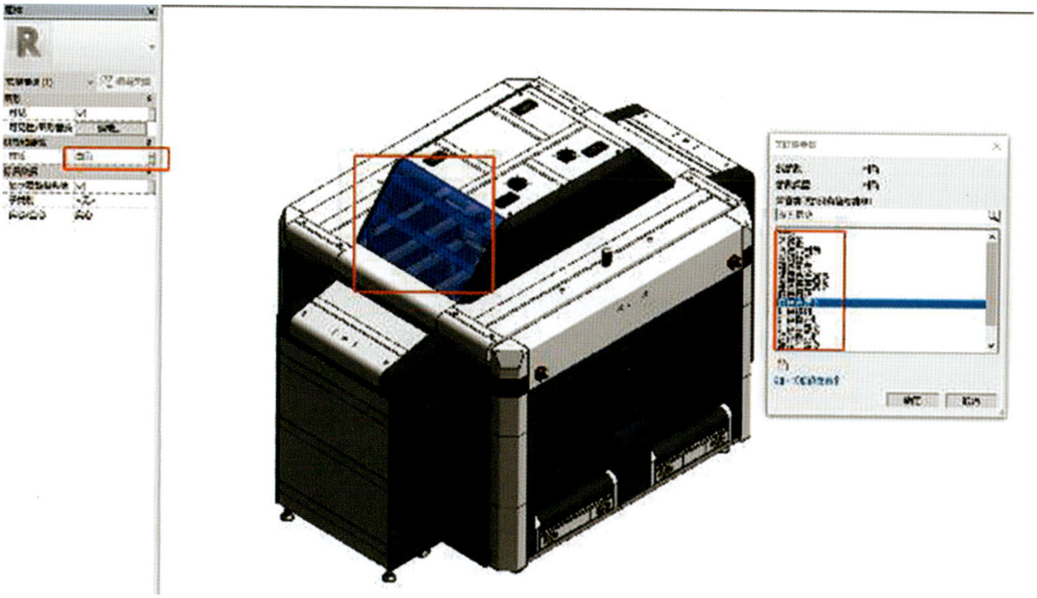

图 8-23　形成模型组参数添加

### 8.6.4　总结

在满足计量计价的同时，符合厂家产品样式的需求，模型还原度高。三维展示效果如图 8-24 所示。

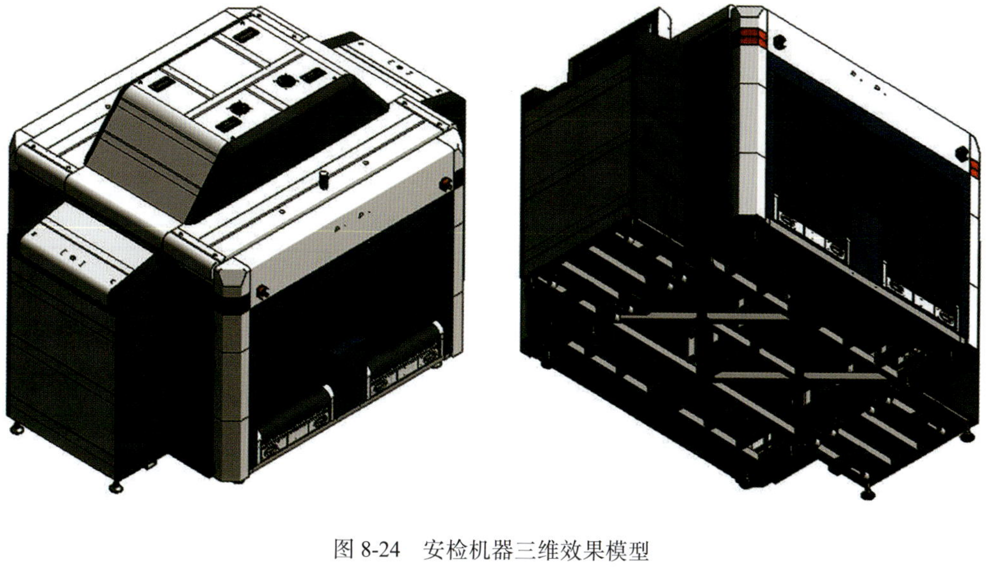

图 8-24　安检机器三维效果模型

## 8.7 围界建模方法案例分析

### 8.7.1 背景描述

围界深化设计主要应用BIM技术对围界放置、排布、接口、尺寸等进行模型深化，按照构件信息一览表要求对模型构件进行标准化建模并入库，需满足合理拆分、模型审核、质量验评系统规则、清单项计量计价规则、现场按模施工等要求，考虑综合因素后，对深化模型的精度及深度要求较高，建模同时需考虑多重因素才能满足相关规则要求。本案例基于 Revit 软件寻找满足上述需求的围界族建模方法。

### 8.7.2 问题分析

针对不同位置围界尺寸、方向等节点，在满足模型精度、质量验评系统、计量计价规则前提下，需用同一个族同一构件类型放置在不同节点，放置后在不改变族类型前提下能够改变其长度、高度、支撑方向、螺栓位置及数量、刺丝滚笼长度等数据，即同一族类型在项目中显示样式有多种变化但不影响其计量计价；需注意，当模型深度包含滚笼上的斧形刺刀、围界数量较多时，细小图元将影响软件运行速度而造成卡顿，因此族创建前期应考虑设置可见性以解决运行速度问题。

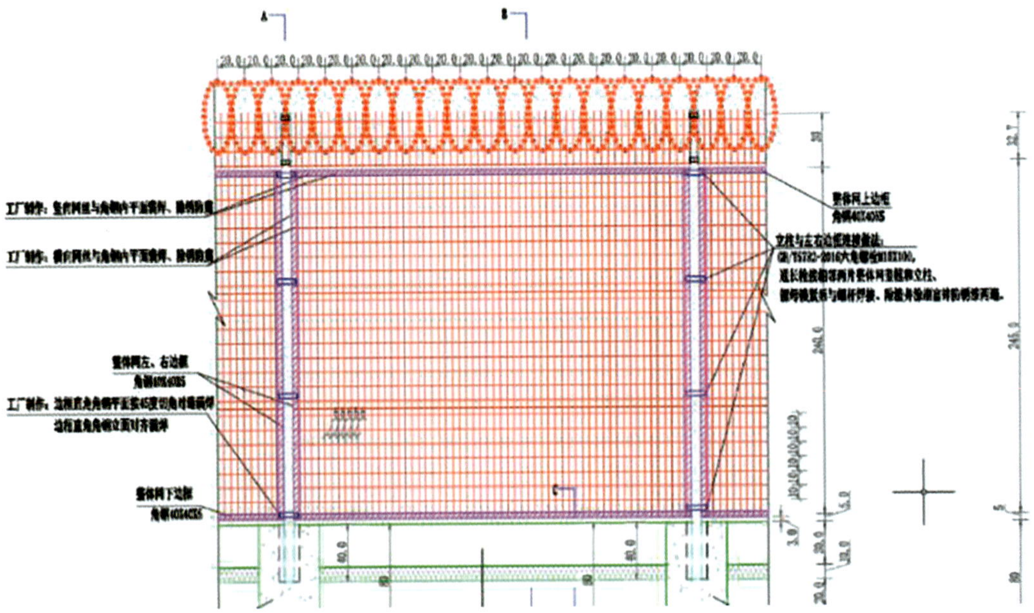

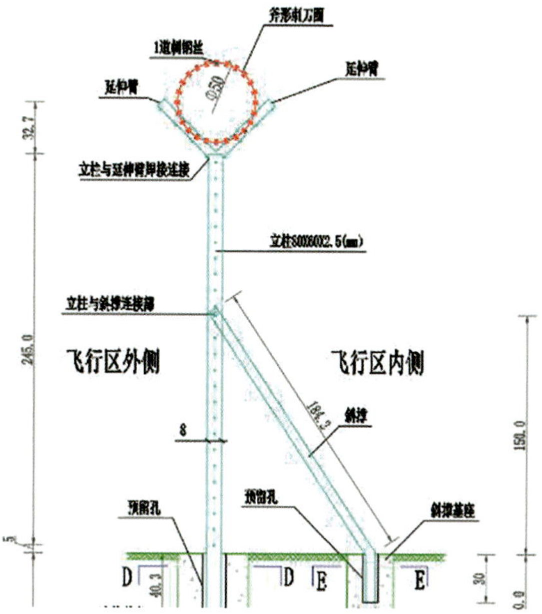


图 8-25　围界设计图纸

## 8.7.3　解决方案

（1）依据图纸对围界构造进行拆解（图 8-25），提前做好可参变图元嵌套方式、非必要参变图元定位方式、不同节点支撑方向、斧形刺刀及螺栓可见性控制等规划。

（2）与造价方、施工技术人员核对模型统计数据的实用性及施工可实施性；分析当前场地建筑结构主体与围界交界处可能出现的不规则节点，将不规则的需求纳入可参变的控制范围内，修改参变方式直至同一族类型满足所有节点参变需求。

（3）测试图元显示数量对软件运行速度的影响程度，在不影响审核方查看模型流畅度的前提下，上传审核模型，并注明未显示部分不影响模型审核。

（4）围界族建模思路解决方案

①构件 1——刺丝滚笼单圈：创建单圈螺旋钢筋及刀片，其中单圈螺旋直径、钢筋端头间距、刀片可见性等参数可参变（图 8-26）。

②构件 2——刺丝滚笼：嵌套单圈刺丝滚笼并阵列多个，其中单圈螺旋直径、钢筋端头间距、刀片可见性等参数关联至当前族可参变，刺丝滚笼长度等参数可参变（图 8-27）。

③构件 3——纵向钢筋与构件 4——水平钢筋：创建单根纵向钢筋总长度可参变，创建上下两处加强肋并使其位置任意参变；创建单根水平钢筋总长度可参变（图 8-28）。

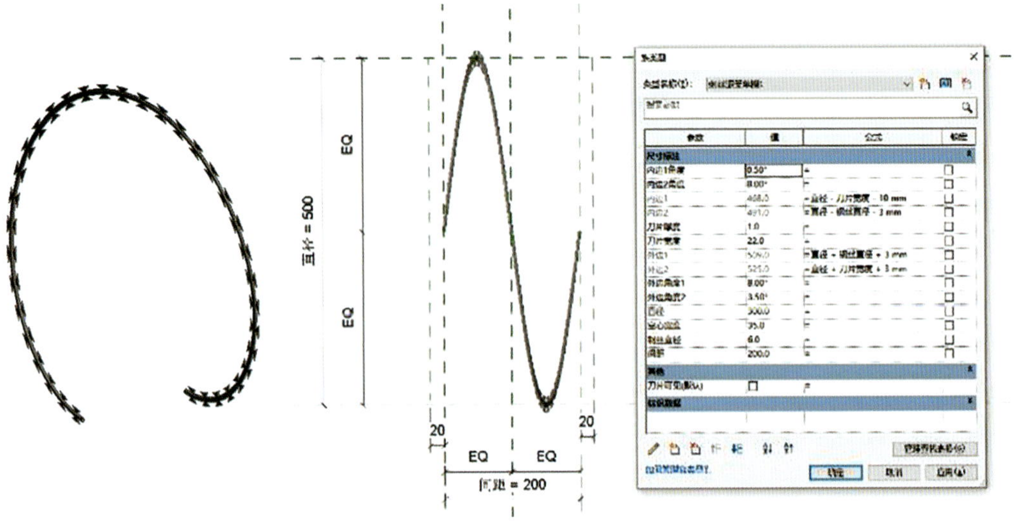


图 8-26　刺丝滚笼单圈族

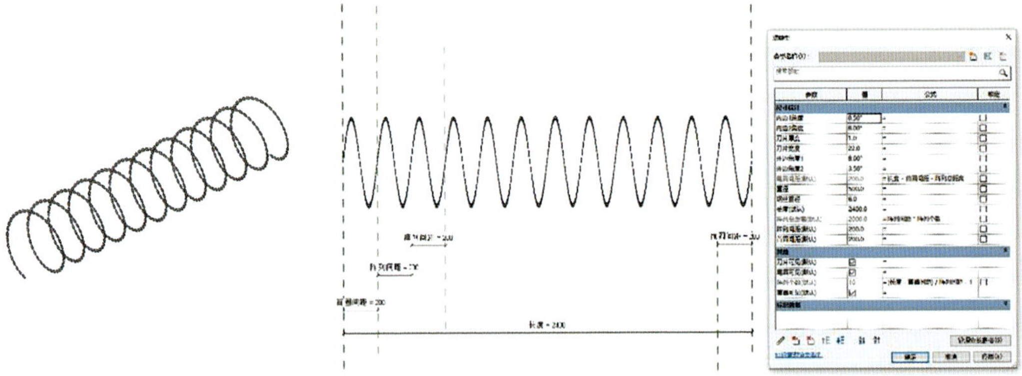

图 8-27　刺丝滚笼模型

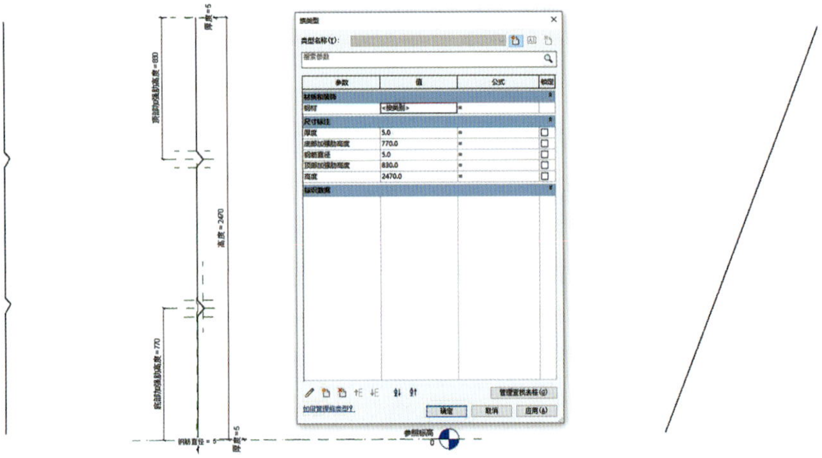

图 8-28　纵向钢筋模型

④构件 5——垂直角钢与构件 6——水平角钢：创建单根垂直角钢总长度可参变，创建单根水平角钢总长度可参变，注意角钢端头预留 45°切角用于拼接(图 8-29)。

⑤构件 7——角钢网框：嵌套钢筋及角钢，将嵌套族中参数关联至当前族可参变，创建纵向及水平钢筋阵列组添加可变参数，拼接网框周围角钢并关联整体角钢网框长度及高度；注意钢筋阵列个数与长度高度之间的关系，避免出现多余的钢筋，为应对施工现场多种尺寸需求，适当添加公式 IF 条件语句(图 8-29)。

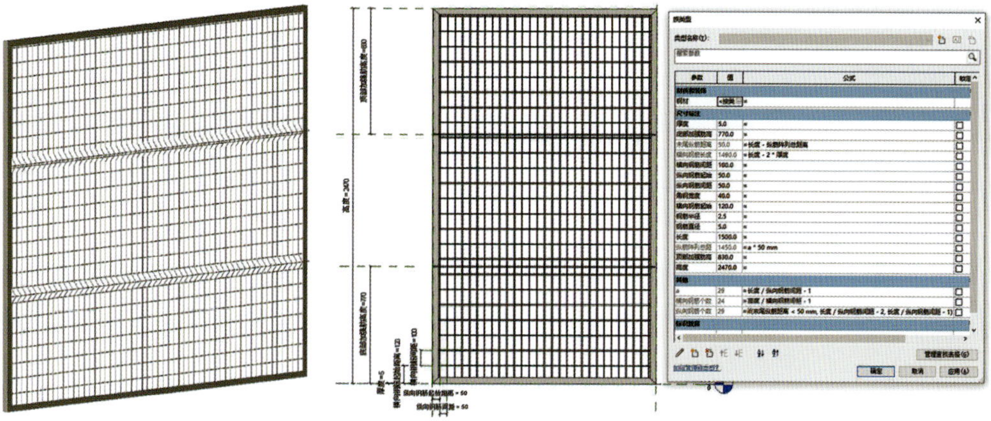

图 8-29　角钢网框族文件

⑥构件 8——立柱：创建立柱高度可参变，顶部支撑考虑转角位置均设置可见性参变，添加连接件及螺栓并设置可见性参变，可见性参数均为实例参数(图 8-30)。

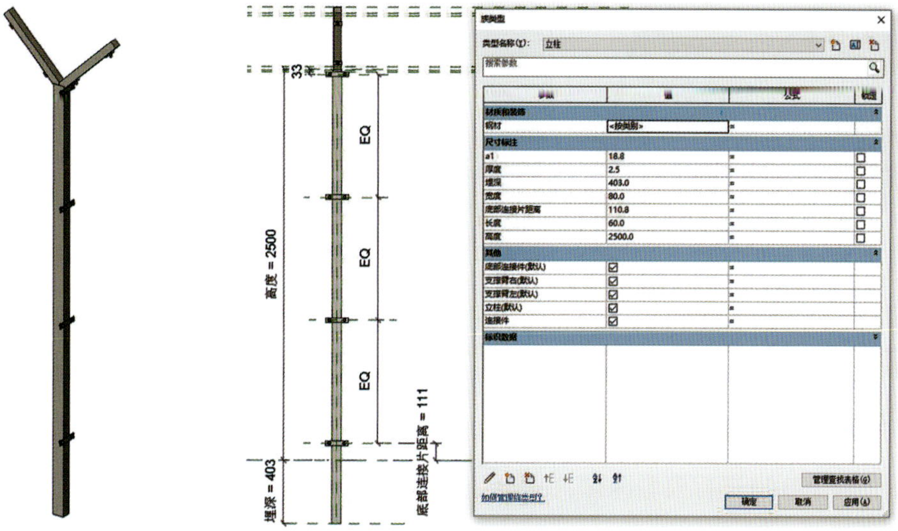


图 8-30　立柱族文件

⑦构件 9——支撑臂钢筋网：嵌套纵向及水平钢筋，将嵌套族中参数关联至当前族

可参变，创建纵向及水平钢筋阵列组添加可变参数，注意钢筋阵列个数与长度之间的关系，避免出现多余的钢筋(图8-31)。

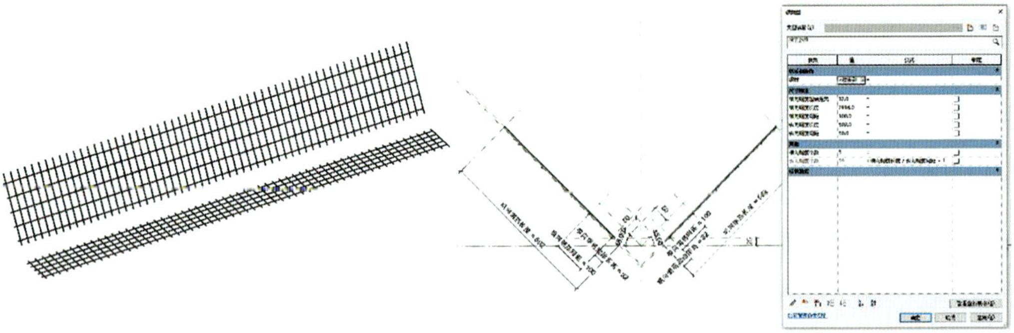

图8-31　支撑臂钢筋网族文件

⑧构件10——围界：嵌套全部构件，将嵌套族中参数关联至当前族可参变，拼接成完整围界模型，测试各个参数是否满足预期要求，放置于项目中调整参数即可(图8-32)。

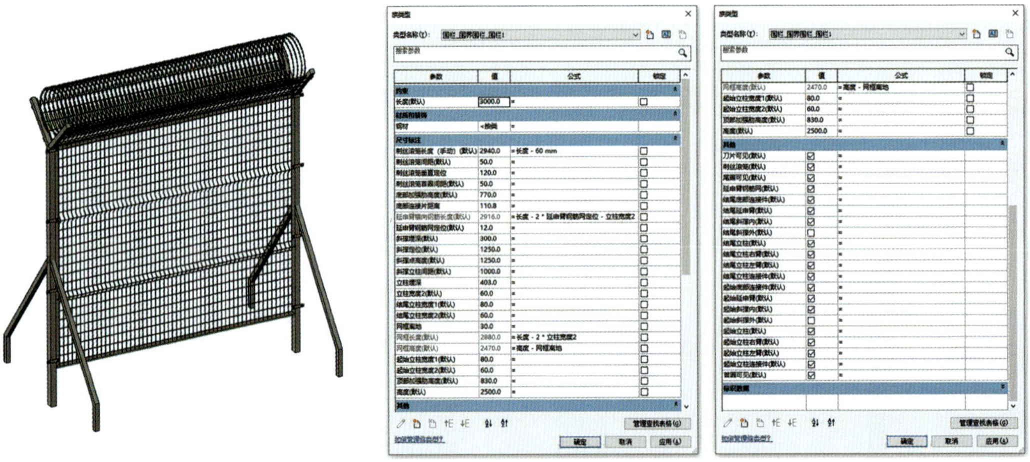

图8-32　单个围界模型

## 8.7.4　总结

①利用BIM进行模型深化，在满足计量计价长度参数的同时，更能符合施工现场对形状的需求，模型精度更高；

②通过设置不同构件可见性参数的组合，达到了不同节点的变形需求，且满足质量验评系统规则；三维展示效果如图8-33所示。

图 8-33　整体围界模型

## 8.8　消防车库卷帘门建模方法案例分析

### 8.8.1　背景描述

消防车库卷帘门(图 8-34)深化设计主要应用BIM技术对卷帘门的放置、规格、板材尺寸、观察窗尺寸等进行模型深化，按照构件信息一览表要求对模型构件进行标准化建模并入库，需满足合理拆分、模型审核、质量验评系统规则、现场按模施工等要求，考虑综合因素后对深化模型的精度及可参变要求较高。本案例基于 Revit 软件寻找满足上述需求的消防车库门族建模方法。

图 8-34　消防车库卷帘门

### 8.8.2　问题分析

在深化设计初期，消防车库门厂家未确定，不同产品在细节上大同小异，所以在确定厂家之前，创建可参变程度较高的卷帘门深化设计模型最贴近使用需求，为确保模型精度，模型需包含折页、部分螺栓等细节图元；在单块门板长宽及数量、观察窗数量未确定的情况下，相关参数均需可参变（图 8-35）。

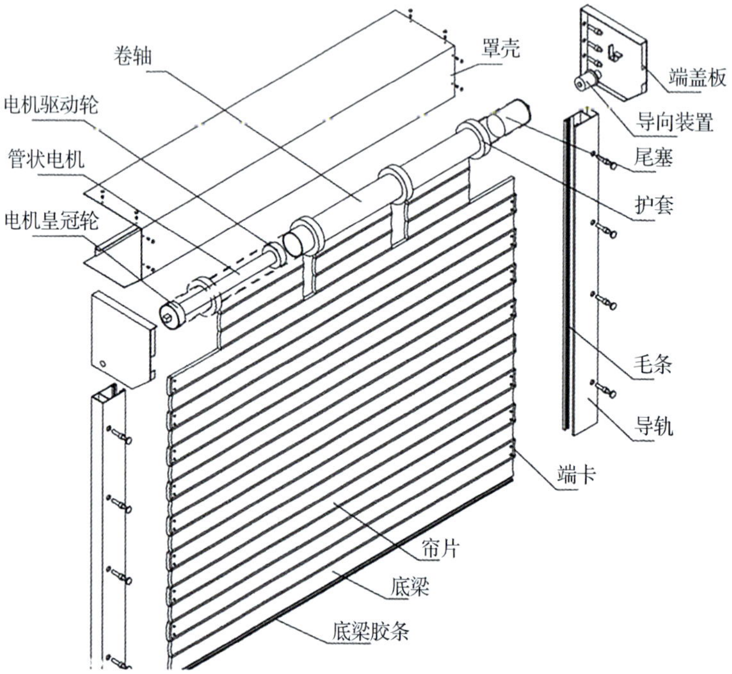


图 8-35　消防车库卷帘门三维轴测图

## 8.8.3　解决方案

（1）针对图纸及厂家资料对卷帘门进行拆解，提前做好可参变图元嵌套方式、非必要参变图元定位方式等的规划。

（2）与业主沟通明确产品使用需求并通知产品供应商，消防车库门原设计为折叠门，由于市面上折叠门开启速度不满足业主使用需求，因此变更为卷帘门是最佳方案。

（3）与造价及模型审核方沟通模型深度，以满足计量计价、质量验评系统、产品实际样式为基础进行模型深化。

（4）消防车库门族建模思路解决方案

①构件 1——卷帘门板

创建单块卷帘门板，其中长度、高度、板缝、折页定位等参数可参变；需注意深化出上下门板咬合的凸起及凹槽部分（图 8-36）。

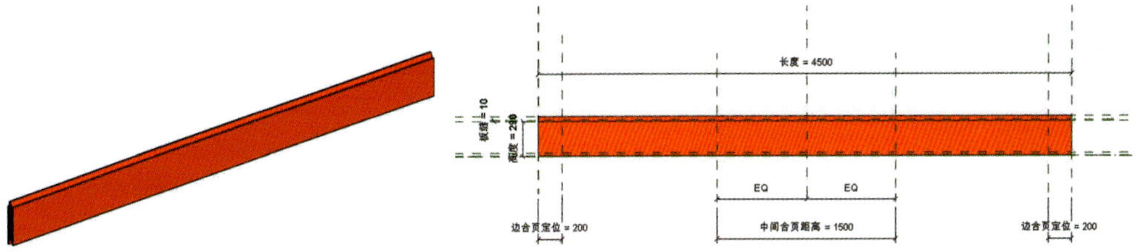


图 8-36　卷帘门板族文件

②构件 2——卷帘门板亮窗

创建单块卷帘门板亮窗，其中长度、高度、板缝、折页定位、亮窗长度、亮窗宽度等参数可参变；需注意深化出上下门板咬合的凸起及凹槽部分（图 8-37）。

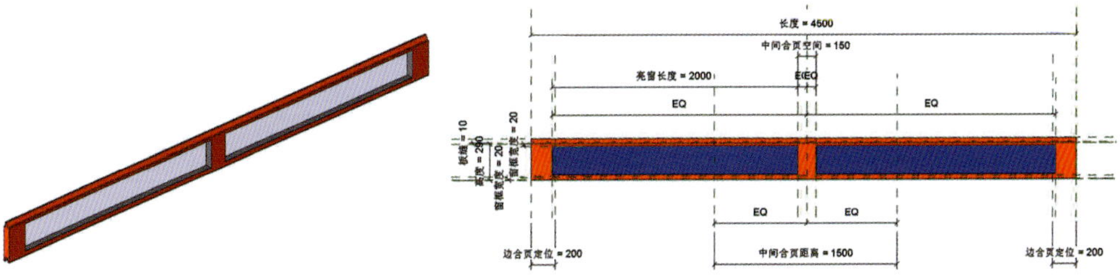


图 8-37　卷帘门板亮窗族文件

③构件 3——卷帘盒

创建卷帘盒长度、宽度、螺栓定位可参变，创建电机族并嵌套进卷帘盒定位；注意内侧的螺旋滑道要添加可变参数，使之与卷帘盒大小协调变化（图 8-38）。

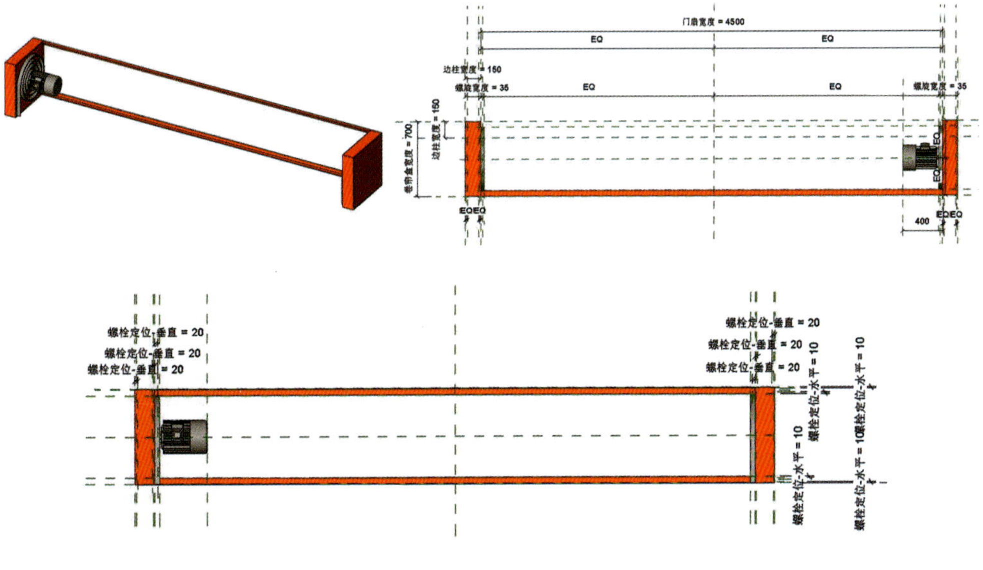

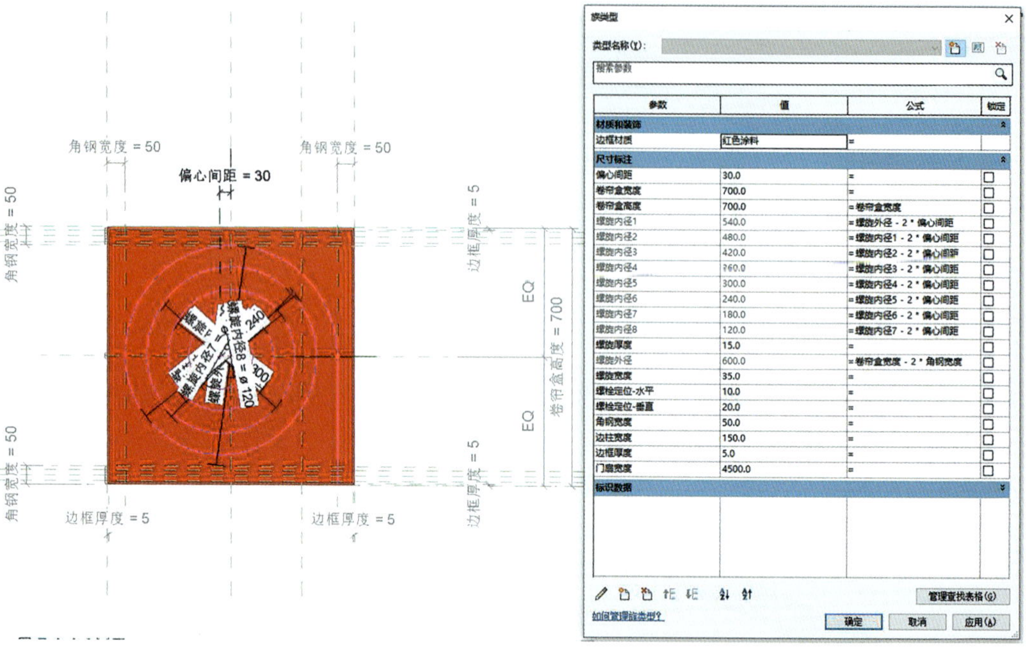


图 8-38　卷帘盒族文件

④构件 4——折页

创建折页长度、厚度可参变(图 8-39)。

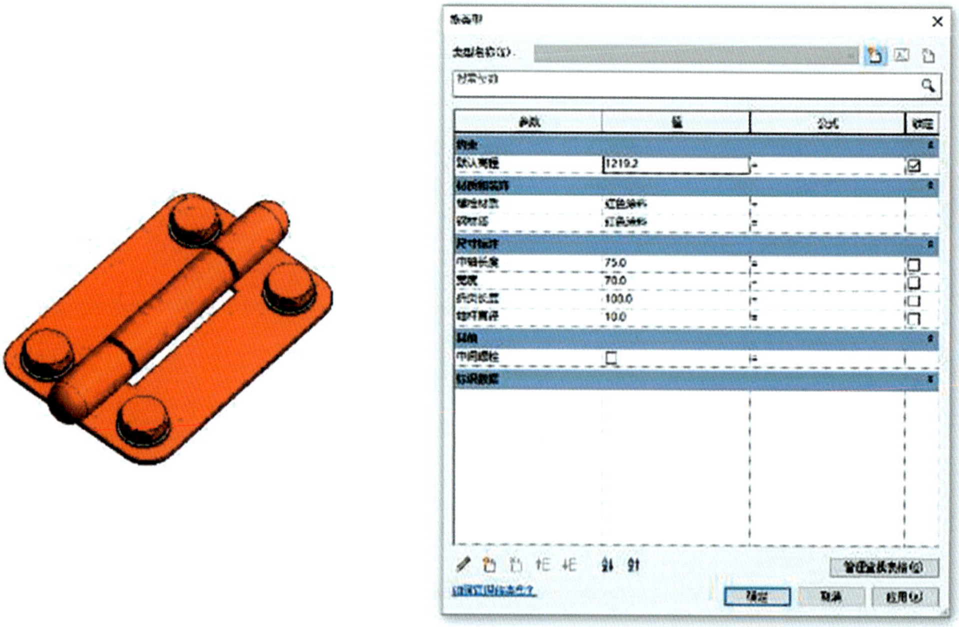


图 8-39　折页族文件

⑤构件 5——消防车库门

嵌套卷帘门板、卷帘门板亮窗、卷帘盒、折页，将嵌套族中参数关联至当前族可参变，创建门板、亮窗、折页阵列组添加可变参数，拼接卷帘盒并关联门宽，创建边立柱高度可参变；注意门板、亮窗、折页个数与门高度之间的关系，避免出现多余的构件，为符合厂家尺寸要求，适当添加公式；放置于项目中调整参数，测试各个参数是否满足预期要求即可（图 8-40）。

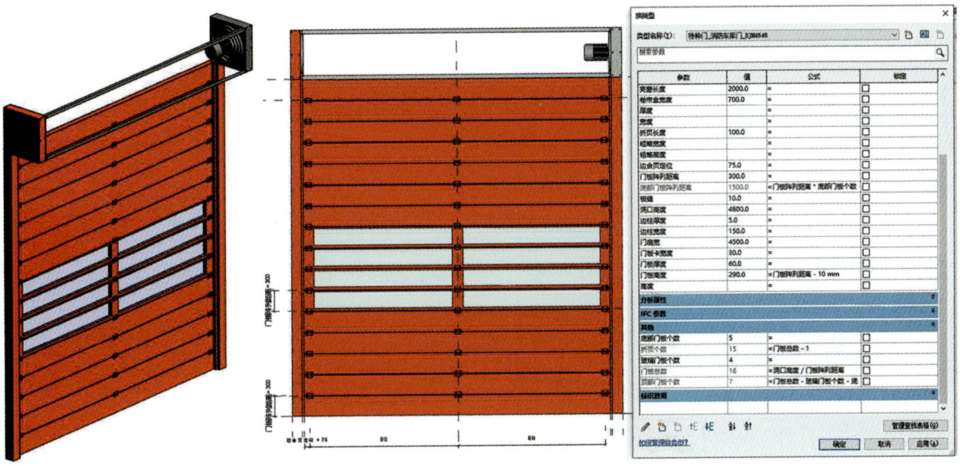

图 8-40　卷帘门模型及参数设置

## 8.8.4　总结

在满足计量计价的同时，板材的宽度、个数，亮窗的个数、高度等符合后期针对厂家产品样式调整的需求，且模型精度更高。三维展示效果如图 8-41 所示。

图 8-41　卷帘门整体三维展示效果

# 8.9 管线信息录入案例分析

## 8.9.1 背景描述

鄂州花湖机场定位为专业性货运枢纽机场，未来将与北上广深等地综合性枢纽机场共同形成国际航空货运枢纽规划布局，因此对于模型深化的深度、精度、准确性均有较为严格的标准；本项目主要基于BIM技术录入管线信息，对各单体管线进行赋值。主要依据EHE-BIM技术标准、构件信息总表、工序表单的要求，对提交的各专业模型构件通用属性、设计属性、施工属性和造价属性等信息进行录入，本案例基于对管线信息录入存在的BIM问题及当前解决方式进行分析。

## 8.9.2 问题分析

由于机电管线专业较多，各专业模型构件通用属性、设计属性、施工属性和造价属性并不完全相同(图8-42)，依据设计图纸无法做到将所有管线信息录入，进而无法进行编码和检验批工作，影响现场施工进度以及计量支付。

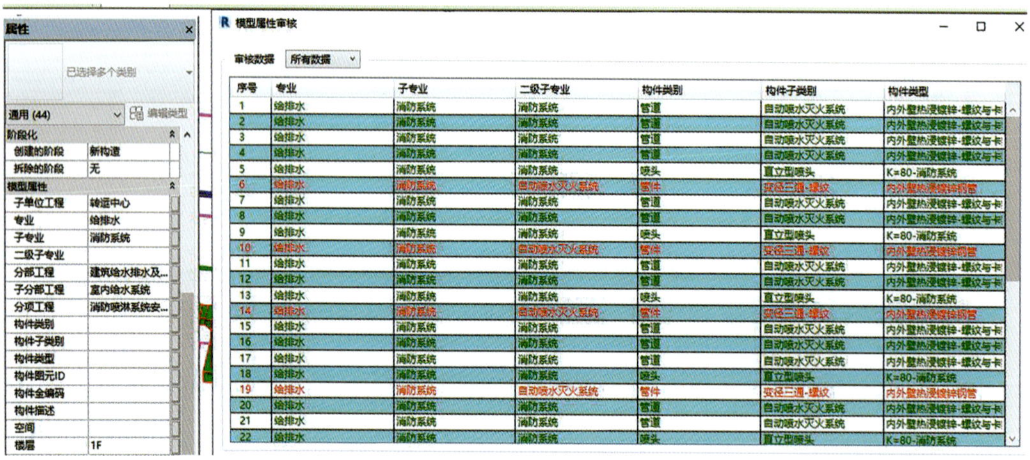

图8-42 构件属性录入情况

## 8.9.3 解决方案

基于本项目所采用的BIM软件对各专业的管线模型赋值进行审查(图8-43)。

采用以下方案来规避问题：

①模型深化之前，基于设计蓝图，对管线信息进行核对，提前入库构建，避免信息无

法录入；

②管线深化设计前需提前做好工序梳理；否则无法进行分部工程、子分部工程、分项工程赋值；

③管线信息录入之前，对Revit项目参数进行核对，避免出现重复参数，影响信息及构件明细表录入；

④利用BIM编码工具对构件信息进行审核比对，采用族参数或共享参数对尚未赋值的构件进行赋值操作；

⑤施工单位应根据蓝图，提前做好采购工作，梳理好各管线的信息。

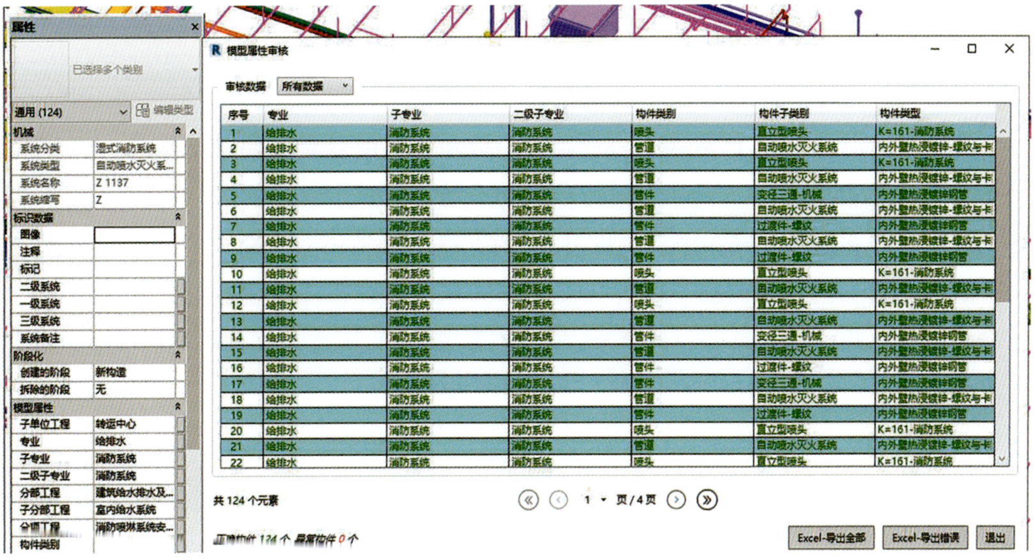


图8-43　构件属性审查

## 8.9.4　总结

基于BIM软件对全项目的管线构件进行信息录入工作，致使工作量加大；由于信息录入需准备较多前提工作，需BIM、施工、造价、设计、监理、软件开发等人员通力合作，共同完善信息录入工作；避免影响检验批、现场施工进度以及计量支付等工作的正常进行。

# 9　土建工程深化应用与实践

## 9.1　汽车坡道钢筋深化设计案例分析

### 9.1.1　背景描述

本项目综合楼的汽车坡道由混凝土底板、混凝土侧墙和混凝土顶板组成(图 9-1),其中弧形段中心线长度 15m,坡度为 12%,底板和顶板由双层双向钢筋组成,上下两层钢筋网之间设 450mm×450mm 的梅花布置的拉筋,弯道处横向钢筋呈放射性布置。混凝土侧墙底部和顶部随汽车坡道高度升高进行变化,侧墙由双层双向钢筋进行布置,并设有附加非通长钢筋和拉筋。由于本项目 BIM 深化设计重点在于钢筋的深化设计,并且需满足质量验评和计量支付的要求,模型质量要求高,因此前期需投入较多的深化设计人员。

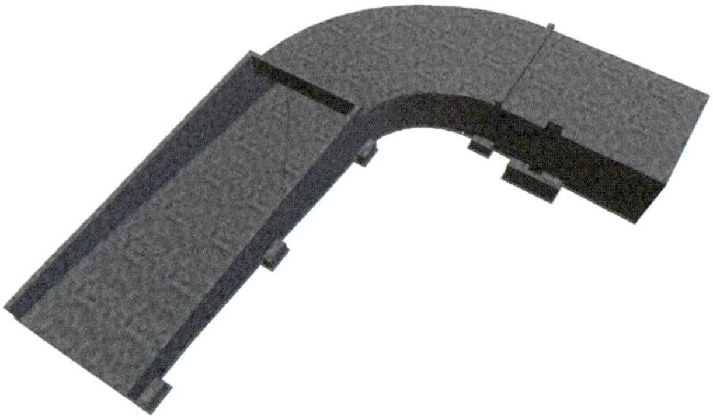

图 9-1　汽车坡道混凝土模型

### 9.1.2　问题分析

钢筋深化设计均采用手动方式对钢筋进行建模，工作量极大而且容易出错。针对异形构件,如弯道处汽车坡道板和坡道墙等,常规方法建立的钢筋模型无法满足计量计价的要求。

(1)弧形汽车坡道板

汽车坡道转弯处的底板和顶板都是弧形，因此此处钢筋配料单中钢筋存在弧形形状，在空间中是三维螺旋状，常规的建模方法无法实现(图 9-2)。

(2)弧形汽车坡道墙

弧形汽车坡道墙为弧形形状，标高随底板和顶板坡道的变化而变化，由于钢筋布置需随坡道坡度而变化，每根钢筋的高度不一致，钢筋定位的常规方法难以实现(图 9-3)。

图 9-2 弧形汽车坡道板模型

图 9-3 弧形汽车坡道墙模型

### 9.1.3 解决方案

利用 Dynamo 参数化设计软件，可以快速实现弧形板和弧形墙的钢筋定位，通过输入弧形板结构的钢筋间距、钢筋直径、弯钩形式以及保护层厚度等可变参数，自动生成钢筋三维信息模型。下面针对这两种不同混凝土构件的钢筋深化分别展开叙述。

(1)弧形汽车坡道板

首先需要拾取信息，将 Revit 中混凝土构件模型信息与 Dynamo 关联，包括钢筋主体、构件面等。其次需要对构件面进行分割，形成钢筋路径线，此为最重要的一步，需要考虑钢筋深化的基本规则：保护层厚度、钢筋起步距离、钢筋间距等。最后是利用 DynamoRebar 通过钢筋路径线生成钢筋实体(图 9-4 至图 9-7)。

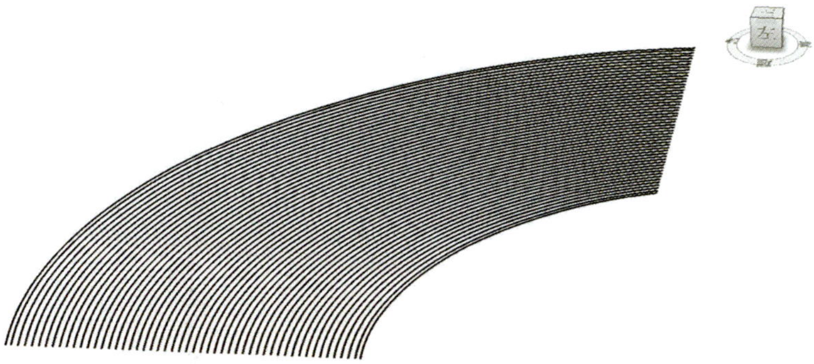

图 9-4 板钢筋中心线

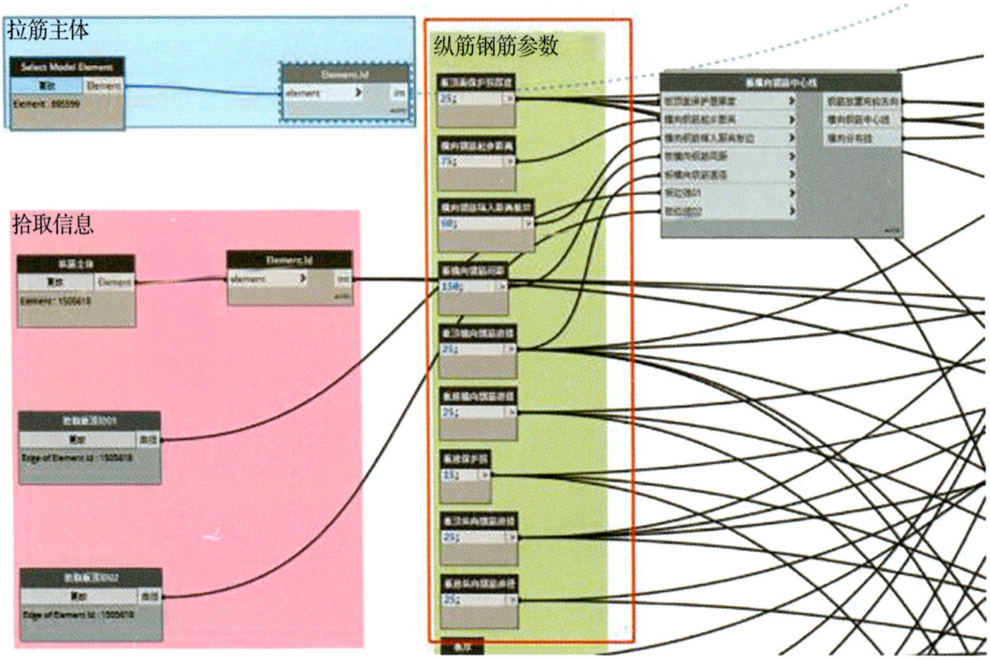


图 9-5　板钢筋参数

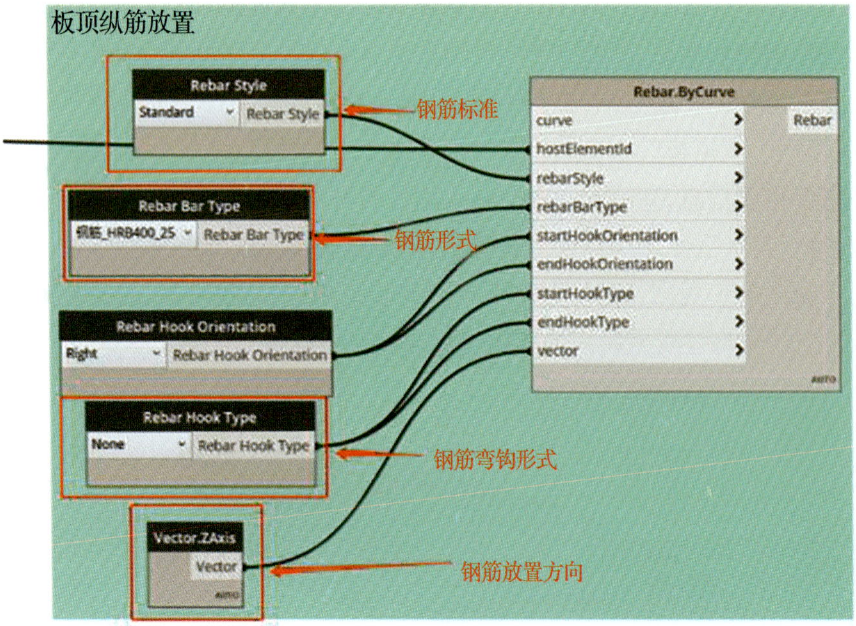


图 9-6　钢筋编码节点

(2)弧形汽车坡道墙

生成路径的方法和坡道板类似，由于汽车坡道墙钢筋布置增加了附加钢筋，需基于剖面图钢筋布置，增加附加钢筋的参数信息，拾取结构边缘线，以钢筋信息参数为基准，生成钢筋中心线与结构板类型，通过钢筋路径线生成钢筋模型（图 9-8）。

图 9-7 弧形汽车坡道钢筋模型

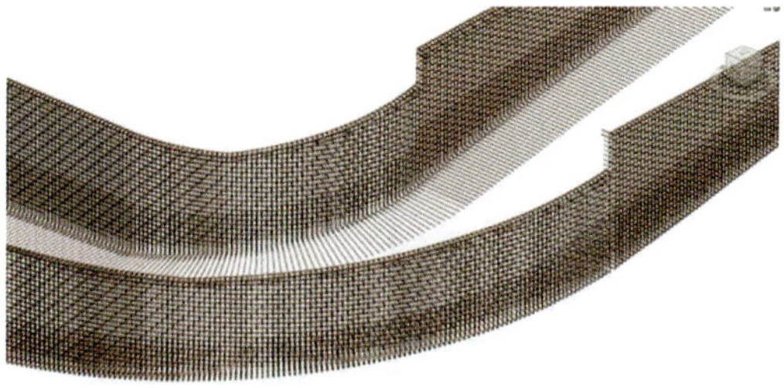

图 9-8 坡道墙钢筋模型

### 9.1.4 总结

Dynamo 参数化设计能够基本满足钢筋深化的要求，不仅能对常规构件进行深化设计，而且能对异形构件进行钢筋深化，相较于 Revit 自带的钢筋深化设计功能效率更高。但是通过 Dynamo 深化设计出来的钢筋模型都是单根钢筋，仍无法实现钢筋集的形式，需要更高配置的电脑来满足深化设计的需求。

## 9.2 桩螺旋箍筋深化设计案例分析

### 9.2.1 背景描述

桩基工程深化设计主要应用 BIM 技术对桩基础进行施工前的设计模型深化，包括混凝土模型、钢筋模型深化。为满足现场按模施工、质量验评、计量计价等要求，确保工程 BIM 实施的顺利进行，项目对深化模型的精度和准确度都提出了较高的要求。由于当前软件的功能限制，钢筋建模存在瑕疵，本案例对桩螺旋箍筋钢筋建模中未解决的问题进行分析。

### 9.2.2 问题分析

由于当前 Revit 钢筋建模功能的限制，在进行空间三维曲线形状的钢筋建模时，无法自由创建路径来生成实体钢筋，只能借用已有的钢筋形状或者在二维平面内绘制钢筋形状来生成实体。因此，在对桩基工程进行设计模型深化时，对于螺旋箍筋的建模，在满足箍筋长度以及箍筋间距的前提下，两端位置的弯钩无法按设计图纸要求准确建模。

根据设计图纸要求，外侧螺旋箍筋的上下部两个弯钩，应该分别勾在桩基的竖向纵筋上，但由软件原因导致钢筋建模完成后并不能自由控制弯钩的位置，因为上部弯钩起始位置确定之后，根据桩长和箍筋间距，底部弯钩的位置也就确定。如果不能满足桩上下箍筋两端同时勾上纵筋的要求，就会导致后续的深化出图、按模施工存在错误指导，计量计价存在误差(图 9-9、图 9-10)。

图 9-9　桩上部弯钩模型

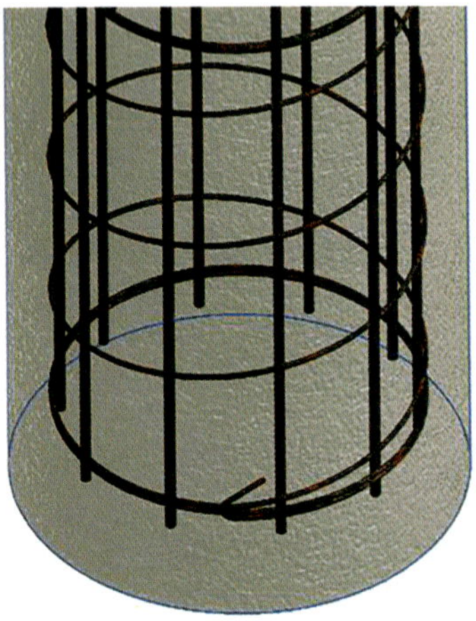

图 9-10　桩下部弯钩模型

### 9.2.3　解决方案

模型创建要求和软件基础导致的问题在建模层面上未能得到解决，为了避免给后续的深化出图、按模施工等环节带来影响，需要采用以下解决方案：

①模型创建时，为保证螺旋箍筋的间距和实际高度，使弯钩一端与纵筋钩住即可，另一端的弯钩可不做处理。

②深化图纸时，应使用文字对此处进行标注，以保证深化图纸的正确性。此外，还需对工人进行技术交底，保证现场施工与质量验评能顺利进行。

③在桩基的计量模型中对现场的量差进行综合考虑，消除模型计量产生的影响。

### 9.2.4　总结

基于 BIM 软件对全项目结构钢筋进行深化建模过程中，现阶段的软件在建模效率和建模准确度方面存在较大局限性，该问题在本项目中并未彻底得到解决。为解决该问题，一方面要等待软件完善，通过基于 BIM 软件的插件开发，内置规则、优化配置，达到参数化建模和搭建模型族库的水平；另一方面要通过项目管理手段，减少对后续模型应用的影响。

## 9.3 桩基计量模型创建案例分析

### 9.3.1 背景描述

桩基工程深化设计主要应用BIM技术对桩基础进行施工前的设计模型深化，包括混凝土模型、钢筋模型深化。为满足现场按模施工、质量验评、计量计价等要求，项目对深化模型的精度、准确度等都有较高的要求，以确保工程的顺利进行。但前期勘测资料的误差或者现场实际施工问题，导致后期计量计价的桩基设计模型与深化模型为了与现场施工的实际测绘资料相结合，需要重新建模，工作量巨大，此问题当前未得到解决。

### 9.3.2 问题分析

为了满足现场按模施工与质量验评的要求，需要先创建桩基的深化设计模型，但由于地勘资料不可能完全描述现场的实际地质条件，以及现场实际产生的施工情况及变更难度，实际完成的桩构件的桩长、直径、位置等均会产生变化，并且后续的桩头和破桩头模型也需要创建，因此需要对深化模型的桩基模型进行修改，与现场实际施工资料一致，以保证后续计量计价的准确。

(1)桩身长度、数量等与现场施工台账不一致

根据实际现场的施工资料，大部分桩的实际长度与设计长度相比均有变化。该问题由众多原因导致，例如，桩基施工时前期勘探的报告与实际地形不符，地基承载力(是否是岩石或黏性土)与实际不符等均可影响现场桩基施工长度(图9-11)。

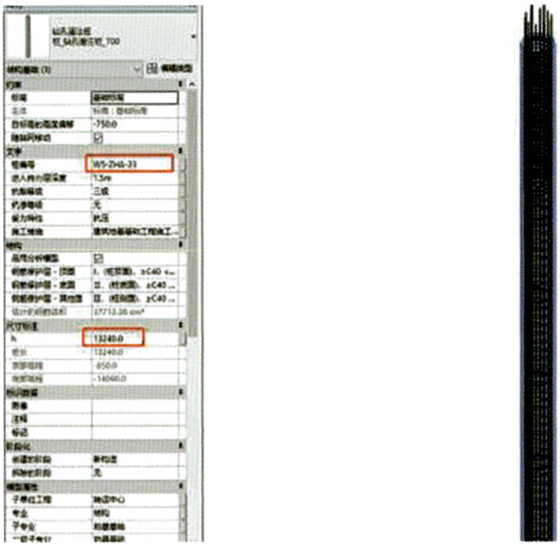

图9-11　桩基模型桩长

(2)桩身位置与现场施工实际位置不符

例如，由试桩位置与正式桩位置太近导致位置变动或者由施工问题导致补桩等情况，最终导致现场桩基位置与设计图纸中桩基位置不符。

(3)计量模型修改工作量大

基于当前的桩基模型创建方式，要满足计量计价模型的需求，需要对桩基模型进行重新建模，修改桩长、定位，删除废桩并增加新桩。如此将大幅增加工作量，影响工程款支付进度。当前并没有解决深化模型到计量模型转换慢的问题，只能依靠手动建模的方法。

### 9.3.3 解决方案

基于当前的地勘准确度以及设计施工能力，深化设计无法一次满足桩基模型的计量计价要求，但为了避免给计量支付进度带来影响，需要采用以下的解决方案：

(1)桩身长度、数量等与现场施工台账不一致

对计量模型(图 9-12)进行重新报审，监理、设计、BIM咨询、造价咨询对计量模型进行审核，对不一致的模型与桩基施工台账进行复核，以盖章版的现场施工台账为基准。模型与台账不一致时，需修改模型，计量模型经四方审核无误后重新由建设单位组织进行上会归档。

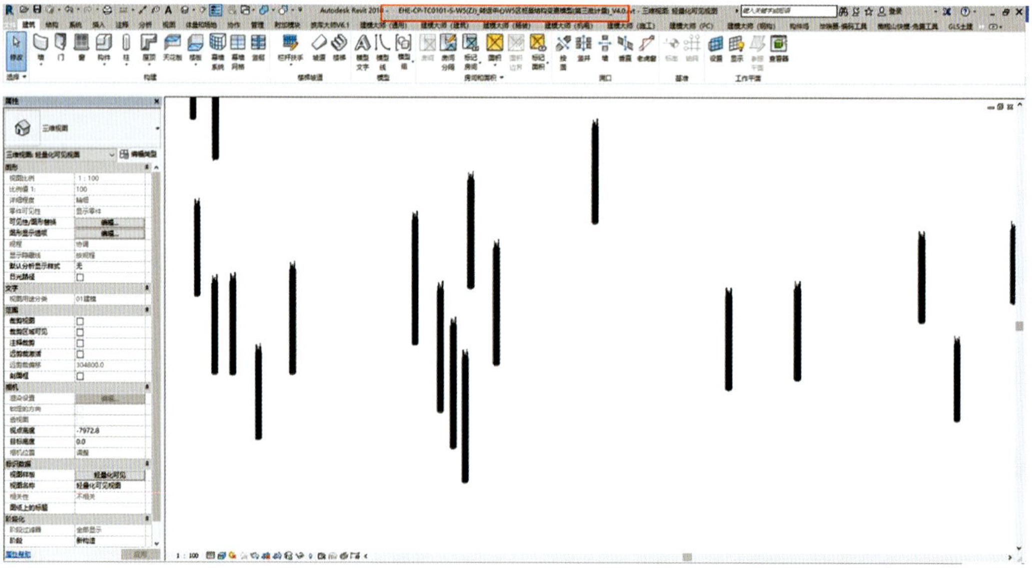

图 9-12　桩基计量模型

(2)桩身位置与现场施工实际位置不符

若现场施工发现工程桩与试桩位置冲突，需提交设计和建设单位进行复核，施工单

位可先提交图纸会审(图 9-13),设计人员和业主复核无误后现场依据图纸会审进行施工,后续进行图纸变更,计量模型同步进行桩基位置变更。

(3)计量模型修改工作量大

对桩族进行参数化创建,基于桩顶标高参数与桩长参数对模型进行参数化处理,对螺旋箍筋模型进行参数化处理,与桩长参数进行关联,使桩长参数修改后螺旋箍筋参数随之变化。将现场施工台账数据与模型进行关联,利用 Dynamo 参数化插件对模型进行快速修改(图 9-14)。

图纸会审记录

| | | | | | |
|---|---|---|---|---|---|
| 地点 | [illegible] | 记录整理人 | [illegible] | 日期 | [illegible] |
| 建设单位 | [illegible] | | | | |
| 设计单位 | [illegible] | | | | |
| 监理单位 | [illegible] | | | | |
| 施工单位 | [illegible] | | | | |

图9-13 图纸会审

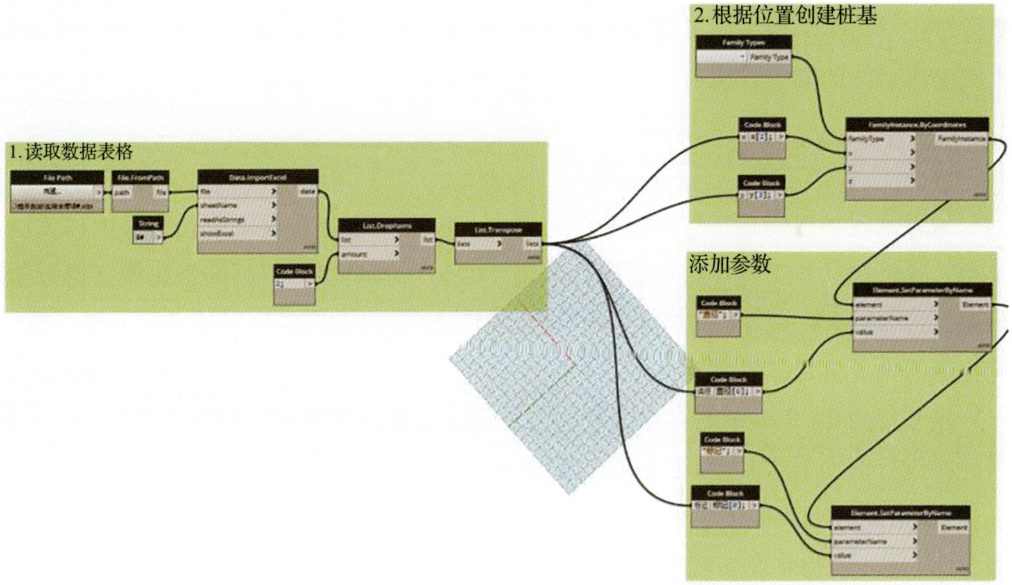


图 9-14 Dynamo 创建桩基模型编码程序

## 9.3.4 总结

桩基施工过程中常出现桩长、桩位置等与设计图纸不一致的情况,在桩基模型深化过程中需以现场实际施工台账、业务联系单、桩基检测合格确认表、图纸会审等为依据,单独创建桩基计量模型,并且施工台账需经施工单位和监理单位盖章签字。对于需要依据现场数据进行二次修改的模型，或者容易产生现场施工变更的模型，需要在模型族中考虑后续修改的便利性，以提升后续修改的工作效率，或者通过二次开发插件导入相关工程参数并与参数化族相结合，快速完成模型修改。

## 9.4 钢筋搭接建模案例分析

### 9.4.1 背景描述

混凝土工程深化设计主要应用BIM技术对各类混凝土构件进行施工前的设计模型深化，主要包括混凝土模型和钢筋模型。BIM 钢筋深化，就是基于 BIM 技术建立钢筋模型，可以对钢筋的下料、图纸核对、工程量计算、现场安装、保护层控制等起到控制作用，从而大幅度减少施工过程中钢筋的浪费并对施工质量进行控制。由于钢筋模型需参与后续的按模施工、质量验评与计量计价，因此对于钢筋模型的精度有非常高的要求，以确保工程 BIM 实施的顺利进行。但是为满足计量计价的清单要求，钢筋模型在施工搭接位置建模与实际现场施工情况经常不符，为避免按模施工要求与计量计价产生冲突，本案例将对此问题进行探讨。

### 9.4.2 问题分析

为满足现场按模施工与质量验评的要求，需要先创建各类混凝土构件的深化设计模型，其中包括各类构件的钢筋深化模型。因为后续需要通过钢筋深化模型进行钢筋计量计价，所以要求钢筋的长度非常精准，钢筋模型的规格需与现场实际下料一致，且深化切图也要满足按模施工的要求。

本项目的梁、板梁钢筋存在大量通长主筋长度超过现场钢筋材料供货长度的问题，因此在进行钢筋下料时，原则上需考虑钢筋的搭接长度（图 9-15）；根据业主工程清单要求，对于钢筋的施工搭接长度，基于综合单价考虑，不计入工程量（表 9-1）。如果为了模型切图，更好地指导现场按模施工，综合考虑模型的钢筋搭接，那么钢筋长度增加会导致项目钢筋工程量增大，对项目的计量计价产生较大影响；但如果为了项目的计量计价而不考虑模型的钢筋搭接，那么会对模型指导钢筋下料产生影响，也会对施工现场的按模施工推进产生影响。

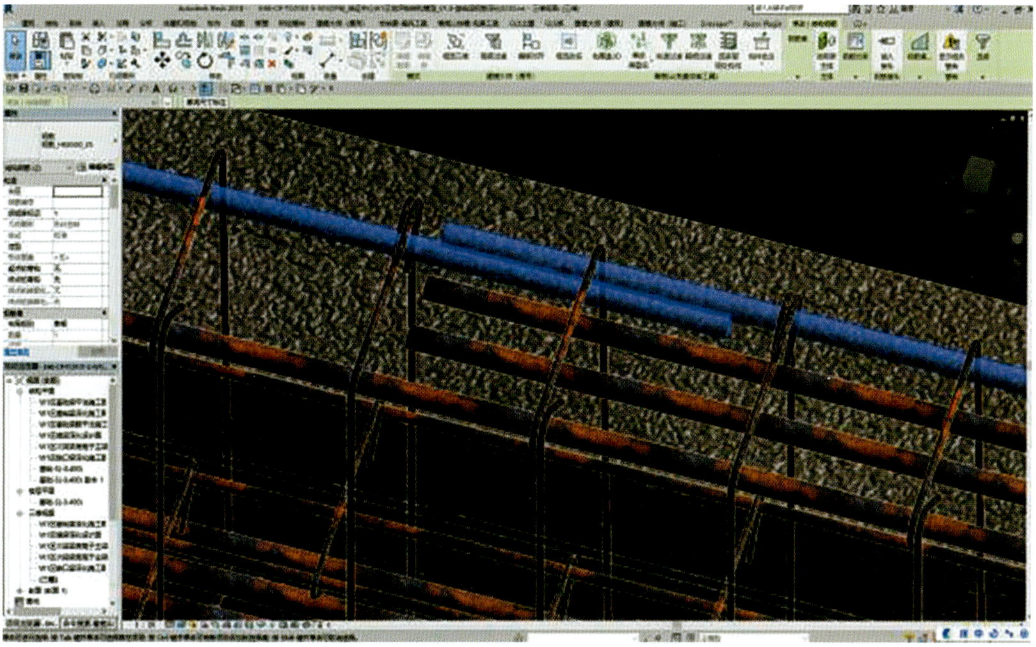

图 9-15 钢筋考虑搭接方式建模

**表 9-1 基于综合单价要求，钢筋的施工搭接长度计量原则**

| 项目编码 | 项目名称 | 项目特征 | 计量单位 | 工作内容 | 工程量计算规则 |
|---|---|---|---|---|---|
| 010515006 | 后张法预应力钢筋 | 1. 钢筋种类、规格；<br>2. 钢丝种类、规格；<br>3.钢绞线种类、规格；<br>4.锚具种类；<br>5.砂浆强度等级；<br>6.机械连接方式；<br>7.螺纹套筒种类；<br>8.规格 | t | 1.钢筋、钢丝、钢绞线制作、运输；<br>2.钢筋、钢丝、钢绞线安装；<br>3. 预埋管孔道铺设；<br>4.锚具安装；<br>5. 砂浆制作、运输；<br>6. 孔道压浆、养护；<br>7.机械连接 | 按图纸示意钢筋(丝束、绞线)长度乘以单位理论质量计算。<br>1.低合金钢筋两端均采用螺杆锚具时，钢筋长度按孔道长度减 0.35m 计算，螺杆另行计算。<br>2.低合金钢筋一端采用镦头插片，另一端采用螺杆锚具时，钢筋长度按孔道长度计算，螺杆另行计算。<br>3. 低合金钢筋一端采用镦头插片、另一端采用帮条锚具时，钢筋增加 0.15m 计算；两端均采用帮条锚具时，钢筋长度按孔道长度增加 0.3m 计算。<br>4.低合金钢筋采用后张混凝土自锚时，钢筋长度按孔道长度增加 0.35m 计算。<br>5.低合金钢筋(钢绞线)采用 J、XM、QM 型锚具，孔道长度不大于 20m 时，钢筋长度增加 1m 计算，孔道长度大于 20m 时，钢筋长度增加 1.8m 计算 |
| 010515007 | 预应力钢丝 | | | | |

续表 9-1

| 项目编码 | 项目名称 | 项目特征 | 计量单位 | 工作内容 | 工程量计算规则 |
|---|---|---|---|---|---|
| 010515008 | 预应力钢绞线 | 1.钢筋种类、规格；<br>2.钢丝种类、规格；<br>3. 钢绞线种类、规格；<br>4.锚具种类；<br>5.砂浆强度等级；<br>6.机械连接方式；<br>7.螺纹套筒种类；<br>8.规格 | t | 1.钢筋、钢丝、钢绞线制作、运输；<br>2.钢筋、钢丝、钢绞线安装；<br>3. 预埋管孔道铺设；<br>4.锚具安装；<br>5.砂浆制作、运输；<br>6.孔道压浆、养护；<br>7.机械连接 | 6.碳素钢丝采用锥形锚具，孔道长度不大于20m时，钢丝束长、度按孔道长度增加1m计算，孔道长度大于20m时，钢丝束长度按孔道长度增加1.8m计算。<br>7.碳素钢丝采用镦头锚具时，钢丝束长度按孔道长度增加 0.35m计算 |
| 010515009 | 支撑钢筋（铁马） | 1.钢筋种类；<br>2.规格；<br>3.机械连接方式；<br>4.螺纹套筒种类；<br>5.规格 | | 1.钢筋制作、焊接、安装；<br>2.机械连接 | 按钢筋长度乘以单位理论质量计算 |

注：1.现浇构件中伸出构件的锚固钢筋应并入钢筋工程量内。除设计（包括规范规定）标明的搭接外，其他施工搭接不计算工程量，在综合单价中考虑。

2.现浇构件中固定位置的支撑钢筋、双层钢筋用的“铁马”在编制工程量清单时，如果设计未明确，其工程数量可为暂估量，结算时按现场签证数量计算。

3.钢筋机械连接合并进钢筋项，不单独列项，由投标人综合考虑。

4.声测管合并进桩基项，不单独列项，由投标人综合考虑。

### 9.4.3 解决方案

基于项目计量计价、模型切图及按模施工的要求进行经济性权衡之后，采用以下的解决方案：

①钢筋模型创建时，采用不考虑施工搭接的形式进行建模，梁板的通长钢筋，能通长建模的采用通长原则，按一根钢筋进行建模。

②在进行深化切图时，对钢筋下料图进行处理，考虑施工搭接的形式，并在进行技术交底时对三维模型进行技术说明，确保现场按模施工和后续质量验评的推进。

### 9.4.4 总结

对于指导现场施工的模型，需要完全与清单挂接要求一致并满足计量计价要求，当软件无法满足建模要求时需要以满足计量计价要求为准，采用其他的技术手段更新修改切图，并进行相关的技术交底，以确保钢筋计量计价准确。

# 9.5 钢筋重叠问题处理案例分析

## 9.5.1 背景描述

鄂州花湖机场项目是住房和城乡建设部第一个 BIM 算量的试点项目。钢筋的 BIM 深化设计是指在原蓝图的基础上，利用 BIM 软件创建钢筋模型，并在钢筋的排布、连接方式等方面进行深化设计，达到加工级的图纸深度用以指导施工。钢筋的下料、施工以及工程量统计是影响项目施工质量、项目盈亏的重要指标。钢筋模型的质量会直接影响项目现场的钢筋下料、安装，继而影响项目的施工质量及成本，因此本项目对钢筋模型的质量有非常高的要求。

## 9.5.2 问题分析

本项目采用四方会审的模型审核模式来保证过审模型的质量，但在审核钢筋模型过程中经常发现钢筋重叠的问题，导致模型多次未能过审，影响项目的正常推进，故本案例对此问题进行探讨。基于钢筋模型审核过程中常发现的钢筋重叠问题，经过分析可以判断产生该问题的主要原因有以下几点：

①本项目的钢筋模型需要全部创建，建模人员的工作量极大，为保证建模深化进度以及建模效率，在进行钢筋深化的过程中往往会大量采用整体复制的建模方式来节约时间。复制过程中，人为错误操作多选钢筋，从而产生钢筋重叠的问题(图 9-16)。

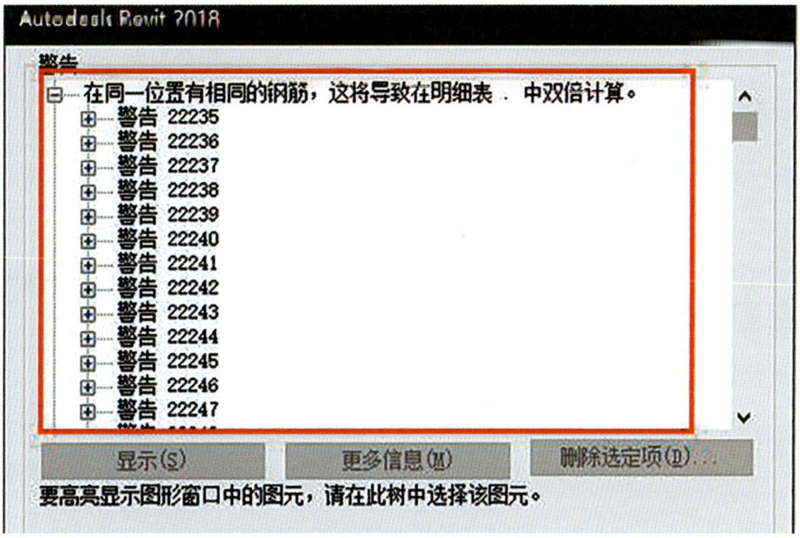


图 9-16 钢筋重叠

②Revit 中钢筋模型须基于模型主体存在，在绘制钢筋的过程中构件保护层的约束作用，可能导致钢筋的移动命令失效而重叠。

钢筋的重叠问题，对于计量计价存在很大的影响，因此必须保证过审模型中不能出现这类问题。如果不是钢筋完全重叠的情况，可以通过人工审核的方式进行处理，但必须控制数量，否则会大幅度延长模型审核的时间，降低深化设计效率；如果是钢筋完全重叠的情况，人工审核很难发现相应问题，则需要借助软件进行审核（图 9-17）。

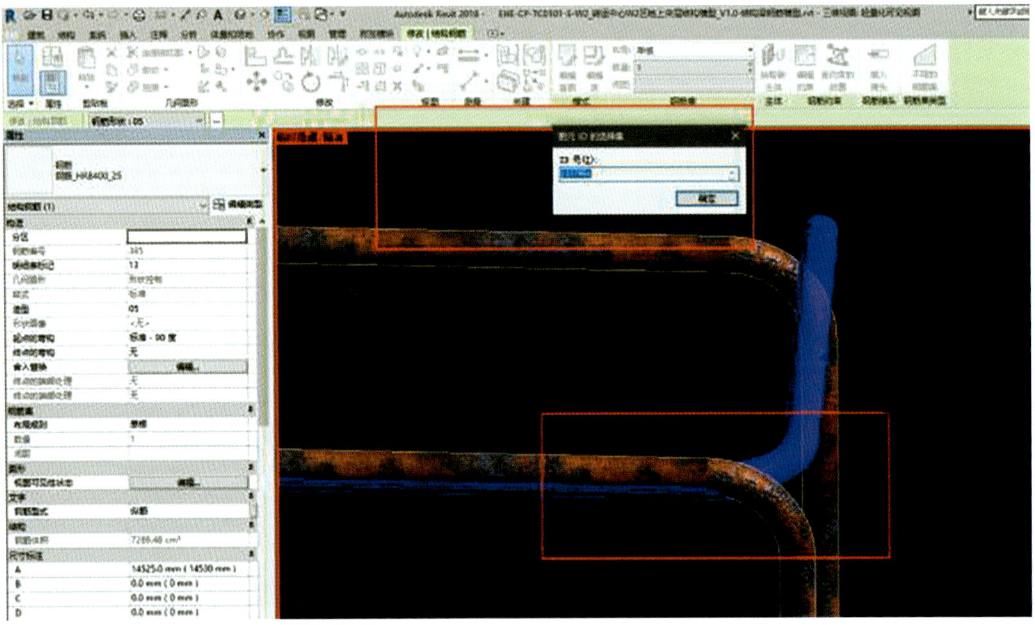

图 9-17　软件审核钢筋重叠

### 9.5.3　解决方案

基于模型审核以及提升建模人员的建模效率的要求，对于钢筋重叠的问题采用以下的解决方案：

①模型创建时，建模人员采用复制命令绘制完成钢筋之后，需要核查复制完成的钢筋数量，以排除钢筋重叠的问题。

②钢筋模型创建完成之后，使用软件命令对完全重叠的构件进行自检，根据对应的图元 ID 逐一排查，直到处理完成（图 9-17）。

③后续 Revit 软件对本身钢筋建模逻辑进行处理，使钢筋的创建不依附于构件主体存在，方便建模人员建模。

### 9.5.4 总结

对于审核过程中长期出现的建模问题，开展数字化建造流程的影响程度分析，对其产生原因进行研究，通过优化建模流程和后续审核流程双管齐下，在保证模型创建效率和审核工作量的情况下，完成问题的审核和处理。

## 9.6 构造柱深化设计案例分析

### 9.6.1 背景描述

航站楼是鄂州花湖机场的标志性建筑，其货运站承担物流功能。航站楼采用传统构造柱设计与施工，更多的是根据后期砌体施工需要在现场采取二次植筋。没有通过三维方式进行比选，无法表现构造柱的定位是否准确及相应效果，也无法直观感知构造柱设置是否合理以及无法与机电专业协调。鄂州花湖机场房建2标项目充分发挥BIM应用优势，对构造柱的大小、配筋、定位及与机电设备的避让等进行模型深化、三维模拟和比选，进行合理的构造柱设置。

### 9.6.2 问题分析

传统构造柱设计与施工，更多的是根据后期砌体施工需要在现场采取二次植筋。在设计时一般会依据相应规范，制定一个指导性的设计原则。航站楼和货运站的构造柱设置原则：①内外填充墙交接处，外围护墙转角处；②墙尽端处；③垂直电梯四角（电梯井道墙为砌体墙时）；④墙长大于5m或为层高2倍时，墙段内增设构造柱，间距不应大于4m；⑤内墙较大的门窗洞口（2.1m≤洞宽≤3m时）两侧；⑥外围护墙窗洞宽度大于3m的窗下墙中部及窗洞口两侧，间距小于3m。

采取植筋方式进行施工，会扰动现有结构，基于航站楼和货运站的重要性，建设单位不允许采用植筋方式进行构造柱的施工，在结构施工时必须准确定位和埋设构造柱的钢筋。再依据构造柱的设计设置原则，综合考虑后期机电管综的布线等设置，对构造柱的大小、配筋、定位及与机电设备的避让等进行模型深化、三维模拟和比选，最终确定构造柱的合理设置（图9-18）。

### 9.6.3 解决方案

①土建单位根据设计原则，在模型上根据墙厚、位置、间距等设置不同的构造柱的大小、配筋、定位。特别是在墙厚变化处、墙转折处不同的功能分区合理地布置构造柱，

进行基于 BIM 模型可视化的构造柱布置。

②设计单位建筑师基于模型对构造柱布置方案进行审核，提出基于间距、转折处、功能分区等的原则性审核；结构设计师基于 BIM 模型对构造柱布置方案进行结构设计及配筋设置审核(图 9-18)。

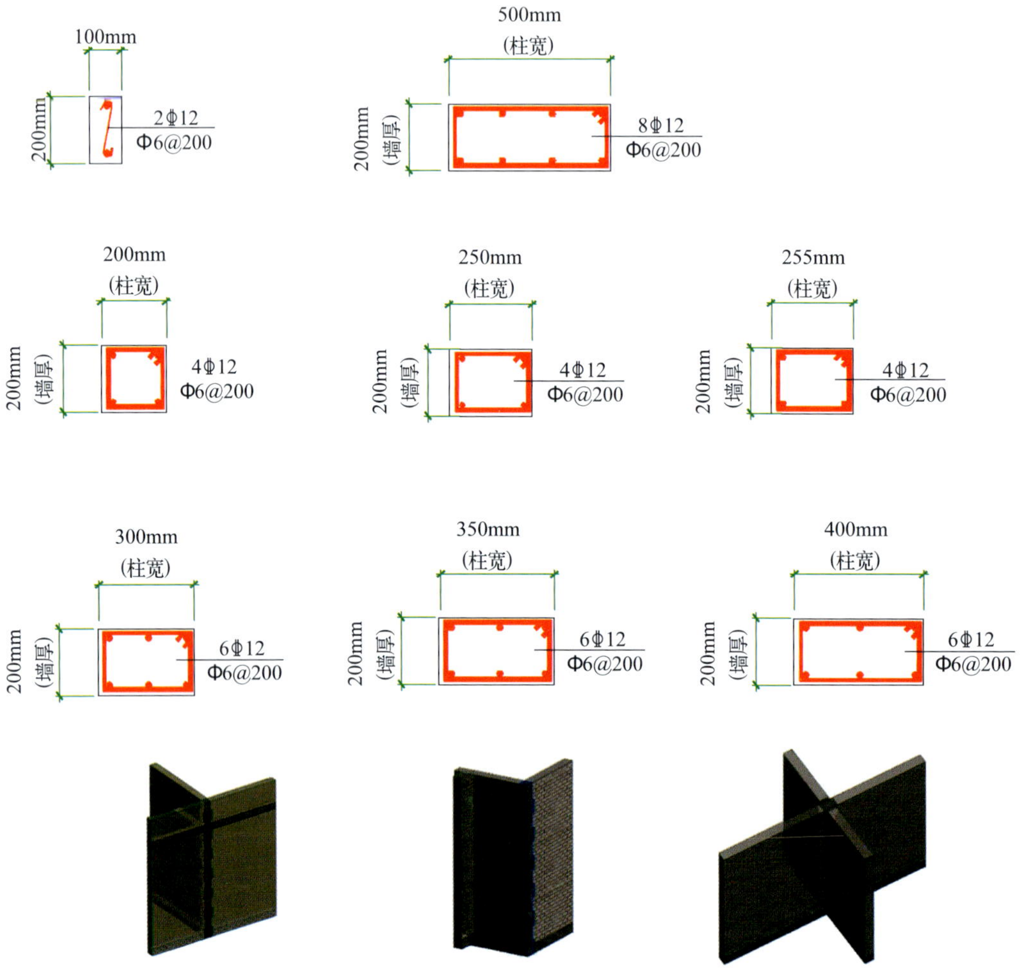


(a) (b) (c)

图 9-18　砌筑交接部位做法

(a)T 形相接部位构造柱;(b)L 形相接部位构造柱;(c)十字形相接部位构造柱

③施工单位基于模型对构造柱布置进行全专业碰撞检查和适用性审查，适当调整构造柱位置以避让暖通、给排水、机电等专业的碰撞，对不满足适用要求的区域需要加密构造柱或调整构造柱位置，特别是后期需要固定在墙上的安装件需考虑提前设置构造柱来提供支撑(图 9-19)。

④对于避让调整位置等措施也无法解决的碰撞，需提交设计单位，调整和优化其他

专业构件,以避让构造柱,或者在构造柱施工时采取预埋管、预埋相关构件等措施。

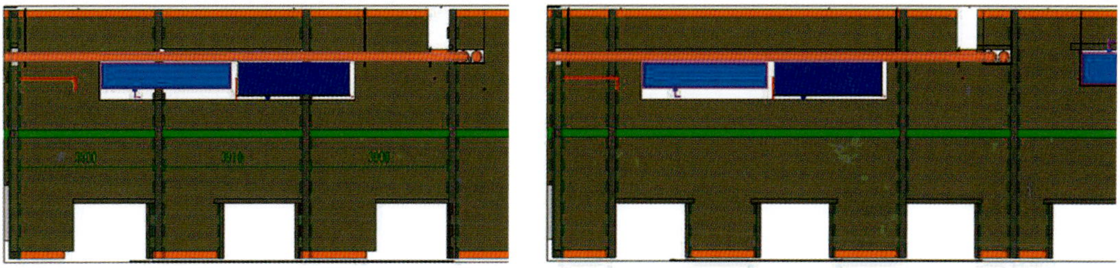

(a)　　　　　　　　　　　　(b)

图 9-19　机电预留调整前后对比

(a)机电预留调整前;(b)机电预留调整后

### 9.6.4　总结

①基于 BIM 模型进行的构造柱深化设计,可快速且直观地展示构造柱的三维效果及布置方式,提供基于建筑物整体的审核视角。

②基于BIM模型进行构造柱的深化设计时,需要在深化设计过程中进行碰撞检查,可提前避免构造柱与管线、桥架、幕墙连接件、钢结构等其他专业构件的碰撞。此外,还需对其他专业的精细化设计进行问题总结,以提高建筑的整体设计质量。

③基于模型对构造柱的布置进行优化,对功能适用进行审核,以提高构造柱设置的合理性。

④施工前确定构造柱布置方案,在结构施工前进行构造柱钢筋的锚固预埋,规避后期植筋对建筑物带来的损害,以提高建筑物的交付质量。

# 10 机电工程深化设计应用与实践

## 10.1 电气线管敷设深化设计案例分析

### 10.1.1 背景描述

新建湖北鄂州花湖机场位于湖北省鄂州市燕矶镇，建成后将成为亚洲第一大、世界第四大的货运机场。转运中心主体建筑共 4 层，建筑檐口高度 42m，指廊 1 层，建筑檐口高度 12.3m，总建筑面积 677952m$^2$，总用地面积 69.44 公顷。鄂州花湖机场为湖北省重点工程，是住房和城乡建设部首个运用BIM模型清单算量计价的试点项目，因此对于模型深化的深度、精度、准确性均有较为严格的标准；电气线管敷设深化设计主要基于BIM技术对各单体电气线管进行三维建模并进行优化调整。本案例针对电气线管敷设存在的 BIM 问题及当前解决方式进行分析。

### 10.1.2 问题分析

①在电气线管暗敷方面，当前通过软件自动生成的路径与实际施工存在较大差异，因此，在对电气线管进行建模深化过程中，对预埋路径、接线方式等控制困难，导致现场难以按模施工或存在错误指导的可能。

②在电气线管明敷方面，由于结构设有天窗，线管明敷无法进行板下安装，为现场施工带来困难；且部分设备需用软管连接，而 Revit 中无法绘制电气软管，无法完全匹配现场情况；当线管穿过天窗时，需放置支吊架固定线管，给放支吊架增加了难度。

③在线管明敷方面，绘制线管时产生的弯头弯曲半径需达到 $6D$（如 25 的线管弯曲半径要 150），但有些位置空间不足，难以满足此要求，给现场施工带来困难。

### 10.1.3 解决方案

（1）线管暗敷深化

由本项目所采用的 BIM 软件以及现场施工进度引发的问题，无法在建模过程中得到完全解决，但为避免对现场施工进度、质量验评及按模施工等环节产生不利的影响，可以通过采用以下方案来规避该问题：

电气预留预埋创建前，根据现场施工实际，规划相应的路线；基于设计蓝图，避免三个以上线管交叉，尽量做到少弯。

对楼梯间、管线密集处出具细部大样图，并进行详细标注，保证深化图纸的准确，随后针对电气预留预埋系统及深化切图进行详细的技术交底，确保现场按模施工和质量验评能够顺利进行(图 10-1)。

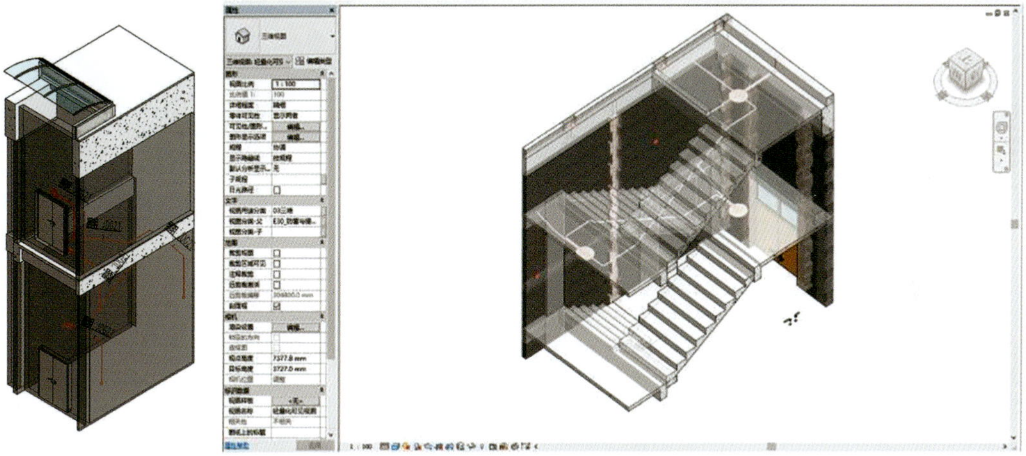

图 10-1　楼梯间电气线管暗敷深化模型图

(2)线管明敷深化

在绘制电气线管模型时，对线管路由进行优化，尽量减少弯头，降低现场施工难度；尽可能将线管沿梁下敷设，方便现场施工固定；当线管需穿过天窗连接风机盘管时，可利用设备支架横担作为固定点，将明敷线管吊架固定至横担上；需要软管连接的部位用线管代替，并在模型出图中进行标注(图 10-2、图 10-3)。

图 10-2　指廊室内屋顶线管明敷深化模型

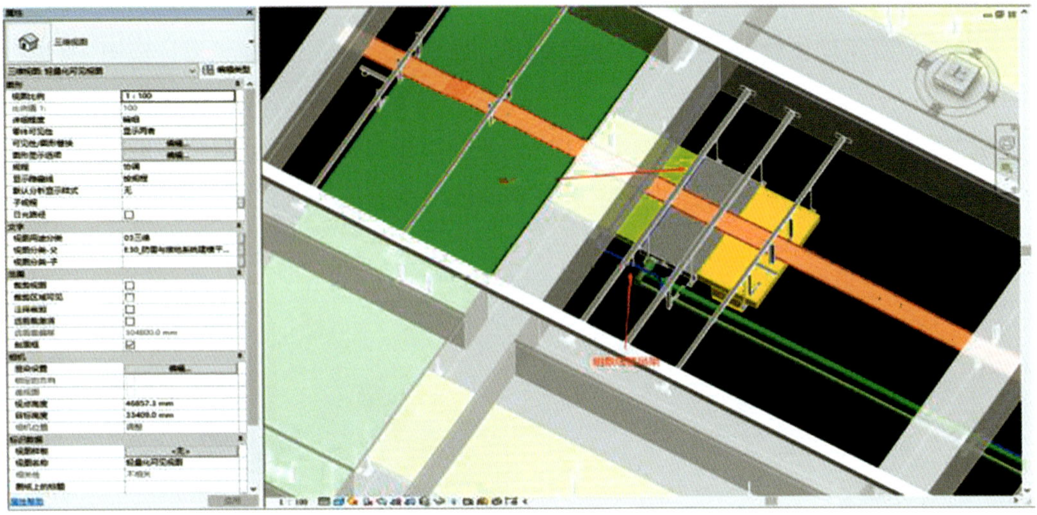

图 10-3　线管明敷穿越天窗节点图

(3)线管局部接线盒

在绘制电气线管模型时,对线管路由进行优化,尽量减少弯头及不利于现场施工的因素,还可以添加线盒并贴至梁下放置,避免悬空(图 10-4)。

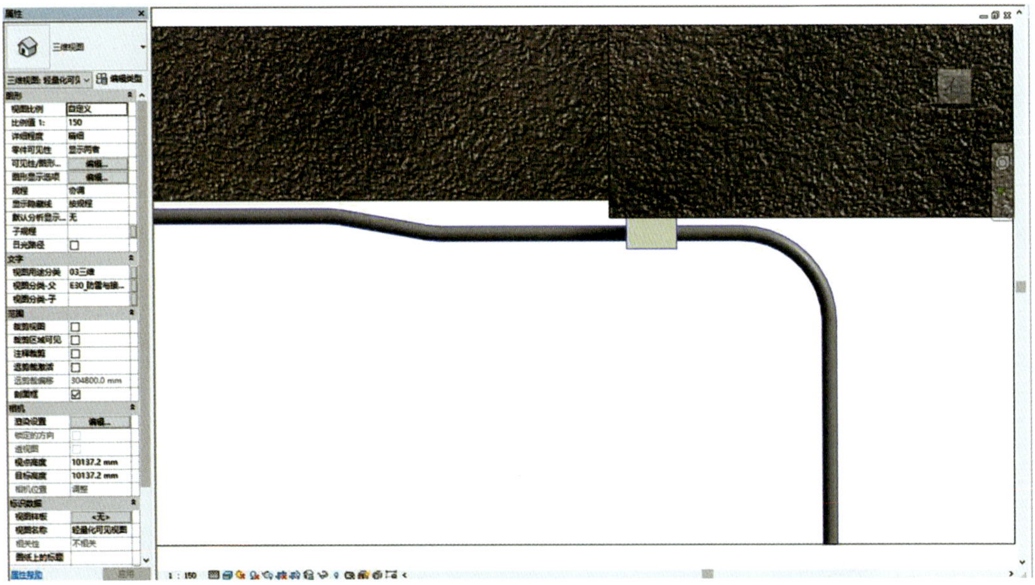

图 10-4　线管局部接线盒节点图

### 10.1.4　总结

由模型与实际施工存在一定差异导致的问题主要可以通过以下方法解决:

①通过插件对模型翻弯进行深度优化，满足现场实际施工。

②与现场施工保持紧密沟通，有些细节问题还是要通过现场实际勘察并根据现场实际进行线路修改解决，保证模型处于最新状态。

## 10.2 电缆敷设深化设计案例分析

### 10.2.1 背景描述

电力电缆的三维建模一直是项目参建各方迫切需要的，但是实际操作起来非常费时费力，从建设方和造价方的角度看，电力电缆的工程造价占电气专业的工程建设成本的30%左右，造价高，变数大；从施工单位的角度看，电力电缆的变数非常大，通常需要在相关的用电设备已经采购、设计院的电气工程师重新复核、电缆厂家到现场实际测量后，方可进行电缆采购；从设计院的角度看，电力电缆的三维建模的工作量巨大，变数太多，导致电缆的计算负荷的变化特别大，市面上几乎没有民用建筑设计院进行电力电缆的三维建模工作。

图 10-5 机场综合业务楼地下室整体模型(黑色为电力电缆)

本项目为湖北鄂州花湖机场综合业务楼，地上七层，地下一层，总建筑面积约5.1万 $m^2$，建筑高度34.35m，耐火等级一级，属于一类高层办公建筑。本项目设有一座10/0.4kV变电所，总装机容量为8000kVA；室外设置两座静音型室外箱式柴油发电机组作为应急电源，额定常载运行备用功率为1000kW，两台发电机并机运行，并机柜设于室外静音箱内（图10-5）。本案例旨在从设计—深化设计—实际施工角度进行相应的电缆敷设原理分析，旨在给读者介绍从设计前端到真正的电缆实施应注意的要点和经常出现的问题，并提出电缆通过软件自动敷设的流程图，供软件厂商进行全方位考虑。

### 10.2.2 问题分析

（1）高压电缆敷设经常遇到的问题

电缆沟净深不够，导致电缆无法施工；电缆沟宽度不够，导致电缆敷设困难，若改变线路或搁置施工，则电缆沟内的电缆支架成摆设；未预留二次配电柜电缆的敷设空间。

（2）低压电缆敷设经常遇到的问题

①电缆托盘的宽度考虑不够，经常出现电缆几层叠加（图 10-6），多层电缆敷设时，需要考虑电缆的降容系数，表 10-1 所示电缆降容系数极大，相应的断路器的整定值会进行调整，此类情况均要考虑，这种多层电缆敷设在实际施工中很容易造成电缆爆盘的情况。建议电缆敷设在层高和宽度允许的范围内，尽可能采用单层敷设。

图 10-6 电缆敷设空间

**表 10-1 多回路管线或多根多芯电缆成束敷设时的载流量校正系数**

| 敷设方式（电缆相互接触） | | 回路数或多芯电缆数量 | | | | | | | | | | | |
|---|---|---|---|---|---|---|---|---|---|---|---|---|---|
| | | 1 | 2 | 3 | 4 | 5 | 6 | 7 | 8 | 9 | 12 | 16 | 20 |
| A 至 F | 成束敷设在空气中，沿墙、嵌入或封闭式敷设 | 1.00 | 0.80 | 0.70 | 0.65 | 0.60 | 0.57 | 0.54 | 0.52 | 0.50 | 0.45 | 0.41 | 0.38 |
| C | 单层敷设在墙上、地板或无孔托盘上 | 1.00 | 0.85 | 0.79 | 0.75 | 0.73 | 0.72 | 0.72 | 0.71 | 0.70 | 多于 9 个回路或 9 根多芯电缆不再减小降容系数 | | |
| C | 单层直接固定在天花板下 | 0.95 | 0.81 | 0.72 | 0.58 | 0.66 | 0.64 | 0.63 | 0.62 | 0.61 | | | |
| E 至 F | 单层敷设在水平或垂直的有孔托盘上 | 1.00 | 0.88 | 0.82 | 0.77 | 0.75 | 0.73 | 0.73 | 0.72 | 0.72 | | | |
| E 至 F | 单层敷设在梯架或夹板上 | 1.00 | 0.87 | 0.82 | 0.80 | 0.80 | 0.79 | 0.79 | 0.78 | 0.78 | | | |

注：如果某一回路（管线或电缆）的实际电流不超过成束敷设的 30%额定电流，在选择校正系数时，此回路数可忽略不计。

②由于风管较大，电缆托盘经常避让风管（图 10-7），这很容易使电缆转弯半径不够，实际施工容易发生爆盘的情况；如果考虑转弯半径，电缆托盘又会占据更多的高度空间。因此，应尽可能地在设计阶段进行相应的空间规划，电缆尽量不做翻弯处理（图 10-8）。

图 10-7　电缆托盘避让风管

图 10-8　地下室电缆敷设模型

③应将一次电缆全部建模后再重新进行电缆托盘大小的校验工作，避免因为疏漏导致电缆托盘空间不足。

### 10.2.3　解决方案

(1)进线高压电缆敷设分析

①进线高压电缆清册见表 10-2,此电缆清册的所有数据应由正向电气设计自动导出。

**表 10-2　进线高压电缆清册**

| 出线电缆编号1 | 进线电缆编号1 | 电缆型号 | 电缆规格 | 电缆敷设路径 | | | 电缆外径 | 电缆曲率半径 | 电缆代码 | 电缆编码 | 起点 | 设备代码 | 设备编码 | 终点 | 设备代码 | 设备编码 | 电缆长度/m |
|---|---|---|---|---|---|---|---|---|---|---|---|---|---|---|---|---|---|
| | | | | 穿管 | 电缆沟 | 电缆托盘 | | | | | | | | | | | |
| WJ1 | K13 | ZA-YJV22-8.7/15 | | | | | | | | | 110kV变电站1#主变10kV母线段 | | | 本项目变电所高压配电柜 | H1 | | 532 |

②进线高压电缆自动敷设要点

a.自动调取电缆数据库中对应的电缆外径和电缆重量相应数据(表 10-3)。

b.自动填入表 10-1 中,为电缆自动敷设创造必要的前置条件(表 10-4)。

c.进线高压电缆敷设路径确定。通过正向设计进行各个专业的空间划分;由正向设计电气工程师指定电缆敷设路径,路径的绘制可由任意尺寸的电缆托盘代替,电缆托盘的详细尺寸应依据电缆和电缆敷设的实际情况计算后进行自动匹配；电缆敷设应紧贴电缆托盘内的底部敷设,按此路由进行单层敷设。若电缆托盘上下翻弯,电缆应能跟随电缆托盘的翻弯自动翻弯,翻弯的同时应考虑电缆的转弯半径,但进线高压电缆通常都是铠装大电缆,在电缆路径的设置中,不建议有翻弯的路径出现。

**表 10-3 电缆数据库**

| 8.7/10 8.7/15kV 三芯 XLPE 绝缘电缆 YJV22 YJLV22 YJV23 YJLV23 | | | | | | | | | | | | |
|---|---|---|---|---|---|---|---|---|---|---|---|---|
| 导体标称截面 / $mm^2$ | | 25 | 35 | 50 | 70 | 95 | 120 | 150 | 185 | 240 | 300 | 400 |
| 导体外径 / mm | | 6 | 7 | 8.3 | 10 | 11.6 | 13 | 14.6 | 16.2 | 18.4 | 20.6 | 23.8 |
| 电缆外径 / mm | | 52 | 55 | 58 | 62 | 65 | 68 | 72 | 76 | 81 | 86 | 95 |
| 电缆重量 / ($kg\cdot km^{-1}$) | YJV22 | 3796 | 4252 | 4829 | 5834 | 6885 | 7807 | 8995 | 10493 | 13381 | 15564 | 17833 |
| | YJLV22 | 3323 | 3589 | 3881 | 4508 | 5085 | 5534 | 6154 | 6989 | 8853 | 9881 | 13368 |
| | YJV23 | 3642 | 4065 | 4624 | 5606 | 6606 | 7526 | 8688 | 10160 | 11986 | 12133 | 15133 |
| | YJLV23 | 3169 | 3402 | 3675 | 4280 | 4825 | 5253 | 5847 | 6656 | 8441 | 9450 | 10012 |

**表 10-4 电缆敷设表**

| 出线电缆编号1 | 进线电缆编号1 | 电缆型号 | 电缆规格 | 电缆敷设路径 | | | 电缆外径 | 电缆曲率半径 | 电缆代码 | 电缆编码 | 起点 | 设备代码 | 设备编码 | 终点 | 设备代码 | 设备编码 | 电缆长度 / m |
|---|---|---|---|---|---|---|---|---|---|---|---|---|---|---|---|---|---|
| | | | | 穿管 | 电缆沟 | 电缆托盘 | 86 | 1290 | | | | | | | | | |
| WJ1 | K13 | ZA-YJV22-8.7/15 | 3×300 | | | | | | | | 110kV变电站1#主变10kV母线段 | | | 本项目变电所高压配电柜 | H1 | | 532 |
| WJ2 | K14 | ZA-YJV22-8.7/15 | 3×300 | | | | 86 | 1290 | | | 110kV变电站2#主变10kV母线段 | | | 本项目变电所高压配电柜 | H16 | | 532 |

③进线高压电缆敷设经常容易出现的问题以及要注意的事项如图 10-9 至图 10-10。

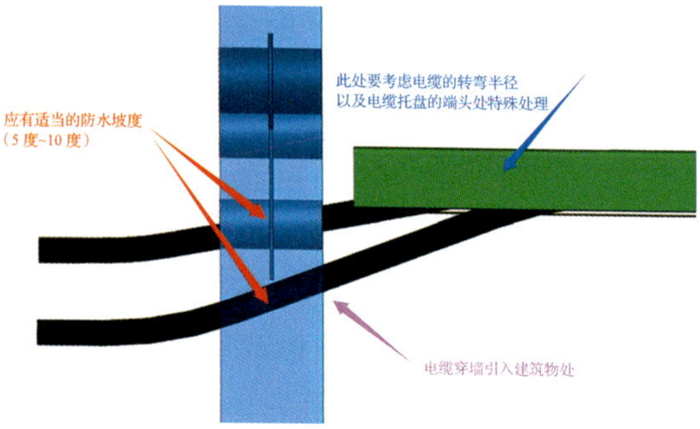


图 10-9 电缆穿墙引入建筑示意

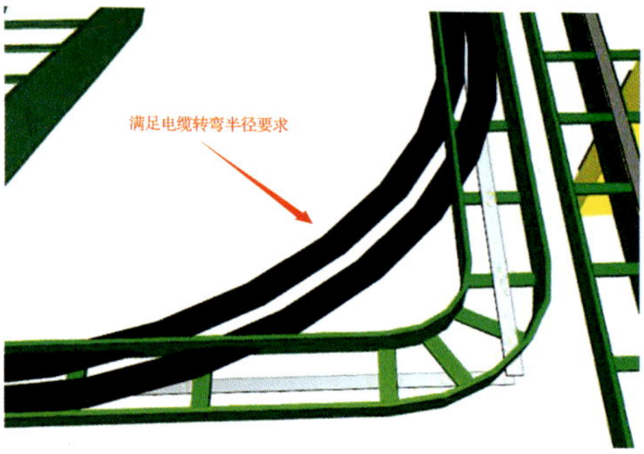


图 10-10 电缆敷设转弯半径

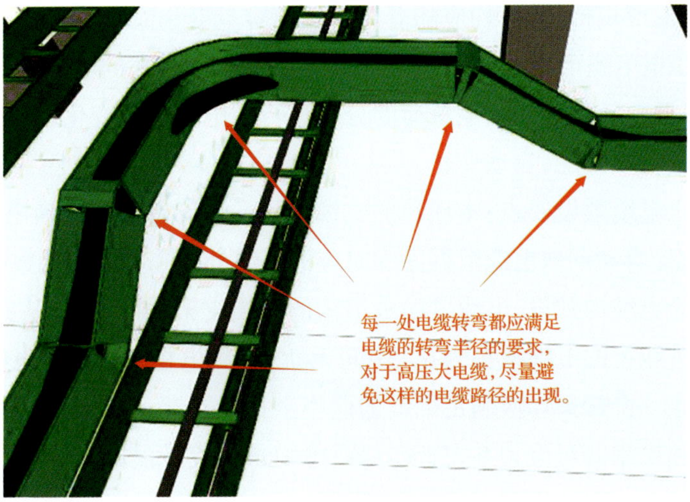


图 10-11 进线电缆敷设翻弯情况

(2)出线高压电缆敷设分析

出线高压电缆清册见表 10-5。此电缆清册的所有数据应由正向电气设计自动导出。

表 10-5 出线高压电缆清册

| 出线电缆编号1 | 进线电缆编号1 | 电缆型号 | 电缆规格 | 电缆敷设路径 | | | 电缆外径 | 电缆代码 | 电缆编码 | 用电负荷容量 | 起点 | 设备代码 | 设备编码 | 终点 | 设备代码 | 设备编码 | 电缆长度/m |
|---|---|---|---|---|---|---|---|---|---|---|---|---|---|---|---|---|---|
| | | | | 穿管 | 电缆沟 | 电缆托盘 | | | | | | | | | | | |
| 1T1 | | WDZAN-YJY-8.7/15kV | 3×120 | SC150 | | | | | | 1600 | 变电所高压柜 | H4 | | 变压器进线处 | 1T1 | | |
| 1T3 | | WDZAN-YJY-8.7/15kV | 3×120 | SC150 | | | | | | 1600 | 变电所高压柜 | H5 | | 变压器进线处 | 1T3 | | |
| 1T5 | | WDZAN-YJY-8.7/15kV | 3×120 | SC150 | | | | | | 800 | 变电所高压柜 | H6 | | 变压器进线处 | 1T5 | | |
| 1T6 | | WDZAN-YJY-8.7/15kV | 3×120 | SC150 | | | | | | 800 | 变电所高压柜 | H11 | | 变压器进线处 | 1T6 | | |
| 1T4 | | WDZAN-YJY-8.7/15kV | 3×120 | SC150 | | | | | | 1600 | 变电所高压柜 | H12 | | 变压器进线处 | 1T4 | | |
| 1T2 | | WDZAN-YJY-8.7/15kV | 3×120 | SC150 | | | | | | 1600 | 变电所高压柜 | H13 | | 变压器进线处 | 1T2 | | |

电缆型号、电缆规格、穿管均应随着用电负荷容量变化而自动变化。

①出线高压电电缆可变因数：用电负荷容量会根据整栋楼的电气设计整体负荷的变化而变化，会根据电气设计的用电负荷的分级进行用电调配而变化；电缆规格和穿管根据用电负荷容量自动匹配，自动变化。

②出线高压电缆敷设要点：本项目的电缆型号在设计方案阶段确定，需匹配电缆对应的电缆数据库，自动调取电缆数据库中对应的电缆外径和电缆重量数据；本项目出线高压电缆敷设为电缆沟敷设，电缆紧贴电缆沟的电缆支架敷设；电缆从高压出线柜的电缆接头开始至进线柜的电缆接头为止，中间无断点；配电柜自动设置电缆接头；注意电缆的敷设时任意一个弯头均应满足电缆的曲率半径的要求；电缆起点和终点的设备代码通过数据库和模型的对应关系，自动寻找；电缆长度应能根据三维模型实际长度自动匹配。

(3)低压电缆敷设分析

①本项目部分低压电缆清册如图 10-12 所示：此电缆清册的所有数据应由正向电气设计自动导出；不同的颜色代表不同的配电区域，如绿色代表由变配电房经 4#配电竖井至用电负荷末端的电缆清册；根据电缆外径和电缆截面积，自动计算电缆托盘的大小，自动匹配电缆托盘相关数据(图 10-13)。

| 出线电缆编号 1 | 电缆型号 | 电缆规格 | 电缆敷设路径 | | | 电缆外径 | 单根电缆截面积(mm²) | 电缆曲率半径 | 电缆代码 | 电缆编码 | 用电负荷设备容量(kW) | 用电负荷计算电流(A) | 断路器型号 | 断路器整定值 | 起点 | 设备代码 | 设备编码 | 终点 | 设备代码 | 设备编码 | 电缆长度(m) |
|---|---|---|---|---|---|---|---|---|---|---|---|---|---|---|---|---|---|---|---|---|---|
| | | | 穿管 | 电缆沟 | 电缆托盘 | | | | | | | | | | | | | | | | |
| 1T1W4-1 | WDZA-YJY-0.6/1kV | 4×25+1×16 | SC50 | | | 26.2 | 538.8554 | 393 | | | 40 | | | | 变电所低压柜 | 11AA4 | | 1#电井会议室用电 | Y1ALHY | | |
| 1T1W4-2 | WDZA-YJY-0.6/1kV | 4×95+1×50 | SC80 | | | 44.7 | 1568.5007 | 670.5 | | | 100 | | | | 变电所低压柜 | 11AA4 | | 1#电井会议室大屏 | Y1ALDP | | |
| 1T1W4-3 | | 4×120+1×70 | SC80 | | | 49.8 | 1946.8314 | 747 | | | 80 | | | | 变电所低压柜 | 11AA4 | | 备用 | Y1ALJG | | |
| 1T1W4-4 | | | | | | | | | | | | | | | 变电所低压柜 | 11AA4 | | 备用 | | | |
| 1T1W4-5 | | | | | | | | | | | | | | | 变电所低压柜 | 11AA4 | | 备用 | | | |
| 1T1W4-6 | | | | | | | | | | | | | | | 变电所低压柜 | 11AA4 | | 备用 | | | |
| 1T1W4-7 | | | | | | | | | | | | | | | 变电所低压柜 | 11AA4 | | 备用 | | | |
| 1T1W4-8 | | | | | | | | | | | | | | | 变电所低压柜 | 11AA4 | | 备用 | | | |
| 1T1W4-9 | | | | | | | | | | | | | | | 变电所低压柜 | 11AA4 | | 备用 | | | |
| 1T1W7-1 | WDZA-YJY-0.6/1kV | 5×16 | SC40 | | | 22.6 | 400.9466 | 339 | | | 4 | | | | 变电所低压柜 | 11AA7 | | 3#电井AOC机房空调 | | | |
| 1T1W7-2 | WDZA-YJY-0.6/1kV | 5×16 | SC40 | | | 22.6 | 400.9466 | 339 | | | 9 | | | | 变电所低压柜 | 11AA7 | | 航管UPS机房空调1 | | | |
| 1T1W7-3 | WDZA-YJY-0.6/1kV | 5×16 | SC40 | | | 22.6 | 400.9466 | 339 | | | 9 | | | | 变电所低压柜 | 11AA7 | | 航管UPS机房空调2 | | | |
| 1T1W7-4 | WDZA-YJY-0.6/1kV | 5×16 | SC40 | | | 22.6 | 400.9466 | 339 | | | 10 | | | | 变电所低压柜 | 11AA7 | | 4#电井IDF机房空调 | | | |
| 1T1W7-5 | WDZA-YJY-0.6/1kV | 4×120+1×70 | SC80 | | | 49.8 | 1946.8314 | 747 | | | 100 | | | | 变电所低压柜 | 11AA7 | | 市政楼室控制 | Y5APLY | | |
| 1T1W7-6 | | | | | | | | | | | | | | | 变电所低压柜 | 11AA7 | | 备用 | | | |
| 1T1W7-7 | WDZA-YJY-0.6/1kV | 4×185+1×95 | SC100 | | | 61.7 | 2988.4087 | 925.5 | | | 133 | | | | 变电所低压柜 | 11AA7 | | 3#电井信息设备机房空调 | | | |
| 1T1W7-8 | | | | | | | | | | | | | | | 变电所低压柜 | 11AA7 | | 备用 | | | |
| 1T1W7-9 | | | | | | | | | | | | | | | 变电所低压柜 | 11AA7 | | 备用 | | | |
| 1T1W8-1 | WDZA-YJY-0.6/1kV | 5×16 | SC40 | | | 22.6 | 400.9466 | 339 | | | 18 | | | | 变电所低压柜 | 11AA8 | | 民航UPS机房空调 | | | |
| 1T1W8-2 | WDZA-YJY-0.6/1kV | 5×16 | SC40 | | | 22.6 | 400.9466 | 339 | | | 10 | | | | 变电所低压柜 | 11AA8 | | 2#电井IDF机房空调 | | | |
| 1T1W8-3 | WDZA-YJY-0.6/1kV | 4×35+1×16 | SC50 | | | 29.7 | 692.44065 | 445.5 | | | 37 | | | | 变电所低压柜 | 11AA8 | | 3#电井运营商机房空调1 | Y1ATP1-1 | | |
| 1T1W8-4 | WDZA-YJY-0.6/1kV | 4×35+1×16 | SC50 | | | 29.7 | 692.44065 | 445.5 | | | 37 | | | | 变电所低压柜 | 11AA8 | | 3#电井运营商机房空调2 | Y1ATP1-2 | | |
| 1T1W8-5 | WDZA-YJY-0.6/1kV | 4×35+1×16 | SC50 | | | 29.7 | 692.44065 | 445.5 | | | 37 | | | | 变电所低压柜 | 11AA8 | | 3#电井运营商机房空调3 | Y1ATP1-3 | | |
| 1T1W8-6 | WDZA-YJY-0.6/1kV | 4×120+1×70 | SC80 | | | 49.8 | 1946.8314 | 747 | | | 73 | | | | 变电所低压柜 | 11AA8 | | 1#电井空管设备机房空调 | Y3A1P1 | | |
| 1T1W8-7 | WDZA-YJY-0.6/1kV | 2(4×120+1×70) | 2SC100 | | | 49.8 | 3893.6628 | 747 | | | 222 | | | | 变电所低压柜 | 11AA8 | | 1#电井信息设备机房空调 | Y2A1P1-1 | | |
| 1T1W8-8 | | | | | | | | | | | | | | | 变电所低压柜 | 11AA8 | | | | | |
| 1T1W8-9 | | | | | | | | | | | | | | | 变电所低压柜 | 11AA8 | | | | | |
| 1T2W5-1 | WDZA-YJY-0.6/1kV | 5×16 | SC40 | | | 22.6 | 801.8932 | 339 | | | 10 | | | | 变电所低压柜 | 12AA5 | | 1#电井气象设备机房空调 | Y4AP-RD1 | | |
| 1T2W5-2 | WDZA-YJY-0.6/1kV | 4×70+1×35 | SC80 | | | 39.4 | 2437.2052 | 591 | | | 10 | | | | 变电所低压柜 | 12AA5 | | 1#电井空管设备机房市电 | Y3AP-RD1 | | |
| 1T2W5-3 | WDZA-YJY-0.6/1kV | 2(3×120+2×70) | 2SC100 | | | 47.5 | 3542.3125 | 712.5 | | | 182 | | | | 变电所低压柜 | 12AA5 | | 1#电井空调动力负荷 | Y1-7AP1 | | |
| 1T2W5-4 | WDZA-YJY-0.6/1kV | 2(3×150+2×70) | 2SC100 | | | 52.5 | 4327.3125 | 787.5 | | | 268 | | | | 变电所低压柜 | 12AA5 | | 3#电井空调动力负荷 | Y1-7AP3 | | |

图 10-12　低压电缆清册

| 电缆桥选型及电缆穿管规格计算表 | | | | | | | |
|---|---|---|---|---|---|---|---|
| 工程名称 | xxxxxxxxxx | | | | 设计号 | xxxxxx | |
| 桥架编号 | XQJ-C-01 | | 桥架位置 | 1#配电室至1#强电井 | 设计阶段 | 施工图 | |
| 电缆型号 | 线芯 | 电缆规格（$mm^2$） | 电缆根数 | 电缆外径（mm） | 单根电缆截面积（$mm^2$） | 单根电缆穿SC管径 | |
| | | | | | | 敷设条件 | 穿管管径 |
| WDZ-YJ(F)E-0.6/1kV | 4+1 | 2.5 | 0 | | | 直通 | |
| WDZ-YJ(F)E-0.6/1kV | 4+1 | 4 | 0 | | | 直通 | |
| WDZ-YJ(F)E-0.6/1kV | 4+1 | 6 | 0 | | | 直通 | |
| WDZ-YJ(F)E-0.6/1kV | 4+1 | 10 | 4 | 19.70 | 304.65 | 直通 | SC32 |
| WDZ-YJ(F)E-0.6/1kV | 4+1 | 16 | 0 | | | 直通 | |
| WDZ-YJ(F)E-0.6/1kV | 4+1 | 25 | 4 | 26.20 | 538.86 | 直通 | SC40 |
| WDZ-YJ(F)E-0.6/1kV | 4+1 | 35 | 7 | 29.70 | 692.44 | 直通 | SC50 |
| WDZ-YJ(F)E-0.6/1kV | 4+1 | 50 | 0 | | | 直通 | |
| WDZ-YJ(F)E-0.6/1kV | 4+1 | 70 | 3 | 39.40 | 1218.60 | 直通 | SC65 |
| WDZ-YJ(F)E-0.6/1kV | 4+1 | 95 | 5 | 44.70 | 1568.50 | 直通 | SC80 |
| WDZ-YJ(F)E-0.6/1kV | 3+2 | 120 | 0 | | | 直通 | |
| WDZ-YJ(F)E-0.6/1kV | 4+1 | 150 | 4 | 55.40 | 2409.29 | 直通 | SC100 |
| WDZ-YJ(F)E-0.6/1kV | 4+1 | 185 | 1 | 61.70 | 2988.41 | 直通 | SC100 |
| WDZ-YJ(F)E-0.6/1kV | 4+1 | 240 | 4 | 68.40 | 3672.67 | 直通 | SC125 |
| WDZ-YJ(F)E-0.6/1kV | 4+1 | 300 | 0 | | | 直通 | |
| WDZ-YJ(F)E-0.6/1kV | 4+1 | 400 | 0 | | | 直通 | |
| 桥架选择 | 合计 | | 电缆根数合计 | 电缆外径合计（mm） | 电缆截面积总和($mm^2$) | 注：直通取1.5倍电缆外径；一个弯取电缆2倍外径；二个弯取2.5倍电缆外径。 | |
| | | | 32 | 1290.1 | 47035.7 | | |
| | 约定填充率% | | 28% | 实际选用桥架规格(W×H) | 1000 | 200 | |
| | 实际填充率% | | 23.52% | 注：当桥架计算规格为非常用规格时，桥架规格会以红色字体显示。 | | | |

注：1.注：桥架实际填充率不应超过40%，且考虑留有一定余量；具体取值可根据工程经验确定；

2. 输入桥架尺寸时先输入高度和约定填充率，桥架宽度可自动计算得出；

3. 常用电缆桥架尺寸($W×H$)：100×50、150×75、200×100、300×100、300×150、400×100、400×150、400×200、500×100、500×150、500×200、600×100、600×150、600×200、800×150、800×200、1000×150、1000×200、1200×150、1200×200

图 10-13　电缆选型及电缆穿管规格计算表截图

②低压电缆可变因数：用电负荷容量会根据用电负荷末端容量的变化而变化，会根据电气设计的用电负荷的分级进行用电调配而变化（空调设备不同厂家的用电负荷容量不同）；电缆规格和穿管根据用电负荷容量自动匹配，自动变化；电缆敷设完毕后，反馈电缆总长度，需要进行电压降的校验，短路电流的计算，输出结果，若有问题，反馈回断路器的整定值，电缆的尺寸大小会变化，对应的电缆托盘会重新调整；若出现多层电缆敷设，应匹配相应的电缆降容系数，自动调整电缆的尺寸大小，对应调整电缆托盘的大小。

③低压电缆敷设要点：低压电缆应尽可能单层敷设，电缆托盘的宽度应大于所有低压电缆的宽度总和，否则应按电缆实际敷设的层数，自动进行电缆降容系数的匹配；电缆型号是设计方案阶段确定的本项目的电缆型号，需匹配电缆对应的电缆数据库，根据电缆规格自动调出电缆外径；电缆集中敷设处按最大电缆的曲率半径敷设；尽量按电缆从电缆托盘出线的先后顺序排布电缆；本项目的电缆敷设路径，需根据三维模型和最初设定的电缆敷设空间自动匹配；电缆起点和终点的设备代码通过数据库和模型的对应关系自动寻找；电缆接头自动匹配电缆两端，电缆长度应能根据三维模型实际长度自动匹配。

（4）电线全自动敷设流程图

根据上述的电缆敷设的可变因数和关键敷设要点，提出电缆全自动敷设的流程图（图 10-14、图 10-15）。

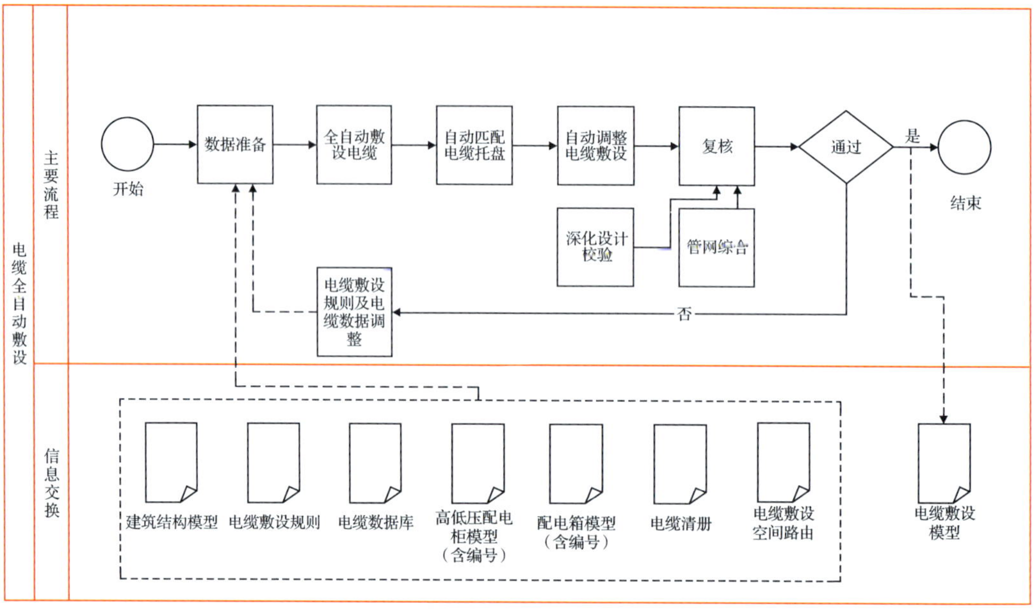


图 10-14　电缆全自动敷设的流程图

图 10-15　电缆敷设模型图

## 10.2.4　总结

从目前的软件使用的情况来看，一方面，专业电气工程师对 BIM 软件操作不熟练，非专业 BIM 建模人员不能完全领悟电力电缆建模的要求，建出的电缆模型往往不能满足实际施工要求；另一方面，电力电缆建模软件不成熟，目前主流的Revit软件是以线管代替电缆进行相关的建模，以上情况使得现场大多数BIM项目只见电缆托盘不见电力电缆。二维图纸时代的由现场电缆爆盘、电缆敷设不下导致施工单位野蛮施工、破坏电缆保护层的问题在三维数字模型时代仍未解决，鄂州花湖机场项目突破传统模式、严格按模施工、按模计价，把所有的项目均进行了BIM电缆深化设计。

## 10.3 虹吸雨水系统深化设计案例分析

### 10.3.1 背景描述

虹吸雨水系统在大型屋面中应用广泛，涉及建筑有航站楼、展览馆、体育场、工业厂房、商业中心、停车场、货运仓库等项目类型。本项目的转运中心主楼和指廊屋面采用虹吸雨水系统，雨水经屋面虹吸雨水沟、虹吸雨水斗及室内雨水管收集后下至一层出户。大型屋面系统必须配置虹吸雨水系统，在指廊、转运中心等大空间区域内，零散分布着大量的虹吸雨水管道，严重影响裸露区的观感效果。如何防止虹吸雨水管破坏整体空间感受是项目深化的重点，管道支架设计也会影响建筑美观性。

### 10.3.2 问题分析

①复核虹吸雨排是否穿越功能空间。转运中心体量超大，建筑要求空间效果轻盈通透，外围为整片的玻璃幕墙，结构柱尺寸不能过大并且不能外包，全部裸露喷涂氟碳漆。转运中心主楼入口大厅的美观性要求，使得虹吸雨水立管不能露明设置。雨水管道特别是立管的设置是一件比较困难的事情(图10-16)。

②复核专业间碰撞情况及优化。虹吸雨水系统悬吊管在屋面板下沿桁架敷设，管道路径与屋面桁架等专业均容易出现碰撞冲突，在施工前需重点复核此类碰撞问题，寻找更好的管道路线，并做好雨水斗的预留预埋(图10-17)。

③虹吸式雨水管道系统各部位存在负压要求，在压力的作用下，整个管道系统产生剧烈振荡，管道振动的危害是不容忽视的问题。如果振动不加以防范，可能会减少建筑结构的使用寿命，也可能会导致整个系统的破坏。因此本系统重点考虑设置虹吸雨水管道固定系统，避免振动对建筑结构产生影响。

### 10.3.3 解决方案

针对转运中心区域，经过与建筑及结构专业反复磋商，并调研国内相关工艺的做法，最后确定将虹吸雨水立管全部沿建筑外侧、天井或庭院的挡风桁架敷设。为了使系统管道能够适应结构构件柔性连接的变形要求，在管道通过挡风桁架与屋面钢结构双铰连接变形较大处设置各方向变形量均较大的复式自由型补偿器，并在每个补偿器的两端设置固定支架与缝两侧结构构件牢固固定，以使各补偿器充分发挥补偿效用。

图 10-16　虹吸雨水管布置图

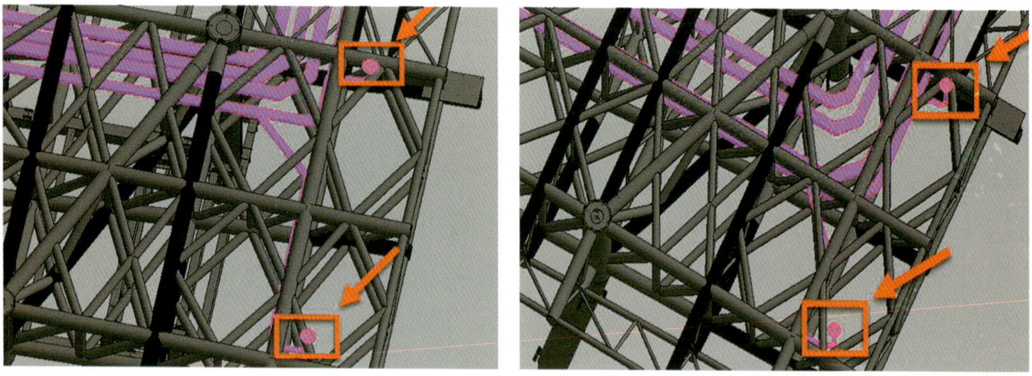

图 10-17　专业碰撞及优化图

针对指廊区域，提前发现裸露重力水管的分布区域和影响范围，可为业主是否取消吊顶等重大决策提供依据。在指廊通道将虹吸雨水立管沿着结构柱的背面及不可见部位敷设，以保证场地内美观。

采用BIM技术，设计虹吸式雨水管道系统的支架形式，并精准地确定管道与方形钢导轨间的连接管卡的间距(根据不同的管径,每隔 0.8～1.6m 布置管卡)。同时,对倾斜结构处尽量做到贴合,避免碰撞发生,做管综时提前预留支吊架位置(图 10-18)。

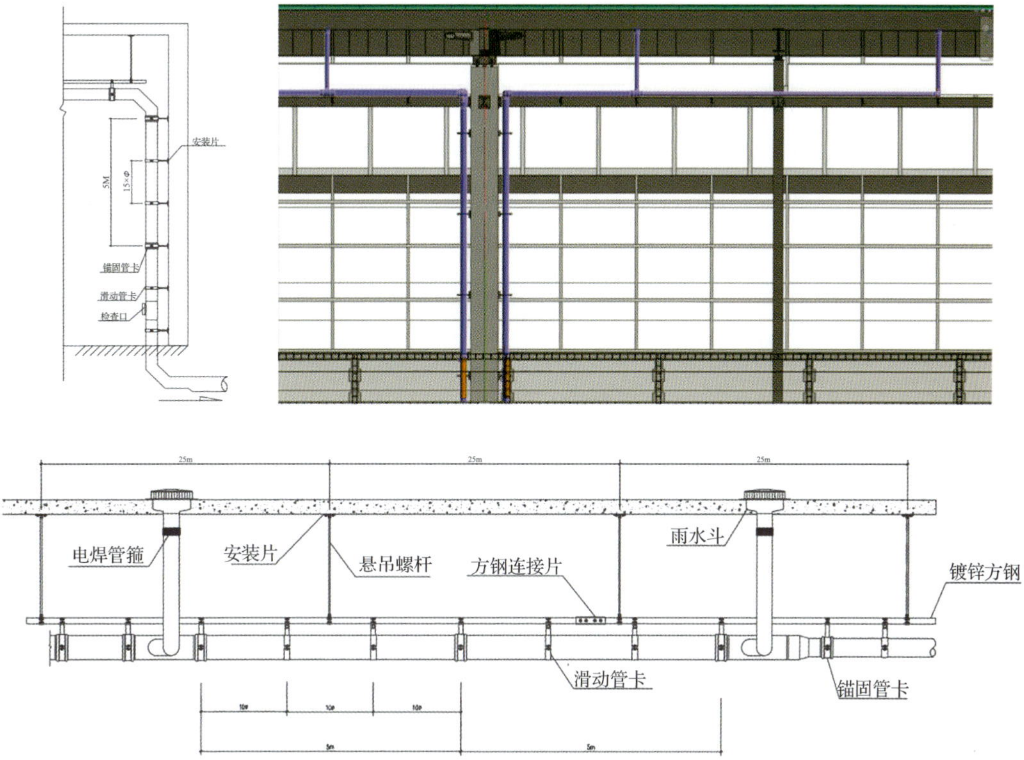


图 10-18　虹吸雨水管支架方案

通过积极配合设计院,并与屋面、幕墙、钢构、精装修等深化设计公司沟通,多次组织召开会议协调解决深化设计过程中出现的各种问题,对虹吸雨水系统深化设计图纸进行了多次校审,并对最终设计成果进行了确认(图 10-19)。

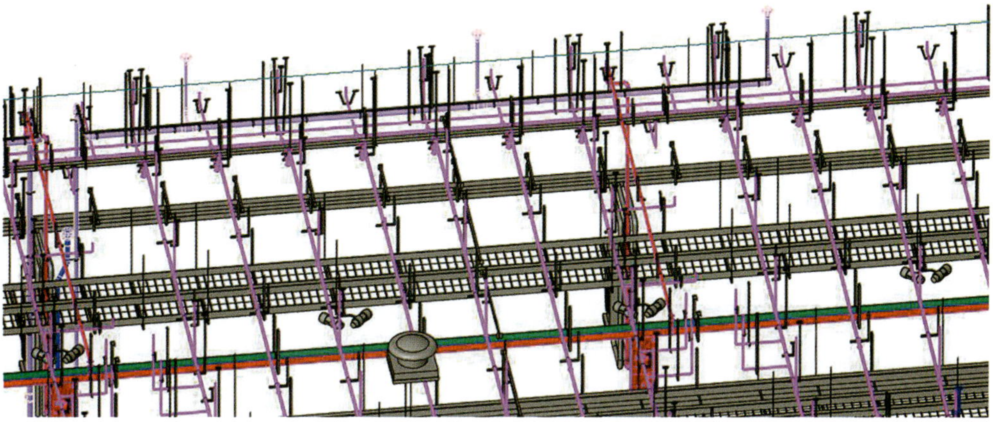

图 10-19　屋顶管线图

### 10.3.4 总结

①在超大型复杂金属屋面的虹吸雨水系统深化设计中,需要在设天沟(包括集水井)布置、管道布置、管道固定、室外雨水管渠的深化设计等方面进行深入细致的探讨和研究,以确定合理、完善的虹吸排水方案,使虹吸雨水系统高效、安全地排除屋面雨水。

②在内部功能复杂的超大型公共建筑中,金属屋面虹吸雨水系统需要全面了解建筑内部的空间特点和结构做法,需要与参建各方全过程紧密地协调配合,制定解决问题的办法,使系统设计与建筑本体相协调,达到和谐统一的设计效果。

③在了解规范的基础上,从工程的实际情况出发制定最合理的深化设计方案,既能保障虹吸雨水系统实施后金属屋面排水安全,又能减少工程造价。

④设计单位必须全程参与虹吸雨水系统深化设计工作,积极推进深化设计,审核深化设计图纸。

## 10.4 基础及屋面防雷接地系统深化设计案例分析

### 10.4.1 背景描述

鄂州花湖机场为湖北省重点工程,是住房和城乡建设部首个运用BIM模型清单算量计价的试点项目,本工程主体建筑为二类防雷建筑,部分配套用房为三类防雷建筑,防雷接地、保护接地、变压器中性线接地、弱电工作接地共用一套综合接地系统,楼内实施TN-S保护系统。插座内PE与N线应严格区分,接地电阻不大于1Ω。主体建筑利用结构柱、地梁、桩基、承台等内部的主筋连通作自然接地体。

本项目基础接地系统深化设计主要基于BIM技术对各单体基础接地进行三维建模并进行优化调整。但由于本项目所采用的BIM软件的功能限制,基础接地系统无法通过采用类似于管道、桥架、风管等的建模方法进行系统建模,本案例基于对接地系统的存在的BIM问题及当前解决方式进行分析。

### 10.4.2 问题分析

①由于BIM软件的局限性,电气系统仅包含桥架、线管、电气设备及灯具系统的建模方式,并未提供接地系统的建模方式,无法通过自由创建路径来生成实体的接地系统;因此,在对基础接地系统进行建模深化的过程中,对接地网间的跨接方式、搭接长度及搭接有效性进行控制较为困难,现场难以按模施工或存在错误指导的可能。

②由于BIM软件接地部分还未完善,在进行防雷接地建模时无法自由创建路径生

成实体；因此，在创建防雷接地模型中，两根接地体之间无法良好搭接形成接地环网，现场难以按模施工或存在错误指导的可能。

③在屋面防雷建模过程中碰见斜柱、斜屋顶难以通过对齐等命令直接将构件角度与屋顶或柱平行，无法自由创建路径来生成实体的接地系统。因此，在对屋面防雷接地系统进行建模深化的过程中，对接地网间的跨接方式、搭接长度及搭接有效性进行控制较为困难，现场难以施工或存在错误指导的可能。

### 10.4.3 解决方案

由本项目所采用的 BIM 软件以及现场施工进度引发的问题，无法在建模过程中得到完全解决，为避免对现场施工进度、质量验评及按模施工等环节产生不利的影响，采用以下方案来规避问题：

(1)基础接地系统深化

接地系统模型创建前，根据设计图纸需要、规范要求，与设计方沟通明确提前建好相应的所需要的构件，并进行相应的构件修改，从而满足搭接要求。同时，根据现场施工实际创建不同类型的电气装置族构件，如双直角形接地连接件、立面直角形接地连接件、门字形接地连接件、立面 Z 字形接地连接件等(图 10-20、图 10-21)。

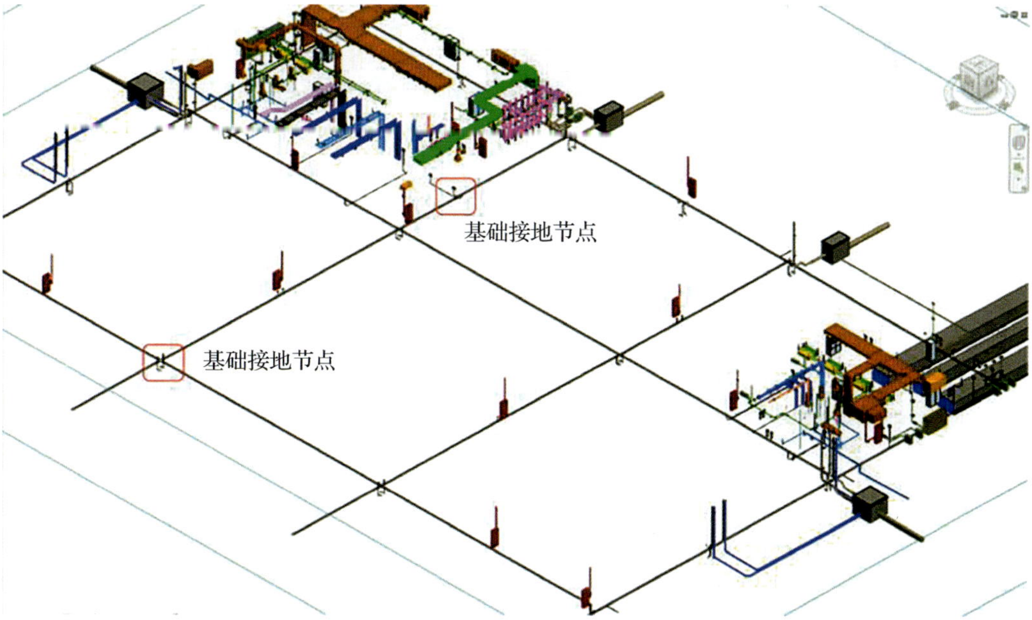


图 10-20 基础接地环网模型

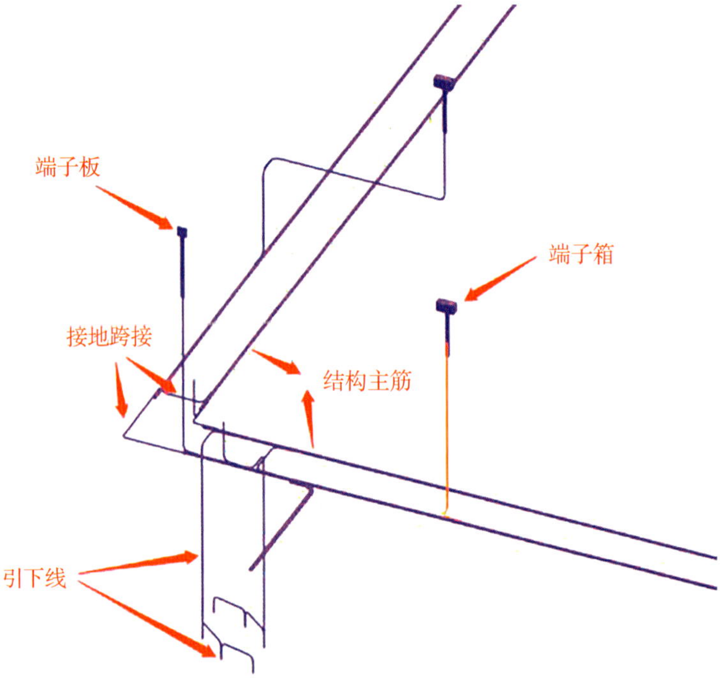


图 10-21 基础接地系统节点深化图

（2）屋面防雷接地系统深化

在搭接过程中，将搭接构件错开进行搭接，使每条水平接地体都能良好搭接形成接地环网（图 10-22）。基于设计蓝图，利用不同类型的电气装置族构件进行搭接，使其相互间可靠连接并形成接地环网，有效控制各搭接处的搭接长度为 6*D*。对每个节点出大样图，并对该节点每个族构件进行详细标注，保证深化图纸准确，随后针对接地环网整体系统及深化切图进行详细的技术交底，确保现场按模施工和质量验评工作能够顺利进行。

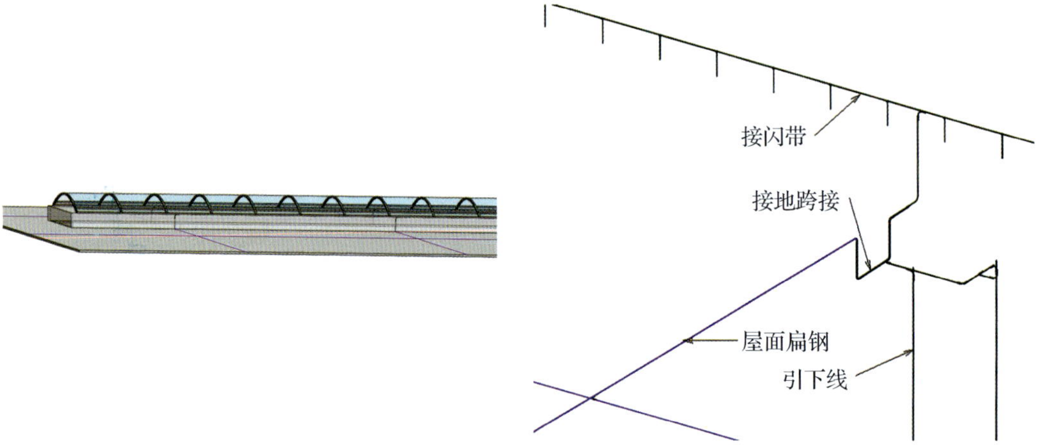


图 10-22 屋面接地系统节点深化图

### 10.4.4 总结

由于当前所采用的BIM软件本身存在的限制对模型搭建的准确度及效率存在很大的影响，该问题在本项目中并未得到完全解决，在对基础接地环网进行深化建模的基础上，问题的完善主要依赖以下几点：

①通过软件本身的完善增加接地系统，提高建模的自由度，使构件可以随项目需求进行更改；

②通过 BIM 软件的插件二次开发对模型构件按类型进行细分，可实现批量修改的要求，达到细化建模步骤和提高建模效率的目的；

③完善 BIM 基础接地模型的相关标准，确保模型搭建的规范化及合理性，保证其 BIM 成果能够应用于现场施工。

## 10.5 配电机房接地系统深化设计案例分析

### 10.5.1 背景描述

本工程设等电位连接，电气竖井及电缆桥架内应采用 40×4 镀锌扁钢通敷，并与接地系统连接。等电位连接包括给排水管道、电缆金属护套、煤气管道、金属构件等，设备安装时各电源 PE 线、各种金属管道等金属部件连接到等电位连接端子上，弱电控制中心的等电位连接采用 M 型网状结构设计。

### 10.5.2 问题分析

由于 BIM 软件接地部分还未完善，在机房中无法自由创建路径生成实体的接地系统从而与设备相连接；因此，在对机房接地系统进行建模深化过程中，针对机房设备进行接地搭接难以实现，难以构建接地扁钢与机房设备互相连接的接地环网，无法形成接地环网，现场难以按模施工或存在错误指导的可能。

### 10.5.3 解决方案

（1）由本项目所采用的BIM软件以及现场施工进度引发的问题，无法在建模过程中得到彻底解决，为避免对现场施工进度、质量验评及按模施工等环节产生不利的影响，采用以下方案：

①在机房接地建模深化之前，根据设计图纸需要，按规范要求，与设计方沟通明确提前建好相应的所需要的构件，同时根据设备搭接需要，进行相应的构件修改，从而满

足搭接要求。

②将搭接构件延伸进搭接设备内部,形成一种假接,从而构建接地环网。

③对每个节点出大样图,并对该节点每个族构件进行详细标注,保证深化图纸准确,随后针对接地环网整体系统及深化切图进行详细的技术交底，确保现场按模施工和质量验评能够顺利进行(图 10-23)。

(2)针对配电机房接地环网建模,采用以下方案来规避问题:

①在建模深化之前,根据设计图纸需要,按规范要求,与设计方沟通明确提前建好相应的所需要的构件,在墙与柱子等连接处避免搭接频繁、搭接构件过多,应根据需要将搭接构件组合成为一个新构件;

②应根据规范在变电所门框的位置将镀锌扁钢适当抬高或降低埋入混凝土内，同时根据需要创建相应组件与沿墙敷设镀锌扁钢进行搭接,形成可靠的接地环网;

③对每个节点出大样图,并对该节点每个族构件进行详细标注,保证深化图纸准确,随后针对接地环网整体系统及深化切图进行详细的技术交底，确保现场按模施工和质量验评能够顺利进行(图 10-24)。

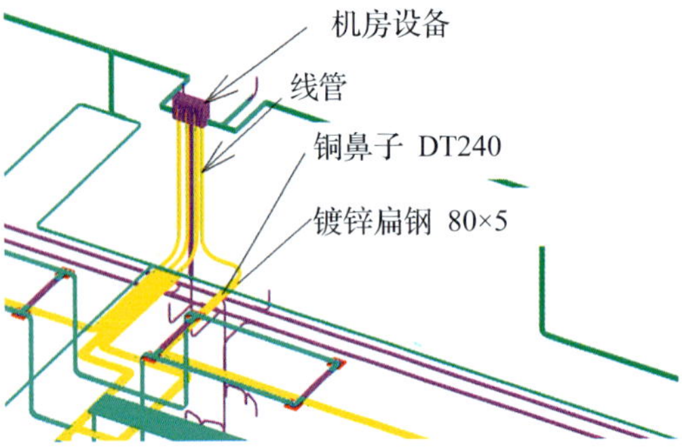


图 10-23 机房设备防雷接地节点模型

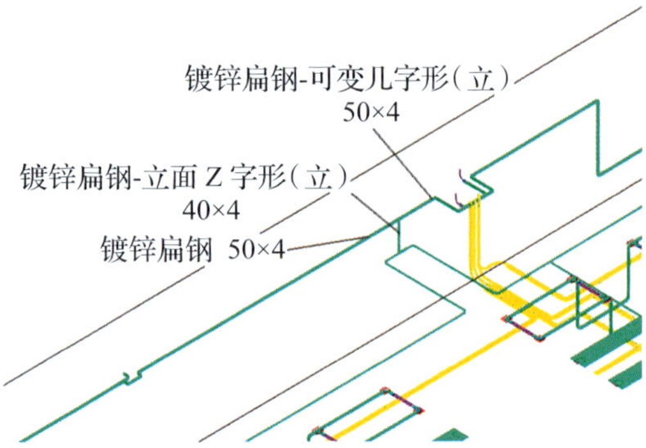


图 10-24 机房防雷接地环网模型

## 10.5.4 总结

由于当前采用的 BIM 软件本身在构件创建方面存在局限,该问题在本项目中并未得到完全解决,在对机房设备搭接进行深化建模的基础上,问题的完善与解决主要依赖以下几点:

①通过软件本身的完善,增加接地系统,提高建模的自由度,使构件可以随项目需求进行更改;

②通过基于BIM软件的插件二次开发,对模型构件按类型进行细分,可实现批量修改的操作并达到细化建模步骤和提高建模效率的目的。

## 10.6 机电预留预埋深化设计案例分析

### 10.6.1 背景描述

转运中心综合业务楼地上最高八层，局部两层，带有二层地下室，建筑高度36.6m，总建筑面积49957m²，其中地上建筑面积33046m²，地下室建筑面积16911m²。其中人防地下室设在地下二层，为甲类附件式人防工程，覆盖面积为2203m²，其防护等级为常5、核5和乙级防护，整体被划分为1个防护单元，并设有2个出口。同时地下一层作为管线出户、进户层，均是预留预埋深化重点。本案例是对预留预埋存在的BIM问题及解决方式进行分析。

### 10.6.2 问题分析

本项目由于进出户管线管径不一，所需预埋的套管类型及规格较多，结构预留的设计图纸通常会标注剪力墙洞口。然而，因各专业互相提资及洞口数量庞大，结构预留图纸常出现错误和遗漏；此外，施工过程中的二次结构预留孔洞可能因结构梁柱等构件的干扰而难以布置管线预留洞口。

在电气预留预埋深化方面，Revit虽然可以进行线管的绘制，但在绘制过程容易产生过多弯头，给现场施工带来困难；且部分设备需用软管连接，而Revit中无法绘制电气软管，导致模型无法完全符合现场实际情况。在线管穿越人防隔墙时，需添加密闭肋，而Revit无法实现此功能。

在暖通和给排水预留预埋深化方面，Revit无法直接进行套管的添加，且由于预留预埋建模通常在管综模型建立之前完成，难以精确定位套管位置。由于BIM软件本身功能的限制，人防区部分预留预埋无法通过类似管道、桥架、风管等的形式进行系统建模。

### 10.6.3 解决方案

(1)预留预埋可分为一次结构预留和二次结构预留

①一次结构预留分为剪力墙和楼板预留洞口，通过深化好的三维模型进行立管准确定位，复核结构图纸预留洞口是否存在遗漏或者尺寸不足等问题，并尽可能将分散的多根管合在一起预留孔洞。

②为了实现预留洞口的准确性、达到预留洞口的精确定位，通过深化完成的机电管线综合模型和建筑结构模型进行检查，提前发现管道孔洞预留是否合理。

(2)管道预留预埋深化方法

①建模前准备。熟悉机电专业图纸，切记与系统图结合并确认好敷设方式。熟悉土建结构图纸,明确各区域结构标高、建筑完成面标高,识别是否存在夹层降板,并了解各个功能区域(如卫生间、厨房等)的特殊需求。

②建模过程中。针对不同类型的管线,需要建可参数化驱动套管族,这些套管的直径和长度需要可调整,以适应机电管线的各种尺寸,并应具备防水和密闭的功能。依据设计图纸明确需预埋套管的位置,确保上下层匹配无误,根据管道尺寸 *DN*150 以下大两号,*DN*150 以上大一号的原则进行套管放置。

③注意事项。普通套管长度需要超出建筑完成面 20mm,防水套管需要超出建筑完成面 30～50mm，出户管道需要使用防水套管。设计图纸中的重力管道有坡度且标注标高为底标高，套管放置时需要重点关注。放置暖通套管时需要考虑自身的保温及封堵再进行(图 10-25、图 10-26)。

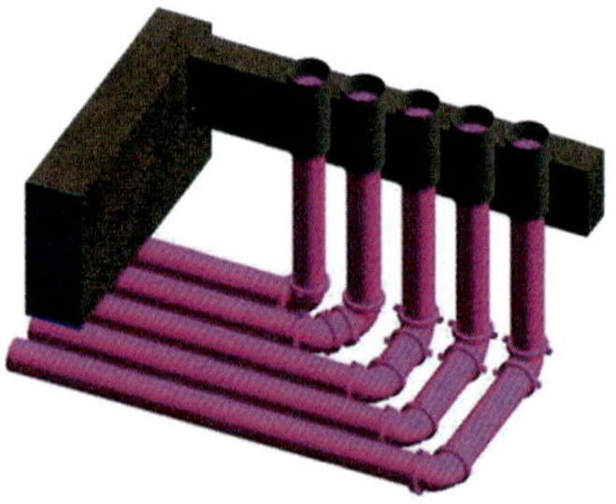

图 10-25　穿楼板套管深化图

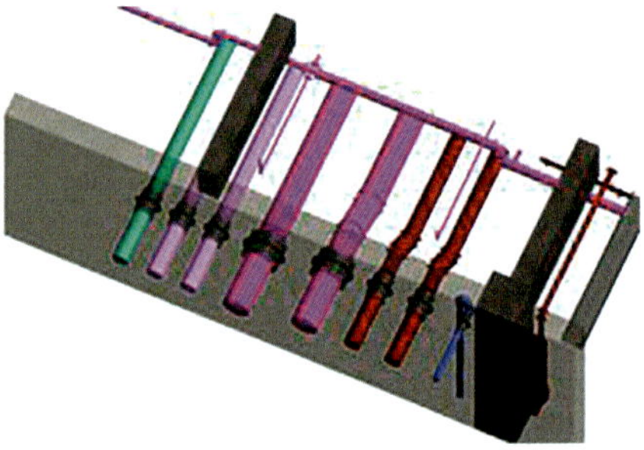

图 10-26　入户管线套管深化图

在构建电气线管模型的过程中,应当对线管路由进行精心规划与优化,以尽可能减少弯头数量,降低现场穿线的难度。具体而言,当线路直接连接两个拉线点且中间不设弯头时,应每隔 30m 设置一个接线盒;若线路存在一个弯头,则每隔 20m 安装一个接线盒;当有两个弯头时,每隔 15m 设置一个接线盒;若线路中有三个弯头,则应每隔 8m 设置一个接线盒。此外,在线管需要穿越人防隔墙的场合,应创建与线管尺寸相匹配的密闭肋族构件,并对每根线管进行单独放置,以确保密封性和安全性。对于那些需要通过软管连接的部分，可采用线管进行模拟，并在模型出图阶段进行明确标注，以指导现场施工。图 10-27 所示为电气管线预留预埋深化图。

## 10.6.4　总结

①针对管道尺寸繁多,套管放置环境不同所需套管类型不同的问题,本次深化设计采纳了构建可参数化驱动族的策略作为解决方案。在深化设计过程中，深入理解各专业图纸、掌握相关技术规范,以及考量施工的实际难度成为必要的前提条件。

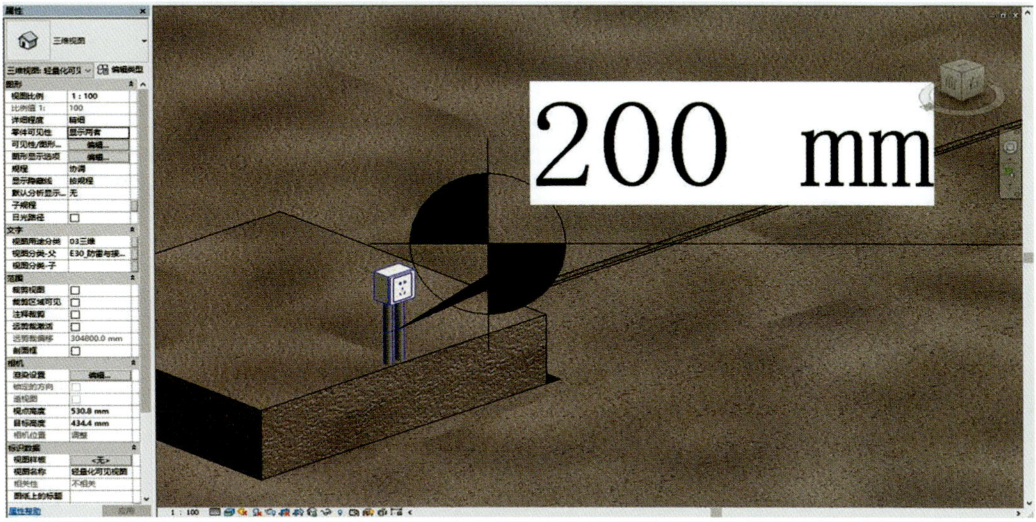


图 10-27 电气管线预留预埋深化图

②预留预埋深化后，模型与实际施工之间的差异成为必须解决的问题。主要通过与现场施工团队保持密切的沟通，确保模型信息的及时更新，来应对此类挑战。对于一些细节问题，仍需依赖现场的实际勘察解决。

③由于当前软件具有局限性，目前仅能通过较为烦琐的方式来规避相应的问题，这不仅限制了模型绘制的效率，修改起来尤为困难，而且也增加了 BIM 工作人员的工作量。该问题的彻底解决仍比较依赖软件的完善或相关插件的开发，以提高 BIM 人员的工作效率和技术水平。

## 10.7 陆侧指廊管综深化净高控制案例分析

### 10.7.1 背景描述

本项目陆侧指廊（图 10-28）共计三个，分别为 L2、L3、L4，总建筑面积为 2.3 万 $m^2$，单体建筑层高为 12.3m，主要功能是国际铺货货站、国际快件中心以及合作伙伴专库。由于项目中包含大量的物流分拣系统，对机电净空有着特别的要求，以确保工艺设备的安装空间，同时需考虑机电管线与物流分拣工艺系统的交叉工作面及碰撞冲突问题，这些因素共同提升了陆侧指廊机电管综深化设计的复杂性和挑战性。

### 10.7.2 问题分析

①陆侧指廊总体净空要求高，排布中因喷淋管线密集且点位固定（图 10-29），导致

桥架无法排在喷淋上方。此外，在夹层设置的机房、工具间等局部空间内，管线密集，需对每个空间实施严格的净空控制。

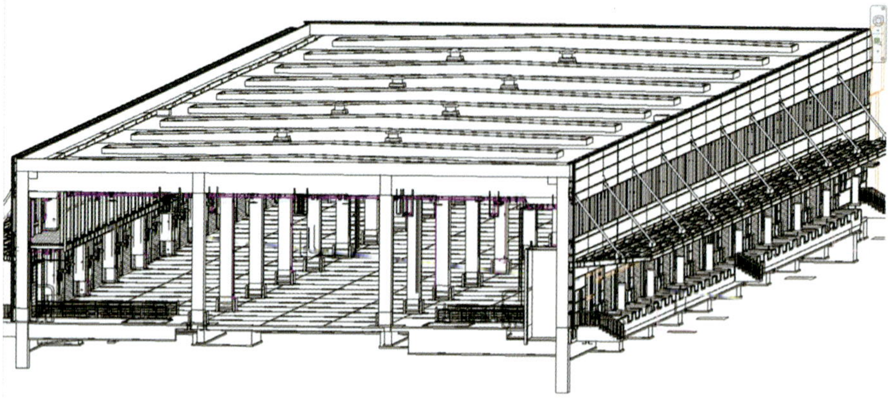

图 10-28　陆侧指廊整体模型图

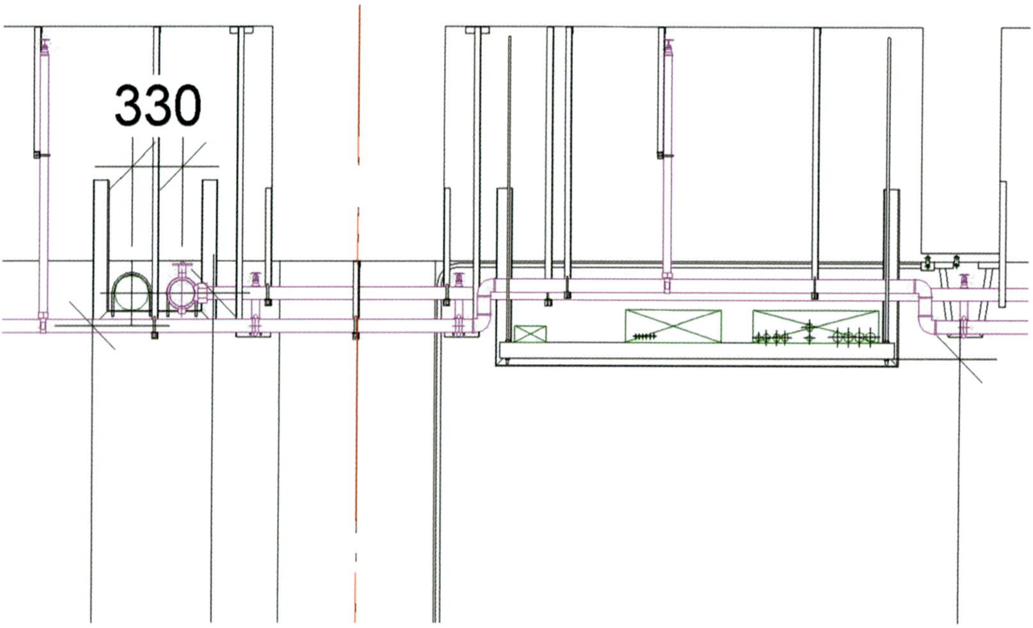


图 10-29　管线集中排布剖面图

②因指廊部分存在物流分拣工艺系统，故需避让工艺设备及工艺钢结构平台等专业系统，最终确认净高控制在 10m 以上。机电管线优化需优先考虑工艺系统安装要求，这不仅增加了净高控制的难度，还须考虑灯具安装、末端设备位置及支吊架所需空间等因素，以避免对现场施工进度产生不利影响。

③考虑到陆侧指廊作为一个大空间区域，机电管线排布需考虑施工可行性及维保性，重点突出管线共用支吊架的优化及集中式布置，便于施工安装及维保（图 10-30）。

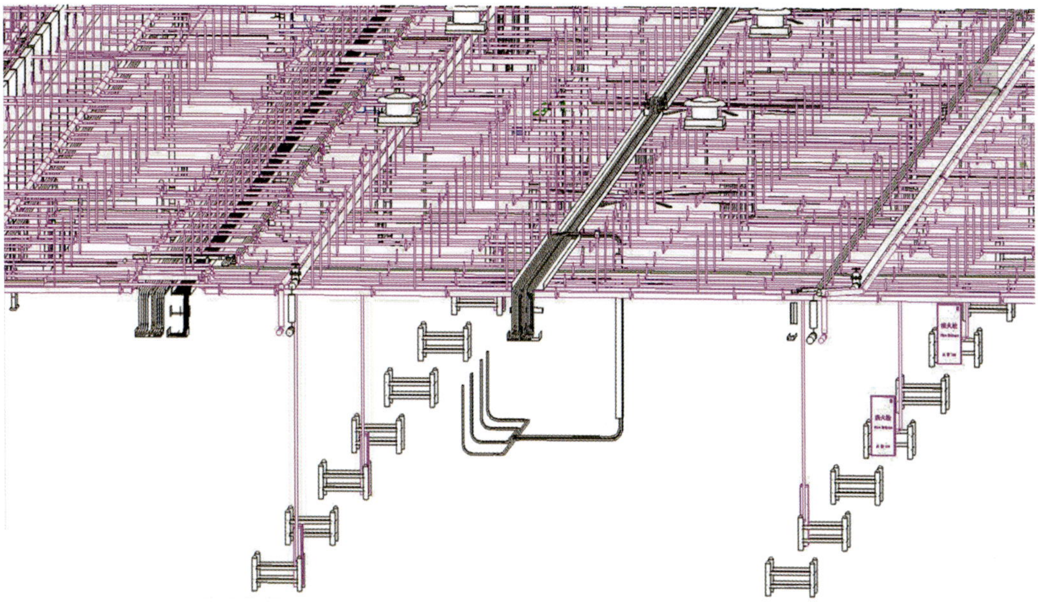

图 10-30　大空间管线集中布置图

## 10.7.3 解决方案

针对陆侧指廊的综合性问题,拟通过采用以下方案来规避:

①首先核对机电模型与设计图纸的管线数据是否正确，查看设计说明以确定不同管线材质以及保温层等基本数据,保证机电设计模型图模一致及准确。

②根据物流分拣系统的净空要求确定机电管线初步调整方案，明确各专业管线的位置,控制管线间距为 200mm,预留支吊架距离。在管线综合布局完成后,进行管线碰撞检查,及时发现并解决各专业内部以及跨专业之间的管线交叉和冲突,以便进行相应的调整。

③考虑到后期的维护工作,最终确定水管及桥架不进行共用支吊架设计,同时,水管及桥架间距保证在 400mm 以上,以增强系统的可维护性。为了提升管线净空，将喷淋系统布置在桥架上方，并在排布桥架时尽量避免喷淋头布置在桥架正上方(图 10-31)。

④将物流分拣工艺管线设备及钢结构平台等专业系统载入机电管线，根据整合模型及工艺设备安装要求进行二次机电管综深化,避让工艺管线,预留桥架位置,此过程中,应重点关注机电末端设备(如灯具)与工艺设备的空间关系、预留电气系统与设备位置关系、机电末端点位与钢结构平台位置关系、机电支吊架与钢结构平台位置关系等碰撞冲突(图 10-32)。

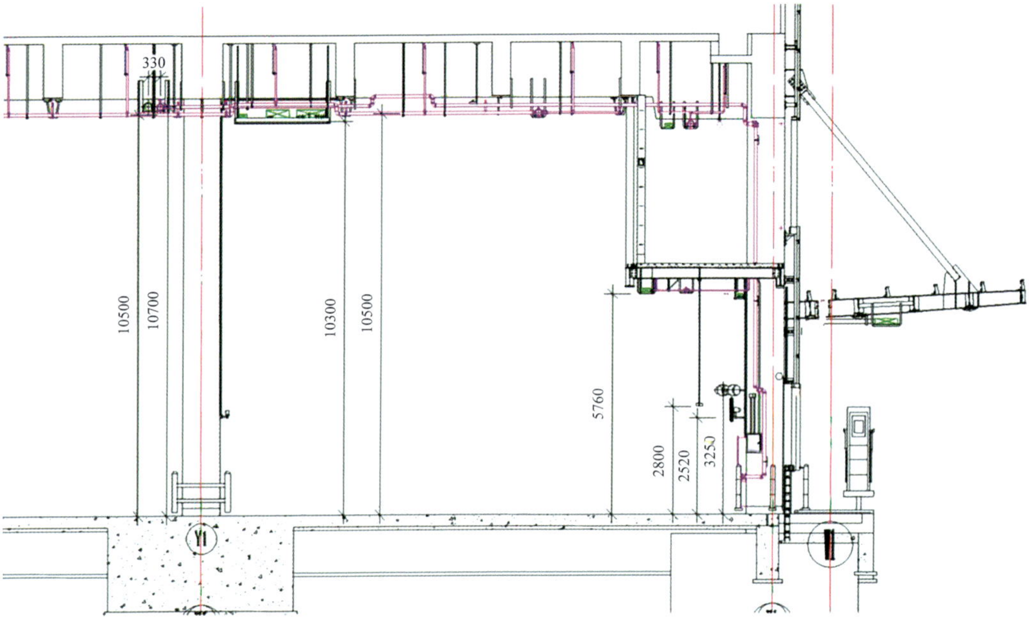


图 10-31　管综优化剖面图

图 10-32　多专业整合模型图

⑤因夹层有送风机房等房间，需重点考虑净空控制，充分利用空间，将明敷、暗敷、支吊架与其他管线一并进行碰撞检查，保证足够的净高。

⑥因大空间区域的照明采用大功率的灯具，考虑到灯具发热容易使特殊物流快件着火，要求灯具与分拣钢平台距离应保持 300mm 以上（图 10-33）。

## 10.7.4　总结

①通过综合管线建模及各专业之间的协调，可有效避免喷淋头被不当地布置于桥架上方。将不同专业的管线集中进行碰撞检测，以预防后期模型的返工，从而避免影响质量检验、现场施工进度及计量支付等关键环节。

②对于工艺系统复杂项目，机电深化工作需以工艺系统为中心来考虑整个深化工作，深化工作不应盲目展开，而是必须先充分理解工艺系统的安装要求和检修空间等关键数据，以此为基础进行后续深化设计。

图 10-33　灯具与工艺干涉交叉分析图

③针对物流仓储类项目，机电深化思路及深化要点可作为参考资料，具有一定的借鉴价值。

## 10.8 电气系统重要区域深化设计案例分析

### 10.8.1 背景描述

本项目综合楼及指廊包含大量的变电所、配电间、弱电机房等重要的电气系统区域。作为住房和城乡建设部首个运用 BIM 模型清单算量计价的试点项目，本项目电气系统有别于其他常规项目，电缆及线管等均需表达在模型中，且配电柜与电缆桥架的连接节点均需绘制，对模型的精度、深度及准确度有严格的标准要求。

### 10.8.2 问题分析

①在电气设计蓝图中（图 10-34），电气桥架的路由仅绘制至强电间入口，而强电间内部的桥架布局并未在设计蓝图中展示，同时，设计也未提供具体的路由排布方案。因此，施工单位需根据施工工艺和现场实际条件，优化强电间内桥架的布局；同时，规范要求消防电力与普通电力桥架电缆不可同桥架敷设，这导致强电间内桥架的排布方式对电缆敷设和现场施工产生很大的影响。

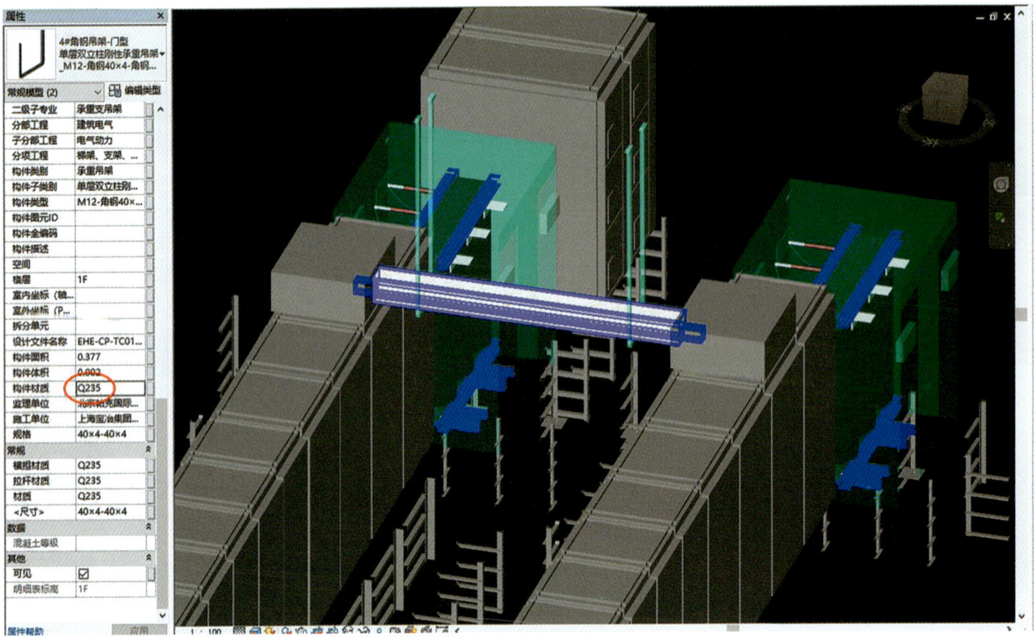

图 10-34　配电房初始模型图

②传统深化过程中容易忽略配电间桥架深化工作，配电间易出现桥架布置混乱、电缆铺设不清晰、配电柜排布不合理等问题。

③转运中心 3#站坪变电所位于转运中心主楼二层，楼板结构承重不满足设置电缆沟要求（图 10-35）。

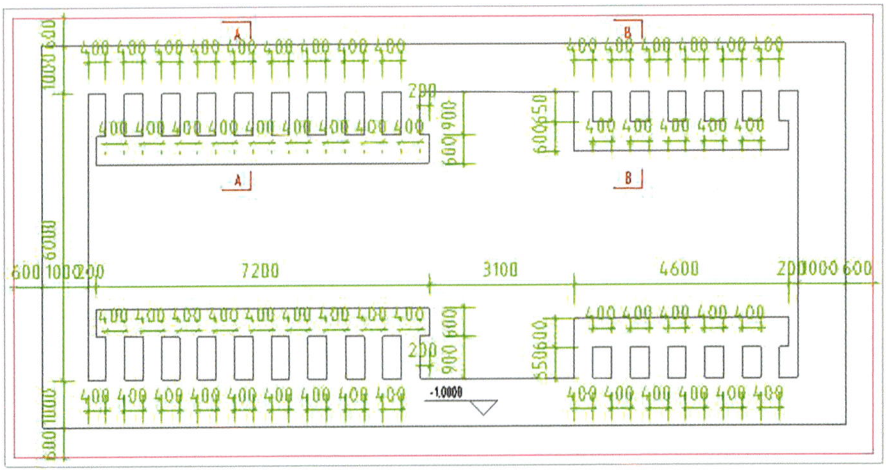


图 10-35　3#站坪变电所土建图

④转运中心 4#变电所泊位引导监控室内电气竖井与高低压侧电缆沟未联通，不满足电缆敷设需求（图 10-36）。

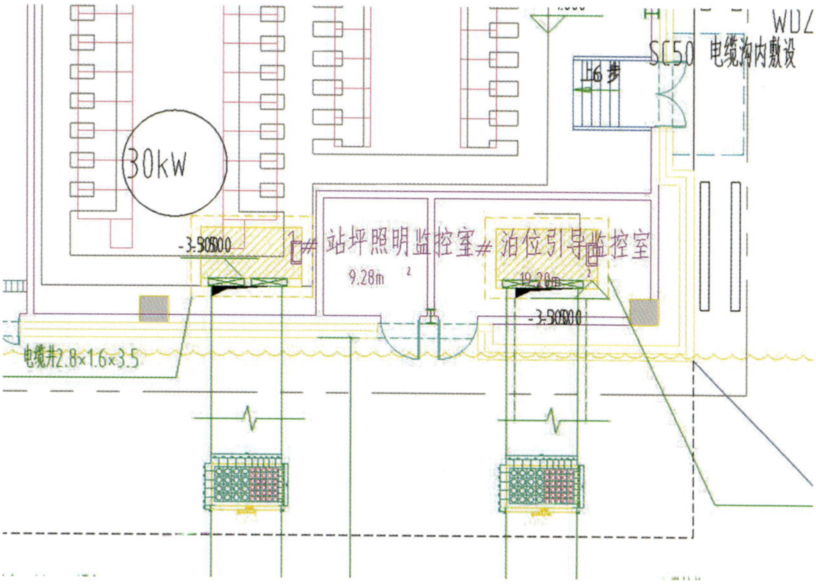


图 10-36　4#变电所泊位引导监控室平面图

## 10.8.3　解决方案

基于 BIM 创建配电机房模型，该模型包含电气设备、桥架、电缆、电缆沟等，通过可视化深化手段进行管线空间排布及走向的部署，并开展有效的空间碰撞检查，实现机房精细化深化。

①因转运中心 3#变电所位于转运中心二层，无法设置电缆沟，经与设计沟通确认，转运中心 3#变电所电缆敷设由原来下进下出的方式改为上进上出的方式，高低压设备上方设置电缆桥架，桥架用同规格的梯式桥架（图 10-37）。

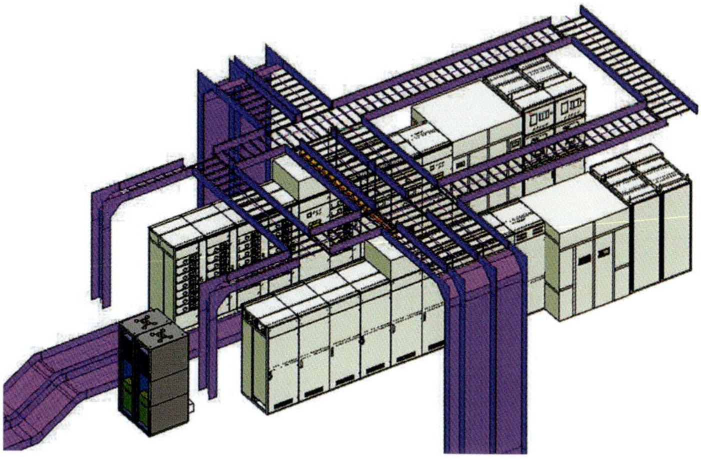

图 10-37　3#变电所深化模型图

②对于转运中心4#变电所内的泊位引导监控室，通过增加四条400mm×200mm的桥架（桥架间距为200mm），连接电气竖井与高低压侧电缆沟，以满足电缆敷设的需求（图10-38）。

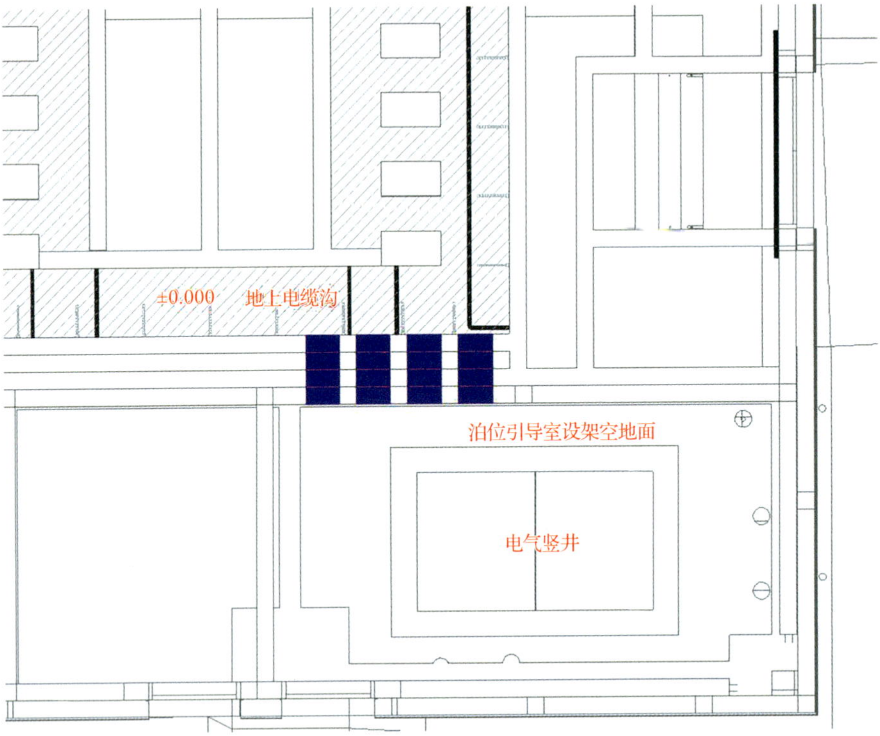


图10-38　4#变电所增加桥架图

③配电房深化。

根据每个强电间入户桥架及相应配电箱具体位置，在充分考虑电缆转弯半径及现场施工难度的基础上，采用以下方法进行桥架路由及支吊架布置：

a.首先，尽可能减少消防电力桥架与普通电力桥架间的交叉，以减少转弯次数并降低施工和电缆敷设的难度；

b.其次，为了方便电缆从桥架敷设至配电箱，避免在配电箱正上方布置消防电力桥架与普通电力桥架；

c.最后，桥架尽可能紧贴墙体敷设，支吊架尽量采用L型支架侧墙布置，局部可采用丝杆-门型吊架；为满足强电间布置美观性及合理性的要求，各电气回路均采用暗敷的方式敷设于顶板、底板和墙体中。

④配电房深化要求比较高，可参考配电房设计规范要求进行深化（图10-40）。在深化的过程中需注意以下问题：

a.设置通风和空调风管时，必须确保风口下方不安装任何遮挡物，以防空气流通受阻。同时，严禁在配电柜或变压器上方安装风管，避免空气中的冷凝水对设备造成损害；

b.安装灯具需保证排列整齐，安装的位置需保证机房操作部位及仪表部位的照度；

c.变压器、配电屏应排列整齐，以便后续的检修和操作。

d. 桥架及母线槽的排列在方便电缆敷设和桥架安装的前提下，以最短的距离排列整齐，桥架避让母线槽，小桥架避让主桥架，考虑到美观性，小桥架尽量布置于大桥架上面；

e.消防灭火气体管道在满足消防要求的情况下避让桥架；

f.配电房中所有的管件、支吊架、各类末端等，都应体现在模型当中，以便核对是否能安装；

g.桥架之间距离保持至少300mm；

h.进出机房的风管上面安装的应是电动开关阀；

i.其他功能区的管线不得穿越配电房。

通过遵循上述指导原则，可以有效地进行配电房的深化设计，确保设计功能完好、安全和美观。

⑤配电间深化。

桥架、母线穿楼板处，洞口边设置高度100mm挡水反坎；落地配电箱距墙50mm，便于井壁四周接地母线敷设；操作不频繁的配电箱（如T接线箱、中转箱）可置于上层，频繁操作的配电箱置于下层；应保证配电柜体前方有供箱门开启90°的空间（图10-39），若空间不足，建议箱门设置为双开；母线插接箱底部标高一致，建议距地1.6m安装，方便操作；竖向梯级桥架距墙不小于150mm，便于桥架安装及电缆绑扎（图10-40）。

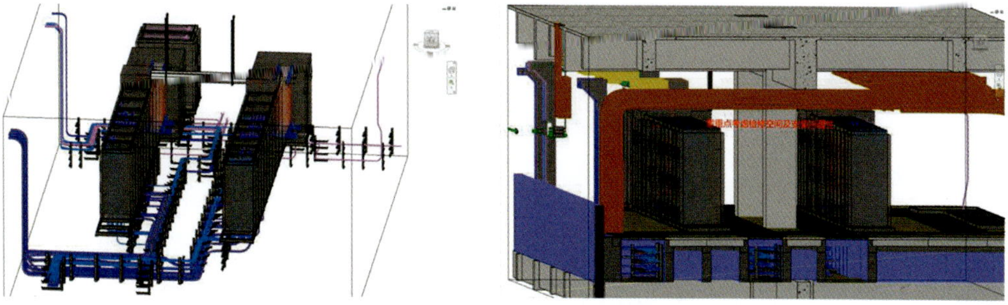

图10-39　配电房深化模型

### 10.8.4　总结

由于设计蓝图中未绘制强电配电机房内桥架的排布方式与具体路由，该部分内容需由施工单位根据桥架及配电箱排布位置和现场施工情况进行合理深化，在确保满足设计及施工验收规范要求的基础上，遵循美观、施工便捷及电缆敷设易于操作的原则，以实现布局合理化和成本优化。

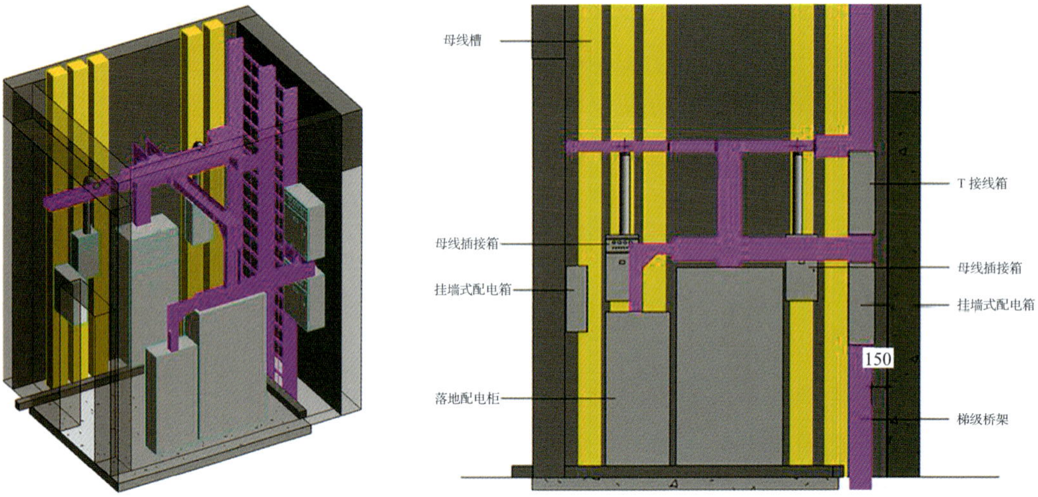


图 10-40　配电间排布模型图

各标段交界面多，边界问题多，经常出现先期施工单位可以顺畅施工，而后续施工单位面临难以进行正常作业的局面。土建碰撞、机电碰撞、管线无法衔接等情况也经常出现。同时，由于设计单位不止一家，往往出现接驳位置接不上的问题，施工单位难以协调双方设计进行设计协调修改。基于 BIM 模型对全项目的深化建模进行合模，能准确判断模型的合理性。同时，从合模中可发现各标段边界处的设计问题，并且在施工前，基于深化模型进行整合，针对碰撞进行调整，提前规避问题、解决问题，避免施工过程中的返工，提高工作效率、缩短工期、节省成本。

## 10.9　变电站深化设计案例分析

### 10.9.1　背景描述

此次鄂州花湖机场变电站深化设计应用 BIM 技术对变电站建筑、结构、内装、机电等专业进行了整体深化，尤其是电缆入户和电缆沟内电缆排布两方面。建模人员不仅秉承公司高标准去完善每一个构件，排布每一根电缆，并且从使用者的视角出发，进行综合考量。为了给使用者带来舒适、整洁的视觉体验，电缆沟采用烤漆处理。在运维管理方面，为了便于后期的检修工作，每根电缆都附加了明确的标牌。此外，入户电缆采用成品钢制封堵件，有效规避了虫害、鼠害以及脱落的风险，兼顾了实用性与安全性，确保了设计的全面性与细致性。

## 10.9.2 问题分析

传统变电站电缆沟使用火山泥封堵入户电缆管，在恶劣环境下，时间长容易脱落；传统电缆沟以灰色混凝土为主色调，给人以压抑的感觉；电缆排布不整齐、规整，标签标识杂乱，给后期运行维护造成很大的困扰。

## 10.9.3 解决方案

站坪变电站深化设计需要满足现场实用性、美观性以及后期运维简便性要求（图10-41）。传统的电缆沟电缆入户孔多采用火山泥封堵，虽能满足基本使用需求，但考虑到电缆沟所处的恶劣环境条件，长时间使用可能导致火山泥脱落。为解决这一问题，采用耐寒耐高温、固定牢靠的成品钢制封堵件，能显著降低后期返工的概率（图10-42）。

（a）

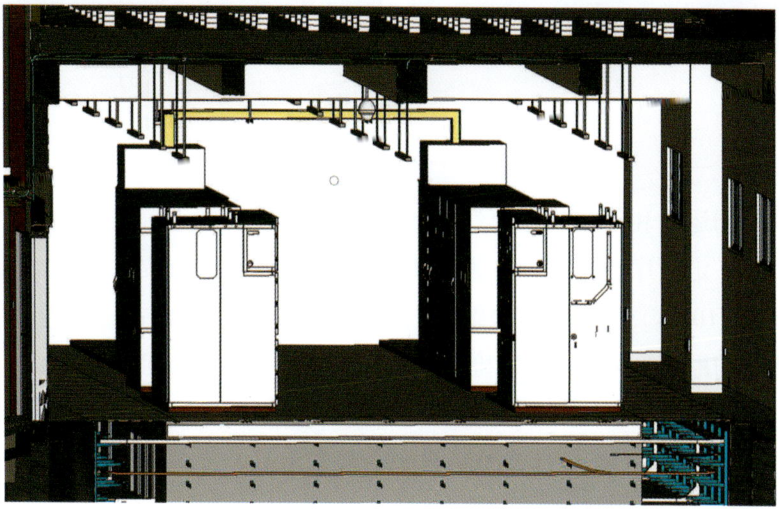

（b）

图10-41　变电站模型全局图

（a）实景图；（b）模型图

图 10-42　电缆入户钢制成品封堵件

一般变电站内部以灰色混凝土为主色调，这种色彩会给人一种压抑感。针对此问题，电缆沟采用蓝色烤漆装饰（图 10-43），在一定程度上给人带来宁静、温馨、干净、舒适的感觉；在实际使用中，蓝色烤漆更起到了防水防潮的作用，改变了人们对电缆沟黑白灰的刻板印象。

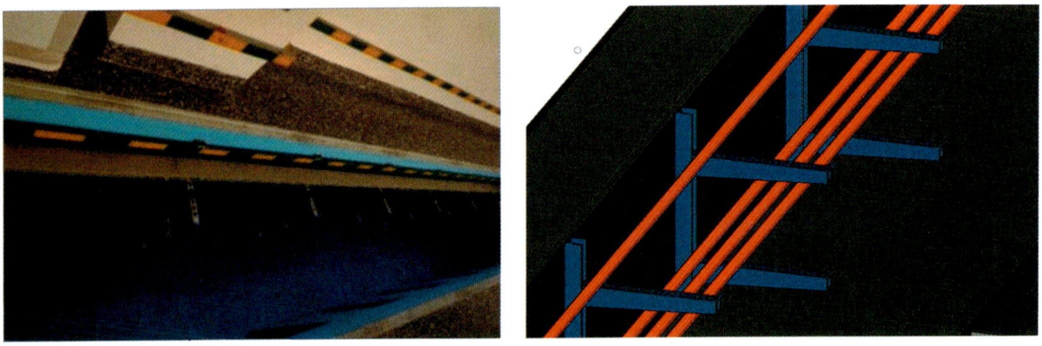

(a)　　(b)

图 10-43　烤漆电缆沟

(a)成品图;(b)模型截图

考虑到后期运维和检修的便捷性，电缆沟内的电缆在敷设标准达标的同时，还应经过清洁并按照一定顺序整齐排列。为方便后期检修，给运维方提供便利，每根电缆均挂上铭牌标签（图 10-44），并注明该电缆将电由哪一具体的供电设备输送到哪一具体的用电设备和使用的电缆型号，使后期检修人员一目了然，很大程度上减少了排查、寻找电缆的时间。贴上标签后的电缆整齐划一，搭配上机械感的成品刚性封堵件和蓝色调的电缆沟，使变电站从一个功能性建筑上升到一件艺术品。

### 10.9.4　总结

通过采用BIM技术，鄂州花湖机场变电站的深化设计项目有效解决了传统变电站的常见问题，如电缆入户封堵脱落和电缆沟排布混乱等。项目引入耐候的成品钢制封堵件和蓝色烤漆电缆沟，不仅提高了设施的耐用性和美观性，也简化了后期运维工作。通过这些创新措施，不仅提升了项目功能性，还将变电站的设计美学和用户体验提升到了新的水平。

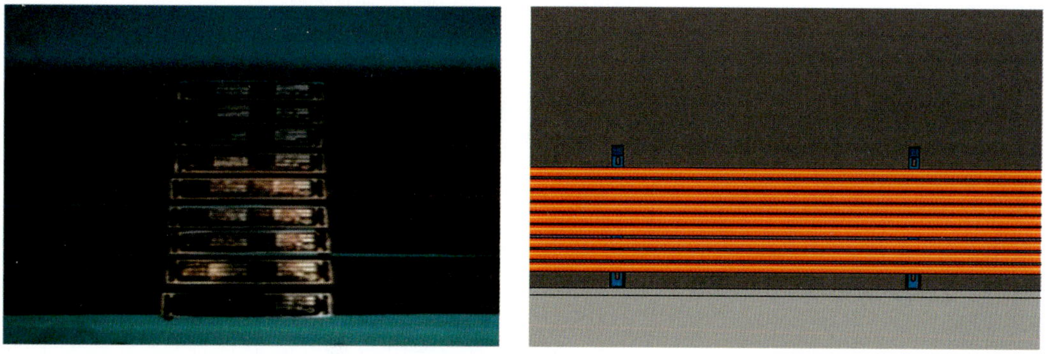

（a）　　　　（b）

图 10-44　电缆局部图

（a）贴标签；（b）电缆模型截图

## 10.10　消防系统重要区域深化设计案例分析

### 10.10.1　背景描述

综合业务楼设置两个消防水池，有效容积均为 1858m$^3$；在一个面积为 162.52m$^2$ 的消防水泵房中放置 7 台水泵，同时在指廊区域均设置了湿式报警阀间。在消防系统中，消防水泵及湿式报警阀间是整个机电安装的重点和难点，复杂而烦琐。

### 10.10.2　问题分析

①综合业务楼地下二层包括消防泵房以及生活泵房，特别是消防泵房内 2 台消火栓加压泵、3 台喷淋加压泵及 2 台防护冷却加压泵的布置，因泵房面积有限，泵组及相应管线众多且密集，不仅影响了视觉效果，也增加了施工难度。在 BIM 建模过程中将机房按照图纸和实际施工需求进行设计与深化，同时采用优化管路走向、调整设备定位等方式，降低了泵房实际的施工难度，同时使整体效果更加美观。

②对于空侧指廊 W2 区的湿式报警阀间，由于空间限制以及管道及阀门附件众多，管道排布面临挑战。通过精细化设计，克服空间小和管线复杂的难题，确保系统的有效运作与维护便捷性。

### 10.10.3 解决方案

针对消防系统重点区域，计划从设备基础、设备安装到设备机房的综合管线布置这三方面进行整体优化部署。完成方案深化后，将协调安装部门进行模型核查，并综合多方意见对模型进行必要的调整，确保最终图纸能准确反映施工需求，便于现场施工。具体步骤包括：

（1）设备基础

在已建立的机房模型基础之上，要求厂家提供相应的设备尺寸参数，并根据设备尺寸参数建立好相应规格的设备模型，再根据设备模型大小做出相对应的设备基础大小。

（2）消防水泵房

通过调整管线路由，将泵房内的消火栓管道与喷淋管道分层敷设，减少管道单个安装以增加对泵房内空间的利用。采用共用支架减少顶部空间的杂乱感，同时调整管道出口的位置，确保泵房内部不会因管线过于复杂而影响后期的检修维护工作。优化后的管线布局（图10-45）既集中又有序，空间利用效率得到显著提升，整体布置美观，方便施工与后续维护。

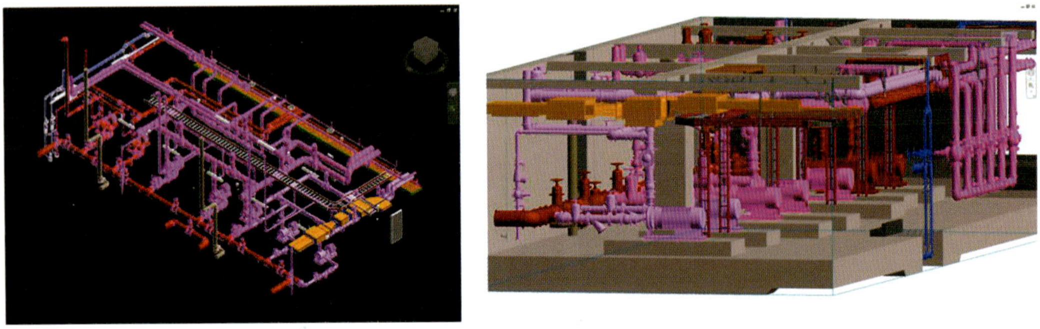

图10-45　消防水泵房深化模型

（3）湿式报警阀间

一是需熟悉相关图纸，明确管道和阀门附件的数量与尺寸；二是通过测量房间尺寸并结合相关规范，确保管道能整齐地排列（图10-46）；最后结合土建结构模型，并考虑支吊架的布置，在Revit软件中进行管道排布（图10-47）。湿式报警阀、延迟器和水力警铃的安装位置周围，应留有充分的维修空间，以便于停机后在最短的时间内修复。

在湿式报警阀间的设计中，尽管设备数量不多，但系统管网中的管配件较为繁多。由于湿式报警阀间管线相对简单，可根据图纸直接创建管道系统，模型创建完成后进行管道综合深化，深化时需注意以下问题：

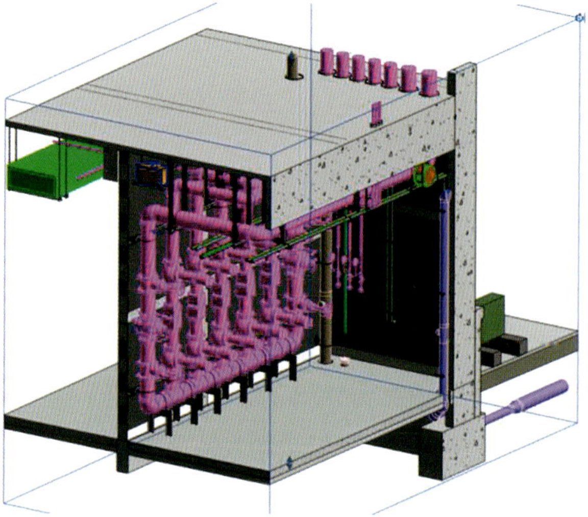

图 10-46　湿式报警阀间深化模型

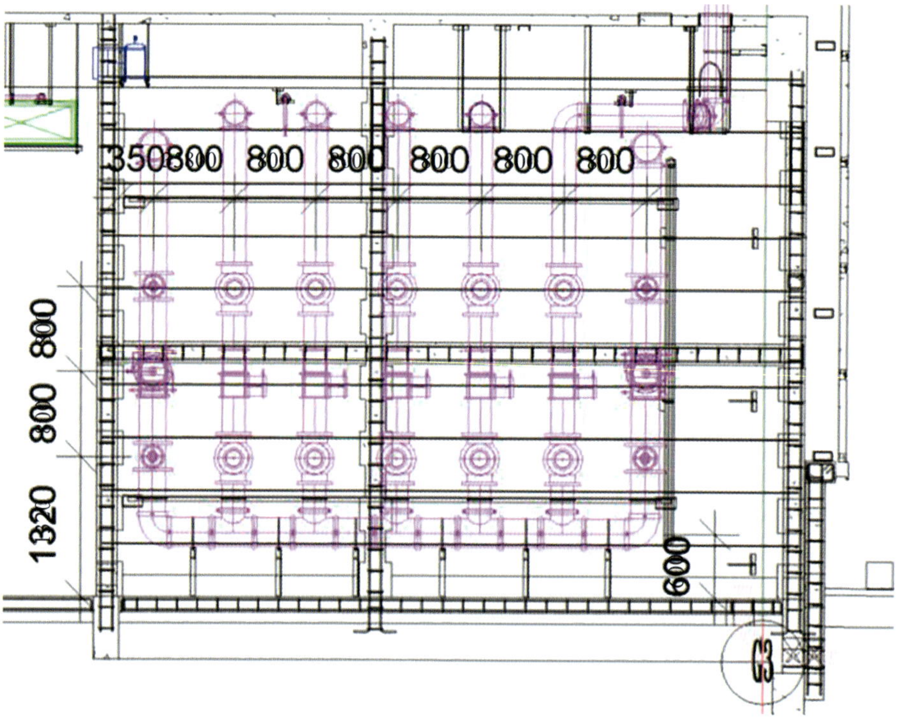


图 10-47　湿式报警阀间布置剖面图

①安装在竖直管道上的湿式报警阀，应注意水流方向，并确保安装位置周围留有充足的空间，以便于维修和保养工作的顺利进行。

②应跟厂家确定湿式报警阀排水是单排还是统一排水。

③压力表安装的位置应转向能看清读数的位置。

④湿式报警阀的安装高度应在 1.2m 左右，管道排布时应考虑支吊架有足够的空间安装。

通过精细化的设计和考虑，确保湿式报警阀间的布局既实用又便于后期的维护保养，满足安全与功能性的需求。

### 10.10.4 总结

①消防水泵房整体面积较小，内部泵组及管线众多且密集，导致水泵房的整体视觉效果不佳，同时增加了施工难度。通过 BIM 优化后，管线集中分层设置，从而可以充分利用水泵房空间，并将单层支架改为共用支架，充分满足了施工及后期检修操作空间的需求，提升了水泵房管线整体效果，降低了泵房实际施工难度。

②针对湿式报警阀间空间窄小，管道多的问题，本次案例采用结合建筑模型，利用剖面进行计算排布的方法，使问题得以解决。进行管线排布时，在满足规范的前提下，还需要综合考虑检修空间、施工的难易程度及美观等方面问题。

③机房深化需考虑到设备机房的美观性及设备检修的可操作性，然后再对设备及设备管线进行排布。深化完成后由安装部门进行审核，达到要求后，便可出具设备基础图及设备机房管线综合深化图，再将准确定位的深化图纸交付现场队伍施工。

## 10.11 斜屋面机电管综深化设计案例分析

### 10.11.1 背景描述

鄂州花湖机场转运中心设有分拣中心以及海关、安检、顺丰公司办公业务用房及配套设施设备用房；各用房采用斜屋面及天窗等形式，其中 12 个空侧指廊区域采用斜屋面的构造（图 10-48），由于需要大量的钢结构斜梁，机电管线需平行钢结构斜梁排布，使得机电主管线需要考虑多种标高情况。本项目倾斜屋面机电管综深化设计利用 Revit 进行三维建模，但由于 Revit 软件自身的限制，三维建模无法完全与现场实物保持一致。本案例基于对倾斜屋面机电管综深化设计中存在的 BIM 问题及当前解决方式进行分析。

### 10.11.2 问题分析

（1）倾斜管线建模问题

管线综合涉及给排水、暖通、电气多个专业，且模型包括管道、桥架、风管、附件等多种构件，然而，当前 BIM 软件具有局限性，如横向管道未设置坡度会导致中间区域的空间净高偏低，管线设置坡度后无法与立管形成 90°的连接，Revit 中管道配件与实际配件

大小不符等,导致模型和现场施工后的实物会有所偏差。

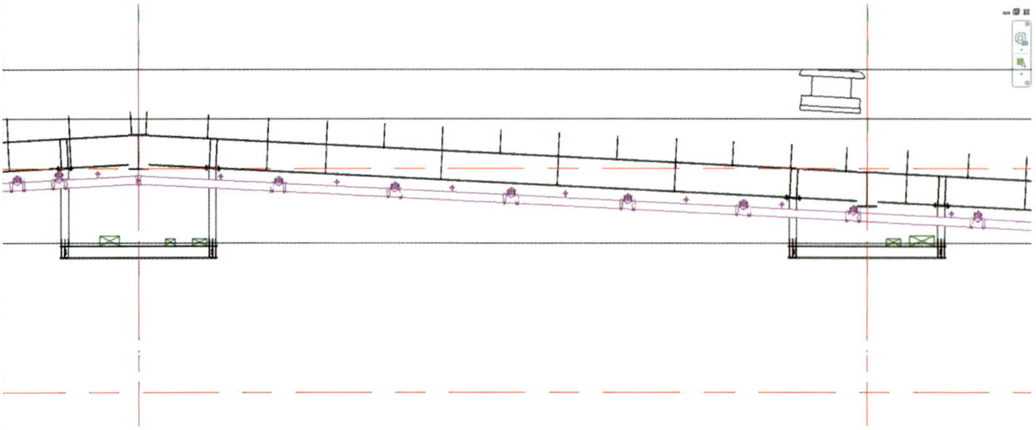

图 10-48 斜屋面典型剖面图

(2)管道排布问题

斜屋面最低净空高度为 9200mm,最高净空高度为 11400mm,相应高差达到 2200mm。因此,梁下布置的机电管线需考虑位置关系,以实现机电优化(图 10-49)。

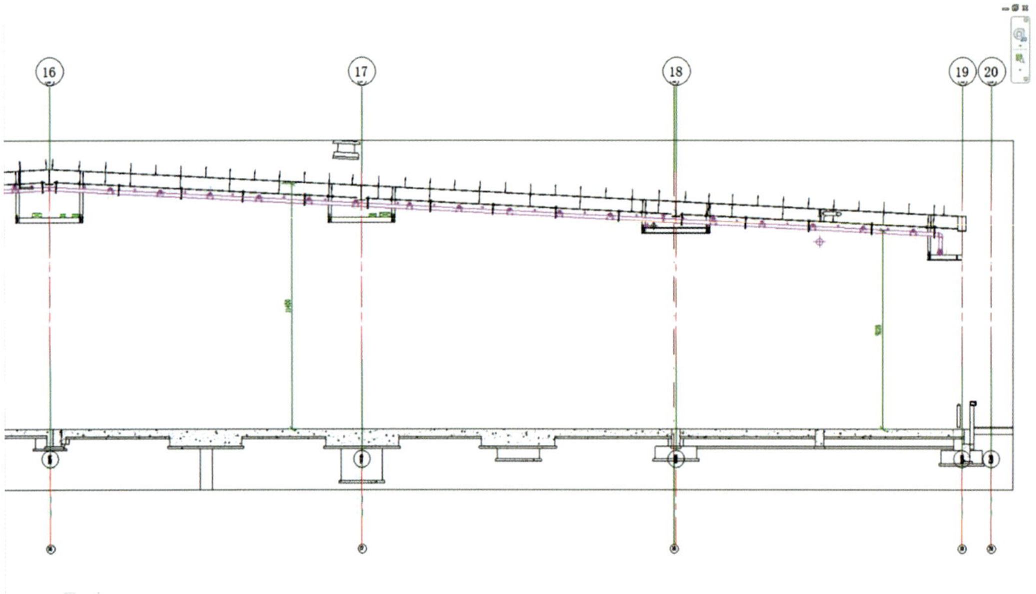


图 10-49 斜屋面喷淋主管布置剖面图

(3)倾斜结构的支架设计问题

在斜梁上,布置机电支吊架是深化重难点,需考虑支吊架生根位置、固定方式及高度等因素,以便为机电优化带来更好的方案(图 10-50)。

图 10-50 斜屋面机电支吊架模型图

(4)屋面天窗机电管线支架设计问题

陆侧指廊结构造型采用具有通长型采光天窗兼排烟天窗的设计方式，天窗横向设置，宽度为3m，机电管线排布于天窗下方；根据现场施工及相关验收规范要求，桥架安装吊架间距不大于2m，水管安装吊架间距不大于4m且两个喷头间需设置单独吊架，然而，天窗自身不适宜固定支吊架并承担管线荷载，这使得天窗处的桥架及水管吊架的安装难以满足施工和规范要求。

## 10.11.3 解决方案

①由本项目所采用BIM的软件以及现场施工进度引发的问题，无法在建模过程中得到完全解决，如三维模型与实际不符的问题，但为避免对现场施工进度、质量验评及按模施工等环节产生不利影响，通过有坡度的管线设立一段水平管线，然后与立管进行连接，便可以保证水平管和立管90°连接，使其符合现场施工要求。

②合理划分管道布置方式。横向管线沿屋面倾斜角度进行放坡，便于后期的管线排布及综合支吊架的吊装，而纵向管线敷设于柱平台两侧，为了满足业主对于净高的要求，机电主管高度设置应以最低净空高度为准，支管采用上翻方式接入，避免了大量的交叉翻弯，并且高度相对统一，便于现场施工安装(图10-51)。

③喷淋管贴钢结构梁底敷设；相邻两喷头间的管段上应至少设一个支架，吊架与喷头的距离不小于300mm，与末端喷头的距离不大于750mm，优化了次檩条结构，减少用钢量。纵向主要干线管道采用结构钢平台吊挂、螺栓连接方式固定于钢梁上，既减少支

架用量，又保证了管道运行安全性（图 10-52）。

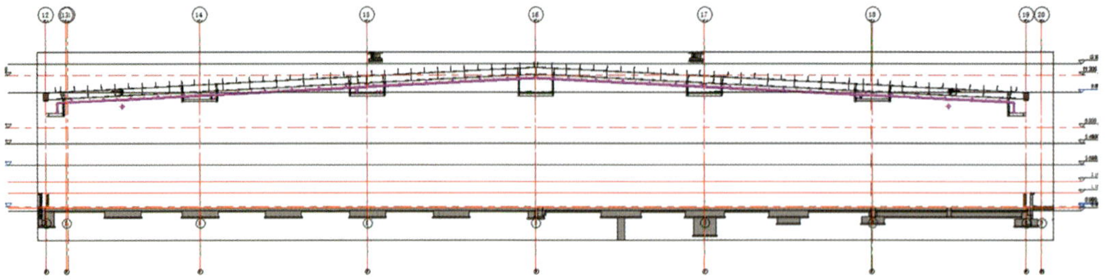

图 10-51　斜屋面机电深化模型

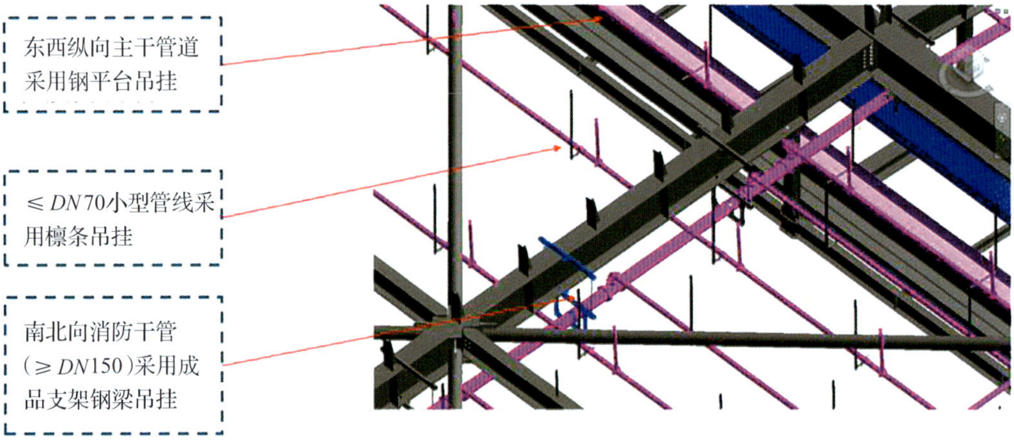


图 10-52　斜屋面机电支架典型吊挂断面图

④结合陆侧指廊结构天窗的结构形式及现场机电管线施工实际，在满足设计及施工验收规范的基础上，采用以下方式来解决该问题：

a.根据管线荷载选择不同型号的槽钢制作天窗处专用横向过渡支架族，设置其长度为可进行参数驱动，两端设置有连接端板；

b.根据天窗梁间距设置横向过渡支架长度，将其放置在天窗中间处，放置位置需确保桥架吊架间距能够满足不大于 2m 的要求；

c.布置桥架及水管吊架，间距满足设计及施工验收规范要求，吊架与过渡支架间采用焊接形式进行连接（图 10-53）。

⑤檩条下灯具支吊架方案：金属屋面灯具支吊架因线管在檩条下方用固定支架，相较于其他楼层照明灯具吊挂方案，在门字框中增加两个横担固定第一个分路线盒及第二个灯具接线线盒，在满足室内照度情况下，根据檩条的实际情况，灯具支吊架的吊杆随屋面坡度进行长度调整，确保灯具高度一致（图 10-54）。

图 10-53　天窗机电支架典型吊挂模型图

图 10-54　灯具支吊架模型

### 10.11.4　总结

采用 BIM 软件对倾斜屋面机电管综进行深化建模，由于软件本身存在的限制对模型搭建的准确度及效率存在很大的影响，该问题在本项目中得到了部分解决，问题的完善主要依赖以下几点：

①优化 BIM 的族库，以满足各种类型及尺寸的模型要求，形成精细化模型；

②基于 BIM 软件进行插件二次开发，来确保 BIM 成果的精细度，提高建模效率。

## 10.12　功能用房机电管综深化设计案例分析

### 10.12.1　背景描述

本项目作为大型货运枢纽中心，功能以货运物流为主，但建筑中也涵盖办公空间、卫生间及工作间等功能性用房。虽然功能用房占比不大，但功能要求高、功能类型多样，

并分散在转运中心各个角落，给此类房间的机电深化带来巨大的挑战。同时，净空控制也是功能用房的深化重点，设计方也有相应的要求，卫生间设计净高要求为2800mm，走道及工作用房设计净高要求为3000mm，其他功能用房设计净高为2400～2800mm。本案例基于功能房机电管综深化设计中存在的BIM问题及当前解决方式进行分析。

### 10.12.2 问题分析

①本功能房间种类繁多，结构形式多样且分布广泛，机电深化过程中如何做好区域分布统计及净空条件识别是工作重点。

②在大空间指廊区域，功能用房建筑高度各异，引入引出立管的布置需考虑支架设计及建筑美观度等因素。

③功能用房通风系统的布置方式也需要重点考虑，由于功能用房布置在角落，其通风管、长度喷淋及一般采用外挂室外机的空调系统会导致空调水管过长。

### 10.12.3 解决方案

在鄂州花湖机场转运中心的机电深化设计过程中，采取了一系列措施以优化管线排布并确保功能用房的净空需求得到满足。以下为详细策略：

①针对功能用房分散、净空要求各异的问题，机电深化前期制定净空要求统计表及排布方案原则。为了合理安排各类管线，原则上要求能并排布置的管线应尽量并排，以此减少管道在房间内的交叉和翻弯。在管线较密集的区域，通过设计共用管道支架以节省空间和材料，从而实现房间内的整齐有序。完善机电管线连接方式，优化模型的合理性，完成碰撞检查，解决机电与其他专业以及机电本专业之间的错漏碰缺等问题。BIM模型深化过程中需要考虑以下内容：

a.管径不大于*DN*50的无压管道，包含但不限于冷凝水管、排水管；

b.对标高控制敏感的管道，包含但不限于宽度大于1.2m障碍物下设置的喷淋支管；

c.抗震支吊架预留安装空间；

d.疏散及指示灯箱预留安装空间。

②针对设备安装空间，设备一般使用吊装，并充分预留过滤器、静压箱、风机等附件安装空间，同时确保管道标高尽可能保持一致。在考虑空调系统效果的同时，在机电优化过程中尽可能地减少空调水管的翻弯，以确保系统效率和空间的有效利用（图10-55、图10-56）。

图 10-55　桥架支架布置

图 10-56　水管落地布置图

③在设备安装空间的规划中，通常采取吊装方式以安置设备，并确保为过滤器、静压箱、风机等附件预留充足的安装空间。此外，为保持管道标高一致，同时考虑到空调系统的运行效率，机电优化过程尽量减少空调水管的翻弯（图 10-57）。

### 10.12.4　总结

在鄂州花湖机场转运中心的机电深化设计项目中，面对功能用房分布广泛、结构形式多样且净空要求高度不一的挑战，采取了一系列综合策略以优化管线布局并满足各功能用房的特定需求。初步工作包括制定净空要求统计表及排布原则，以便在设计阶段合理安排各类管线，减少交叉和翻弯，同时设计共用管道支架来节省空间和材料。此外，通过优化机电管线连接方式和增强模型的合理性，实现机电系统与其他专业之间以及机电系统内部的无缝对接，有效避免了错漏碰缺问题。机电优化还特别考虑了设备的吊装安装方式，预留了足够的空间给过滤器、静压箱、风机等附件，同时强调保持管道

标高一致和减少空调水管翻弯以提高空调系统效率。这一全面而详细的优化方案不仅确保了功能用房的净空要求得到满足，也为机电系统的高效运行和空间的有效利用打下了坚实的基础。

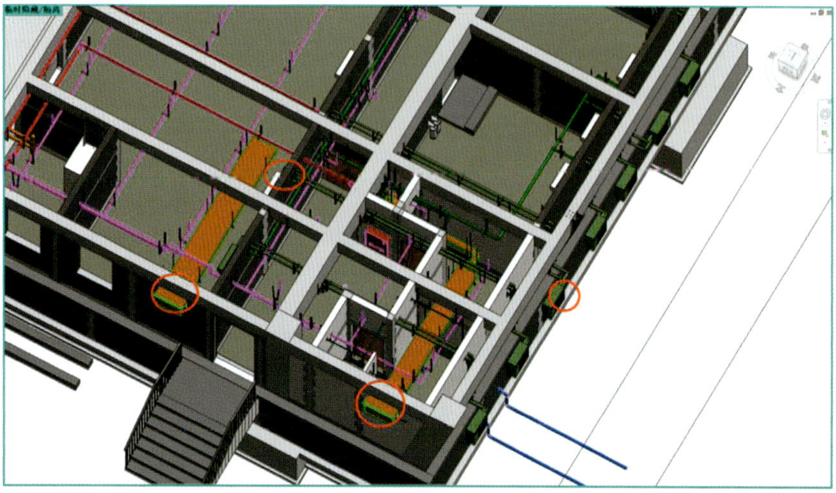

图 10-57 机电预留安装空间图

## 10.13 机组楼机电净高控制案例分析

### 10.13.1 背景描述

鄂州花湖机场的机组楼地上共三层，建筑高度 17.4m，总建筑面积 10528m$^2$，一层建筑面积 3639m$^2$，二层建筑面积 3305m$^2$，三层建筑面积 3474m$^2$。除满足正常住宿外，还设置全日制餐厅、会议室等功能配套。本项目的图纸版本繁多，涉及一次、二次机电多版图纸以及相应变更；同时，与多个配合单位如业主、机电总承包商、精装修承包商、二次机电设计单位、咨询单位及各专业分包商之间的协调极具挑战，增加了现场管理的难度。管综深化过程中净高控制严、管线排布严、机房深化严、精装点位要求严、模型精度要求高，且必须严格按照业主要求的净高进行深化设计，无吊顶区域管线排布要美观，而且出图时间紧，所以收到新版图纸后需尽快进行管综优化及出图，并指导现场施工。

### 10.13.2 问题分析

(1)机组楼一层分析

一层四周区域为办公室及大堂，中间区域为庭院。一层结构顶板多处降板，为二层宿舍卫生间降板。地上一层大堂位置层高 5700mm，梁底净高 4350mm，次梁最低净高

4480mm。一层大堂天花高度要求为 3600mm，其他区域高度均不同，详见天花净空要求（图 10-58）。

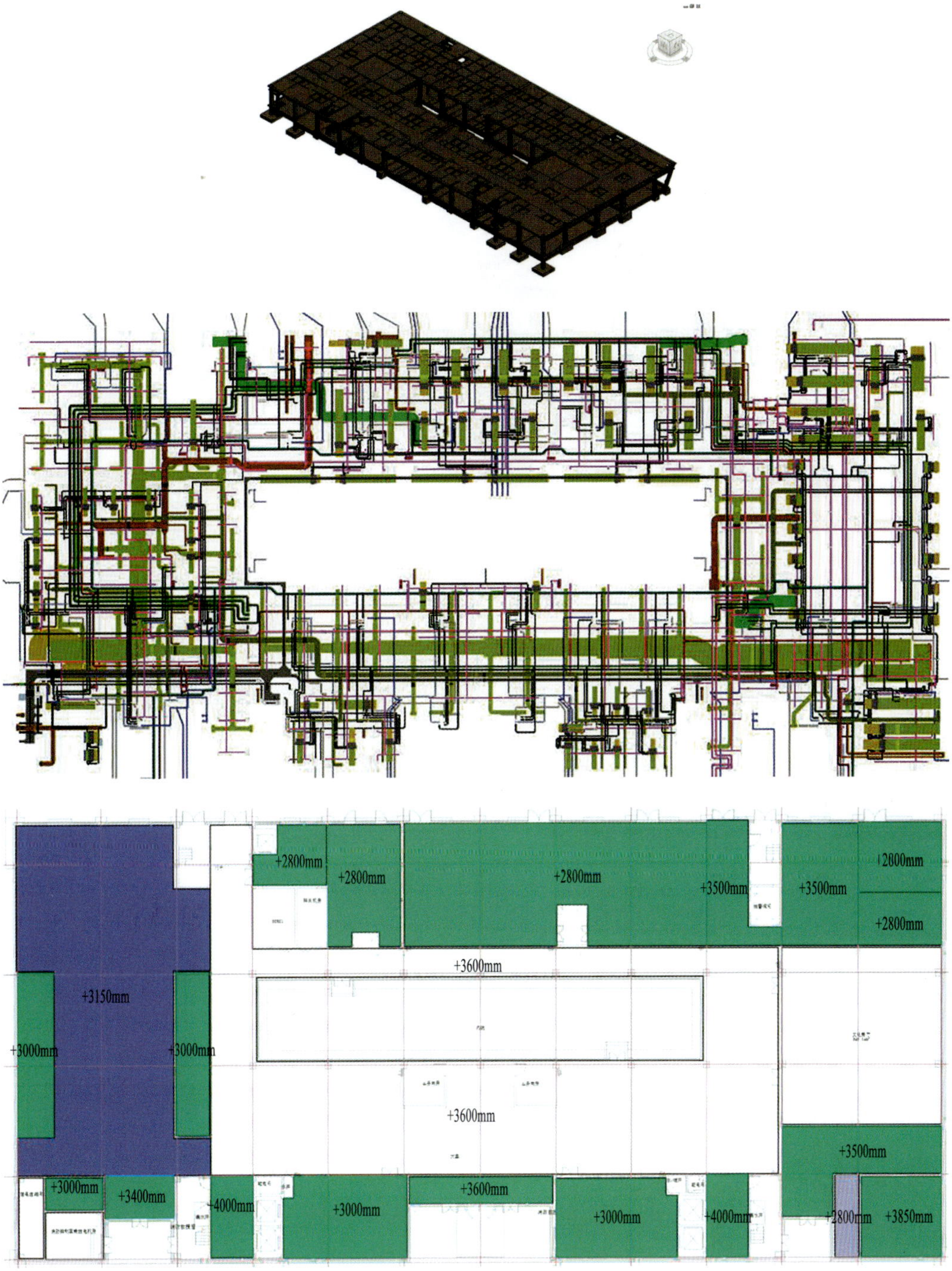


图 10-58　机组楼一层净空分析图

（2）机组楼二层分析

二层四周区域为办公室及宿舍，中间区域为一层庭院上空。二层结构顶板多处降板，为三层宿舍卫生间降板。结构上主梁最低净高3150mm，次梁净高3250mm，走道天花吊顶高度为2600mm，房间内吊顶高度为2800mm（图10-59）。

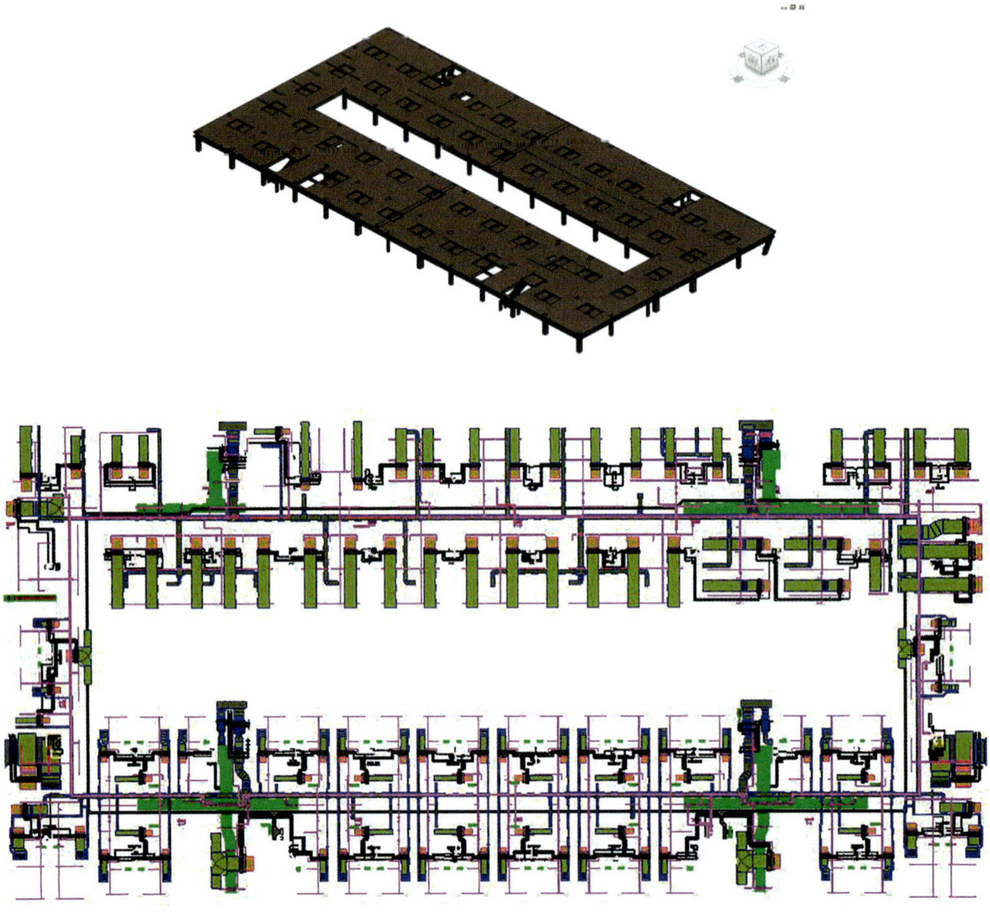

图10-59　机组楼二层净空分析图

（3）机组楼三层分析

三层四周区域为宿舍，中间区域为一层庭院上空。三层结构顶板无降板。结构上主梁最低净高3300mm，次梁最低净高3500mm，走道天花吊顶高度为2600mm，房间吊顶高度为2750mm（图10-60）。

（4）排烟风管安装分析

排烟风管是影响走道区域的重要因素，排烟风管截面高度400mm，保温安装空间上下各50mm，风管下管道、下喷、灯槽、灯具及吊架安装等空间300mm，共需800mm安装空间，最低点净高3500mm，不能满足净空要求（图10-61）。

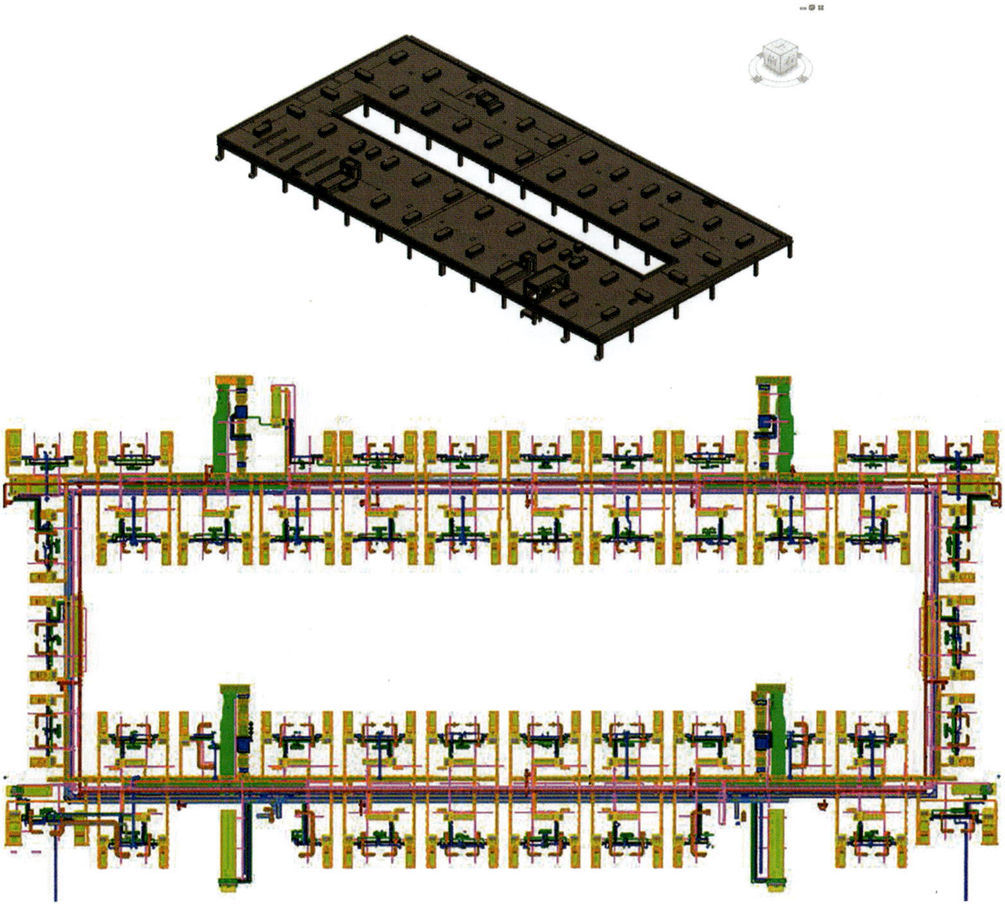

图 10-60　机组楼三层净空分析图

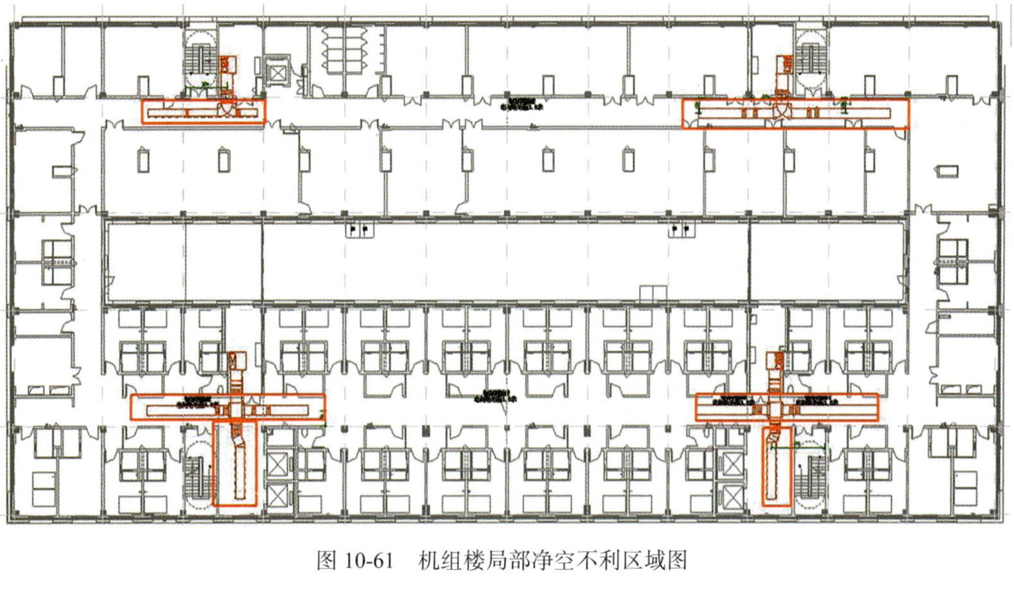

图 10-61　机组楼局部净空不利区域图

### 10.13.3 解决方案

(1)与设计方沟通,明确机电管综优化要求

优化要求如下:将风口、喷淋、烟感、照明均布置在天花设备带内,确保天花布局效果;同时将原方形风口调整为长条形风口(按精装修风口方案进行调整),提高美观度;满足精装修净高要求。

(2)根据设计要求,明确机电管综优化原则

优化原则如下:对于二、三层的走道吊顶标高2600mm,考虑与门套造型、玄关吊顶的标高保持统一,房间考虑侧送风,其内部吊顶采用叠级布置;优化走道及房间管线布局,最大化避免管线叠层,保证装修龙骨施工空间,防止阻碍后期检修(图10-62)。

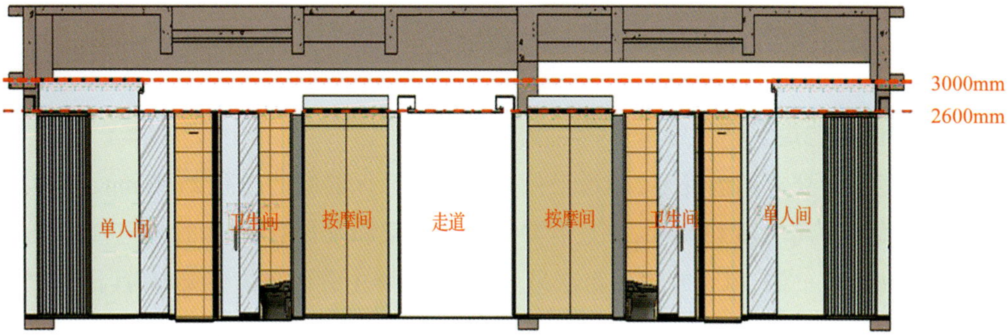


图10-62 装饰净空要求图

(3)机组楼一层

在满足设计要求的基础上,优化管线路由,实现风管支管的顶平安装,并在次梁空间内布置重力水管。优化后,大堂的最低点净高达到3800mm,考虑到灯具及吊架安装,实际净高为3600mm(图10-63、图10-64)。

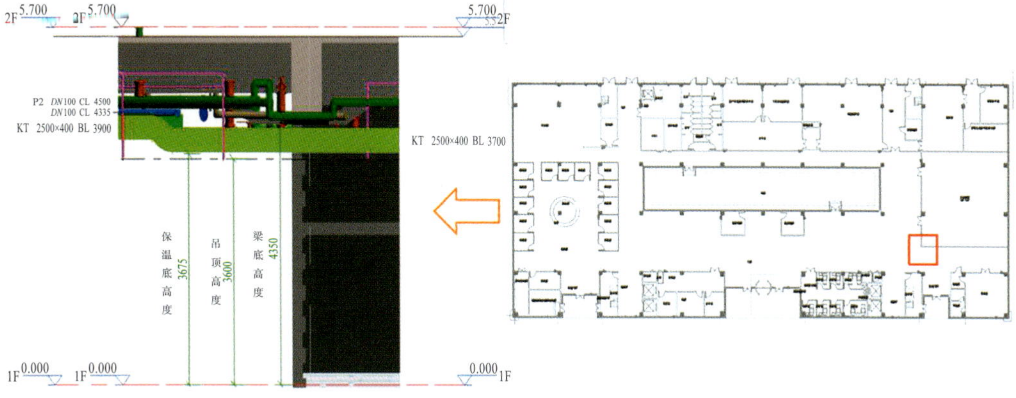


图10-63 机组楼一层大厅最不利区域剖面图

图 10-64　机组楼一层机电管综优化后的净高分析图

（4）机组楼二层

在满足设计要求的前提下，走道最低点排烟风管保温底的净高 2730mm，吊顶高度 2600mm，管底距离吊顶 130mm，并且需要考虑支吊架和龙骨空间，水管与电气桥架上下分层布置在走道一侧，风管放置在走道另一侧，将喷淋主管调整为穿梁布置（图 10-65 至图 10-67）。

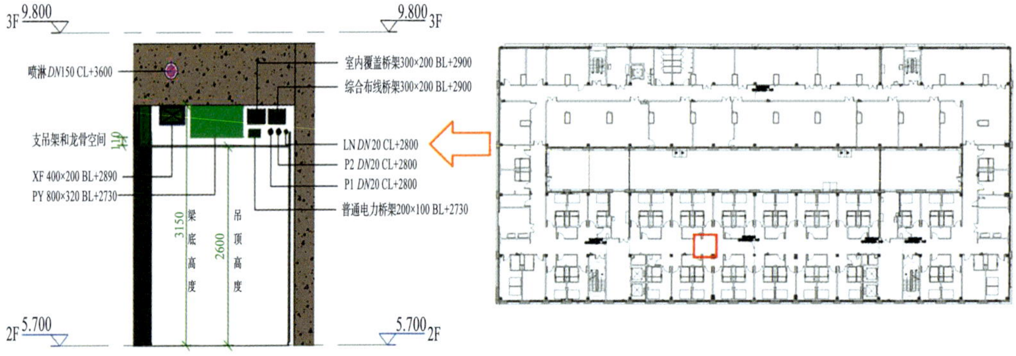


图 10-65　机组楼二层走道区域剖面图

（5）机组楼三层

在满足设计要求的前提下，走道、管道最低点净高 2830mm，吊顶造型高度 2730mm，管底距离吊顶造型 100mm，且需要考虑支吊架和龙骨空间，水管与电气桥架上下分层布置在走道一侧，风管放置在走道另一侧，将喷淋及消防主管调整为穿梁布置（图 10-68、图 10-69）。

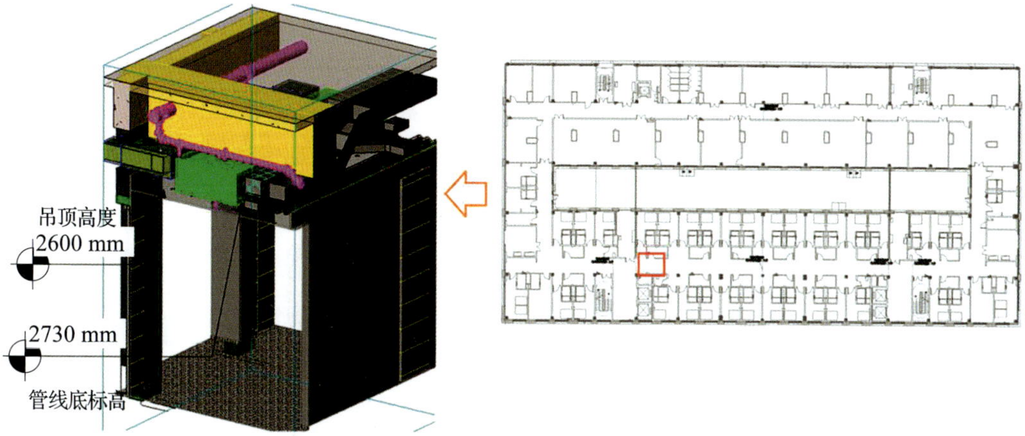


图 10-66　机组楼二层走道最不利区域图

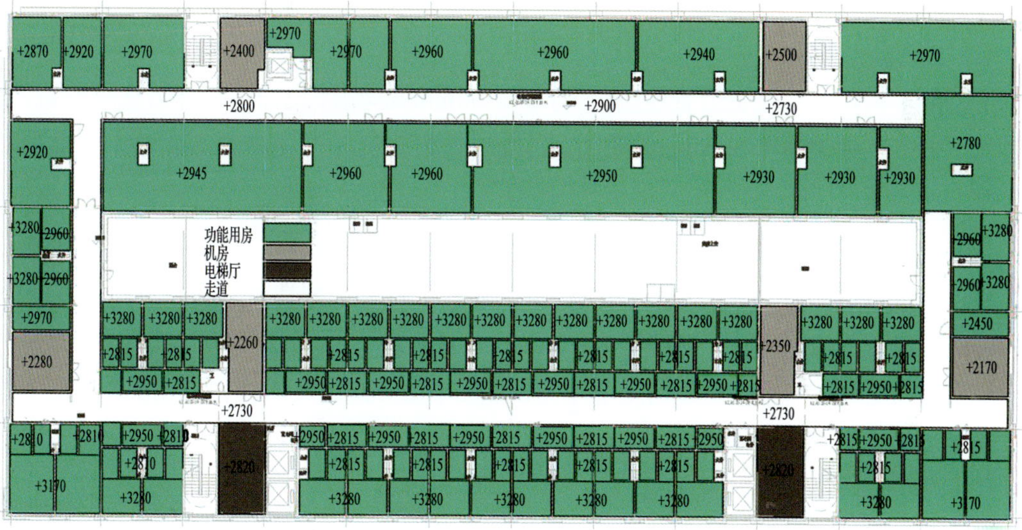


图 10-67　机组楼二层机电管综优化后的净高分析图

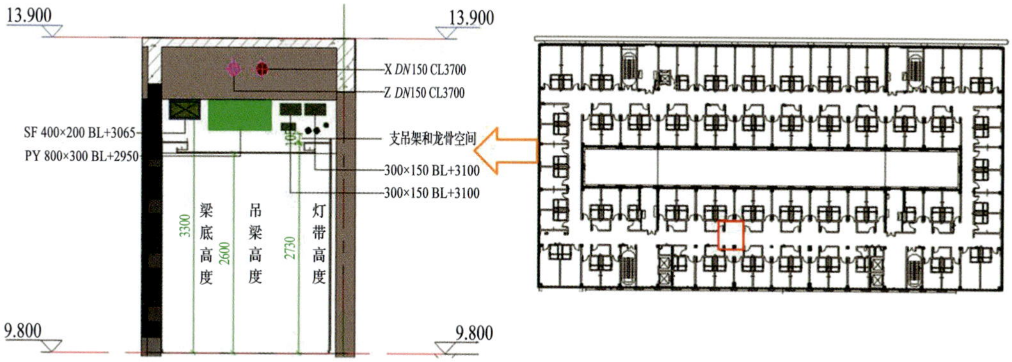


图 10-68　机组楼三层走道区域剖面图

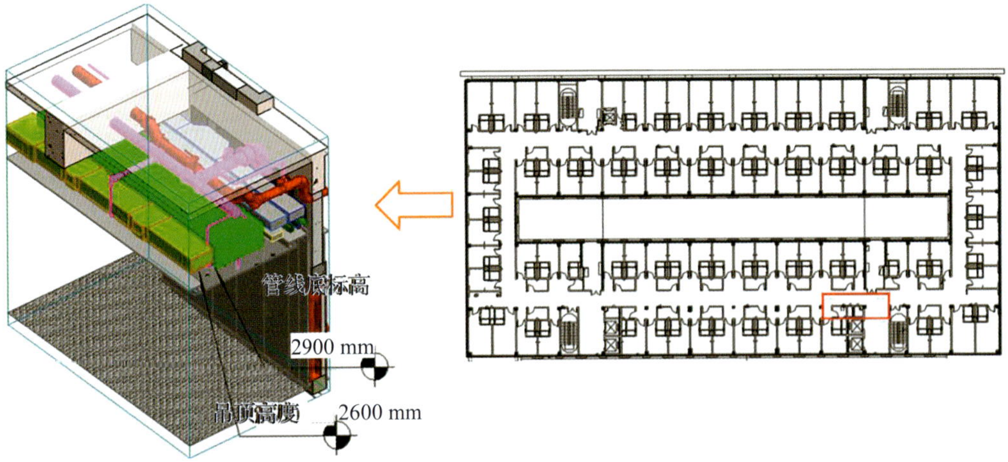


图 10-69　机组楼三层走道最不利区域三维视图

### 10.13.4　总结

①由于机组楼一层重力管线较多，存在 1200mm 高梁，原设计将喷淋系统穿梁布置，给施工带来了很大难度，通过BIM优化后，取消穿梁套管并保证管线最低点净高满足精装要求。

②机组楼主要功能为住宿，类似于酒店项目。对于此类项目，可以考虑将供回水主管靠近风机盘管布置，减少支管长度，总体上有利于减少工程造价。将空调供回水主管置于风机盘管下方，便于系统排气，使水流顺畅且管道不易堵塞；结合结构、天花布局，利用梁窝布置风机盘管，充分利用了净高，提高冷凝水排放可靠性；将无法避免交叉的管线利用梁内空间进行翻弯避让。

## 10.14　综合楼机电管综净高控制案例分析

### 10.14.1　背景描述

鄂州花湖机场的综合业务楼地下二层，地上八层，主要功能空间包括报关大厅、办公室、会议室、餐厅、接驳车停放等。其建筑高度为 40m，总建筑面积 49957m²，其中地上建筑面积 33046m²，地下室建筑面积 16911m²。地上一二层为地上较复杂区域，因此本案例分析区域为地下室及地上一二层。

### 10.14.2　问题分析

（1）地下二层优化前净高分析

整体无升降板区域(功能用房及设备机房除外)。净高分析图的图示净高均参照地下二层建筑完成面高度。转运中心综合业务楼地下二层层高 3700mm,结构主梁底净高 2800～2900mm,风管截面高度 400mm,保温安装空间上下各 100mm,风管下补偿喷头、灯槽、灯具及吊架安装空间 170mm, 粗略计算机电所需安装空间 770mm, 最低点净高 2000mm,难以满足车道净空 2400mm 的要求(图 10-70 至图 10-72)。

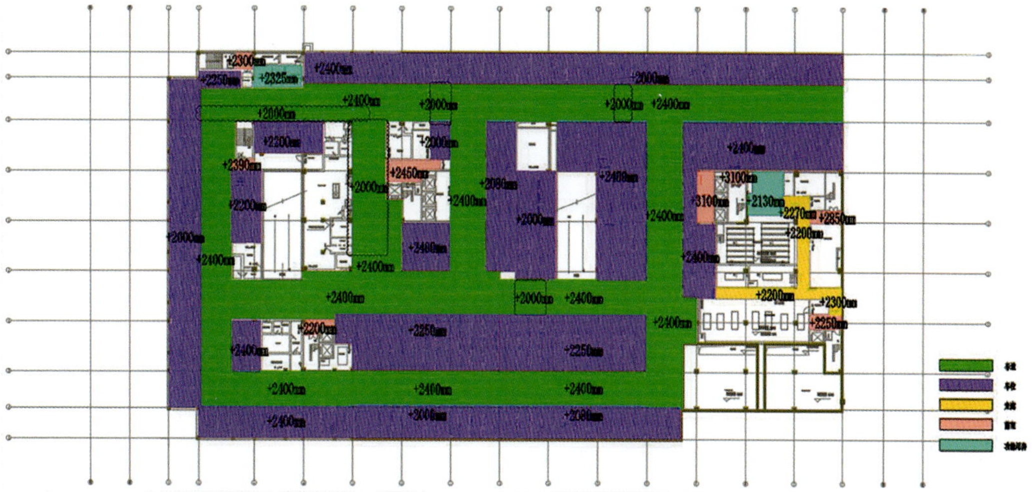

图 10-70 地下二层净高分析(优化前)

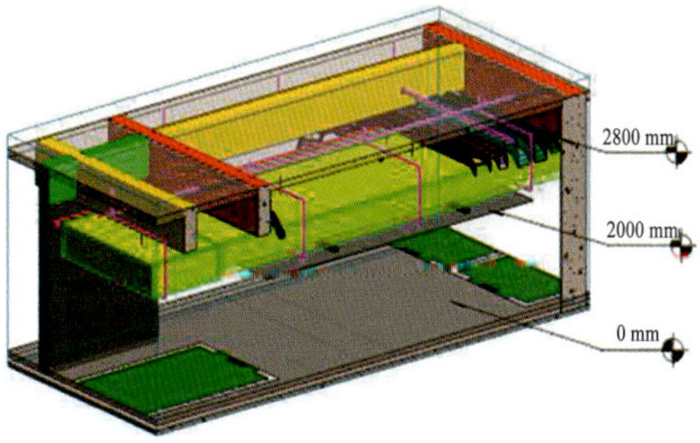


图 10-71 车道净高不足区域

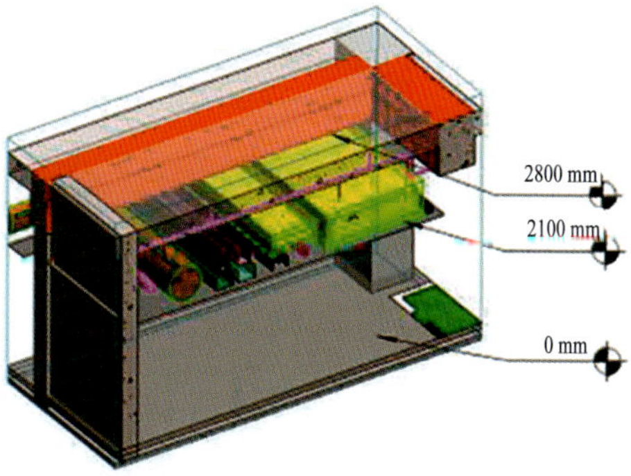


图 10-72 人防区域车道净高不足

(2)地下一层优化前净高分析

转运中心综合业务楼地下室一层层高 3900mm, 梁底净高 2900～3000mm, 风管截面高度 400mm, 保温安装空间上下各 100mm, 风管下补偿喷头、灯槽、灯具及吊架安装空间 170mm, 粗略计算机电所需安装空间 770mm, 降板区与非降板区交界处部分梁未上翻,风管穿过时底部净高不足(图 10-73 至图 10-75)。

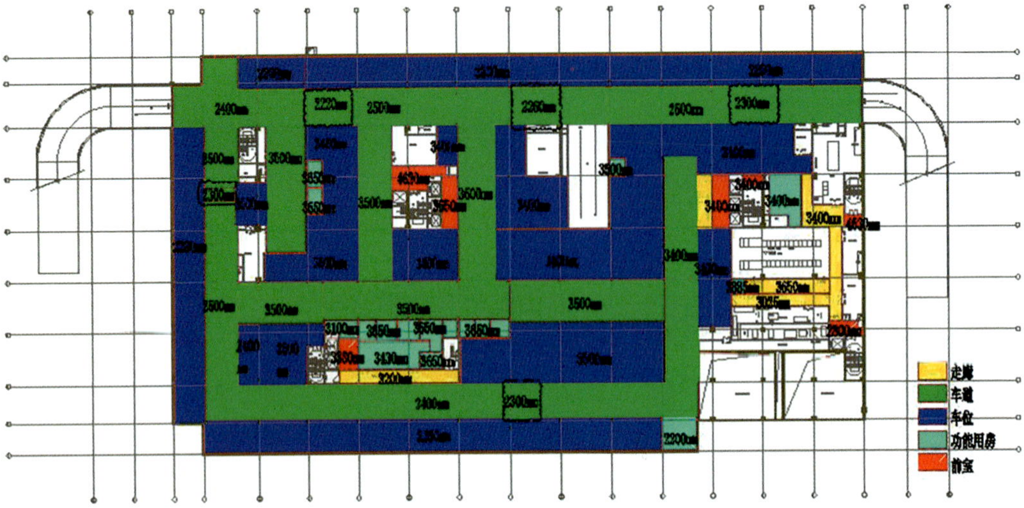


图 10-73　地下一层净高分析(优化前)

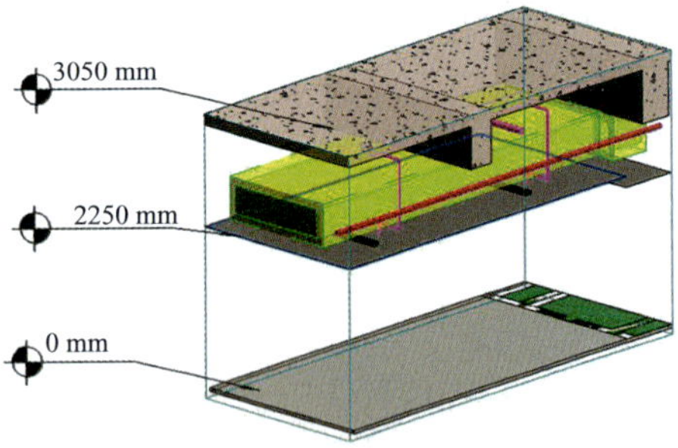


图 10-74　车道净高不足区域

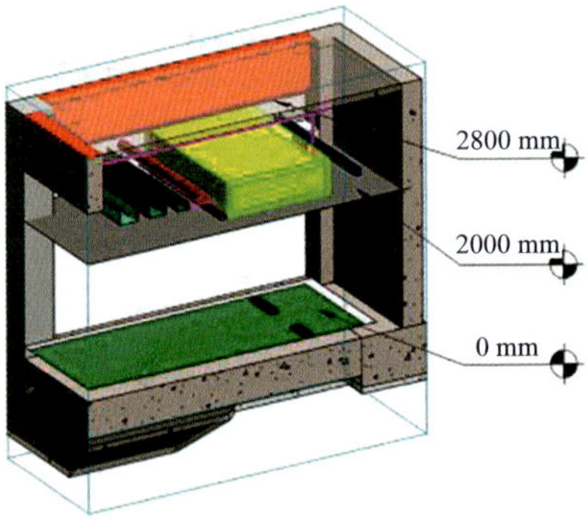


图 10-75　车位净高不足区域

(3)一层优化前净高分析

转运中心综合业务楼一层存在大量降板区域,其中西侧为降板区域。净高分析图的图示净高均参照一层建筑完成面高度。结构净高:整体上主梁净高 4650mm,次梁净高 4850mm,其中降板区域主梁净高 4350mm,次梁净高 4750mm。管截面高度 400mm,保温安装空间上下各 100mm,风管下喷头、水管、桥架及吊架安装空间 500mm,粗略计算机电安装空间为 1100mm,重点区域最低点净高 3200mm,无法满足一层大厅净空 4120mm 的要求(图 10-76)。

(4)二层优化前净高分析

结构变化为东、南、西侧高,北侧为降板区域。净高分析图的图示净高均参照地上二层建筑完成面高度。结构净高:整体上主梁净高 4200mm,次梁净高 4300mm,其中降板区域主梁净高4150mm，次梁净高4250mm，管截面高度400mm，保温安装空间上下各100mm，风管下喷头、水管、桥架及吊架安装空间500mm，粗略计算机电安装空间为1100mm，重点区域的最低点净高2750mm(图10-77)。

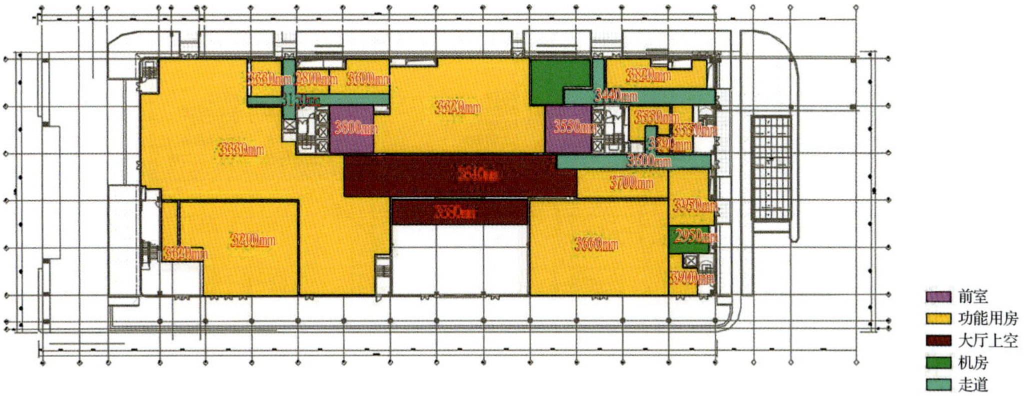


图10-76　一层净高分析(优化前)

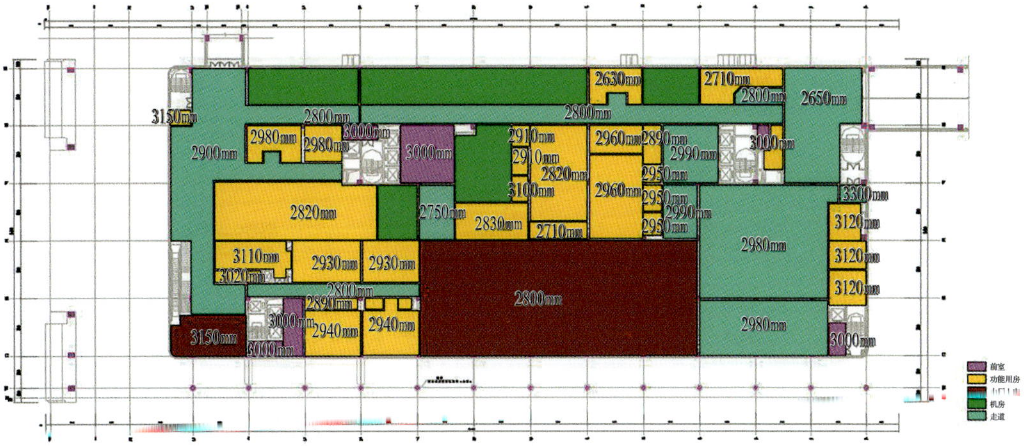

图10-77　二层净高分析图(优化前)

## 10.14.3　解决方案

(1)地下室净空优化方案

①地下室风管尺寸偏大，建议在主管排烟风速不超标的前提下，优化风管尺寸，对影响净高区域的风管高度进行调整，从400mm压缩至320mm。

②防排烟风管因有耐火极限要求，传统防火板包裹工艺占用空间大，不利于净高控制，建议通过优化材料工艺，将风管保温占用净空减少100mm。

③由于喷淋管与大口径管道交叉，不穿梁将直接导致净高降低，所以局部喷淋采用

穿梁形式。地下车库以控制车道标高为首要目标，尽量将车道主管移位至车位，提升主通道空间。局部梁截面修改为宽扁梁以提高梁下净高。

④结构优化方案。对暖通专业提出的梁修改位置，梁高减小 100mm，梁宽增加，梁配筋修改；轴交 J～H 轴处梁高降低 100mm 需增加梁宽，因此该梁两端柱截面 600mm×600mm 需增加至 700mm×700mm；以上修改经计算满足要求（图 10-78）。

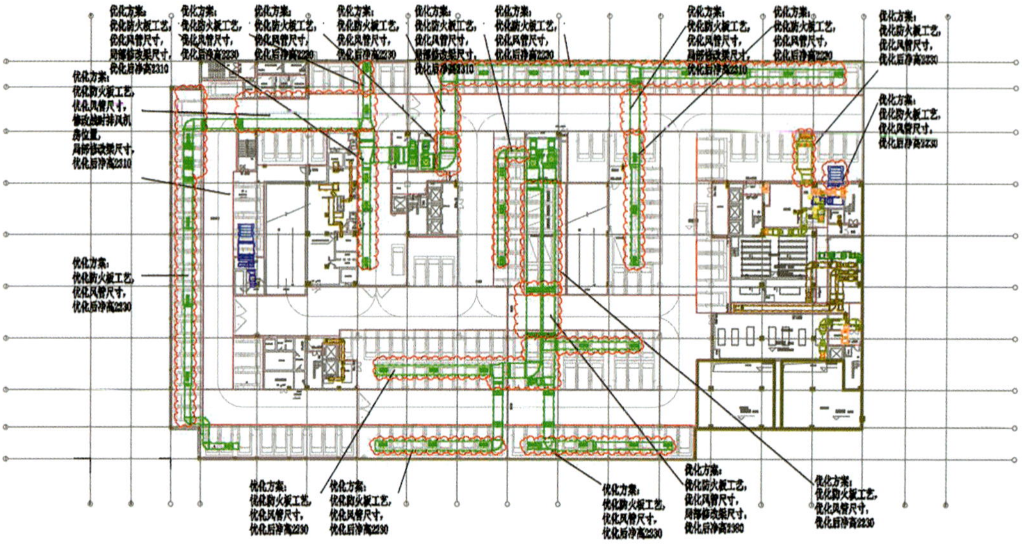


（a）

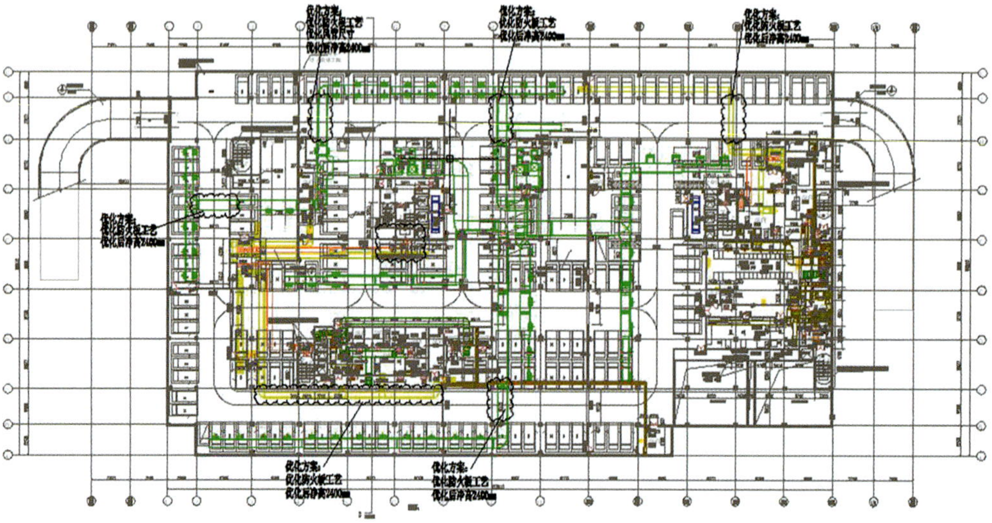

（b）

图 10-78　地下层净空优化方案

（a）地下二层净空优化方案；（b）地下一层净空优化方案

（2）地下室优化后净空分析（图 10-79 至图 10-81）

①地下二层在梁下净高 2800mm 处，管综优化后车位处最低点净高为 2350mm，车道处最低点净高为 2500mm，考虑灯具及吊架安装后，净高 2450mm；

②地下一层车位处梁下净高 4350mm，管综优化后最低点净高（照明线槽底高）3600 mm，考虑灯具及吊架安装后，净高 3550mm，车道处最低点净高 2450mm，考虑灯具及吊架安装后，净高 2400mm。

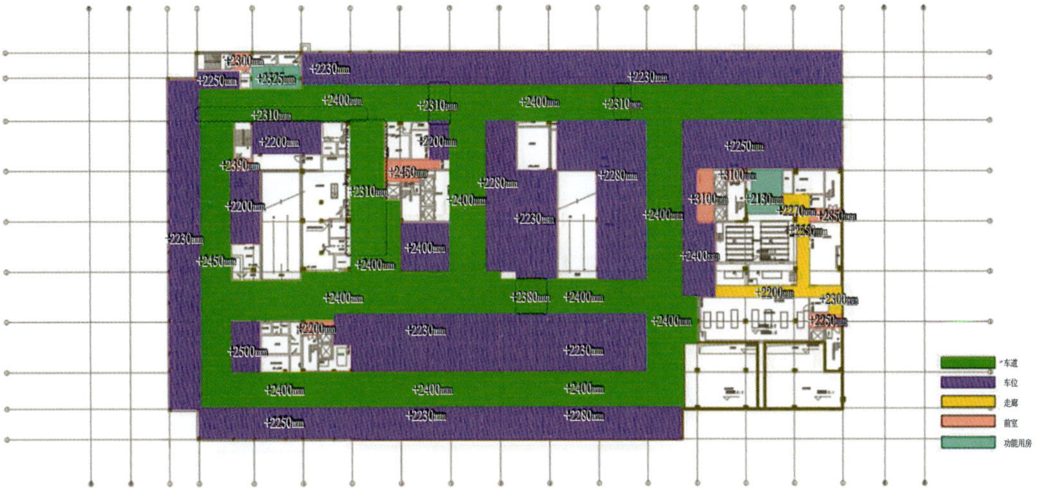


（a）

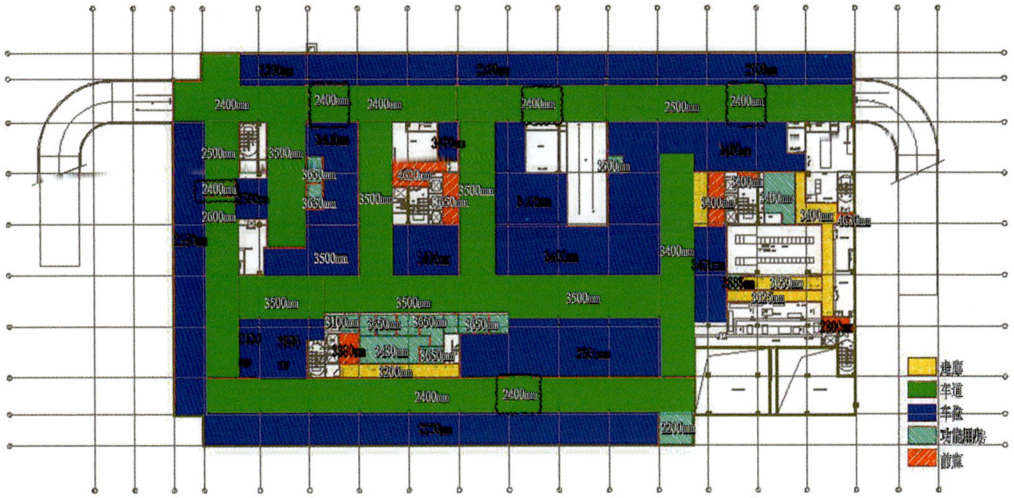


（b）

图 10-79 地下层净空分析图（优化后）
（a）地下二层净空分析图；（b）地下一层净空分析图

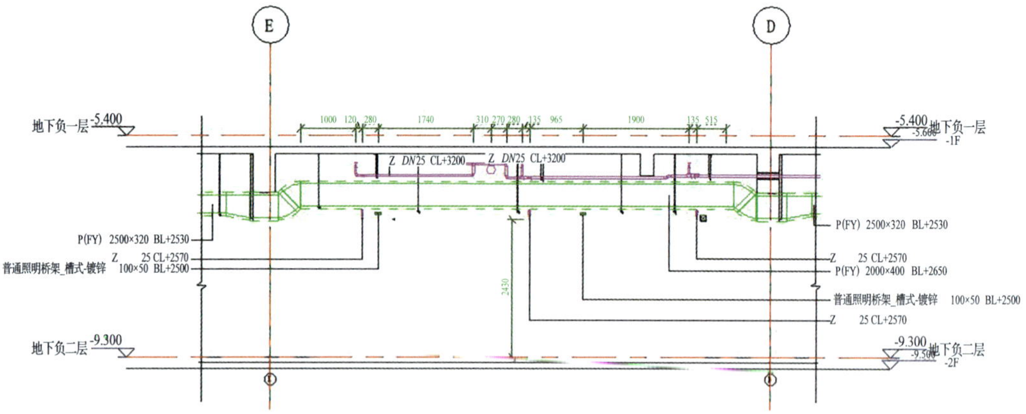


图 10-80　车道净空典型剖面(优化后)

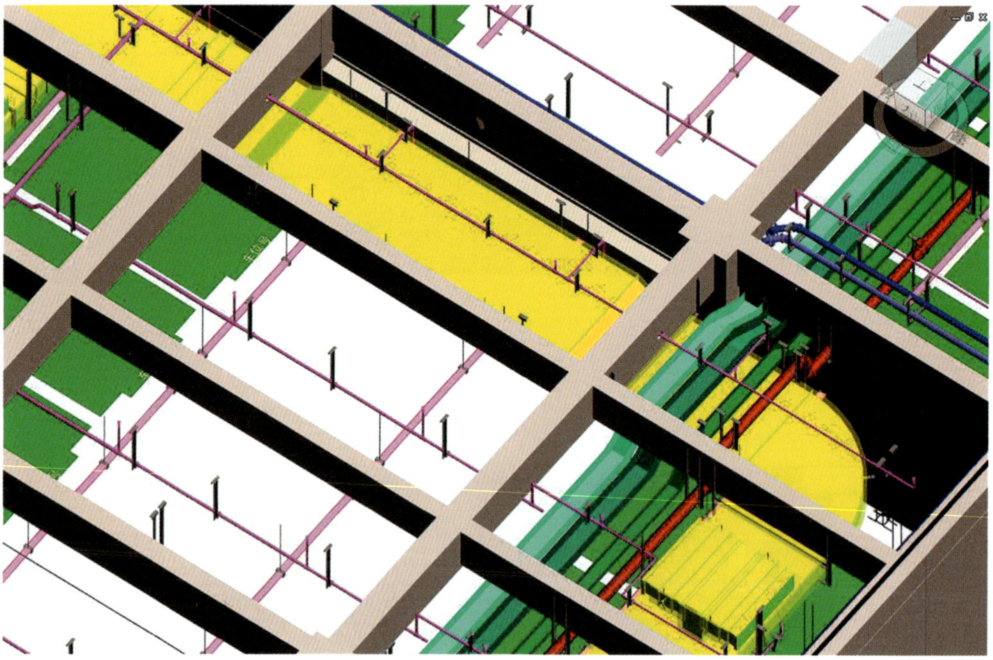

图 10-81　地下层局部机电深化模型

(3)地上层净空优化方案(图 10-82)

①所有桥架、喷淋干管、风管均以顶平齐布置于梁底,喷淋支管布置于桥架下方,其余系统管线布置于风管支管上方。

②优化后给排水及暖通水立管排布在结构柱四周,方便后期精装包裹。

③人员活动空间区域尽可能抬高管线高度以保证人体舒适度;设备用房区域应优先满足检修空间需求,保障巡视通道通畅,便于运营维保。

④采用套管穿梁方案,在喷淋管道不影响净高的前提下采取不穿梁方式安装,当与

大管道交叉时，喷淋不穿梁会影响净高，所以采用局部穿梁形式，前室、走道等有吊顶区域在不影响净高的前提下喷淋可不穿梁。

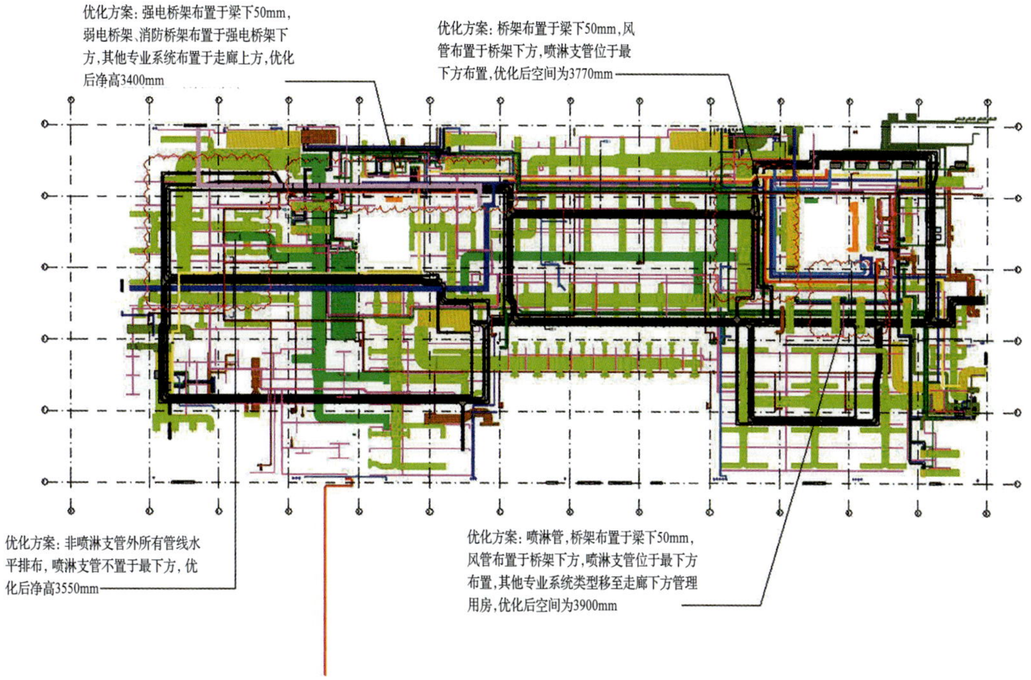


（a）

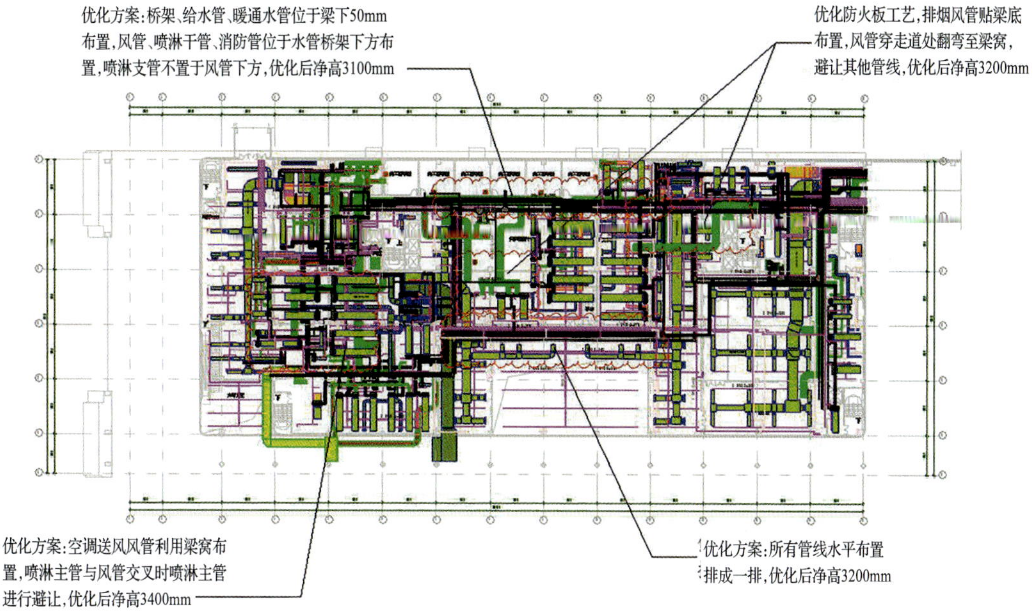


（b）

图 10-82　地上层净空优化方案

（a）一层净空优化方案；（b）二层净空优化方案

（4）一二层优化后净空分析

与设计方沟通，在满足通风排烟要求的前提下，采用新型防火板安装工艺，将风管防火板厚度由上下各 100mm 减小为上下各 50mm；同时对管线路由进行优化，地上一层在梁下净高 4850mm 处，管综优化后大厅上空最低点净高为 3850mm（图 10-83 至图 10-85）。

（a）

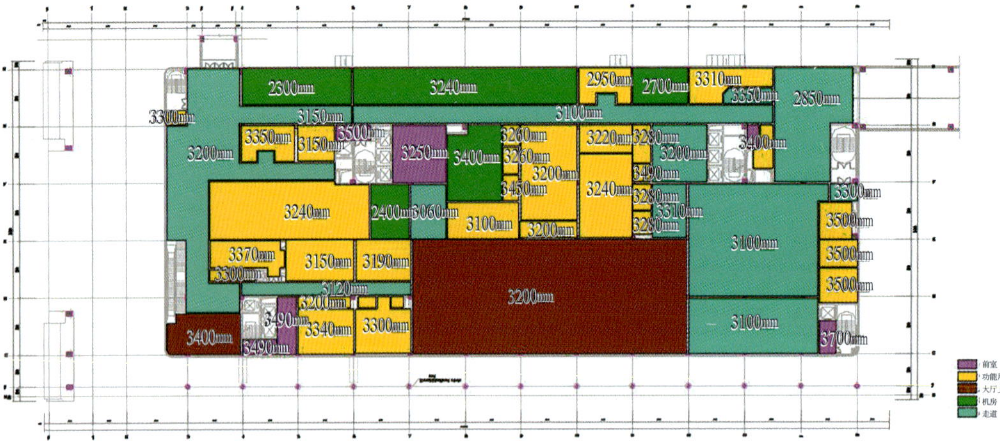

（b）

图 10-83 地上层净空分析（优化后）

（a）一层净空分析；（b）二层净空分析

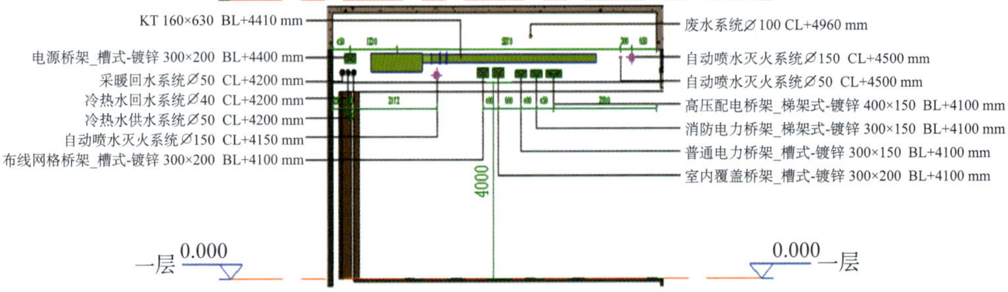


图 10-84 地上一层大厅净高典型剖面（优化后）

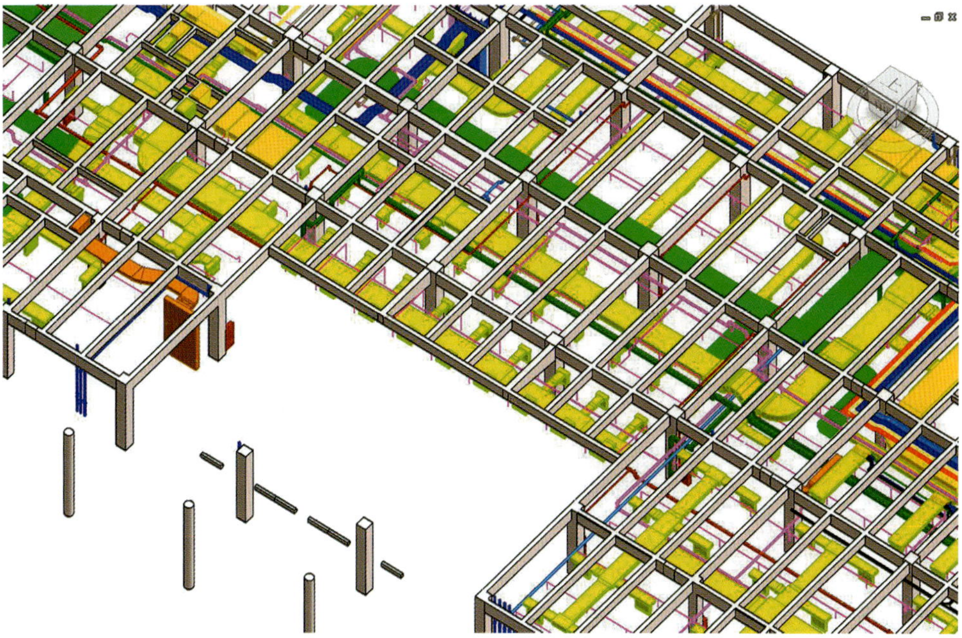

图 10-85 地上局部机电深化模型

### 10.14.4 总结

①对于集办公、会议、餐饮等辅助性功能于一体的办公楼项目，需要重点关注地下室车道、一层大厅、办公走道等区域的机电深化。

②项目整体结构变化大，净空较低，管线较多。原始设计中的喷淋系统布置在梁内，并通过梁体布置大量套管，这给施工带来了显著的挑战。通过 BIM 技术进行优化，成功减少了穿梁套管的需求，同时确保了管线最低点的净空高度满足项目要求。

③机电深化之前，需明确深化工作流程，确保项目有序推进。净高调整优化设计方案工作推进流程：施工单位提供不满足净高的区域位置→设计单位根据点位调整梁尺寸，同时启动设计变更流程→以施工单位梁尺寸调整结果进行模型变更→地下二层及地下一层结构主体变更/管线综合 BIM 模型同步走线上审批流程→报审模型质量验评与设计变更流程同步推进→质量验评完成，设计变更完成，两者均满足开工条件。

## 10.15 大跨度空间机电管综深化设计案例分析

### 10.15.1 背景描述

鄂州花湖机场作为亚洲第一个专业货运机场，项目包含航站楼、转运中心、分拣中心等多个标段，存在大量的大空间、大跨度区域，超高空管线安装量大。在大空间、大跨度的区域内安装机电管线往往会遇到几个方面的难题：一是由净空高、建筑主体风管固定支撑点不足产生的定位难问题，超高空管线安装支吊架难以形成一条直线，整体吊装后各段难以对接；二是管线的拼接、组装、检修均属超高空作业，具有较大的风险；三是由于机电系统安装还要与建筑主体结构及室内装修施工交叉进行，容易造成返工或多次检修调整。本项目大跨度空间的机电管综深化设计主要基于 BIM 技术进行三维建模、优化调整以及支吊架设计，提前提出施工问题并科学地选择施工工艺和合理的交叉施工顺序，确保施工安全及工程品质。

### 10.15.2　问题分析

本项目指廊空侧区域存在大跨度钢结构及斜屋面，每一跨主钢梁间距达到了16000mm，含有多根 *DN*150、*DN*200 水管及多根桥架等管线，增加了后期管线安装及机电支吊架的布置难度（图 10-86）。具体问题情况如下：

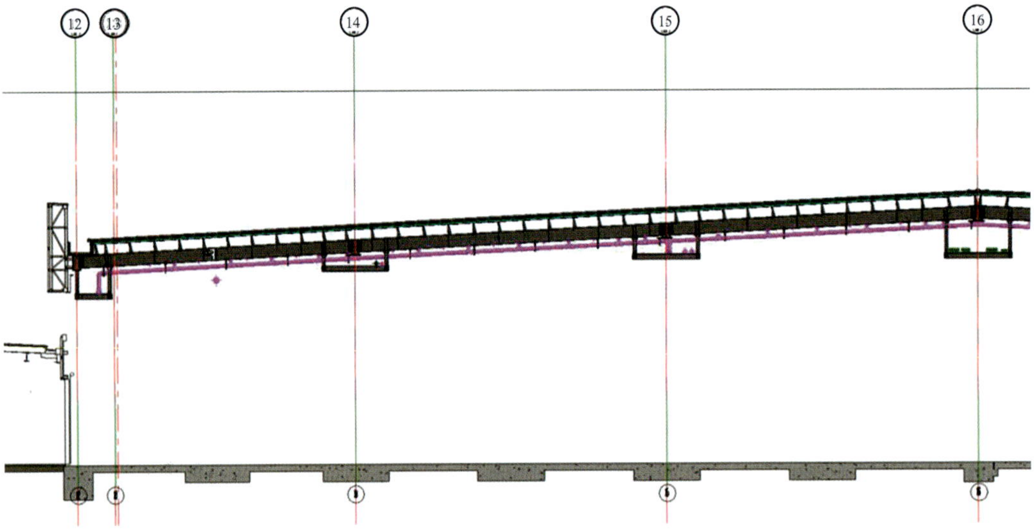


图 10-86　大空间剖面图

①大跨度钢结构机电管线深化需考虑管道安装的可行性、便利性及安全性等因素来开展合理的管线布置，如考虑到机电管线安装可能对钢平台、檩条结构造成影响导致荷载不足，需考虑避免将大管道敷设至檩条下方等。

②斜屋面的坡度达到 5%，机电管线需依据坡度进行管线布置及支吊架布置等，给深化工作带来了比较大的困难。

③钢结构模型除每跨 16000mm 中的主钢梁外，在 8000mm 的位置还有钢梁，没有其余的次梁。大直径机电管线众多，导致局部区域荷载超过 500kg/m，以现有的条件布置

支吊架将导致钢结构无法承载管道重量。

④本项目空间跨度大，高度高，屋顶设计专业多且工序复杂，需提前考虑土建、钢结构、机电及金属屋面等专业的交叉施工、互相干扰。

### 10.15.3 解决方案

(1)管线布置

根据钢结构模型(钢平台、檩条位置)存在荷载不足等情况，东西方向贴檩条下方深化设计，檩条最大荷载 70kg，南北方向结构柱两边 1200mm 范围钢梁进行加固至最大荷载值 240kg，最终将机电管线分别布置至中间钢柱两侧，保证深化设计不超过钢梁最大荷载，采用钢平台吊挂方式，减少对钢梁的影响(图 10-87)。

(2)综合支吊架考虑

一是前期校核每一块管线密集区域的荷载量，然后通过内部会议决定先将屋面檩条换为方钢以便屋面固定安装，同时用于吊挂机电管线；二是经过设计院复核后，原檩条不变，在超荷载(500kg/mm)区域增加横向次檩用于吊挂机电管线，荷载集中区域增加钢次梁；三是柱侧增加机电管线钢平台，用于排布主干管线，支管用檩条固定，同时荷载集中区域增加钢次梁；四是柱侧增加机电管线钢平台用于排布主干管线，支管用檩条固定，同时荷载集中区域增加钢次梁(图 10-88)。

图 10-87 钢平台吊挂

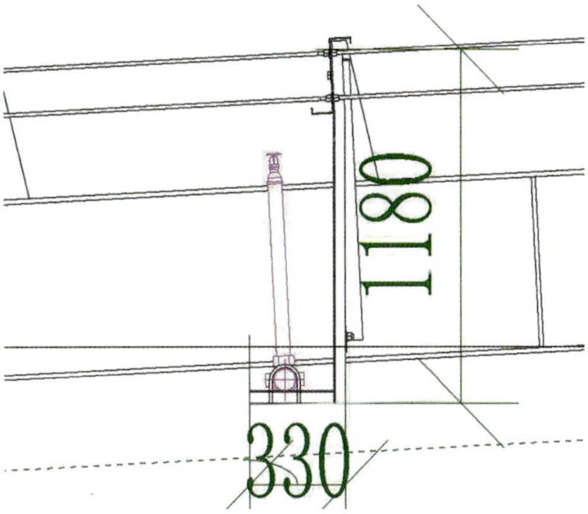


图 10-88 典型支吊架剖切图

(3)斜屋面管线

斜屋面管线根据钢梁坡度走向绘制机电管线，并保证相应安装间距。机电模型搭建过程中，因带坡度的管线后期修改工作量巨大且易出问题，故需提前考虑好管线布置，做到深化一次成型(图 10-89)。

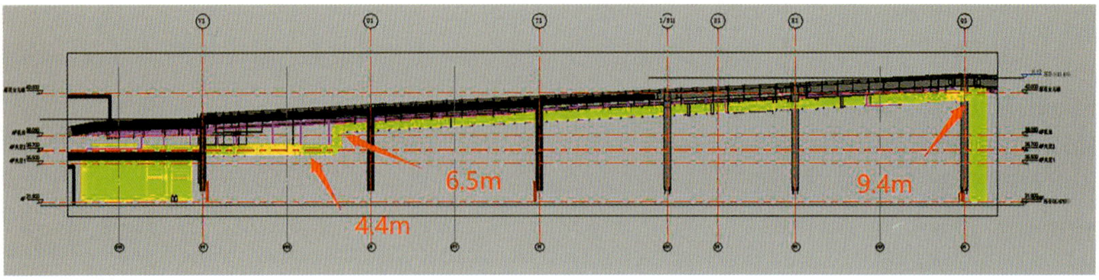


图 10-89　斜屋面管线布置图

(4)空间管理

对于大跨度空间，不能简单地将管线碰撞调整，而是需考虑后期的落地实施及维保工作，将机电管线有序布置。严格划分消防管道区域布置，东西方向管道在一层，南北方向管道在另一层，再细分二次配管区域：新风区域、排风区域及电气区域，便于各分包施工和后期检修维保，从而调整优化管线(图 10-90)。

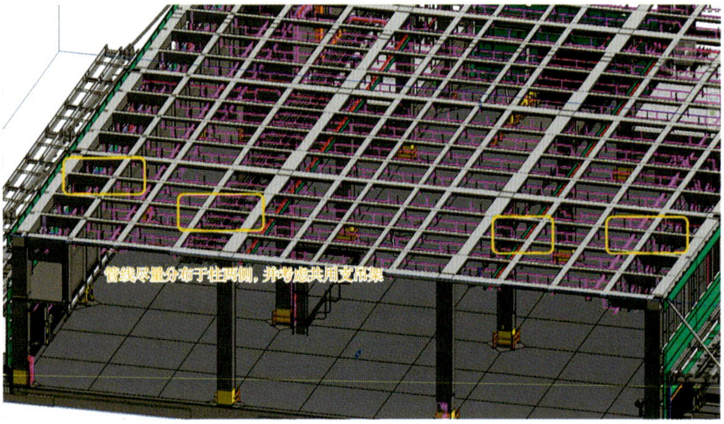


图 10-90　大空间管线管理模型图

(5)施工工序管理

为减少各专业施工队伍施工时的互相干扰、降低对工程成品的破坏程度、满足工期的要求，在施工前期进行全面的施工部署并对施工复杂节点、多专业交叉节点进行三维模拟，制定施工流程。

## 10.15.4　总结

①本项目中，BIM 技术作为建筑施工的一种先进技术手段，在大跨度空间的机电深化设计上及施工过程中展现出显著优势。从空间管理、机电管线支架设计、机电与其他专业位置冲突等三方面进行分析，优化了施工方案、提高了工程质量、保证了施工过程安全。

②基于BIM进行机电深化设计能准确判断机电管线布置得是否合理及可行，同时，从管线碰撞中可发现各标段的设计问题，在现场施工前解决这些边界问题是非常有必要的，从质量、成本等角度考虑都能带来良好效益。

③传统的支吊架布局方式由于存在凌乱分散、占用空间多、浪费材料及美观性差等问题，成本较高，BIM技术的应用有效降低了成本，加快了施工进度，并提升了项目的整体美观度。

④针对本项目施工空间高大的特点，在施工前期，运用BIM手段对屋顶层施工顺序进行多次仿真模拟演练，不仅缩短了工期，还尽可能地降低了各专业施工时破坏已完成工序的可能性，从而在一定程度上降低了施工成本。

⑤本项目大跨度空间机电安装工程的各参建方全程采用 BIM 技术进行问题分析、沟通及交底，以最直接、最全面的方式暴露设计施工等存在的问题，很大限度地提高了各方解决问题的效率，确保了工程有条不紊地进行。

## 10.16 物流冷库 BIM 深化设计案例分析

### 10.16.1 背景描述

鄂州花湖机场顺丰转运中心物流冷库工程的总建筑面积约 2300m$^2$，依据项目 BIM 实施标准，施工实施过程依托 BIM 的数字化项目管理，优化施工方案，避免由项目实施过程错误造成的返工，有效提高施工质量，加快施工进度，提高过程结算的准确性。

### 10.16.2 问题分析

冷库建筑结构由主楼标段施工，内部机电、装饰装修由指廊标段施工，管道经由主楼进入陆侧指廊 L4 区域进行制冷。实施重难点包含土建实体的精确度校核、管线路由排布、商务计价、预制构件生产安装、机电设备接口等，需要在实施前进行逐一排查，避免影响施工进度，主要问题如下：

①由于冷库应用需求变化，在临近施工开始前，冷库建设规模及规划设计方案发生重大调整，冷库建造面积大幅增加，而冷库所在的转运中心建筑主体已完成，致使部分现有的设计接口及设备设施管道排布问题较多，且局部区域施工划分不明确，深化界限不清晰。

②冷库位于物流转运中心主体建筑内，管线出户协调难度大，原有空间不够（图 10-91）。冷库自有机电设备管道与主体管道交叉处众多，且原主体设计并未周全考虑管线室内外穿墙出口，需要更精确的深化设计方案来确保管道线路施工实施的可行性及

美观性，并对主体其他设施设备产生的影响最小。

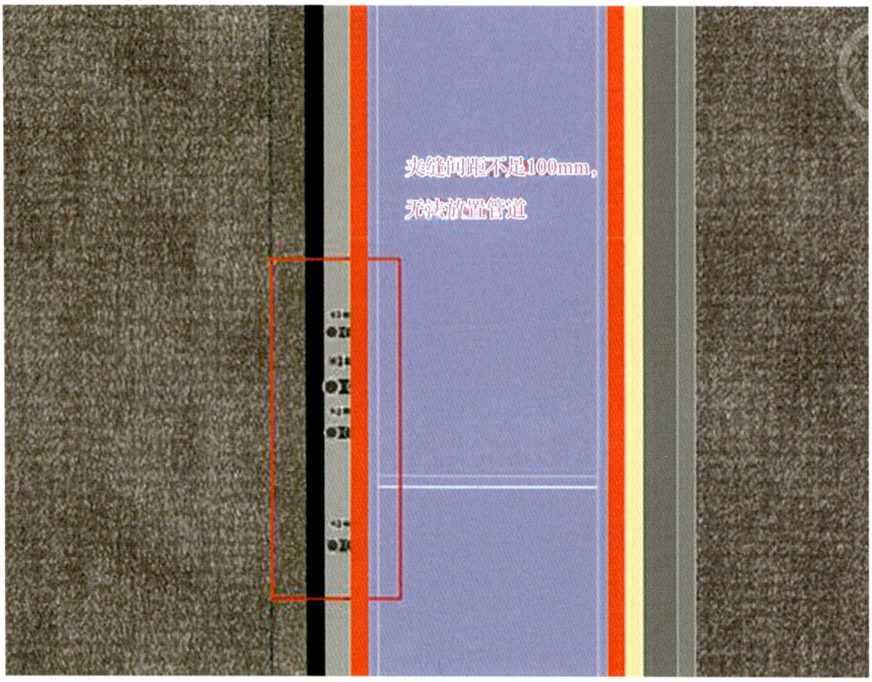


图 10-91　原设计方案空间图

③冷库面积更大，原有概预算无法满足施工成本要求导致商务问题。

④冷库预制构件及设备安装要求高，现场土建的实模存在偏差时对冷库施工影响大。

### 10.16.3　解决方案

冷库实施工期紧张，商务争议多。实施前施工单位多次进行内部沟通及外部协调，依托精细化模型，采用了以下的解决方案：

①施工双方各自进行模型整合，对标段划分、设备排布、管线碰撞、接口设计等问题进行梳理，经过设计确认，双方修改模型并确认无误后签订边界确认，各自按模施工以避免后续拆改问题（图 10-92）。

②通过 BIM 模型预演，共有 1 趟 300×200 强电桥架及 24 根冷媒管合计 25 根管线需进入指廊区域，前期三种预备方案分别为穿越 A6 区屋面排水檐沟（图 10-93）、A6 区幕墙（图 10-94）和 L4 区屋面天窗侧壁（120mm 厚混凝土）墙体打孔穿出（图 10-95）。经过多方讨论，在满足设计关于打孔高度须距离屋面完成面不小于 350mm 前提下，经由天窗厂家确认开孔不影响天窗安装及自动开启，最终确认为穿 L4 区天窗侧壁方案。

| 编号 | 问题描述 | 问题截图 | 解决方案 |
|---|---|---|---|
| 5 | PLC智控线缆需要进入A6区监控室，需确认以何种方式进入，预留孔洞及套管由谁施工； | 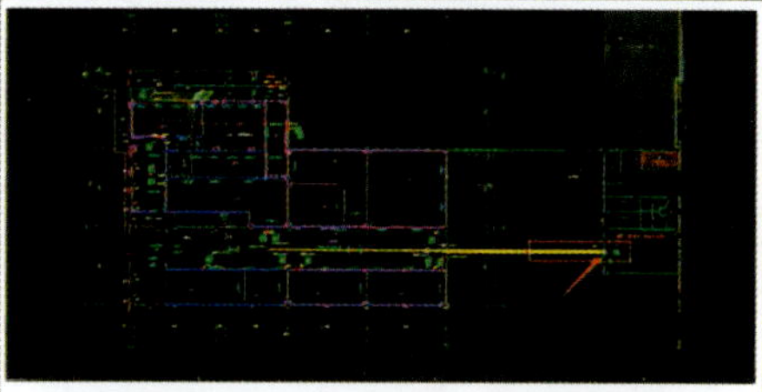 | 技术解决方案：按截图所示方向从监控室下侧侧墙进入，桥架需排布整齐。 |
| 7 | 转运中心一标消火栓嵌入到保温板里，需确认安装在保温板上还是嵌入其中。 | 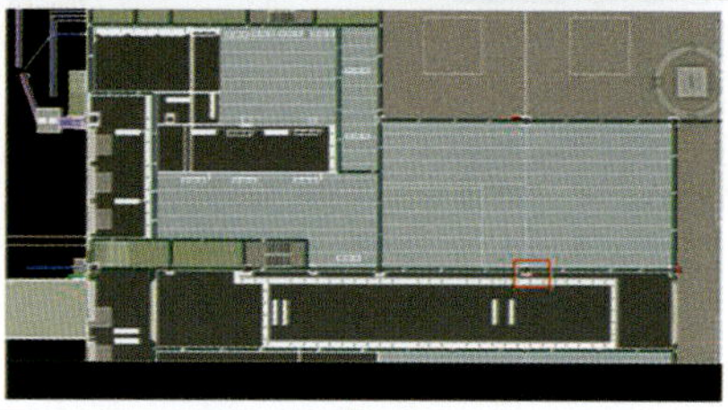 | 技术解决方案：需用保温板包裹然后预留安装门。 |

图 10-92　问题梳理清单及设计解决方案图

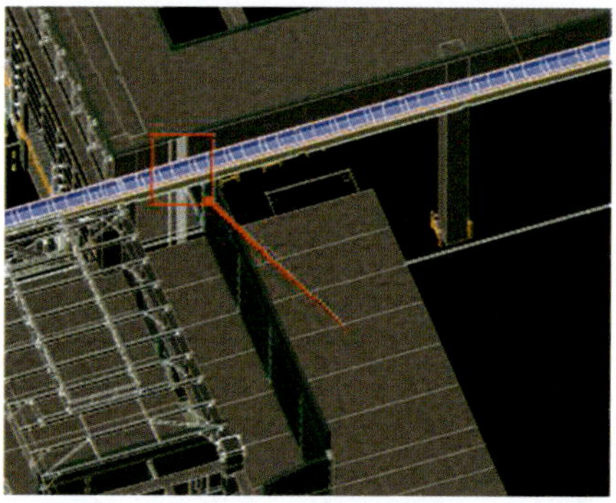

图 10-93　穿檐沟方案

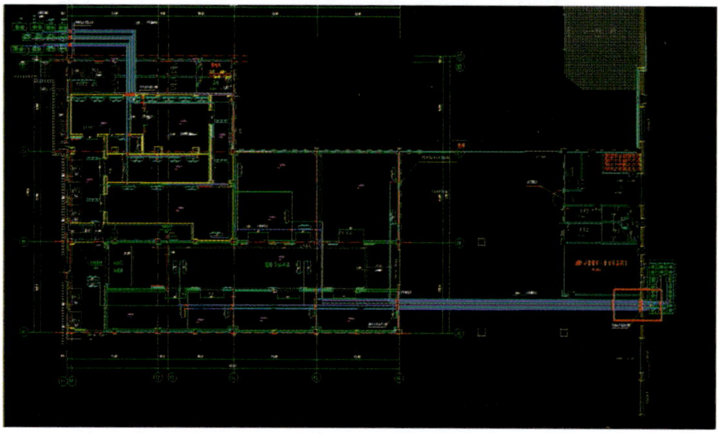

图 10-94　穿幕墙方案

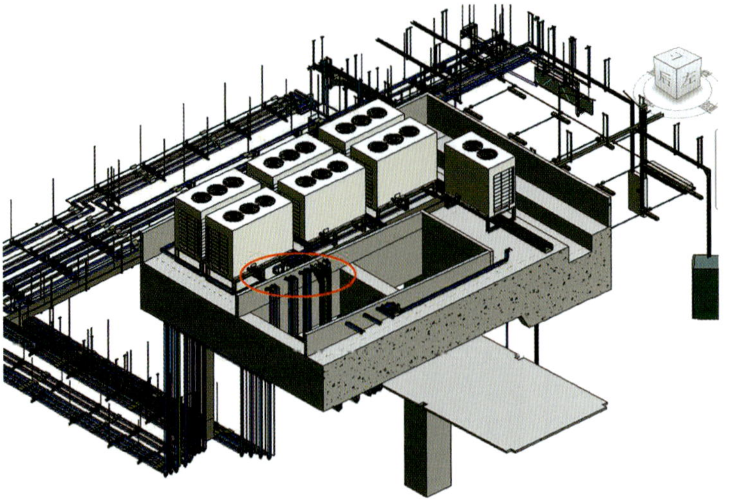

图 10-95　穿 L4 天窗侧壁方案

③方案确认后，施工单位积极组织方案编写及模型过会工作，在一周内完成模型过会，过程中基于模型提取工程量数据，建设单位及施工单位进行商务复核，最终确认无误（图 10-96）。

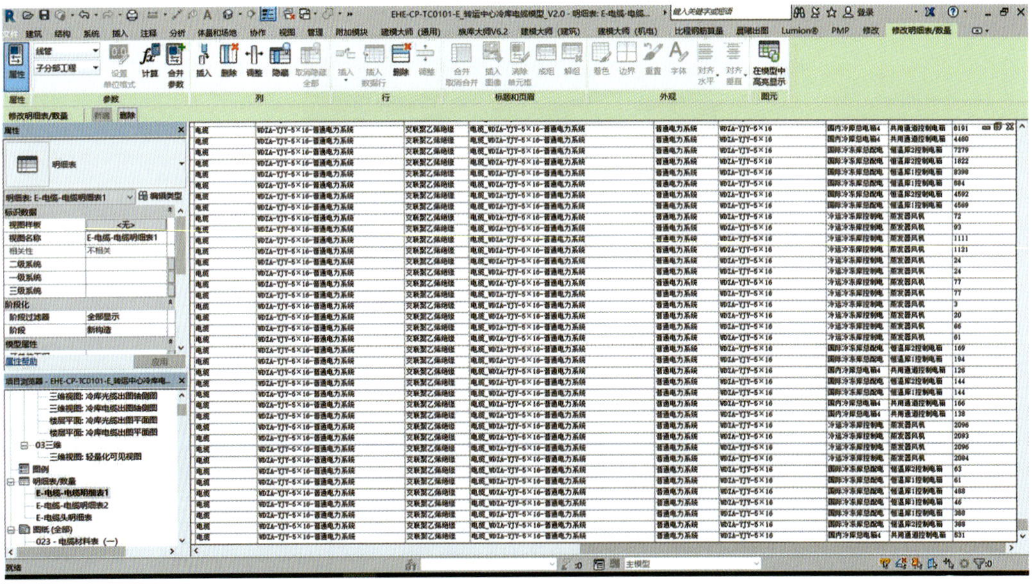

图 10-96　冷库模型工程量统计

④深化人员对冷库板进行预制加工级别的精细化拆分建模，包括吊点支撑、铝合金吊梁、阴阳角支撑均进行细化建模，确保构件进场即可安装，加快施工进度。冷库门及各设备安装前，对现场实际门洞进行实测实量，实模不一致的区域由责任单位进行修改，确保采购的门及设备可以正常安装（图 10-97、图 10-98）。

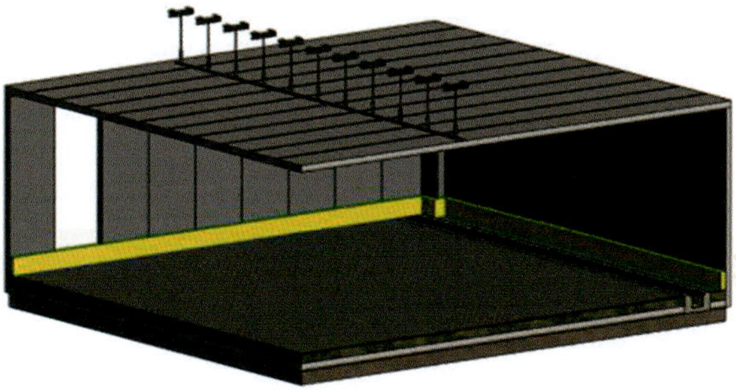

图 10-97 预制构件深化

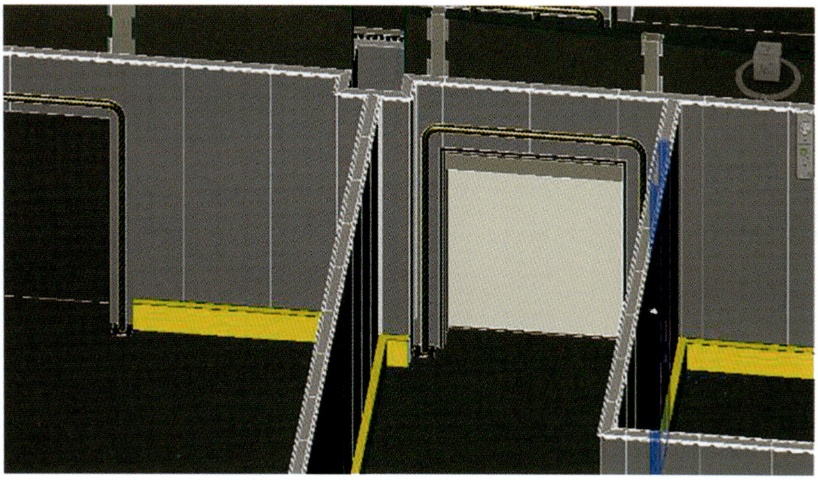

图 10-98 冷库门模型

### 10.16.4 总结

通过提前的 BIM 设计及深化设计，在原设计基础上为整个转运中心的冷库扩建提供直观有效的模拟解决方案；冷库装配式板件及饰条等构件的深化设计，有效缩短冷库生产加工周期，加快建设进度，提高建设质量，并提供精确材料计量依据，加快甲乙方商务计价确认流程；通过与其他标段土建机电模型的合模，提前发现众多会影响冷库施工的错漏碰缺及标段划分问题，有利于施工前解决现场交付接收问题。

## 10.17 单专业支吊架深化设计案例分析

### 10.17.1 背景描述

本项目的机电系统复杂，而支吊架系统设计是机电工程深化重点，关乎机电工程施工进度及质量，发挥着不可替代的作用。支吊架制作方式的不同决定了其承载能力和施工质量的差异，而安装方法的不同也使安装工程呈现出多样性和灵活性。因此，项目从现场管道布置情况、支吊架设计标准、选型、平面布置及计算验证等方面开展有针对性的支吊架设计。本项目主要基于BIM技术对支吊架进行深化，对相应族库进行建设扩充，并对支吊架深化、放置存在的问题及当前解决方式进行分析。屋盖采用钢结构正交的倒三角立体桁架立体空间结构。

## 10.17.2 问题分析

①由于转运中心主楼与指廊共用系统，所以管网较大，加压泵流量、扬程、功率数值较大，启泵后对管网有较大冲击力，这些问题增大了支吊架设计难度。

②本项目自喷系统工作压力为1.68 MPa，但03S402图集适用范围系统运行工作压力不大于1.6 MPa；喷淋系统的支吊架标准需要重新对比分析选定相关图集标准。

③正常机电管道及管线需要在承重梁及承重墙上固定支架后进行安装，支架固定一般采用铆接、螺栓连接或者焊接。由于航站楼二层顶部为钢结构，考虑到钢结构的防腐性能、受力荷载以及安全性，传统的机电管线安装形式无法满足要求。

## 10.17.3 解决方案

针对单专业支吊架设计，采用支吊架图集及机电深化模型（图10-99），明确相应的各专业支吊架设计方案。

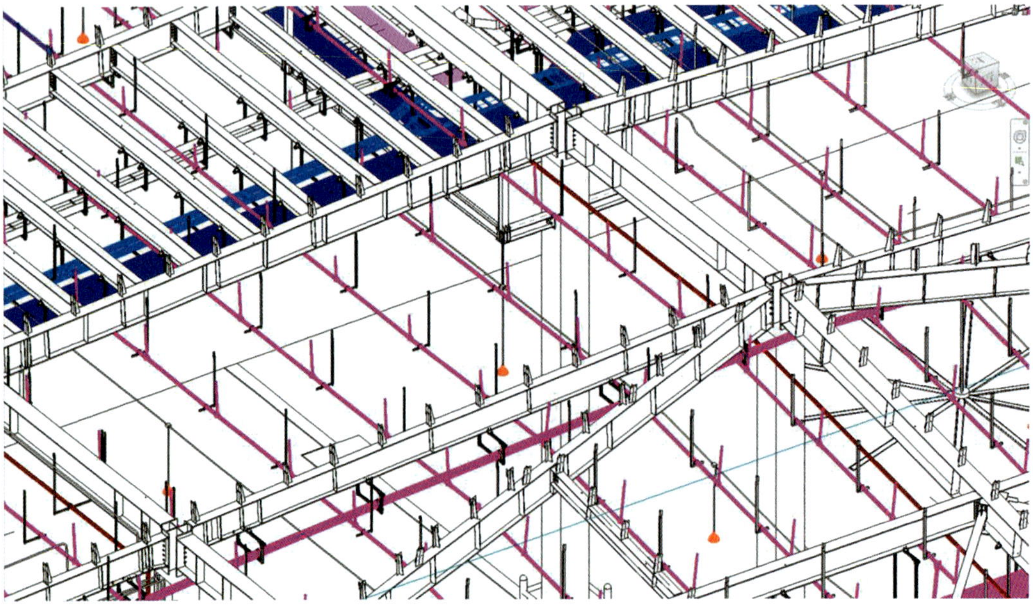

图10-99　支吊架深化模型

(1)给排水支吊架方案(图 10-100)

①公称直径 $DN \leqslant 40$ 的管子宜采用 L 形支架;$DN \geqslant 50$ 的管子宜采用承重支架。

②管道穿墙、接口、三通、转弯、翻高,设备进口、出口和连接件处等特殊部位,均应左右共设置两道管架。距其界面不得小于 200mm。

③大口径的阀门($D \geqslant 100$mm)和部件处应专设左右两道承重支架,不得使管道承受阀门的重力或操作时的作用力。

④竖直安装的配水干管除中间用管卡固定外,其安装位置距地面或楼面宜为 1.5～1.8m。本项目因层高过高,每层布置 4 个固定管卡,管卡间距为 3m。

⑤相邻两喷头间的管段上应至少设一个承重吊架,吊架与喷头的距离不小于 300mm,与末端喷头的距离不大于 750mm。自动灭火系统支吊架材料具体情况见表 10-6。

⑥虹吸雨水管方钢上部悬吊螺杆的最大安装间距为 2.5m。

⑦针对 03S402 不适用问题,重新选定喷淋管道支架标准,根据对比分析,最终选定 T/CECS151—2019 新规范;并选择喷淋横管接出支管,在与支管接头、三通、四通、弯头等管件连接处增加固定吊架。

**表 10-6 自动灭火系统支吊架材料表**

| 公称直径/mm | 25 | 50 | 65 | 80 | 100 | 125 | 150 | 200 | 250 | 300 |
|---|---|---|---|---|---|---|---|---|---|---|
| 支架角钢 | ∟30×3 | ∟40×4 | ∟40×4 | ∟40×4 | ∟40×4 | ∟40×4 | ∟50×5 | 6 | 8 | 8 |
| L 形支架横担/mm | 25 | 50 | 65 | 80 | 10 | 125 | 150 | 200 | 250 | 300 |
| 吊架横担/mm | 50 | 100 | 130 | 160 | 200 | 250 | 300 | 400 | 500 | 600 |

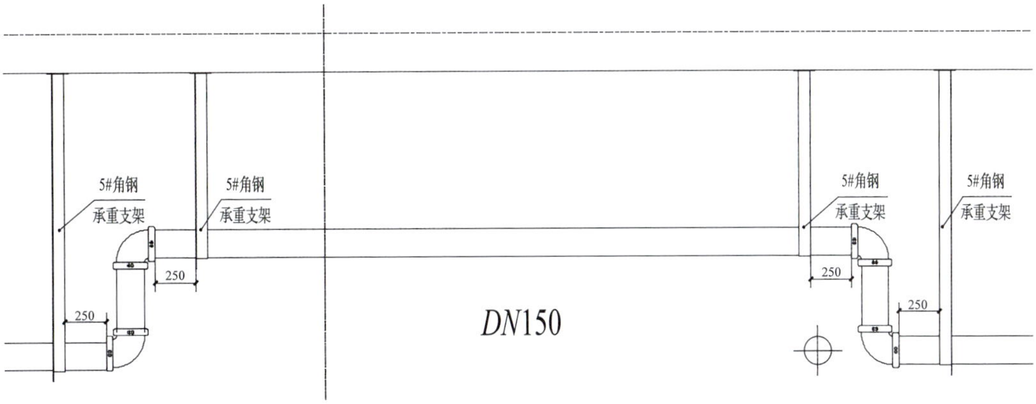


图 10-100 喷淋支吊架方案剖面图

（2）暖通风管支吊架方案（图 10-101）

①风管水平安装较多，采用由圆钢吊杆、型钢横担或抱箍组成的吊架进行固定，本项目风管吊架采用：吊杆+角钢、吊杆+槽钢。矩形钢板风管支架具体材料见表 10-7。

②支吊架不应设置在风口、检查口以及阀门、自控机构的操作部位，且距风口不应小于 200mm，圆形风管的 U 形管卡圆弧应均匀，且应与风管外径相一致；支、吊架距风管末端不应大于 1000mm，距水平弯头的起弯点间距不应大于 500mm。设在支管上的支吊架距干管不应大于 1200mm；吊杆与吊架根部连接应牢固。

③本项目所有防火阀及排烟阀均设独立的支、吊架。

④当风管直径或长边尺寸小于或等于 400mm 时，风管管架间距不应大于 4m，按现场实际情况取 3m 一道。

⑤当风管直径或长边尺寸大于 400mm 时，风管管架间距不应大于 3m，按现场实际情况取 2m 一道，竖向管道取 4m 一道。

⑥悬吊的水平主、干风管直线长度大于 20m 时，应设置防晃支架或防止摆动的固定点。

**表 10-7　矩形钢板风管支架材料表**

| 名称风管竖向边长 $b$/mm | | 风管水平方向边长 $a$ 及壁厚 $\delta$/mm | | | |
|---|---|---|---|---|---|
| | | $a \leq 400$ | $400 < a \leq 800$ | $800 < a \leq 1250$ | $1250 < a \leq 2000$ |
| | | $\delta=0.5$ | $\delta=0.75$ | $\delta=1$ | $\delta=1.2$ |
| 横梁（无保温）/mm | $b \leq 400$ | ∟30×3 | ∟40×4 | ∟50×5 | ∟50×5 |
| | $400 < b \leq 800$ | / | ∟40×4 | ∟50×5 | ∟50×5 |
| | $800 < b \leq 1250$ | / | ∟50×5 | ∟50×5 | 6 |
| | $1250 < b \leq 2000$ | / | / | 8 | 8 |
| 横梁（保温）/mm | $b \leq 400$ | ∟30×3 | ∟40×4 | ∟50×5 | 6 |
| | $400 < b \leq 800$ | / | ∟50×5 | 6 | 6 |
| | $800 < b \leq 1250$ | / | ∟50×5 | 8 | 8 |
| | $1250 < b \leq 2000$ | / | / | 8 | 9 |
| 吊杆 | | ∅8（0.395kg/m） | | | ∅10（0.617kg/m） |
| 螺母 | | M8 | | | M10 |
| 垫圈 | | ∅8（0.395kg/m） | | | ∅10（0.617kg/m） |

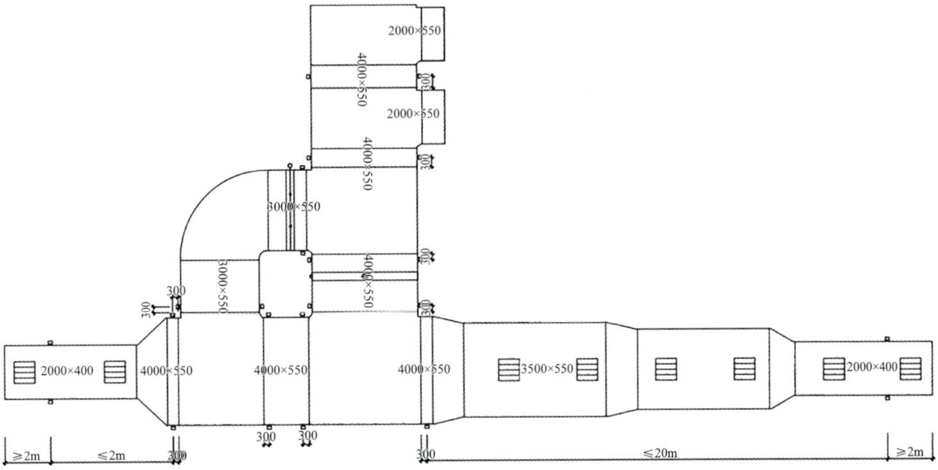


图 10-101　风管固定支架布置方式

（3）电气桥架支吊架方案（图 10-102）

①电缆桥架水平敷设时宜按荷载曲线选择最佳跨距进行支撑，跨距一般为 1.5～3m（取 2m 一道）；垂直敷设时其固定点间距不宜大于 2m，工艺桥架竖向采用增强型支架，详见表 10-8。

②电缆桥架在首尾端部 200mm 处及转弯处应加装吊装支架。

③采用金属吊架固定时，圆钢直径不得小于 8mm，并应有防晃支架，在分支处或端部 0.3～0.5m 处也应采用防晃支架。

**表 10-8　横梁尺寸表**

<table>
<tr><th rowspan="2">序号</th><th rowspan="2">b</th><th colspan="2">承重支架</th><th rowspan="2">固定支架</th></tr>
<tr><th>角钢</th><th>吊杆</th></tr>
<tr><td>1</td><td>50</td><td>∟30×3</td><td>M10（0.617kg/m）</td><td>∟30×3</td></tr>
<tr><td>2</td><td>100</td><td>∟30×3</td><td>M10（0.617kg/m）</td><td>∟30×3</td></tr>
<tr><td>3</td><td>200</td><td rowspan="4">∟40×4</td><td rowspan="6">M10（0.617kg/m）</td><td rowspan="4">∟40×4</td></tr>
<tr><td>4</td><td>300</td></tr>
<tr><td>5</td><td>450</td></tr>
<tr><td>6</td><td>500</td></tr>
<tr><td>7</td><td>600</td><td rowspan="2">∟50×5</td><td rowspan="2">∟50×5</td></tr>
<tr><td>8</td><td>800</td></tr>
<tr><td>9</td><td>b>800</td><td>6</td><td>/</td><td>/</td></tr>
</table>

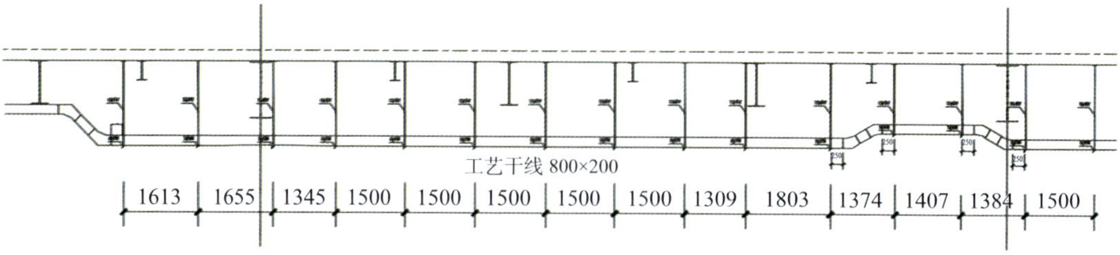


图 10-102　桥架支吊架剖面图

④在不破坏钢结构的基础上，使用抱箍支架，既能满足使用功能要求，又增加了管道安装的美观性。同时，根据机电管线的属性，以及管道的物理位置，深化不同的支架，来满足现场安装的要求（图 10-103、图 10-104）。

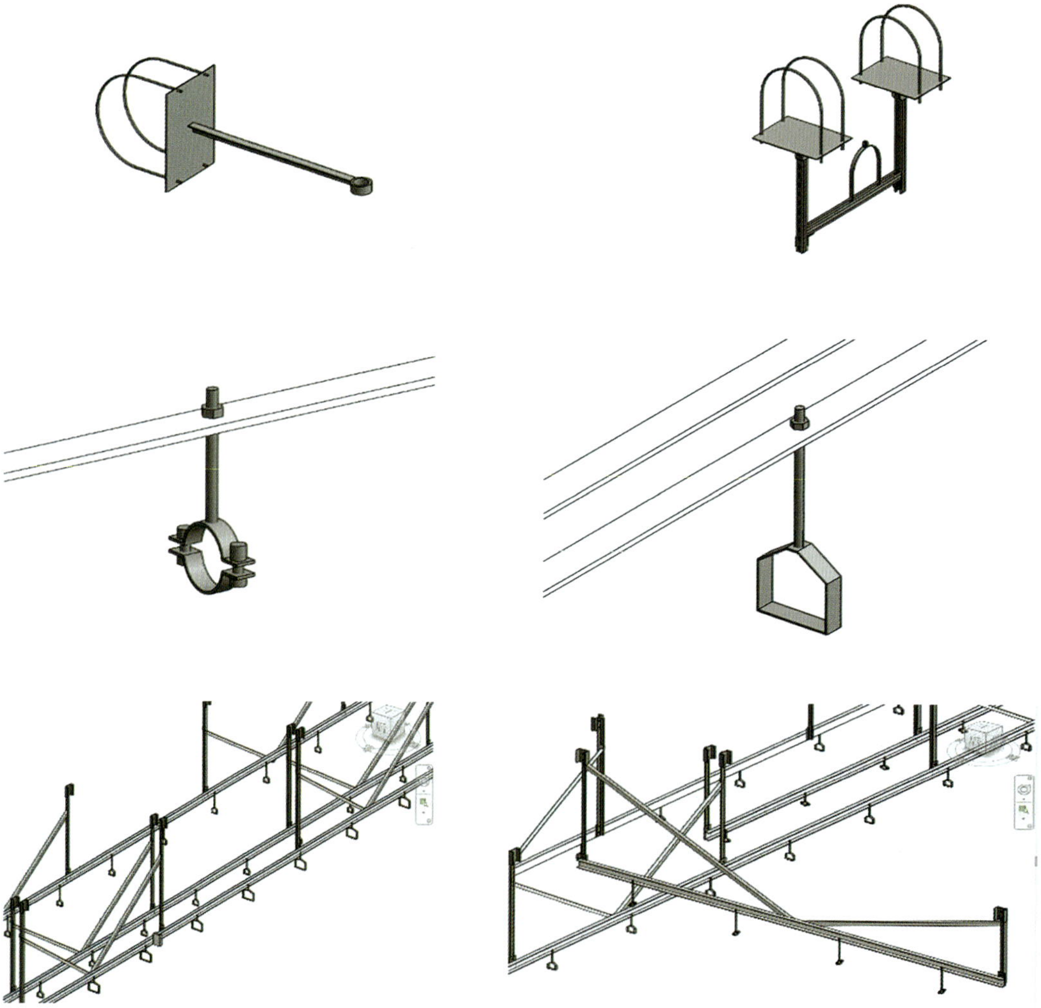

图 10-103　支架固定方案

图 10-104 深化后的安装方案

### 10.17.4 总结

①运用BIM的可视化管理及模拟化演练，打破支吊架安装的传统模式，预先在安装位置的结构里放置预埋件。根据BIM深化模型确定机电管线排布，快速导出支吊架形式并从设计图集中选择相应的支吊架并进行强度计算，再根据结果进行支吊架选型、设计并由工厂制作支吊架，形成闭环技术路线并出具深化图纸，有效指导现场施工。

②针对大跨度钢桁架中机电管线无固定着力点的问题，提出基于大跨度钢结构深化得出支架的解决方案，根据钢结构的实际形态灵活设置管道、桥架等支架，给大跨度下的多管道整体设置转换层。

③在机场、大型工业厂房等项目中已开始应用基于BIM的支吊架设计技术，可以相对有效地化解管线集中安装与空间紧张的矛盾。

## 10.18 综合支吊架深化案例分析

### 10.18.1 背景描述

本工程综合业务楼、员工宿舍内，通风管道、空调水管、冷媒管、消防排烟管道、给水管、排水管、消防水管、喷淋管道、强弱电桥架等各类管线繁多，楼内有空管、弱电、电梯等多个标段施工且涉及多个专业，而且建设方对室内净高要求较高，所以管线排布紧凑。

在实际施工过程中，如果不提前做好支吊架的策划及深化，往往会出现无序安装、排布杂乱、样式不够统一的问题，而且支吊架的安全和美观性无法得到保证。因此，本项目的支吊架选型、布置是工作重点。

### 10.18.2 问题分析

本工程各专业、各类型管道繁多，结合数字化建造要求及合同对于支架类型的要求，利用 BIM 进行支吊架深化是确定支吊架样式规格、确保支吊架使用经济性的一个重要途径，针对本工程管线繁多、工程量大的特点，需要确定一个快速有效的支吊架深化方案，以有效辅助工期、现场质量等。

### 10.18.3 解决方案

(1)支吊架排布方案深化

在管综模型基础上对支吊架排布方案进行深化，确定最优的支吊架方案并创建参数化支吊架族库。支吊架族库创建完成后，在管综模型上合理布置支吊架(图 10-105)。经过审核后，输出支吊架平面定位图及剖面详图，并指导现场支吊架安装。

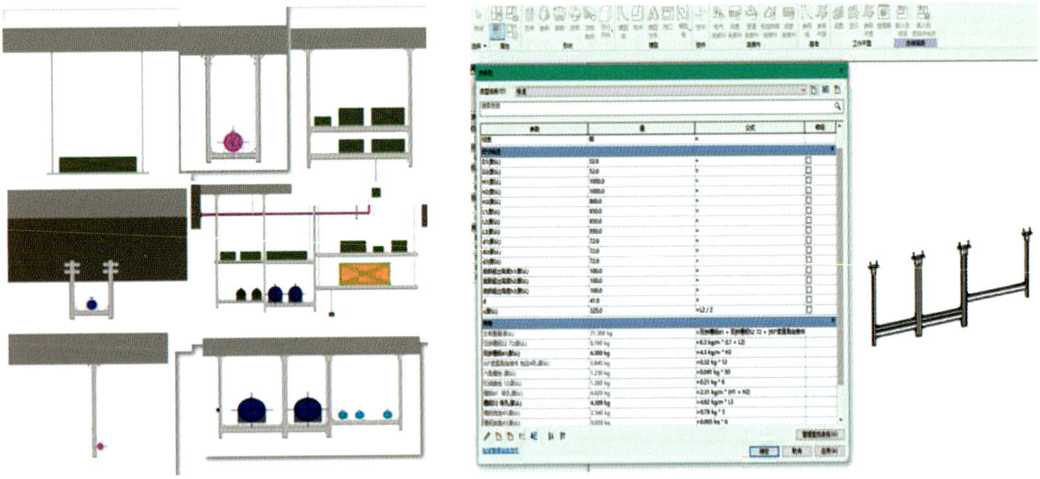

图 10-105 创建参数化族库

(2)管综合优化

管线的合理优化排布是管线支吊架排布的前提条件，在满足规范的前提下，管线排布应尽可能满足业主的需求、施工时安装操作的便利需求以及后期使用时的检修需求，并尽量做到整齐美观(图 10-106)。

(3)确定支吊架形式

利用 BIM 模型确定所需支吊架形式(图 10-107)。

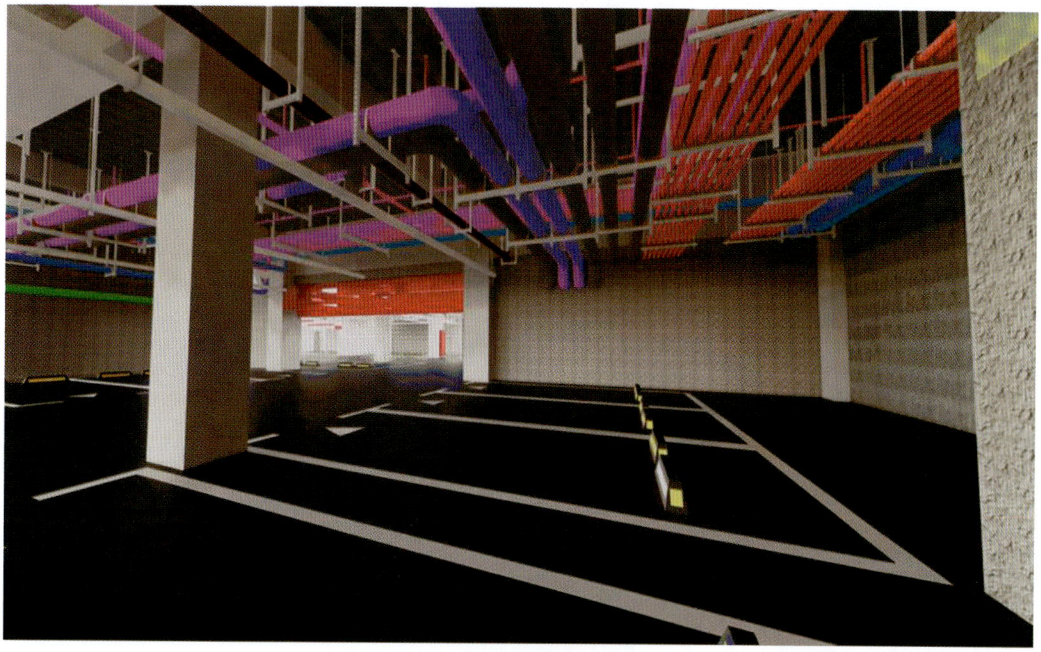

图 10-106　支吊架排布模型

图 10-107　确定支吊架形式

(4)支吊架布置

确定支吊架形式后,依据现行规范确定支吊架的间距,综合支吊架布置时要以最小管道的间距为准,同时在进行支吊架布置时注意抗震支吊架斜向支撑的空间,支吊架布置时尽量以梁为生根点(图 10-108)。

(5)支吊架受力计算

支吊架布置完成后，利用软件对支吊架进行受力计算。本项目中管道支吊架数量种类繁多,而全部计算校核效率过低,为此我们只需要校核同类型中最不利受力状况的支吊架。输出受力计算书并确保支吊架荷载满足要求(图 10-109)。

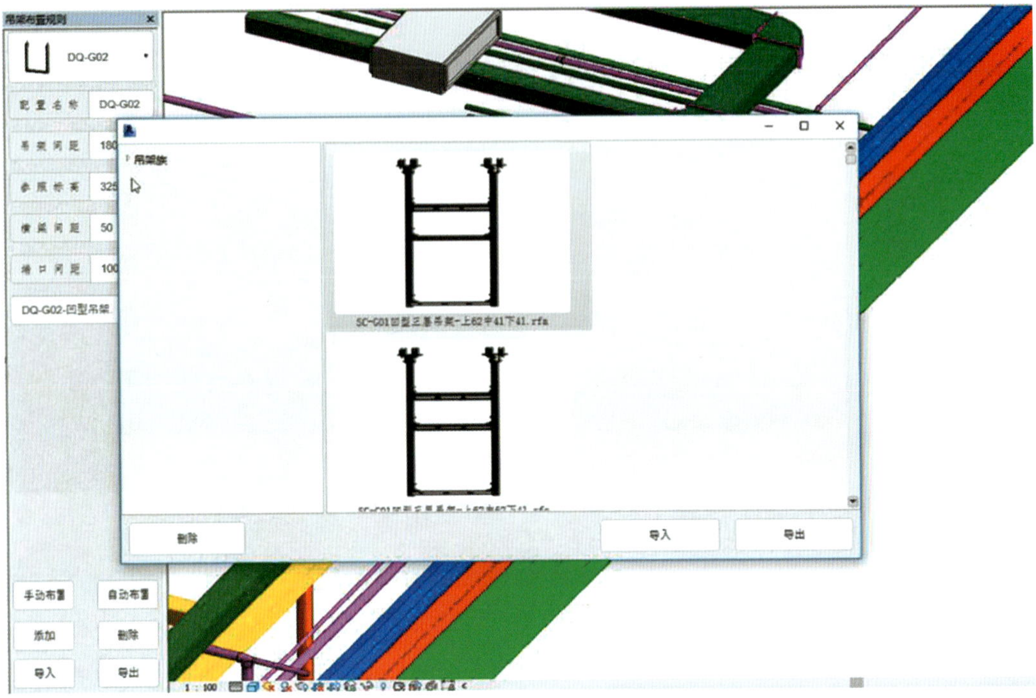


图 10-108　支吊架布置

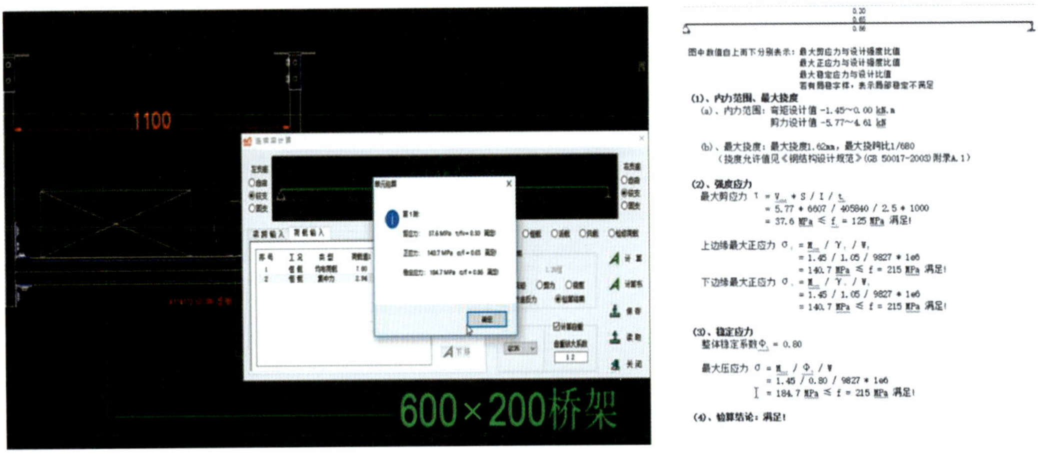


图 10-109　支吊架受力计算

(6)输出清单、图纸

输出支吊架工程清单、平面定位图及剖面详图，指导成品支架采购及加工，减少材料浪费。图纸中需包含支吊架编号，同类型支吊架编号应相同，另外需要对支吊架进行定位标注(图 10-110)。

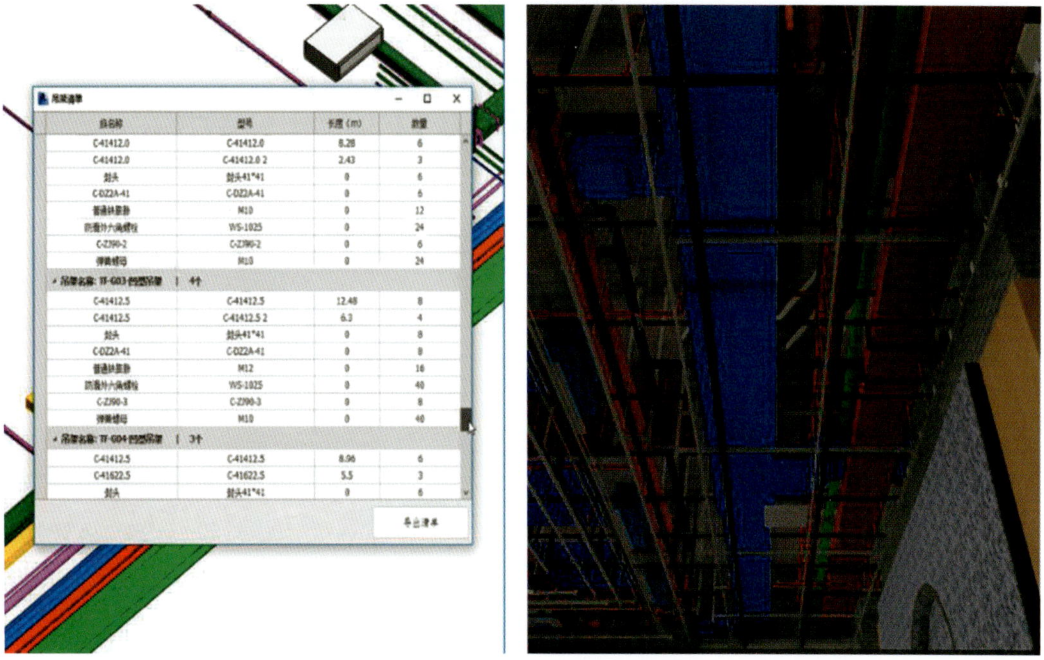


图 10-110　输出支吊架清单及模型

（7）现场实施

利用 BIM 模型完成支吊架选型、布置、计算，输出 BIM 成果后，即可进行下料加工、支吊架成品校核、现场安装、管线安装等一系列现场实施工作。

### 10.18.4　总结

在进行支吊架设计之前的管线优化过程中就应该考虑支吊架的安装位置和支吊架形式，在进行支吊架设计过程中，要严格遵守支吊架设计规范和安全规范，现场安装过程中要切实做好技术交底和支吊架质量把控。

# 11　钢结构工程深化设计应用与实践

## 11.1　构件体积赋值案例分析

### 11.1.1　背景描述

鄂州花湖机场顺丰转运中心工程是国内首个依据 BIM 模型指导设计、施工、计量、验收的机场项目,BIM 模型的意义不仅关乎现场按模施工,也对后期计量支付工作具有指导意义。因此,准确统计模型构件的工程量信息(主要是体积)便处于重要地位。由于钢结构中的螺栓、预埋铁件、钢柱钢梁、钢檩条、钢支撑等构件以吨为单位进行计量,精准提取构件体积后，软件方可根据公式计算构件吨数。最终商务人员依据工程量乘以相关综合单价,故需确保模型计量准确无误。

| A | B | C | D | E | F | G | H | I | J |
|---|---|---|---|---|---|---|---|---|---|
| 序号 | 合同项编码 | 合同项名称 | 项目特征 | 数量单位 | 数量 | 单价 | 任务类型 | 项目类型 | 单价单位 |
| 1.1.1.5 | 1.1.1.5 | 金属结构工程 | | | | | <汇总项> | 原始工程量清单 | 人民币 |
| 1.1.1.5.1 | 010603002001 | 实腹钢柱 Q355B | 1.柱类型:H型钢抗风柱 | t | 246.528 | 9090.310 | [03030301]实物项 | 原始工程量清单 | 人民币 |
| 1.1.1.5.2 | 010603002002 | 空腹钢柱 Q390 | 部位：陆侧指廊夹层吊柱 | t | 116.272 | 8588.610 | [03030301]实物项 | 原始工程量清单 | 人民币 |
| 1.1.1.5.3 | 010604001001 | 钢梁 H型Q390 | 部位：陆侧指廊夹层 | t | 73.742 | 8843.550 | [03030301]实物项 | 原始工程量清单 | 人民币 |
| 1.1.1.5.4 | 010604001002 | 钢梁 H型Q355B | 部位：空侧指廊屋面 | t | 4342.110 | 8432.750 | [03030301]实物项 | 原始工程量清单 | 人民币 |
| 1.1.1.5.5 | 010606001001 | 钢支撑、钢拉条 Q235B | 部位：空侧指廊屋面,包含圆管支撑等 | t | 253.694 | 9549.400 | [03030301]实物项 | 原始工程量清单 | 人民币 |
| 1.1.1.5.6 | 010606002001 | 钢檩条 | 1.钢材品种、规格:详见图纸设计 | t | 606.996 | 13535.990 | [03030301]实物项 | 原始工程量清单 | 人民币 |
| 1.1.1.5.7 | 010604001003 | 钢梁 H型Q355B | 部位：空侧、陆侧雨篷 | t | 156.580 | 8805.330 | [03030301]实物项 | 原始工程量清单 | 人民币 |
| 1.1.1.5.8 | 010606001002 | 钢支撑、钢拉条 Q355B | 部位：空侧、陆侧雨篷 | t | 60.425 | 9286.500 | [03030301]实物项 | 原始工程量清单 | 人民币 |
| 1.1.1.5.9 | 010605001001 | 钢板楼板 | 1.钢材品种、规格:0.5mm厚S250GD+Z镀锌钢板，屈服强 | ㎡ | 1042.000 | 129.950 | [03030301]实物项 | 原始工程量清单 | 人民币 |
| 1.1.1.5.10 | 010606005001 | 钢墙架 | 1.钢材品种、规格:详见图纸设计 | t | 673.564 | 10455.430 | [03030301]实物项 | 原始工程量清单 | 人民币 |
| 1.1.1.5.11 | 010606013001 | 零星钢构件 | 1.构件名称:零星钢构件 | t | 55.000 | 8602.860 | [03030301]实物项 | 原始工程量清单 | 人民币 |
| 1.1.1.5.12 | 010607004001 | 金属网栏 空防围网 | 1.材料品种、规格:空防围网,高度到梁底或板底 | ㎡ | 2493.120 | 348.210 | [03030301]实物项 | 原始工程量清单 | 人民币 |
| 1.1.1.5.13 | 010516002003 | 预埋铁件 Q345 | 1.钢材种类:Q345 | t | 25.672 | 10670.830 | [03030301]实物项 | 原始工程量清单 | 人民币 |
| 1.1.1.5.14 | 010516002004 | 预埋铁件 Q390C | 1.钢材种类:Q390C | t | 23.104 | 10670.830 | [03030301]实物项 | 原始工程量清单 | 人民币 |
| 1.1.1.5.15 | 010516001001 | 螺栓 | 部位：预埋螺栓 | t | 16.687 | 12313.350 | [03030301]实物项 | 原始工程量清单 | 人民币 |

图 11-1　某标段金属结构合同清单

### 11.1.2　问题分析

BIM 模型中构件的体积信息一般是通过插件 bimET 导出并赋值的，但在使用过程中，因其只能保留小数点后三位，致使螺栓及一些加劲板的体积无法被正确提取（图 11-2),也就无法根据公式推算出相应构件的重量,最终影响施工单位获取应有的工程进度款。以指廊区域螺栓为例,合同清单量为 16.687t,那么合计约 20 万元的工程款无法获取,给项目顺利实施带来了极大的阻碍。

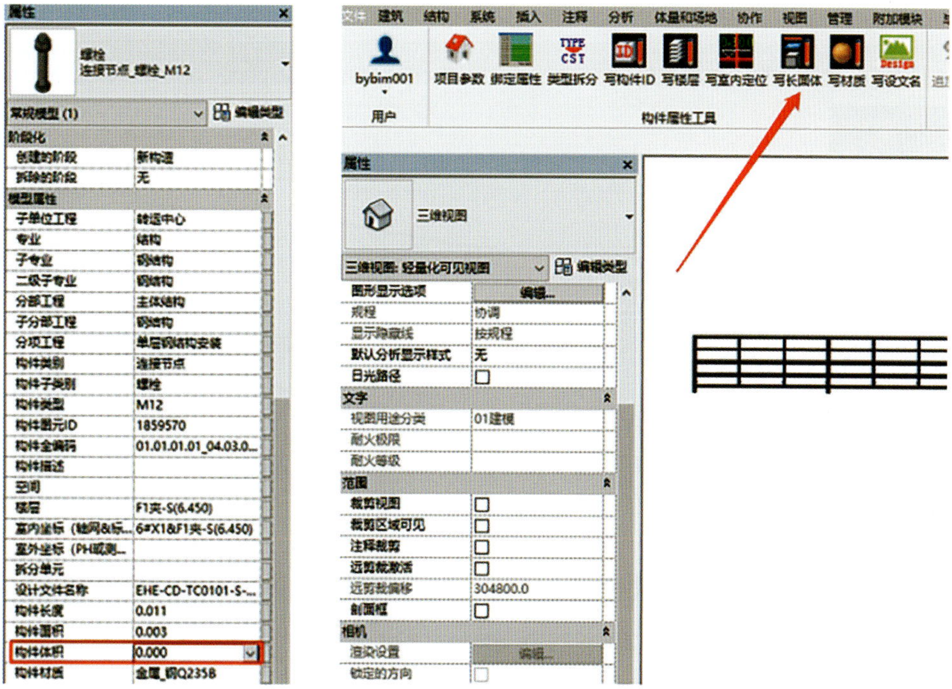


图 11-2　模型数据截图

## 11.1.3　解决方案

在软件使用过程中，我们注意到：对于模型中的每个构件，Revit 软件都会自动统计其所占的空间体积，因此可以通过修改项目单位中的小数位数，即增加小数位数以增加体积的精确性。经过分析发现，当保留六位小数时可保证所有构件的体积均不为零。

通过 Dynamo 插件将软件自有的体积属性与构件体积属性关联（图 11-3），由插件自动读取体积属性并赋值给构件体积，便可解决由小数位数而导致的构件体积为零的问题，为后期计量支付提供了便利。

## 11.1.4　总结

因 BIM 模型与计量支付挂钩，在建模及赋值过程中务必小心谨慎。对于模型最终成果，要依靠自身的专业知识及对建模软件的熟悉应用，利用软件自身的特性进行测试对比。在该过程中应加强与内部商务预算人员造价比对工作，及时发现问题、解决问题，确保模型计量工作准确无误。

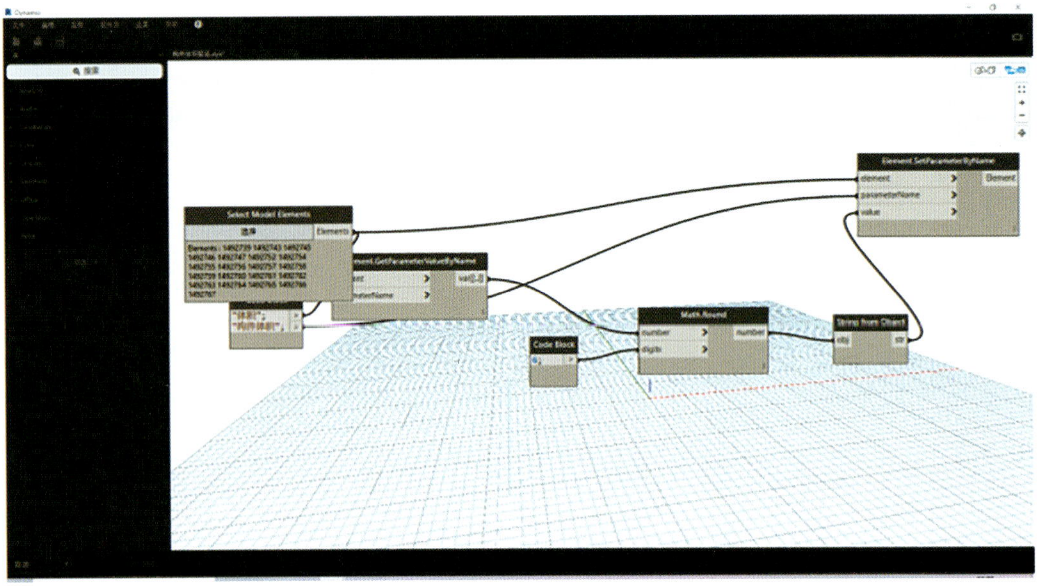


图 11-3　Dynamo 参数化程序组

## 11.2　抗风柱深化设计案例分析

### 11.2.1　背景描述

钢结构工程深化设计主要应用 BIM 技术对钢结构进行施工前的设计模型深化，包括钢结构模型、钢结构图纸和清单的深化。为满足制造厂数字化加工、现场按模施工、质量验评、计量计价等，对于深化模型的精度、准确度都有较高的要求，以确保工程 BIM 的顺利实施。

设计图纸中的抗风柱预埋件节点是埋入混凝土地梁，并不完全符合现场施工情况；设计图中注明抗风柱位置需要施工单位协同幕墙单位进行二次深化设计。另外，设计图中的抗风柱节点缺少与夹层梁的节点，且实际建模发现抗风柱和夹层的混凝土梁和钢梁相交。根据以上情况，本案例对抗风柱埋件、抗风柱位置以及抗风柱节点进行深化分析。

### 11.2.2　问题分析

（1）抗风柱埋件

设计图纸中的抗风柱预埋件节点是埋入混凝土地梁，而实际上还会有埋件突出地梁、埋件部分在地梁部分在地坪板里的情况，使部分埋件的锚筋无法直锚，导致埋件裸露。因此，在对抗风柱地坪预埋件进行深化设计时，需要对抗风柱地坪埋件进行深化建模，使抗风柱地坪预埋件被混凝土包围，将锚筋锚入混凝土（图 11-4）。

（2）抗风柱位置

由于设计图纸中注明了抗风柱位置需要施工单位协同幕墙单位进行二次深化设计，施工单位组织土建、钢构和幕墙专业依据建筑和结构设计图建模，发现抗风柱挡在汽车坡道上，抗风柱地坪埋件外露，墙龙骨跨度过大。因此，在对抗风柱位置进行二次深化设计时深化建模抗风柱及其埋件，在满足幕墙门、窗预留洞口要求和保证抗风柱地坪埋件埋入地坪的前提下，优化抗风柱和结构柱组成的间距（即墙龙骨的跨度）。

（3）抗风柱节点

由于设计图纸中的抗风柱节点缺少与夹层梁的节点，而实际建模发现抗风柱和夹层的混凝土梁和钢梁相交。因此，在对抗风柱进行深化设计时，需要对抗风柱节点进行深化建模，使抗风柱遇梁断开，在混凝土梁上增加对拉埋件，于斜抗风柱和混凝土梁相交处做特殊埋件节点（图 11-5）。

图 11-4 抗风柱埋件节点

图 11-5 抗风柱特殊埋件节点

### 11.2.3 解决方案

土建和钢结构模型合模解决各专业间的碰撞问题：

①在抗风柱地坪埋件裸露且只有地梁没有地坪的位置进行设计，即在地梁一侧加凸台节点，土建依据节点添加凸台模型。

②把埋件不能直锚的锚筋弯锚入，增加埋件节点样式。

③把汽车坡道上的抗风柱移开，避免影响建筑功能。

④结合幕墙的门、窗洞口，通过增、减和移动抗风柱优化墙龙骨的跨度（结构柱、抗风柱间距），使跨度不大于 9m。

⑤把与混凝土梁相交的抗风柱断开，在斜柱与混凝土梁相交处的埋件伸出倾斜一侧，使抗风柱连接在混凝土梁的埋件上，增加抗风柱与混凝土梁的两类节点。

⑥把与钢梁相交或抗风柱在吊柱下的抗风柱断开并做节点连接，增加抗风柱与钢梁节点以及抗风柱与钢梁、吊柱节点。

汇总以上优化，增加新的抗风柱埋件节点、抗风柱节点，生成新的抗风柱布置图，提请设计方确认后形成图纸会审记录。

### 11.2.4 总结

基于 BIM 软件对全项目钢结构进行深化建模，并与其他专业模型进行整合交圈合模，可以优化二维图纸，解决各专业间信息孤立的问题，提高深化模型的深度和精度。

# 12 装饰及幕墙工程深化设计应用与实践

## 12.1 室内精装修净高应用案例分析

### 12.1.1 背景描述

施工过程中，在管线敷设结束后、进行吊顶安装时，经常会出现管线高度与吊顶高度冲突碰撞，局部区域不满足吊顶安装要求等导致吊顶施工困难的情况，现场机电面临拆改工作，所以在施工前对专业模型进行整合分析显得尤为重要。

### 12.1.2 问题分析

施工单位深化时按照土建、钢构、机电、市政等专业进行模型拆分，后续模型报审也是单专业进行，在机场合模规则下，对于标段间合模有严格的控制要求，需签订边界确认确保标段间无碰撞才可以过会。但受限于建设单位的图纸下发进度、各专业模型深化进度、现场施工进度等，往往会忽略标段内碰撞问题，导致吊顶与机电碰撞、公共区域及房间净高不够等问题的发生。

目前标段内精装修模型整合发现的主要问题如下：

①吊顶标高与机电管综标高不一致，如图 12-1 吊顶标高为 2.8m，机电管综风口标

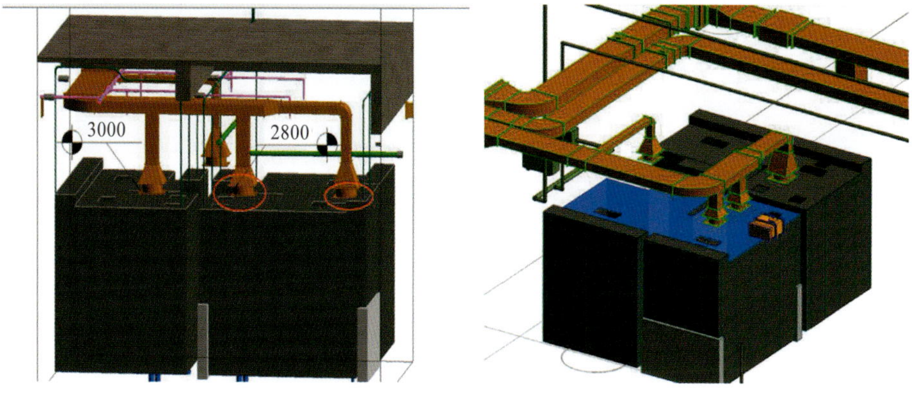


图 12-1 风口高于吊顶问题

高为 3m，高于吊顶，导致风口无法使用。

②吊顶标高与机电管综标高不一致、机电净高低于吊顶高度、管线与吊顶碰撞、末端未分配在吊顶上等问题影响建筑整体效果(图 12-2)。

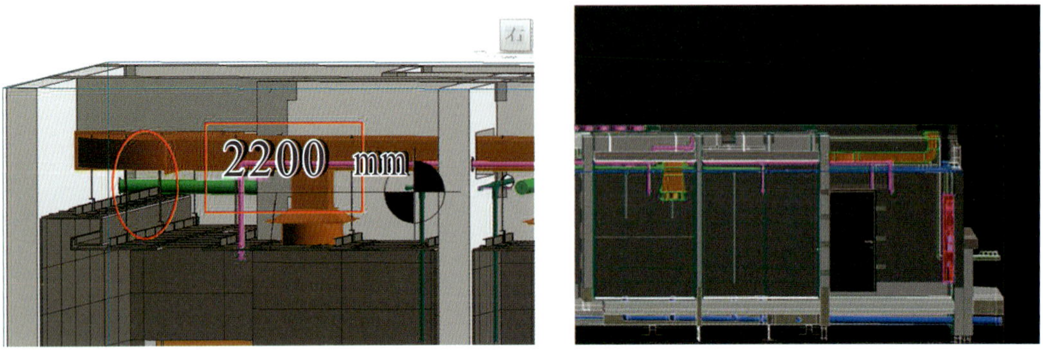


图 12-2　风口低于吊顶问题

③模型满足吊顶标高要求，但土建机电图纸存在差异。例如，精装修吊顶风口预留位置均与机电暖通风口错位、土建灯具与机电灯具不同、精装修图纸与机电图纸喷淋头数量及位置不符合等图纸问题(图 12-3)。

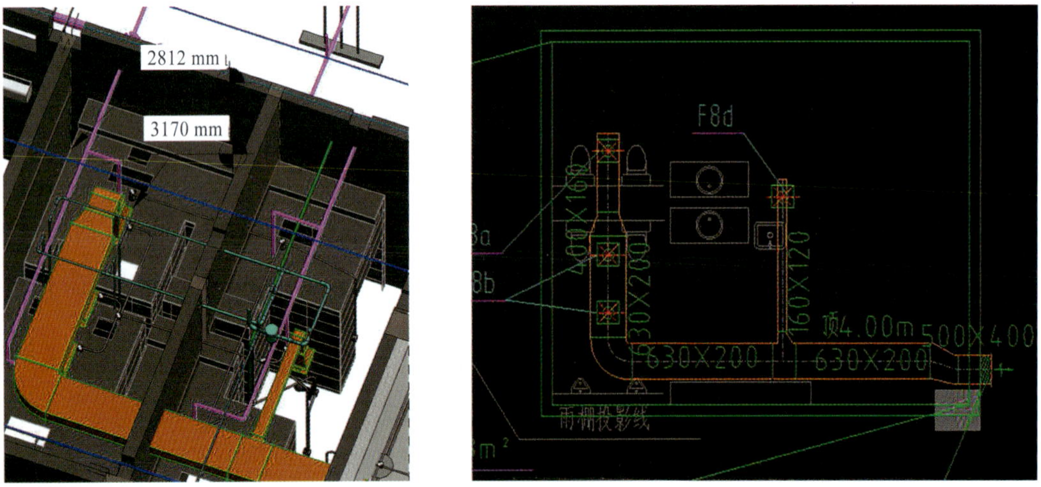


图 12-3　机电与土建预留洞错位问题

④设计院图纸存在问题。例如，建筑设置吊顶高度时未充分考虑机电管线布置及结构净高，以至于出现吊顶高度结构梁底平齐或者紧贴梁底等情况，导致管线无法敷设(图 12-4)。

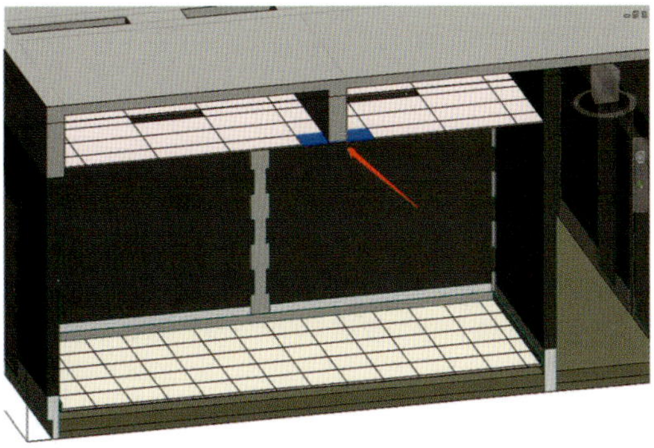

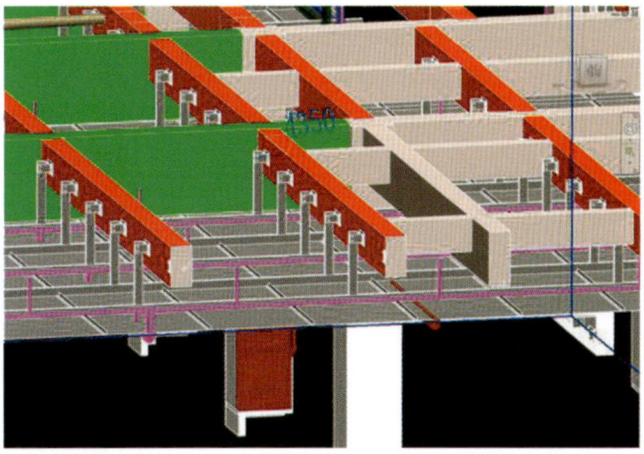

图 12-4 图纸偏差问题

### 12.1.3 解决方案

在模型整合过程中，通过标段内召开协调会议进行问题梳理。针对不同种类的问题采取相应工作进行相应处理：

①机电管线净高无法满足吊顶需求的情况，可通过降低风管高度、风管贴梁、风口侧接、水管穿梁、局部路由调整等方法进行优化，在机电优化后仍无法满足净高时，施工单位应与设计、建设单位积极沟通，降低局部区域净高。

②针对图纸不匹配的问题，以风水电点位为例，施工单位可将按需调整的点位形成图纸文件发给设计院复核，设计院根据施工单位输出内容进行评估调整（包含墙顶地的风水电点位），施工单位再按复核后的点位进行调整，避免返工和重复工作。对新增吊顶区域，可通过改变吊顶材质的方式减少机电管线拆改。例如，将石膏吊顶或硅酸钙板吊顶修改为格栅吊顶，设计院确认格栅吊顶通透率后，若满足上喷头设置条件即可无需修改喷淋模型，此处针对现场已施工区域上喷头可以减少拆改工作（图 12-5、图 12-6）；原设计为圆形吸顶荧光灯，当优化为条形嵌入式灯具时，未采购的按精装嵌入式灯具调整并由设计方重新规划线路排布，已采购区域则由设计方修改图纸，降低不必要的工程成本。

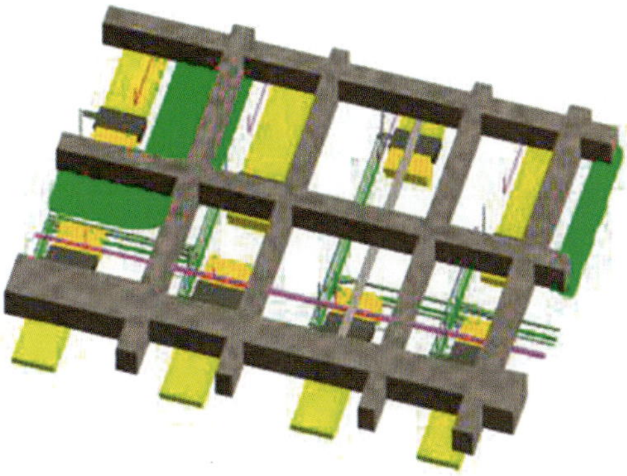

图 12-5 原设计喷淋截图

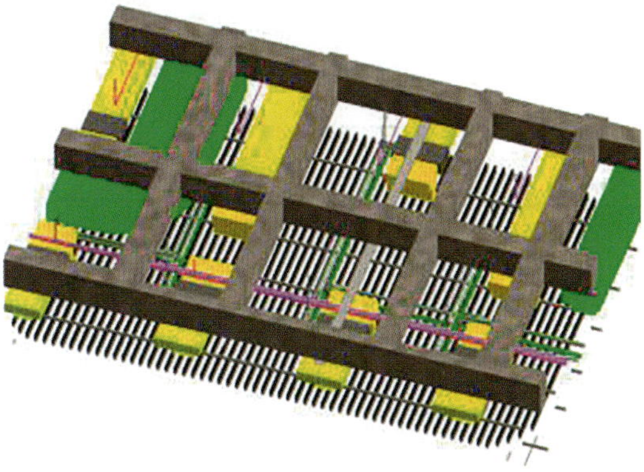

图 12-6 设计优化后截图

③针对图纸吊顶贴梁问题，施工深化团队与设计方沟通后，设计院出具变更图纸或者图纸会审修改吊顶高度，再由施工单位重新进行深化复核，以确保管线有足够的敷设空间。

### 12.1.4 总结

本项目模型精度远远高于传统项目，将各专业高精度模型进行整合管理可以提前发现专业交叉问题，并且能够减少返工、节约施工成本、缩短工期。通过模型整合做到施工前规避问题、解决问题、消除图纸错漏碰缺，便于指导施工。

## 12.2 航站楼精装修 BIM 案例应用分析

### 12.2.1 背景描述

本次航站楼精装修工程主要工程范围包括：航站楼室内吊顶工程（不含大屋面吊顶）、室内楼地面工程、室内墙面工程、室内照明、门窗工程、隔断、电梯厅门套、防撞栏杆、卫生间洁具及五金配件、镜面玻璃、卫生间台面及隔断、管道包封、窗帘盒及相关精装修项目的深化设计等（图 12-7）。新建湖北鄂州花湖机场航站楼精装修工程总建筑面积为 14947.78m$^2$，虽然总建筑面积小，但是涉及的各类专业交叉施工多，包括钢结构、土建、机电、幕墙、安检设备、行李设备、弱电智能化、电梯、登机廊桥、标识标牌、消防等十几个专业，工作交叉面多且施工时界面划分复杂，各类构件深化设计时碰撞较多。

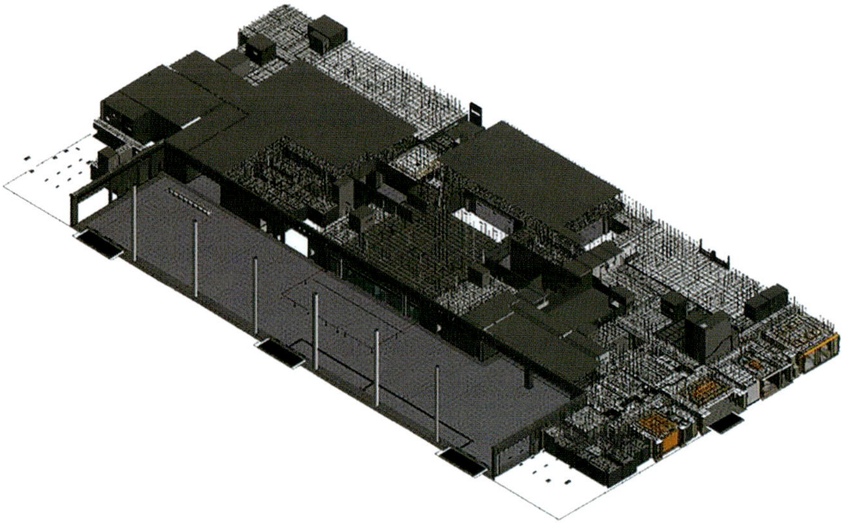

图 12-7 航站楼及楼前停车场首层室内精装修模型

### 12.2.2 问题分析

项目对模型设计深化及现场施工精度的要求空前的高，BIM 实施工作小组需具备深化设计过程中相关专业的工程信息模型设计能力，能利用工程信息模型技术进行深化设计，并确保成果符合发包人规定的建模标准、模型精度、成果文件格式及版本等要求，同时保证提供的模型信息正确且完整，使成果具备基于工程信息模型分析与应用能力，能在施工准备阶段和施工阶段开展碰撞检测、施工模拟分析等工作。在模型深化设计过程中，遇到的问题如下：

①在原二维设计过程中，建筑专业标段与精装修专业标段存在多种构件重复的情况，比如风口百叶、插座节点末端、门、排风扇等构件。在模型深化过程中，如果没有进行各标段互相提资检查，很难发现此类构件重复的问题，导致这类相关工程材料重复采购安装，浪费材料成本及人工成本。

②此次航站楼精装修项目首层层高为 7m，为满足荷载与净高要求，设计中在有吊顶区域需要设置钢架转换层(图 12-8)。精装修模型在与机电模型进行合模碰撞检查时，发现有钢架转换层处与机电管道存在碰撞，设计院方案中的钢架转换层无法实现。

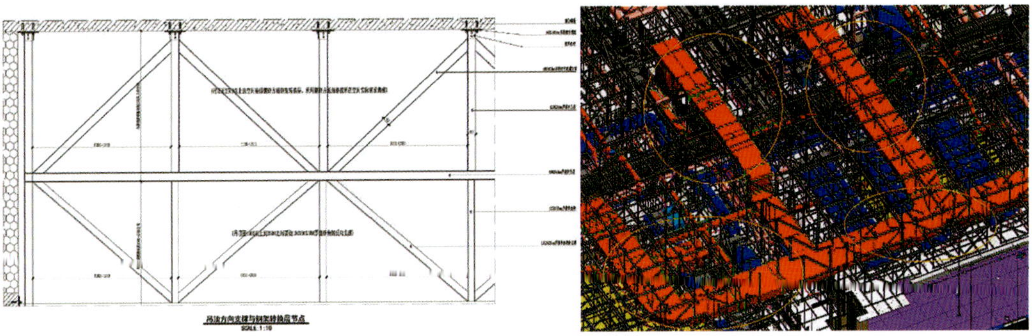

图 12-8 精装修构造情况

③在航站楼精装修模型设计深化过程中，发现有大量可预制或者预加工板材，比如墙面复合铝板装饰、墙面石材装饰和地面花岗岩石材装饰，此类材料都有采购运输距离远、运输成本高、现场加工工艺复杂、现场加工时对环境的污染比较大和人工成本高的特点。如果进行不同批次采购会有色差，且存在二维图纸测量误差，将导致采购数量不准确、缺失少量材料难以补充到位影响工期等问题。在现场施工过程中，现场施工工人对二维图纸理解存在偏差或对一些主要材料的铺贴方式、重要施工工艺节点不理解，施工质量达不到设计要求，导致返工，严重影响工期。

### 12.2.3 解决方案

①针对模型构件重复设置的情况，各专业标段在协同平台CMP上互相提资后，进行严格的自我模型审查并提交给监理、造价、设计、BIM咨询四方审核单位审查（图12-9），对多余的造成成本浪费的冗余构件进行删除优化（图12-10、12-11）。

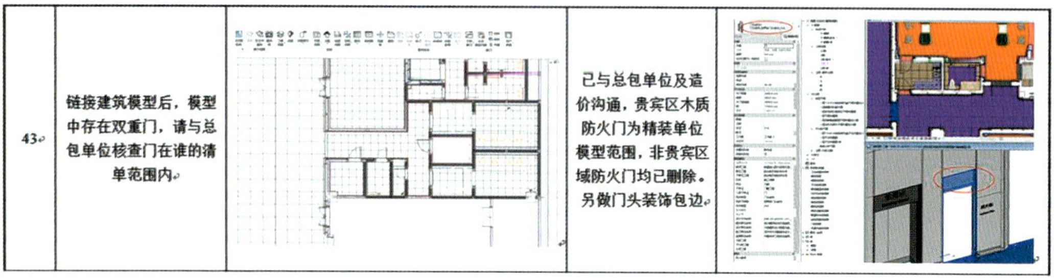

| | | | | |
|---|---|---|---|---|
| 43 | 链接建筑模型后，模型中存在双重门，请与总包单位核查门在谁的清单范围内。 | | 已与总包单位及造价沟通，贵宾区木质防火门为精装单位模型范围，非贵宾区域防火门均已删除。另做门头装饰包边。 | |

图12-9　四方审核报告截图

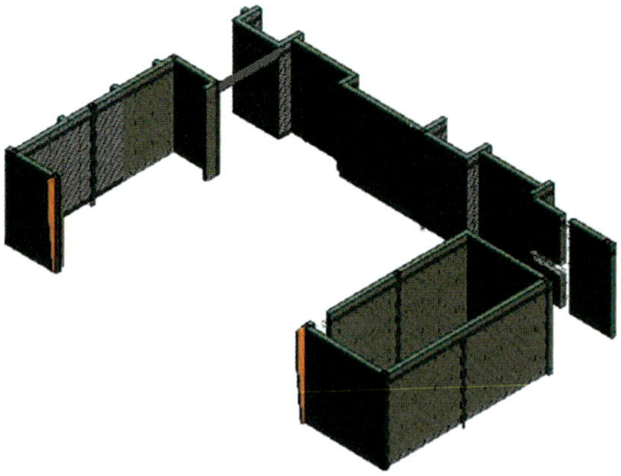

图12-10　设计深化前门模型为建筑防火门

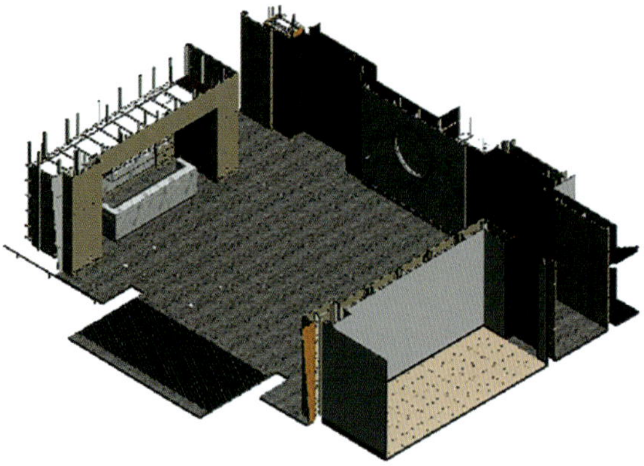

图12-11　设计优化后门模型为木质精装防火门

②针对原二维图纸设计中钢架转换层方案无法实现的情况，经过多方模型深化对比验证，进行钢支撑可行性受力分析，保证了含转换层自重的吊挂荷载不得超过0.5kN/m²的技术要求；另外在吊挂构件与主体结构构件连接处，主动避开主体结构钢筋，避免损伤主体结构钢筋及其保护层（图 12-12、图 12-13）。

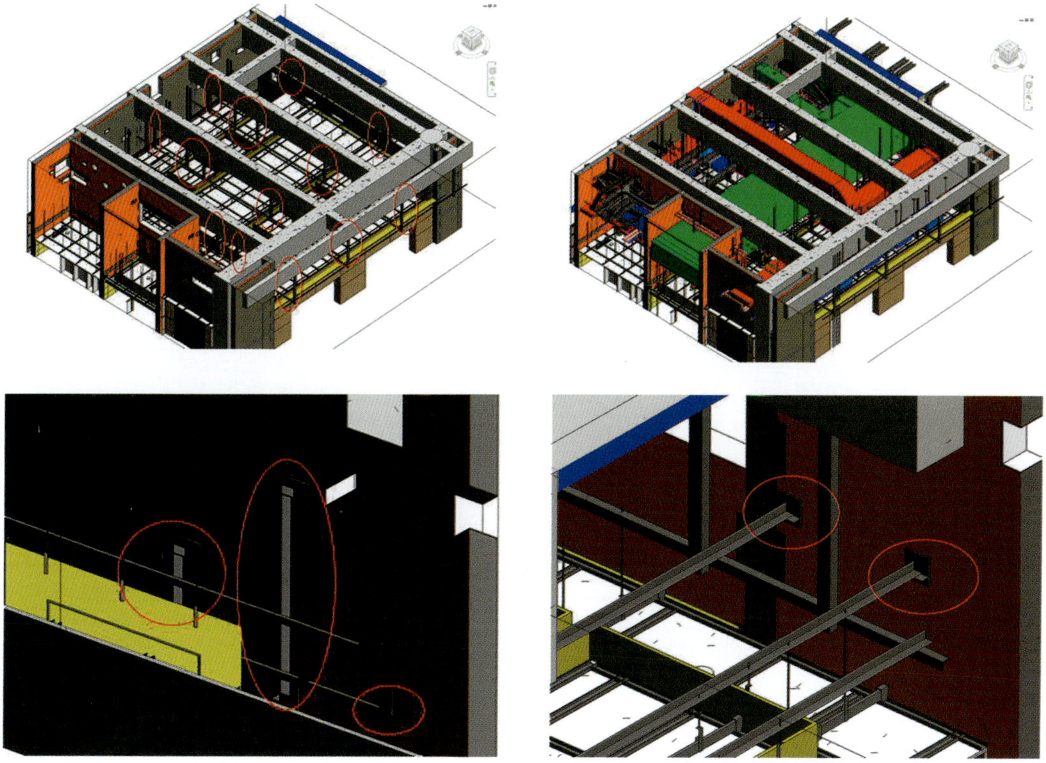

图 12-12　钢架转换层优化

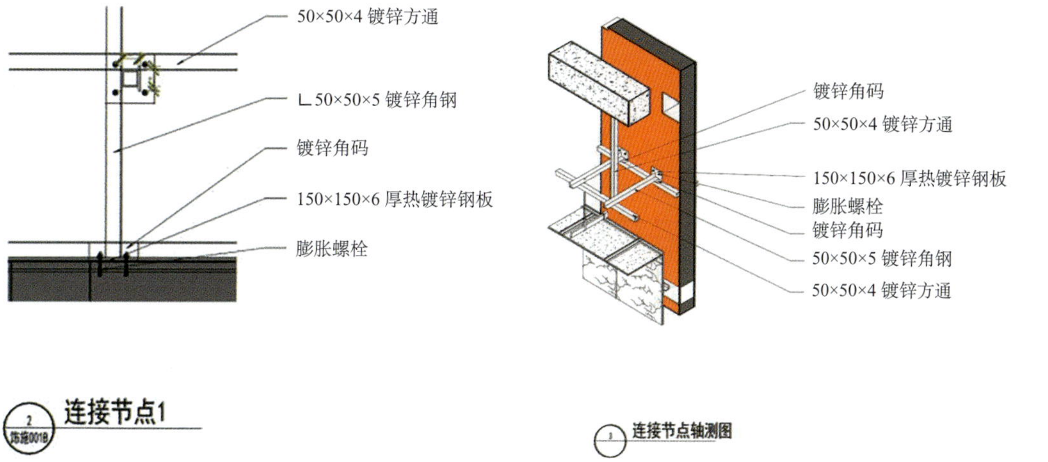


图 12-13　钢架转换层节点做法优化

③针对可预加工的复合铝板、各类石材等主要材料，在模型深化过程中，进行精细的模型排版优化，并对每一块材料进行编号处理，准确地区分出标准板块及非标准板块材料，导出材料明细表。并与工厂对接，确保精准下料下单。针对复杂工艺节点，进行高精度工艺建模优化和模型技术交底，不定期检查按模施工情况，确保设计方案准确落地(图 12-14 至图 12-17)。

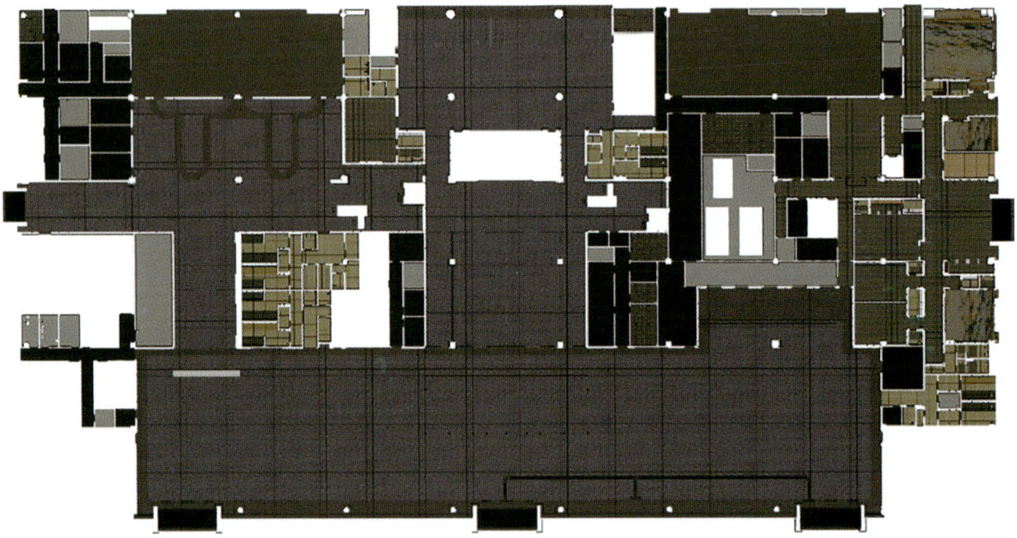

图 12-14　航站楼首层模型设计优化排版地面石材铺装

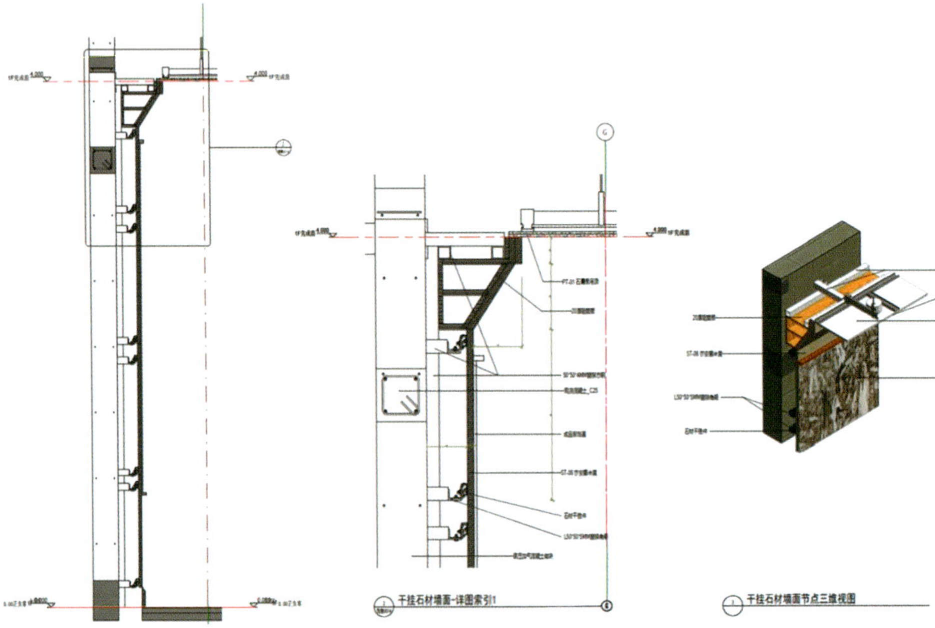


图 12-15　复杂工艺节点精细化建模

(a)

(b)

图 12-16　模型与现场对比 1

(a)建模图;(b)现场图

(a)

(b)

图 12-17　模型与现场对比 2

(a)建模图;(b)现场图

### 12.2.4 总结

项目策划阶段，可以用BIM技术为特定的场地环境选择产品库中的产品进行项目强排。借助BIM参数化设计引擎，输入调整设计指标，快速模拟产品效果，并计算相关成本。传统的工作模式中，方案设计需要先在建筑师头脑中构建，然后通过CAD绘制为二维图纸。三维模型的优势是能够使大多数不够专业的人员尽快通过可视模型参与工作，降低沟通成本。设计师和工地技术人员可以通过移动设备向工人展示三维图纸和技术要求，并在施工过程中随时调出三维模型核算工作内容和进度，实现精准技术交底。利用VR可穿戴设备，业主和客户均可进行漫游体验，使客户在建设初级阶段即可体验竣工效果，直观展现建筑魅力。

## 12.3 幕墙与机电模型整合应用案例分析

### 12.3.1 背景描述

转运中心指廊外立面为金属幕墙（图12-18），幕墙材质为镀铝锌加不燃岩棉，幕墙基本单元尺寸为1000mm×7980mm，为保证幕墙美观，机电风口和预留百叶洞口都在同一水平位置，尺寸基本一致。现场模型深化进度是幕墙在前，管综在后，在机电管综模型深化过程中（图12-19），发现金属幕墙预留洞口与机电出风口位置存在不一致的情况，且数量较多。前端设计中并没有考虑机电与幕墙的交叉接驳问题，需在深化设计中解决。

图12-18 指廊金属幕墙

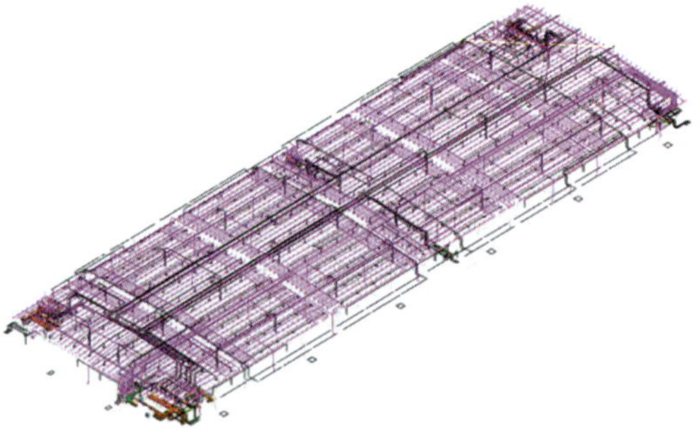

图12-19 指廊机电模型

### 12.3.2 问题分析

以转运中心指廊W3W4区域为例，此区域机电风口与幕墙洞口不一致的地方共有10处，存在的主要问题有暖通风口位置与幕墙洞口不一致、风口尺寸与幕墙洞口尺寸不一致、幕墙未预留洞口等。

①暖通风口位置与幕墙洞口不一致，风口在洞口上方，与金属幕墙复合板碰撞。此为共性问题，存在多处（图 12-20）。

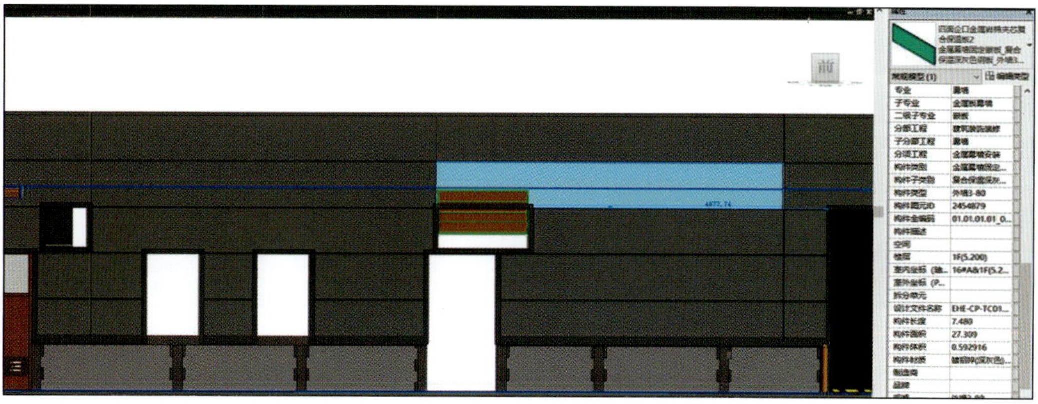


图 12-20　幕墙洞口问题图

②预留的暖通风口位置与金属复合板重合，幕墙未开洞，此处风口无法将风排出室外（图 12-21）。

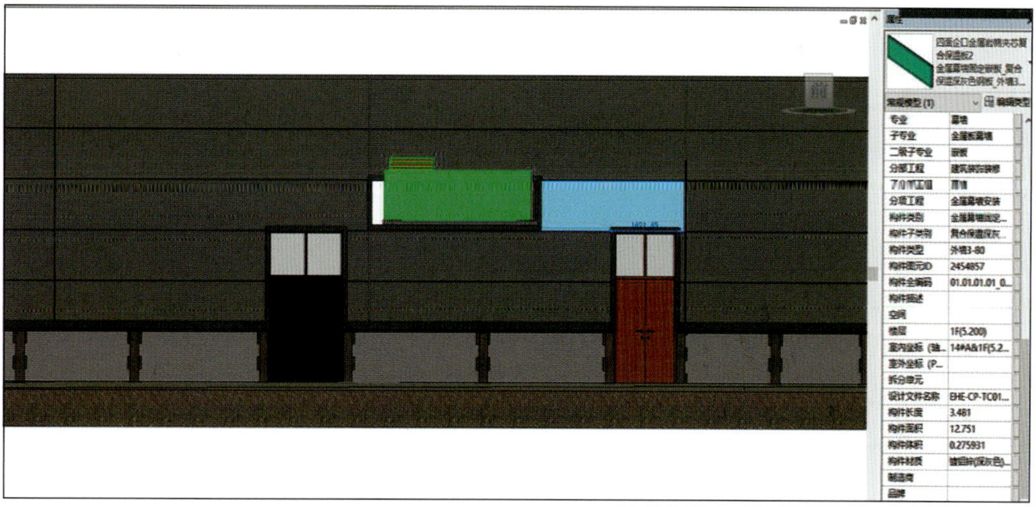


图 12-21　幕墙与其他专业重叠问题

③暖通洞口与金属幕墙预留百叶窗洞口尺寸和位置不一致，存在碰撞，此处是共性问题（图 12-22）。

图 12-22　幕墙百叶与洞口错位问题

## 12.3.3　解决方案

针对两个专业洞口不一致的问题，由集团 BIM 负责人进行组织协调，两个专业的相关 BIM 人员和现场技术人员集中办公，由建设单位确定调整原则。调整原则：若不影响金属幕墙的美观，允许调整机电，并在此基础上调整风管位置；若机电不能调整，则可以适当左右移动金属幕墙洞口位置，使两个洞口位置尽量保持水平，如需更改金属幕墙洞口尺寸和外观，则要报建设单位，组织专题会，由建设单位、设计单位以及施工单位指派人员参加。各方达成一致后，方能对模型进行调整。相关问题解决方案如下：

①暖通风口位置与幕墙洞口不一致的地方，可调整暖通风管往下偏移，只需满足机电安装空间要求，以金属幕墙预留百叶窗位置为基准，调整暖通的出口位。

②在暖通小风口的位置，幕墙未开洞，该区域可调整静压箱尺寸，出户风口全部通过该静压箱连接室外（图 12-23）。

③暖通洞口偏移，红色框选位置可进行调整暖通风管位置，向左移动与百叶窗保持一致。右侧风口位置因结构柱阻碍，无法接入百叶窗，可调整百叶窗位置与风口位置保持一致。

## 12.3.4　总结

①在针对幕墙深化设计时，不仅需考虑建筑外观的美观性，更要考虑建筑的功能性，需充分发挥BIM软件的优势，在保证建筑功能的基础上，体现出一定的外在美观性。现场施工时金属幕墙预留的百叶窗尽量处在同一水平位置、保持同一尺寸，以保证金属

幕墙外观。同时在设计暖通风口时，需提前设定风口位置和风口尺寸，使其与金属幕墙洞口保持一致。

②在各专业深化设计时，需进行协同设计，利用BIM技术，进行多专业整合协同，提前规避问题，解决问题，避免施工过程中的返工，提高工作效率，缩短工期，节省成本，将BIM模型应用深入一线，极大地推动模型落地与实践应用。

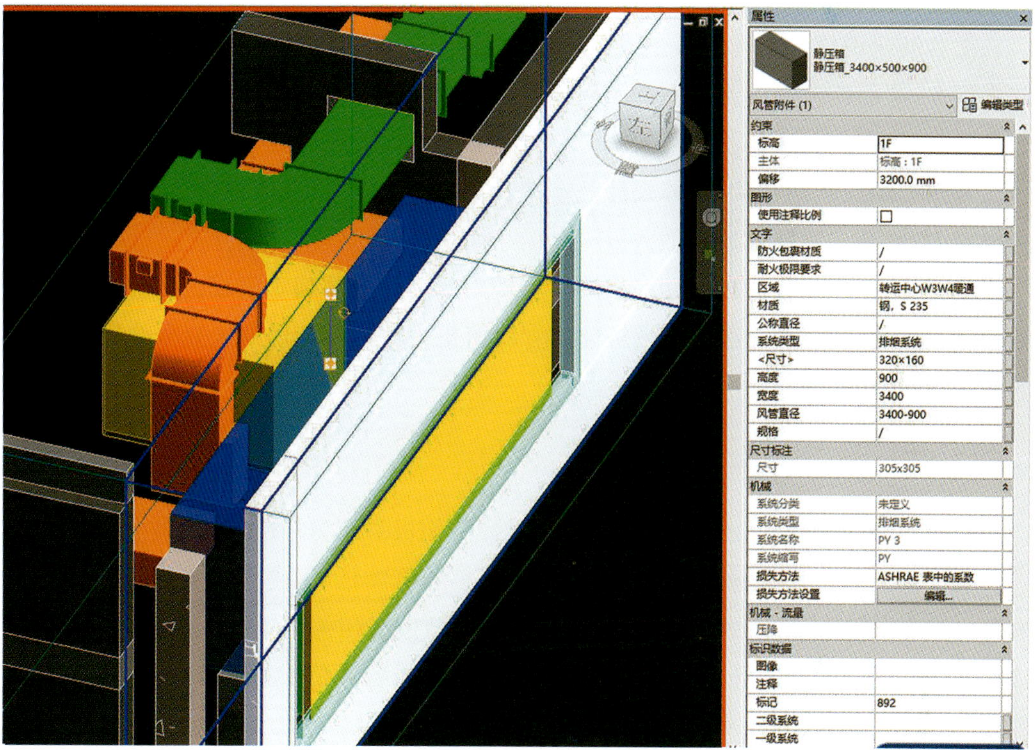


图 12-23 机电优化方案

## 12.4 穿场通道深化出图案例分析

### 12.4.1 背景描述

转运中心主楼与指廊衔接区域存在 4 个穿场通道，具体位置在指廊 W3478 与主楼 A456 区交界处。所有的管线经由主楼侧幕墙，悬吊于穿场通道钢结构后进入指廊区域，整体涉及主楼标段、电力标段、弱电标段、灯光标段、指廊标段、工艺标段，合计六家参建单位协同施工，同时建设单位需兼顾整体实施进度、外观效果及结构安全性等要求，因此集中优化出图显得尤为重要。

### 12.4.2 问题分析

本项目参建单位众多，施工协调难度大。按照设计蓝图直接施工往往会面临各项问题，难以协调整体进度。穿场通道区域管线交叉密集，结构排布复杂，工艺设备多。根据BIM模型出具的深化图纸施工，可以大幅度地减少现场各标段碰撞干扰问题，为按模施工落地提供了极大便利。穿场通道管线协调的主要问题如下：

①各参建单位施工进度不一致，两家总包单位幕墙施工与各参建单位机电施工协调难度大，若前期未开洞则后期开洞封堵难。

②协调难度大，整体涉及六家施工单位、三家设计院、两个建设单位。

③图纸确认流程复杂，主体设计院不涉及幕墙设计，幕墙系统由施工单位自行深化并报审，幕墙开孔协调确认难度大。

④拆改成本高，各标段前期在指廊及主楼内部已经局部施工完成，穿场通道模型调整涉及图纸变更、现场拆改等问题。此处管线密集，设备多，若前期未充分合模，后期拆改的可能性较高。

### 12.4.3 解决方案

针对穿场通道区域，由建设单位牵头，设计院积极参与，各施工标段集中办公，通过多次会议沟通，针对通道处公共支吊架布置、幕墙开洞图纸、室内管线变更、室外路由排布等内容进行 BIM 深化，根据各方确认无误的模型生成相关图纸（图 12-24、图 12-25），经过各方确认后发往现场，由幕墙单位进行幕墙开孔，各单位根据各自确认的位置进行管线出户及生根，最终采用了以下的解决方案：

①幕墙未施工区域，由安装单位确认管线模型，在幕墙模型进行模型开洞，导出图纸发各方复核，无误后移交现场进行幕墙开洞。已施工区域由设计确认封堵做法后，根据模型出图进行现场开孔。

②建设单位提供办公场所，各参建方集中办公进行线下讨论，过程中召开线上会议，各方根据实施目标进行工作，在两周内完成整体管线模型及支吊架模型，依据模型出图指导施工。

③若幕墙图纸需要进行变更，则由建设单位协调设计院进行图纸审核，设计院复核后，建设单位协调监理通过平台下发图纸，现场进行幕墙开孔，确保流程无误，一切工作有迹可循。

④经过各方讨论后决定，室内区域不进行现场拆改，仅对出户区域的整体管线重新排布，合模后通过模型出具路由排布图、支吊架布置图、幕墙开孔图，设计院复核图纸模型后，修改原设计方案，下发变更后各方执行变更，确保成果一次成型，避免后续拆改，

现场照片如图 12-26 所示。

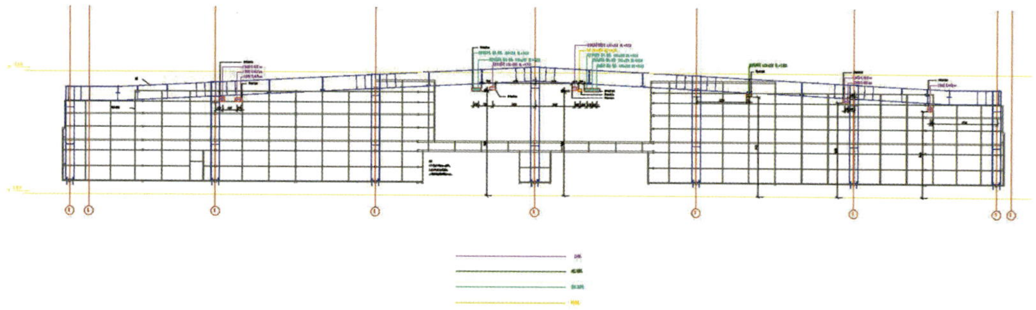

图 12-24　W2 区域穿场通道深化出图

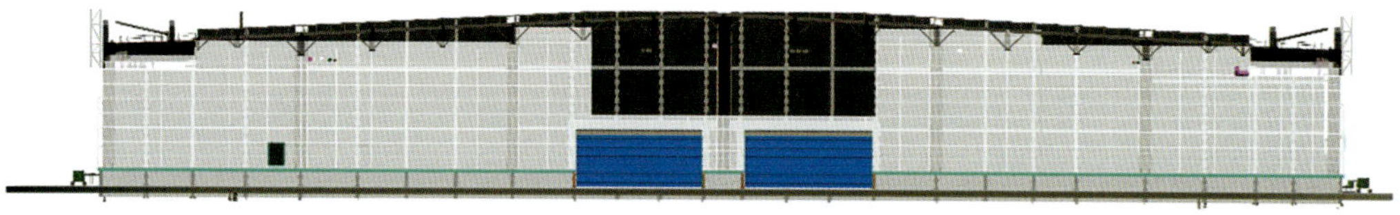

图 12-25　W2 区域穿场通道模型截图

图 12-26　现场图片

## 12.4.4　总结

模型出图指导现场施工，需要深化人员了解现场实际需求，对深化人员技术能力及沟通能力的要求较高。本项目参与单位多、协调难度大，通过管线综合，各家确认路由排布，可以极大限度地减轻后续施工碰撞及拆改问题，对现场施工具有指导意义。

# 13 场道工程深化设计应用与实践

## 13.1 排水工程细节优化案例分析

### 13.1.1 背景描述

应用 BIM 技术对飞行区排水工程进行模型深化设计工作，深化内容主要包括排水沟的沟体、节点等。由于节点较多，且较为复杂，需要对其进行更加细致的优化，使其在满足设计及规范要求的情况下，更加实用和合理，节约材料，保证施工便利。

### 13.1.2 问题分析

①对排水沟梯形明沟建模后的实际模型进行分析，发现问题如图 13-1 所示，此处东西向梯形明沟局部挡土墙伸至巡逻车道，明沟压顶与巡逻车道路肩距离不足 1m，从实用性以及安全性方面分析，该排水沟梯形明沟不能很好地满足使用要求。

②对深化模型排水沟明沟位置进行分析，发现第一版排水图纸里排水沟交汇处不合理（图 13-2）。具体表现为排水沟中交汇口端点高差过大且节点密集，并且下游排水沟的高程与上游排水沟存在冲突。

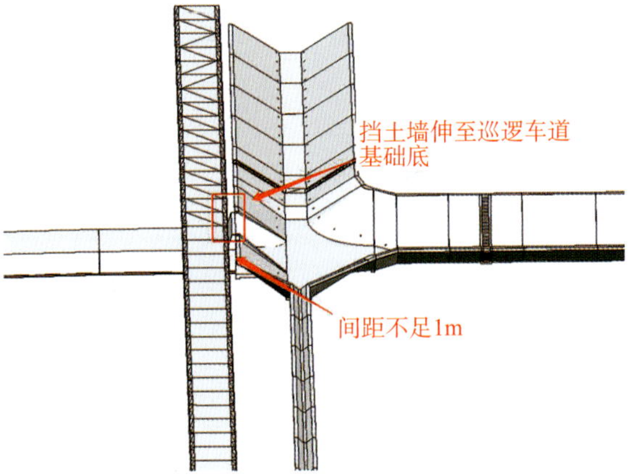


图 13-1 排水沟梯形明沟（优化前）

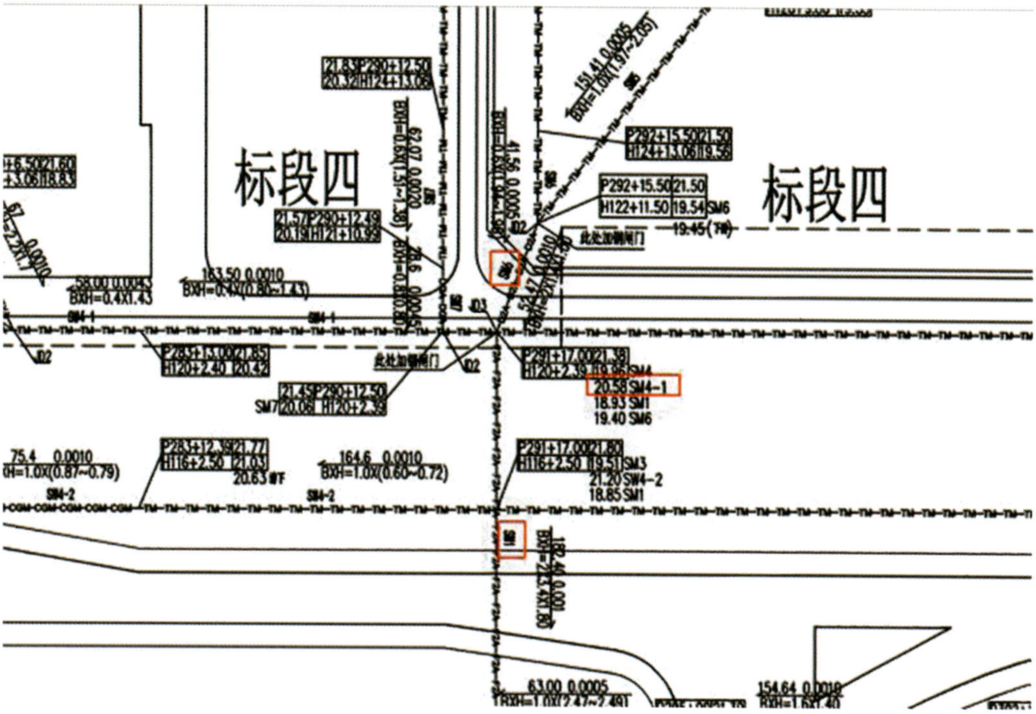


图 13-2　第一版排水图纸

分析排水沟箱涵节点台阶图纸及模型(图 13-3),发现问题如下:

a.台阶下部 M7.5 水泥砂浆砌 MU10 砖未绘制,且盖板未分格;

b. 钢筋混凝土矩形明沟与钢筋混凝土矩形暗沟相接结构过渡段(沟体结构与上游同,沟宽 $B$ 与下游同;沟底高程落差 $A$ 大于 1000mm),台阶与沟底内腋角碰撞未扣减;

c.台阶踢踏面没有统一尺寸;

d.盖板未与上游结构一致,且顶板为预制板。

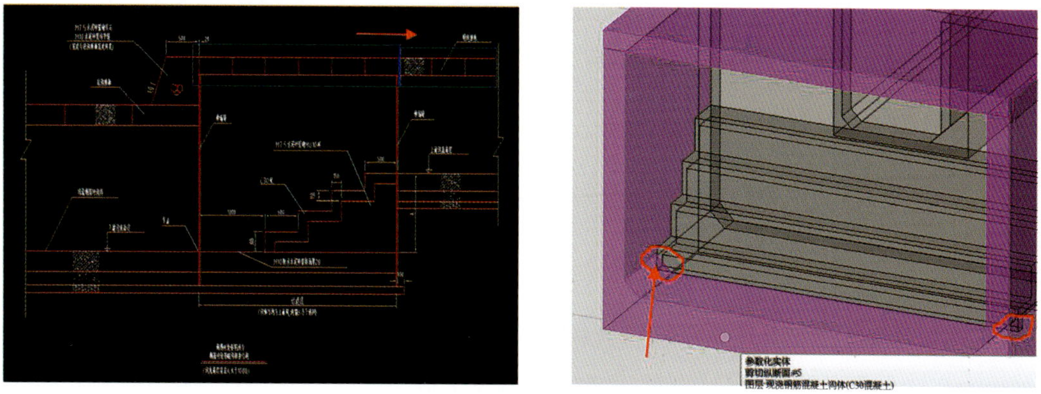

图 13-3　排水沟箱涵节点台阶

这种形式的台阶不仅浪费材料，增加造价，而且提高了施工难度，使项目无法达到预期效果，严重影响使用。

### 13.1.3 解决方案

①召开研讨会与施工技术人员协调沟通，并与设计方复核，提出解决方案。

a. 通过施工方、设计方、业主方开会研讨对明沟位置进行调整，考虑到此处明沟较深，巡逻车道宽度为3.5m，为保证安全，方便施工作业面的展开，将此梯形明沟整体向北平移3m，使得巡逻车道路肩与排水沟坡顶间距达到4m，满足安全要求。

b.经过与设计单位的两次协调以及根据业主的需求进行变更，将明沟处变更为服务车道，切断水沟之间的连接。

c.通过研讨，针对以上问题进行逐一调整：台阶宽度与上游排水沟洞孔同宽度，台阶侧壁不需抹灰处理；台阶踏步深度和踢面高度灵活布置；顶板为现浇混凝土；仅在此节点顶板侧墙设置检修孔和检修钢梯；箱涵检修井钢筋爬梯距孔口边缘距离可调整为100mm，保证500mm的净距离，方便检修。

②由建模人员根据提出的方案进行模型调整如图13-4至图13-6所示，满足设计及规范要求，保证施工质量。

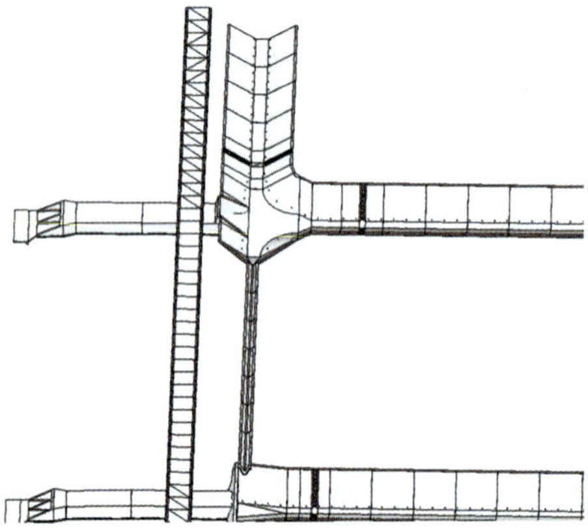

图13-4 排水沟梯形明沟(优化后)

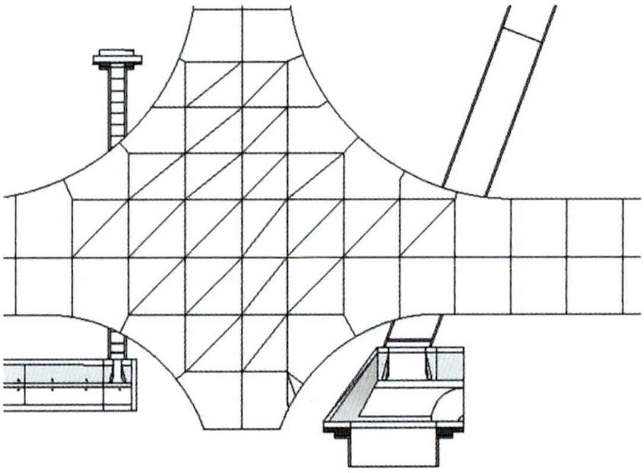

图13-5 依据要求修改的模型

### 13.1.4 总结

①建立BIM模型可使二维图纸三维化，将数据变得立体，提前解决可能存在的细节问题，避免后期返工，造成材料的浪费和工期的延误。

②在造价方面，台阶尺寸调整后极大地减少了混凝土使用量；减少相接的南北向明沟长度，节约成本。

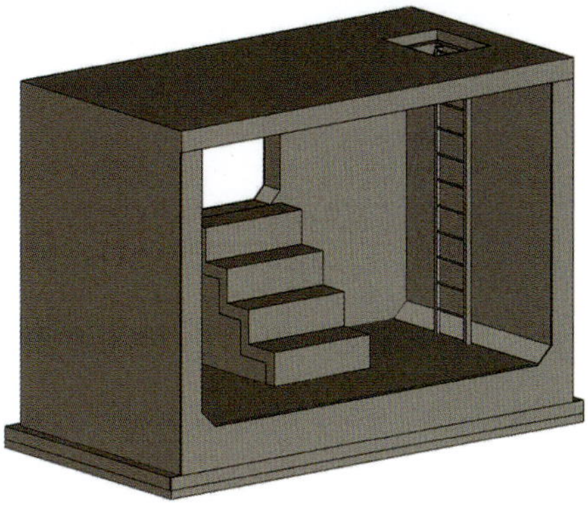

图 13-6 箱涵节点台阶模型（优化后）

③在施工方面，施工更加简单和便利，在满足设计及规范要求下，提高了工作效率，缩短了工期。

④调整后的梯形明沟和台阶更加合理，更具实用性，方便后续施工工作。

## 13.2 排水沟节点深化设计案例分析

### 13.2.1 背景描述

针对梯形明沟节点做法，规范中仅体现飞行区排水设施主要结构横断面示意图，设计院图纸中对梯形沟的各种交叉节点仅以平面形式体现，各机场对排水工程梯形沟的各种交叉节点施工仍是依靠施工经验，节点做法各不相同。本案例基于 BIM 技术提供了三种梯形明沟交汇节点方式（图 13-7 至图 13-9），以供其他机场施工参考。

### 13.2.2 问题分析

对梯形明沟节点形式进行分析，在技术规范中未明确其具体做法，在图纸中仅以一个公共节点示意，未对具体节点有详细、明确的展示；针对这种现状，依据施工经验和《民用机场飞行区排水工程施工技术规范》（MH/T 5005—2021），在满足结构安全、排水顺畅、施工方便的前提下，对梯形沟节点进行深化设计。

### 13.2.3 解决方案

①BIM 小组负责排水沟节点建模，通过排水沟施工班组了解施工难度，听取具体工作人员的意见，进行深化设计。

②在项目总工召集下，召开排水沟节点审核会，审核排水沟节点图纸和模型，对模型再次进行深化。

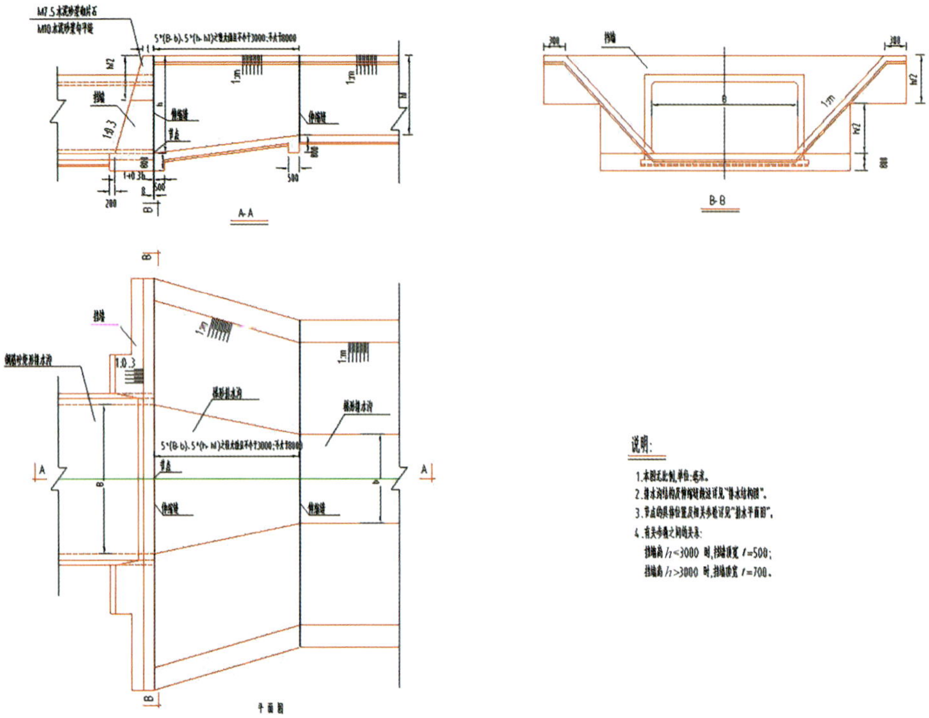


图 13-7 明沟与箱涵直接节点

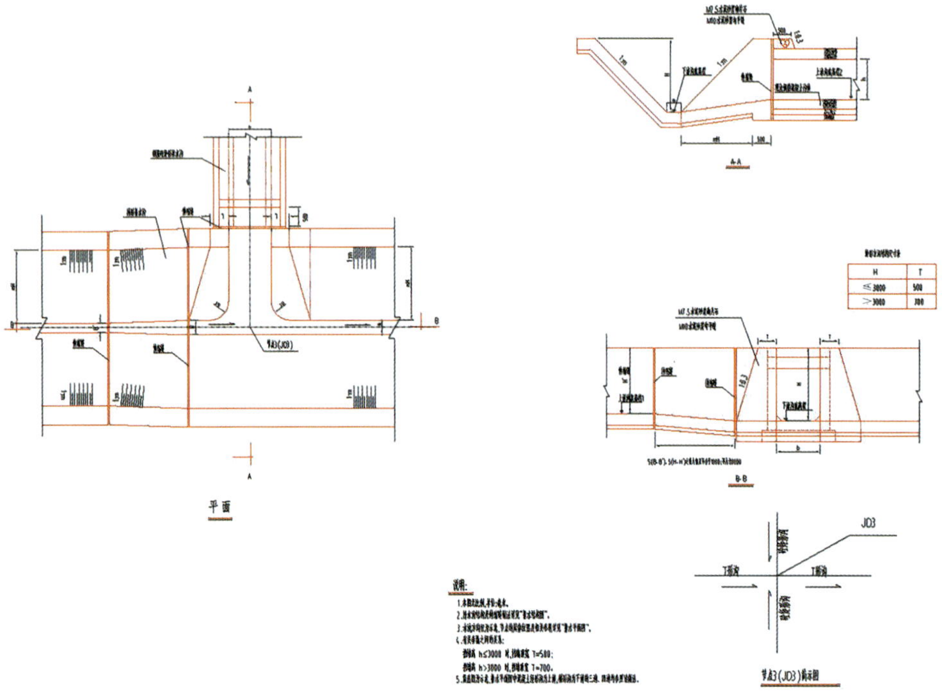


图 13-8 梯形明沟三通节点

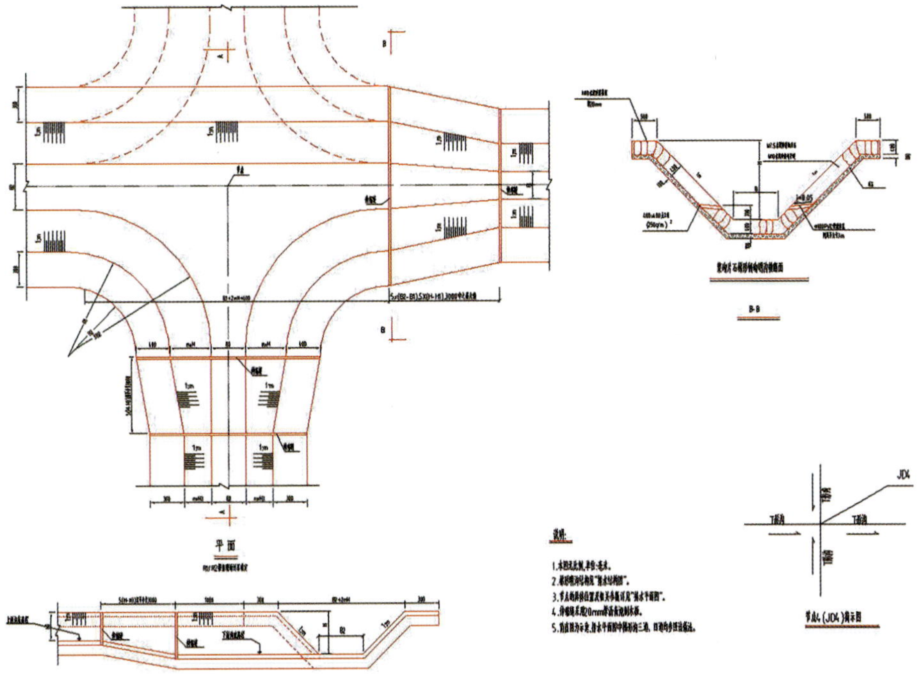

图 13-9　梯形明沟四通节点

③与设计单位确认节点方案，将深化的设计方案反馈给监理单位、设计院、业主，得到同意后将深化设计方案添加到图纸会审中。

④确定方案。

在满足结构安全、排水顺畅要求的前提下，对梯形沟节点进行深化设计，确定如下：

梯形明沟与盖板暗沟 T 字形交叉，如图 13-10 所示。

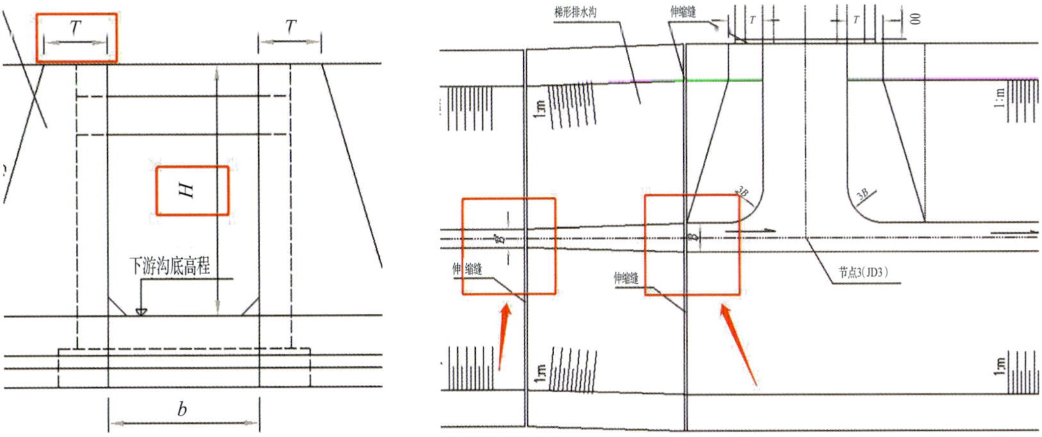


图 13-10　梯形明沟与盖板暗沟 T 字形交叉

a. 矩形沟挡墙高 $H \leqslant 3000\,\text{mm}$ 时，挡墙顶宽 $T = 500\,\text{mm}$；矩形沟挡墙高 $H$ 大于

3000mm 时，挡墙顶宽 $T=700$mm；

b.梯形沟节点变坡处长度为 5($B-B'$)、5($H-H'$)之较大值且不小于 1000mm；不大于 8000mm；

c.整体节点以结构安全稳定、美观、便于施工、排水流畅为原则，整体三维模型如图 13-11 所示。

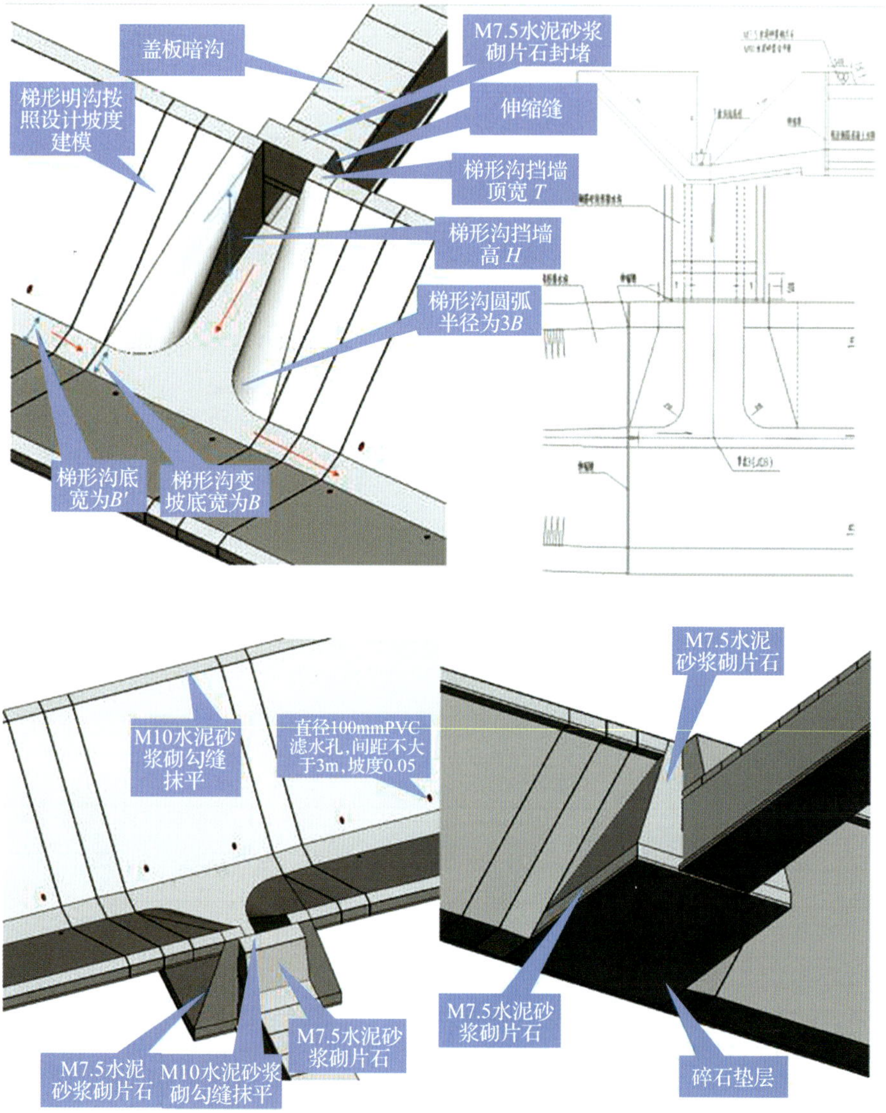


图 13-11　梯形明沟与盖板暗沟三通模型 1

梯形明沟与双孔箱涵 T 字形交叉，如图 13-12、图 13-13 所示。

a. 矩形沟挡墙高 $H\leqslant3000$mm 时，挡墙顶宽 $T=500$mm；矩形沟挡墙高 $H>3000$mm 时，挡墙顶宽 $T=700$mm。

b.梯形沟节点变坡处长度为 $5(B-b)$、$5(h-h_1)$之较大值且不小于 3000mm；不大于 8000mm。

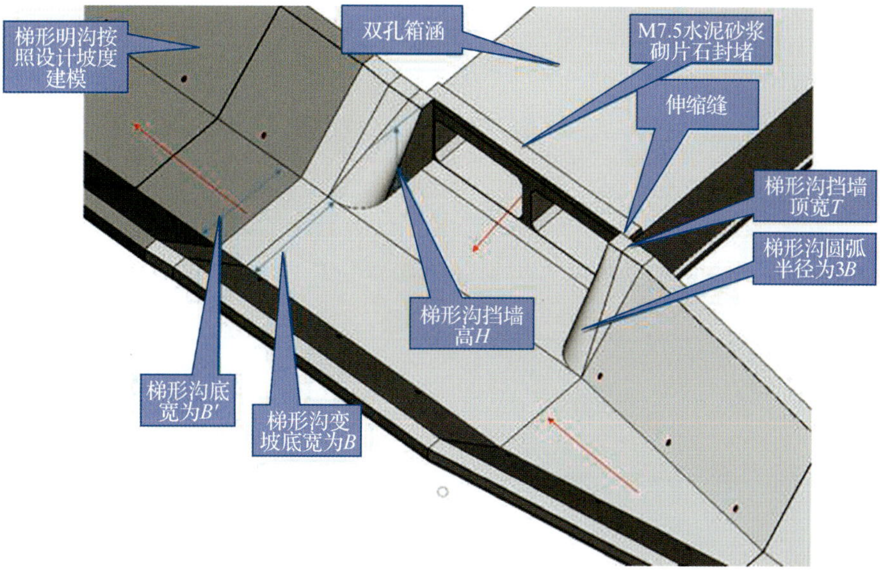


图 13-12　梯形明沟与盖板暗沟三通模型 2

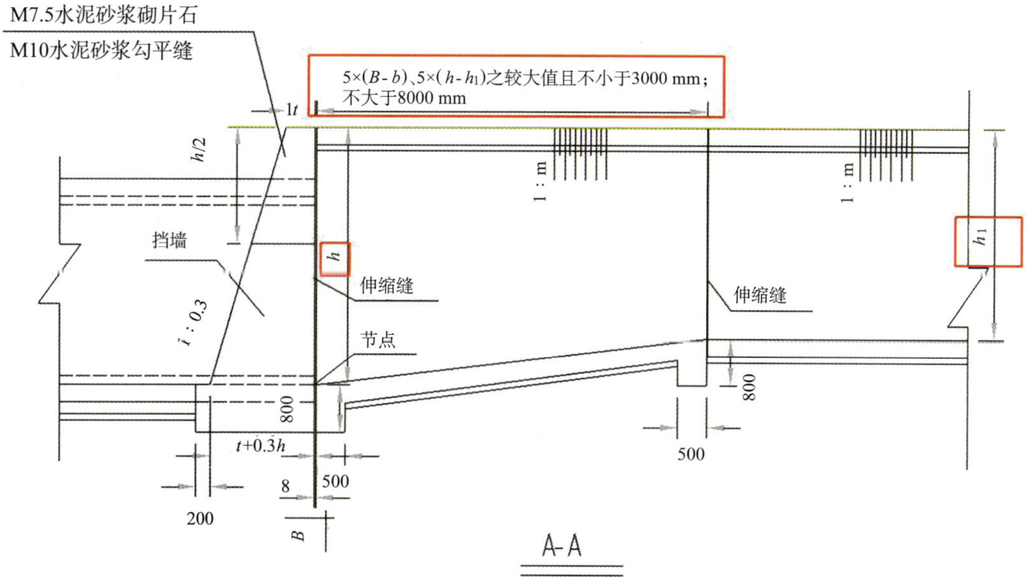


图 13-13　梯形明沟变坡图纸

c.整体节点以结构安全稳定、美观、便于施工、排水流畅为原则，梯形沟与矩形沟节点处挡墙材质为 M7.5 水泥砂浆砌片石，M10 水泥砂浆勾平缝、抹面，坡度为 1：0.3，具体参照图 13-14、图 13-15 做法。

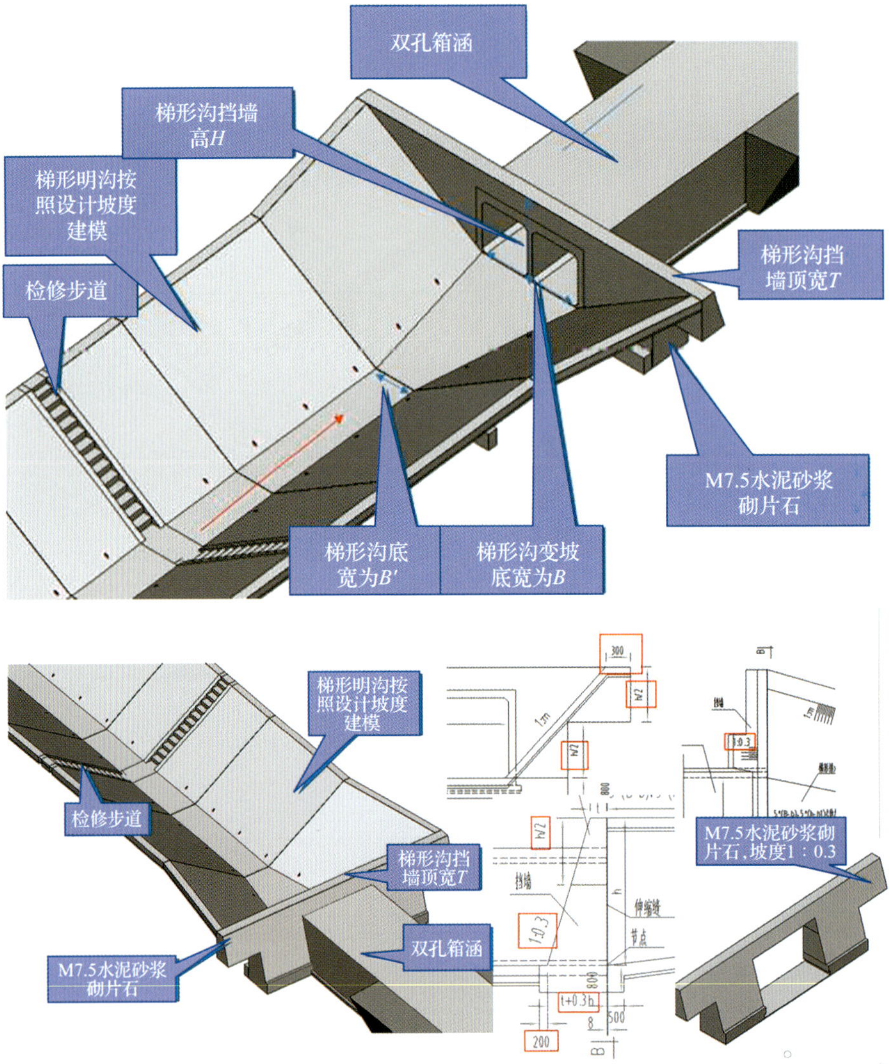


图 13-14　梯形明沟与盖板暗沟直通模型

图 13-15　梯形明沟与盖板暗沟直通现场照片

### 13.2.4 总结

本案例提供了三种梯形明沟节点 BIM 模型样例及梯形明沟设计图纸解读说明，列举了施工方根据施工经验，结合各方审核意见进行修改得到的成果，提供了梯形明沟节点深化设计成果，在排水、结构安全等方面均满足条件，具有一定的借鉴推广价值。

## 13.3 综合管廊深化设计案例分析

### 13.3.1 背景描述

综合管廊穿越转运中心大楼底部，管廊顶板与转运中心首层板合建，管廊地梁与转运中心柱下承台（独立基础）合建。在管廊一号连接通道（A3+193.089）处、二号连接通道（A3+333.839）处，均有转运中心基础联系梁与连接通道的楼梯间墙体碰撞的情况。

综合管廊深化设计是针对综合管廊土建模型进行 BIM 深化，其中包括了各类管线洞口的预留，由于涉及多家管线施工单位，并且各施工单位的图纸是由不同单位的设计院出具的，故通过对 BIM 模型中各施工单位的管线位置及节点进行深化，容易发现碰撞、衔接以及构造做法存在问题的情况。

### 13.3.2 问题分析

①对综合管廊通信出线舱、供水出线舱、电力出线舱等舱室及一、二、三、四号连接通道和排水泵井等节点进行分析，需为各其他施工单位的管线汇入预留相应的管线洞口并预埋对应尺寸的套管、预埋件等，故建立模型初期就需要与各家管线单位积极沟通，进行模型初稿的相互合模比对。通过比对发现如下情况：

非转运中心段管廊中通信出线舱汇入管廊内的开孔数量与设计图纸不相符。a. A2+320 处西侧 12 孔、东侧 6 孔，设计图纸为西侧 6 孔，东侧 6 孔；b. A2+458 处西侧 4 孔、东侧 4 孔，设计图纸为西侧 6 孔，东侧 6 孔；c.A2+882 处，西侧 4 孔、东侧 4 孔，设计图纸为西侧 6 孔，东侧 6 孔（图 13-16）。

②对转运中心和管廊的合模成果进行分析，转运中心的基础联系梁部分侵占综合管廊一、二号连接通道。其中西侧（管廊内侧）侵占 300mm，影响管廊原定设计通信支架的敷设，东侧侵占 200mm，如图 13-17 所示。

### 13.3.3 解决方案

将以上问题编制图纸会审记录单报予设计单位，经设计单位确认按照各家管线施工单位的图纸为准,修改各管廊出线舱模型中预留孔洞的位置和尺寸。

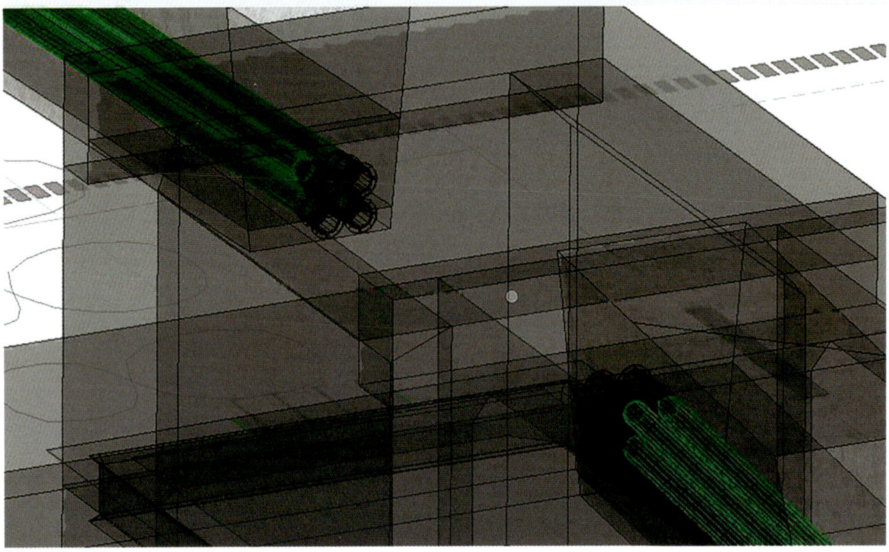

图 13-16　模型中通信管道数量为 4 孔

将两家施工单位开孔个数不匹配的问题编制图纸会审记录单报予设计单位，经设计单位确认按照各家管线施工单位的图纸为准，修改各管廊出线舱模型中预留孔洞的位置和尺寸。

针对综合管廊一、二号连接通道与转运中心地梁碰撞问题,由建设单位组织两方施工单位、设计单位及监理单位召开专题会,会议决定由设计单位重新调整碰撞处管廊支架及机电管线布置,预留管线安装及检修空间。具体模型情况如图 13-18 所示。

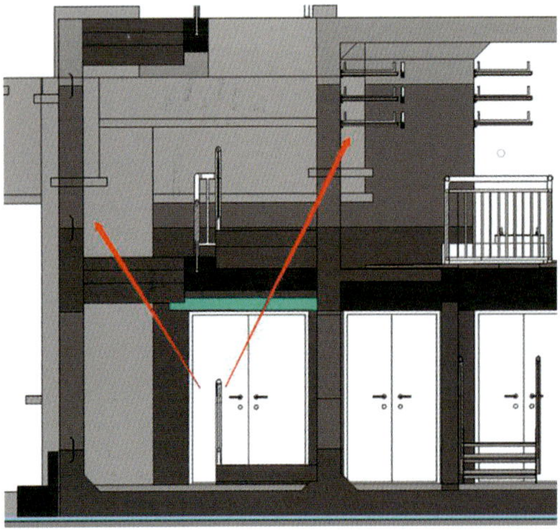

图 13-17　模型碰撞情况

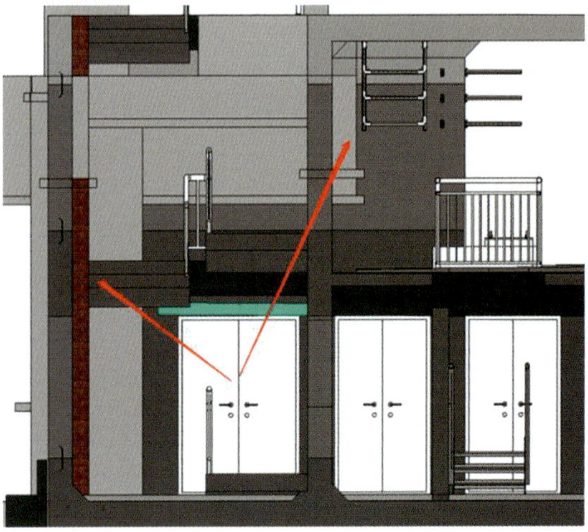

图 13-18　调整后的模型

### 13.3.4 总结

从现场来说,通过使用BIM模型提前发现问题、规避问题,解决了综合管廊与转运中心部分交叉施工出现的问题,并且提前做好综合管廊剩余通道口与转运中心基础施工的交叉配合,避免了返工,节约了返工的成本,降低了交叉作业的沟通难度,提高了工作效率,大幅缩短工期。

## 13.4 场道工程道面碰撞检查案例分析

### 13.4.1 背景描述

本项目场道道面工程模型系统深化设计,主要基于BIM技术,对道面工程进行三维建模和优化调整。道面模型采用Bentley等系列软件进行绘制,由于道面模型,如道面板、钢筋模型等,构件多、工程量大等,其模型仍需依据场道内各专业模型交叉问题处理方式及碰撞问题调整方式等建立。

### 13.4.2 问题分析

由于当前所采用的BIM软件存在局限性,Bentley道面工程建模程度复杂,无法与现场施工一致,呈现出以下问题:

①道面基层与排水沟沟体碰撞剪切道面基层。

②道面钢筋模型建模工作量大,以道面板为载体规则生成钢筋补强,异形(平胀缝加筋)通过不规则配筋方法生成。

③按图纸建模,多处部位与其他单位工程相互干扰。

④当前所使用的BIM软件具有局限性,Bentley与Revit等两个系列软件间没有互通的转换方式,导致建模完成后无法进行合模,也无法对两个模型间的标高、位置进行核对检查,无法保证模型的精准度。

### 13.4.3 解决方案

由BIM软件限制以及现场施工进度引发的问题,无法在建模过程中得到完全解决,为避免对现场施工进度、质量验评及按模施工等环节产生不利的影响,采用以下方案来规避问题。

①道面工程与其他工程交叉施工部位在施工前组织BIM人员、各专业技术人员召开讨论专题会,讨论出最佳解决方案。

②道面工程避让：道面工程与排水工程、电力工程、通信工程、消防工程、航空供油工程等综合管网工程进行构件碰撞检查，确保综合管网工程构件在面层以下，不侵入面层；对道面模型与排水模型建模，合模后发现因标高不一致模型存在高差（图 13-19 至图 13-21），跟设计人员反映后对此处明沟标高进行优化，避免了后续施工时再进行返工处理，节约材料。

③对道面模型中检查井、连接井、集水井、进出水口进行优化和布置，管径的定位应有利于行人和车辆行驶，便于后期维修。

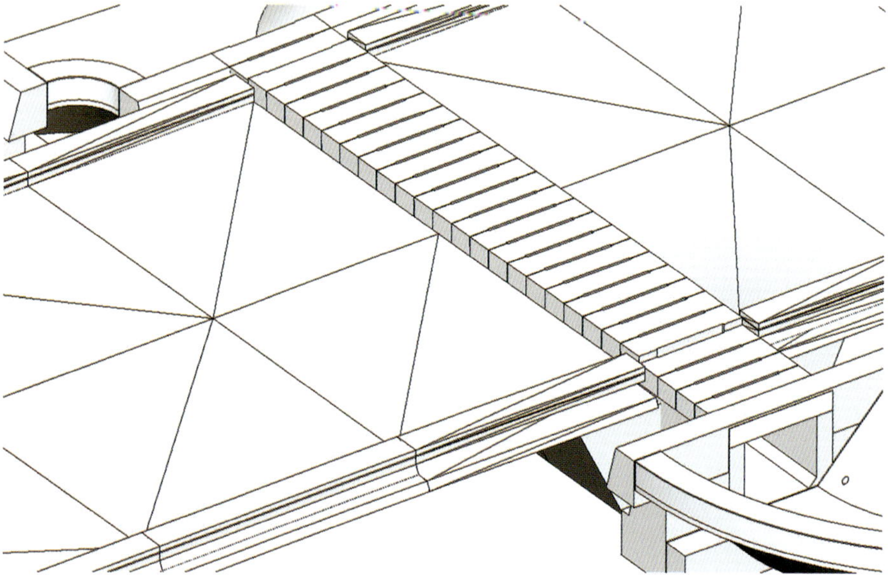

图 13-19　碰撞检查图示 1

图 13-20　碰撞检查图示 2

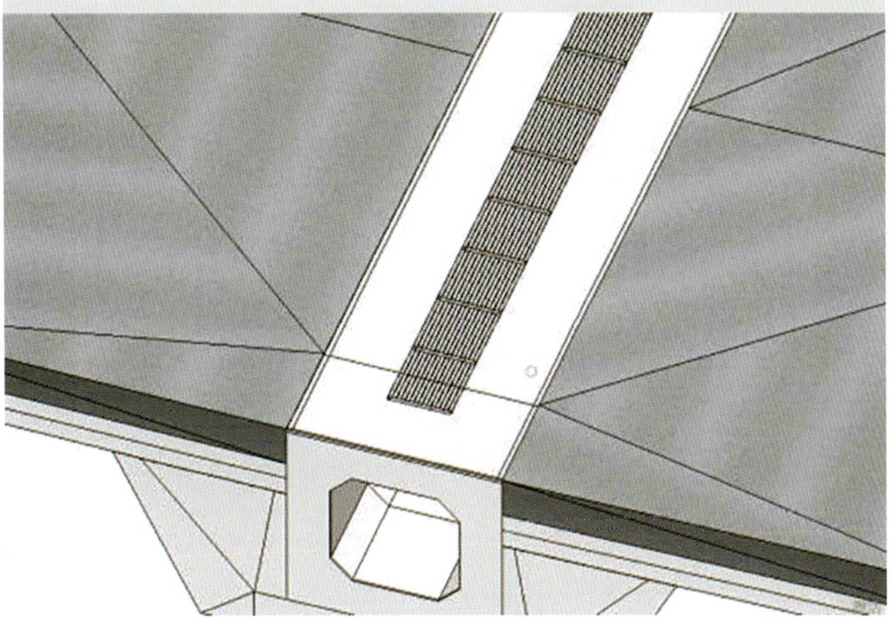

图 13-21 碰撞检查图示 3

### 13.4.4 总结

①在技术方面,碰撞检查可提前规避施工问题,解决施工节点的困难,完善技术措施。

②在施工方面,碰撞检查可避免材料资源浪费,减少返工,提高了工作效率。

③在 BIM 模型应用方面,合模数据的优化,基于 BIM 软件的插件二次开发,可以自由转换模型格式,确保各平台模型互通。

# 14　室外市政景观工程深化设计应用与实践

## 14.1　转运中心空侧室外雨污水管线优化案例分析

### 14.1.1　背景描述

应用BIM技术，对转运中心室内排水管与室外雨污水管线交叉问题进行模型深化。最初设计的转运中心室内管线和室外雨污水管线部分交叉部位标高冲突，存在管线碰撞、无法施工的情况。

### 14.1.2　问题分析

①转运中心室内排水管与室外雨污水管线按照最初设计方式，部分管线交叉部位存在标高冲突，管线碰撞，现场无法施工的情况，如图14-1所示。部分消能井连接管管顶标高低于转运中心空侧室外干线管顶标高，在主干线极限满流时会出现"返水"现象。

图14-1　碰撞检查问题

②按照最初设计方案，南北穿场通道雨污水管线与南北穿场通道的平板主梁交叉穿越，会破坏平板主梁的结构；个别井体位置在地平板主梁里，无法施工（图14-2）。

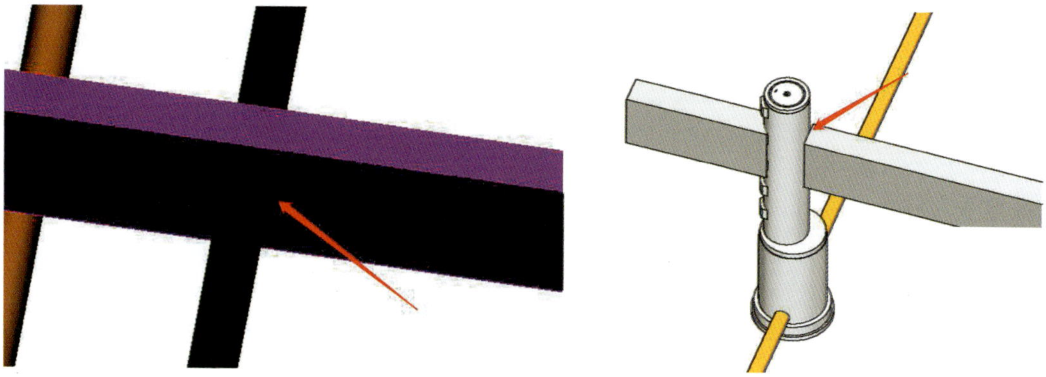

图 14-2　管线与场道结构交叉问题

### 14.1.3　解决方案

①根据转运中心室内排水需求和室外雨污水管线路由及排水坡度的需求，结合现场实际施工情况，建设单位、施工单位、设计单位共同沟通协调，制定了解决方案（图 14-3）。

因为转运中心室内出户管是可以调整的，所以抬高室内出户管标高，避开室外雨污水管线，覆土厚度不足 700mm 处采取加强措施。

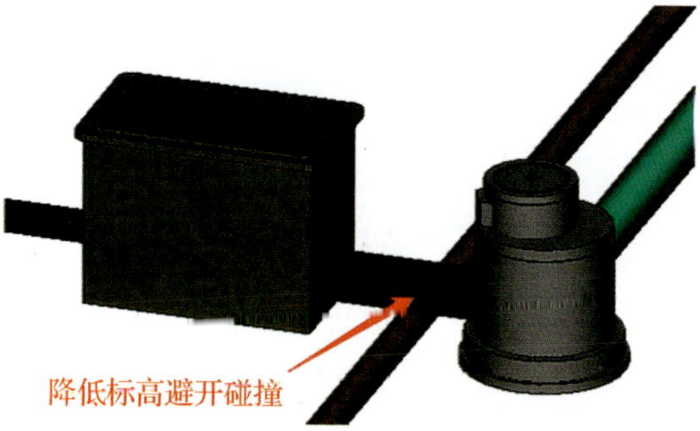


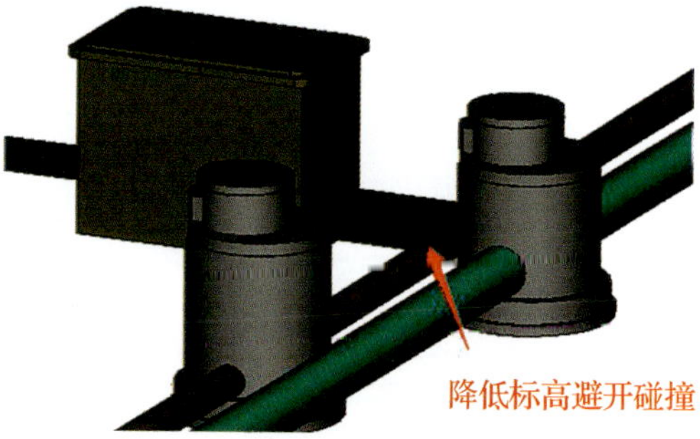


图 14-3　雨污水管线优化方案

②根据雨污水流量需求，结合现场实际施工情况，建设单位、施工单位、设计单位共同沟通协调，制定了解决方案。

a.调整整个转运中心主楼西侧污水管线井底标高，从远期预留污水井起至穿场通道污水井整体抬高 1.5m。防止大开挖，减少对穿场通道结构的影响。

b.穿梁部位的管线减小管径至 *DN*150、增大管线坡度到 5‰、在梁中 400mm 范围内穿越。在技术层面尽量做到对现有构筑物的影响降到最低。

c.室内排水需求可改走其他路由，合并部分消能井。解决室内管穿梁障碍。

d.不能取消的井体进行偏移，避开穿场通道结构。

### 14.1.4 总结

在传统的二维平面图纸中，管线及其走向通常以线段形式表示，其标高和流水坡度则通过注释的方式进行标注。这种方法无法直观准确地展现管线在空间中的具体位置。通过三维模型的深化处理，管线的空间位置得以精确和直观地呈现，使得在施工前就能发现那些在传统二维平面图纸中难以发现的问题。各参与方沟通与协作，汇聚众人智慧，以最小的成本解决这些问题。这不仅优化了设计方案，也为现场施工提供了极大的便利和保障。

## 14.2 市政道路交通工程 BIM 深化设计案例分析

### 14.2.1 背景描述

鄂州花湖机场顺丰转运中心室外工程占地约 20 万 $m^2$（图 14-4），与机场公司场道三标、市政标道路存在多处交界区域。三个施工标段分属两个建设单位，分别由三家设计院设计，在道路衔接处关于路面高程、铺砖材质、非机动车道衔接等内容中存在许多问题。

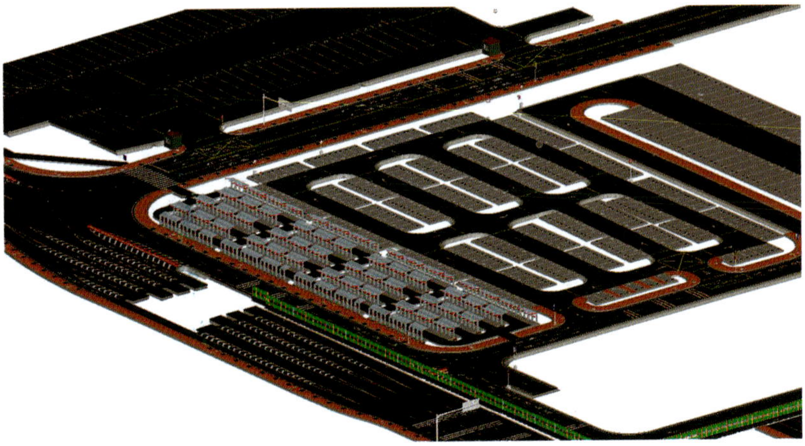

图 14-4　本项目整体市政模型

### 14.2.2 问题分析

本项目模型深化过程中，主要问题如下：

①转运中心室外工程市政道路交通工程设计施工图纸为园区式总图类型设计，无

详细的道路横断面纵断面设计、转弯超高设计、纵坡曲线过渡设计、出入口无障碍设计，若依照传统施工方法，大部分标高点位需要现场放样取得，施工现场工作量巨大，且极易出错。为加快施工进度，施工实施前的 BIM 精细化实施模拟尤为重要。

②各接驳单位设计、施工、建设主管单位不同，沟通协调难度大。

③转运中心处于机场建设规划中央位置，室外工程道路及其附属工程涉及与机场市政标、机场道标的大范围交叉接口地段（图 14-5），方案对接频繁，传统二维设计图纸展示效果不足，导致沟通困难，确认实施方案困难。

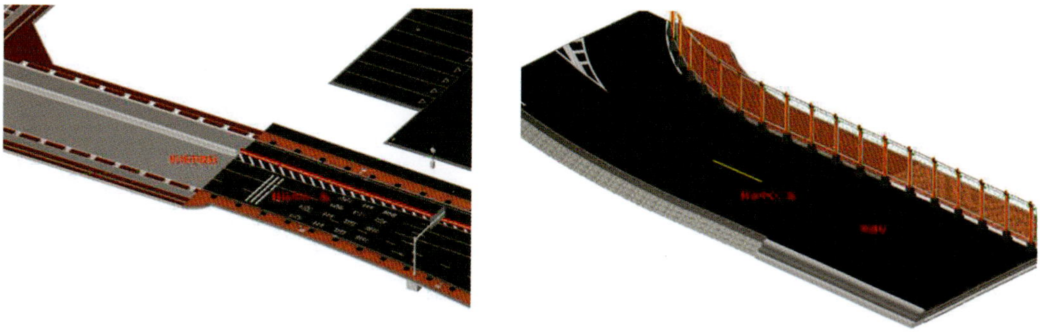

图 14-5　不同标段道路接口的顺接合模

④传统二维设计的道路计量与现场实施计量差别较大，导致过程结算工作量巨大，双方沟通确认周期长，不利于施工建设流程的正常运行。

### 14.2.3　解决方案

依据鄂州花湖机场 BIM 实施标准及设计施工图纸，完成转运中心室外工程市政道路结构、交通、停车场及其他附属设施 BIM 深化设计建模，模型精度 LOD500。基于 BIM 模型纠正设计问题，优化设计方案，确保 BIM 模型方案能够指导现场道路施工，完成可视化技术交底，实现基于 BIM 的质量验评及计量支付和竣工三维模型交付。解决方案如下：

①基于设计施工图及道路设计规范，完成全场道路的横纵坡结构层的精确建模，有效校核并优化道路排水点位准确性，确保道路排水通畅。根据模型提取数据，辅助现场土方开挖。基于道路模型提取沿路井体高程，辅助现场参考井体与道面施工高程点位（图 14-6）。

②本项目道路接驳单位有指廊标段、场道三标及市政标，设计院分别为中南院、北京院及民航院，几方沟通渠道不畅，信息反馈慢。为此双方建设单位组织数次专项会议，创建相关聊天群，以提高沟通效率。

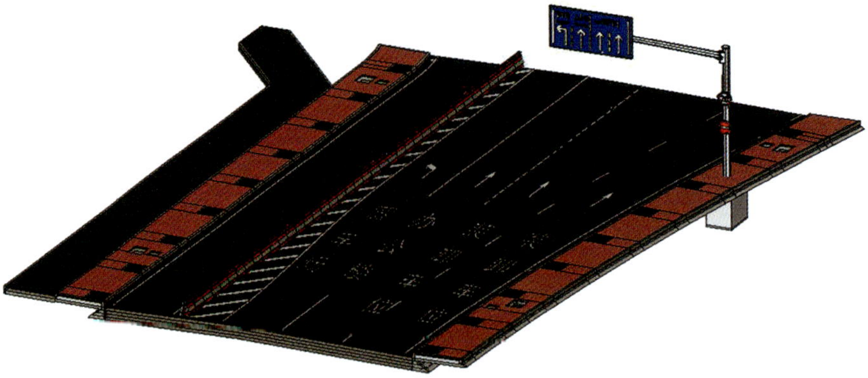

图 14-6　道路深化模型

③转运中心道路、机场市政道路、机场场道及其服务车道为不同设计方设计，不同施工方施工，道路实施标高及接口成为标段间的接驳沟通关键。通过模型整合，发现指廊与市政标段存在转运中心室外工程经一路南端与机场市政经一路接口问题（图 14-7）：西侧转运中心有非机动车行道而市政没有，东侧市政有非机动车行道而转运中心没有；指廊与场道标段存在转运中心 A6 区南侧停车场场道服务车道端头放置路缘石，侵入转运中心红线范围及道路接驳部位有空白无硬化处理地段，且 A6 区东南角两标段交叉点有标高差等问题（图 14-8）。

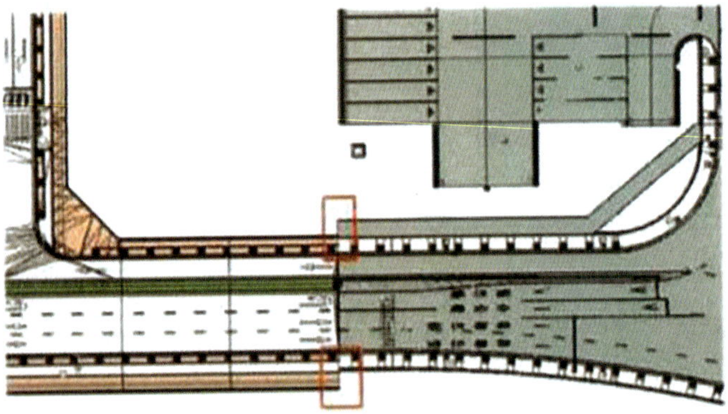

图 14-7　市政与指廊标段问题

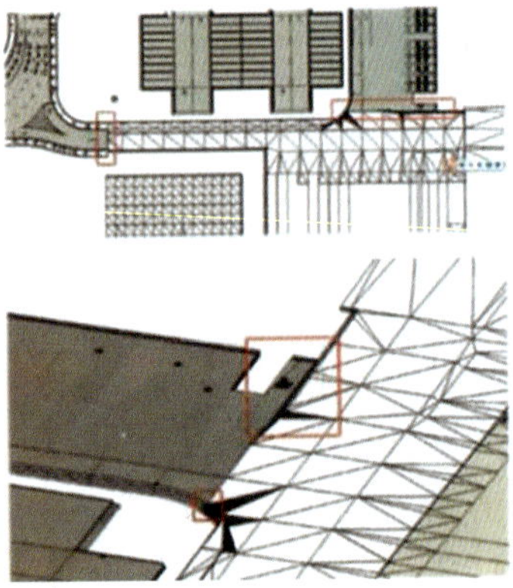

图 14-8　场道与指廊标段问题

通过模型整合，三方设计及施工单位相互协调，各自进行非机动车道补充。指廊与场道标问题确认由场道标删除侵入部分；空白处以红线为界，由场道标采用六棱砖护坡处理，与东侧护坡做法一致（道路边加护栏），衔接转运中心宝冶道面；道路接口由转运中心二标顺接场道服务车道接口等方式进行问题闭合。所有问题确认无误后各方签订会议纪要（图 14-9）。

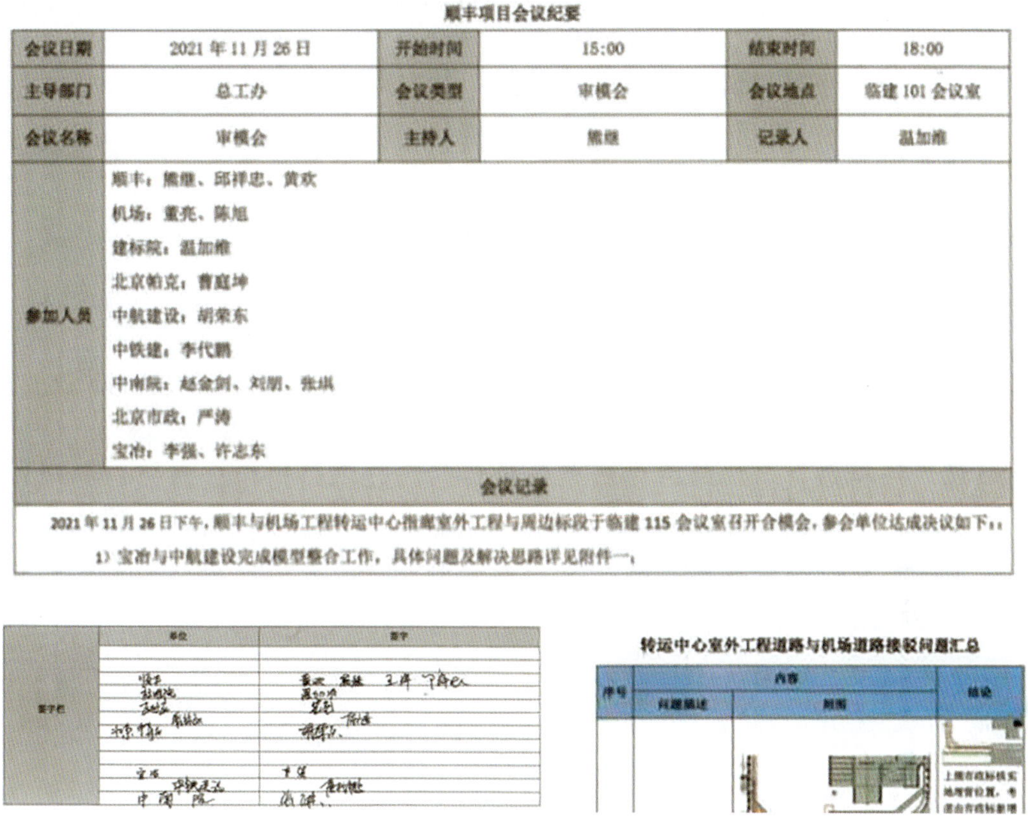

顺丰项目会议纪要

| 会议日期 | 2021年11月26日 | 开始时间 | 15:00 | 结束时间 | 18:00 |
|---|---|---|---|---|---|
| 主导部门 | 总工办 | 会议类型 | 审模会 | 会议地点 | 临建101会议室 |
| 会议名称 | 审模会 | 主持人 | 熊继 | 记录人 | 温加维 |
| 参加人员 | 顺丰：熊继、邱祥忠、黄欢<br>机场：董亮、陈旭<br>建标院：温加维<br>北京帕克：曹庭坤<br>中航建设：胡荣东<br>中铁建：李代鹏<br>中南院：赵金剑、刘朋、张纵<br>北京市政：严涛<br>宝冶：李强、许志东 | | | | |
| 会议记录 | | | | | |
| 2021年11月26日下午，顺丰与机场工程转运中心指廊室外工程与周边标段于临建115会议室召开合模会，参会单位达成决议如下：<br>1）宝冶与中航建设完成模型整合工作，具体问题及解决思路详见附件一； | | | | | |

转运中心室外工程道路与机场道路接驳问题汇总

| 序号 | 内容 | | 结论 |
|---|---|---|---|
| | 问题描述 | 附图 | |

图14-9　合模会议纪要

## 14.2.4　总结

通过转运中心市政道路及其附属BIM深化设计建模，有效纠正了标高、材质等多处问题，优化了多处排水点位布置，同时为整个转运中心地下管网敷设提供了准确的标高依据；基于BIM深化设计模型的技术交底、质量验评及计量支付，让施工实施过程的各项管理更加高效，更加科学。

# 14.3　转运中心空侧室外雨污水管深化案例分析

## 14.3.1　背景描述

转运中心空侧室外雨污水管线设计界面围绕转运中心一周，主要设计功能为承接转运中心屋面雨水、室内废水、污水及收纳转运中心服务车道路面雨水。该项目雨污水管线埋深大、交叉点多，本案例针对转运中心空侧室外雨污水管线深化过程中出现的不同问题逐一分析，运用BIM技术模拟施工场景，在施工前发现在二维图纸上难以发现的问题，通过优化设计在施工前解决问题，从而达到保障工期的目的，同时提高施工质量，并创造一定经济效益。

案例依据：

①《室外排水设计规范》(GB 50014—2006)；

②《市政排水管道工程及附属设施》图集(06MS201)；

③《给水排水管道工程施工及验收规范》(GB 50268—2008)；

④《埋地塑料排水管道施工》图集(04S520)；

⑤《埋地排水用钢带增强聚乙烯螺旋波纹管管道工程技术规程》(CECS 223:2007)。

### 14.3.2　问题分析

(1)污水管横穿管廊结构

按照最初设计方案，在转运中心主楼南侧穿场通道处，污水管与转运中心管廊存在污水管［埋地排水用钢带增强聚乙烯(PE)螺旋波纹管］横穿管廊主体结构的情况(图14-10)，因污水管道设计为重力排水，故施工时无法避开原污水管道，且管廊整体设计结构形式较大，无调整空间。

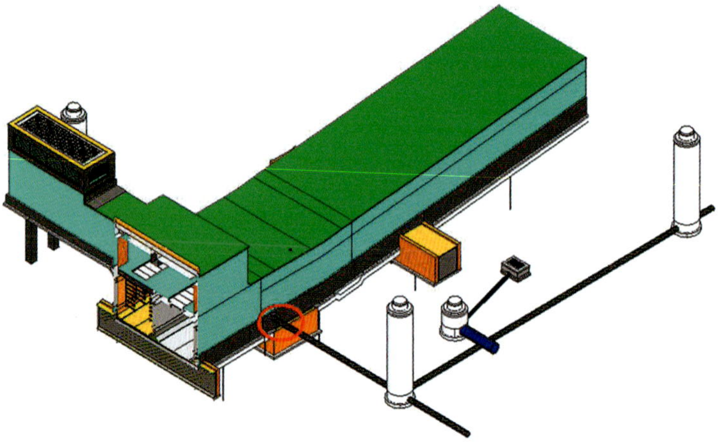

图14-10　污水管横穿管廊结构

(2)空侧室外雨水管与转运中心雨水管顶部标高不能平接问题

空侧室外雨污水管线需通过室外消能井承接转运中心屋面雨水，模型深化过程中发现25处消能井与室外雨水井顶部标高不符合设计规范。规范要求上游支线管道顶部标高应不小于下游干线管道，以防止室外干管在极限满流状态下上游出现“返流”现象(图14-11)。

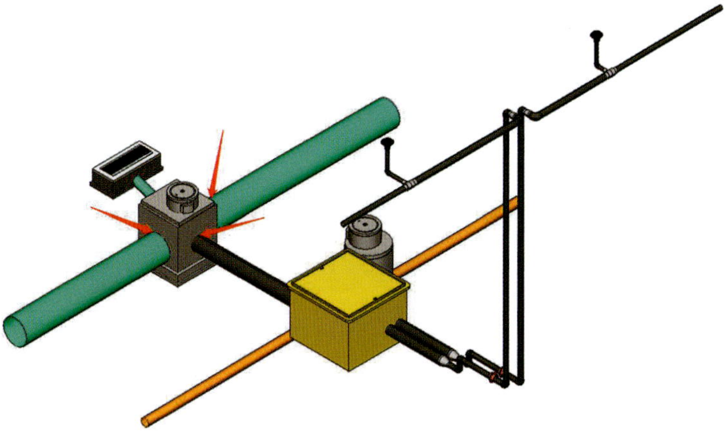

图 14-11 “返流”现象

(3)转运中心主楼南北穿场通道处雨水管穿越主楼地坪板连系梁问题

转运中心空侧雨污水管线在转运中心主楼南北穿场通道处与主楼地坪板存在干涉关系：根据原设计，此处*DN*500 钢筋混凝土雨水管横穿主楼地坪板连系梁(600mm×1200mm)(图 14-12)，由于此处雨水井有承接消能井雨水需求，故设计管径较大，直接横穿将导致连系梁结构性破坏，影响整体结构稳定性。

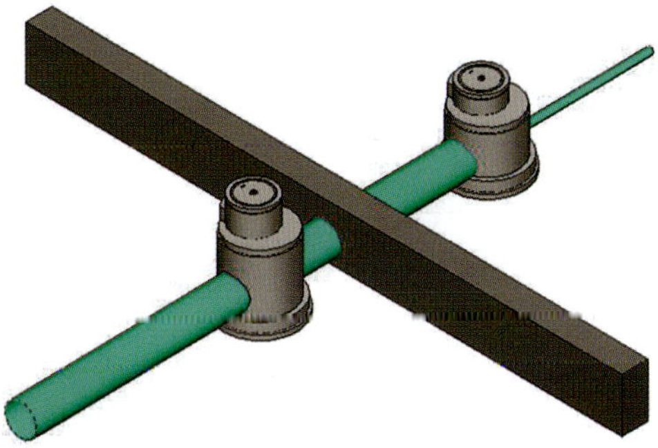

图 14-12 雨水管穿越连系梁

### 14.3.3 解决方案

(1)关于雨水管横穿管廊问题

根据管廊底板结构设计形式，结合雨污水设计规范，横穿管廊的污水管向北侧平移6m在管廊砂垫层中穿越管廊，最大限度保护污水管排水坡度，防止整条污水干线调整。同时考虑污水下穿管廊结构等不利因素，加设一根*DN*400 的钢筋混凝土套管(图 14-13)，以防止结构下沉损伤污水管造成地下暗伤。

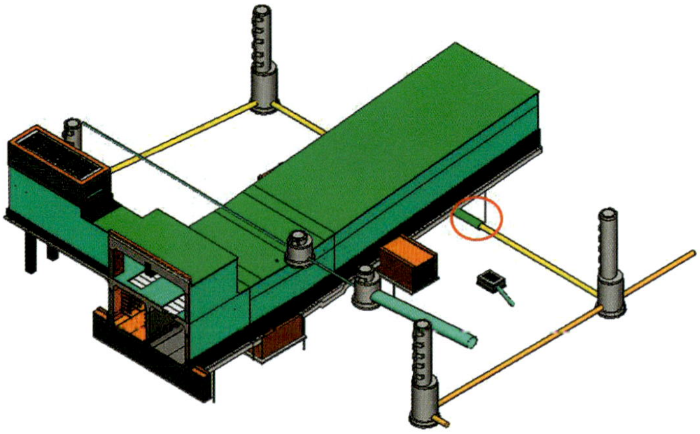

图 14-13　钢筋混凝土套管

(2)关于室外雨水管线与消能井管顶平接问题

针对 25 处室外雨水管与消能井(图 14-14)管道顶部不能平接的问题，若调整室内出户则管空间有限且调整后管道埋深不符合设计要求；若调整室外重力雨水干管则影响范围较广且不满足最小流水坡度的要求。经业主、设计、施工、监理各单位充分讨论、认真研究，一致决定高差小于 20cm 的部分由室内管线抬高出户管线标高，覆土厚度不足 700mm 处采取加强措施；管顶高差大于 20cm 的部分由室外管线降低标高，同时需满足雨水管最小流水坡度要求，高差由上至下梯次消化。

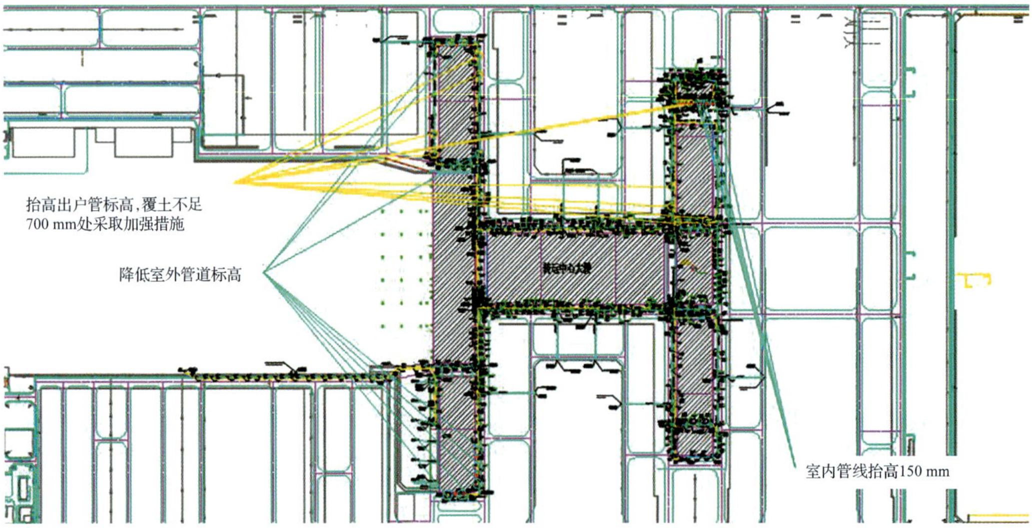


图 14-14　消能井布置图

(3)关于南北穿场通道雨污水管(图 14-15)穿梁问题

根据雨污水流量需求，结合现场实际施工情况，建设单位、施工单位、设计单位共同沟通协调，制定了解决方案：

①调整整个转运中心主楼西侧污水管线井底标高，从远期预留污水井起至穿场通道污水井整体抬高 1.5m。防止大开挖，减少对穿场通道结构的影响。

②穿梁部位的管线减小管径为*DN*150、增大管线坡度到 5‰、在梁中 400mm 范围内穿越。在技术层面尽量做到对现有构筑物的影响降到最低。

③室内排水需求可改走其他路由，合并部分消能井。解决室内管穿梁障碍。

④不能取消的井体进行偏移，避开穿场通道结构。

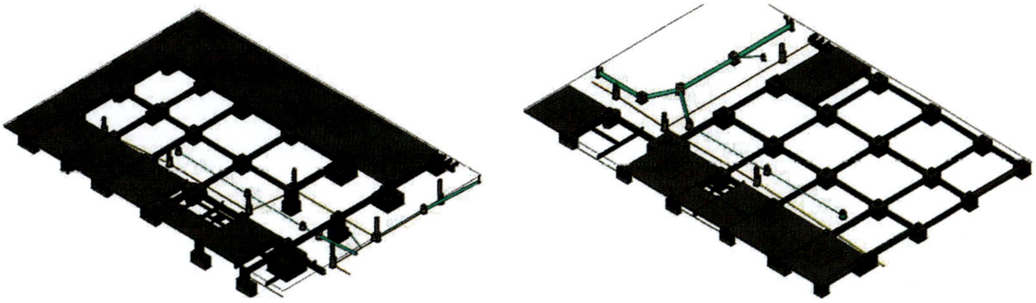

图 14-15　雨污水管

### 14.3.4　总结

传统的二维图纸能清楚地体现设计物体的平面位置，竖向关系只能通过标注标高进行体现，因此竖向上的交叉不能直观地体现出来，需要进行三维模型深化，在二维平面图纸中不易发现的一些问题，通过建设单位、施工单位、设计单位等各方的沟通协调，集思广益，在保证结构安全和使用功能的前提下解决，并进行方案深化，优化设计方案。不仅为现场施工带来了方便，保障了施工连续性，更重要的是保证了产品的使用功能、提升了产品的使用价值，同时创造了可观的经济效益。

## 14.4　市政地下管网 BIM 深化设计案例分析

### 14.4.1　背景描述

鄂州花湖机场顺丰转运中心的室外工程市政地下管网涉及市政雨污水、市政给水消防、市政电力、市政照明、市政暖通及市政燃气等众多专业机电管线、设施设备和土建施工实施项目，管线错综复杂，且与其他实施标段交叉及接口边界众多。为有效解决施工过程中极易发生的错漏碰缺问题，依据项目 BIM 实施标准，施工实施过程采用依托 BIM 的数字化项目管理，优化施工方案，避免项目实施过程中因错误返工，有效提高工程质量，加快施工进度。

### 14.4.2 问题分析

本标段市政占地面积大，接驳标段多，协调难度大，深化过程中的主要问题如下：

①自身管线错综复杂，按传统施工作业方式标高埋深无法准确设定，实际施工过程中可能会导致大量交叉碰撞发生，并频繁出现土方二次反开挖，且难以整体优化土方开挖量。

②转运中心外围及红线范围内涉及机场市政标、机场场道标、机场灯光标、弱电标等多个标段的管线交叉与接驳，方案对接频繁，传统二维设计展示效果不足，导致沟通困难，实施方案确认困难。

③走马石工程处于交叉地段，需采取有效方式避免实施过程中管道碰撞导致的返工停工；同时由于施工工期紧张，希望对部分特殊构件提供更精确的生产指导，避免安装问题导致的返工停工。

图 14-16 为局部室外工程模型。

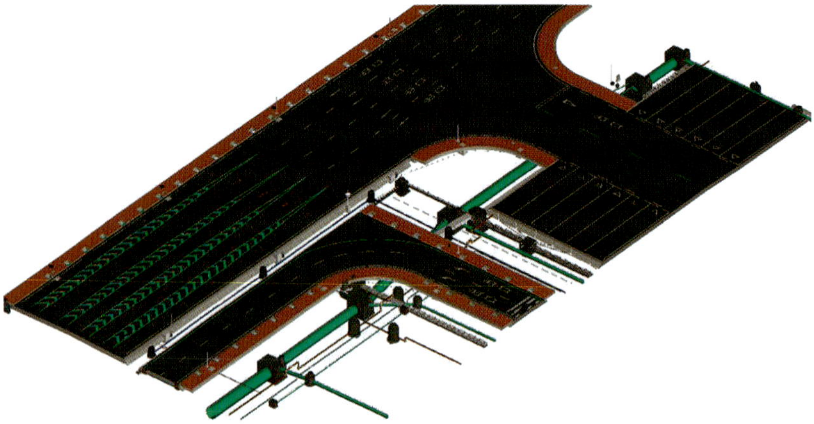

图 14-16　局部室外工程模型

### 14.4.3 解决方案

基于室外工程的特点，建立深化模型后积极协调相邻标段深化模型，进行模型汇总整合，并向各标段发布自身模型供各参建单位整合确认，针对上述问题采取的解决方案如下：

①基于BIM模型的各专业管线路由综合整合，高效完成各专业管线优化排布方案。例如，深化人员对某T字路口电力、雨水、消防等管道（图 14-17）的综合优化调整，避开接驳单位已施工管道，同时提取相关数据，为现场施工实施提供管道敷设的精准坐标依

据，在辅助施工的同时有效避免彼此之间施工交叉干扰。

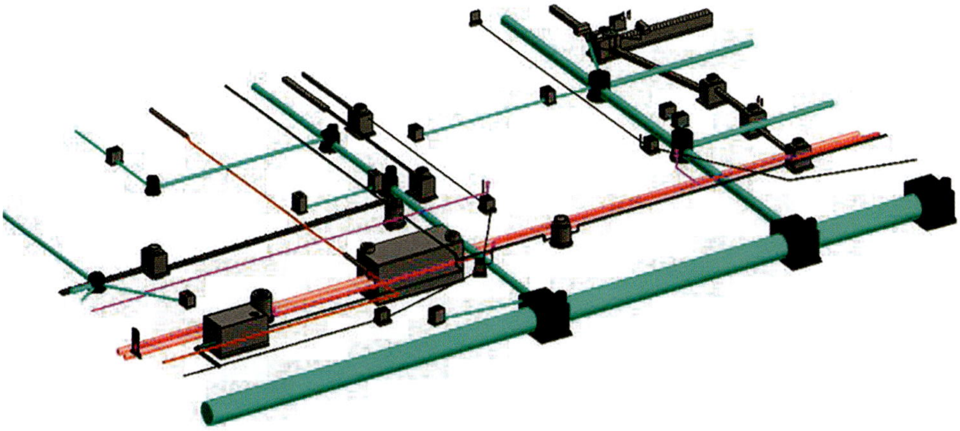

图 14-17　某 T 字路口管线综合

②基于道路、停车场结构及绿化地坪BIM模型优化管线埋深及标高，出图后进行现场交底，帮助减少现场土方开挖，缩短工期，降低成本（图 14-18）。

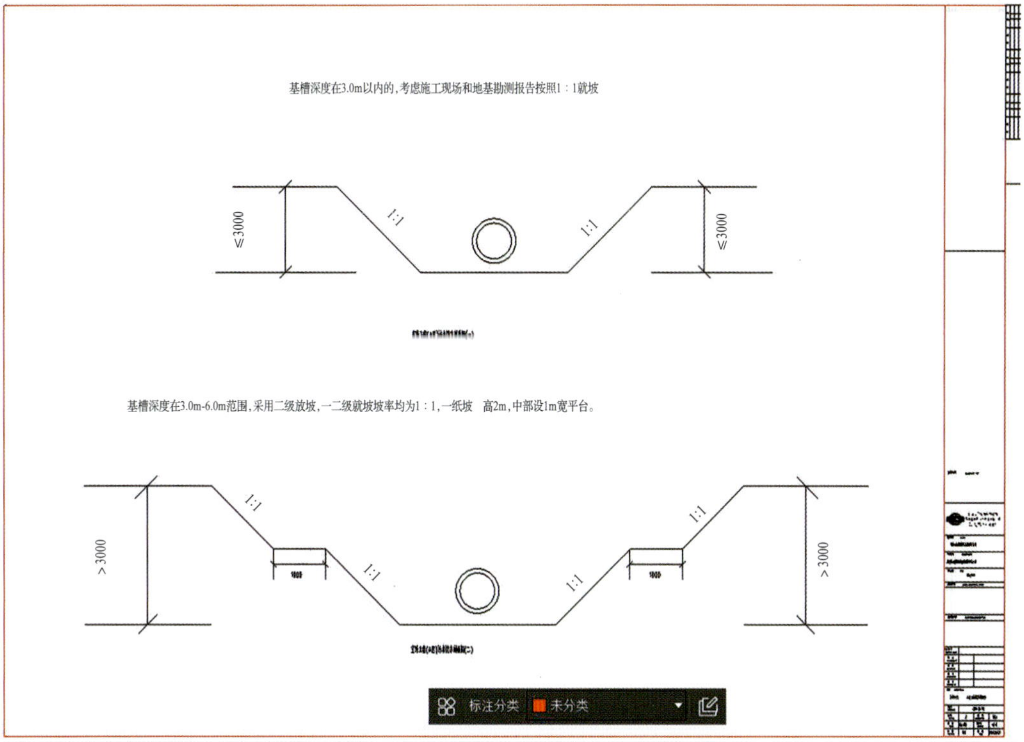


图 14-18　土方出图

③由于参建标段多，且施工顺序不一，整个市政工程范围内存在大量的设计管线交

叉碰撞。以指廊标段与机场市政标模型为例，通过模型整合，穿场综合管廊依照原始设计路线布置，电力井及管道严重碰撞管廊排水节点（图 14-19），BIM 合模中发现该问题。实施前经设计及甲方确认，提前进行路线更改并优化（图 14-20），有效避免施工实施过程的错误开挖及管道敷设返工。

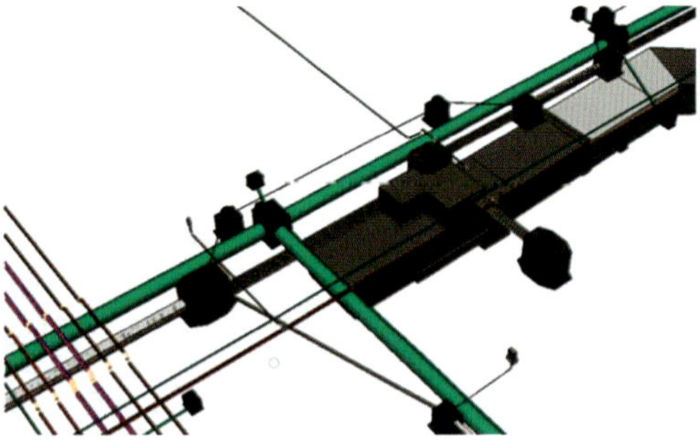

图 14-19　管线碰撞

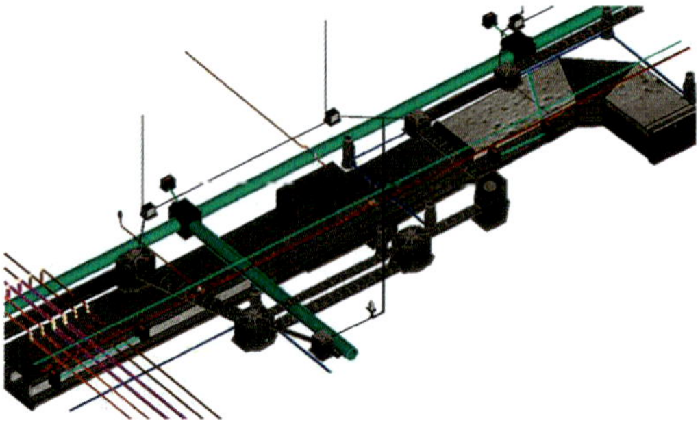

图 14-20　管线优化后模型截图

④通过 BIM 深化模型完成各专业、各单项工程、各标段的模型整合，提前优化预埋管道排布，协同设计方优化景观工程基础设计，避免施工实施过程中的错漏碰缺导致的工程返工。优化了市政电缆排管和景观隔声墙基础之间的交叉冲突、走马石区域水井及管道避让等多项问题（图 14-21、图 14-22）。

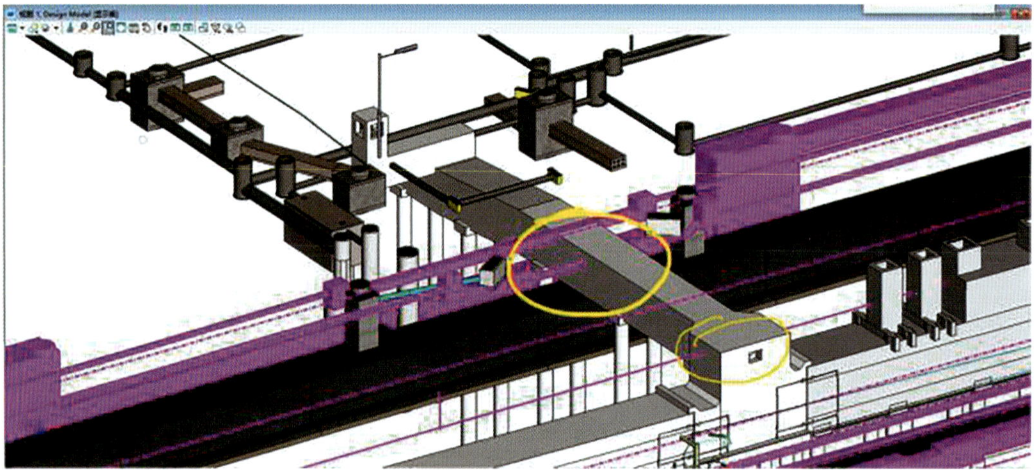

图 14-21　管线碰撞调整前

## 14.4.4　总结

在市政道路停车场及绿化场地模型基础上创建的市政地下管网 BIM 模型，通过精确优化市政各专业管线的埋深和综合排布，显著减少了施工管道的开挖土方量，并大幅减少了传统管道施工中二次反开挖的需求，有效避免了现场错误施工导致的返工的发生。

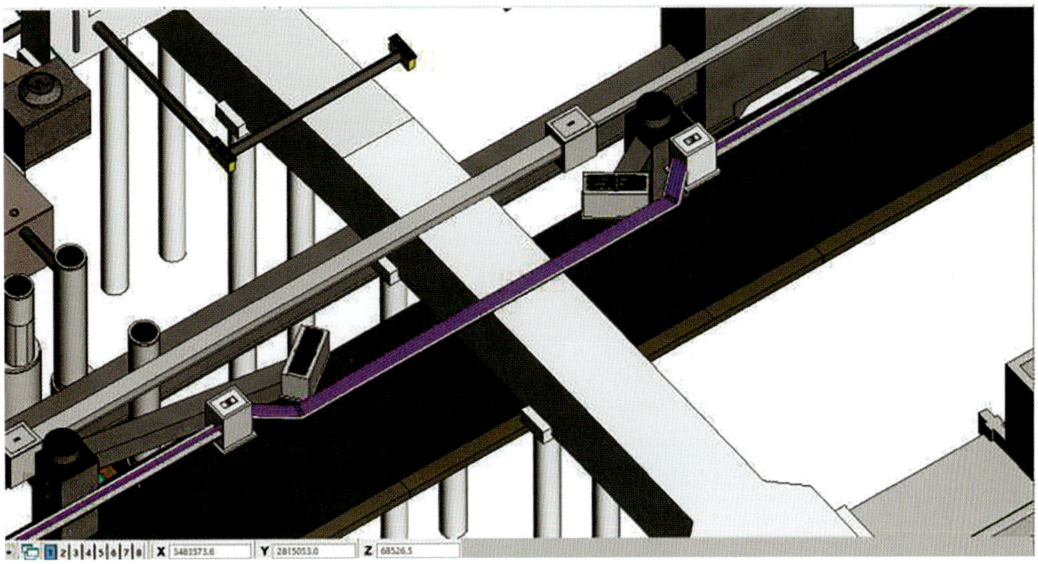

图 14-22 管线碰撞调整完成后

BIM 模型为不同标段、专业以及交叉施工的施工队之间提供了一种快捷且清晰的协调对接实施方案。依托于 BIM 深化设计模型，地下管线的实施方案得到了优化，机电管线排布更为精确，有效规避了不同标段、不同工程项目、不同专业之间管线的冲突及接驳问题，从而保证了工程的顺利实施。

## 14.5 景观绿化深化设计案例分析

### 14.5.1 背景描述

鄂州花湖机场为湖北省重点工程，是住建部首个运用 BIM 模型清单算量计价的试点项目，因此对于模型深化的深度、精度、准确性均有较为严格的标准。本项目景观绿化系统深化设计主要基于 BIM 技术对各区域内景观绿化进行三维建模及优化调整。但由于本项目所采用的 BIM 软件的功能限制，景观绿化模型采用 Bentley 与 Revit 两个系列的建模软件进行绘制，软件不互通，建模时调整难度大，本案例基于景观绿化模型存在的 BIM 问题及当前解决方式进行分析。

### 14.5.2 问题分析

由于 BIM 软件的局限性，Bentley 与 Revit 等两个系列软件间没有互通的转换方式，导致建模完成后无法进行合模，也无法对两个模型间的标高、位置进行核对检查，无法保证模型的精准度（图 14-23、图 14-24）。

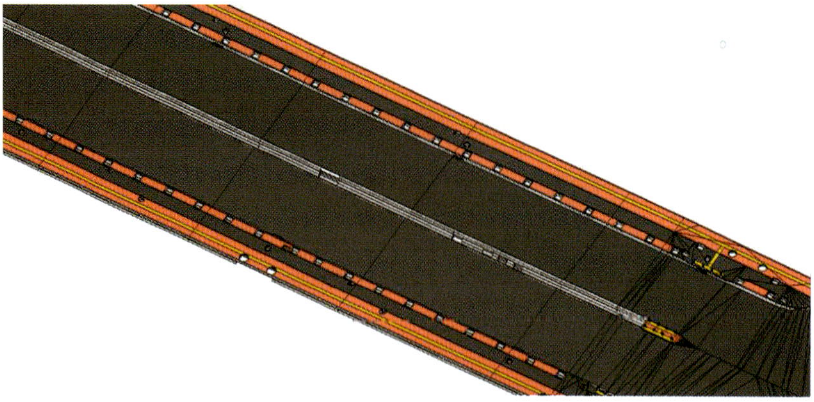

图 14-23　采用 Bentley 软件绘制市政道路模型

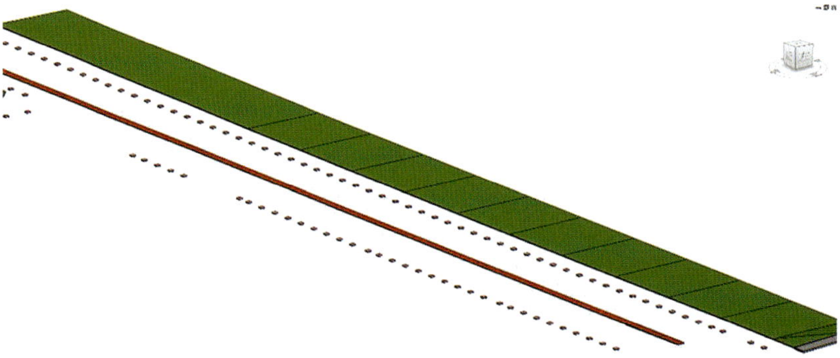

图 14-24　采用 Revit 软件绘制市政道路绿化模型

## 14.5.3　解决方案

由本项目所采用的 BIM 软件限制以及现场施工进度导致的问题，无法在建模过程中完全解决，但为避免对现场施工进度、质量验评及按模施工等环节产生不利的影响，采用以下方案来规避问题：

①针对 Revit 系列模型转 Bentley 格式问题，已开发相关插件实现格式转换（图 14-25）；

②Bentley 系列模型导入 Revit 时，将 Bentley 模型转为 CAD 平面模式即可进行链接；

③针对 Bentley 与 Revit 两种建模软件皆可进行 CAD 出图的特点，可将模型进行模型切图后导出，再使用 CAD 进行链接，即可对两个模型进行对比检查（图 14-26、图 14-27）。

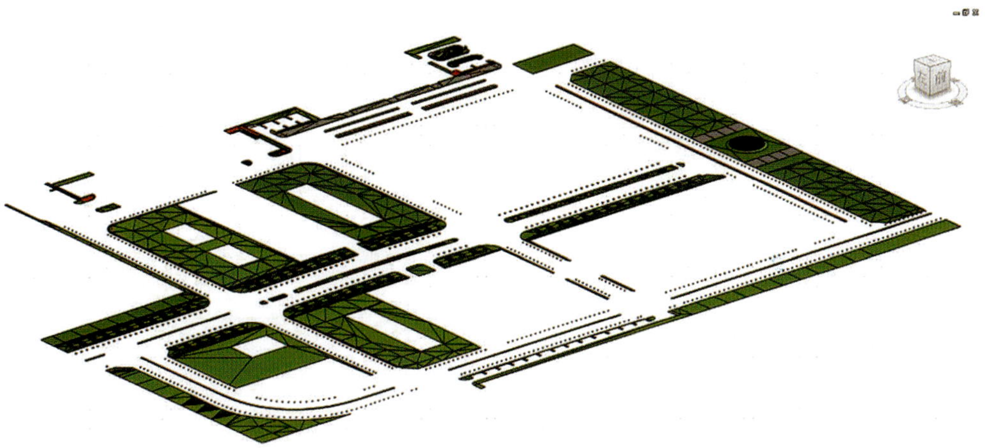

图 14-25 通过插件转换为 Bentley 格式的市政道路绿化模型

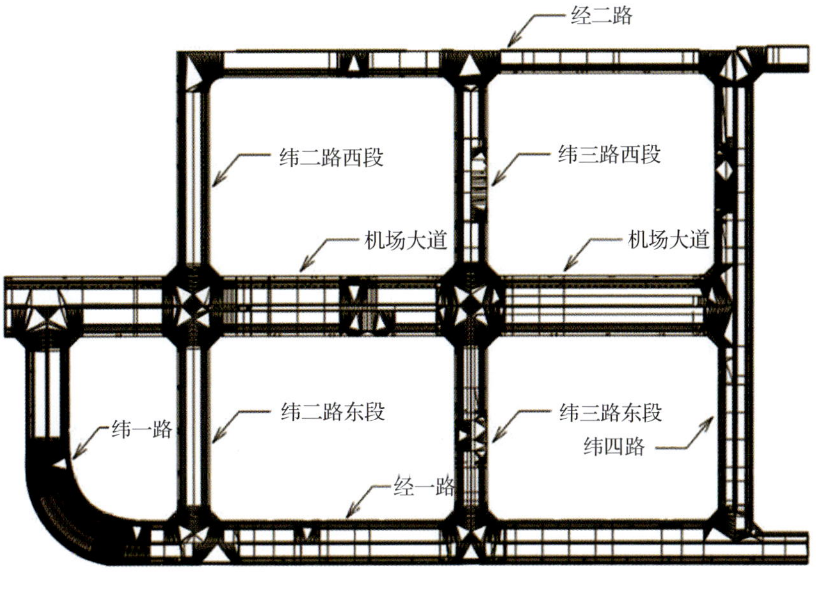


图 14-26 市政道路模型切图

## 14.5.4 总结

采用 BIM 软件对道路景观绿化进行深化建模，由于软件本身的限制对模型链接的准确度及效率存在很大的影响，该问题在本项目中并未得到完全解决，该问题的完善主要依赖以下几点：

①软件本身的完善，需增加建模软件间转格式的功能，提高模型链接的效率；

②通过基于BIM软件的插件二次开发，达到自由转换格式和提高建模效率的目的。

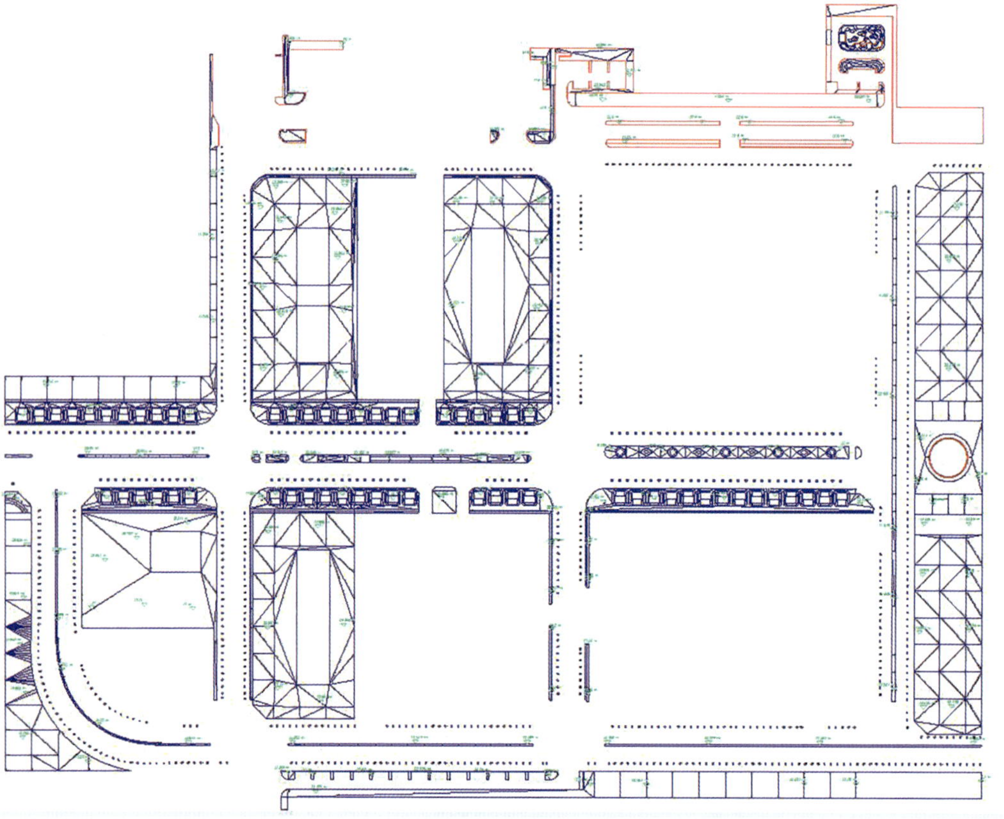

图 14-27　市政道路绿化模型切图

## 14.6　景观园建深化设计案例分析

### 14.6.1　背景描述

鄂州花湖机场为湖北省重点工程(图 14-28 至图 14-31),是住建部首个运用 BIM 模型清单算量计价的试点项目,因此对于模型深化的深度、精度、准确性均有较为严格的标准。本项目基础接地系统深化设计主要基于 BIM 技术对各单体基础接地进行三维建模和优化调整。但由于本项目所采用的 BIM 软件的功能的局限性,基础基地系统无法通过采用类似于管道、桥架、风管等的建模方法进行系统建模,本案例基于接地系统存在的 BIM 建模问题及当前解决方式进行分析。

### 14.6.2　问题分析

由于当前所采用的 BIM 软件的局限性，本工程采用的 BIM 建模软件为 Revit 建模软件，本标段其他模型均由 Bentley 建模软件完成，由于建模软件的不统一，模型之间的碰撞不易检查，导致后期分批建模时模型之间存在“缝隙”。

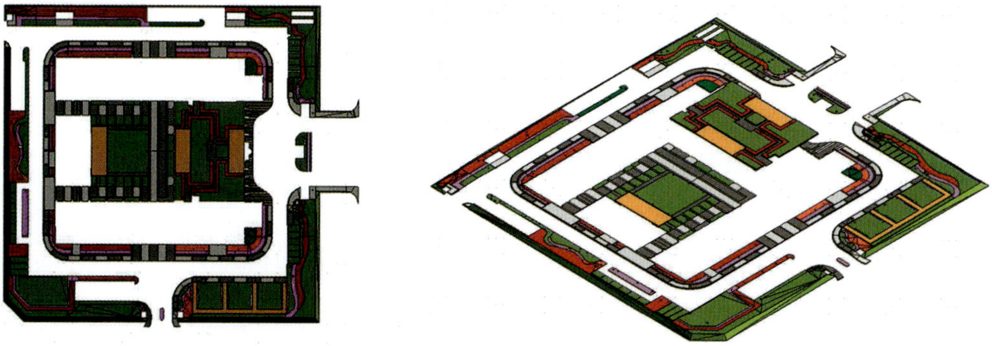

图 14-28　航站楼、工作区、货运区总图工程景观园建

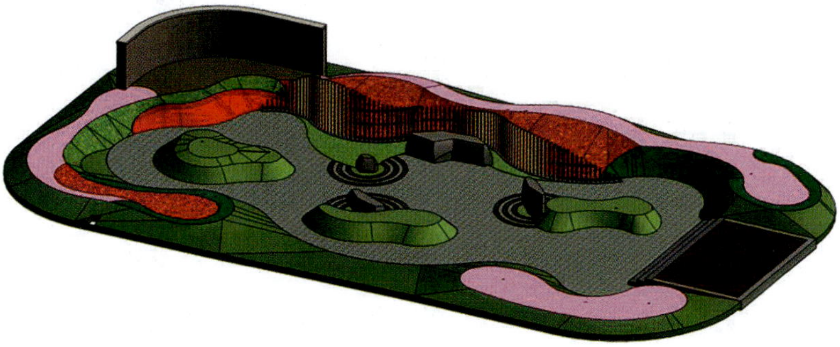

图 14-29　松韵石声景观模型

图 14-30　航站区、工作区、货运区总图景观模型

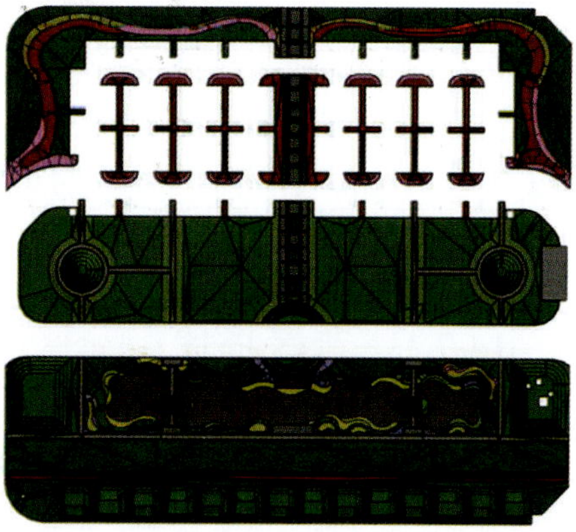

图 14-31　停车场园建模型

### 14.6.3 解决方案

由本项目所采用的BIM软件限制以及现场施工进度引起的问题，无法在建模过程中完全解决，但为避免对现场施工进度、质量验评及按模施工等环节产生不利的影响，采用以下方案来规避该问题：

(1)景观初步方案设计

本阶段包括场地设计、设施造型设计、尺寸及材料、植栽设计、排水设施、铺面、水电、结构需求的进一步确认，以及喷灌系统的初步确认。

本阶段信息模型应具备的功能如下：提供景观设施较为精确的设施的量体、尺寸、造型、方位、材料、植栽设计位置、结构及水电需求等的信息，作为较精确的空间量体及设施方位评估、工程造价概估、环境舒适度及施工可行性的评估的依据。

(2)景观细部设计

本阶段包括微地形、排水、铺面、植栽、照明、喷灌、各项景观设施细部组件、结构及水电等定案的需求。

模型应能满足如下需求：模型应具有明确造型、体积、方位、面积、尺寸、材料、施作工法等定义，明确的植栽位置及数量，并能自动计算资材数量，辅助工程预算编制。模型可自动输出审查所需的平面图、透视图、剖立面图，并做更精确的空间量体、方位、环境舒适度及施工可行性评估。

### 14.6.4 总结

采用BIM软件对景观绿化的园建部分进行建模深化，景观的场地模型也可以在此平台上同步搭建，综合构建信息化的建模平台。通过信息化三维模型进行三维化的展示，体现了BIM技术的核心优势。信息化虚拟建造可以在项目施工前期推导出最优方案，既能满足大众对园林景观审美的要求，又能满足建设单位的施工需求。

## 14.7 10kV市政高压电缆深化设计案例

### 14.7.1 背景描述

鄂州花湖机场工程市政配套电缆工程包括机场工程总平面室外范围内的10kV 电缆敷设施工，以及各单体内部配电房的10kV电缆敷设施工。10kV电缆深化设计和电缆敷设体量非常大，按照施工图设计文件中的10kV电缆清册，ZA-YJV22-8.7/15kV-3×70型号电缆11.775km，ZA-YJV22-8.7/15kV-3×120型号电缆21.136km，ZA-YJV22-8.7/15kV-3×185型号电缆 3.43km，ZA-YJV22-8.7/15kV-3×240 型号电缆 2.066km，ZA-YJV22-8.7/15kV-3×300 型号电缆 91.586km，合计达 129.993km。本项目市政配套电缆及其配套设施的设计参与单位较多,各家设计标准和设计方式不一致,容易造成相互衔接不畅的问题。机场工程市政配套电缆设计和电缆工程施工由一个单位独立完成,而总平面室外范围内的管廊、排管及各单体内部配电房的电缆沟、电缆桥架的设计部分由不同标段多家设计单位共同完成。

电缆相关施工图一般会有以下不足:①在设计过程中难以与其他专业进行管线综合设计,因此难以表达与其他专业、其他构件相遇时的避让;②电缆图纸仅是平面图和系统图,读图上存在较大的不便;③电缆图纸中的电缆走向也往往是示意性表达而没有具体的路由;④施工图中一般不会表达电缆需要预留的长度。上述不足直接导致不能根据电缆施工图得出电缆敷设的准确工程量,也就难以确定准确的投资预算、招标控制价、施工成本等,也会导致施工采购存在偏差和浪费。

综上,机场工程市政配套 10kV 电缆工程施工单位若直接根据机场工程市场配套电缆施工图来进行电缆敷设施工势必会产生上述诸多问题或其他问题,而 BIM 深化设计是最好的解决方案。

### 14.7.2 问题分析

(1)电缆未综合排布,施工易混乱

10kV 电缆清册中电缆回路达 34 个,送电单体涉及航站楼、转运中心、塔台、航空基地、灯光站等,管线繁多,且与多个单位有工作面衔接交叉区域,施工复杂。

(2)电缆路由不能提前校核

传统施工过程中可能存在的接口衔接不好、路由不清晰、桥架转弯半径不满足敷设、排管穿线孔过小等制约电缆敷设质量与敷设进度的问题。

①在 BIM 深化设计过程中发现南北区市政电力排管存在如下问题:支架横担净距偏短,不满足电缆敷设的数量要求;支架横担高度与排管口存在高差,导致电缆转弯敷设半径不足,且敷设困难;检修口在电缆出口处,无法满足方便钢爬梯工人检修的要求;支架位置设置在转弯井内侧,其他电缆都需先转至内侧支架,再转到对应的排管位置,导致电缆转弯半径不满足要求(图 14-32);部分四通井内缺少中间支架,导致起始点的支架利用率低、电缆敷设交叉较多,且电缆敷设不到支架上(图 14-33)。

②搭建北区开闭站至机坪检修箱变进线电缆路由时,3#道口处的灯光标电缆井与市政标三通井因设计单位不同,存在接口衔接不清晰的问题(图 14-34)。

③在搭建综合楼、转运中心等单体内部电缆路由时,发现存在原设计桥架不满足两根 3×300 电缆敷设、部分桥架翻弯不满足带铠电缆转弯半径要求,导致电缆敷设困难(图 14-35)。

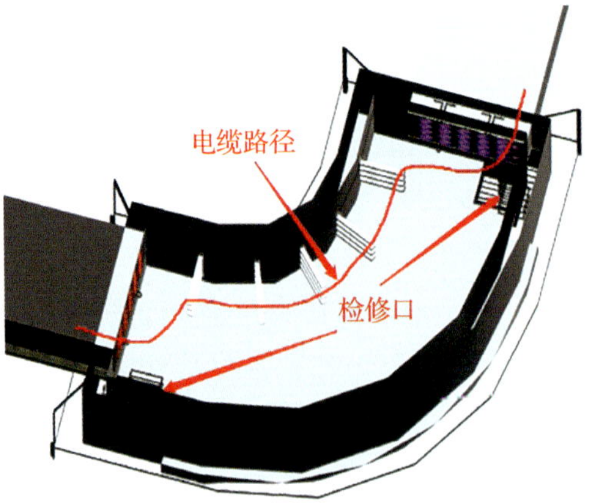


图 14-32　电缆穿越转弯井

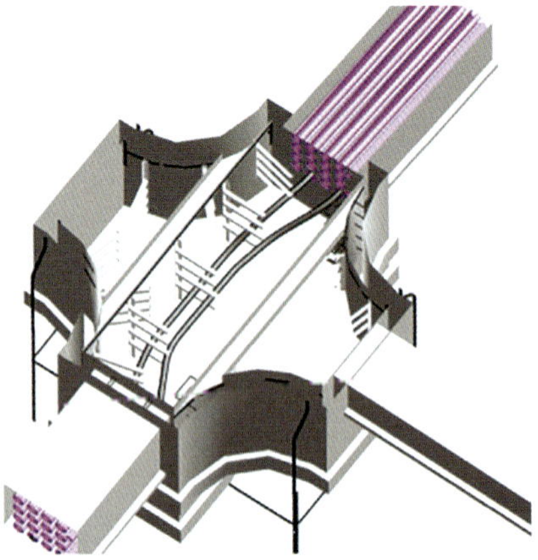

图 14-33　南区市政电缆井

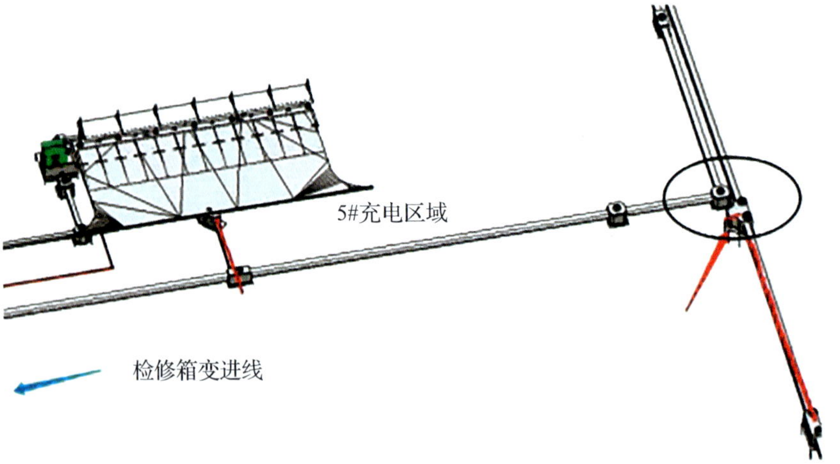


图 14-34　3#道口电缆井

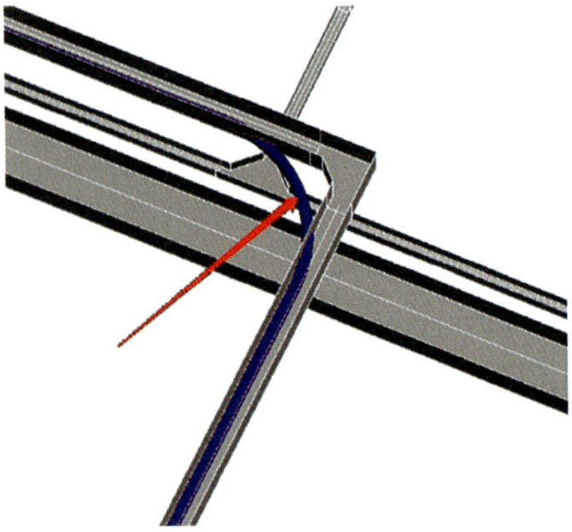

图 14-35　综合楼电缆桥架

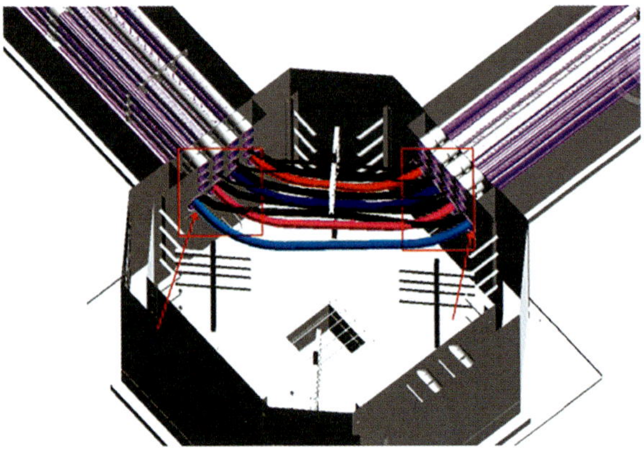

图 14-36　电缆穿孔冲突

④中心站至 4#灯光站及 4#综合小区的四回进线电缆与灯光标排管电缆穿孔冲突

（图 14-36）。

⑤通过电缆模型合模，发现航空基地进行线路由在市政电缆井处预留管道孔径过小，满足不了电缆敷设要求。

（3）成本控制难

传统二维电缆施工图一般存在电缆走向不直观、不形象等问题，不能提前复核出满足施工技术要求的电缆敷设路径，不能提前明确电缆敷设长度，得出电缆敷设的准确工程量，以致不能确定准确的投资预算、招标控制价、施工成本等。

### 14.7.3 解决方案

①利用 BIM 技术在施工前对电缆排布进行设计深化，特别是在管廊和南北区电力排管区域，对电缆在支架上的放置位置，以及市政排管穿孔位置予以明确，保证电缆敷设质量，便于电缆后期的运维（图 14-37、图 14-38）。

图 14-37　电缆在管廊的综合排布

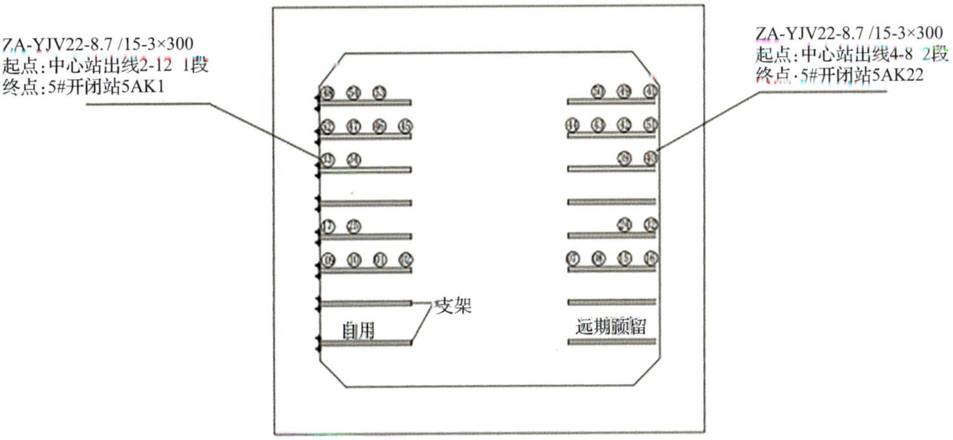


图 14-38　管廊电缆布置图

②在业主统筹下，同设计、造价、现场施工技术人员、厂家以及关联标段负责人，召开专题研讨会，讨论解决方案。

a.与市政标沟通调整支架长度与高度，联合双方BIM工程师深化模型，校核方案可行性，现场加装门形支架，方便了电缆敷设（图14-39）；

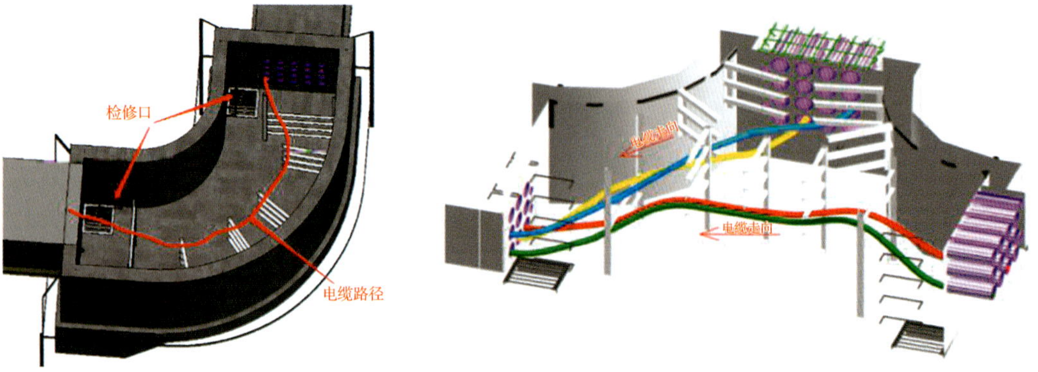


（a）　　　　（b）

图14-39　南区电力电缆增加门形支架

（a）转弯井增加门形支架；（b）四通井增加门形支架

b.明确关联标段的施工范围，由市政标施工时敷设套管至灯光标电缆井内；

c.另增设一条电缆桥架路由，双方BIM工程师先进行合模和碰撞检查，按照技术要求更改桥架翻弯满足施工条件；

d.供电高压电缆走最下层大管通道（图14-40），航空基地标段调整电缆桥架井通道满足电缆敷设（图14-41）。

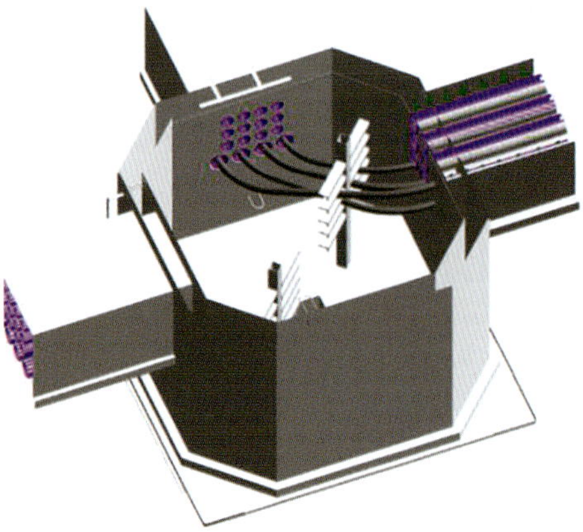

图14-40　灯光电缆井电缆布置图

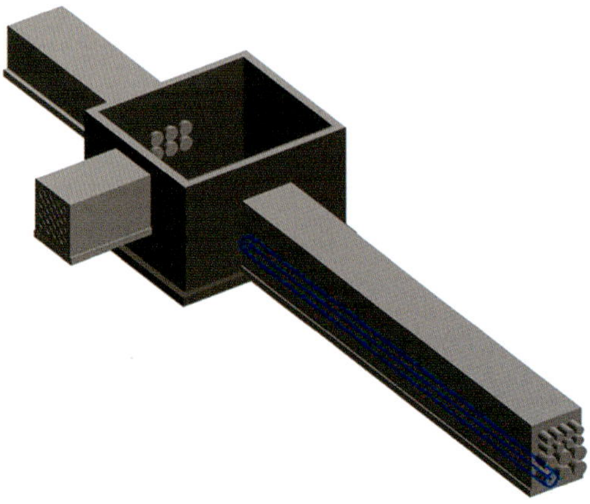

图14-41　航空基地电缆排管

③通过BIM三维模型，提前复核出满足施工技术要求的电缆敷设路径，提前明确电缆敷设长度，得出电缆敷设的准确工程量，以确定准确的投资预算、招标控制价、施工成

本等，避免了施工采购过程中存在的偏差和浪费（图 14-42）。

| 序号 | 区域 | 电缆型号 | 电缆清册工程量(m) | 模型工程量(m) | 增加或减少长度(m) | 百分比 | 备注 |
|---|---|---|---|---|---|---|---|
| 11 | 转运中心6#开闭站 | ZA-YJV22-8.7/15-3×300 | 3744 | 3192.306 | -551.694 | -14.74% | |
| 12 | 转运中心1#开闭站 | ZA-YJV22-8.7/15-3×240 | 3840 | 3319.556 | -520.444 | -13.55% | |
| 13 | 转运中心2#开闭站 | ZA-YJV22-8.7/15-3×120 | 3248 | 2817.419 | -430.581 | -13.26% | |
| 14 | 转运中心5#开闭站 | ZA-YJV22-8.7/15-3×300 | 4816 | 4331.815 | -484.185 | -10.05% | |
| 15 | 转运中心7#开闭站 | ZA-YJV22-8.7/15-3×120 | 4738 | 4169.893 | -568.107 | -11.99% | |
| 16 | 转运中心机坪5#开闭站 | ZA-YJV22-8.7/15-3×185 | 6212 | 4737.740 | -1474.26 | -23.73% | |
| 17 | 塔台 | ZA-YJV22-8.7/15-3×120 | 6264 | 5518.899 | -645.101 | -10.30% | |
| 18 | 3#灯光站 | ZA-YJV22-8.7/15-3×120 | 10078 | 9187.7 | -890.3 | -8.83% | |
| 19 | 货航 | ZA-YJV22-8.7/15-3×300 | 22108 | 20593.944 | -1514.056 | -6.85% | |
| 20 | 北区开闭站 | ZA-YJV22-8.7/15-3×300 | 11224 | 10232.76 | -991.24 | -8.83% | |

图 14-42　电缆工程量对比图

### 14.7.4　总结

①10kV 电缆 BIM 深化设计工作需确保达到以下几方面要求：

a.10kV 电缆避让：电缆不与其他管线、土建构件碰撞；电缆与其他管线综合排布要遵循相关的原则，电缆与其他管线的距离须在相关规范规定范围内；考虑电缆自身的防潮、防火、防形成涡流等防护要求，与相关危险源的距离须符合相关规范要求。

b.10kV 电缆敷设通道优化设计：避免电缆支架位置设置不合理，合理确定电缆支架横担数量，避免支架横担净距过大而不满足电缆承载需求；避免由支架横担高度与排管口存在较大高差、电缆敷设通道转弯半径不足等因素导致电缆转弯半径不能满足施工要求；电缆敷设通道应避免电缆敷设时电缆不能架设在支架上，因施工人员活动空间不足而导致的电缆敷设困难、电缆敷设后杂乱无章不美观等问题；避免在建筑单体内的电缆桥架设计规格不满足转弯半径要求；排管及支架应尽量布置在转弯井外侧；本项目电力电缆数量多且外径不同，避免电力敷设通道空间不足等问题。

c.电缆井、检修口优化设计：避免电缆井规格不满足电缆盘留要求，例如本项目使用的 10kV 电力电缆为带铠装电缆，最小转弯半径为 12$d$，但往往前期设计未考虑电缆盘留，从而导致电缆井设计偏小，造成后期施工时电力电缆盘留存在严重问题，进而影响后期电缆检修；避免诸如检修口在电缆出口处导致无法使用钢爬梯等问题的出现。

②利用BIM技术，需针对工程的实际情况做出最合理的深化设计调整，可以提前暴

露电缆施工可能存在的各种问题，加快施工进度，避免出现施工过程中的返工、窝工现象，同时又能明确电缆工程量，避免施工采购中存在偏差和浪费，从而减少工程造价。

③在诸如机场工程这类超大型公共建筑中，10kV 高压电缆如同整个机场的动力心脏，需要全局把控，综合考虑，与参建各方全过程紧密地协调配合，制定解决问题的办法，快速推动项目建设保证项目节点，保障机场的顺利运行。

# 15 助航灯光工程深化设计应用与实践

## 15.1 泊位引导机位牌基础深化设计案例分析

### 15.1.1 背景描述

泊位引导机位牌基础深化设计是应用 BIM 技术对机位牌基础钢筋、基础形式及预埋件进行深化。此次鄂州花湖机场采用机位标记牌不仅需要安装泊位引导装置，还需要安装安防监控、航油监控等设备，所以整个基础自重荷载和受到的风荷载较大，对机位牌基础的设计要求也较高。初版设计图纸基础为 2.4m×1.5m×0.3m 的整体大基础，第二次设计根据现场需安装设备将基础深化为 4m×2.3m×0.9m 的整体大基础，最后经实际计算并经 BIM 技术深化为 2×(3m×0.8m×1m)两块独立小基础。

### 15.1.2 问题分析

①按照最初设计方式，机位牌基础高度为 0.3m，突出道面 0.1m，深入道面下基础只剩 0.2m，基础埋深较浅，这会导致如下问题：首先，如遇极端天气情况，由于机位牌牌面尺寸较大，在风荷载的作用下会有较大晃动，共杆安装在机位牌上的各类摄像头监视晃动，从而影响安防及航油视频监控效果；其次，由于机位牌基础仅承受两立柱的竖向荷载，基础中心所受的叠加弯矩较大，对基础造成不利影响，减少其使用寿命；最后，设计方案采用 8 颗 M24 预埋螺栓固定，由于螺栓之间及螺栓与基础钢筋未形成整体，螺栓的整体抗剪能力较差，从而影响到整个标记牌框架的稳定性(图 15-1)。

②第二版机位牌基础设计按现场实际需求将基础深化为 4m×2.3m×0.9m 大基础，在原版基础上增加了基础厚度和埋地深度，钢筋配置较原版方案也有较大变化。同时将预埋螺栓换成预埋锚栓，与钢筋混凝土整体浇筑。为提高机位牌抗风荷载能力，在机位牌背面增加斜撑。此次深化显著提高了基础强度和机位牌整体稳固性，满足使用需求(图 15-2)。经过机场公司审核后，认为该方案存在两个问题：一是此版深化基础较为复杂，虽然增加斜撑后提高了稳定性，但容易造成视觉效果不美观；二是增加了工程造价，此版基础承载力远大于使用需求承载力，钢筋混凝土用量偏高。综合以上问题，机场公

司会同设计单位及施工单位进行了第三次基础深化设计。

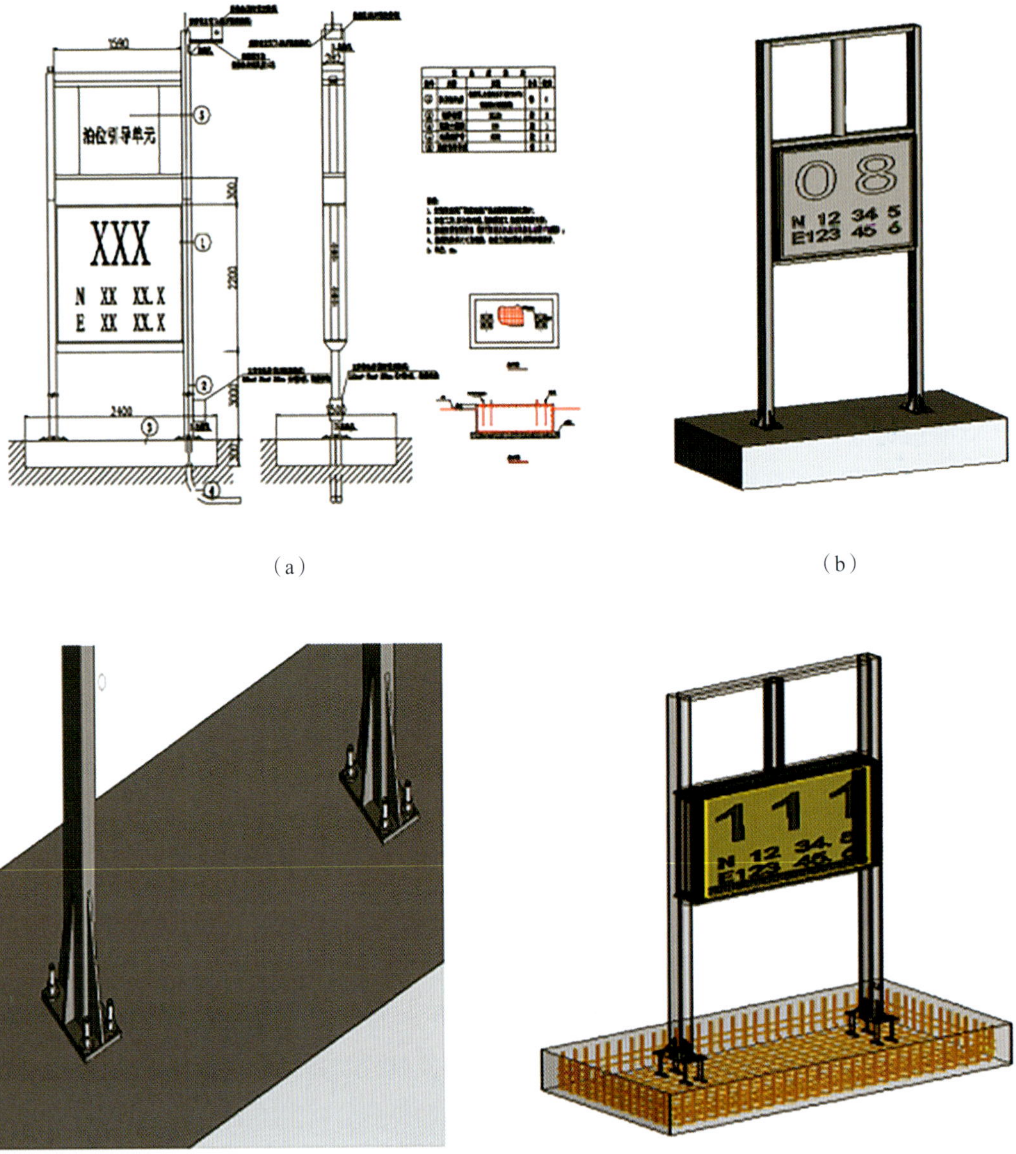


(a) (b) (c) (d)

图 15-1　第一版机位牌基础

(a)第一版机位牌图纸；(b)机位牌模型整体形式；

(c)机位牌预埋螺栓；(d)机位牌基础钢筋及预埋螺栓透视图

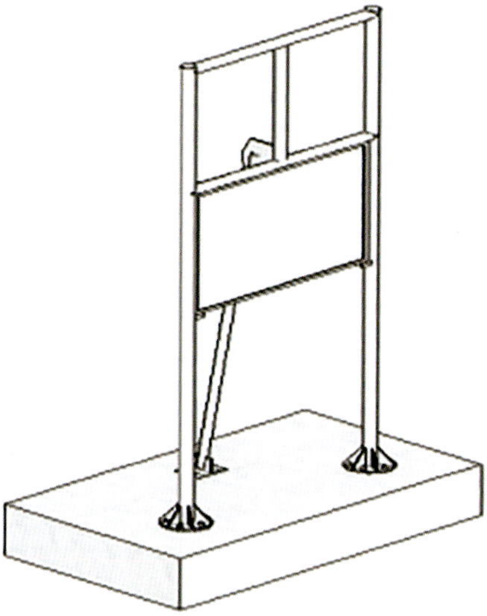

(a)

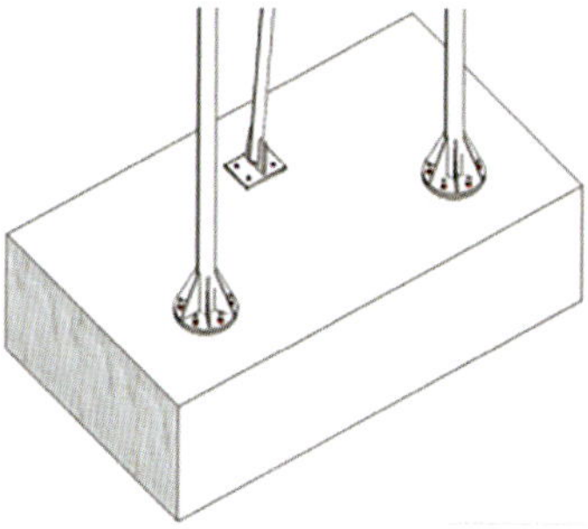

(b)

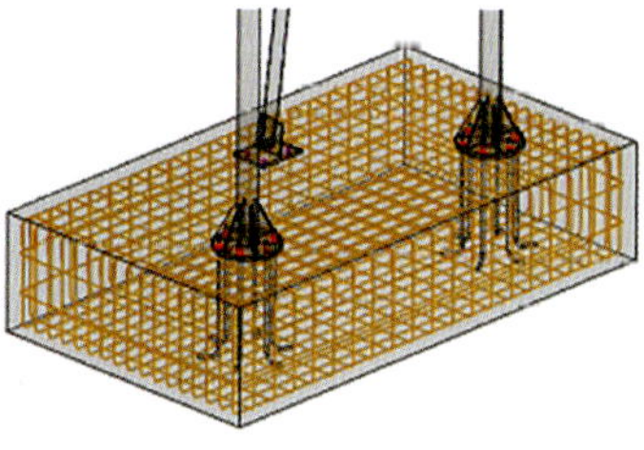

(c)

图 15-2 第二版机位牌基础

(a)机位牌整体形式;(b)机位牌预埋锚栓;(c)机位牌基础钢筋及预埋锚栓透视图

### 15.1.3 解决方案

①将单个基础变更调配为 2×(3m×0.8m×1m)双基础形式，增加了机位标记牌抗风防倾翻能力，提高了机位标记牌的稳定性及摄像头的监视效果，解决了第一版方案由基

础中心产生叠加弯矩带来的不利影响(图 15-3)。

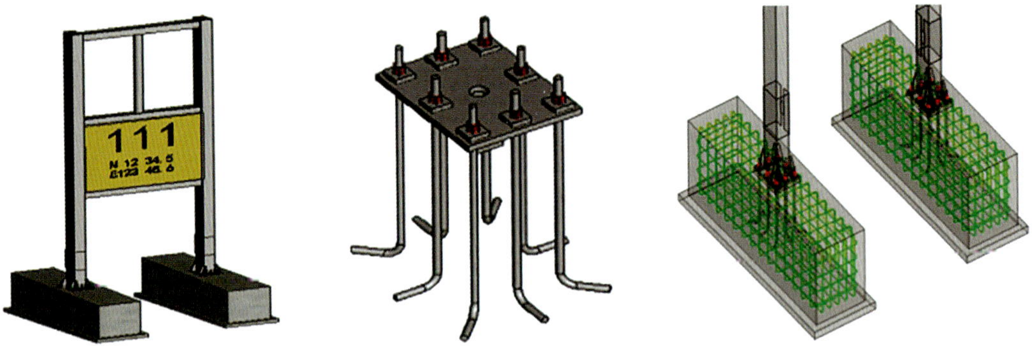


(a) (b) (c)

图 15-3 第三版机位牌基础

(a)机位牌整体形式;(b)机位牌基础锚栓大样图;(c)机位牌钢筋及锚栓透视图

②相对于第二版基础而言,将机位牌基础标高做到与道面一致,在有限的基础平面上通过增加基础高度和埋深,同时使用 M24 预埋锚栓与钢筋笼焊为一体并用混凝土一体浇筑,提高了基础承载力及稳定性;通过BIM优化减少钢筋用量,取消斜撑,在提高整体美观效果的同时节省了造价(图 15-4)。

(a) (b)

图 15-4 第三版机位牌实物与模型图

(a)实物图;(b)模型图

③第三版深化后的机位牌基础相对于第一版而言，基础与机位牌有效地形成了一个整体,在稳固性和承载力上都有显著提高,增强了安全性,延长了使用寿命。相对于第二版基础而言取消了斜撑并将机位牌基础标高施工至与道面平齐，既提高了整体视觉效果,又减少了钢筋混凝土用量,从而减少了总体工程造价(表 15-1、表 15-2)。

表 15-1 机位牌造价对比表

| 机位牌版本 | 单泊位单价/元 | 单泊位数量 | 双泊位单价/元 | 双泊位数量 | 总价/元 |
|---|---|---|---|---|---|
| 第一版 | 33993.25 | 104 | — | 0 | 3535297.92 |
| 第二版 | 79121.8 | 102 | 81521.5 | 2 | 8233466.6 |
| 第三版 | 71121.83 | 102 | 76051.52 | 2 | 7406529.7 |

表 15-2 机位牌价差对比表

| 机位牌版本 | 总价/元 | 与第一版差价/元 | 与第二版差价/元 | 与第三版差价/元 |
|---|---|---|---|---|
| 第一版 | 3535297.92 | — | −4698168.68 | −3871231.78 |
| 第二版 | 8233466.6 | 4698168.68 | — | 826936.9 |
| 第三版 | 7406529.7 | 3871231.78 | −826936.9 | — |

### 15.1.4 总结

将 BIM 技术应用在泊位引导机位牌基础深化设计上，通过三次深化确定了适用于本项目的基础尺寸和构型方案，此方案提高了基础整体承载力、稳固性、安全性以及视觉效果，延长了使用寿命，减少了整体的钢筋混凝土用量及工程造价。

## 15.2 高杆灯深化设计案例分析

### 15.2.1 背景描述

站坪设备深化设计主要应用 BIM 技术对设备进行定位以及精确放置。站坪每个机位上放置有其他标段的工程设备，这些工程设备的安装高度不同，如摄像机、运营商设备天线、空管标段设备天线等。本标段高杆灯的高度均满足搭载天线的需求，且双升降高杆灯升降盘高度也均满足搭载摄像机需求。经建设单位、设计单位及施工单位共同研讨，在满足高杆灯使用要求的前提下，将天线设备、摄像机安装于高杆灯上。

站坪照明高杆灯基础深化设计主要应用 BIM 技术对高杆灯基础配筋及规格尺寸进行模型深化。最初设计站坪高杆灯基础规格尺寸及高杆灯配筋不满足高杆灯承载力需求。

### 15.2.2 问题分析

按照设备天线、摄像机安装需求，这些设备均需要设置满足其搭载高度和强度的立杆，而这类设备广泛分布于整个机场，如果按照其安装需求设立单独立杆，会造成布局杂乱和建设成本高的问题，也会占用货运机坪有限的设备及货物摆放空间，还会对航空器的起降安全造成影响。此处自滑机位为安装摄像机设立的单独立杆（图 15-5）。

按照最初设计方式，高杆灯基础不满足高杆灯的承载力要求（图 15-6）。

图 15-5　安装摄像机设立的单独立杆

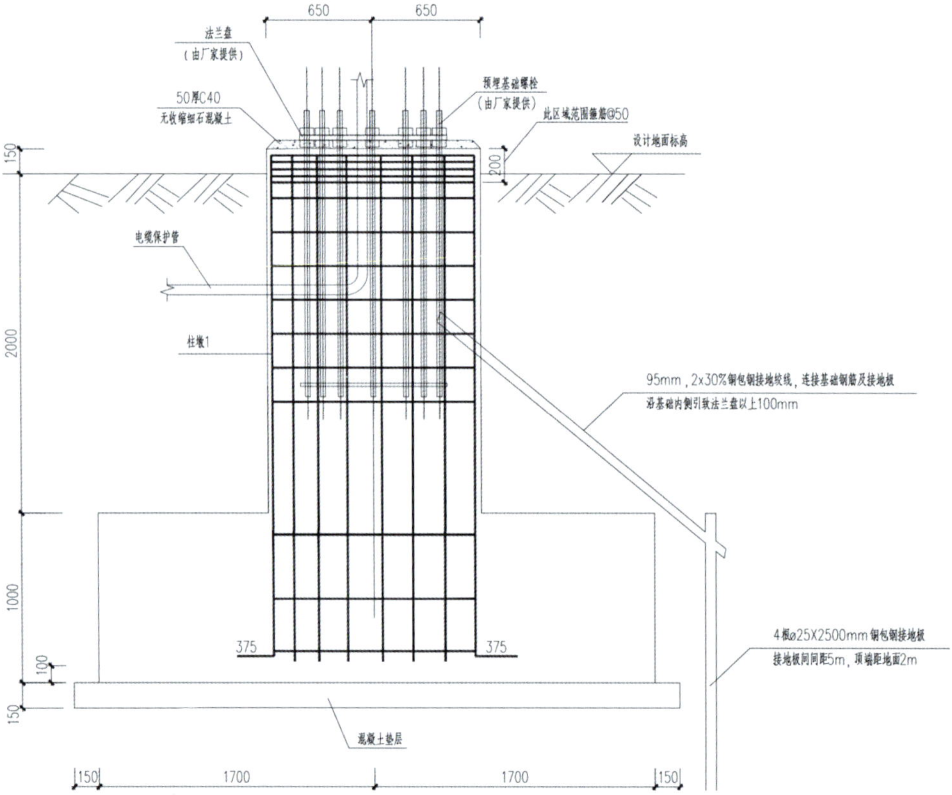


图 15-6　深化前高杆灯基础大样图

### 15.2.3 解决方案

通过与业主方、设计方、造价方、施工技术人员，高杆灯厂家召开研讨会，讨论出解决方案：

①按照其他标段需求，将部分单升降高杆灯改为双升降高杆灯，用于搭载摄像机，在高杆灯顶端增加用于搭载天线的单元，分别安装运营商 5G/4G 天线、LTE 天线、多点定位天线。通过高杆灯模型合理布局，高杆灯顶部上端用来布置多点定位系统或 5G 天线，高杆灯顶端下端布置灯盘，高杆灯中端布置摄像头（图 15-7）。

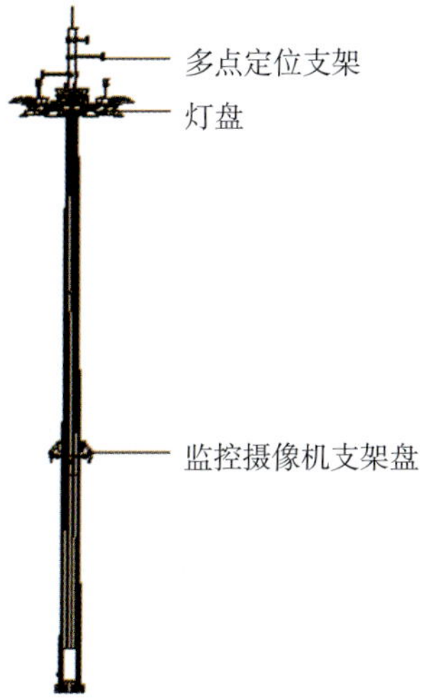


（a）

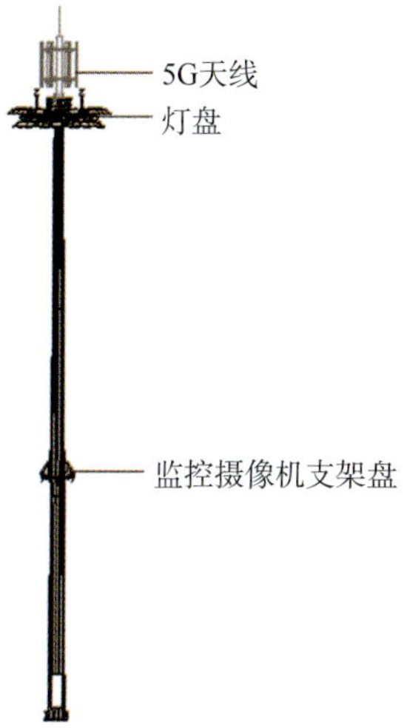


（b）

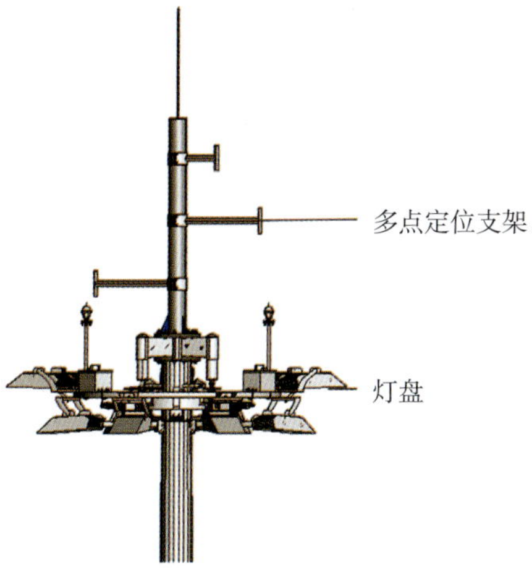


（c）

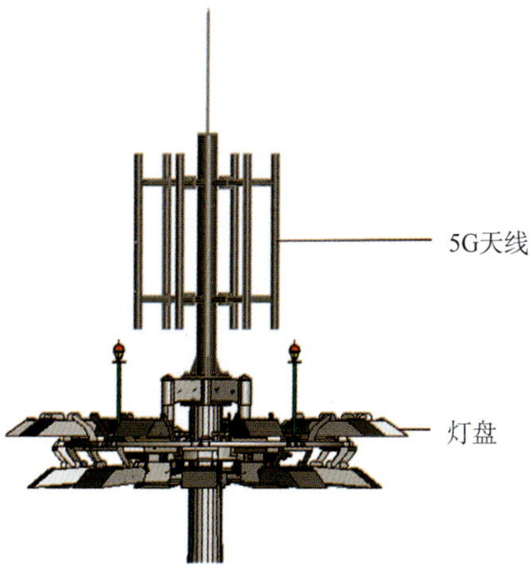


（d）

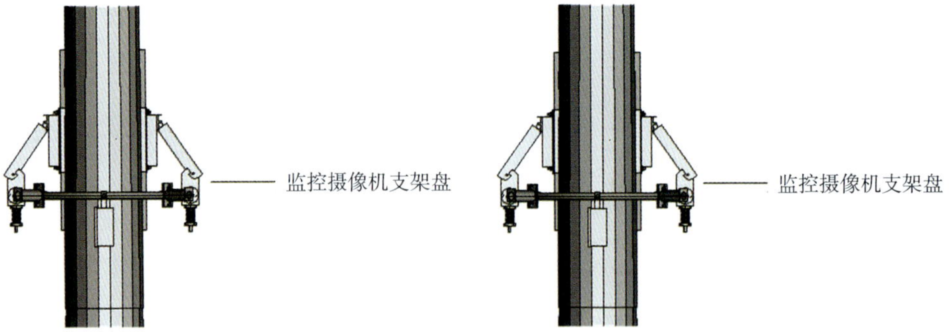


（e）　　　　　　　　　　　　（f）

图 15-7　高杆灯设备布置模型图

（a）高杆灯 1 设备布置全局图；（b）高杆灯 2 设备布置全局图；（c）高杆灯 1 顶部设备布置图；（d）高杆灯 2 顶部设备布置图；（e）高杆灯 1 中部设备布置图；（f）高杆灯 2 中部设备布置图

②根据招标文件要求，结合实际灯具重量以及配重要求，对高杆灯基础图进行深化后提交设计院复核确认。设计院根据厂家提供的深化设计方案和高杆灯搭载天线以及摄像机等设备的需求，对基础图纸进一步优化，确认并下发正式的高杆灯基础施工图（图 15-8 至图 15-11）。

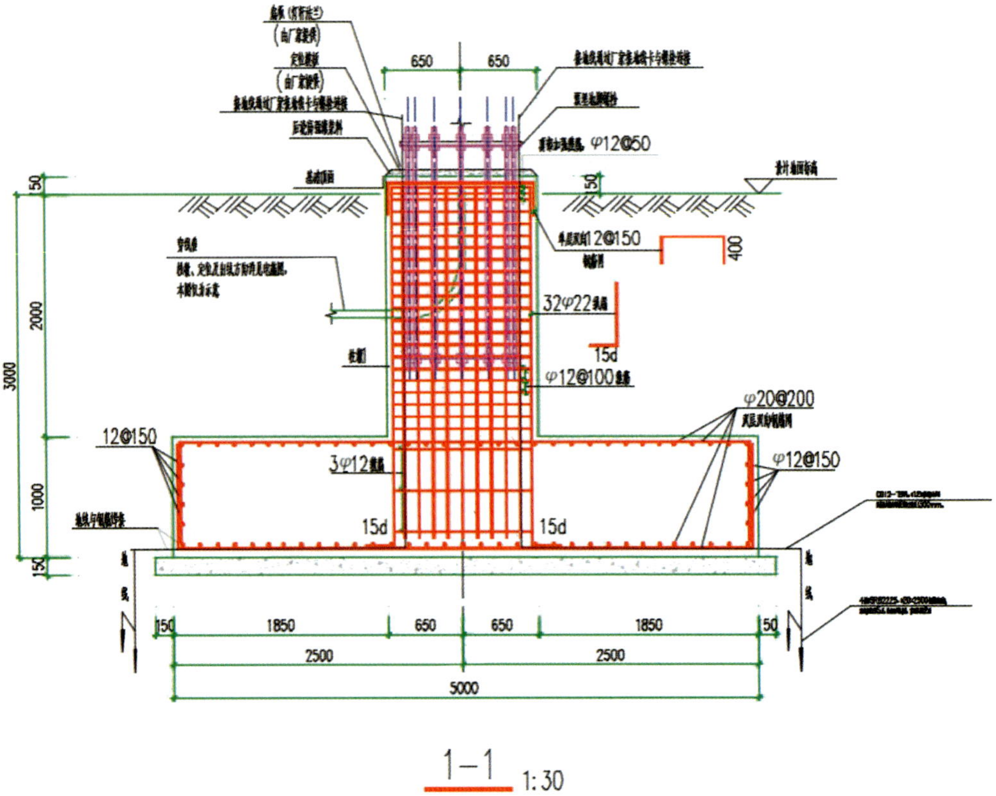


图 15-8　深化后高杆灯基础大样图

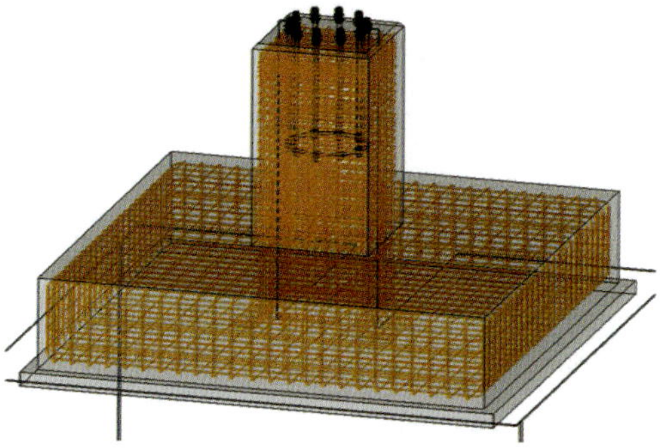

（a）

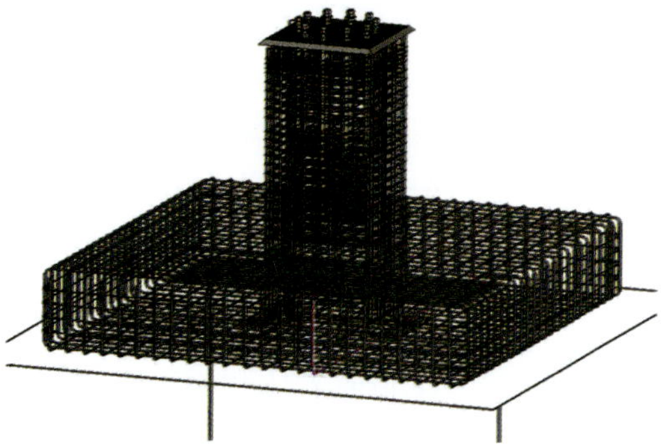

（b）

图 15-9 深化后高杆灯基础三维模型图

(a)高杆灯基础配筋模型透视图;(b)高杆灯基础模型配筋

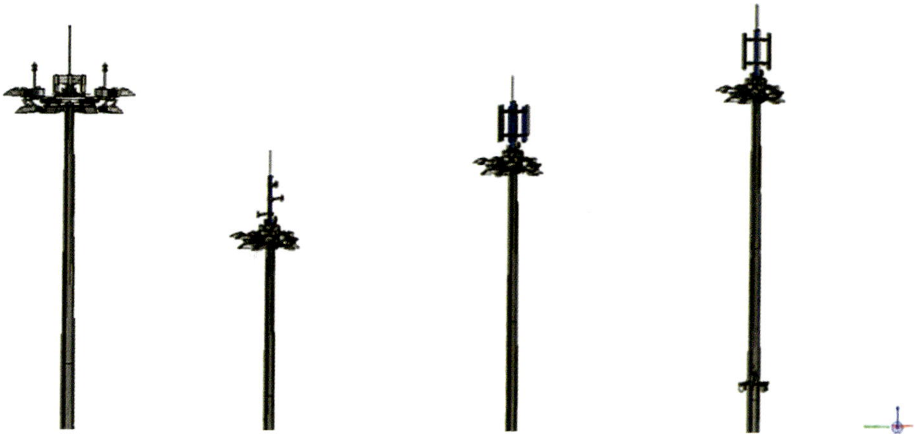

图 15-10 高杆灯无搭载设备大样图

图 15-11 高杆灯施工现场

### 15.2.4 总结

①在高杆灯布局方面，采用“多杆合一”，将运营商5G/4G天线、LTE天线、多点定位系统以及大部分摄像头整合到高杆灯和机位牌上，共减少立杆252根，合杆率78%，节省投资约252万元。

②在施工方面，在高杆灯上安装设备比单独立杆后再做设备接地要简便。

③高杆灯上搭载天线和摄像机既满足使用需求，又节省了用地，在一定程度上消除了单独立杆对航空器造成的影响，从视觉上，每个高杆灯不会显得过于单调。

④结构专业的钢筋普遍采用平法图纸和平法图集，需要进行BIM深化设计将钢筋模型整体呈现出来，可以发现在二维平面表达中不易发现的一些问题，从而进行设计的优化。

⑤BIM结构细部设计工作量大，需花费设计人员大量精力。虽然专业编制了大量标准图集，试图让设计人员专注于核心设计内容，但由于设计图纸（集）表达内容不明确，依然会造成效率低下的问题。结合BIM技术查漏补缺，及时发现问题并沟通解决，可以节省施工过程中的宝贵时间。

## 15.3 航站楼标识标牌深化设计案例分析

### 15.3.1 背景描述

标识系统是设置在航站楼、停车楼（场）、航站楼前道路和民用机场衔接的地面交通等场所内，引导行人和车辆有序通行的重要系统。标识系统的通用原则包括系统协同、安全高效、清晰醒目、简洁易懂、连贯一致、融合共享。在通用原则的基础上，以专业化、个性化和系统化为目标，需要对标识标牌进行深化设计，以使旅客进入航站楼后在无人引导的前提下能顺利快捷地到达目的地，在流线上，有序串联机场各个功能区，提高运行效率。

### 15.3.2 问题分析

①本项目是国内隔离区出发旅客和到达旅客混流的航站楼，出发旅客和到达旅客的行走路线容易混淆，不够清晰明确，旅客难以便捷高效地到达其目的地。

②由于航站楼标识标牌较多，这会导致在CAD图纸上难以直观地感受到标识标牌的指引效果；标识标牌的整体效果难以展现；图纸中标识标牌与柜台或者精装幕墙在空

间上的碰撞问题难以发现。

③标识标牌属于定制化产品，需与现场实际环境相符。例如，位置标识应清晰标明特定目标的位置，尺寸应与门头协调统一。CAD 图纸无法准确保证最终现场实际环境效果。

④标识标牌涉及单位较多，航站楼内吊装标识标牌的支吊架、侧挑标识标牌的预埋件、落地标识标牌的预埋件的安装会与现场管道、强弱电管线安装和楼内精装修产生干涉，无法有效地预判问题的发生。

### 15.3.3 解决方案

①颜色提取。通过区分引导标识图形符号的颜色，将出发流程、到达流程、辅助流程进行区分。标识标牌整体采取沉稳的黑色作为底色，出发流程图形符号内容用黄色显示，到达流程图形符号内容用绿色显示，辅助流程图形符号用蓝色显示。这样就能有效地对出发、到达旅客进行分流。在 BIM 模型的整体环境中突出标识主体，有益于旅客识别，使他们迅速、便捷地到达目的地(图 15-12)。

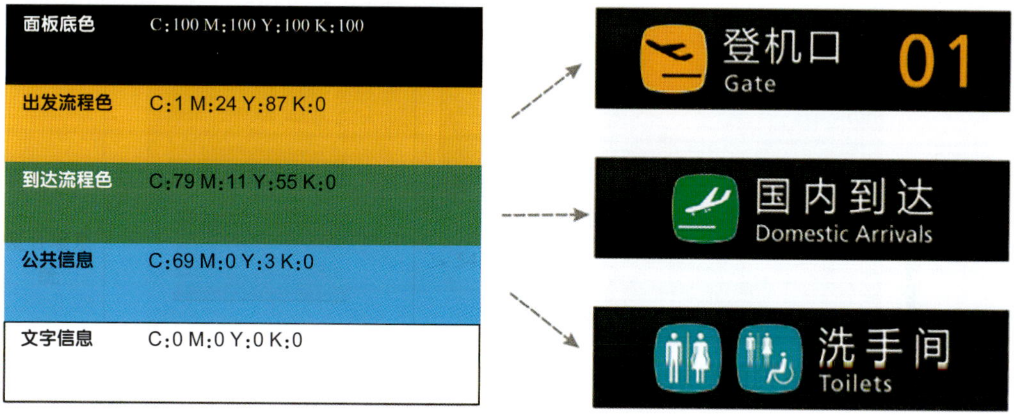


图 15-12 标识标牌颜色选择

②图标样式深化。标识标牌的图标样式在借鉴北京大兴机场方形图标和武汉天河机场圆形图标的基础上进行了创新，首创“椭方形”图标样式，通过图标样式给旅客带来亲和力(图 15-13)。

③本项目采用全新的 BIM 模型，在前期设计过程中，准确掌握现场实际环境效果、建筑尺寸，有效地提高标识标牌的深化设计效率，避免后期标识标牌与现场实际环境不符的情况发生(图 15-14)。

④标识标牌支吊架及预埋件深化。在标识标牌 BIM 模型建造完成后，与管道模型、强电管线模型、弱电管线模型等进行合模演示，查找碰撞点，提前规避与管道和线缆的碰撞，找出支吊架及预埋件最合适的安装位置(图 15-15)。

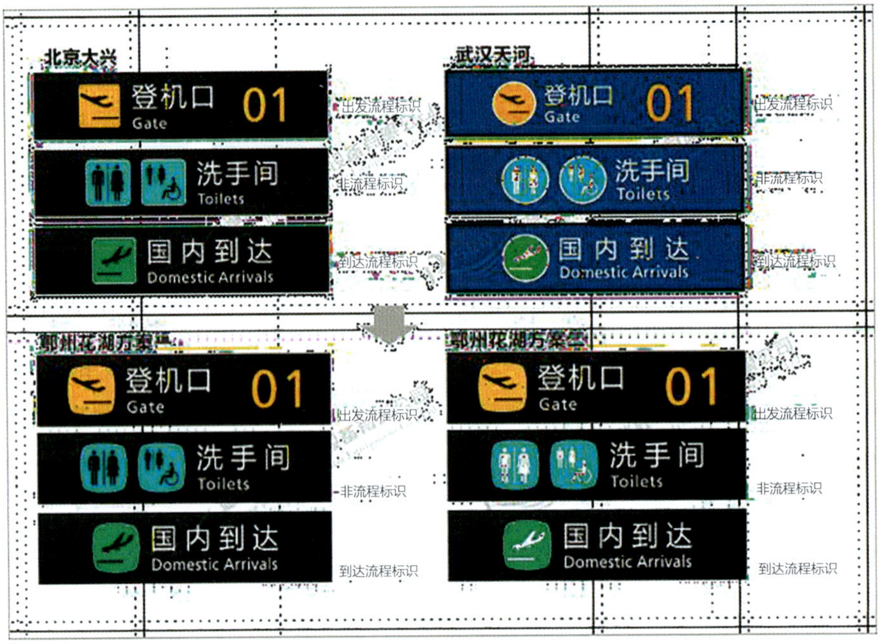


图 15-13　标识标牌样式选择

图 15-14　航站楼标识标牌效果图

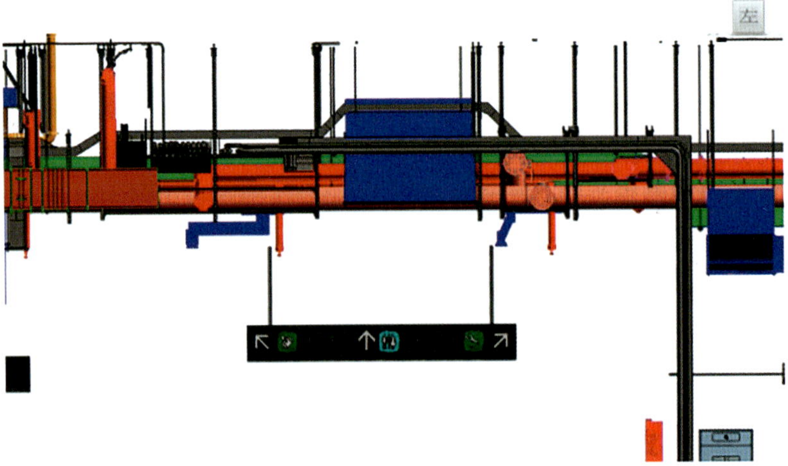

图 15-15　标识标牌碰撞检查

### 15.3.4 总结

通过BIM三维模型调整和优化标识标牌的尺寸、空间布局以及视觉感受。通过BIM多专业合模，解决标识标牌与柜台或者精装幕墙在空间上的碰撞，规避了标识标牌支吊架和预埋件与管道和线缆的碰撞，使航站楼标识标牌的设计安装更专业化、个性化和系统化(图 15-16)。

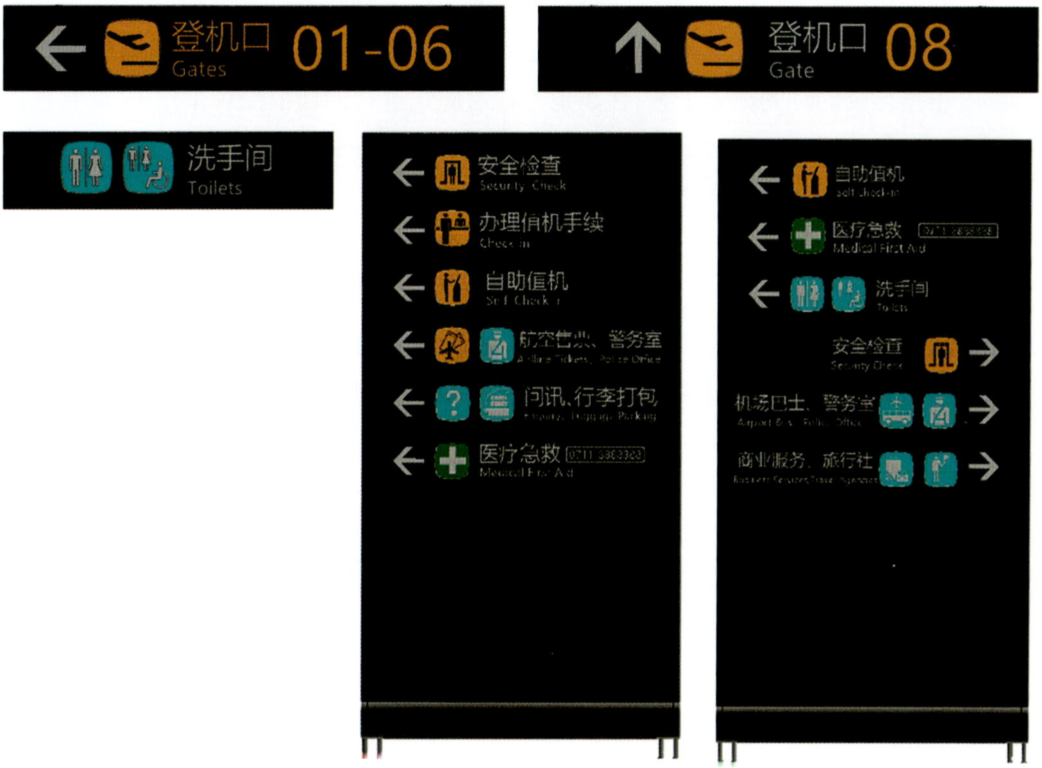


图 15-16　标识标牌成品样例

## 15.4 助航灯光 PE 螺旋管深化设计案例分析

### 15.4.1 背景描述

在传统的施工过程中，一般在场道工程完工之后才具备灯光工程灯具安装、线缆敷设等工作的条件，灯光工程一般晚于场道工程三个月至半年的时间完工。湖北省委省政府给鄂州花湖机场下达的建成目标是“2019 年打基础、2020 年出形象、2021 年建成校飞”，具体目标是在 2021 年 11 月 15 日，机场助航灯光必须亮灯。在鄂州花湖机场工期紧任务重的前提下，灯光工程作为后期安装工程，面临着时间节点和场道工程一样的难题，是对组织管理和新工艺的一种考验。在整个助航灯光系统的施工中，切槽配管是承上启下的重要工序。作为主材的PE螺旋管用量巨大，约20万m，相较于传统的镀锌钢管，PE螺旋管以独有的优势在施工过程中节省了大量时间。

### 15.4.2　问题分析

①在整个机场飞行区建设施工过程中，灯光工程需要与场道单位密切配合，传统的施工工艺和施工组织无法满足进度要求，工期压力大。

②根据传统的灯光施工工艺，在场道水稳层施工进行的切槽配管工作中，灯具二次线保护管通常使用的是镀锌钢管，镀锌钢管为刚性材料，安装时需要进行现场焊接，施工难度大，施工时间长，将严重拖慢工期。

### 15.4.3　解决方案

①优化传统施工工艺和施工组织，将“预埋”工作提前，建立良好的沟通机制，精细化工作面交接，做好彼此的成品保护，形成“流水”作业的良性循环（图15-17）。

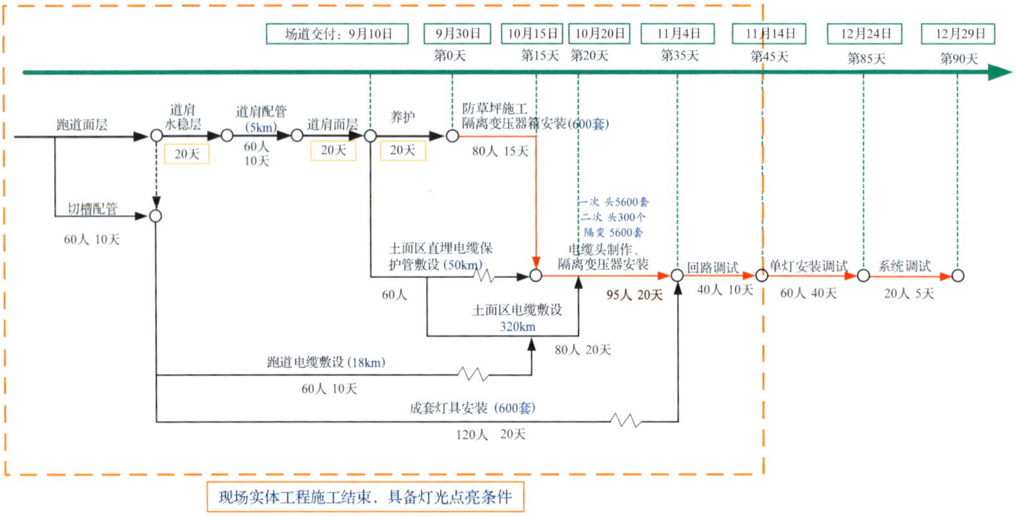


图15-17　工期计划图

②将传统的镀锌钢管（图15-18）替换为聚乙烯（PE）螺旋管（图15-19），PE管材具有抗压能力强、材质轻便、绿色环保、造价低廉等优点。经测算，助航灯光二次电缆保护管长度约7万m，通过优化减少投资约1600万元。另外，关键点在于PE螺旋管为柔性管

材，施工便捷，相比镀锌钢管，不需弯折和螺纹连接这两项工艺，在保证环刚度达标的同时能极大节约施工的时间，将预埋工作时间压缩到最低（图 15-20）。保质保量的同时也能保证施工进度。

图 15-18 镀锌钢管

图 15-19 PE 螺旋管

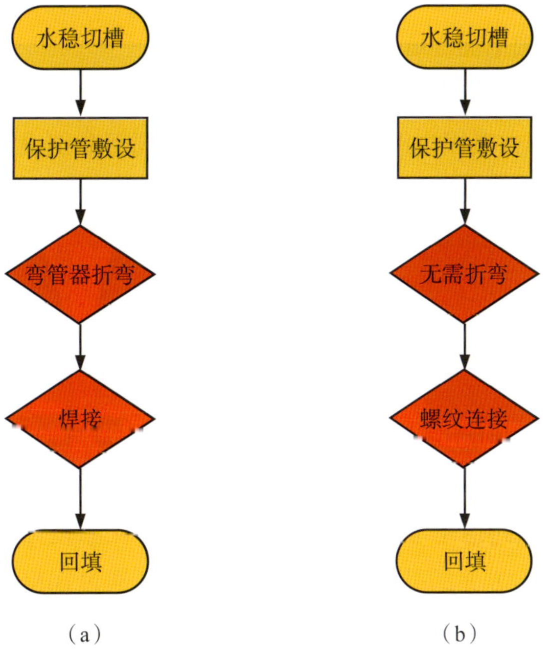


图 15-20 镀锌钢管与 PE 螺旋管施工流程对比
（a）镀锌钢管施工流程；（b）PE 螺旋管施工流程

## 15.4.4 总结

在以往的项目中，灯光工程需要在场道完工的前提下，进行部分施工。在鄂州花湖机场 BIM 先行，勇于创新的大环境下，改良施工工艺，让灯光工程做到了与场道工程同时完工这一壮举。鄂州花湖机场积极响应“四型机场”建设,全场均是采用的 MPP 双壁波纹管和 PE 螺旋管等环保管材。其中,PE 螺旋管的使用起到了至关重要的作用,新型材料的应用使得传统工艺得到了本质上的改变,让施工更便捷,更高效。

## 15.5 站坪设备电缆保护管及电缆井深化设计案例分析

### 15.5.1 背景描述

站坪设备电缆保护管深化设计是应用 BIM 技术对设备电缆保护管的路由、排布方式进行深化,以及与其他标段地下管线合模调整碰撞。在保护管路由方面,建模人员结合多个模型,寻找最优路由,尽量减少拐弯数量,很大程度上节省了材料费以及加工保护管所需的时间;尤其在地下管线合模工作中,由于每个机位都会有其他标段的设备,如空管设备箱、弱电箱、MIN 箱、光交箱等,建设单位决定将其余标段保护管交由本标段统一施工,且由建模人员统一深化。针对施工完成后的预留保护管,为防止管内积水,决定将保护管高出基础平面 30mm,并及时封堵。

电缆井方面,该标段全场共计 351 座电缆井,其中 70 个Ⅰ型井、237 个Ⅱ型井、44 个Ⅲ型井,电缆井钢筋方案因电缆排管组合方式的不同而分别设计,主要考虑:

①在钢筋处理墙体开洞方面钢筋如何合理地布置;

②井脖子位置钢筋排布结构复杂,导致施工难度大等一系列问题。经业主、施工单位、设计方共同讨论得出电缆井钢筋优化方案。

### 15.5.2 问题分析

助航灯光保护管的 BIM 建模存在着诸多难点,其中最为明显的是机场助航灯光专业特殊性造成的难题。建模人员初期完全不知道如何布置模型,而是简单地参照图纸去建立 BIM 模型,导致路由不准确,施工浪费等问题。在原设计图纸中,电缆保护管在灯具密集处和较长回路方面的处理方式并未明确标注,通过 BIM 建模的初步判断,原设计存在大量管线冗余,具有可优化空间。

①按照各方保护管的需求和各个机位的复杂程度,如果不对各方统一协调布局,在后期合模调整碰撞和协调施工上会徒增许多麻烦。

②排管在对接井体涉及开洞问题处,因排管截面较大,不满足钢筋的布置条件(图 15-21)。

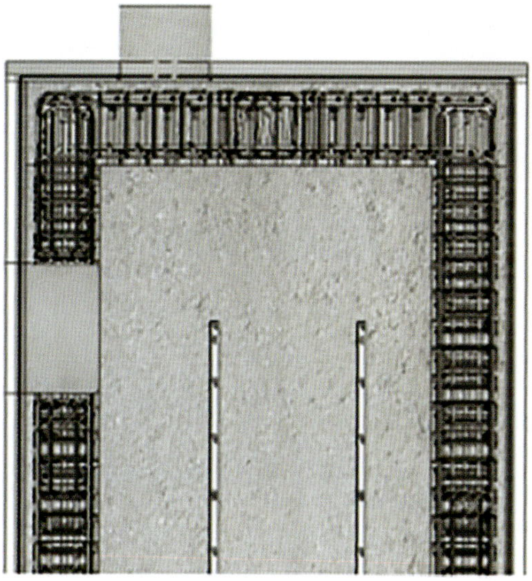

图 15-21　井侧壁洞口附加筋模型图

③由于井脖子处钢筋排布结构复杂，现场施工难度大（图 15-22）。

图 15-22　井脖子洞口附加筋模型图

### 15.5.3　解决方案

站坪设备其他单位保护管统一交由本标段建模和施工，各家单位统一向本标段提供电缆保护管需求后，由本标段根据现场实际情况统一优化布局（表 15-3）。具体做法如下：

**表 15-3　站坪设备管线需求统计表**

| 序号 | 需求单位 | 管线类型 | 规格型号 | 位 | 量 | 管线始端 | 管线终端 | 管线建模 | 管线施工 | 备注 | 签字确认 |
|---|---|---|---|---|---|---|---|---|---|---|---|
| 1 | 空管 | 供电 | SC50 | | | 灯光配电亭 | MLAT 设备 | 灯光2 标 | 灯光2 标 | | |
| | 通信 | SC50 | | | | 灯光高杆灯 | MLAT 设备 | 灯光2 标 | 灯光2 标 | | |
| | 通信 | SC50 | | | | MLAT 设备 | 通信工程站坪通信井 | 灯光2 标 | 灯光2 标 | | |
| 2 | 信息弱电 | 供电 | SC50 | | | 灯光配电亭 | 站坪安防弱电箱 | 灯光2 标 | 灯光2 标 | | |
| | | 通信+供电 | SC50 | | | 灯光高杆灯 | 站坪安防弱电箱 | 灯光2 标 | 灯光2 标 | 全场双升降高杆灯需要，其余不要 | |
| | | 通信 | SC50 | | | 通信工程站坪通信井 | 站坪安防弱电箱 | 灯光2 标 | 灯光2 标 | | |
| | | 通信+供电 | SC50 | | | 机位标记牌 | 站坪安防弱电箱 | 灯光2 标 | 灯光2 标 | 需要 | |
| | | 通信+供电 | SC50 | | | 自滑机位监控单独立杆 | 站坪安防弱电箱 | 灯光2 标 | 灯光2 标 | 需要，站坪上单独立杆共 24 处 | |
| 3 | 无人车 | 通信 | SC50 | | | 灯光高杆灯 | 站坪安防弱电箱 | 灯光2 标 | 灯光2 标 | | |
| | | 通信+供电 | SC50 | | | 站坪安防弱电箱 | 无人车单独立杆 | 灯光2 标 | 灯光2 标 | 一共有 4 处（一区客机坪） | |
| 4 | 通信运营商 | 供电 | SC50 | | | 灯光配电亭 | 运管商Mini 仓 | 灯光2 标 | 灯光2 标 | 共需要 48 套 | |
| | | 通信 | SC50 | | | 灯光高杆灯 | 运管商Mini 仓 | 灯光2 标 | 灯光2 标 | 共需要 48 套 | |
| | | 通信 | SC50 | | | 站坪安防弱电箱 | 运管商Mini 仓 | 灯光2 标 | 灯光2 标 | 共需要 44 套（无光交箱站点） | |
| | | 通信 | SC50 | | | 通信工程站坪通信井 | 光交箱 | 灯光2 标 | 灯光2 标 | 共需要 4 套（有光交箱站点） | |
| | | 通信 | SC50 | | | 光交箱 | 运管商Mini 仓 | 灯光2 标 | 灯光2 标 | 共需要 4 套（有光交箱站点） | |
| | | 通信 | SC50 | | | 通信工程站坪通信井 | 运管商Mini 仓 | 灯光2 标 | 灯光2 标 | 不要 | |

①安排专人负责电缆保护管深化和建模工作，包括保护管排列，调整碰撞等（图 15-23）。

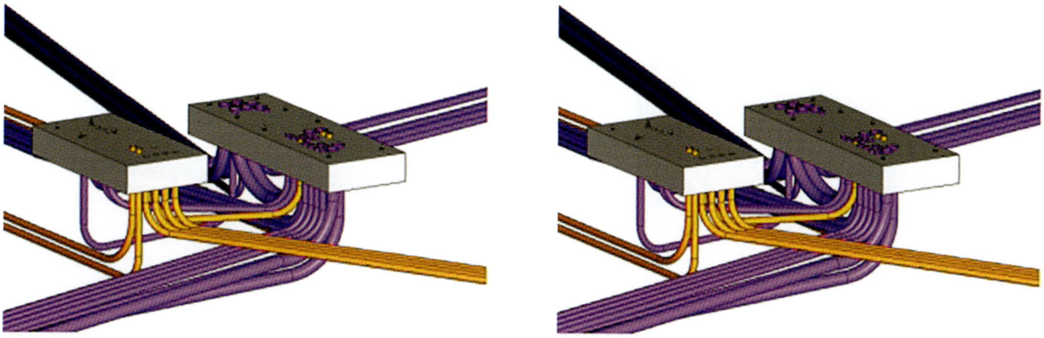

（a）　　　　　　（b）

图 15-23　深化后电缆保护管模型图

（a）电缆保护管模型顶视图；（b）电缆保护管模型侧视图

②对于保护管先于机位牌基础施工情况，为避免后期敷设路由上有其他构筑物，建模人员在建模过程中做好记录，在模型交底时着重提醒施工人员该处保护管需要在何处避让，敷设到机位牌的保护管做到精准定位，避免出现后期因发生错位而浪费时间调整的情况（图 15-24）。

③对于现场施工，有部分机位牌保护管需穿过其他标段排水沟，为此提前合模，协调其他标段做好洞口预留，记录好位置，模型交底时着重提醒工人此处敷设注意事项（图 15-25）。

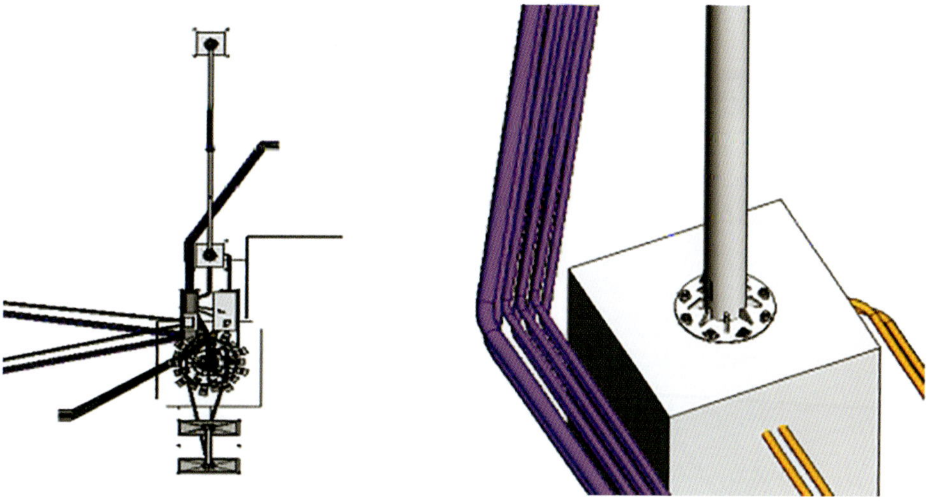

（a）　　　　　　（b）

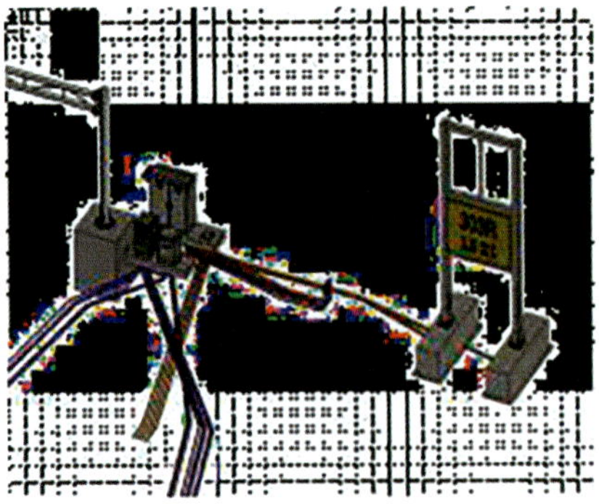
(c)

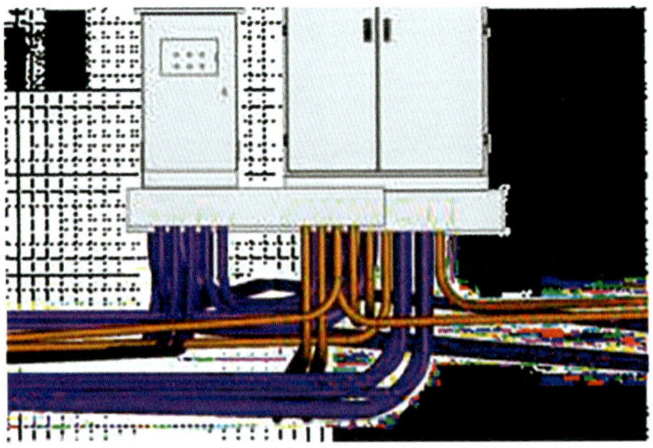
(d)

图 15-24　电缆保护管与机位牌基础合模

(a)与龙门架基础合模;(b)与龙门架基础合模局部图;

(c)与机位牌基础合模全局图;(d)与机位牌基础合模局部图

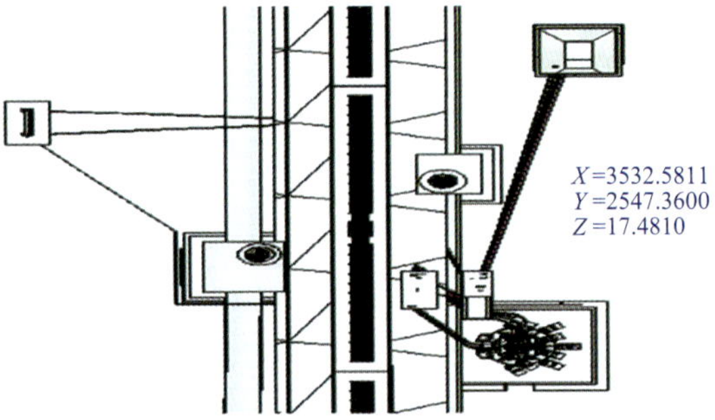

(a)

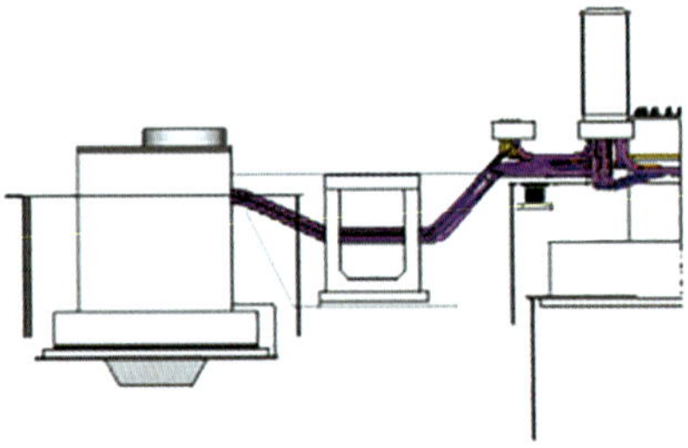
(b)

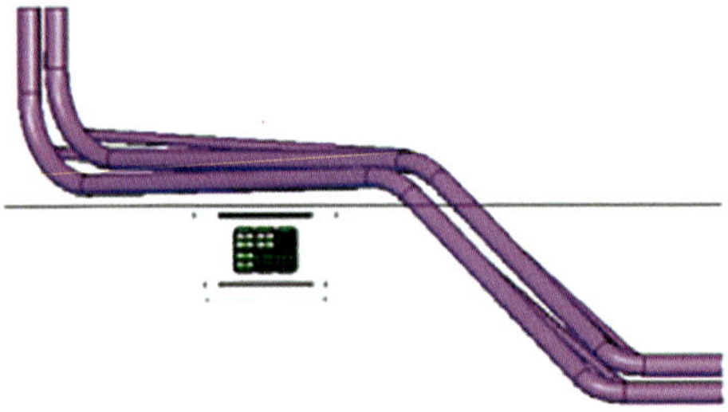
(c)

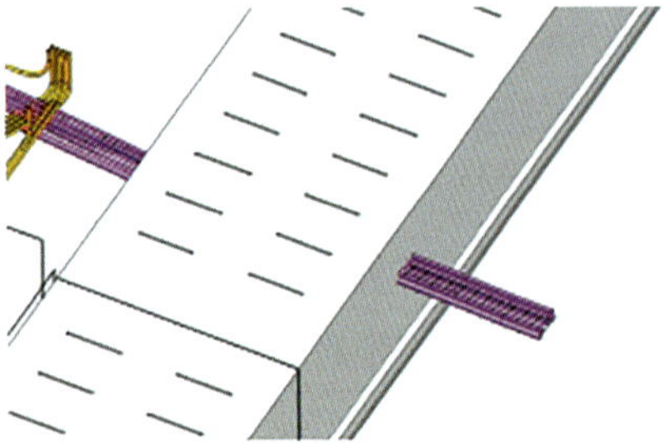
(d)

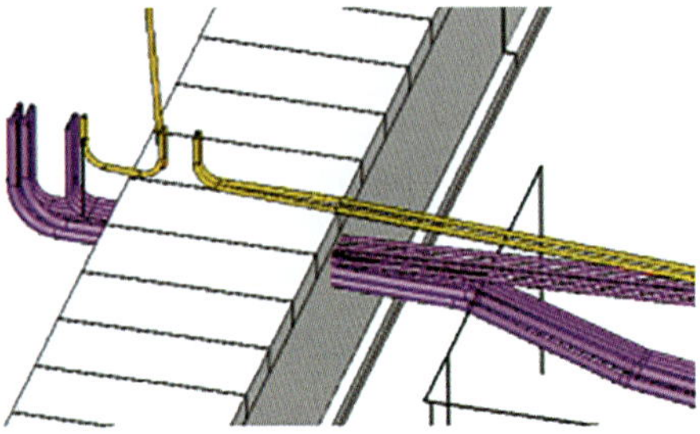
(e)

图 15-25　电缆保护管与其他标段合模

(a)与排水沟碰撞调整全局图;(b)与排水沟碰撞调整侧视图;(c)与通信管碰撞调整侧视图;

(d)与排水沟碰撞调整顶视图;(e)与排水沟碰撞调整顶视图

④利用两边的角柱，让附加暗柱与角柱成为一体，使电缆井排管洞口满足强度要求（图 15-26）。

⑤将井脖子部分伸入顶板内的箍筋改为插筋，顶板内保留内圈环筋，外圈环筋删除，设置上下两道插筋（图 15-27）。

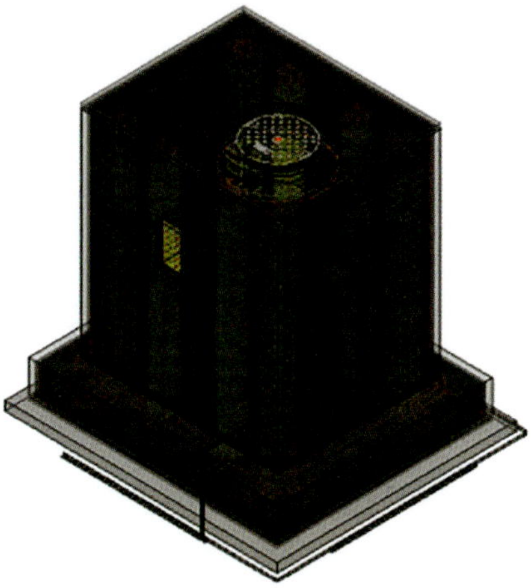

图 15-26　电缆井角柱模型图

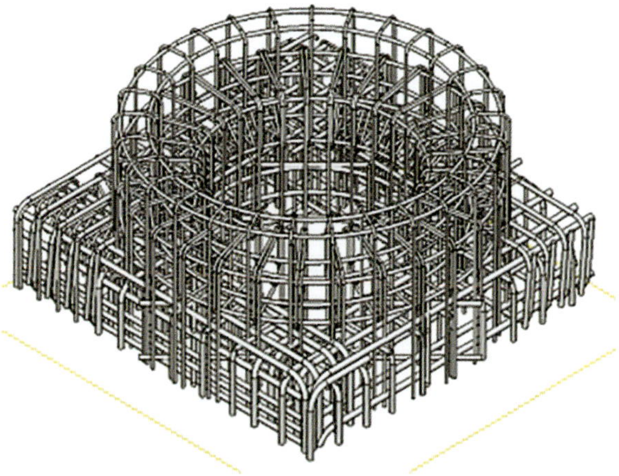

图 15-27　深化后井脖子图

### 15.5.4　总结

针对地下管线复杂和交叉施工单位较多的问题，保护管及电缆井的深化 BIM 模型在管线排布、路由优化和核查碰撞方面起到了极其重要的作用。在繁杂的管线施工中，可防止多放漏放的情况，对于后期敷设电缆光缆等地下管线，能快速查清管线走向，从而提高施工效率。

①据统计，灯光二标在站坪保护管深化设计中总共规避了 400 起协调问题，缩短了约 80 个工作日。保护管敷设约 6.2 km，通过路由优化，节省了人工加工保护管的时间，同时节省了费用。

②助航灯光专业的电缆保护管存在深化设计空间，将路由按照“一管两线”的思路进行优化，节约了各类管材 1 万 m 左右。

③深化设计关键在于地下管线合模。通过调整碰撞，省去了以往施工前需找各家单位确认此处有无管线，或是在保护管敷设完毕后，确认在保护管敷设路由上是否存在其他需避让的重要构筑物的步骤。

## 15.6 助航灯光电缆保护管深化案例分析

### 15.6.1 背景描述

助航灯光工程中的电缆保护管是整个工程的重点，但助航灯光专业图纸中对于路由的表述并不准确。在鄂州花湖机场BIM先行的理念下，对电缆保护管的BIM要求较高，首先要符合设计意图，其次需要自主深化保护管路由。由于保护管体量大，加之鄂州花湖机场严格要求按模施工、质量验评、计量计价，因此对于深化模型的精度、准确度都有较高的要求，以确保工程BIM实施的顺利进行。

### 15.6.2 问题分析

①助航灯光保护管的BIM建模存在着很多困难，其中最为明显的就是机场助航灯光专业的特殊性，使建模人员完全不知道如何布置模型，一味地参照图纸去建立BIM模型存在着路由不准确，施工浪费等问题。

②在原设计图纸中，电缆保护管在灯具密集处和较长回路方面的处理方式并未明确标注，通过初步的BIM建模，大量管线冗余，存在可优化空间（图15-28）。

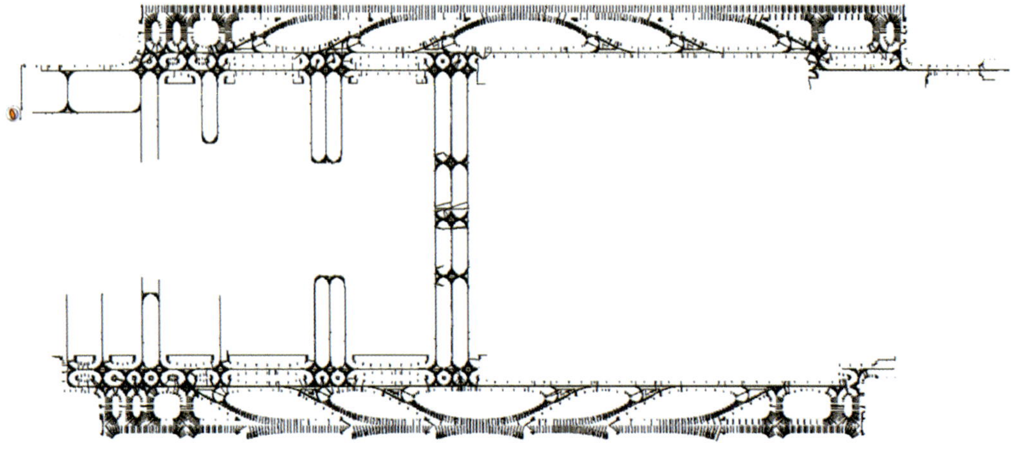

图15-28 灯光电缆保护管

以停止排灯回路为例，从各个灯光站敷设至飞行区后，仅通过一条电缆保护管来实现回路的贯通，从现场实际施工以及后期维护的角度来看并不合适，需要进行深化设计来确保最后的成品质量。

### 15.6.3 解决方案

①为了让 BIM 人员对助航灯光专业更加了解。增派各工序技术人员和现场施工人员，在现场亲自指导 BIM 人员进行模型的初步建立工作。

②结合现场情况，道面区灯光电缆保护管由原来的“一管一线”调整为“一管两线”（图 15-29），一是减少道面下水稳保护管开槽数量，同时便于和土面保护管进行对接；二是减少保护管自身碰撞，同时节约造价成本。通过跟业主方、设计人员、施工技术人员召开研讨会，讨论可行性解决方案，从中选取最佳解决方案。

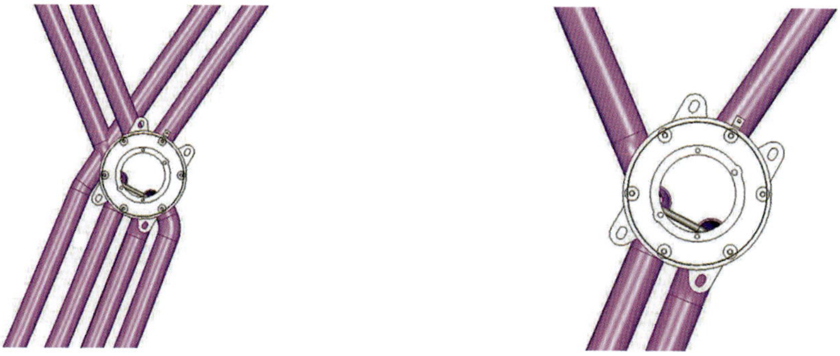

（a）　　　（b）

图 15-29　灯光电缆保护管深化前后对比图

（a）深化前“一管一线”；（b）深化之后“一管两线”

③通过多专业合模，结合停止排灯回路的特殊性，发现可以改变“回头线”的路由，由地面区电缆预埋排管返回灯光站，减少了施工以及后期运维的工作量（图 15-30）。

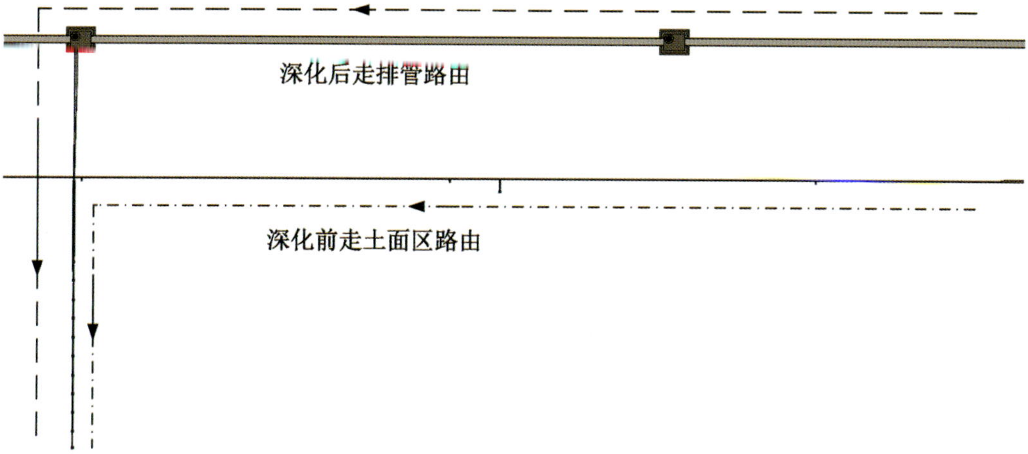


图 15-30　停止排灯回路对比

④通过初期的模型，确定灯光电缆保护管与其他专业各种管线的交叉位置，由施工

技术人员根据穿排水沟技术标准，提出采用保护管外加镀锌钢管横穿或上翻通过排水沟的敷设方式，以解决保护管和排水沟碰撞的问题(图 15-31)。另外，对于一些较短的路由，采取直线连接，减少工程量。

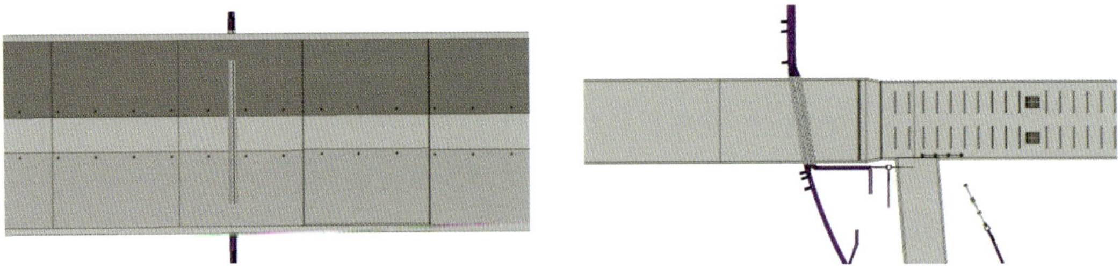

(a)　　(b)

图 15-31　电缆保护管穿越排水沟

(a)与排水沟交叉横穿节点;(b)与箱涵交叉上翻节点

### 15.6.4　总结

①BIM 模型建立的过程中，BIM 人员从在现场技术人员的帮助下真正了解到助航灯光的专业知识，发展到可以独立完成相关模型创建以及修改工作的程序。BIM 建模与现场实际结合才能建立出可以用来指导现场施工的三维模型。

②助航灯光专业的电缆保护管存在深化设计空间，根据现场实际选取最佳路径，节约了各类管材 3 万 m 左右。路由优化前后效果明显。

③BIM 模型的建立，将二维平面图纸转化为三维立体模型，将一些在图纸上无法发现，不便实施的问题提前暴露出来，做到“心中有数”。同时，BIM 模型的建立也将一些可以优化的设计缺陷直观地暴露出来。

## 15.7　站坪设备基础深化设计案例分析

### 15.7.1　背景描述

站坪设备基础深化设计主要应用 BIM 技术对基础位置以及设备护栏进行模型深化。站坪上设备除包括本标段的配电亭、400Hz 地井监控箱之外，还包括航油标段的航油按钮、航油设备箱、弱电标段的弱电箱、空管标段 MLAT 设备箱、运营商的 MIN 箱、光交箱。按照最初设计，每个设备都有一个独立的基础，由各自标段负责施工，但是施工方发现涉及标段较多、地下管线错综复杂、施工工序烦琐、严重影响工期和造价问题，并在空间上造成浪费，因此机场公司决定将单个小基础合成一个整体基础，全部交由本标段施工。考虑到加工简便，设备防撞护栏横担长度单一，但是在合模过程中，发现护栏立柱会阻碍设备箱的使用，经过研讨决定，护栏的横担长度按设备摆放方式根据实际需求生产加工，原则上不能影响设备箱使用。

### 15.7.2 问题分析

①按照最初设计，每个设备都有一个小基础，且基础与基础之间间隔为 100 mm，设备与基础边缘间隔为 300 mm（图 15-32）。

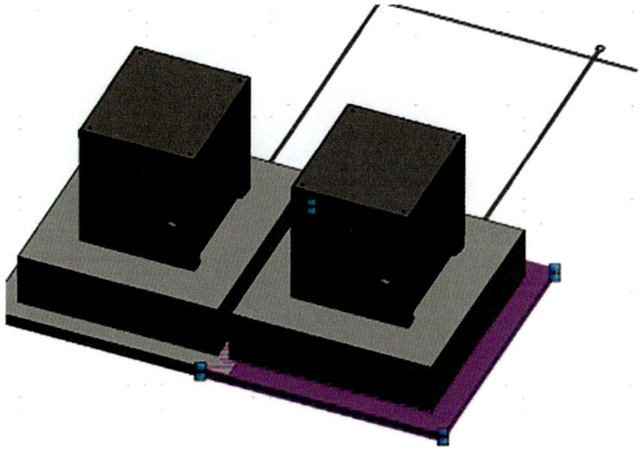

图 15-32 深化前各设备设置独立式基础

此形式的基础不仅浪费了空间，增加了造价，提高了施工难度而且涉及多个标段交叉施工，产生许多不便因素，同时建成后设备基础高低不一，整体呈现的效果会很差。

②由于护栏横担形式单一，而站坪设备为满足使用需求形成的组合摆放方式复杂多样，导致护栏立柱刚好挡住设备箱开门，严重影响使用（图 15-33）。

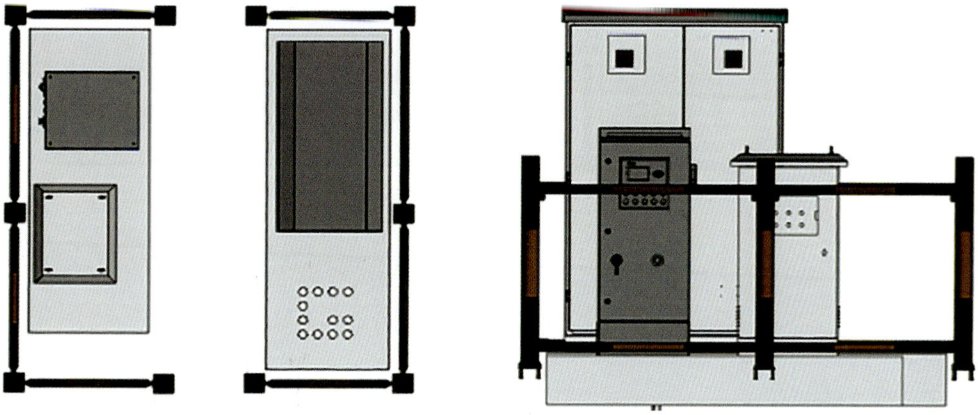

（a）　　（b）

图 15-33 深化前护栏立柱阻挡设备箱开门

（a）深化前护栏与设备箱俯视图；（b）深化前护栏与设备箱侧视图

### 15.7.3 解决方案

①与业主方、造价方、施工技术人员召开研讨会，讨论解决方案。

②将多个独立基础合并成一个整体基础，由灯光二标统一施工（图 15-34）。

图 15-34 深化后多个独立基础合并成一个整体基础

③根据现场实际需求由建模人员深化护栏形式，原则上不能阻挡设备箱开关门（图 15-35、图 15-36）。

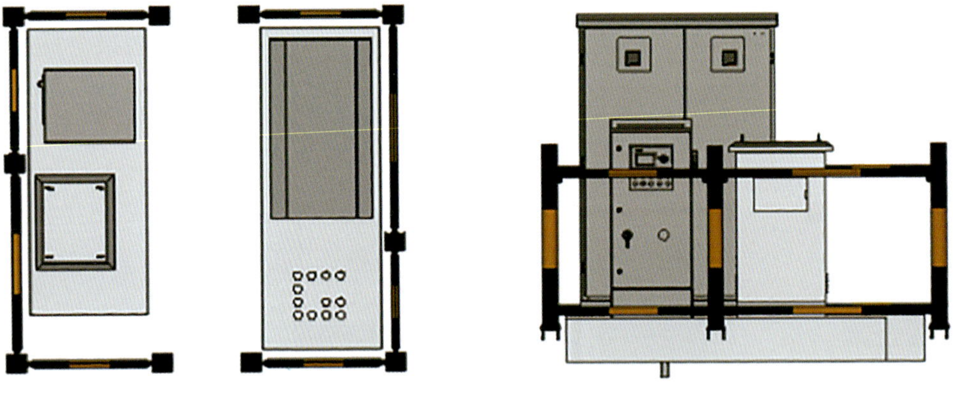

（a）　　（b）

图 15-35 深化后护栏设备箱模型图

（a）护栏设备箱俯视图；（b）护栏设备箱侧视图

### 15.7.4 总结

①在造价方面，原版小基础约有 740 个，小基础合成后缩减为 320 大基础，减少了混凝土使用量和护栏使用量。

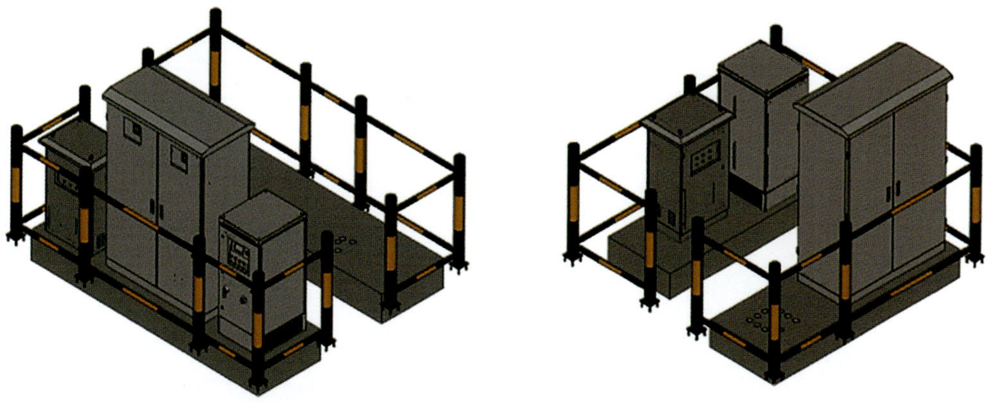

图 15-36　深化后设备基础三维模型图

②在施工方面,杜绝了交叉作业引起的麻烦,规避现场协调施工约 300 起,提高了工作效率,缩短了工期。

③按照设备使用实际,设备箱与设备箱之间间隔 300 mm 就能满足使用需求,而原本设备箱之间间隔 700 mm,造成不必要的空间浪费,在视觉上,合成后的大基础看起来更加美观。

## 15.8　重要飞行区域供电路由深化设计案例分析

### 15.8.1　背景描述

在工程建设过程中,往往会遇到某些区域因施工条件受限,无法正常施工,从而错失时间节点的问题。本案例主要讨论机场飞行区供电专业的高压电缆路由在条件受限的情况下,如何进行自主深化,规避不利条件,达到施工目标的问题。

### 15.8.2　问题分析

鄂州花湖机场西南角有一处被称为“1#山”的花岗岩山体(图 15-37)。1#山的位置正好位于飞行区供电路由上,阻断了从 1 号灯光站至西场监雷达站的电缆路由,当西场监提出送电要求时,1#山的爆破工作还没有结束,无法修建由 1 号灯光站至西场监雷达站的电缆排管,进而无法敷设电缆。

在鄂州花湖机场的东南方向,场道单位的物料堆放区位于东跑道南航向台,南下滑台的供电路由上。航向台和下滑台是飞机起飞和降落的重要台站,校飞节点紧急,而物料并没有转移,这导致无法修建电缆排管和敷设电缆。

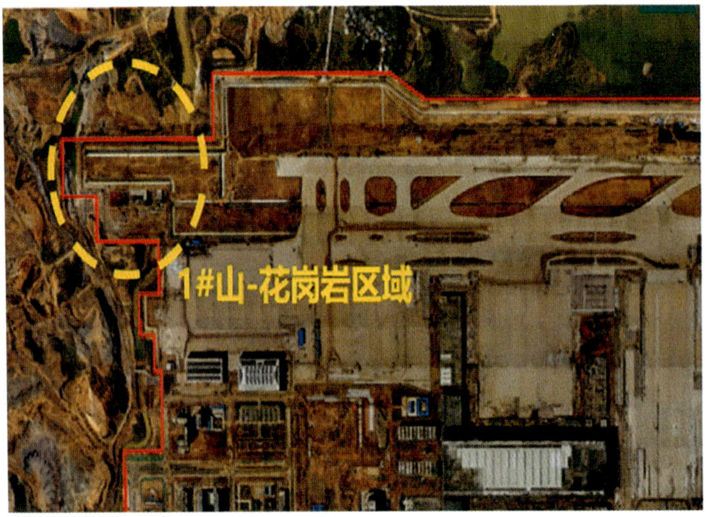


图 15-37　1#山-花岗岩区域

## 15.8.3　解决方案

在不具备施工条件且电缆敷设工作无法进行的情况下，至西场监和至东南航向的电缆排管和电缆难以承担重要的供电任务。通过模型选择最佳路径，经过施工方、建设方和设计方的协商沟通，制定了以下方案(图 15-38)：

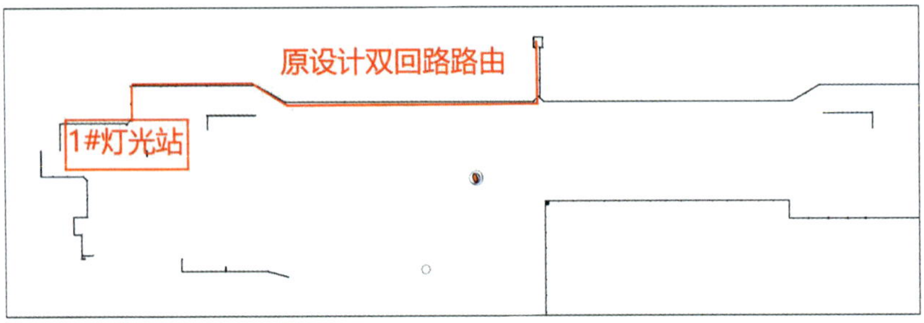


(a)

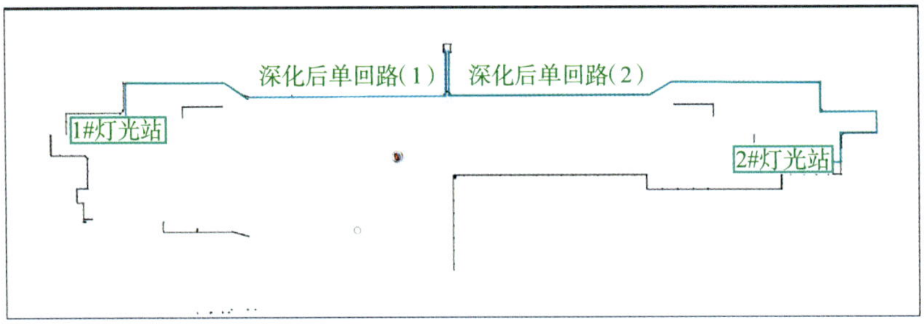


(b)

图 15-38　西场监供电路由对比模型图

(a)原供电路由图；(b)深化后供电路由图

(1)改变电源

目标是西场监的供电,由于原路由经1#灯光站至西场监区域的必经路由1#山区域的场地并未达到施工条件,无法敷设管线,因此无法完成电缆的敷设。解决上述供电问题需从三方面入手:电源、路由、负荷。

①电源方面。鄂州花湖机场西飞行区中靠近西场监的两个供电站点分别为1#灯光站和2#灯光站,2#灯光站位于西跑道北侧,同样由110kV电站供电。可以为西场监供电。

②路由方面。鄂州花湖机场飞行区供电排管沿飞行区围界设置,2#灯光站与飞行区供电排管是联通,符合电缆路由条件。排管中管道均有预留,因此具备施工条件。

③负荷方面。因原设计为1#灯光站供电,所以2#灯光站并没有专门为西场监预留高压柜。

最后将西场监雷达站的两路高压中的其中一路高压及其高压柜移至2#灯光站,优先保证西场监可以送电调试。

(2)选择最佳路由

通过模型选择最佳路由,减少与其他设施设备交叉,规避碰撞。供电排管路由沿围界调整为从1#综合小区直接至西围界中供电井J25,这样1号灯光站至西场监的电缆路由可以避让开1#山的主要花岗岩区域(图15-39)。

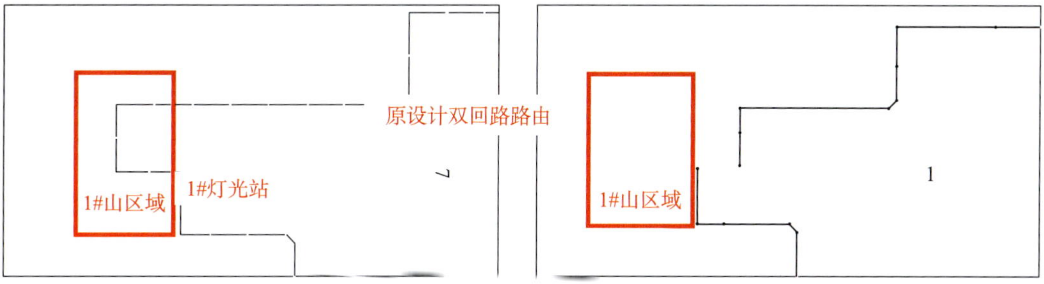


(a)　　(b)

图15-39　1#山区域供电路由模型对比图

(a)原路由;(b)深化之后路由

通过BIM模型调整井体尺寸规格,在满足功能需求的基础上,选择最优路径。调整井体和排管规格:在路由整体避让后,仍然会有部分花岗岩,最终决定调整电缆井井体大小,大井变小井;直通、四通井都调整为1#山四角井;转角井等比例缩小;取消井体内集水坑;取消井壁钢筋,花岗岩的强度是100MPa,远大于混凝土的强度,仍然保留洞口补强筋,顶板钢筋,在确保电缆井强度的同时,将花岗岩施工量减少到最小,节约施工时间。同样为了节约施工时间,电缆管也做出相应调整,调小排管高程,使之紧贴井体顶板底部;调整排管垫层宽度,与包封同宽(图15-40、图15-41)。

(3)规避碰撞

由中心灯光站至东南航向、下滑台的电缆路由无法按照上述两种方案进行深化优化。通过综合分析全场管线模型图(图15-42),这两个台站的路由起点有三条路由,其中一条受物料场影响,其他两条并没有受到影响。而且这两条路由可以通过重新规划,完成东南航向、下滑台的供电任务。

图15-40　深化后电缆井和排管模型图

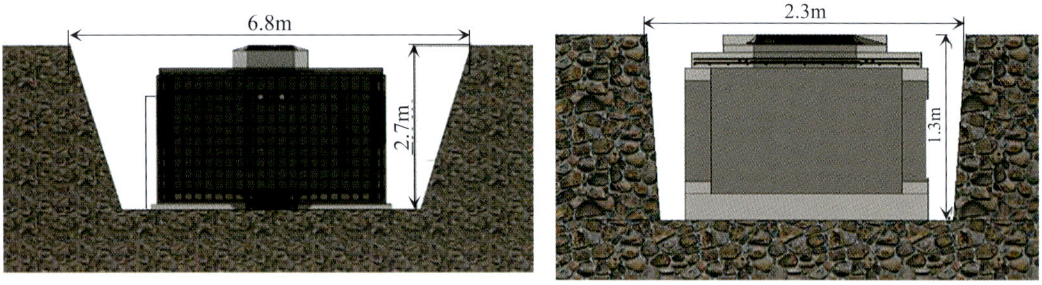


(a)　　　　(b)

图15-41　深化前后电缆井模型对比

(a)深化前电缆井;(b)深化后电缆井

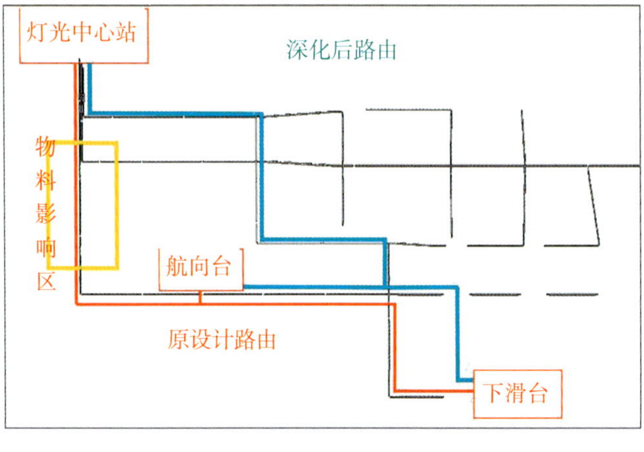


图15-42　西南航向下滑台供电路由对比

### 15.8.4 总结

在机场施工中，因为多专业多单位同时施工，在施工进程上环环相扣，互相制约。对于施工方、建设方和设计方而言，设计图纸无法及时解决现场的施工问题。此时需要通过深化设计，在保证质量和功能的前提下，解决现场施工问题，完成施工任务。

飞行区供电专业的主要工作内容是电缆排管的修建和电缆的敷设。大多因为场地内地形地貌问题无法施工。而本案例中的三种解决方式也是本项目实际施工中最常见的深化设计方式。

## 15.9 助航灯光电缆支架深化设计案例分析

### 15.9.1 背景描述

电缆支架深化设计主要应用BIM技术对电缆敷设、电缆排布、电缆接头等进行模型深化。按照传统工艺，飞行区供电专业使用的电缆管径较大，按照图集，很难将电缆固定在支架上，过于用力固定可能导致电缆受损伤、使用寿命缩短，所以经过专家多次探讨，建议发挥电缆支架的功能，在考虑电缆的合理转弯半径要求的前提下，将电缆固定到对应的支架上，从而保证电缆有充足的受力点，而且还能保证其在合理的拉力范围内正常转弯搭接。按照构件信息一览表要求对模型构件进行标准化建立，用于满足施工现场按模施工、质量验评、计量计价等要求。因此对于深化模型的精度和准确度都有较高的要求，以确保 BIM 深化设计和施工的顺利进行。本案例基于 BIM 技术提供四种井型电缆敷设参考做法，未涉及的井型可以自行延伸。

### 15.9.2 问题分析

按照传统工艺，较粗的电缆在电缆井内只会有一个受力点或者两个受力点，靠近排管口的支架不能起到支撑电缆的作用，所以在电缆弯曲半径满足相关规范要求，支架、电缆井按照图集建模，电缆直径按照实际大小进行建模的情况下，最后生成的电缆效果并不理想，出现了电缆横折、超出井壁、空中悬浮等问题(图 15-43)。为保证模型贴合实际且可以指导施工，在综合考虑下，电缆支架有待进一步优化调整。

### 15.9.3 解决方案

优秀的软件开发人员根据研讨会讨论出的解决方案，编写出方便快速的建模插件，该插件还能提高修改模型的工作效率。再由技术娴熟的建模人员使用该插件，便能建出符合实际的模型。

| 项目名称：鄂州花湖机场助航灯光（供电电缆） | | | | | | | |
|---|---|---|---|---|---|---|---|
| 序号 | 名　　称 | 规 格 型 号 | 单位 | 数量 | 到货时间 | 部位 | 近似外径 |
| 1 | 10kV电力电缆 | YJY22-8.7/15kV-3×39mm² | 米 | 61570 | 2021.5.30 | 各箱变进线、出线、场监雷达 | 61 |
| 2 | 10kV电力电缆 | YJY-8.7/100kV-3×95 | 米 | 230 | 2021.4.30 | 1、2、3、4#灯光站变压器 | 56 |
| 3 | 电力电缆 | YJY22-0.6/1kV-4×150+1×70 | 米 | 2250 | 2021.5.30 | 2#道口、消防执勤点3 | 53 |
| 4 | 电力电缆 | YJY22-0.6/1kV-4×120+1×70 | 米 | 1800 | 2021.5.30 | 3#道口、消防执勤点3 | 49 |
| 5 | 电力电缆 | YJY22-0.6/1kV-4×50+1×25 | 米 | 750 | 2021.5.30 | 排水沟电动阀 | 33 |
| 6 | 电力电缆 | YJY22-0.6/1kV-4×35+16 | 米 | 2560 | 2021.5.30 | 1#4#通道口、4#安保岗亭 | 29 |
| 7 | 电力电缆 | YJY22-0.6/1 5×16 | 米 | 2760 | 2021.5.30 | 1、2、6、7#安保岗亭2#3D雷电探鸟 | 24 |
| 8 | 电力电缆 | YJY22-0.6/1 5×10 | 米 | 4320 | 2021.5.30 | 排水沟电动阀1#3D雷电探鸟 | 21 |
| 9 | 电力电缆 | YJY22-0.6/1 5×6 | 米 | 620 | 2021.5.30 | 3#5#安保岗亭、2#3D雷电探鸟 | 17 |
| 4 | 电力电缆 | ZR-YJV-1kV-3×35 | 米 | 680 | 2021.4.30 | 调光柜20kVA及以上用 | 23 |
| 5 | 电力电缆 | ZR-YJV-1kV-3×25 | 米 | 5200 | 2021.4.30 | 调光柜15kVA及以上用 | 21 |
| 6 | 电力电缆 | ZR-YJV-1kV-4×95+1×50 | 米 | 460 | 2021.4.30 | UPS双拼 | 41 |
| 7 | 电力电缆 | YJV22-/1kV5×10 | 米 | 7900 | 2021.4.30 | 顺序闪光灯用 | 21 |
| 8 | 控制电缆 | DJ-JJCPP2-22-2×2×4+1 | 米 | 7900 | 2021.4.30 | 顺序闪光灯用 | |
| 9 | 电力电缆 | YJV22-/1kV4×4 | 米 | 5600 | 2021.4.30 | 风向标 | 15 |
| 10 | 电力电缆 | YJV22-1kV-4×70+1×35 | 米 | 3600 | 2021.4.30 | 航向台 | 39 |
| 11 | 电力电缆 | YJV22-1kV-4×95+1×50 | 米 | 3100 | 2021.4.30 | 东跑道北航向台、下滑台用 | 44 |
| 12 | 电力电缆 | YJV22-1kV-4×185+1×95 | 米 | 8480 | 2021.4.30 | 下滑台 | 59 |

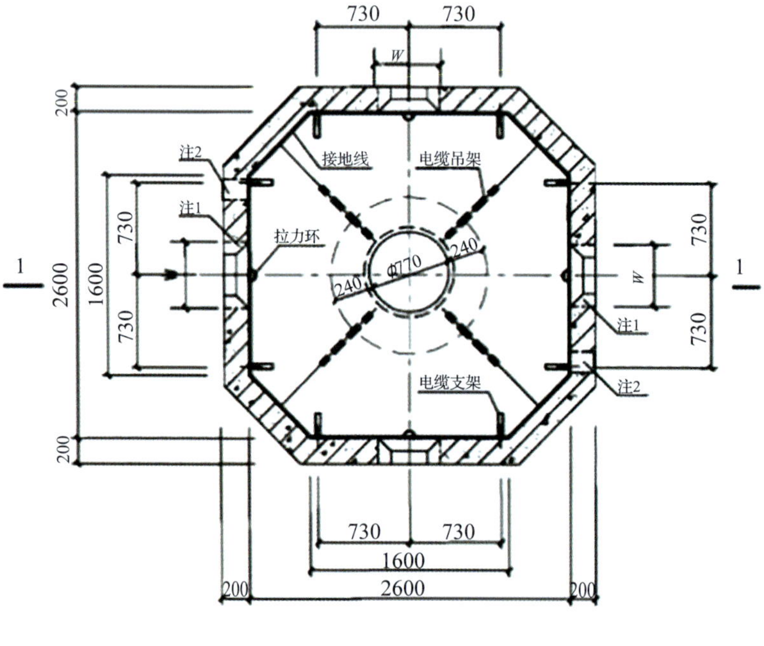


图 15-43　助航灯光供电电缆统计表及局部做法节点

①直通井内进出井的第一组支架加长150mm(图15-44)。

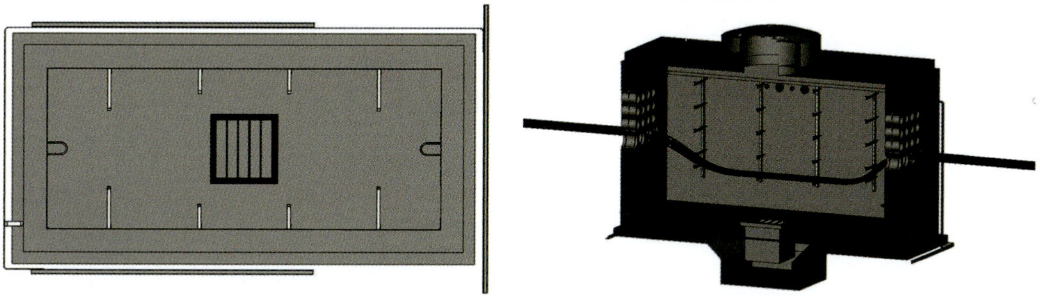

(a)　　　　　　(b)

图15-44　直通电缆井模型图

(a)直通电缆井俯视图;(b)直通电缆井剖面图

②转角井的直线段井壁上加两组支架(图15-45)。

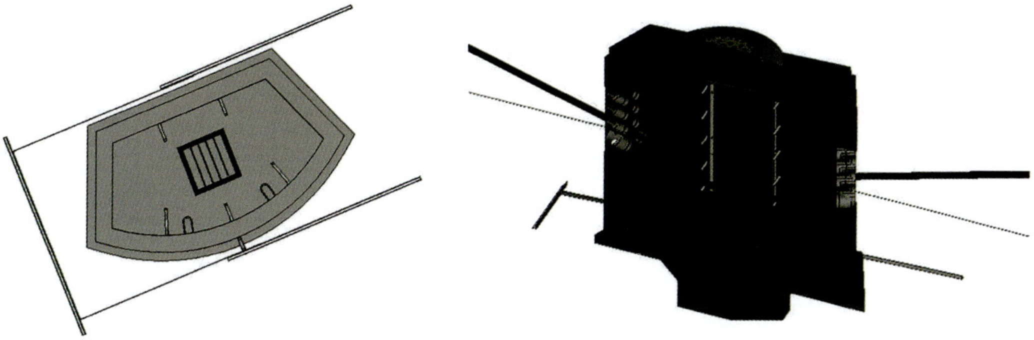

(a)　　　　　　(b)

图15-45　转角电缆井剖面图

(a)转角电缆井俯视图;(b)转角电缆井剖面图

③四通井去掉图集中的支架,在井内添加四组支架(图15-46)。

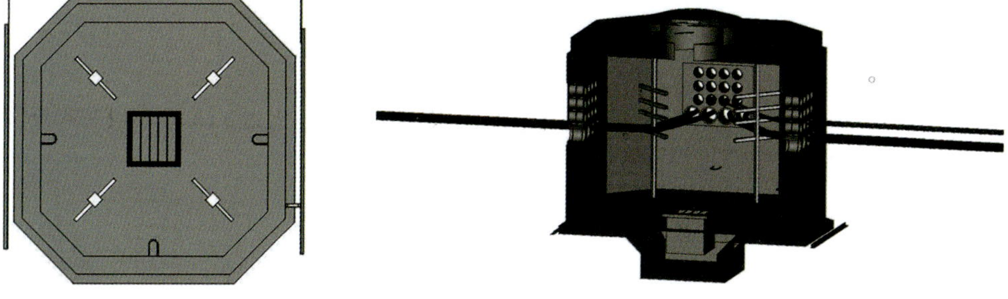

(a)　　　　　　(b)

图15-46　四通电缆井模型图

(a)四通电缆井俯视图;(b)四通电缆井剖面图

④在加深井（灯光井）内添加马镫（图 15-47）。

（a）　　（b）

图 15-47　灯光加深电缆井模型图

（a）加深电缆井俯视图；（b）加深电缆井剖面图

### 15.9.4　总结

在计量计价方面，模型更贴合实际，计价更准确，体现了 BIM 技术的重要性。在满足电缆弯曲半径的规范要求，同时井内操作空间满足技术人员敷设、维修电缆的要求的情况下，基于BIM技术进行研讨，确定敷设电缆的更优方案，减少电缆的损伤，使按模施工更具操作性。

## 15.10　助航灯光防草坪深化设计案例分析

### 15.10.1　背景描述

本案例主要在飞行区道面工程道肩外增设一米防草坪，防草坪的结构与道肩的结构形式完全相同，专门用于灯箱安装。机场建设过程中，助航灯光专业的隔离变压器箱多设置在土面区，采用铝合金平盖式或铸铁凸起式两种。鄂州花湖机场所有隔离变压器箱统一使用铝合金平盖式隔离变压器箱，并将其移至防草坪上。据《民用机场安全运行管理规定》、《民用机场飞行区技术标准》（MH 5001—2021），我国民用机场助航灯光工程的隔离变压器箱安装的通常做法，是在道肩外 1.5 m左右，采用独立混凝土基础固定，并且混凝土基础要求做消除直立面处理，即基础四面都应按 1∶2 的坡度做接坡，这样数量繁多的箱体基础，设置在道面边的土面区内，必然会对机场建设和运行安全造成影响。

### 15.10.2 问题分析

①土建施工是一个周期较长的过程，特别是土面区的施工(图 15-48)。按照传统的灯箱安装方式施工，从最早的地基处理到最后的土面平整，土建施工单位为了保证土面的验收质量，一般在临近验收时才全部完成。因为安装单位在准备做隔离变压器箱基础时，往往不具备施工条件，所以后期为了赶工期，勉强进行隔离变压器箱基础施工，很难保证施工质量。

图 15-48　传统灯箱安装在土面区

②按照传统方式，灯箱安装在土面区，机场投入运营之后，灯光一次线缆回路的维护难度较大，特别是灯光一次电缆的故障会造成整个回路的工作异常，同时土面区地下电缆的故障查找本身就非常困难，而容易造成地下电缆故障的主要原因往往是每年的土面区除草和平整作业过程中的机械作业损伤；同时分散布置在土面区的隔离变压器箱也妨碍了除草作业和土面平整作业。

③由于湖北地区雨水多，地下水丰富，安装在土面区的隔离变压器箱容易积水，灯光电缆头进水，会使电缆绝缘阻值降低，直接影响灯光回路的安全运行。如果灯光电缆出现故障需要更换电缆，需要在土面区动土挖掘电缆沟，重新敷设电缆，费时费力。

### 15.10.3 解决方案

鄂州花湖机场设置防草坪后，将铸铁凸起式隔离变压器箱改为铝合金平盖式隔离变压器箱，并将灯箱安装到防草坪上，隔离变压器箱的施工需与场道单位施工高度配合，以达到美观的目的。

①制定施工方案，参考道面深桶灯的施工方案，与场道单位协调交叉施工，保证防草坪及隔离变压器箱的施工正常进行。

②防草坪结构采用场道单位道肩结构。将平盖式隔离变压器箱标高和防草坪面层标高统一。为增加助航灯光系统运行的可靠性，将隔离变压器箱移至防草坪内，隔离变压器箱受外力破坏的概率小；由于地势相对较高，隔离变压器及灯光电缆不受雨水、潮气侵蚀，灯光回路不容易产生故障，提高了回路运行的可靠性。

③隔离变压器安装到防草坪后，灯箱与灯箱之间是通过 PE 电缆保护管连通，当灯光电缆出现故障，需要更换灯光电缆时，只需要将故障电缆从 PE 电缆保护管抽出，将新电缆穿管连通即可，从而缩短故障维修时间，提高故障维修效率。

④通过 BIM 深化设计，将隔离变压器箱的位置提前确定，为下一步施工提供坐标，方便现场沟通（图 15-49）。

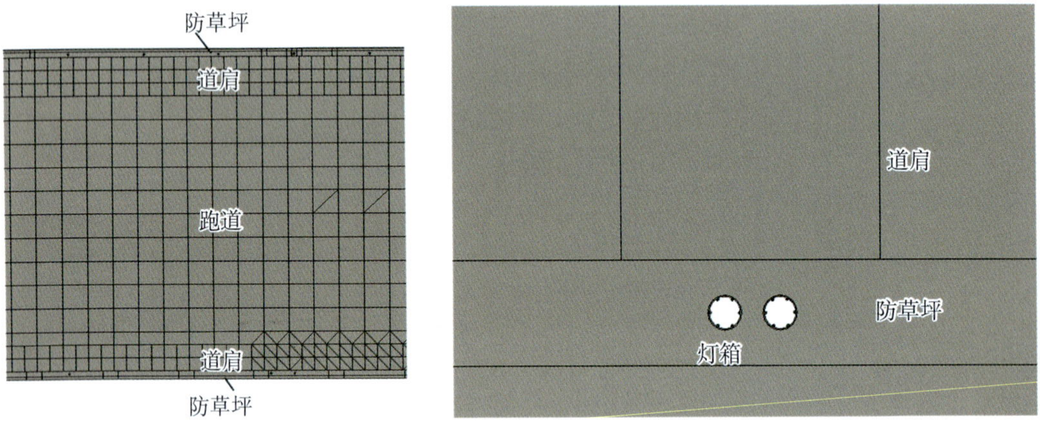


(a)　　(b)

图 15-49　防草坪深化模型

(a)草坪空间布置；(b)灯箱在防草坪的空间布置

## 15.10.4　总结

①提高了助航灯光电缆故障维修效率。以在跑道边缘更换 60m 故障电缆为例，如果采用传统工艺，土面区需要进行人工开挖电缆沟、敷设新电缆、铺沙盖砖、回填电缆沟、碾压电缆沟等工序，在跑道不关闭的情况下采用不停航施工，至少需要一周的时间修复。而采用新工艺，只需从预埋的 PE 管中抽出旧电缆，同时以旧电缆牵引敷设新电缆，全程只需要 2h 即可完成，提高了维修效率，减少了飞行区不停航施工风险。

②提高了助航灯光工程施工效率。采用传统工艺，须先完成道面、道肩工程施工，再在道肩边的土面区挖坑浇筑隔离变压器箱基础、开挖电缆沟，进行隔离变压器箱安装及电缆敷设施工。而隔离变压器安装在道肩上的施工工艺与传统工艺相比，最大区别

在于可以与场道工程同步进行。当新建道肩水稳基础层摊铺完成便可切槽敷设电缆保护管并支模，随后即可进行隔离变压器箱安装，这样大幅加快了助航灯光施工进度，施工工期至少可以缩短 2 个月时间。

③减少了飞行区升降带和跑道端安全区障碍物：飞行区的土面区，特别是升降带内平整区和跑道端安全地区的混凝土、石砌及金属基座，各类井体及井盖等，除非功能需要，均应埋到土面以下 30 cm 深。对隔离变压器箱在土面区安装，尽管进行了基础放坡处理，但它还是一个障碍物，会对升降带和跑道安全地区的安全运行造成影响。

④有利于飞行区场区除草和土面区平整作业。通常隔离变压器箱的位置在道肩边外 1.5 m 左右，加上隔离变压器箱基础尺寸以及多个回路的隔离变压器箱基础并排设置，还有一次电缆敷设占用一定的宽度，给每年的常规土面区平整带来非常大的困难，而且很容易破坏灯光回路。隔离变压器箱进入防草坪安装，将有利于飞行区特别是升降带和跑道端安全区的除草和土面区平整作业（图 15-50）。

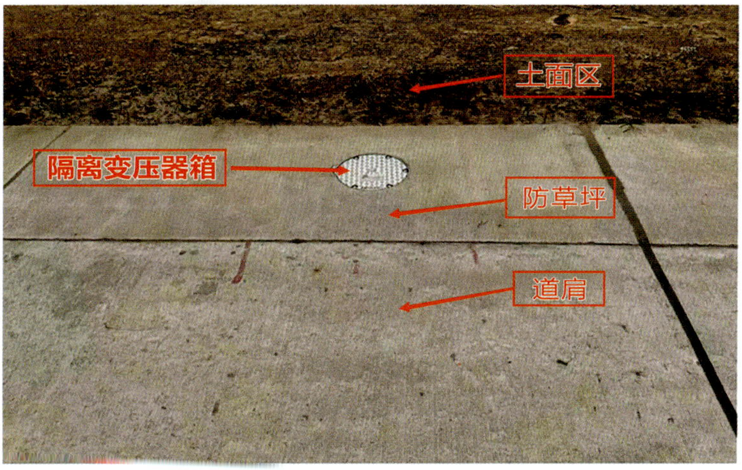


图 15-50　防草坪现场照片